Digital Wave
Advanced Technology of Industrial Internet

数 字 浪 潮

工业互联网先进技术 丛书

编 委 会

"十四五"时期国家重点出版物
出版专项规划项目

数字浪潮
工业互联网先进技术 丛书

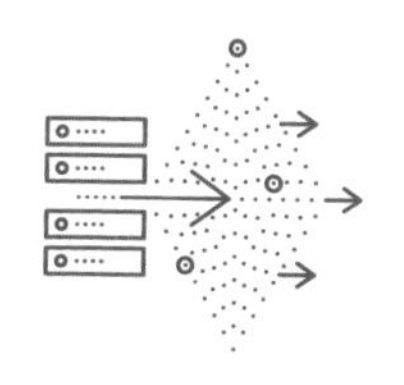

Distributed Cooperative Control of
Industrial Network Systems

面向
工业网络系统的
分布式协同控制

和望利 钱锋 韩清龙 著

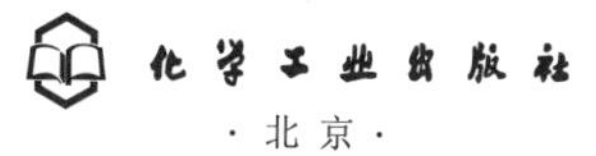

·北京·

内容简介

本书面向工业网络系统通信高效性和运行安全性的实际需求，从多智能体系统的角度，系统地介绍面向工业网络系统的分布式协同控制方法。首先介绍了工业网络系统的内涵、架构与调控问题，概述了工业网络系统的分布式协同控制方案以及相关研究现状；接着从脉冲控制、采样控制、静态事件触发控制、动态事件触发控制、完全分布式事件触发控制和安全控制等方面详细介绍了分布式调控策略与应用。本书内容自成体系，旨在向读者展示工业网络系统分布式协同控制的基础理论和最新的研究方法。

本书可为工业网络系统及其相关研究领域的科研工作者、工程技术人员提供参考，也可作为高等院校控制科学与工程、系统科学、计算机应用技术、人工智能科学与工程等学科的研究生教材与教学参考用书。

图书在版编目（CIP）数据

面向工业网络系统的分布式协同控制 / 和望利，钱锋，韩清龙著. —北京：化学工业出版社，2023.7
（“数字浪潮：工业互联网先进技术”丛书）
ISBN 978-7-122-43461-6

Ⅰ.①面… Ⅱ.①和… ②钱… ③韩… Ⅲ.①工业控制计算机-计算机通信网-分散控制系统 Ⅳ.①TN915

中国国家版本馆CIP数据核字（2023）第084722号

责任编辑：宋　辉
文字编辑：毛亚囡
责任校对：王　静
装帧设计：王晓宇

出版发行：化学工业出版社
（北京市东城区青年湖南街13号　邮政编码100011）
印　　装：中煤（北京）印务有限公司
710mm×1000mm　1/16　印张25　字数412千字
2023年7月北京第1版第1次印刷

购书咨询：010-64518888
售后服务：010-64518899
网　　址：http://www.cip.com.cn
凡购买本书，如有缺损质量问题，本社销售中心负责调换。

定　　价：158.00元　

序言 FOREWORD

当前，人类社会来到第四次工业革命的十字路口。数字化、网络化、智能化是新一轮工业革命的核心特征与必然趋势。工业互联网是新一代信息通信技术与工业经济深度融合的新型基础设施、应用模式和工业生态，通过对人、机、物、系统等的全面连接，构建起覆盖全产业链、全价值链的全新制造和服务体系，为工业乃至产业数字化、网络化、智能化发展提供了实现途径，是第四次工业革命的重要基石。目前，我国经济社会发展处于新旧动能转换的关键时期，作为在国民经济中占据绝对主体地位的工业经济同样面临着全新的挑战与机遇。在此背景下，我国将工业互联网纳入新型基础设施建设范畴，相关部门相继出台《“十四五”规划和2035年远景目标纲要》《“十四五”智能制造发展规划》《“十四五”信息化和工业化深度融合发展规划》等一系列与工业互联网紧密相关的政策，希望把握住新一轮的科技革命和产业革命，推进工业领域实体经济数字化、网络化、智能化转型，赋能中国工业经济实现高质量发展，通过全面推进工业互联网的发展和应用来进一步促进我国工业经济规模的增长。

因此，我牵头组织了“数字浪潮：工业互联网先进技术”丛书的编写。本丛书是一套全面、系统、专门研究面向工业互联网新一代信息技术的丛书，是“十四五”时期国家重点出版物出版专项规划项目和国家出版基金项目。丛书从不同的视角出发，兼顾理论、技术与应用的各方面知识需求，构建了全面的、跨层次、跨学科的工业互联网技术知识体系。本套丛书着力创新、注重发展、体现特色，既有基础知识的介绍，更有应用和探索中的新概念、新方法与新技术，可以启迪人们的创新思维，为运用新一代信息技术推动我国工业互联网发展做出重要贡献。

为了确保“数字浪潮：工业互联网先进技术”丛书的前沿性，我邀请杜文莉、侍洪波、顾幸生、牛玉刚、唐漾、严怀成、杨文、和望利、王喆等20余位专家参与编写。丛书编写人员均为工业互联网、自动化、人工智能领域的领军人物，包含多名国家级高层次人才、国家杰出青年基金获得者、国家优秀青年基金获得者，以及各类省部级人才计划入选者。多年来，这些专家对工业互联网关键理论和技术进行了系统深入的研究，取得了丰硕的理论与技术成果，并积累了丰富的实践经验，由他们编写的这套丛书，系统全面、结构严谨、条理清晰、文字流畅，具有较高的理论水平和技术水平。

这套丛书内容非常丰富，涉及工业互联网系统的平台、控制、调度、安全等。丛书不仅面向实际工业场景，如《工业互联网关键技术》《面向工业网络系统的分布式协同控制》《工业互联网信息融合与安全》《工业混杂系统智能调度》《数据驱动的工业过程在线监测与故障诊断》，也介绍了工业互联网相关前沿技术和概念，如《信息物理系统安全控制设计与分析》《网络化系统智能控制与滤波》《自主智能系统控制》和《机器学习关键技术及应用》。通过本套丛书，读者可以了解到信息物理系统、网络化系统、多智能体系统、多刚体系统等常用和新型工业互联网系统的概念表述，也可掌握网络化控制、智能控制、分布式协同控制、信息物理安全控制、安全检测技术、在线监测技术、故障诊断技术、智能调度技术、信息融合技术、机器学习技术以及工业互联网边缘技术等最新方法与技术。丛书立足于国内技术现状，突出新理论、新技术和新应用，提供了国内外最新研究进展和重要研究成果，包含工业互联网相关落地应用，使丛书与同类书籍相比具有较高的学术水平和实际应用价值。本套丛书将工业互联网相关先进技术涉及到的方方面面进行引申和总结，可作为高等院校、科研院所电子信息领域相关专业的研究生教材，也可作为工业互联网相关企业研发人员的参考学习资料。

工业互联网的全面实现是一个长期的过程，当前仅仅是开篇。“数字浪潮：工业互联网先进技术”丛书的编写是一次勇敢的探索，系统论述国内外工业互联网发展现状、工业互联网应用特点、工业互联网基础理论和关键技术，希望本套丛书能够对读者全面了解工业互联网并全面提升科学技术水平起到推进作用，促进我国工业互联网相关理论和技术的发展。也希望有更多的有志之士和一线技术人员投身到工业互联网技术和应用的创新实践中，在工业互联网技术创新和落地应用中发挥重要作用。

钱锋

前言

PREFACE

工业互联网作为新一代信息技术与制造业深度融合的产物，通过对人、机、物、系统等的全面连接，构建起了覆盖全产业链、全价值链的全新制造和服务体系，为工业乃至产业数字化、网络化、智能化发展提供了实现途径。在以工业互联网为基础的新智造模式的推动下，集感知、计算、通信、决策和控制等功能于一体的工业网络系统应运而生。该系统将大量具备感知与执行能力的设备和终端，通过工业互联网实现了信息系统与工业物理过程的深度融合，形成了融合工业控制和信息通信的复杂动态系统。工业网络系统调控的目标以多源感知数据建模为基础，通过智能通信、智能分析与智能认知，设计基于分布式层级架构的控制、优化和决策方案，实现工业网络系统的全局协同优化，达到生产的最优化、流程的最简化、效率的最大化。

传统的基于集中式和集散式的控制方法，主要采用一个控制中心对多个终端或设备进行集中的管理和控制，系统中各单元与控制中心进行独立通信，控制中心能够实时监测、收集并分析终端或设备的数据，易于实现系统的全局优化。随着工业系统向大型化和复杂化发展，由于传统方案布线复杂、计算量大且运行成本高、灵活性和扩展性差等不足，已无法满足现代工业智能化的发展需求，传统的控制方法正在向分布式架构转变，即在空间中广泛分布的子系统通过通信网络互联，实现全局的协同控制与优化。基于分布式的控制方案在子系统局部观测的基础上，融合了邻居子系统的观测信息，且系统针对单点故障具有鲁棒性，能够进一步实现系统的全局优化。在未来分布式智能制造的驱动下，分布式协同控制与优化将成为工业网络系统的主要调控手段。由于通信网络带宽以及工业过程设备与终端计算资源有限，如何设计高效的通信机制与控制方案，在保证协同性能的同时有效降低系统的通信能耗，已成为工业网络系统面临的主要挑战性问题之一。另外，随着工业生产网络逐渐与办公网、互联网以及第三方网络的互联互通，原本封闭可信的工业生产环境被打破，工业生产物理装置和数据采集、传输、存储等环节面临病毒、黑客等严重威胁，如何在高效通信的基础上探究工业网络系统的安全调控显得尤为迫切。

本书面向工业网络系统通信高效性和运行安全性的实际需求，从多智能体系统的角度，系统地介绍了面向工业网络系统分布式协同控制方法。首先介绍了工业网络系统的内涵、架构与调控问题，概述了工业网络系统的分布式协同控制方案以及相关研究现状；接着从脉冲控制、采样控制、静态事件触发控制、动态事件触发控制、完全分布式事件触发控制和安全控制等方面详细介绍了分布式调控策略与应用。本书内容自成体系，旨在向读者展示工业网络系统分布式协同控制的基础理论和最新的研究方法。

本书共分为 7 章。第 1 章为绪论，首先概括介绍了工业网络系统的内涵、架构和调控方法，其次从多智能体系统角度综述了面向工业网络系统的分布式协同控制方法。第 2 ～ 6 章讨论了面向高效通信的工业网络系统分布式协同控制，包括分布式脉冲控制、分布式采样控制、分布式静态事件触发控制、分布式动态事件触发控制以及完全分布式事件触发控制。第 7 章讨论了工业网络系统的安全控制方法，从攻击发生的位置、攻击序列的特征等方面介绍了最新的研究进展。

本书在创作过程中得到了许多帮助和支持，感谢华东理工大学杜文莉教授、谭帅副教授对推动书籍出版的组织和协调工作，感谢香港城市大学陈关荣教授与何永昌教授、香港大学 James Lam 教授、波茨坦气候影响研究所 Jürgen Kurths 教授、昆士兰科技大学田玉楚教授、东南大学杨绍富副教授与许文盈副教授、南京邮电大学王正新副教授对本书部分内容的贡献和建议，感谢研究生袁洋、李世芬、梁琨、杨艳萍、施莉瑜、蔡晨昊、王强、刘培林对本书部分章节的资料收集与整理。

由于作者水平有限，书中难免存在疏漏与不妥之处，敬请读者批评指正。

著 者

目录

CONTENTS

Digital Wave
Advanced Technology of Industrial Internet

Distributed Cooperative Control of Industrial Network Systems

面向工业网络系统的分布式协同控制

第1章

绪论

1.1
工业网络系统概述

1.1.1 工业网络系统的内涵

工业网络系统是指工业系统中大量具备感知与执行能力的设备和终端，通过信息获取、传输、处理和控制等相互作用，构成的融合工业控制和信息通信的多维动态系统[1]。这类系统集感知、计算、通信、决策和控制等功能于一体，通过工业互联网实现了信息系统与工业物理过程的深度融合，是实现工业信息物理系统智能化和网络化的核心。

信息及互联网技术与工业的深度融合催生了信息物理融合系统（Cyber Physical System, CPS），即集感知、通信、计算、控制于一体的网络化系统。充分利用信息空间对物理过程状态和活动的精确评估和预测，实现信息系统与物理系统的深度融合和实时交互[2]。综合上述工业网络系统与信息物理融合系统的内涵不难发现，工业网络系统与信息物理融合系统均集感知、计算、通信与控制为一体，旨在利用新一代信息技术推进工业系统数字化、网络化、智能化发展。信息物理融合系统侧重于“融合”，即信息系统与物理系统的相互作用、虚实映射，通过信息空间对实体系统的状态和活动进行评估、预测，对实体系统间的关系进行挖掘和管理，进而提高实体系统的性能。而工业网络系统则聚焦综合通信与控制方案，以实现网络环境下感知、传输、控制这一过程的联合优化设计。可见，信息物理融合系统与工业网络系统两者目标一致，又各自有所侧重，存在诸多交叉与共通的理论基础、技术方案与研究内容。

1.1.2 工业网络系统的架构

典型的工业控制系统架构如图 1-1 所示，包括了企业层、控制层、现场总线层以及各层之间的信息交互。企业层主要涉及与企业运营相关的系统，如企业资源计划系统（EPR）、办公自动化系统（OA）、客户关系管理系统（CRM）等；控制层内部部署了服务器、历史数据库、实时数据库、人机交互界面等工业控制组件；现场总线层则将传感器与控制器相连，实现工业网络系统的感知与控制功能。

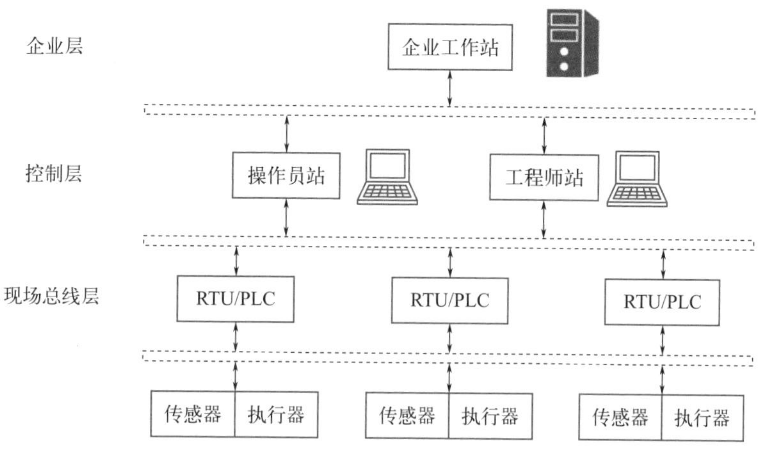

图 1-1　典型工业控制系统架构

随着工业互联网的深入，工业控制系统的网络化趋势日益显著。在单个控制系统中，被控对象、传感器、控制器和执行器在物理位置上呈现空间分布特性，通过公共的网络平台实现信息交互。在网络化系统层面，传统分散式的架构正在向分布式架构转变，在空间中分布较广的各子系统通过通信网络实现互联与协作，进一步实现工业网络系统的整体协同控制与优化。图 1-2 所示为工业网络系统的架构。

从图 1-2 中可以看出，工业网络系统主要由工业现场、云端协同、优化调度与安全保障这四个层面构成。在工业现场，分布在不同物理位置的感知终端与监测终端等设备采集工业数据并实现感知数据的提取与融合，然后通过公共网络平台将信息传输至控制终端；进一步，各子系统通过网络互联实现整体的协作运行。在优化调度层面，依据工业制造流程建立网络数字孪生模型，并结合个性化定制、大批量生产等需求进行用户需求预测与分析，以及感知、传输和计算资源的适配与系统的优化决策，进一步实现企业资源计划、制造执行系统、产品生命周期管理、客户关系管理的协同优化。相应的计算过程则通过边缘计算、云计算等计算平台实现。除此之外，安全作为工业网络系统稳定运行的重要保障，结合网络系统的开放、共享等特点，需针对用户数据、企业敏感数据进行信息的加密，实现隐私保护，针对系统运行中出现故障、受到网络攻击等情况，需实时进行攻击监测、漏洞修复与防御。

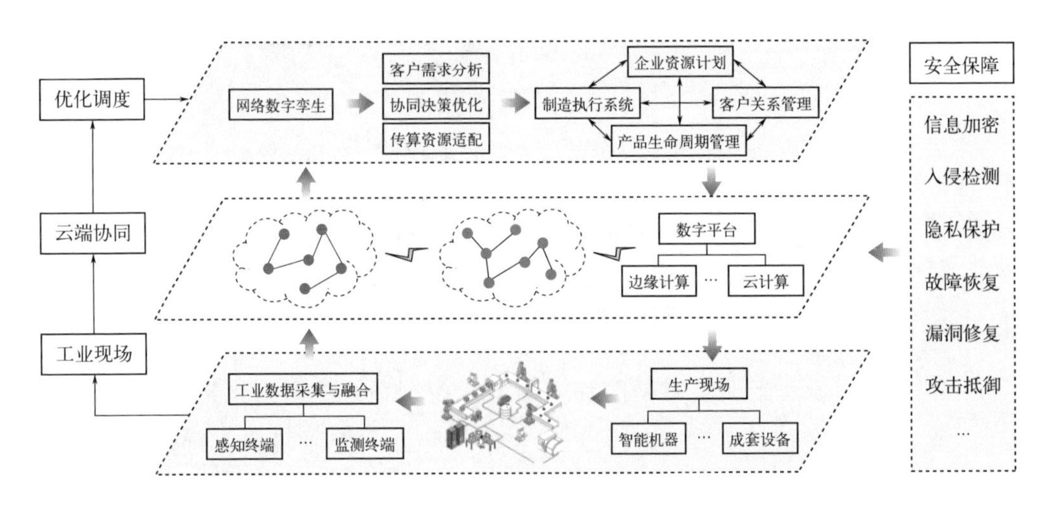

图 1-2　工业网络系统架构

1.1.3　工业网络系统的调控

工业网络系统的调控以多源感知数据的建模为基础，通过智能通信、智能分析与智能认知，设计基于分布式层级架构的控制、优化和决策方案，旨在实现工业网络系统的全局协同优化，达到生产的最优化、流程的最简化、效率的最大化。

传统的基于集中式和集散式的控制方法，主要采用一个控制中心对多个终端或设备进行集中的管理和控制，系统中的单元与控制中心进行独立通信，控制中心能够实时监测、收集并分析终端或设备的数据，易于实现系统的全局优化。随着工业互联网在工业系统中的普及，工业系统开始向大型化和复杂化发展，集中式的方案由于布线复杂、计算量大且运行成本高、灵活性和扩展性差等局限，已无法满足现代工业智能化发展需求，且在集中式控制模式下，当控制中心发生故障时会导致系统整体失效，鲁棒性低。为进一步提升系统的可扩展性，基于分散式和分布式的控制方案能够使工业网络系统结构更加分散，具有易于信息资源实时共享、扩展性强和方便维护等特点，在电力系统、石油化工、物流运输和食品制药等众多领域都有广泛的应用。基于分散式的控制方案采用多个控制中心分别控制由不同的终端或设备控制的子系统，并将控制功能分散在各个子系统中；而基于分布式的控制方案则在子系统局部观测的基础上，融合了邻居子系统的观测信息，实现整体系统的控制与管理。在分布式的控制框架下，系统的灵活性和可扩展性得到了进一步的提升，且系统针对单点故障具有鲁棒性，能够进一步实现系统的全局优化。在未来分布式智能制造的驱动下，分布式协同控制与优化将成为工业网络系统的发展趋势，充分利用工业互联网的连接优势，结合生产任务、生产条件、通信与网络资源，使工业网络系统具有较高的柔性、可靠性、可扩展性。

分布式协同控制的实现依赖基于工业互联网的信息感知和传输。通信技术和计算机技术的发展为工业网络系统带来了新的控制和估计范式。分散在远端的传感器、执行器、控制器、工业设备与终端通过公共的通信网络进行信息交互，协助完成复杂的任务。网络化连接避免了点对点通信，不仅节约成本，而且提高了系统的鲁棒性和灵活性。然而由于网络带宽有限，频繁的通信可能导致网络拥塞、信号延时甚至丢失，给系统的稳定性和控制性能造成较大的影响，如何降低通信成本就显得极为迫切；另外，实际工业过程产生的数据维数较高且数据量庞大，而单个工业设备和终端的计算和通信能力取决于内嵌的数字化微处理器，储能有限，且随着小型化、计算机和嵌入式技术的快速发展，用于计算的耗能被大大降低。如何设计高效的通信机制与控制方案，在保证协同性能的同时有效降低系统的通信能耗已成为工业网络系统面临的主要挑战性问题之一。

安全体系是工业网络系统健康发展的保障。近年来，5G基础设施建设不断完善，新技术、新应用与工业互联网技术融合持续研发和推广使用，在给我国工业系统发展带来巨大机遇的同时，也带来了严峻的挑战。工业生产网络逐渐与办公网、互联网以及第三方网络进行互联互通，使得原本封闭可信的工业生产环境被打破，物理装置和数据采集、传输、存储等环节面临病毒、黑客、敌对势力的威胁，有可能会导致系统硬件受到破坏，系统信息受到篡改和泄露，进而影响系统的稳定可靠运行。恶意攻击会给工业网络系统的安全稳定运行带来挑战，可能造成巨大的损失。2018年，由工业和信息化部发布的《工业控制系统信息安全行动计划（2018—2020年）》[3]指出："工业控制系统信息安全是实施制造强国和网络强国战略的重要保障。近年来，随着中国制造全面推进，工业数字化、网络化、智能化加快发展，我国工控安全面临安全漏洞不断增多、安全威胁加速渗透、攻击手段复杂多样等挑战。"因此，如何在高效通信的基础上探究工业网络系统的安全调控问题显得尤为迫切。

工业网络系统可用优化层和控制层（底层）两层结构来描述，制造过程全流程高效化、绿色化运行依赖于优化层的多目标动态优化及底层的自主智能控制系统。在大规模工业网络系统中，由于物理装置、环境、资源等条件的限制，其协同控制与优化决策涉及大量的耦合约束，传统的集中式优化方法面临建模复杂、收敛速度慢、收敛困难等挑战，亟待寻求高效的分布式求解算法。分布式优化主要通过各节点间的相互协作来最小化局部目标函数，从而实现全局目标函数的优化，其中每个节点都有着自己的局部目标函数（损失函数）以及决策变量，而全局目标一般是所有节点上的局部目标函数之和，具有鲁棒性、可扩展性、隐私性等优点。采用分布式优化能够有效处理工业网络系统资源配置或者计划调度中大规模复杂的耦合约束问题，有助于实现子系统间的协同优化，从而实现企业层、控制层和现场总线层的无缝集成优化。因此，如何使用分布式算法实现大规模工业网络系统优化问题的高效求解，并在此基础上保证通信的高效性，具有重要的实际意义。限于篇幅，本书重点介绍分布式协同控制方案。

1.2 分布式协同控制

1.2.1 分布式脉冲控制

作为自然界中瞬时突变行为的一种表征，脉冲现象往往能够更精确地反映系统在遇到突变情况时的动态演化规律。现实世界中的许多过程都包含脉冲现象，如：生物种群数量受外界影响会发生瞬间改变，生物的神经系统中神经元之间的信号传递是以电脉冲的方式进行的；糖尿病患者在注射胰岛素之后，体内的胰岛素含量会发生瞬时的变化；智能电网中由于发电机组切换导致的电网电压和功率突变等。在理论建模与分析中，通常采用脉冲微分方程对脉冲效应进行描述[4]。20 世纪 60 年代，Milman 与 Myshkis 开创性地构建了脉冲系统理论，为后续脉冲系统的理论研究奠定了良好的基础[5]。20 世纪 90 年代，Kulev 利用非线性系统理论中的李雅普诺夫直接法得到了脉冲系统稳定的充分条件[6]。1999 年，Yang[7] 提出了脉冲控制的概念，并建立了经典的脉冲微分系统比较理论。由于脉冲作用的瞬时性，脉冲控制作为一种有效的离散控制策略被广泛应用于卫星轨道转移、混沌同步与通信保密等领域[8,9]。起初基于脉冲控制的方案主要用于解决单个系统的可镇定性问题[10]，并基于李雅普诺夫稳定性定理和比较原理推导出稳定性判定准则[11]，相关研究也将其拓展到了延时系统的脉冲效应[12]或者延时脉冲控制[13,14]，对脉冲系统的输入 - 状态稳定也有研究[15,16]。

新一代信息技术与工业系统的深度融合对工业网络系统资源的高效利用、系统的鲁棒性等提出了更高的要求[1]。在复杂网络环境下，考虑到通信网络带宽、智能体自身能量和计算资源的有限性，节能型的控制策略成了首选。脉冲控制由于具备控制成本低、实现简单、资源利用率高等优点，已成为网络同步[17,18]、多智能体系统协同控制[19,20]等研究中的热门课题，同时也为工业网络系统提供了高效的调控方案。脉冲控制可分为分散式脉冲控制器和分布式脉冲控制器。分散式脉冲控制器对网络中的每个节点均设计了一个基于本地节点信息的控制协议，已被应用到耦合神经网络[21]、二阶多智能体系统[22]以及随机复杂网络[23]的同步问题中。上述工作的一个共同特点是控制器只包含了节点本地信息，忽略了网络中各节点之间错综复杂的耦合特性，而分布式脉冲控制器利用网络节点间的相互连接关系设计基于局部信息的控制协议，有效弥补了这一缺陷。针对二阶多智能体系统，本章参考文献 [24-26] 设计了基于采样数据的分布式脉冲控制器 / 延时脉冲控制器，讨论了采样间隔、一致性和脉冲增益之间的关系。针对异质非线性多智能体系统，本章参考文献 [27] 研究了分布式脉冲控制下的拟同步问题，提出了误差上界优化以及耦合强度、牵制节点和脉冲间隔的设计方案，并进一步将结果拓展到网络化领导者 - 跟随系统的分布式延时脉冲控制中[28]。在上述文献中，分布式脉冲控制只需要在离散的脉冲作用时刻利用智能体的局部信息，就能够实现多智能体系统的一致性。该方法有效避免了网络中设备或终端之间的连续通信，降低了通信资源消耗与系统的计算负担，提升了系统的通信资源利用率。分布式脉冲控制策略建立在子系统局部观测的基础上，为进一步提高工业网络系统的可扩展性与运行高效性提供了调控方案，有助于工业网络系统在资源分散的前提下实现网络化和智能化。

1.2.2 分布式采样控制

在工业网络系统中，具备感知与执行等能力的设备和终端通过工业互联网互联互通。受网络通信带宽、设备与终端计算能力的限制，传统的基于连续状态或连续测量输出的调控方案遇到挑战，且通过工业网络进行连续信号传输首先需要对信号进行采样与编码，当前设备与终端均通过数字计算机实现对信号的处理，这就要求在数据采集、通信、计算和控制驱动过程中采用模数转换器和数模转换器。采样控制使得系统中的信号以离散时间采样的数据进行传输[29]，且调控方案仅利用离散采样时刻数据，有助于节省通信资源、降低系统对传感器和控制器的性能要求，更加符合工业网络系统的实际应用需求。

依据采样周期，可将分布式采样控制分为固定周期采样控制和非周期采样控制。固定周期采样又称均匀采样，是指传感器数据采集、控制器数据更新与传输的周期固定不变。针对固定周期采样下的一阶 [30] 和二阶 [31-33] 多智能体系统，可通过离散化方法将系统转化为离散多智能体系统并研究一致性问题。采样数据多智能体系统同时具有连续和离散动态，因此可考虑将该系统转化为混杂系统研究二阶 [34,35]、一般线性 [36,37] 以及非线性 [38] 多智能体系统的一致性问题。然而，上述研究均要求采样机制是同步的，即所有智能体在相同的采样时刻更新其控制输入。考虑到同步全局时钟较为困难，本章参考文献 [39] 研究了异步固定周期采样下二阶多智能体系统的一致性问题。

固定周期采样通常要求系统的采样周期满足最坏的情况，无法充分利用系统资源。非周期采样机制作为一种解决方案，使用采样周期随时间变化的采样机制，缓解了上述问题。针对同步非周期采样机制，文献 [40-41] 通过离散化方法 [40] 或输入延时方法 [41] 讨论了一阶多智能体系统的一致性问题，给出了最大允许采样间隔的上界，然后相关研究将其推广到了二阶 [42,43] 和一般线性 [44] 多智能体系统。作为同步采样机制的改进，本章参考文献 [45] 研究了异步非周期采样下二阶多智能体系统的一致性问题。非周期采样中存在一种采样间隔随机变化的随机采样机制。本章参考文献 [46] 研究了采样间隔独立同分布的随机采样机制，而本章参考文献 [47-49] 中的采样间隔在多个不同的值之间随机切换。在工业网络系统的调控中，一方面，相较于连续控制方案，基于采样的调控方案花费较少的通信与计算成本便可以完成相同的调控任务，更加符合实际应用需求。另一方面，由于计算和通信无法瞬时完成，系统中的延时往往是不可避免的，而基于随机采样机制的分布式控制方案增大了系统的采样间隔，并考虑了延时对系统的影响，具有重要的实际意义。

1.2.3 事件触发控制

事件触发机制作为一种异步的控制策略，其基本原理是基于一些明确定义的事件而不是在一些固定设置的时间点对系统数据进行一系列的采样操作以及/或者传输操作。当满足触发条件时，系统中的智能体根据最新的邻居智能体状态信息更新自身的控制律，并将自己触发时刻的状态信息传递给邻居智能体。从事件触发机制的基本原理来看，事件触发机制可以被看作是对经典时间触发机制中的常规采样以及/或者传输决策添加了某种“智能”。事件触发机制既保证了系统的良好性能，又可以有效地减少通信量与控制器的更新频次，提高了通信与计算资源的利用率。如今，在工业网络系统中控制器和状态估计器在一些无线和数字网络媒体上进行了空间和远程部署，其中控制和估计任务持续地与其他相邻任务共享宝贵的资源。在这种新模式下，控制器和状态估计器的设计应充分考虑电池供电系统组件、通信带宽和系统计算与处理能力所带来的资源约束问题[50]。

依据事件触发机制的设计，基于事件触发的控制策略又可划分为静态事件触发控制、动态事件触发控制与完全分布式事件触发控制。在静态事件触发中，Åström 等人[51]和 Årzén[52]最早提出了基于事件触发的控制策略，并将其与周期性采样控制对比，指出事件触发控制既可以保证控制效果又能节约能量消耗。而后，随着网络技术的不断发展，事件触发控制策略被广泛应用于多智能体系统中，Dimarogonas 等人[53]针对一阶积分器多智能体系统，设计了集中式的事件触发策略。为了提高各智能体的自主性，Dimarogonas 等人[54]进一步提出了针对每个智能体的分布式事件触发机制，在保证一致性的同时减少了控制成本。为了解决对触发条件连续的检测和判断、控制器的频繁更新等挑战性问题，学者们相继提出了基于采样数据的事件触发机制[54,55]、基于组合测量的事件触发机制[56]以及基于模型的事件触发机制[57,58]，大量的有关事件触发控制的研究参见本章综述性文献 [59,60]。在上述事件触发机制中，由于触发参数固定，随着时间的推移，会产生一些不必要的触发，这在一定程度上限制了事件触发机制的应用范围。近年来，动态事件触发机制实现了对于静态事件触发的动态调整，增加了触发策略的灵活性，因此受到了学者们的广泛关注。动态事件触发机制主要分为两类：

① 基于辅助动态变量的动态事件触发机制：通过在阈值中增加一个

非负的辅助动态变量，从而增大阈值函数，减少触发次数[61-63]。

② 基于动态阈值参数的动态事件触发机制：根据系统状态动态地调整触发参数，也可以认为是一种自适应事件触发机制[64-69]；阈值参数动态变化形式主要包括时变单调非递增函数[64,65]、时变单调非递减函数[66,67]与时变非单调函数[68,69]，具体介绍参见本章综述性文献[70,71]。

值得注意的是，上述所有事件触发机制均涉及全局信息的使用，如网络拓扑拉普拉斯矩阵的特征值、智能体的数量等。一方面，在许多现实场景下，通信网络的全局信息未知或不可用，或者需要消耗大量的计算与通信资源来获取，给系统的运行带来了较大的负担；另一方面，工业网络系统的高度可扩展性需求，要求工业网络系统的设备或终端能够依据生产制造需求进行添加与移除，此时工业网络系统中的设备与终端数量以及通信拓扑处于动态变化中，建立在全局变量上的事件触发控制方案已无法满足工业网络系统的实际应用需求。因此，为了提高控制方案的可扩展性，学者们提出了完全分布式事件触发机制以移除控制策略对全局信息的依赖。通过在控制律和动态触发参数中均引入基于边的时变耦合项（本章参考文献[72-74]）实现了多智能体系统的有界一致性，此类控制协议仅依赖于每个节点及其邻居的局部信息，因此实现了完全分布式事件触发控制。类似地，基于节点的完全分布式事件触发控制协议也相继被提出[75,76]。此外，在上述研究的基础上，有学者通过在触发条件中增加辅助动态变量，实现了完全分布式事件触发控制下多智能体系统的渐近收敛[77]。在工业网络系统中，事件触发作为节约网络通信资源的有效机制，能够缓解通信网络传输压力，提升系统的运行效率。当前工业网络系统规模不断扩大，建立基于事件触发机制的调控策略，进一步设计不依赖于全局信息的完全分布式事件触发调控策略，对提升系统资源利用率并提高系统的可拓展性具有重要的意义。

1.2.4 安全控制

近年来，互联网技术的快速发展与智能设备的结合，使得依赖于工业互联网的工业系统具有开放性、共享性、互联性、互操作性等特点。

网络化结构在提高系统可扩展性的同时也面临网络攻击的风险。网络攻击可能会引发大量工业系统内部设备、终端和通信网络的瞬时故障，并产生级联效应，导致系统失效。传统控制系统的鲁棒性和容错机制的目的是确保系统在遭受干扰和运行出错时具有一定的可恢复能力，但当遭受外部入侵攻击时，这些机制往往失效。脆弱网络环境下工业系统的安全问题面临巨大的挑战。本书从多智能体系统角度出发，针对如何保证在遭受外部网络攻击的情况下，系统仍然能够保持稳定的运行性能这一挑战性问题，进行工业网络系统的安全控制问题研究，提高系统对外部攻击的容忍程度。

常见的网络攻击主要可以分为拒绝服务 (Denial of Service, DoS) 攻击和欺骗攻击 [78]。DoS 攻击通过故意发送大量无意义的数据包恶意消耗通信资源或通过大功率噪声干扰 / 阻止正常通信 [79,80]；欺骗攻击会篡改传感器的传感数据或控制信号，使系统中的设备或终端接收到错误的控制指令而做出错误决定，进而影响系统运行的可靠性，破坏系统的协同行为，造成不可估量的经济损失 [80,81]。典型的欺骗攻击包括：错误数据注入攻击 [82-84]、缩放攻击 [85,86]、替换攻击 [87] 等。错误数据注入攻击会向原始信息中注入额外错误信息，也被称为加性攻击；缩放攻击会放大或缩小原始信息；替换攻击会用准备好的错误信息覆盖原始信息发送给接收方，如果攻击信息是系统早先传输的旧数据，则被称为重放攻击。此外，实际欺骗攻击可能以脉冲信号的形式注入系统，系统运行状态遭受瞬时扰动并在特定时刻突然变化，即脉冲欺骗攻击 [88]。针对上述网络攻击，需充分考虑攻击带来的负面影响，设计合适的安全控制策略以保证工业网络系统的安全与稳定性，具体参见本章综述性文献 [81]。

欺骗攻击的建模大致可从攻击发动方式、攻击位置、攻击信号进行分类。从攻击发动方式来看，早期的研究假定网络攻击者常遵循某种给定的概率分布发动攻击，这被称为概率随机攻击模型 [82,89,90]。但是随机模型意味着假定攻击者只随意地、离散地攻击系统而不是主动、有选择地控制攻击的发动 [91]；而在现实中攻击者通常间歇发动攻击，该方式让攻击者可以主动选择系统薄弱时刻进行持续、集中的攻击，以尽可能地破坏系统，并在休眠时间段，攻击者可以补充攻击时所消耗的大量能量。因此相比于随机攻击模型，间歇的攻击模型更加贴近实际情况，序列式攻击模型 [91,92] 正是考虑了这种攻击机制，包含了攻击发动频率和持续时间等攻击时间序列特性。从攻击的位置来看，传感器、执行器、控制器以及传输通道等均会受到网络攻击的影响 [82,93]。实际的攻击建模通常综合考虑攻击的位置、信号以及发动方式建立合理的模型。

为了抵御恶意攻击的影响，多智能体系统的安全控制受到了广泛关注。协调多智能体系统的关键问题是设计有效的抵御攻击的弹性安全控制策略，使得期望的控制目标在攻击的影响下仍能发挥作用 [80]。针对受到 DoS 攻击的系统，根据受攻击时智能体间的通信状态，可将抵御 DoS 攻击的弹性控制策略分为基于连续通信的弹性安全控制 [94-96] 和基于事件触发的弹性安全控制 [91,97,98]。在基于连续通信的弹性安全控制中，引入切换拓扑来表征攻击对通信网络的影响，并因此提出了一些连通性恢复机制。基于事件触发的弹性安全控制中，由于恶意攻击会导致传输信息在某些期望的时刻无法更新，因此需要设计可以抵御攻击的弹性事件触发策略。目前常见的弹性事件触发策略都集中在探讨事件触发时间序列与攻击频率、持续时间等攻击属性之间的关系上 [82,86,91,92,97,98]。针对受到欺骗攻击的系统，根据受到的不同欺骗攻击信号，所设计的弹性安全控制策略也各不相同，比如：面向注入欺骗攻击时的安全脉冲同步控制 [82,93] 和基于预测的弹性控制 [84]；当受到缩放欺骗攻击时的自适应安全控制 [99]；当受到替换欺骗攻击时的非脆弱性鲁棒控制 [100] 和基于观测器的事件触发安全控制 [101] 以及当受到脉冲欺骗攻击时的反馈控制，本章参考文献 [88] 给出了保证系统几乎处处稳定的一般准则。此外，为了消减攻击对系统的影响，有学者也提出了一些可以主动补偿欺骗攻击的弹性控制策略 [84,99]。对于工业网络系统，建立合理的网络攻击模型，进而设计应对不同攻击类型的安全调控策略，是提升工业网络系统运行安全性、鲁棒性和弹性的有效途径之一。目前针对序列式欺骗攻击的安全调控策略仍存在诸多挑战，同时，如何将安全调控策略与基于完全分布式事件触发的高效通信策略相结合也是一个开放性的研究课题。

1.3
本章小结

工业网络系统作为融合工业控制和信息通信的多维动态系统，集感知、计算、通信、决策和控制等功能为一体。在以工业互联网为基础的新智造模式的推动下，本书从分布式的视角，提供了高效的分布式脉冲控制、采样控制与事件触发控制方案，实现了通信资源利用效率与系统控制性能之间的平衡；而分布式安全控制为工业网络系统在恶意攻击下的安全稳定运行提供了保障。工业网络系统的分布式调控必将能够推动工业制造系统走向智能化制造和网络化协同，这也是未来制造业发展的重要方向。

参考文献

[1] 关新平，陈彩莲，杨博，等．工业网络系统的感知 - 传输 - 控制一体化：挑战和进展 [J]. 自动化学报，2019, 45(01): 25-36.

[2] 管晓宏，关新平，郭戈．信息物理融合系统理论与应用专刊序言 [J]. 自动化学报，2019, 45(01): 1-4.

[3] 工业和信息化部．关于印发《工业控制系统信息安全行动计划（2018—2020 年）》的通知 [EB/OL]. (2017-12-29)[2022-04-12]. https://www.miit.gov.cn/jgsj/xxjsfzs/wjfb/art/2020/art_dc95c79d172344eb9a240720725c4317.html.

[4] Lakshmikantham V, Bainov D D, Simeonov P S. Theory of impulsive differential equations[M]. Singapore: World scientific, 1989.

[5] Milman A, Myshkis A. On the stability of motion in nonlinear mechanics[J]. Siberian Mathematical Journal, 1960, 1: 233-237.

[6] Kulev G K, Bainov D D. On the global stability of sets for impulsive differential systems by Lyapunov' s direct method[J]. Dynamics and Stability of Systems, 1990, 5(3): 149-162.

[7] Yang T. Impulsive control theory[M]. Berlin: Springer Science & Business Media, 2001.

[8] Haddad W M, Chellaboina V S, Nersesov S G. Impulsive and hybrid dynamical systems[M]. Princeton: Princeton University Press, 2014.

[9] Baĭnov D, Bainov D D, Simeonov P S. Systems with impulse effect: stability, theory, and applications[M]. Chichester: Ellis Horwood, 1989.

[10] Li X, Bohner M. An impulsive delay differential inequality and applications[J]. Computers & Mathematics with Applications, 2012, 64(6): 1875-1881.

[11] Li H, Li C, Huang T, et al. Fixed-time stability and stabilization of impulsive dynamical systems[J]. Journal of the Franklin Institute, 2017, 354(18): 8626-8644.

[12] Chen W H, Zheng W X. Exponential stability of nonlinear time-delay systems with delayed impulse effects[J]. Automatica, 2011, 47(5): 1075-1083.

[13] Li X, Song S. Stabilization of delay systems: delay-dependent impulsive control[J]. IEEE Transactions on Automatic Control, 2017, 62(1): 406-411.

[14] Li X, Li P. Stability of time-delay systems with impulsive control involving stabilizing delays[J]. Automatica, 2021, 124: 109336.

[15] Hespanha J P, Liberzon D, Teel A R. Lyapunov conditions for input-to-state stability of impulsive systems[J].

Automatica, 2008, 44(11): 2735-2744.
[16] Chen W H, Zheng W X. Input-to-state stability and integral input-to-state stability of nonlinear impulsive systems with delays[J]. Automatica, 2009, 45(6): 1481-1488.
[17] Lu J, Ho D W C, Cao J. A unified synchronization criterion for impulsive dynamical networks[J]. Automatica, 2010, 46(7): 1215-1221.
[18] Liang K, He W, Xu J, et al. Impulsive effects on synchronization of singularly perturbed complex networks with semi-markov jump topologies[J]. IEEE Transactions on Systems, Man, and Cybernetics: Systems, 2022, 52(5): 3163-3173.
[19] Xu Z, Li C, Han Y. Impulsive consensus of nonlinear multi-agent systems via edge event-triggered control[J]. IEEE Transactions on Neural Networks and Learning Systems, 2020, 31(6): 1995-2004.
[20] Gong J, Ning D, Wu X, et al. Bounded leader-following consensus of heterogeneous directed delayed multi-agent systems via asynchronous impulsive control[J]. IEEE Transactions on Circuits and Systems II: Express Briefs, 2021, 68(7): 2680-2684.
[21] Chen W H, Lu X, Zheng W X. Impulsive stabilization and impulsive synchronization of discrete-time delayed neural networks[J]. IEEE Transactions on Neural Networks and Learning Systems, 2015, 26(4): 734-748.
[22] Hu H, Liu A, Xuan Q, et al. Second-order consensus of multi-agent systems in the cooperation-competition network with switching topologies: a time-delayed impulsive control approach[J]. Systems & Control Letters, 2013, 62(12): 1125-1135.
[23] Zhang W, Tang Y, Miao Q, et al. Synchronization of stochastic dynamical networks under impulsive control with time delays[J]. IEEE Transactions on Neural Networks and Learning Systems, 2014, 25(10): 1758-1768.
[24] Guan Z H, Liu Z W, Feng G, et al. Impulsive consensus algorithms for second-order multi-agent networks with sampled information[J]. Automatica, 2012, 48(7): 1397-1404.
[25] Ding L, Yu P, Liu Z W, et al. Consensus of second-order multi-agent systems via impulsive control using sampled hetero-information[J]. Automatica, 2013, 49(9): 2881-2886.
[26] Liu Z W, Wen G, Yu X, et al. Delayed impulsive control for consensus of multiagent systems with switching communication graphs[J]. IEEE Transactions on Cybernetics, 2020, 50(7): 3045-3055.
[27] He W, Qian F, Lam J, et al. Quasi-synchronization of heterogeneous dynamic networks via distributed impulsive control: error estimation, optimization and design[J]. Automatica, 2015, 62: 249-262.
[28] He W, Chen G, Han Q L, et al. Network-based leader-following consensus of nonlinear multi-agent systems via distributed impulsive control[J]. Information Sciences, 2017, 380: 145-158.
[29] Chen T, Francis B A. Optimal sampled-data control systems[M]. London: Springer-Verlsag , 1995.
[30] Liu S, Li T, Xie L, et al. Continuous-time and sampled-data-based average consensus with logarithmic quantizers[J]. Automatica, 2013, 49(11): 3329-3336.
[31] Chen W, Li X, Jiao L C. Quantized consensus of second-order continuous-time multi-agent systems with a directed topology via sampled data[J]. Automatica, 2013, 49(7): 2236-2242.
[32] Cheng L, Wang Y, Hou Z G, et al. Sampled-data based average consensus of second-order integral multi-agent systems: Switching topologies and communication noises[J]. Automatica, 2013, 49(5): 1458-1464.
[33] Qin J, Gao H. A sufficient condition for convergence of sampled-data consensus for double-integrator dynamics with nonuniform and time-varying communication delays[J]. IEEE Transactions on Automatic Control, 2012, 57(9): 2417-2422.
[34] Yu W, Zhou L, Yu X, et al. Consensus in multi-agent systems with second-order dynamics and sampled data[J]. IEEE Transactions on Industrial Informatics, 2013, 9(4): 2137-2146.
[35] Yu W, Zheng W, Chen G, et al. Second-order consensus in multi-agent dynamical systems with sampled position data[J]. Automatica, 2011, 47(7): 1496-1503.
[36] Zhang W, Tang Y, Huang T, et al. Sampled-data consensus of linear multi-agent systems with packet losses[J]. IEEE Transactions on Neural Networks and Learning Systems, 2017, 28(11): 2516-2527.
[37] Liu K, Zhu H, Lv J. Bridging the gap between transmission noise and sampled data for robust consensus of multi-agent systems[J]. IEEE Transactions on Circuits and Systems I: Regular Papers, 2015, 62(7): 1836-1844.
[38] Wen G, Duan Z, Yu W, et al. Consensus of multi-agent systems with nonlinear dynamics and sampled-data information: a delayed-input approach[J]. International Journal of Robust and Nonlinear Control, 2013, 23(6): 602-619.
[39] Gao Y, Wang L. Sampled-data based consensus of continuous-time multi-agent systems with time-varying

topology[J]. IEEE Transactions on Automatic Control, 2011, 56(5): 1226-1231.
[40] Wu J, Meng Z, Yang T, et al. Sampled-data consensus over random networks[J]. IEEE Transactions on Signal Processing, 2016, 64(17): 4479-4492.
[41] Wu Z, Peng L, Xie L, et al. Stochastic bounded consensus tracking of leader-follower multi-agent systems with measurement noises based on sampled-data with small sampling delay[J]. Physica A: Statistical Mechanics and its Applications, 2013, 392(4): 918-928.
[42] Xiao F, Chen T. Sampled-data consensus for multiple double integrators with arbitrary sampling[J]. IEEE Transactions on Automatic Control, 2012, 57(12): 3230-3235.
[43] Xie D, Cheng Y. Bounded consensus tracking for sampled-data second-order multi-agent systems with fixed and markovian switching topology[J]. International Journal of Robust and Nonlinear Control, 2015, 25(2): 252-268.
[44] Liu H, Cheng L, Tan M, et al. Containment control of continuous-time linear multi-agent systems with aperiodic sampling[J]. Automatica, 2015, 57: 78-84.
[45] Zhan J, Li X. Asynchronous consensus of multiple double-integrator agents with arbitrary sampling intervals and communication delays[J]. IEEE Transactions on Circuits and Systems I: Regular Papers, 2015, 62(9): 2301-2311.
[46] Zhan J, Li X. Consensus in networked multiagent systems with stochastic sampling[J]. IEEE Transactions on Circuits and Systems II: Express Briefs, 2017, 64(8): 982-986.
[47] Wan Y, Wen G, Cao J, et al. Distributed node-to-node consensus of multi-agent systems with stochastic sampling[J]. International Journal of Robust and Nonlinear Control, 2016, 26(1): 110-124.
[48] Shen B, Wang Z, Liu X. Sampled-data synchronization control of dynamical networks with stochastic sampling[J]. IEEE Transactions on Automatic Control, 2012, 57(10): 2644-2650.
[49] Zhao X, Ma C, Xing X, et al. A stochastic sampling consensus protocol of networked Euler-Lagrange systems with application to two-link manipulator[J]. IEEE Transactions on Industrial Informatics, 2015, 11(4): 907-914.
[50] Dolk V, Tesi P, De Persis C, et al. Event-triggered control systems under denial-of-service attacks[J]. IEEE Transactions on Control of Network Systems, 2017, 4(1): 93-105.
[51] Åström K, Bernhardsson B. Comparison of periodic and event based sampling for first order stochastic systems[J]. IFAC Proceedings Volumes, 1999, 32(2): 5006-5011.
[52] Årzén K. A simple event-based PID controller[J]. IFAC Proceedings Volumes, 1999, 32(2): 8687-8692.
[53] Dimarogonas D, Johansson K. Event-triggered control for multi-agent systems[C]// Proceedings of the 48th IEEE Conference on Decision and Control, jointly with the 28th Chinese Control Conference. Piscataway, NJ, USA: IEEE, 2009: 7131-7136.
[54] Dimarogonas D, Frazzoli E, Johansson K. Distributed event-triggered control for multiagent systems[J]. IEEE Transactions on Automatic Control, 2012, 57(5): 1291-1297.
[55] Guo G, Ding L, Han Q L. A distributed event-triggered transmission strategy for sampled-data consensus of multi-agent systems[J]. Automatica, 2014, 50(5): 1489-1496.
[56] Meng X, Chen T. Event based agreement protocols for multi-agent networks[J]. Automatica, 2013, 49(7): 2125-2132.
[57] Fan Y, Feng G, Wang Y, et al. Distributed event-triggered control of multi-agent systems with combinational measurements[J]. Automatica, 2013, 49(2): 671-675.
[58] Garcia E, Cao Y, Casbeer D W. Decentralized event-triggered consensus with general linear dynamics[J]. Automatica, 2014, 50(10): 2633-2640.
[59] Yang D, Ren W, Liu X, et al. Decentralized event-triggered consensus for linear multi-agent systems under general directed graphs[J]. Automatica, 2016, 69: 242-249.
[60] Ding L, Han Q L, Ge X, et al. An overview of recent advances in event-triggered consensus of multiagent systems[J]. IEEE Transactions on Cybernetics, 2017, 48(4): 1110-1123.
[61] Zhang X M, Han Q L, Zhang B L. An overview and deep investigation on sampled-data-based event-triggered control and filtering for networked systems[J]. IEEE Transactions on Industrial Informatics, 2017. 13(1): 4-16.
[62] Girard A. Dynamic triggering mechanisms for event-triggered control[J]. IEEE Transactions on Automatic Control, 2015, 60(7): 1992-1997.
[63] He W, Xu B, Han Q L, et al. Adaptive consensus control of linear multiagent systems with dynamic event-triggered strategies[J]. IEEE Transactions on Cybernetics, 2020, 50(7): 2996-3008.
[64] Zhao G, Hua C. A hybrid dynamic event-triggered approach to consensus of multiagent systems with external

disturbances[J]. IEEE Transactions on Automatic Control, 2021, 66(7): 3213-3220.
[65] Ge X, Ahmad I, Han Q L, et al. Dynamic event-triggered scheduling and control for vehicle active suspension over controller area network[J]. Mechanical Systems and Signal Processing, 2021, 152: 107481.
[66] Wen S, Guo G, Chen B, et al. Cooperative adaptive cruise control of vehicles using a resource-efficient communication mechanism[J]. IEEE Transactions on Intelligent Vehicles, 2019, 4(1): 127-140.
[67] Ge X, Xiao S, Han Q L, et al. Dynamic event-triggered scheduling and platooning control co-design for automated vehicles over vehicular ad-hoc networks[J]. IEEE/CAA Journal of Automatica Sinica, 2022, 9(1): 31-46.
[68] Yin X, Yue D, Hu S, et al. Distributed adaptive model-based event-triggered predictive control for consensus of multiagent systems[J]. International Journal of Robust and Nonlinear Control, 2018, 28(18): 6180-6201.
[69] Li H, Zhang Z, Yan H, et al. Adaptive event-triggered fuzzy control for uncertain active suspension systems[J]. IEEE Transactions on Cybernetics, 2019, 49(12): 4388-4397.
[70] Gu Z, Shi P, Yue D, et al. Decentralized adaptive event-triggered filtering for a class of networked nonlinear interconnected systems[J]. IEEE Transactions on Cybernetics, 2019, 49(5): 1570-1579.
[71] Ge X, Han Q L, Ding L, et al. Dynamic event-triggered distributed coordination control and its applications: a survey of trends and techniques[J]. IEEE Transactions on Systems, Man, and Cybernetics: Systems, 2020, 50(9): 3112-3125.
[72] Ge X, Han Q L, Zhang X M, et al. Dynamic event-triggered control and estimation: a survey[J]. International Journal of Automation and Computing, 2021, 18(6): 857-886.
[73] Cheng B, Li Z. Fully distributed event-triggered protocols for linear multiagent networks[J]. IEEE Transactions on Automatic Control, 2019, 64(4): 1655-1662.
[74] Cheng B, Li Z. Coordinated tracking control with asynchronous edge-based event-triggered communications[J]. IEEE Transactions on Automatic Control, 2019, 64(10): 4321-4328.
[75] Wang Q, Li S, He W, et al. Fully distributed event-triggered bipartite consensus of linear multi-agent systems with quantized communication[J]. IEEE Transactions on Circuits and Systems II: Express Briefs, 2022, 69(7): 3234-3238.
[76] Li X, Tang Y, Karimi H R. Consensus of multi-agent systems via fully distributed event-triggered control[J]. Automatica, 2020, 116: 108898.
[77] Li W, Zhang H, Zhou Y, et al. Bipartite formation tracking for multi-agent systems using fully distributed dynamic edge-event-triggered protocol[J]. IEEE/CAA Journal of Automatica Sinica, 2022, 9(5): 847-853.
[78] Xu W, He W, Ho D W C, et al. Fully distributed observer-based consensus protocol: Adaptive dynamic event-triggered schemes[J]. Automatica, 2022, 139: 110188.
[79] Zou L, Wang Z, Han Q L, et al. Moving horizon estimation for networked time-delay systems under Round-Robin protocol[J]. IEEE Transactions on Automatic Control, 2019, 64(12): 5191-5198.
[80] Befekadu G K, Gupta V, Antsaklis P J. Risk-sensitive control under a class of denial-of-service attack models[C]// 2011 American Control Conference (ACC). Piscataway,NJ,USA: IEEE, 2011: 643-648.
[81] He W, Xu W, Ge X, et al. Secure control of multi-agent systems against malicious attacks: a brief survey[J]. IEEE Transactions on Industrial Informatics, 2022, 18(6): 3595- 3608.
[82] Cetinkaya A, Ishii H, Hayakawa T. An overview on denial-of-service attacks in control systems: attack models and security analyses[J]. Entropy, 2019; 21(2): 210.
[83] He W, Gao X, Zhong W, et al. Secure impulsive synchronization control of multi-agent systems under deception attacks[J]. Information Sciences, 2018, 459: 354-368.
[84] Li X, Zhou Q, Li P, et al. Event-triggered consensus control for multi-agent systems against false data-injection attacks[J]. IEEE Transactions on Cybernetics, 2020, 50(5): 1856-1866.
[85] Mustafa A, Modares H. Attack analysis and resilient control design for discrete-time distributed multi-agent systems[J]. IEEE Robotics and Automation Letters, 2020, 5(2): 369-376.
[86] Xu J, Haddad W M. An adaptive control architecture for leader-follower multiagent systems with stochastic disturbances and sensor and actuator attacks[J]. International Journal of Control, 2018, 92(11): 2561-2570.
[87] He W, Mo Z. Secure Event-triggered consensus control of linear multiagent systems subject to sequential scaling attacks[J]. IEEE Transactions on Cybernetics, 2021. DOI: 10.1109/TCYB.2021.3070356.
[88] 王亚楠 . 过程控制系统欺骗攻击与信息安全防护 [D]. 上海 : 华东理工大学 , 2014.
[89] He W, Qian F, Han Q L, et al. Almost sure stability of nonlinear systems under random and impulsive sequential

attacks[J]. IEEE Transactions on Automatic Control, 2020, 65(9): 3879-3886.
[90] Zhang D, Liu L, Feng G. Consensus of heterogeneous linear multiagent systems subject to a periodic sampled-data and DoS attack[J]. IEEE Transactions on Cybernetics, 2019, 49(4): 1501-1511.
[91] Feng Z, Wen G, Hu G. Distributed secure coordinated control for MASs under strategic attacks[J]. IEEE Transactions on Cybernetics, 2017, 47(5): 1273-1284.
[92] Xu W, Ho D W, Zhong J, et al. Event/self-triggered control for leader-following consensus over unreliable network with DoS attacks[J]. IEEE Transactions on Neural Networks and Learning Systems, 2019, 30(10): 3137-3149.
[93] Feng Z, Hu G. Secure cooperative event-triggered control of linear multiagent systems under DoS attacks[J]. IEEE Transactions on Control Systems Technology, 2020, 28(3): 741-752.
[94] He W, Mo Z, Han Q L, et al. Secure impulsive synchronization in Lipschitz-type multi-agent systems subject to deception attacks[J]. IEEE/CAA Journal of Automatica Sinica, 2020, 7(5): 1326-1334.
[95] Feng Z, Wen G, Hu G. Distributed secure coordinated control for multiagent systems under strategic attacks[J]. IEEE Transactions on Cybernetics, 2017, 47(5): 1273-1284.
[96] Feng Z, Hu G, Wen G. Distributed consensus tracking for multi-agent systems under two types of attacks[J]. International Journal of Robust and Nonlinear Control, 2016, 26(5): 896-918.
[97] Lu A Y, Yang G H. Distributed consensus control for multi-agent systems under denial-of-service[J]. Information Sciences, 2018, 439: 95-107.
[98] Xu W, Hu G, Ho D W C, et al. Distributed secure cooperative control under denial-of-service attacks from multiple adversaries[J]. IEEE Transactions on Cybernetics, 2020, 50(8): 3458-3467.
[99] Senejohnny D, Tesi P, De Persis C. A jamming-resilient algorithm for self-triggered network coordination[J]. IEEE Transactions on Control of Network Systems, 2018, 5(3): 981-990.
[100] Xu J, Haddad W M. An adaptive control architecture for leader-follower multiagent systems with stochastic disturbances and sensor and actuator attacks[J]. International Journal of Control, 2019, 92(11): 2561-2570.
[101] Wu T, Hu J, Chen D. Non-fragile consensus control for nonlinear multi-agent systems with uniform quantizations and deception attacks via output feedback approach[J]. Nonlinear Dynamics, 2019, 96(1): 243-255.

Digital Wave
Advanced Technology of Industrial Internet

Distributed Cooperative Control of Industrial Network Systems

面向工业网络系统的分布式协同控制

第2章

分布式脉冲控制

2.1 概述

新一代信息技术与工业网络系统的深度融合，使工业网络系统规模逐步扩大，同时对网络资源的利用率、系统运行的鲁棒性也提出了更高的要求。由于脉冲作用的瞬时特性，脉冲控制作为一种利用离散时刻采样数据的控制策略，具备控制成本低、收敛性能好、资源利用率高等特点，为提升工业网络系统运行的高效性与鲁棒性提供了调控方案。本章从多智能体系统角度出发考虑工业网络系统的协同调控问题，针对如何仅使用每个智能体及其邻居的信息来设计合适的分布式脉冲调控策略展开系统性研究。

脉冲控制只在脉冲时刻产生作用，为无法实现连续控制输入的系统提供了良好的解决方案。随着网络通信和数字技术的发展以及通信资源的限制，智能体之间的信息传输可能只发生在某些离散的时刻，因此，分布式脉冲控制被广泛用于网络化多智能体系统的一致性问题。通过合理设计脉冲序列，可以有效降低控制成本[1,2]。而且，通过对所有节点施加脉冲控制，实现了网络的同步。然而，在大规模复杂工业网络系统中，对所有智能体施加控制不仅成本较为昂贵，而且并不是必要的。为此，有研究学者提出一种基于牵制控制的脉冲控制策略，仅需将领导者的信息传输给少量的牵制节点，就能实现多智能体系统的全局一致。本章参考文献 [3] 提出了一种用于随机网络同步的牵制脉冲策略，其中牵制节点的比例是确定的。随后，有研究证明了单脉冲控制器在镇定耦合线性标量网络[4]和延时动态网络[5]方面的有效性。本章参考文献 [6] 提出了一种用于处理耦合延时神经网络的牵制脉冲同步策略。然而在分布式脉冲架构下如何融合牵制策略的研究仍然有不少空白。在分布式牵制脉冲控制策略设计中，为了降低控制成本，如何合理设计脉冲序列、选择牵制矩阵以及牵制多少个节点是该问题的核心，本章 2.2 节将对此进行详细的讨论。此外，工业网络系统的传感器、控制器以及执行器之间很可能通过通信网络进行远程连接，传输延时不可避免[7,8]，有必要从系统层面设计分布式延时脉冲控制器，探索网络拓扑与实现多智能体系统一致的最大容忍延时之间的关系，本章 2.3 节将致力于该问题的研究。

工业网络系统广泛存在异质的物理设备，如在具有拉格朗日动力学的多个机器人机械手中，每个机械手拥有不同的惯性矩阵 [9]。异质性可能破坏系统的协同性能，因此探索异质多智能体系统的分布式脉冲控制至关重要，也更具有挑战性。为了解决这一难题，输出同步 [10] 或者通过施加额外的控制来补偿同步过程中的节点差异 [11,12] 的方案被提出。不同于上述文献，本章 2.4 节将讨论基于有界同步的异质多智能体系统分布式脉冲控制，探讨如何给出误差上界的紧致估计以及在预设误差范围内脉冲间隔和耦合强度的设计问题。

2.2 同质多智能体系统的分布式脉冲控制

2.2.1 模型描述

考虑一组具有 N 个节点的非线性多智能体系统，其中智能体 i 的动力学方程描述为：

$$\dot{\boldsymbol{x}}_i(t) = \boldsymbol{A}\boldsymbol{x}_i(t) + \boldsymbol{B}\boldsymbol{f}(\boldsymbol{x}_i(t)) + \boldsymbol{u}_i(t),\ i = 1,2,\cdots,N \tag{2-1}$$

其中，$\boldsymbol{x}_i(t) \in \mathbb{R}^n$ 表示智能体 i 的状态；$\boldsymbol{A}$ 和 $\boldsymbol{B}$ 是常数矩阵；$\boldsymbol{f}(\boldsymbol{x}_i(t)) = (\boldsymbol{f}_1(\boldsymbol{x}_i(t)), \boldsymbol{f}_2(\boldsymbol{x}_i(t)),\cdots,\boldsymbol{f}_n(\boldsymbol{x}_i(t)))^{\mathrm{T}}$ 是非线性函数；$\boldsymbol{u}_i(t)$ 为控制输入。

假定领导者的动力学方程满足：

$$\dot{\boldsymbol{s}}(t) = \boldsymbol{A}\boldsymbol{s}(t) + \boldsymbol{B}\boldsymbol{f}(\boldsymbol{s}(t)) \tag{2-2}$$

设计如下形式的基于牵制策略的分布式脉冲控制协议：

$$\boldsymbol{u}_i(t) = \sum_{k=1}^{\infty}\left[-c\sum_{j=1}^{N} l_{ij}\boldsymbol{x}_j(t) - cd_i(\boldsymbol{x}_i(t) - \boldsymbol{s}(t))\right]\delta(t - t_k) \tag{2-3}$$

其中，c 为耦合强度；$d_i \geqslant 0$，$i = 1,2,\cdots,N$ 为牵制增益，此处，$d_i > 0$ 当且仅当智能体 i 能够收到领导者的信号，智能体 i 被称为牵制个体或受控个体；$\delta(\cdot)$ 是狄拉克脉冲，脉冲序列 $\{t_k\}_{k=1}^{\infty}$ 满足 $0=t_0<t_1<t_2<\cdots<t_k<\cdots,\lim\limits_{k\to\infty}t_k=\infty$，其中 $h_1=\inf\{t_k-t_{k-1}\}$，$h_2=\sup\{t_k-t_{k-1}\}$，$k=1,2,\cdots$，假设 $0<h_1\leqslant h_2<\infty$。

假设 2.2.1

对于非线性函数 $\boldsymbol{f}(\cdot)$，存在非负常数 $q_{ij}\ (i,j=1,2,\cdots,n)$，使得对于任意 $z_1,z_2\in\mathbb{R}^n$ 都有：

$$|\boldsymbol{f}_i(z_1)-\boldsymbol{f}_i(z_2)|\leqslant\sum_{j=1}^{n}q_{ij}\,|z_{1j}-z_{2j}|$$

假设 2.2.1 可看作 Lipschitz 条件，所有线性和分段线性时不变连续函数都满足这个条件。此外，如果雅可比矩阵 $(\partial f/\partial x)_{n\times n}$ 是一致有界的，那么假设 2.2.1 成立，它包含了许多众所周知的系统，例如蔡氏电路、神经网络和 Ikeda 振子。因此模型 (2-1) 具有广泛性。

假设 2.2.2

对于非线性函数 $\boldsymbol{f}(\cdot)$，存在非负常数 $q_i\ (i=1,2,\cdots,n)$，使得对于任意 $z_1,z_2\in\mathbb{R}^n$ 都有：

$$|\boldsymbol{f}_i(z_1)-\boldsymbol{f}_i(z_2)|\leqslant q_i\,|z_{1j}-z_{2j}|,\ j=1,2,\cdots,n$$

假设 2.2.3

假定领导者到每个跟随智能体均存在一条路径。

结合分布式脉冲控制协议 (2-3)，跟随智能体动力学满足：

$$\begin{cases}\dot{\boldsymbol{x}}_i(t)=\boldsymbol{A}\boldsymbol{x}_i(t)+\boldsymbol{B}\boldsymbol{f}(\boldsymbol{x}_i(t)),t\neq t_k\\ \Delta\boldsymbol{x}_i(t_k)=-c\sum\limits_{j=1}^{N}l_{ij}\boldsymbol{x}_j(t_k^-)-cd_i(\boldsymbol{x}_i(t_k^-)-\boldsymbol{s}(t_k^-))\end{cases}\tag{2-4}$$

其中，$\Delta\boldsymbol{x}_i(t_k)=\boldsymbol{x}_i(t_k^+)-\boldsymbol{x}_i(t_k^-),\boldsymbol{x}_i(t_k)=\boldsymbol{x}_i(t_k^+)=\lim\limits_{h\to0^+}\boldsymbol{x}_i(t_k+h),\boldsymbol{x}_i(t_k^-)=\lim\limits_{h\to0^-}\boldsymbol{x}_i(t_k+h)$，$\boldsymbol{x}(t)$ 在 $t=t_k$ 处是右连续的。

定义误差信号 $\boldsymbol{e}_i(t)=\boldsymbol{x}_i(t)-\boldsymbol{s}(t)$。根据式 (2-2) 和式 (2-4)，误差系统满足：

$$\begin{cases}\dot{\boldsymbol{e}}_i(t)=\boldsymbol{A}\boldsymbol{e}_i(t)+\boldsymbol{B}\boldsymbol{g}(\boldsymbol{e}_i(t),\boldsymbol{s}(t)),t\neq t_k\\ \boldsymbol{e}_i(t_k)-\boldsymbol{e}_i(t_k^-)=-c\sum\limits_{j=1}^{N}l_{ij}\boldsymbol{e}_j(t_k^-)-cd_i\boldsymbol{e}_i(t_k^-)\end{cases}\tag{2-5}$$

其中，$\boldsymbol{g}(\boldsymbol{e}_i(t),\boldsymbol{s}(t))=\boldsymbol{f}(\boldsymbol{e}_i(t)+\boldsymbol{s}(t))-\boldsymbol{f}(\boldsymbol{s}(t))$。

为方便分析，给出脉冲时刻 $t=t_k$ 时误差信号的矩阵表示形式：

$$\boldsymbol{e}(t_k)=(\boldsymbol{I}_N-c(\boldsymbol{L}+\boldsymbol{D})\otimes\boldsymbol{I}_n)\boldsymbol{e}(t_k^-) \tag{2-6}$$

其中，$\boldsymbol{e}(t)=(\boldsymbol{e}_1^{\mathrm{T}}(t),\boldsymbol{e}_2^{\mathrm{T}}(t),\cdots,\boldsymbol{e}_N^{\mathrm{T}}(t))^{\mathrm{T}}$；$\boldsymbol{D}=\mathrm{diag}\{d_1,d_2,\cdots,d_N\}$ 为牵制矩阵；$\boldsymbol{L}$ 为拉普拉斯矩阵，见附录 A。

定义 2.2.1

如果存在两个正常数 θ、ε，对于任意 $\boldsymbol{x}_i(t_0),\boldsymbol{s}(t_0)\in\mathbb{R}^n$，有：

$$\|\boldsymbol{x}_i(t)-\boldsymbol{s}(t)\|\leqslant\theta\|\boldsymbol{x}_i(t_0)-\boldsymbol{s}(t_0)\|\,\mathrm{e}^{-\varepsilon(t-t_0)},\ i=1,2,\cdots,N$$

那么多智能体系统(2-1)与领导者 $\boldsymbol{s}(t)$ 实现了全局指数一致。

定义 2.2.2

令 $\boldsymbol{Z}(t)\in\mathbb{R}^{n\times n}$ 是时变对称矩阵，则 $\boldsymbol{Z}(t)$ 为：

① 正定矩阵，如果对所有 $t\geqslant 0$，存在正常数 m，使得 $\boldsymbol{Z}(t)\geqslant m\boldsymbol{I}>0$，$m>0$。

② 一致有界正定矩阵，如果存在正常数 $\breve{m}$、$\hat{m}$，使得 $0<\breve{m}\leqslant\lambda_{\min}(\boldsymbol{Z}(t))\leqslant\lambda_{\max}(\boldsymbol{Z}(t))\leqslant\hat{m},\forall t\geqslant 0$。

引理 2.2.1[13]

$PC(l)=\{\varphi:[-\bar{\tau},\infty)\to\mathbb{R}^l$，$\varphi(t)$ 处处连续，除了在有限个点 t_k 处不连续，其中在这些点处 $\varphi(t_k^+)=\varphi(t_k)$ 且 $\varphi(t_k^-)$ 存在$\}$，$0\leqslant\tau(t)\leqslant\bar{\tau}$。设 $\boldsymbol{u}(t)$ 和 $\boldsymbol{\upsilon}(t)$ 属于集合 $PC(l)$。假设存在常量 $\vartheta,\tilde{\vartheta},\bar{\omega}>0$，使得：

$$\begin{cases}D^+\boldsymbol{u}(t)\leqslant\vartheta\boldsymbol{u}(t)+\tilde{\vartheta}\boldsymbol{u}(t-\tau(t)),t\neq t_k\\ \boldsymbol{u}(t_k)\leqslant\bar{\omega}\boldsymbol{u}(t_k^-),k\in\mathbb{N}\end{cases}$$

和

$$\begin{cases}D^+\boldsymbol{\upsilon}(t)>\vartheta\boldsymbol{\upsilon}(t)+\tilde{\vartheta}\boldsymbol{\upsilon}(t-\tau(t)),t\neq t_k\\ \boldsymbol{\upsilon}(t_k)=\bar{\omega}\boldsymbol{\upsilon}(t_k^-),k\in\mathbb{N}\end{cases}$$

如果 $-\bar{\tau}\leqslant t\leqslant 0$，$\boldsymbol{u}(t)\leqslant\boldsymbol{\upsilon}(t)$，那么对于 $t>0$，$\boldsymbol{u}(t)\leqslant\boldsymbol{\upsilon}(t)$ 成立，其中 $D^+\boldsymbol{u}(t)=\overline{\lim_{h\to 0^+}}\dfrac{\boldsymbol{u}(t+h)-\boldsymbol{u}(t)}{h}$。

引理 2.2.2

给定适当维数的对称矩阵 $\boldsymbol{Q}$，$\boldsymbol{R}$ 和矩阵 $\boldsymbol{S}$，下面两个线性矩阵不等式是等价的。

① $\begin{bmatrix} \boldsymbol{Q} & \boldsymbol{S} \\ \boldsymbol{S}^{\mathrm{T}} & \boldsymbol{R} \end{bmatrix} > 0$ 。

② 下列任一项成立：

a. $\boldsymbol{Q} > 0$，且 $\boldsymbol{Q} - \boldsymbol{S}\boldsymbol{R}^{-1}\boldsymbol{S}^{\mathrm{T}} > 0$ ；

b. $\boldsymbol{S} > 0$，且 $\boldsymbol{R} - \boldsymbol{S}^{\mathrm{T}}\boldsymbol{Q}^{-1}\boldsymbol{S} > 0$ 。

2.2.2 分布式脉冲控制下领导者 – 跟随一致性分析

本小节首先基于一个分段连续的李雅普诺夫函数，给出一般性的判定准则；然后，基于特殊形式的李雅普诺夫函数，给出脉冲序列、牵制策略以及耦合强度之间的关系。

定理 2.2.1

在假设 2.2.1 和假设 2.2.3 下，如果存在一致有界的分段连续正定矩阵函数 $\boldsymbol{P}(t)$，即 $0 < \breve{m}\boldsymbol{I} \leqslant \boldsymbol{P}(t) \leqslant \hat{m}\boldsymbol{I}$ 和正常数 α、κ、c、h_2，$0 < \mu < 1$，使得：

$$\boldsymbol{\Omega}_1 = \begin{bmatrix} \boldsymbol{P}(t)\boldsymbol{A} + \boldsymbol{A}^{\mathrm{T}}\boldsymbol{P}(t) + \dot{\boldsymbol{P}}(t) + \lambda_{\max}(\boldsymbol{Q}^{\mathrm{T}}\boldsymbol{Q})\kappa - \alpha\boldsymbol{P}(t) & \boldsymbol{P}(t)\boldsymbol{B} \\ \boldsymbol{B}^{\mathrm{T}}\boldsymbol{P}(t) & -\kappa\boldsymbol{I} \end{bmatrix} < 0 \tag{2-7}$$

$$\begin{bmatrix} \mu\boldsymbol{P}(t_k^-) & \boldsymbol{\Pi}^{\mathrm{T}}\boldsymbol{P}(t_k^+) \\ \boldsymbol{P}(t_k^+)\boldsymbol{\Pi} & \boldsymbol{P}(t_k^+) \end{bmatrix} > 0 \tag{2-8}$$

$$\frac{\ln\mu}{h_2} + \alpha \leqslant -r \tag{2-9}$$

其中，$\boldsymbol{Q} = (q_{ij})_{n\times n}$，$\boldsymbol{\Pi} = (\boldsymbol{I}_N - c(\boldsymbol{L} + \boldsymbol{D})) \otimes \boldsymbol{I}_n$，则称误差系统式 (2-5) 是指数稳定的。

证明：

选取如下李雅普诺夫函数：

$$\boldsymbol{V}(\boldsymbol{e}(t)) = \sum_{i=1}^{N} \boldsymbol{e}_i^{\mathrm{T}}(t)\boldsymbol{P}(t)\boldsymbol{e}_i(t) \tag{2-10}$$

当 $t \in [t_{k-1}, t_k), k = 1, 2, \cdots$ 时，对 $\boldsymbol{V}(\boldsymbol{e}(t))$ 沿着式(2-5)的轨迹对 t 求导可得：

$$\dot{V}(\boldsymbol{e}(t))=\sum_{i=1}^{N}\boldsymbol{e}_i^{\mathrm{T}}(t)[\dot{\boldsymbol{P}}\boldsymbol{e}_i(t)+2\boldsymbol{P}\boldsymbol{A}\boldsymbol{e}_i(t)+2\boldsymbol{P}\boldsymbol{B}\boldsymbol{g}(\boldsymbol{e}_i(t))] \tag{2-11}$$

根据假设 2.2.1，对于正常数 k，有：

$$\lambda_{\max}(\boldsymbol{Q}^{\mathrm{T}}\boldsymbol{Q})\kappa\boldsymbol{e}_i^{\mathrm{T}}(t)\boldsymbol{e}_i(t)-\kappa\boldsymbol{g}^{\mathrm{T}}(\boldsymbol{e}_i(t))\boldsymbol{g}(\boldsymbol{e}_i(t))\geqslant 0 \tag{2-12}$$

令 $\boldsymbol{\xi}_i(t)=[\boldsymbol{e}_i^{\mathrm{T}}(t),\boldsymbol{g}^{\mathrm{T}}(\boldsymbol{e}_i(t))]^{\mathrm{T}}$，由式 (2-7) 可得：

$$\dot{V}(\boldsymbol{e}(t))\leqslant\sum_{i=1}^{N}[\boldsymbol{\xi}_i^{\mathrm{T}}(t)\boldsymbol{\Omega}_1\boldsymbol{\xi}_i(t)+\alpha\boldsymbol{e}_i^{\mathrm{T}}(t)\boldsymbol{P}\boldsymbol{e}_i(t)]\leqslant\alpha\boldsymbol{V}(\boldsymbol{e}(t)) \tag{2-13}$$

另外，当 $t=t_k$ 时，由式 (2-6) 可得：

$$\boldsymbol{e}(t_k)=((\boldsymbol{I}_N-c(\boldsymbol{L}+\boldsymbol{D}))\otimes\boldsymbol{I}_n)\boldsymbol{e}(t_k^-)=\boldsymbol{\Pi}\boldsymbol{e}(t_k^-)$$

根据式 (2-8) 和引理 2.2.2，有：

$$\mu\boldsymbol{P}(t_k^-)-\boldsymbol{\Pi}^{\mathrm{T}}\boldsymbol{P}(t_k^+)\boldsymbol{\Pi}>0$$

则：

$$\begin{aligned}\boldsymbol{V}(t_k^+)&=\boldsymbol{e}^{\mathrm{T}}(t_k)\boldsymbol{P}(t_k^+)\boldsymbol{e}(t_k)=\boldsymbol{e}^{\mathrm{T}}(t_k^-)\boldsymbol{\Pi}^{\mathrm{T}}\boldsymbol{P}(t_k^+)\boldsymbol{\Pi}\boldsymbol{e}(t_k^-)\\&\leqslant\mu\boldsymbol{e}^{\mathrm{T}}(t_k^-)\boldsymbol{P}(t_k^-)\boldsymbol{e}^{\mathrm{T}}(t_k^-)\leqslant\mu\boldsymbol{V}(t_k^-)\end{aligned} \tag{2-14}$$

对于任意 $\varepsilon>0$，设 $\upsilon(t)$ 是下列脉冲比较系统的唯一解：

$$\begin{cases}\dot{\boldsymbol{\upsilon}}(t)=\alpha\boldsymbol{\upsilon}(t)+\varepsilon,t\neq t_k\\\boldsymbol{\upsilon}(t_k^+)=\mu\boldsymbol{\upsilon}(t_k),k\in\mathbb{N}\\\boldsymbol{\upsilon}(0)=\max_{1\leqslant i\leqslant N}\{\hat{m}_i\}\|\boldsymbol{e}(0)\|^2\end{cases} \tag{2-15}$$

根据引理 2.2.1 和 $\boldsymbol{V}(0)\leqslant\boldsymbol{\upsilon}(0)$，$\boldsymbol{V}(t)\leqslant\boldsymbol{\upsilon}(t)$ 对于所有 $t>0$ 成立。根据参数变易法，$\boldsymbol{\upsilon}(t)$ 可以表示为：

$$\boldsymbol{\upsilon}(t)=\boldsymbol{W}(t,0)\boldsymbol{\upsilon}(0)+\int_0^t\boldsymbol{W}(t,s)\left(\sum_{i=1}^{N}\gamma_i\omega_i^2+\varepsilon\right) \tag{2-16}$$

其中，$\boldsymbol{W}(t,s),0\leqslant s\leqslant t$ 是线性脉冲系统的柯西矩阵，满足：

$$\boldsymbol{W}(t,s)=\mathrm{e}^{\alpha(t-s)}\prod_{s\leqslant t_k<t}\mu\leqslant\mathrm{e}^{\left(-r-\frac{\ln\mu}{h_2}\right)(t-s)}\mu^{\left(\frac{t-s}{h_2}-1\right)}\leqslant\frac{1}{\mu}\mathrm{e}^{-r(t-s)},0\leqslant s\leqslant t \tag{2-17}$$

将上式代入式 (2-16)，可得：

$$\boldsymbol{\upsilon}(t)\leqslant\frac{1}{\mu}\mathrm{e}^{-rt}\boldsymbol{\upsilon}(0)+\int_0^t\mathrm{e}^{-r(t-s)}\frac{\varepsilon}{\mu}\mathrm{d}s\leqslant\frac{1}{\mu}\boldsymbol{\upsilon}(0)\mathrm{e}^{-rt}+\frac{\varepsilon}{\mu r} \tag{2-18}$$

令 $\varepsilon\to 0$，则：

$$\min_{1\leqslant i\leqslant N}\{\breve{m}_i\}\|\boldsymbol{e}(t)\|^2\leqslant\sum_{i=1}^{N}\boldsymbol{e}_i^{\mathrm{T}}(t)\boldsymbol{P}(t)\boldsymbol{e}_i(t)=\boldsymbol{V}(t)\leqslant\upsilon(t)\leqslant\frac{1}{\mu}\boldsymbol{V}(0)\mathrm{e}^{-rt}$$

因此：

$$\|\boldsymbol{e}(t)\|\leqslant\sqrt{\frac{1}{\min_{1\leqslant i\leqslant N}\{\breve{m}_i\}}\boldsymbol{V}(0)\mathrm{e}^{-\frac{r}{2}t}}$$

当 $t\to\infty$ 时，误差系统(2-5)以 $r/2$ 的收敛速率指数收敛到零。证毕。

虽然定理 2.2.1 给出了一个相对直观的结果，但是由于 $\boldsymbol{P}(t)$ 是时变的，求解不等式(2-7)非常具有挑战性。以下给出一个特殊形式的 $\boldsymbol{P}(t)$ 来解决这个问题。

定义：

$$\rho(t)=\frac{t_k-t}{t_k-t_{k-1}},t\in[t_{k-1},t_k),k\in\mathbb{N} \tag{2-19}$$

则 $\rho(t)\in(0,1]$ 和

$$\rho(t_k^-)=0,\ \rho(t_k^+)=1,\dot{\rho}(t)=\frac{-1}{t_k-t_{k-1}},t\in(t_{k-1},t_k) \tag{2-20}$$

令：

$$\boldsymbol{P}(t)=(1-\rho(t))\boldsymbol{P}_1+\rho(t)\boldsymbol{P}_2 \tag{2-21}$$

其中，$\boldsymbol{P}_1>0$ 和 $\boldsymbol{P}_2>0$。

定理 2.2.2

在假设 2.2.1 和假设 2.2.3 下，如果存在矩阵 $\boldsymbol{P}_1>0$、$\boldsymbol{P}_2>0$ 和正常数 α、κ、c、h_1、h_2、μ_1、μ_2，$0<\mu<1$，使得：

$$\begin{bmatrix}\boldsymbol{P}_1\boldsymbol{A}+\boldsymbol{A}^{\mathrm{T}}\boldsymbol{P}_1+\frac{1}{h_j}(\boldsymbol{P}_1-\boldsymbol{P}_2)+\lambda_{\max}(\boldsymbol{Q}^{\mathrm{T}}\boldsymbol{Q})\kappa-\alpha\boldsymbol{P}_1 & \boldsymbol{P}_1\boldsymbol{B}\\ \boldsymbol{B}^{\mathrm{T}}\boldsymbol{P}_1 & -\kappa\boldsymbol{I}\end{bmatrix}<0 \tag{2-22}$$

$$\begin{bmatrix}\boldsymbol{P}_2\boldsymbol{A}+\boldsymbol{A}^{\mathrm{T}}\boldsymbol{P}_2+\frac{1}{h_j}(\boldsymbol{P}_1-\boldsymbol{P}_2)+\lambda_{\max}(\boldsymbol{Q}^{\mathrm{T}}\boldsymbol{Q})\kappa-\alpha\boldsymbol{P}_2 & \boldsymbol{P}_2\boldsymbol{B}\\ \boldsymbol{B}^{\mathrm{T}}\boldsymbol{P}_2 & -\kappa\boldsymbol{I}\end{bmatrix}<0 \tag{2-23}$$

$$\begin{aligned}&\boldsymbol{P}_2\leqslant\mu_1\boldsymbol{P}_1\\&\sigma_{\max}^2(\boldsymbol{I}_N-c(\boldsymbol{L}+\boldsymbol{D}))\leqslant\mu_2\end{aligned} \tag{2-24}$$

$$\begin{aligned}&\mu_1\mu_2\leqslant\mu\\&\frac{\ln\mu}{h_2}+\alpha\leqslant-r\end{aligned} \tag{2-25}$$

则误差系统 (2-5) 是指数稳定的。

证明：

选取式 (2-10) 为李雅普诺夫函数。在式 (2-7) 中取 $\boldsymbol{P}(t)=(1-\rho(t))\boldsymbol{P}_1+\rho(t)\boldsymbol{P}_2$，可得：

$$\boldsymbol{\Omega}_1=(1-\rho(t))\tilde{\boldsymbol{\Omega}}_1+\rho(t)\tilde{\boldsymbol{\Omega}}_2 \tag{2-26}$$

其中：

$$\tilde{\boldsymbol{\Omega}}_1=\begin{bmatrix} \boldsymbol{P}_1\boldsymbol{A}+\boldsymbol{A}^{\mathrm{T}}\boldsymbol{P}_1+\dfrac{1}{t_k-t_{k-1}}(\boldsymbol{P}_1-\boldsymbol{P}_2)+\lambda_{\max}(\boldsymbol{Q}^{\mathrm{T}}\boldsymbol{Q})\kappa-\alpha\boldsymbol{P}_1 & \boldsymbol{P}_1\boldsymbol{B} \\ * & -\kappa\boldsymbol{I} \end{bmatrix}$$

$$\tilde{\boldsymbol{\Omega}}_2=\begin{bmatrix} \boldsymbol{P}_2\boldsymbol{A}+\boldsymbol{A}^{\mathrm{T}}\boldsymbol{P}_2+\dfrac{1}{t_k-t_{k-1}}(\boldsymbol{P}_1-\boldsymbol{P}_2)+\lambda_{\max}(\boldsymbol{Q}^{\mathrm{T}}\boldsymbol{Q})\kappa-\alpha\boldsymbol{P}_2 & \boldsymbol{P}_2\boldsymbol{B} \\ * & -\kappa\boldsymbol{I} \end{bmatrix}$$

显然，由式 (2-22) 和式 (2-23) 可知 $\boldsymbol{\Omega}_1\leqslant 0$。因此，式 (2-7)成立。

当 $t=t_k$ 时，有：

$$\begin{aligned} V(t_k^+) &=\boldsymbol{e}^{\mathrm{T}}(t_k)(\boldsymbol{I}_N\otimes\boldsymbol{P}(t_k^+))\boldsymbol{e}(t_k) \\ &=\boldsymbol{e}^{\mathrm{T}}(t_k^-)((\boldsymbol{I}_N-c(\boldsymbol{L}+\boldsymbol{D})^{\mathrm{T}})\otimes\boldsymbol{I}_n)(\boldsymbol{I}_N\otimes\boldsymbol{P}_2) \\ &\quad\times((\boldsymbol{I}_N-c(\boldsymbol{L}+\boldsymbol{D}))\otimes\boldsymbol{I}_n)\boldsymbol{e}(t_k^-) \\ &=\boldsymbol{e}^{\mathrm{T}}(t_k^-)(\boldsymbol{I}_N-c(\boldsymbol{L}+\boldsymbol{D})^{\mathrm{T}}(\boldsymbol{I}_N-c(\boldsymbol{L}+\boldsymbol{D}))\otimes\boldsymbol{P}_2\boldsymbol{e}(t_k^-) \\ &\leqslant\sigma_{\max}^2(\boldsymbol{I}_N-c(\boldsymbol{L}+\boldsymbol{D}))\boldsymbol{e}^{\mathrm{T}}(t_k^-)\boldsymbol{P}_2\boldsymbol{e}(t_k^-) \\ &\leqslant\mu_2\mu_1\boldsymbol{e}^{\mathrm{T}}(t_k^-)\boldsymbol{P}_1\boldsymbol{e}(t_k^-) \\ &\leqslant\mu V(t_k^-) \end{aligned} \tag{2-27}$$

以下证明与定理 2.2.1 类似，由于篇幅关系，此处省略。证毕。

定理 2.2.2 的结果易于用标准软件验证。由结论可知，$h_1=\inf\{t_k-t_{k-1}\}$ 和 $h_2=\sup\{t_k-t_{k-1}\}$ 是求解线性矩阵不等式 (2-22) 和 (2-23) 所必需的。在某些情况下，要找到可行的解决方案并不容易，因为 h_2 需要同时满足式 (2-22)、式 (2-23) 和式 (2-25) 中的约束。另外，关键参数 μ 的设计涉及时变李雅普诺夫函数和网络参数 c、$\boldsymbol{D}$ 和 $\boldsymbol{L}$。为了进一步探索 c、$\boldsymbol{D}$ 和 $\boldsymbol{L}$ 的作用以及获得可行解，使用常数矩阵 $\boldsymbol{P}$ 代替 $\boldsymbol{P}(t)$，给出如下结果。

定理 2.2.3

在假设 2.2.1 和假设 2.2.3 下，如果存在矩阵 $\boldsymbol{P}>0$ 和正常数 α、κ、c、h_2、μ，使得：

$$\begin{bmatrix} \boldsymbol{PA}+\boldsymbol{A}^{\mathrm{T}}\boldsymbol{P}+\lambda_{\max}(\boldsymbol{Q}^{\mathrm{T}}\boldsymbol{Q})\kappa-\alpha\boldsymbol{P} & \boldsymbol{PB} \\ \boldsymbol{B}^{\mathrm{T}}\boldsymbol{P} & -\kappa\boldsymbol{I} \end{bmatrix}<0 \tag{2-28}$$

$$\sigma_{\max}^{2}(\boldsymbol{I}_N-c(\boldsymbol{L}+\boldsymbol{D}))\leqslant\mu \tag{2-29}$$

$$\frac{\ln\mu}{h_2}+\alpha<0 \tag{2-30}$$

则误差系统 (2-5) 是指数稳定的。

证明：

在定理2.2.1中，令 $\dot{\boldsymbol{P}}(t)=0,\mu_1=1$ 和 $r=-\left(\dfrac{\ln\mu}{h_2}+\alpha\right)$，结合式(2-27)可知条件均成立。证毕。

推论 2.2.1

在假设 2.2.2 和假设 2.2.3 下，如果存在矩阵 $\boldsymbol{P}>0$、对角矩阵 $\boldsymbol{\Lambda}>0$ 和正常数 α、c、h_2、μ，使得：

$$\begin{bmatrix} \boldsymbol{PA}+\boldsymbol{A}^{\mathrm{T}}\boldsymbol{P}+\boldsymbol{Q}_1^{\mathrm{T}}\boldsymbol{\Lambda}\boldsymbol{Q}_1-\alpha\boldsymbol{P} & \boldsymbol{PB} \\ \boldsymbol{B}^{\mathrm{T}}\boldsymbol{P} & -\boldsymbol{\Lambda} \end{bmatrix}<0 \tag{2-31}$$

和式(2-29)、式(2-30)成立，其中 $\boldsymbol{Q}_1=\mathrm{diag}\{q_1,q_2,\cdots,q_n\}$，则误差系统(2-5)是指数稳定的。

证明：

根据假设 2.2.2，对于对角矩阵 $\boldsymbol{\Lambda}>0$，有：

$$\boldsymbol{e}_i^{\mathrm{T}}(t)\boldsymbol{Q}_1^{\mathrm{T}}\boldsymbol{\Lambda}\boldsymbol{Q}_1\boldsymbol{e}_i(t)-\boldsymbol{g}^{\mathrm{T}}(\boldsymbol{e}_i(t))\boldsymbol{\Lambda}\boldsymbol{g}(\boldsymbol{e}_i(t))\geqslant 0 \tag{2-32}$$

根据定理 2.2.1，易知推论 2.2.1 结论成立。证毕。

如果非线性函数满足假设 2.2.2，那么只需要将式 (2-28) 替换为式 (2-31)，便可得相应的结论。

接下来，我们进一步探讨对称网络结构下的领导者 - 跟随一致性问题。

推论 2.2.2

在假设 2.2.1 和假设 2.2.3 下，考虑具有对称结构的网络。如果存在矩阵 $\boldsymbol{P}>0$ 和正标量 α、κ、c、h_2，使得式 (2-28) 和下列不等式成立：

$$c\lambda_{\max}(\boldsymbol{L}+\boldsymbol{D})<2 \tag{2-33}$$

$$\frac{\ln\mu}{h_2}+\alpha<0 \tag{2-34}$$

其中，$\mu=\rho^2(\boldsymbol{I}-c(\boldsymbol{L}+\boldsymbol{D}))$，则误差系统 (2-5) 是指数稳定的。

证明：

由本章参考文献 [14] 易得矩阵 $\boldsymbol{L}+\boldsymbol{D}$ 的所有特征值都是正的。令 $0<\lambda_1=\lambda_{\min}(\boldsymbol{L}+\boldsymbol{D})\leqslant\lambda_2\leqslant\cdots\leqslant\lambda_N=\lambda_{\max}(\boldsymbol{L}+\boldsymbol{D})$，则对于 $i=1,2,\cdots,N$，有：

$$1-c\lambda_{\max}(\boldsymbol{L}+\boldsymbol{D})\leqslant 1-c\lambda_i(\boldsymbol{L}+\boldsymbol{D})\leqslant 1-c\lambda_{\min}(\boldsymbol{L}+\boldsymbol{D})$$

根据式 (2-33)，可得：

$$1-c\lambda_{\max}(\boldsymbol{L}+\boldsymbol{D})>-1$$

显然，$1-c\lambda_{\min}(\boldsymbol{L}+\boldsymbol{D})<1$。所以：

$$-1<1-c\lambda_i(\boldsymbol{L}+\boldsymbol{D})<1$$

注意到 $\lambda_i(\boldsymbol{I}_N-c(\boldsymbol{L}+\boldsymbol{D}))=1-c\lambda_i(\boldsymbol{L}+\boldsymbol{D})$，因此：

$$\rho(\boldsymbol{I}_N-c(\boldsymbol{L}+\boldsymbol{D}))<1$$

因为 $\boldsymbol{L}$ 是对称的，$\boldsymbol{D}$ 是对角矩阵，所以有：

$$\begin{aligned}&\sigma_{\max}^2(\boldsymbol{I}_N-c(\boldsymbol{L}+\boldsymbol{D}))\\&=\rho((\boldsymbol{I}_N-c(\boldsymbol{L}+\boldsymbol{D}))^{\mathrm{T}}(\boldsymbol{I}_N-c(\boldsymbol{L}+\boldsymbol{D})))\\&=\rho^2(\boldsymbol{I}_N-c(\boldsymbol{L}+\boldsymbol{D}))<1\end{aligned}$$

根据定理 2.2.3，可知结论成立。证毕。

条件 (2-33) 形式简洁，表明在假设 2.2.3 下，可根据式 (2-33) 和式 (2-34) 合理选择耦合强度 c 和脉冲间隔 h_2，则通过牵制任意 $l\geqslant 1$ 个节点便能够实现一致。在某些情况下，脉冲间隔 h_2 可能非常小，这意味着需要频繁实施脉冲控制。如果要避免频繁施加脉冲控制，则应仔细选择牵制节点和耦合强度 c 来调节脉冲频率。下面分两种情况讨论耦合强度和可选牵制方案。

情况一： 当 $h_2>0$ 时的耦合强度和可选牵制方案。

推论 2.2.3

在假设 2.2.1 和假设 2.2.3 下，考虑具有对称结构的网络。如果存在矩阵 $\boldsymbol{P}>0$ 和正常数 α、κ、c、h_2，使得式（2-28）和下列不等式成立：

$$0<c<\frac{2}{\lambda_{\max}(\boldsymbol{L}+\boldsymbol{D})} \tag{2-35}$$

$$0<h_2<-\frac{2\ln\rho(\boldsymbol{I}-c(\boldsymbol{L}+\boldsymbol{D}))}{\alpha} \tag{2-36}$$

则误差系统(2-5)是指数稳定的。

注 2.2.1 对于给定的网络拓扑和牵制矩阵，条件 (2-35) 提供了一种耦合强度选择的方法。由假设 2.2.2 可知，如果网络是连通的，那么仅牵制一个节点便可以实现一致[15]，最少的牵制节点数量等于对称网络中连通分支的个数[16]。另外，为了实现同步，耦合强度不应太大，应首选较小的耦合强度，与连续牵制控制策略结论正好相反[14,15,17]，其要求耦合强度需大于实现同步的临界值。

在网络拓扑和耦合强度固定的情况下，由式 (2-35) 可得：

$$\lambda_{\max}(\boldsymbol{L}+\boldsymbol{D})<\frac{2}{c} \tag{2-37}$$

此外，为了满足条件 (2-37)，则：

$$\begin{aligned}&l_{ii}<\frac{2}{c}-d_i,\text{如果智能体}i\text{为牵制节点}\\&l_{ii}<\frac{2}{c},\text{如果智能体}i\text{为非牵制节点}\end{aligned} \tag{2-38}$$

式中，l_{ii} 的定义见附录 A。

注 2.2.2 根据条件 (2-38)，非牵制节点的度须满足 $l_{ii}<\frac{2}{c}$。当 c 很小时，该条件对所有节点都成立，因此可以任意选择满足假设 2.2.2 的节点。如果 c 不是很小，那么应先选择度较小的节点，这一结论与连续型牵制控制一致。

情况二： 当 $h_2 \geqslant \bar{h} > 0$ 时的耦合强度和牵制控制方案。

推论 2.2.4

在假设 2.2.1 和假设 2.2.3 下，考虑具有对称结构的网络。如果存在矩阵 $\boldsymbol{P} > 0$、对角矩阵 $\boldsymbol{D}$ 和正常数 α、κ、c、h_2，使得式 (2-28) 和下列不等式成立：

$$\frac{\lambda_{\min}(\boldsymbol{L}+\boldsymbol{D})}{\lambda_{\max}(\boldsymbol{L}+\boldsymbol{D})} > \frac{1-\mathrm{e}^{-\frac{\alpha h_2}{2}}}{1+\mathrm{e}^{-\frac{\alpha h_2}{2}}} \tag{2-39}$$

$$\frac{1-\mathrm{e}^{-\frac{\alpha h_2}{2}}}{\lambda_{\min}(\boldsymbol{L}+\boldsymbol{D})} < c < \frac{1+\mathrm{e}^{-\frac{\alpha h_2}{2}}}{\lambda_{\max}(\boldsymbol{L}+\boldsymbol{D})} \tag{2-40}$$

其中，$\mu = \rho^2(\boldsymbol{I} - c(\boldsymbol{L}+\boldsymbol{D}))$，则误差系统 (2-5) 是指数稳定的。

证明：

根据定理 2.2.3，式 (2-29) 和式 (2-30) 可表示为：

$$\sigma_{\max}^2(\boldsymbol{I}_n - c(\boldsymbol{L}+\boldsymbol{D})) < \mathrm{e}^{-\alpha h_2}$$

由式 (2-39) 可得：

$$\frac{1+\mathrm{e}^{-\frac{\alpha h_2}{2}}}{\lambda_{\max}(\boldsymbol{L}+\boldsymbol{D})} > \frac{1-\mathrm{e}^{-\frac{\alpha h_2}{2}}}{\lambda_{\min}(\boldsymbol{L}+\boldsymbol{D})}$$

因此，存在 c 满足式 (2-40)。根据式 (2-40)，则下列不等式成立：

$$1 - c\lambda_{\max}(\boldsymbol{L}+\boldsymbol{D}) > -\mathrm{e}^{-\frac{\alpha h_2}{2}} \tag{2-41}$$

$$1 - c\lambda_{\min}(\boldsymbol{L}+\boldsymbol{D}) < \mathrm{e}^{-\frac{\alpha h_2}{2}} \tag{2-42}$$

由推论 2.2.2 可得：

$$\rho(\boldsymbol{I}_n - c(\boldsymbol{L}+\boldsymbol{D})) < \mathrm{e}^{-\frac{\alpha h_2}{2}} \tag{2-43}$$

因此

$$\sigma_{\max}^2(\boldsymbol{I}_n - c(\boldsymbol{L}+\boldsymbol{D})) = \rho^2(\boldsymbol{I}_n - c(\boldsymbol{L}+\boldsymbol{D})) < \mathrm{e}^{-\alpha h_2}$$

根据定理 2.2.3 可知结论成立。证毕。

注 2.2.3 推论 2.2.3 和推论 2.2.4 对应两种不同的情况。推论 2.2.3 展示了如何在给定的牵制策略下设计耦合强度 c 和脉冲间隔 h_2。换句话说，牵制矩阵 $\boldsymbol{D}$ 可以根据假设 2.2.2 自由选择。c 和 h_2 的设计取决于 $\boldsymbol{D}$，这就与 $h_2 > 0$ 的情况相对应。另外，推论 2.2.4 提供了一种事先确定脉冲间隔 h_2 的下界情况下如何设计耦合强度 c 和牵制矩阵 $\boldsymbol{D}$ 的方法。在实际应用中，倾向于选择较大的 h_2。条件 $h_2 \geqslant \bar{h}$ 给出了 h_2 设计的基本指南。与推论 2.2.3 相比，对 c 和 $\boldsymbol{D}$ 提出了更高的要求[参考式(2-39)和式(2-40)]。具体来说，实现一致需要知道 $\boldsymbol{L}+\boldsymbol{D}$ 的最大和最小特征值。式(2-39)的特征值比率反映了给定网络拓扑的牵制可控性。误差系统(2-5)的稳定性对牵制矩阵和耦合强度敏感，既不能太大也不能太小，需要仔细设计耦合强度 c 和牵制矩阵 $\boldsymbol{D}$，仅牵制一个节点可能会失败，这与推论 2.2.3 不同。

2.2.3 脉冲牵制可控性

现给出对称网络脉冲牵制可控性的概念。特别地，给定一个由式(2-5)描述的网络，根据耦合强度 c、牵制矩阵 $\boldsymbol{D}$ 和脉冲间隔 h_2 来定义脉冲牵制可控性。

特征值比率：

$$R = \frac{\lambda_{\min}(\boldsymbol{L}+\boldsymbol{D})}{\lambda_{\max}(\boldsymbol{L}+\boldsymbol{D})} \tag{2-44}$$

和标量函数：

$$\beta(h_2) = \frac{1-\mathrm{e}^{-\frac{\alpha h_2}{2}}}{1+\mathrm{e}^{-\frac{\alpha h_2}{2}}} \tag{2-45}$$

是定义和评价脉冲牵制可控性的两个关键指标。由于 $\beta(h_2)$ 是一个递增函数：

$$\lim_{h_2 \to 0} \frac{1-\mathrm{e}^{-\frac{\alpha h_2}{2}}}{1+\mathrm{e}^{-\frac{\alpha h_2}{2}}} = 0, \lim_{h_2 \to \infty} \frac{1-\mathrm{e}^{-\frac{\alpha h_2}{2}}}{1+\mathrm{e}^{-\frac{\alpha h_2}{2}}} = 1$$

根据式(2-39)，$1/R$ 和 h_2 越小，网络越容易实现脉冲牵制可控。回顾 $h_2 \geqslant \bar{h}$ 的情况，为了镇定误差系统(2-5)，R 至少应该大于 $\frac{1-\mathrm{e}^{-\frac{\alpha \bar{h}}{2}}}{1+\mathrm{e}^{-\frac{\alpha \bar{h}}{2}}}$，即取 $h_2 = \bar{h}$。

注 2.2.4　Sorrentino 等人在 2007 年针对连续反馈控制提出了网络牵制可控性的概念和具体的指标[18]。我们发现一个有趣的结论：本小节有关特征值比率的结论与本章参考文献[18]一致。据作者所知，脉冲牵制可控性及其评估指标均为首次提出。

2.2.4 脉冲反馈增益设计

如果 $l\,(1 \leqslant l < N)$ 个节点被选为牵制节点，且所有增益相同，则有：

$$\frac{\lambda_{\min}(\boldsymbol{L}+\boldsymbol{D})}{\lambda_{\max}(\boldsymbol{L}+\boldsymbol{D})} \leqslant \frac{\lambda_{\min}(\boldsymbol{L})+\lambda_{\max}(\boldsymbol{D})}{\lambda_{\max}(\boldsymbol{L})+\lambda_{\min}(\boldsymbol{D})} = \frac{d}{\lambda_{\max}(\boldsymbol{L})}$$

因此，根据式(2-39)和式(2-45)可知，反馈增益应该满足：

$$\frac{d}{\lambda_{\max}(\boldsymbol{L})} > \beta(h_2)$$

即：

$$d > \beta(h_2)\lambda_{\max}(\boldsymbol{L})$$

若所有节点均为牵制控制节点且增益相同，即 $\boldsymbol{D} = d\boldsymbol{I}_N$，有：

$$\frac{\lambda_{\min}(\boldsymbol{L}+\boldsymbol{D})}{\lambda_{\max}(\boldsymbol{L}+\boldsymbol{D})} = \frac{\lambda_{\min}(\boldsymbol{L})+d}{\lambda_{\max}(\boldsymbol{L})+d} > \beta(h_2)$$

因此，反馈增益满足的必要条件为：

$$d > \frac{\beta(h_2)}{1-\beta(h_2)}\lambda_{\max}(\boldsymbol{L})$$

2.3 网络化多智能体系统的分布式延时脉冲控制

本节考虑如图 2-1 所示的网络化传输方式，其中传感器 / 执行器和控制器通过通信网络实现远程传输。跟随者智能体和领导者如式 (2-1) 和式 (2-2) 所示。

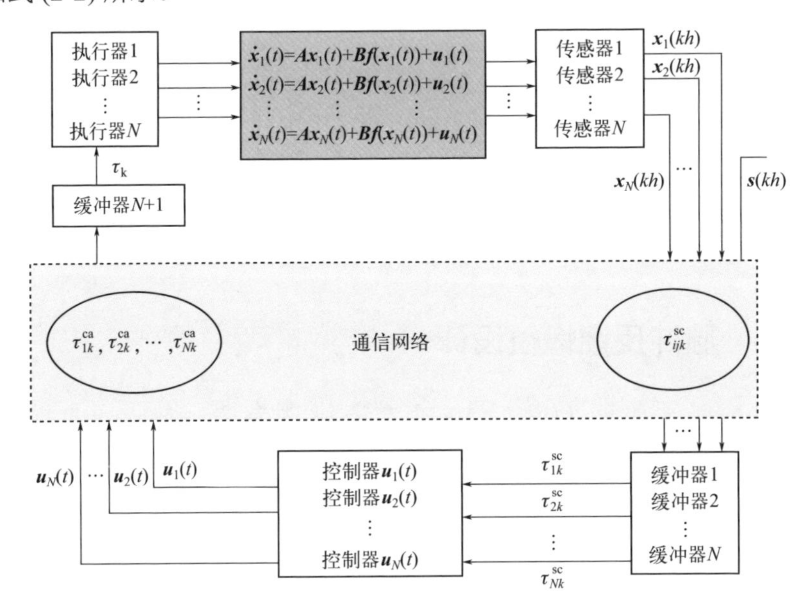

图 2-1　网络化多智能体系统

2.3.1　模型描述

假设传感器为时钟驱动，控制器和缓冲器均为事件驱动，h 是采样周期。在 $t=t_0+kh$ 时，每个智能体的信息被采样且通过通信网络传输到控制器以及其他智能体。缓冲器 i 用于存储接收到的信息，直到控制器的所有数据 u_i 收集完成。令 $\tau_{ijk}^{sc},i=1,\cdots,N,j=1,\cdots,N+1$ 表示传感器 j 到缓冲区 i 之间的延时，其中 $j=N+1$ 表示领导者的传感器。因此，从传感器 i 对智能体 i 在 t_0+kh 时刻进行数据采样开始，到控制器 i 收集数据完成结束，这段时间用 $\tau_{ik}^{sc}=\max\{\tau_{ijk}^{sc}\mid i=1,\cdots,N,j=1,\cdots,N+1\}$ 表示。

每个智能体的控制器可能会在不同时间向执行器传输数据，因此使用一个公共缓冲器 $N+1$ 来存储所有控制器的信息，使所有执行器同步运行。令 $\tau_{ik}^{\mathrm{ca}}, i=1,\cdots,N$ 表示控制器 i 到缓冲区 $N+1$ 的延时。因此，每个智能体从传感器到执行器的总延时可以定义为 $\tau_k = \max\{\tau_{ik}^{\mathrm{sc}} + \tau_{ik}^{\mathrm{ca}}, i=1,\cdots,N\}$。

设计如下网络化分布式延时脉冲控制协议：

$$\boldsymbol{u}_i(t) = \sum_{k=1}^{\infty}\left[-c\sum_{j=1}^{N} l_{ij}\boldsymbol{x}_j(kh) - cd_i(\boldsymbol{x}_i(kh) - \boldsymbol{s}(kh))\right]\delta(t-t_k) \tag{2-46}$$

其中，$t_k = t_0 + kh + \tau_k$，$\tau_{\min} = \min_k\{\tau_k \mid k\in\mathbb{N}\}$ 和 $\tau_{\max} = \max_k\{\tau_k \mid k\in\mathbb{N}\}$。

定义误差信号 $\boldsymbol{e}_i(t) = \boldsymbol{x}_i(t) - \boldsymbol{s}(t)$。由式 (2-1)、式 (2-2) 和式 (2-46) 可知，误差系统的动力学方程为：

$$\begin{cases}\dot{\boldsymbol{e}}_i(t) = \boldsymbol{A}\boldsymbol{e}_i(t) + \boldsymbol{B}\boldsymbol{g}(\boldsymbol{e}_i(t),\boldsymbol{s}(t)), t\in[t_{k-1},t_k) \\ \boldsymbol{e}_i(t_k) - \boldsymbol{e}_i(t_k^-) = -c\sum_{j=1}^{N} l_{ij}\boldsymbol{e}_j((t_k-\tau_k)^-) - cd_i\boldsymbol{e}_i((t_k-\tau_k)^-)\end{cases} \tag{2-47}$$

其中，$\boldsymbol{e}_i(t_k) = \boldsymbol{e}_i(t_k^+) = \lim_{h\to 0^+}\boldsymbol{e}_i(t_k+h)$；$\boldsymbol{e}_i(t_k^-) = \lim_{h\to 0^-}\boldsymbol{e}_i(t_k+h)$；当 $t=t_k$ 时，$\boldsymbol{e}(t)$ 是右连续的，$\boldsymbol{g}(\boldsymbol{e}_i(t),\boldsymbol{s}(t)) = \boldsymbol{f}(\boldsymbol{e}_i(t)+\boldsymbol{s}(t)) - \boldsymbol{f}(\boldsymbol{s}(t))$。

脉冲时刻 $t=t_k$ 的误差信号可表示为如下矩阵形式：

$$\boldsymbol{e}(t_k) = \boldsymbol{e}(t_k^-) - c(\boldsymbol{L}+\boldsymbol{D})\boldsymbol{e}((t_k-\tau_k)^-) \tag{2-48}$$

其中，$\boldsymbol{D} = \mathrm{diag}\{d_1, d_2, \cdots, d_N\}$ 与式 (2-6) 相同。

假设 2.3.1

$h + \tau_{k+1} - \tau_k > 0, \forall k\in\mathbb{N}$。

2.3.2 分布式延时脉冲控制下领导者 - 跟随一致性分析

定理 2.3.1

在假设 2.2.1、假设 2.2.3 和假设 2.3.1 下，如果存在矩阵 $\boldsymbol{P}>0$ 和正常数 κ、α、ε、$0<\mu<1$，使得式 (2-28) 和下列不等式成立：

$$\boldsymbol{\Omega}_2 = \begin{bmatrix} -(\mu-\varepsilon\beta^2)\boldsymbol{I}_N & \boldsymbol{I}_N - c(\boldsymbol{L}+\boldsymbol{D})^{\mathrm{T}} & 0 \\ * & -\boldsymbol{I}_N & c(\boldsymbol{L}+\boldsymbol{D}) \\ * & * & -\varepsilon\boldsymbol{I}_N \end{bmatrix} < 0 \tag{2-49}$$

$$\frac{\ln\mu}{h_2}+\alpha<0 \tag{2-50}$$

其　中，$\boldsymbol{\beta}=(\|\boldsymbol{A}\|+\|\boldsymbol{B}\|\|\boldsymbol{Q}\|)\sqrt{\frac{\lambda_{\max}(\boldsymbol{P})}{\lambda_{\min}(\boldsymbol{P})}}\tau_{\max}+\|c(\boldsymbol{L}+\boldsymbol{D})\|l$，$l=\left\lfloor\frac{\tau_{\max}}{h}\right\rfloor$ 和 $\left\lfloor\frac{\tau_{\max}}{h}\right\rfloor$ 代表实数 $\frac{\tau_{\max}}{h}$ 的整数部分，$h_2=h+\max\{\tau_{k+1}-\tau_k\}$，$\boldsymbol{Q}=(q_{ij})_{n\times n}$，则误差系统 (2-47) 是指数稳定的。

证明：

选取如下李雅普诺夫函数：

$$\boldsymbol{V}(\boldsymbol{e}(t))=\sum_{i=1}^{N}\boldsymbol{e}_i^{\mathrm{T}}(t)\boldsymbol{P}\boldsymbol{e}_i(t) \tag{2-51}$$

接下来，将定理 2.3.1 的证明分为两步：

第一步：证明

$$\boldsymbol{V}(\boldsymbol{e}(t))<\theta_1\boldsymbol{V}(\boldsymbol{e}(t_0)),t\in[t_0,t_0+\tau_{\max}]$$

第二步：证明

$$\boldsymbol{V}(\boldsymbol{e}(t))<\theta_2\boldsymbol{V}(\boldsymbol{e}(t_0))\mathrm{e}^{\epsilon_0(t-t_0-\tau_{\max})},t\in[t_0,\infty) \tag{2-52}$$

其中，θ_1、θ_2 和 ϵ_0 为正常数，稍后将确定。

第一步的证明：

当 $t\in[t_{k-1},t_k)$，$k=1,2,\cdots$ 时，对 $\boldsymbol{V}(\boldsymbol{e}(t))$ 沿式(2-47)解轨迹，对 t 求导：

$$\dot{\boldsymbol{V}}(\boldsymbol{e}(t))=2\sum_{i=1}^{N}\boldsymbol{e}_i^{\mathrm{T}}(t)\boldsymbol{P}(\boldsymbol{A}\boldsymbol{e}_i(t)+\boldsymbol{B}\boldsymbol{g}(\boldsymbol{e}_i(t),\boldsymbol{s}(t))) \tag{2-53}$$

根据假设 2.2.1，对正常数 k，有：

$$\lambda_{\max}(\boldsymbol{Q}^{\mathrm{T}}\boldsymbol{Q})\kappa\boldsymbol{e}_i^{\mathrm{T}}(t)\boldsymbol{e}_i(t)-\kappa\boldsymbol{g}^{\mathrm{T}}(\boldsymbol{e}_i(t))\boldsymbol{g}(\boldsymbol{e}_i(t))\geqslant 0 \tag{2-54}$$

令 $\boldsymbol{\xi}_i(t)=[\boldsymbol{e}_i^{\mathrm{T}}(t),\boldsymbol{g}^{\mathrm{T}}(\boldsymbol{e}_i(t))]^{\mathrm{T}}$，根据式 (2-28)，可得：

$$\dot{\boldsymbol{V}}(\boldsymbol{e}(t))<\alpha\sum_{i=1}^{N}\boldsymbol{e}_i^{\mathrm{T}}(t)\boldsymbol{P}\boldsymbol{e}_i(t)=\alpha\boldsymbol{V}(\boldsymbol{e}(t))$$

因此：

$$\boldsymbol{V}(\boldsymbol{e}(t))<\mathrm{e}^{\alpha(t-t_{k-1})}\boldsymbol{V}(t_{k-1}),\ t\in[t_{k-1},t_k) \tag{2-55}$$

假设在 $(t_0,t_0+\tau_{\max}]$ 间的脉冲时刻为 t_i，$i=1,2,\cdots,l_0$，其中 $l_0=\arg\{l\mid lh+\tau_l\leqslant\tau_{\max},l=0,1,\cdots n\}$。

对于 $t \in [t_0, t_1)$，有：

$$V(e(t)) < \mathrm{e}^{\alpha(t-t_0)} V(t_0) \tag{2-56}$$

另外，当 $t = t_1$ 时，由式 (2-48) 可得：

$$\begin{aligned}
V(e(t_1)) &= \sum_{i=1}^{N} e_i^{\mathrm{T}}(t_1) P e_i(t_1) = e^{\mathrm{T}}(t_1)(I_N \otimes P) e(t_1) \\
&= (e(t_1^-) - (c(L+D) \otimes I_N) e((t_1 - \tau_1)^-))^{\mathrm{T}} ((I_N \otimes P) e(t_1^-) \\
&\quad - (c(L+D) \otimes P) e((t_1 - \tau_1)^-)) \\
&\leqslant \| (I_N \otimes \sqrt{P}) e(t_1^-) - (c(L+D) \otimes I_N)(I_N \otimes \sqrt{P}) e((t_1 - \tau_1)^-) \|^2 \\
&< (1 + c\| L + D \| \mathrm{e}^{-\frac{\alpha}{2}\tau_1})^2 \mathrm{e}^{\alpha(t_1 - t_0)} V(t_0)
\end{aligned}$$

令 $\beta_1 = 1 + c\| L + D \| \mathrm{e}^{-\frac{\alpha}{2}\tau_{\min}}$，因此：

$$V(e(t)) < \beta_1^2 \mathrm{e}^{\alpha(t-t_0)} V(t_0), \ \forall t \in [t_0, t_1]$$

对于 $t \in [t_1, t_2)$，有：

$$V(e(t)) < \mathrm{e}^{\alpha(t-t_1)} V(t_1) < \beta_1^2 \mathrm{e}^{\alpha(t-t_0)} V(t_0) \tag{2-57}$$

此外，类似于对 $V(e(t_1))$ 的分析，有：

$$\begin{aligned}
V(e(t_2)) &< \beta_1^2 (1 + c\| L + D \| \mathrm{e}^{-\frac{\alpha}{2}\tau_2})^2 \mathrm{e}^{\alpha(t_2 - t_0)} V(t_0) \\
&\leqslant \beta_1^4 \mathrm{e}^{\alpha(t_2 - t_0)} V(t_0), \ \forall t \in [t_0, t_2]
\end{aligned}$$

对 $t \in [t_1, t_{l_0}]$，可以重复上述过程，可得：

$$V(e(t)) < \beta_1^{2l_0} \mathrm{e}^{\alpha(t-t_0)} V(t_0), \ \forall t \in [t_0, t_{l_0}]$$

由于在 $(t_{l_0}, t_0 + \tau_{\max}]$ 间没有脉冲，则：

$$\begin{aligned}
V(e(t)) &< \beta_1^{2l_0} \mathrm{e}^{\alpha(t-t_0)} V(t_0), \forall t \in [t_0, t_0 + \tau_{\max}] \\
&< \beta_1^{2l_0} \mathrm{e}^{\alpha\tau_{\max}} V(t_0) \\
&= \theta_1 V(t_0)
\end{aligned}$$

其中，$\theta_1 = \beta_1^{2l_0} \mathrm{e}^{\alpha\tau_{\max}}$，第一步证明完成。

第二步的证明：

假设在 $(t_0 + \tau_{\max}, +\infty)$ 间脉冲时间序列为 $t_{l_0+i}, i = 1, 2, \cdots n$。定义：

$$W(e(t)) = \mathrm{e}^{\epsilon_0(t - t_0 - \tau_{\max})} V(t)$$

接下来将证明：

$$W(e(t)) < \theta_2 V(t_0), \forall t \in [t_0, +\infty) \tag{2-58}$$

首先证明：

$$\boldsymbol{W}(\boldsymbol{e}(t)) < \theta_2 \boldsymbol{V}(t_0), \forall t \in [t_0, t_{l_0+1}) \tag{2-59}$$

对于任意给定 $\mu \in (0,1)$，选择 θ_2，使得 $\theta_2 > \theta_1 / \mu$，通过第一步，对于 $t \in [t_0, t_0 + \tau_{\max})$，可得：

$$\boldsymbol{W}(\boldsymbol{e}(t)) = \mathrm{e}^{\epsilon_0 (t - t_0 - \tau_{\max})} \boldsymbol{V}(t) < \mathrm{e}^{\epsilon_0 (t - t_0 - \tau_{\max})} \theta_1 \boldsymbol{V}(t_0) < \mu \theta_2 \boldsymbol{V}(t_0)$$

因此，只需要证明对于 $t \in [t_0 + \tau_{\max}, t_{l_0+1})$，$\boldsymbol{W}(\boldsymbol{e}(t)) < \theta_2 \boldsymbol{V}(t_0)$。假设存在 $t \in [t_0 + \tau_{\max}, t_{l_0+1})$，使得：

$$\boldsymbol{W}(\boldsymbol{e}(t)) \geqslant \theta_2 \boldsymbol{V}(t_0) \tag{2-60}$$

令 $t^* = \inf\{t \in [t_0 + \tau_{\max}, t_{l_0+1}) \mid \boldsymbol{W}(\boldsymbol{e}(t)) \geqslant \theta_2 \boldsymbol{V}(t_0)\}$ 和 $\hat{t} = \sup\{t \in [t_0 + \tau_{\max}, t^*) \mid \boldsymbol{W}(\boldsymbol{e}(t)) \leqslant \mu \theta_2 \boldsymbol{V}(t_0)\}$，则 $\boldsymbol{W}(t^*) = \theta_2 \boldsymbol{V}(t_0)$ 和 $\boldsymbol{W}(\hat{t}) = \mu \theta_2 \boldsymbol{V}(t_0)$。

根据式 (2-28)，存在一个足够小的 $\epsilon_0 > 0$，使得 $\boldsymbol{\Omega}_1 + \mathrm{diag}\{\epsilon_0 \boldsymbol{P}, 0\} < 0$，因此：

$$\begin{aligned} \dot{\boldsymbol{W}}(\boldsymbol{e}(t)) &= \mathrm{e}^{\epsilon_0 (t - t_0 - \tau_{\max})} [\epsilon_0 \boldsymbol{V}(\boldsymbol{e}(t)) + \dot{\boldsymbol{V}}(\boldsymbol{e}(t))] \\ &< \alpha \mathrm{e}^{\epsilon_0 (t - t_0 - \tau_{\max})} \boldsymbol{V}(\boldsymbol{e}(t)) \\ &= \alpha \boldsymbol{W}(\boldsymbol{e}(t)) \end{aligned} \tag{2-61}$$

则：

$$\boldsymbol{W}(\boldsymbol{e}(t^*)) < \boldsymbol{W}(\hat{t}) \mathrm{e}^{\alpha (t^* - \hat{t})} \leqslant \mu \theta_2 \boldsymbol{V}(t_0) \mathrm{e}^{\alpha h_2}$$

根据式 (2-50)，可得：

$$\boldsymbol{W}(\boldsymbol{e}(t^*)) < \theta_2 \boldsymbol{V}(t_0)$$

这与式 (2-60) 矛盾。因此，不等式 (2-59) 成立。

假设对某个 $m \in \mathbb{N}$，有：

$$\boldsymbol{W}(\boldsymbol{e}(t)) < \theta_2 \boldsymbol{V}(t_0), t \in [t_0, t_{l_0+m}) \tag{2-62}$$

接下来将证明：

$$\boldsymbol{W}(\boldsymbol{e}(t)) < \theta_2 \boldsymbol{V}(t_0), t \in [t_{l_0+m}, t_{l_0+m+1}) \tag{2-63}$$

假设

$$\boldsymbol{W}(\boldsymbol{e}(t_{l_0+m})) < \mu \theta_2 \boldsymbol{V}(t_0) \tag{2-64}$$

成立，对 $t \in [t_{l_0+m}, t_{l_0+m+1})$，根据式 (2-61) 可得：

$$\boldsymbol{W}(\boldsymbol{e}(t)) < \boldsymbol{W}(\boldsymbol{e}(t_{l_0+m})) \mathrm{e}^{\alpha (t - t_{l_0+m})} < \mu \theta_2 \boldsymbol{V}(t_0) \mathrm{e}^{\alpha h_2} \leqslant \theta_2 \boldsymbol{V}(t_0)$$

因此，为了证明式 (2-63)，只需要证明式 (2-64)。同样地：

$$V(e(t_{l_0+m})) < \mu\theta_2 V(t_0)\mathrm{e}^{\epsilon_0(t_{l_0+m}-t_0-\tau_{\max})} \tag{2-65}$$

定义 $\tilde{\Delta}e(t_{l_0+m}^-)=e(t_{l_0+m}^-)-e((t_{l_0+m}-\tau_{l_0+m})^-)$，则：

$$\begin{aligned} e(t_{l_0+m}^+) &= e(t_{l_0+m}^-)-c((L+D)\otimes I_n)e(t_{l_0+m}-\tau_{l_0+m}) \\ &= ((I_N-c(L+D))\otimes I_n)e(t_{l_0+m}^-) \\ &\quad +(c(L+D)\otimes I_n)\tilde{\Delta}e(t_{l_0+m}^-) \end{aligned} \tag{2-66}$$

令 $\hat{l}=\inf\{l\,|\,(l_0+m)h\leqslant lh+\tau_l<(l_0+m)h+\tau_{l_0+m},l\in\mathbb{N}\}$，因此，在 $[t_{l_0+m}-\tau_{l_0+m},t_{l_0+m})$ 间有 $\overline{l}=l_0+m-\hat{l}$ 个脉冲时刻：$t_{l_0+m-\overline{l}},t_{l_0+m+1-\overline{l}},\cdots,t_{l_0+m-1}$。因此：

$$\begin{aligned} \left\|\tilde{\Delta}e(t_{l_0+m}^-)\right\| = \Bigg\| & e(t_{l_0+m}^-)-e(t_{l_0+m-1}^+)+e(t_{l_0+m-1}^-)-e(t_{l_0+m-2}^+)+\cdots \\ & +e(t_{l_0+m-\overline{l}}^-)-e((t_{l_0+m}-\tau_{l_0+m})^-)+\sum_{j=1}^{\overline{l}}\Delta e(t_{l_0+m-j})\Bigg\| \end{aligned} \tag{2-67}$$

根据式 (2-62)，有：

$$\left\|(I_N\otimes\sqrt{P})e(t)\right\|^2<\theta_2 V(t_0)\mathrm{e}^{-\epsilon_0(t-t_0-\tau_{\max})},t\in[t_0,t_{l_0+m})$$

则：

$$\|e(t)\|^2<\frac{1}{\lambda_{\min}(P)}\theta_2 V(t_0)\mathrm{e}^{-\epsilon_0(t-t_0-\tau_{\max})},t\in[t_0,t_{l_0+m}) \tag{2-68}$$

因此，对 $t\in[t_{k-1},t_k),k=l_0+m-\overline{l},\cdots,l_0+m$，可得：

$$\begin{aligned} \left\|(I_N\otimes\sqrt{P})\dot{e}(t)\right\| &\leqslant \sqrt{\lambda_{\max}(P)}\left\|(I_N\otimes A)e(t)+(I_N\otimes B)g(e(t))\right\| \\ &\leqslant \sqrt{\lambda_{\max}(P)}(\|A\|+\|B\|\|Q\|)\|e(t)\| \\ &< (\|A\|+\|B\|\|Q\|)\sqrt{\frac{\lambda_{\max}(P)}{\lambda_{\min}(P)}}\sqrt{\theta_2 V(t_0)}\mathrm{e}^{-\frac{\epsilon_0}{2}(t-t_0-\tau_{\max})} \end{aligned}$$

和：

$$\begin{aligned} \sum_{j=1}^{\overline{l}}\left\|(I_N\otimes\sqrt{P})e(t_{l_0+m-j}-\tau_{l_0+m-j})\right\| &< \sum_{j=1}^{\overline{l}}\sqrt{\theta_2 V(t_0)}\mathrm{e}^{\frac{-\epsilon_0}{2}(t_{l_0+m-j}-\tau_{l_0+m-j}-t_0-\tau_{\max})} \\ &\leqslant \sqrt{\theta_2 V(t_0)}\overline{l}\mathrm{e}^{\epsilon_0\tau_{\max}}\mathrm{e}^{-\frac{\epsilon_0}{2}(t_{l_0+m}-t_0-\tau_{\max})} \end{aligned}$$

由于 $\overline{l}\leqslant l$，结合式 (2-67)，可得：

$$
\begin{aligned}
&\left\|(\boldsymbol{I}_N\otimes\sqrt{\boldsymbol{P}})\tilde{\Delta}\boldsymbol{e}(t_{l_0+m}^-)\right\|\\
\leqslant\ &\int_{t_{l_0+m-1}}^{t_{l_0+m}}\left\|(\boldsymbol{I}_N\otimes\sqrt{\boldsymbol{P}})\dot{\boldsymbol{e}}(s)\right\|\mathrm{d}s+\int_{t_{l_0+m-2}}^{t_{l_0+m-1}}\left\|(\boldsymbol{I}_N\otimes\sqrt{\boldsymbol{P}})\dot{\boldsymbol{e}}(s)\right\|\mathrm{d}s+\cdots\\
&+\int_{t_{l_0+m}-\tau_{l_0+m}}^{t_{l_0+m-\bar{l}}}\left\|(\boldsymbol{I}_N\otimes\sqrt{\boldsymbol{P}})\dot{\boldsymbol{e}}(s)\right\|\mathrm{d}s\\
&+\sum_{j=1}^{\bar{l}}\left\|c(\boldsymbol{L}+\boldsymbol{D})\right\|\left\|(\boldsymbol{I}_N\otimes\sqrt{\boldsymbol{P}})\boldsymbol{e}((t_{l_0+m-j}-\tau_{l_0+m-j})^-)\right\|\\
<\ &(\|\boldsymbol{A}\|+\|\boldsymbol{B}\|\|\boldsymbol{Q}\|)\sqrt{\frac{\lambda_{\max}(\boldsymbol{P})}{\lambda_{\min}(\boldsymbol{P})}}\sqrt{\theta_2\boldsymbol{V}(t_0)}\tau_{\max}\mathrm{e}^{\frac{\epsilon_0}{2}\tau_{\max}}\mathrm{e}^{-\frac{\epsilon_0}{2}(t_{l_0+m}-t_0-\tau_{\max})}\\
&+\|c(\boldsymbol{L}+\boldsymbol{D})\|\sqrt{\theta_2\boldsymbol{V}(t_0)}\bar{l}\mathrm{e}^{\epsilon_0\tau_{\max}}\mathrm{e}^{-\frac{\epsilon_0}{2}(t_{l_0+m}-t_0-\tau_{\max})}\\
<\ &\beta_2\sqrt{\theta_2\boldsymbol{V}(t_0)}\mathrm{e}^{-\frac{\epsilon_0}{2}(t_{l_0+m}-t_0-\tau_{\max})}
\end{aligned}
\tag{2-69}
$$

其中，$\beta_2=(\|\boldsymbol{A}\|+\|\boldsymbol{B}\|\|\boldsymbol{Q}\|)\sqrt{\dfrac{\lambda_{\max}(\boldsymbol{P})}{\lambda_{\min}(\boldsymbol{P})}}\tau_{\max}\mathrm{e}^{\frac{\epsilon_0}{2}\tau_{\max}}+\|c(\boldsymbol{L}+\boldsymbol{D})\|l\mathrm{e}^{\epsilon_0\tau_{\max}}$。

根据式(2-49)，分别用 $\mathrm{diag}\{\boldsymbol{e}^{\mathrm{T}}(t_{l_0+m}^-)(\boldsymbol{I}_N\otimes\sqrt{\boldsymbol{P}}),\boldsymbol{I}_N\otimes\sqrt{\boldsymbol{P}},\boldsymbol{I}_N\otimes\boldsymbol{I}_n\}$ 及其转置左乘右乘 $\boldsymbol{\Omega}_2\otimes\boldsymbol{I}_n$，并根据 $\boldsymbol{V}(t_{l_0+m}^-)=\boldsymbol{e}^{\mathrm{T}}(t_{l_0+m}^-)(\boldsymbol{I}_N\otimes\boldsymbol{P})\boldsymbol{e}(t_{l_0+m}^-)$，可得：

$$
\tilde{\boldsymbol{\Omega}}_2=\begin{bmatrix}-\tilde{\boldsymbol{\Omega}}_2^{11} & \boldsymbol{e}^{\mathrm{T}}(t_{l_0+m}^-)(\boldsymbol{I}_N-c(\boldsymbol{L}+\boldsymbol{D})^{\mathrm{T}})\otimes\boldsymbol{P} & 0\\ * & -\boldsymbol{I}_N\otimes\boldsymbol{P} & c(\boldsymbol{L}+\boldsymbol{D})\otimes\sqrt{\boldsymbol{P}}\\ * & * & -\varepsilon\boldsymbol{I}_N\end{bmatrix}<0
$$

其中，$\tilde{\boldsymbol{\Omega}}_2^{11}=(\mu-\varepsilon\beta^2)\boldsymbol{V}(t_{l_0+m}^-)$。结合式(2-62)，可得：

$$
\tilde{\boldsymbol{\Omega}}_2^{11}<(\mu-\varepsilon\beta^2)\theta_2\boldsymbol{V}(t_0)\mathrm{e}^{-\epsilon_0(t_{l_0+m}-t_0-\tau_{\max})}
$$

选择一个足够小的 ϵ_0，使得：

$$
\tilde{\boldsymbol{\Omega}}_2^{11}<(\mu-\varepsilon\beta_2^2)\theta_2\boldsymbol{V}(t_0)\mathrm{e}^{-\epsilon_0(t_{l_0+m}-t_0-\tau_{\max})}
$$

由 $\tilde{\boldsymbol{\Omega}}_2<0$ 可知：

$$
\tilde{\boldsymbol{\Omega}}_3=\begin{bmatrix}-\tilde{\boldsymbol{\Omega}}_3^{11} & \boldsymbol{e}^{\mathrm{T}}(t_{l_0+m}^-)(\boldsymbol{I}_N-c(\boldsymbol{L}+\boldsymbol{D})^{\mathrm{T}})\otimes\boldsymbol{P} & 0\\ * & -\boldsymbol{I}_N\otimes\boldsymbol{P} & c(\boldsymbol{L}+\boldsymbol{D})\otimes\sqrt{\boldsymbol{P}}\\ * & * & -\varepsilon\boldsymbol{I}_N\end{bmatrix}<0
\tag{2-70}
$$

其中，$\tilde{\boldsymbol{\Omega}}_3^{11}=(\mu-\varepsilon\beta_2^2)\theta_2\boldsymbol{V}(t_0)\mathrm{e}^{-\epsilon_0(t-t_0-\tau_{\max})}$，回顾式(2-69)，可得：

$$\tilde{\boldsymbol{\Omega}}_4=\begin{bmatrix}\tilde{\boldsymbol{\Omega}}_4^{11} & \boldsymbol{e}^{\mathrm{T}}(t_{l_0+m}^-)(\boldsymbol{I}_N-c(\boldsymbol{L}+\boldsymbol{D})^{\mathrm{T}})\otimes\boldsymbol{P} & 0\\ * & -\boldsymbol{I}_N\otimes\boldsymbol{P} & c(\boldsymbol{L}+\boldsymbol{D})\otimes\sqrt{\boldsymbol{P}}\\ * & * & -\varepsilon\boldsymbol{I}_N\end{bmatrix}<0 \tag{2-71}$$

其中，$\tilde{\boldsymbol{\Omega}}_4^{11}=-\mu\theta_2\boldsymbol{V}(t_0)\mathrm{e}^{-\epsilon_0(t-t_0-\tau_{\max})}+\varepsilon\tilde{\Delta}\boldsymbol{e}^{\mathrm{T}}(t_{l_0+m}^-)(\boldsymbol{I}_N\otimes\boldsymbol{P})\tilde{\Delta}\boldsymbol{e}(t_{l_0+m}^-)$。

将引理 2.2.2 应用于 $\tilde{\boldsymbol{\Omega}}_4<0$，则：

$$\begin{aligned}&\begin{bmatrix}-\mu\theta_2\boldsymbol{V}(t_0)\mathrm{e}^{-\epsilon_0(t-t_0-\tau_{\max})} & \boldsymbol{e}^{\mathrm{T}}(t_{l_0+m}^-)(\boldsymbol{I}_N-c(\boldsymbol{L}+\boldsymbol{D})^{T})\otimes\boldsymbol{P}\\ * & -\boldsymbol{I}_N\otimes\boldsymbol{P}\end{bmatrix}\\ &+\varepsilon\begin{bmatrix}\tilde{\Delta}^{\mathrm{T}}\boldsymbol{e}(t_{l_0+m}^-)(\boldsymbol{I}_N\otimes\sqrt{\boldsymbol{P}})\\ 0\end{bmatrix}\begin{bmatrix}(\boldsymbol{I}_N\otimes\sqrt{\boldsymbol{P}})\tilde{\Delta}\boldsymbol{e}(t_{l_0+m}^-) & 0\end{bmatrix}\\ &+\varepsilon^{-1}\begin{bmatrix}0\\ c(\boldsymbol{L}+\boldsymbol{D})\otimes\sqrt{\boldsymbol{P}}\end{bmatrix}\begin{bmatrix}0 & c(\boldsymbol{L}+\boldsymbol{D})^{\mathrm{T}}\otimes\sqrt{\boldsymbol{P}}\end{bmatrix}<0\end{aligned} \tag{2-72}$$

已知：

$$\begin{aligned}&\begin{bmatrix}\tilde{\Delta}^{\mathrm{T}}\boldsymbol{e}(t_{l_0+m}^-)(\boldsymbol{I}_N\otimes\sqrt{\boldsymbol{P}})\\ 0\end{bmatrix}\begin{bmatrix}0 & c(\boldsymbol{L}+\boldsymbol{D})^{\mathrm{T}}\otimes\sqrt{\boldsymbol{P}}\end{bmatrix}\\ &+\begin{bmatrix}0\\ c(\boldsymbol{L}+\boldsymbol{D})\otimes\sqrt{\boldsymbol{P}}\end{bmatrix}\begin{bmatrix}0 & (\boldsymbol{I}_N\otimes\sqrt{\boldsymbol{P}})\tilde{\Delta}\boldsymbol{e}(t_{l_0+m}^-)\end{bmatrix}\\ &\leqslant\varepsilon\begin{bmatrix}\tilde{\Delta}^{\mathrm{T}}\boldsymbol{e}(t_{l_0+m}^-)(\boldsymbol{I}_N\otimes\sqrt{\boldsymbol{P}})\\ 0\end{bmatrix}\begin{bmatrix}0 & (\boldsymbol{I}_N\otimes\sqrt{\boldsymbol{P}})\tilde{\Delta}\boldsymbol{e}(t_{l_0+m}^-)\end{bmatrix}\\ &\quad+\varepsilon^{-1}\begin{bmatrix}0\\ c(\boldsymbol{L}+\boldsymbol{D})\otimes\sqrt{\boldsymbol{P}}\end{bmatrix}\begin{bmatrix}0 & c(\boldsymbol{L}+\boldsymbol{D})^{\mathrm{T}}\otimes\sqrt{\boldsymbol{P}}\end{bmatrix}\end{aligned}$$

可得：

$$\begin{aligned}&\begin{bmatrix}-\mu\theta_2\boldsymbol{V}(t_0)\mathrm{e}^{-\epsilon_0(t-t_0-\tau_{\max})} & \boldsymbol{e}^{\mathrm{T}}(t_{l_0+m}^-)(\boldsymbol{I}_N-c(\boldsymbol{L}+\boldsymbol{D})^{\mathrm{T}})\otimes\boldsymbol{P}\\ * & -I_N\otimes P\end{bmatrix}\\ &+\begin{bmatrix}\tilde{\Delta}^{\mathrm{T}}\boldsymbol{e}(t_{l_0+m}^-)(\boldsymbol{I}_N\otimes\sqrt{\boldsymbol{P}})\\ 0\end{bmatrix}\begin{bmatrix}0 & c(\boldsymbol{L}+\boldsymbol{D})^{\mathrm{T}}\otimes\sqrt{\boldsymbol{P}}\end{bmatrix}\\ &+\begin{bmatrix}0\\ c(\boldsymbol{L}+\boldsymbol{D})\otimes\sqrt{\boldsymbol{P}}\end{bmatrix}\begin{bmatrix}0 & (\boldsymbol{I}_N\otimes\sqrt{\boldsymbol{P}})\tilde{\Delta}\boldsymbol{e}(t_{l_0+m}^-)\end{bmatrix}<0\end{aligned} \tag{2-73}$$

即：

$$\begin{bmatrix} -\mu\theta_2 \boldsymbol{V}(t_0)\mathrm{e}^{-\epsilon_0(t-t_0-\tau_{\max})} & \boldsymbol{e}^{\mathrm{T}}(t_{l_0+m})\boldsymbol{I}_N \otimes \boldsymbol{P} \\ * & -\boldsymbol{I}_N \otimes \boldsymbol{P} \end{bmatrix} < 0 \tag{2-74}$$

因此：

$$\boldsymbol{e}^{\mathrm{T}}(t_{l_0+m})(\boldsymbol{I}_N \otimes \boldsymbol{P})\boldsymbol{e}(t_{l_0+m}) < \mu\theta_2 \boldsymbol{V}(t_0)\mathrm{e}^{\epsilon_0(t_{l_0+m}-t_0-\tau_{\max})}$$

根据 $\boldsymbol{V}(\boldsymbol{e}(t))$ 和 $\boldsymbol{W}(t)$ 的定义，有：

$$\boldsymbol{W}(\boldsymbol{e}(t_{l_0+m})) < \mu\theta_2 \boldsymbol{V}(t_0)$$

因此，式 (2-64) 成立，在条件 (2-62) 下，式 (2-63) 也成立。由数学归纳法，如下结论成立：

$$\boldsymbol{V}(\boldsymbol{e}(t)) < \theta_2 \boldsymbol{V}(\boldsymbol{e}(t_0))\mathrm{e}^{\epsilon_0(t-t_0-\tau_{\max})}, t \in [t_0, \infty)$$

因此：

$$\|\boldsymbol{e}(t)\| < \frac{\sqrt{\theta_2 \boldsymbol{V}(t_0)}}{\lambda_{\min}(\boldsymbol{P})}\mathrm{e}^{-\frac{\epsilon_0}{2}(t-t_0-\tau_{\max})}, t \in [t_0, \infty)$$

即误差系统 (2-47) 是全局指数稳定的。证毕。

注 2.3.1　比较定理 2.2.3 和定理 2.3.1，网络诱导延时对一致性具有负面效应，如式 (2-49) 所示。这是因为式 (2-29) 等价于：

$$\begin{bmatrix} -\mu \boldsymbol{I}_N & \boldsymbol{I}_N - c(\boldsymbol{L}+\boldsymbol{D})^{\mathrm{T}} \\ * & -\boldsymbol{I} \end{bmatrix} < 0 \tag{2-75}$$

对于具有固定网络拓扑结构的多智能体系统，在式 (2-75) 中的 μ 将小于式 (2-49) 中的 μ，因为它将补偿网络延时的负面影响。μ 越大，对求解式 (2-25) 越有帮助。

脉冲间隔 h_2 由采样周期 h 和相邻采样时刻网络诱导延时之差 $\tau_{k+1}-\tau_k$ 决定。若在不同的采样时刻网络化延时均相等，即 $\tau_k=\tau$，则脉冲与采样时刻保持一致但滞后 τ，有如下推论。

推论 2.3.1

假设 $\tau_k=\tau$，在假设 2.2.1、假设 2.2.3 和假设 2.3.1 下，如果存在对称矩阵 $\boldsymbol{P}>0$ 和正常数 ε、α、κ、$0<\mu<1$，使得式 (2-28) 和下列不等式成立：

$$\begin{bmatrix} -(\mu-\varepsilon\beta^2)\boldsymbol{I}_N & \boldsymbol{I}_N-c(\boldsymbol{L}+\boldsymbol{D})^{\mathrm{T}} & 0 \\ * & -\boldsymbol{I}_N & c(\boldsymbol{L}+\boldsymbol{D}) \\ * & * & -\varepsilon\boldsymbol{I}_N \end{bmatrix}<0 \tag{2-76}$$

$$\frac{\ln\mu}{h}+\alpha<0 \tag{2-77}$$

其中，$\beta=(\|\boldsymbol{A}\|+\|\boldsymbol{B}\|\|\boldsymbol{Q}\|)\sqrt{\dfrac{\lambda_{\max}(\boldsymbol{P})}{\lambda_{\min}(\boldsymbol{P})}}\tau+\|c(\boldsymbol{L}+\boldsymbol{D})\|l$，$l=\left\lfloor\dfrac{\tau}{h}\right\rfloor$，则误差系统 (2-47) 是指数稳定的。

如果多智能体系统采用点对点的连接，则不存在网络诱导延时，即 $\tau_k=0$，可得到定理 2.2.3 的结论。

推论 2.3.2

假设 $\boldsymbol{L}=\boldsymbol{L}^{\mathrm{T}}$。在假设 2.2.1、假设 2.2.3 和假设 2.3.1 下，如果存在对称矩阵 $\boldsymbol{P}>0$ 和正常数 ε、α、κ、$0<\mu<1$，使得式 (2-28) 和下列不等式成立：

$$0<c^2\lambda_i^2<\varepsilon \tag{2-78}$$

$$\varepsilon\beta^2+\frac{(1-c\lambda_i)^2}{1-\varepsilon^{-1}c^2\lambda_i^2}<\mu \tag{2-79}$$

$$\frac{\ln\mu}{h_2}+\alpha<0 \tag{2-80}$$

其中，$\beta=(\|\boldsymbol{A}\|+\|\boldsymbol{B}\|\|\boldsymbol{Q}\|)\sqrt{\dfrac{\lambda_{\max}(\boldsymbol{P})}{\lambda_{\min}(\boldsymbol{P})}}\tau_{\max}+\|c(\boldsymbol{L}+\boldsymbol{D})\|l$，$l=\left\lfloor\dfrac{\tau_{\max}}{h}\right\rfloor$，$i=1,2,\cdots,N$，$h_2=h+\max\{\tau_{k+1}-\tau_k\}$，则误差系统 (2-47) 是指数稳定的。

证明：

根据假设 2.2.3，矩阵 $\boldsymbol{L}+\boldsymbol{D}$ 的所有特征值为正。令 $0<\lambda_1=\lambda_{\min}(L+D)\leqslant\lambda_2\leqslant\cdots\leqslant\lambda_N=\lambda_{\max}(\boldsymbol{L}+\boldsymbol{D})$，存在一个正交矩阵 $\boldsymbol{U}$，使得：

$$U^{\mathrm{T}}(L+D)U=\Lambda=\mathrm{diag}\{\lambda_1,\lambda_2,\cdots,\lambda_N\}$$

$$U^{\mathrm{T}}(L+D)(L+D)U=\Lambda\Lambda=\mathrm{diag}\{\lambda_1^2,\lambda_2^2,\cdots,\lambda_N^2\}$$

用 $\mathrm{diag}\{U^{\mathrm{T}},U^{\mathrm{T}},U^{\mathrm{T}}\}$ 及其转置左乘右乘 Ω_2，可得：

$$\begin{bmatrix} -(\mu-\varepsilon\beta^2)I_N & I_N-c\Lambda & 0 \\ * & -I_N & c\Lambda \\ * & * & -\varepsilon I_N \end{bmatrix}<0 \tag{2-81}$$

根据引理 2.2.2，有：

$$\begin{bmatrix} -(\mu-\varepsilon\beta^2)I_N & I_N-c\Lambda \\ * & -I_N+\varepsilon^{-1}c^2\Lambda^2 \end{bmatrix}<0 \tag{2-82}$$

其等价于：

$$\varepsilon^{-1}c^2\Lambda^2-I_N<0$$
$$-(\mu-\varepsilon\beta^2)I_N+(I_N-c\Lambda)(I_N-\varepsilon^{-1}c^2\Lambda^2)^{-1}(I_N-c\Lambda)<0$$

回顾式 (2-79) 和式 (2-80)，上述两个不等式成立。证毕。

2.3.3 脉冲间隔与网络参数设计

定理 2.2.1 对于如何在可允许的延时下找到合适的采样周期 h、牵制矩阵 D 和耦合强度 c 具有一定的指导意义。但在实际应用中，设计顺序不同，结果也会有所不同。

推论 2.3.3

在假设 2.2.1、假设 2.2.3 和假设 2.3.1 下，如果存在对称矩阵 $P>0$ 和正常数 ε、α、κ，使得式 (2-28) 和下列不等式成立：

$$\begin{bmatrix} -(\mathrm{e}^{-\alpha h_2}-\varepsilon\beta^2)I_N & I_N-c(L+D)^{\mathrm{T}} & 0 \\ * & -I_N & c(L+D) \\ * & * & -\varepsilon I_N \end{bmatrix}<0 \tag{2-83}$$

其中，$\beta=(\|A\|+\|B\|\|Q\|\sqrt{\dfrac{\lambda_{\max}(P)}{\lambda_{\min}(P)}}\tau_{\max}+\|c(L+D)\|l$，$l=\left\lfloor\dfrac{\tau}{h}\right\rfloor$ 和 $h_2=h+\max\{\tau_{k+1}-\tau_k\}$，则误差系统 (2-47) 是指数稳定的。

推论 2.3.4

假设 $\boldsymbol{L}=\boldsymbol{L}^{\mathrm{T}}$。在假设 2.2.1、假设 2.2.3 和假设 2.3.1 下，如果存在对称矩阵 $\boldsymbol{P}>0$ 和正常数 ε、α、κ、c，使得式 (2-28) 和下列不等式成立：

$$0<c\lambda_{\max}(\boldsymbol{L}+\boldsymbol{D})<1 \tag{2-84}$$

$$0<h_2<\frac{\ln\left(\beta^2+\dfrac{2}{1+c\lambda_{\min}(\boldsymbol{L}+\boldsymbol{D})}-1\right)}{-\alpha} \tag{2-85}$$

其中，$\beta=(\|\boldsymbol{A}\|+\|\boldsymbol{B}\|\|\boldsymbol{Q}\|)\sqrt{\dfrac{\lambda_{\max}(\boldsymbol{P})}{\lambda_{\min}(\boldsymbol{P})}}\tau_{\max}+\|c(\boldsymbol{L}+\boldsymbol{D})\|\,l$，$l=\left\lfloor\dfrac{\tau_{\max}}{h}\right\rfloor$和 $h_2=h+\max\{\tau_{k+1}-\tau_k\}$，则误差系统 (2-47) 是指数稳定的。

证明：

在式 (2-79) 和式 (2-80) 中取 $\varepsilon=1$，有：

$$0<c\lambda_{\max}<1,\quad \beta^2+\frac{(1-c\lambda_i)^2}{1-c^2\lambda_i^2}<\mu$$

即：

$$\beta^2+\frac{2}{1+c\lambda_i}-1<\mu$$

根据式 (2-80)，可得：

$$h_2\leqslant\frac{\ln\mu}{-\alpha}$$

因此：

$$h_2<\frac{\ln\left(\beta^2+\dfrac{2}{1+c\lambda_{\min}(\boldsymbol{L}+\boldsymbol{D})}-1\right)}{-\alpha}$$

推论 2.3.4 意味着可以首先选择满足式 (2-84) 的牵制矩阵和耦合强度。然后根据式 (2-85)，确定 h 和 $\tau_{\max}$。推论 2.3.1 中，β 必须小于 1，意味着延时越小，越容易实现一致，最大允许的延时满足：

$$\tau_{\max} < \frac{1-\|c(\boldsymbol{L}+\boldsymbol{D})\|l}{(\|\boldsymbol{A}\|+\|\boldsymbol{B}\|\|\boldsymbol{Q}\|)\sqrt{\dfrac{\lambda_{\max}(\boldsymbol{P})}{\lambda_{\min}(\boldsymbol{P})}}}$$

此外，如果 $\tau_{\max} < h$，则：

$$\tau_{\max} < \frac{1}{\|\boldsymbol{A}\|+\|\boldsymbol{B}\|\|\boldsymbol{Q}\|} \tag{2-86}$$

推论 2.3.5

假设 $\tau_{\max} < h$。在假设 2.2.1、假设 2.2.3 和假设 2.3.1 下，如果存在对称矩阵 $\boldsymbol{P}>0$、对角矩阵 $\boldsymbol{D}>0$ 和正常数 α、κ、c，使得式 (2-28) 和下列不等式成立：

$$\frac{1-\mathrm{e}^{-\alpha h_2}+\beta^2}{1+\mathrm{e}^{-\alpha h_2}-\beta^2} < \frac{\lambda_{\min}(L+D)}{\lambda_{\max}(L+D)} \tag{2-87}$$

$$\frac{1-\mathrm{e}^{-\alpha h_2}+\beta^2}{(1+\mathrm{e}^{-\alpha h_2}-\beta^2)\lambda_{\min}(\boldsymbol{L}+\boldsymbol{D})} < c < \frac{1}{\lambda_{\max}(\boldsymbol{L}+\boldsymbol{D})} \tag{2-88}$$

其 中，$h_2 = h+\max\{\tau_{k+1}-\tau_k\}$，$\beta = (\|\boldsymbol{A}\|+\|\boldsymbol{B}\|\|\boldsymbol{Q}\|)\sqrt{\dfrac{\lambda_{\max}(\boldsymbol{P})}{\lambda_{\min}(\boldsymbol{P})}}\tau_{\max}$， 则误差系统 (2-47) 是指数稳定的。

证明：

根据式 (2-80)，可得：

$$\mu \leqslant \mathrm{e}^{-\alpha h_2} \tag{2-89}$$

在式 (2-79) 和式 (2-80) 中，令 $\varepsilon=1$，根据 $\mu \leqslant \mathrm{e}^{-\alpha h_2}$，可得：

$$0 < c\lambda_i < 1$$

$$\beta^2 + \frac{(1-c\lambda_i)^2}{1-c^2\lambda_i^2} < \mathrm{e}^{-\alpha h_2}$$

通过简单的计算，有：

$$\frac{1-\mathrm{e}^{-\alpha h_2}+\beta^2}{1+\mathrm{e}^{-\alpha h_2}-\beta^2} < c\lambda_i < 1 \tag{2-90}$$

因此：

$$\frac{1-\mathrm{e}^{-\alpha h_2}+\beta^2}{\lambda_i(1+\mathrm{e}^{-\alpha h_2}-\beta^2)}<c<\frac{1}{\lambda_i} \tag{2-91}$$

对 $i=1,2,\cdots,N$ 成立。根据式 (2-87)，存在一个满足式 (2-88) 的 c。证毕。

注 2.3.2 根据脉冲牵制可控性的概念，衡量网络化领导者 - 跟随牵制可控性的指标为 $y(\beta)$ 和式 (2-44) 中定义的 R，其中 $y(\beta)=\dfrac{1-\mathrm{e}^{-\alpha h_2}+\beta^2}{1+\mathrm{e}^{-\alpha h_2}-\beta^2}$，$R=\dfrac{\lambda_{\min}(\boldsymbol{L}+\boldsymbol{D})}{\lambda_{\max}(\boldsymbol{L}+\boldsymbol{D})}$。注意，$y(\beta)$ 是关于 h_2 和 β 的递增函数。因此，如果采样周期和网络化延时增大，式 (2-87) 意味着 R 将面临一个更大的下界，那么更多的智能体将选作牵制节点来保证领导者 - 跟随一致性的实现。

2.3.4 数值仿真

考虑有 6 个智能体的系统 (2-1)，每个智能体动力学方程为：

$$\dot{\boldsymbol{x}}_i(t)=\boldsymbol{A}\boldsymbol{x}_i+\boldsymbol{B}\boldsymbol{f}(\boldsymbol{x}_i(t))$$

其中，矩阵 $\boldsymbol{A}=\mathrm{diag}\{-1,-1,-1\}$，以及：

$$\boldsymbol{B}=\begin{bmatrix}1.25 & -3.2 & -3.2\\ -3.2 & 1.1 & -4.4\\ -3.2 & 4.4 & 1.0\end{bmatrix} \tag{2-92}$$

$\boldsymbol{f}(\boldsymbol{x}_i(t))=[f_1(x_{i1}),f_2(x_{i2}),f_3(x_{i3})]^{\mathrm{T}}$ 为非线性函数，满足 $f_i(x_{ij})=0.5(|x_{ij}+1|-|x_{ij}-1|)$，$i=1,2,\cdots,6,j=1,2,3$，$\boldsymbol{Q}=\mathrm{diag}\{1,1,1\}$。

如图 2-2 所示，智能体和领导者在没有控制作用下无法实现一致。

例 2.3.1 有向图下的领导者 - 跟随多智能体系统

跟随智能体的网络拓扑如图 2-3 所示。选取 3 个智能体作为牵制控制对象，即：$\boldsymbol{D}=\mathrm{diag}\{1,0,1,2,0,0\}$。取 $c=0.2$，当满足假设 2.2.2 时，

在推论 2.3.3 中将式 (2-28) 替换为式 (2-31)。利用 Matlab 的 LMI 工具箱，可以找到可行解：$\alpha=11.0915$ 和

$$\boldsymbol{P}=\begin{bmatrix} 1.0569 & -0.0010 & 0.0155 \\ -0.0010 & 1.0850 & -0.0029 \\ 0.0155 & -0.0029 & 1.0156 \end{bmatrix}$$

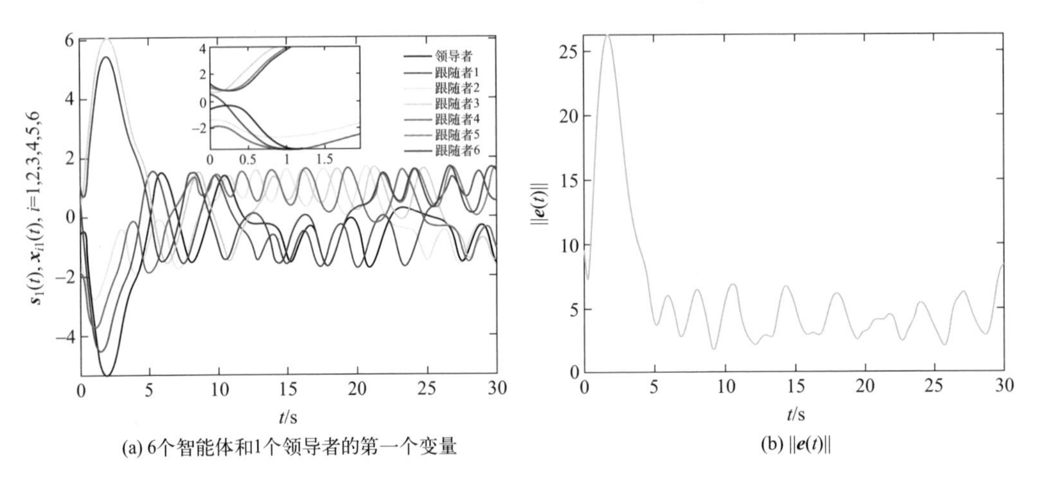

(a) 6个智能体和1个领导者的第一个变量　　(b) $\|e(t)\|$

图 2-2　无控制作用下的状态演化曲线

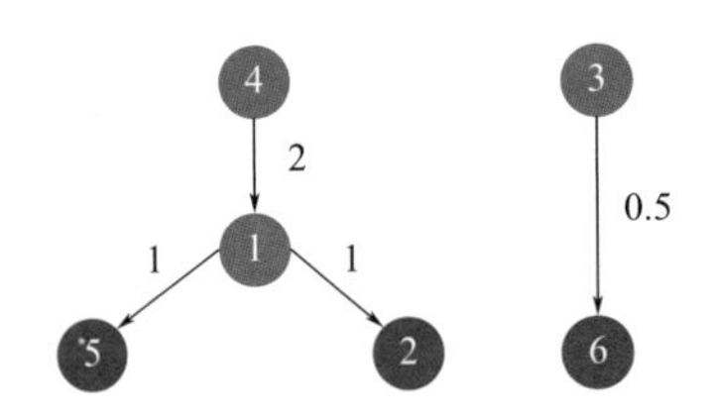

图 2-3　例 2.3.1 的网络拓扑图

表 2-1 给出了 $\tau_k=\tau$ 的情况下，不同采样周期对应的最大网络诱导延时。

表2-1　不同采样周期下的最大网络诱导延时

h	0.002	0.003	0.004	0.005	0.006	0.007	0.008
$\tau_{\max}$	0.001	0.002	0.003	0.004	0.005	0.006	0.007
h	0.009	0.010	0.011	0.012	0.013	0.014	
$\tau_{\max}$	0.008	0.009	0.010	0.011	0.010	0.004	

根据推论 2.3.3，误差系统在 $h = 0.01$ 和 $t_{k+1} - t_k \leqslant 0.003$ 的仿真结果如图 2-4 所示。最大允许延时是 0.009。

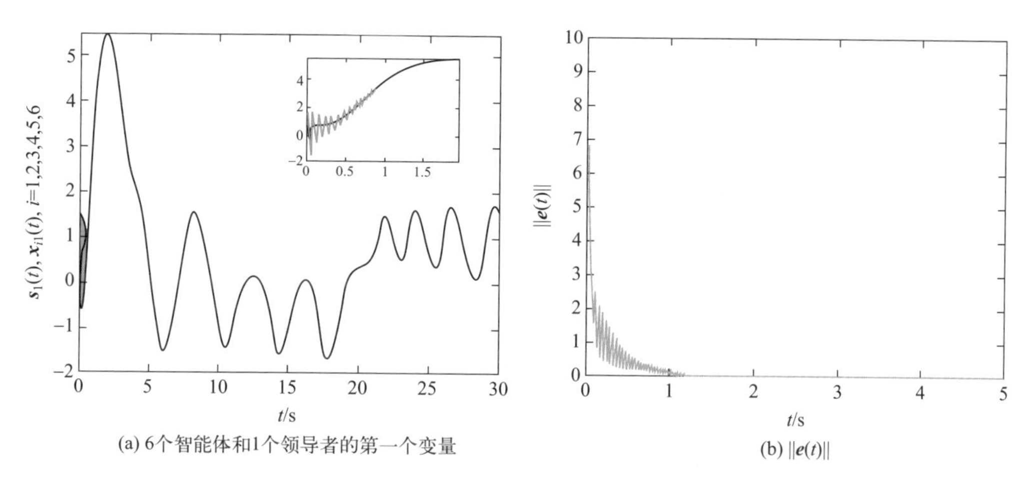

(a) 6个智能体和1个领导者的第一个变量　　(b) $\|e(t)\|$

图 2-4　例 2.3.1 脉冲控制下的状态演化曲线

例 2.3.2　无向图下的领导者 - 跟随多智能体系统

在图 2-3 中添加了一些边，考虑无向图，如图 2-5 所示。

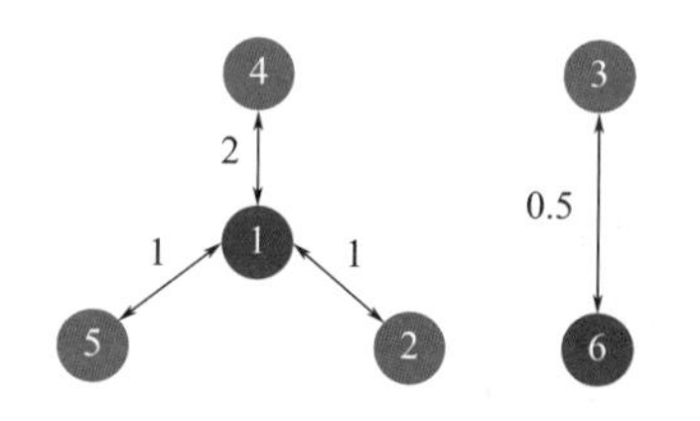

图 2-5　例 2.3.2 的网络拓扑图

设 $h = 0.02$、$\tau = 0.01$ 和 $t_{k+1} - t_k \leqslant 0.003$，根据推论 2.3.5，$\boldsymbol{L} + \boldsymbol{D}$ 的特征值比率应该大于 0.1037。例 2.3.1 中，$\boldsymbol{D} = \mathrm{diag}\{1,0,1,2,0,0\}$ 不再适用，应该牵制更多的节点。选择智能体 2 ～ 6 作为牵制节点，其中 $\boldsymbol{D} = \mathrm{diag}\{0,1,1,2,1,1\}$。$\boldsymbol{L} + \boldsymbol{D}$ 的特征值比率为 0.1436，满足式 (2-87)。根据式 (2-88)，耦合强度满足 $0.1156 < c < 0.1600$，选择 c=0.15。误差信号的仿真结果如图 2-6 所示。

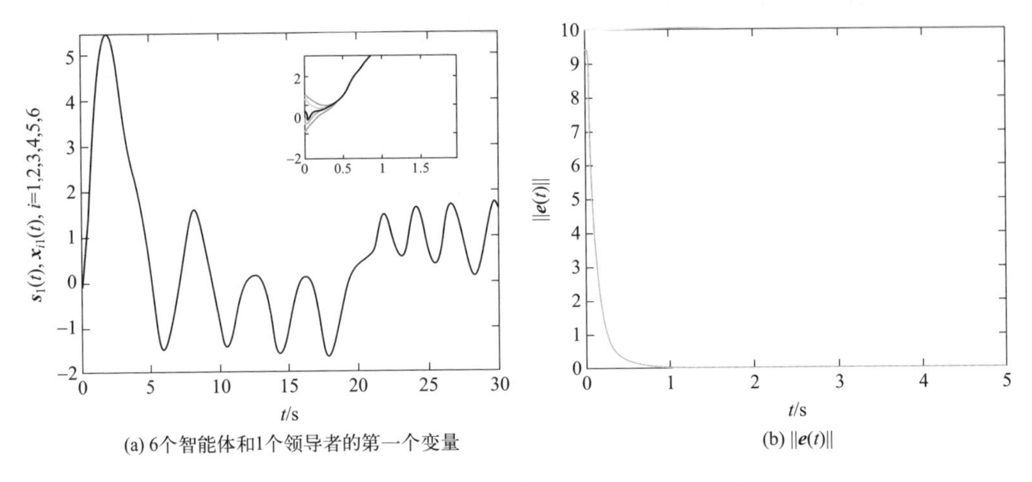

图 2-6　例 2.3.2 脉冲控制下的状态演化曲线

2.4 异质多智能体系统的分布式脉冲控制

2.4.1 模型描述

考虑一个具有 N 个异质节点构成的多智能体系统。第 i 个节点的动力学方程描述为：

$$\dot{\boldsymbol{x}}_i(t)=\boldsymbol{A}_i\boldsymbol{x}_i(t)+\boldsymbol{B}_i\boldsymbol{f}(\boldsymbol{x}_i(t))+\boldsymbol{u}_i(t) \tag{2-93}$$

其中，$\boldsymbol{x}_i(t)\in\mathbb{R}^n$ 表示第 i 个节点的状态；$\boldsymbol{f}(\boldsymbol{x}_i(t))=(\boldsymbol{f}_1(\boldsymbol{x}_i(t)),\boldsymbol{f}_2(\boldsymbol{x}_i(t)),\cdots,\boldsymbol{f}_n(\boldsymbol{x}_i(t)))^{\mathrm{T}}$ 为非线性函数；$\boldsymbol{A}_i$ 和 $\boldsymbol{B}_i$ 为常数矩阵；$\boldsymbol{u}_i(t)$ 为控制输入。

跟随者多智能体系统式 (2-93) 的领导者与式 (2-2) 相同，有：

$$\dot{\boldsymbol{s}}(t)=\boldsymbol{A}\boldsymbol{s}(t)+\boldsymbol{B}\boldsymbol{f}(\boldsymbol{s}(t)) \tag{2-94}$$

式中，$\boldsymbol{s}(t)$ 可以是一个平衡点，一个周期轨道，甚至是一个混沌轨道。假设 $\boldsymbol{s}(t)$ 是有界的，即对于任何初始值 $\boldsymbol{s}(0)$，都存在 $T(\boldsymbol{s}(0))$，使得 $\|\boldsymbol{s}(\boldsymbol{T})\|\leqslant\delta,\ \forall t>T(\boldsymbol{s}(0))$，其中 δ 为正常数。

考虑如式 (2-3) 所示的分布式脉冲控制协议：

$$\boldsymbol{u}_i(t)=\sum_{k=1}^{\infty}\left[-c\sum_{j=1}^{N}l_{ij}\boldsymbol{x}_j(t)-cd_i(\boldsymbol{x}_i(t)-\boldsymbol{s}(t))\right]\delta(t-t_k) \tag{2-95}$$

由于跟随者多智能体系统 (2-93) 和领导者 (2-94) 动力学各异，这样的系统无法通过静态线性反馈控制 (2-95) 实现一致。因此，本节引入一个更为一般的概念：有界一致。

定义 2.4.1

如果存在紧集 M, 使得对于任何 $\boldsymbol{x}_i(0),\ \boldsymbol{s}(0)\in\mathbb{R}^n$，当 $t\to\infty$ 时，误差信号 $\boldsymbol{e}_i(t)=\boldsymbol{x}_i(t)-\boldsymbol{s}(t)$ 收敛到集合 $M=\{\boldsymbol{e}\in\mathbb{R}^n \mid \|\boldsymbol{e}\|\leqslant\epsilon\}$，那么称异质多智能体系统 (2-93) 与领导者 (2-94) 实现有界一致，误差上界为 $\epsilon>0$。

根据式 (2-93) 和式 (2-94)，得到如下误差系统：

$$\begin{cases}\dot{\boldsymbol{e}}_i(t)=\boldsymbol{A}_i\boldsymbol{e}_i(t)+\boldsymbol{B}_i\boldsymbol{g}(\boldsymbol{e}_i(t),\boldsymbol{s}(t))+\boldsymbol{W}_i(\boldsymbol{s}(t)),t\neq t_k\\ \boldsymbol{e}_i(t_k)-\boldsymbol{e}_i(t_k^-)=-c\sum_{j=1}^{N}l_{ij}\boldsymbol{e}_j(t_k^-)-cd_i\boldsymbol{e}_i(t_k^-)\end{cases} \tag{2-96}$$

其中，$\boldsymbol{g}(\boldsymbol{e}_i(t),\boldsymbol{s}(t))=\boldsymbol{f}(\boldsymbol{e}_i(t)+\boldsymbol{s}(t))-\boldsymbol{f}(\boldsymbol{s}(t))$，以及：

$$\boldsymbol{W}_i(\boldsymbol{s}(t))=(\boldsymbol{A}_i-\boldsymbol{A})\boldsymbol{s}(t)+(\boldsymbol{B}_i-\boldsymbol{B})\boldsymbol{f}(\boldsymbol{s}(t)) \tag{2-97}$$

非线性函数 $\boldsymbol{W}_i(\boldsymbol{s}(t))$ 表示节点的异质性。由于 $\boldsymbol{s}(t)$ 有界且 $\boldsymbol{f}(\cdot)$ 是 Lipschitz 函数，$\boldsymbol{W}_i(\boldsymbol{s}(t))$ 也有界，即：

$$\sup_{t\geqslant\hat{T}}\|\boldsymbol{W}_i(\boldsymbol{s}(t))\|=\omega_i \tag{2-98}$$

其中，$\hat{T}>T(\boldsymbol{s}(0))$ 和 $\omega_i(i=1,2,\cdots,N)$ 为非负常数。

2.4.2 异质多智能体系统的有界一致分析

定理 2.4.1

在假设 2.2.1 和假设 2.2.3 下，如果存在有界一致的分段连续正定矩阵函数 $\boldsymbol{P}(t)$，即 $0<\check{m}\boldsymbol{I}\leqslant\boldsymbol{P}(t)\leqslant\hat{m}\boldsymbol{I}$, 矩阵 $\boldsymbol{\Sigma}_{1i}>0,\boldsymbol{\Sigma}_{2i}>0$，对角矩阵 $\boldsymbol{D}$ 和常数 $\alpha_i,\ \gamma_i>0,\ r>0,\ c>0,\ \kappa>0,\ h_2>0,\ 0<\mu<1,\ i=1,2,\cdots,N$, 使得：

$$\boldsymbol{\Omega}_{1i} \leqslant \boldsymbol{\Omega}_{2i} \tag{2-99}$$

$$\boldsymbol{\Sigma}_{1i} - \boldsymbol{\Sigma}_{2i} \leqslant \gamma_i \boldsymbol{I} \tag{2-100}$$

$$\begin{bmatrix} \mu \boldsymbol{P}(t_k^-) & \boldsymbol{\Pi}^{\mathrm{T}} \boldsymbol{P}(t_k^+) \\ \boldsymbol{P}(t_k^+)\boldsymbol{\Pi} & \boldsymbol{P}(t_k^+) \end{bmatrix} > 0 \tag{2-101}$$

$$\frac{\ln \mu}{h_2} + \alpha \leqslant -r \tag{2-102}$$

其中：

$$\boldsymbol{\Omega}_{1i} = \begin{bmatrix} \boldsymbol{P}_i(t)\boldsymbol{A}_i + \boldsymbol{A}_i^{\mathrm{T}} \boldsymbol{P}_i(t) + \dot{\boldsymbol{P}}_i(t) + \lambda_{\max}(\boldsymbol{Q}^{\mathrm{T}}\boldsymbol{Q})\kappa & \boldsymbol{P}_i(t)\boldsymbol{B}_i & \boldsymbol{P}_i(t) \\ * & -\kappa \boldsymbol{I} & 0 \\ * & * & -\boldsymbol{\Sigma}_{1i} \end{bmatrix}$$

$\boldsymbol{\Omega}_{2i} = \mathrm{diag}\{\alpha_i \boldsymbol{P}_i(t), 0, -\boldsymbol{\Sigma}_{2i}\}, \boldsymbol{P}_i(t) = \mathrm{diag}\{\boldsymbol{P}_1(t), \boldsymbol{P}_2(t), \cdots, \boldsymbol{P}_N(t)\}, \boldsymbol{Q} = (q_{ij})_{n\times n}$，$\boldsymbol{\Pi} = (\boldsymbol{I}_N - c(\boldsymbol{L}+\boldsymbol{D})) \otimes \boldsymbol{I}_n$，$\alpha = \max_{1\leqslant i\leqslant N}\{\alpha_i\}$，则误差系统 (2-96) 指数收敛到集合 M，收敛速率为 $r/2$，其中：

$$M = \left\{ \boldsymbol{e} \in \mathbb{R}^{n\times N} \middle| \|\boldsymbol{e}\| \leqslant \sqrt{\frac{\sum_{i=1}^{N} \gamma_i \omega_i^2}{\min_{1\leqslant i\leqslant N}\{\breve{m}_i\}\mu r}} \right\}$$

证明：

选取如下李雅普诺夫函数：

$$V(\boldsymbol{e}(t)) = \sum_{i=1}^{N} \boldsymbol{e}_i^{\mathrm{T}}(t)\boldsymbol{P}_i(t)\boldsymbol{e}_i(t) \tag{2-103}$$

当 $t \in [t_{k-1}, t_k)$ 时，对 $V(\boldsymbol{e}(t))$ 沿着式 (2-96) 对 t 求导：

$$\dot{V}(\boldsymbol{e}(t)) = \sum_{i=1}^{N} \boldsymbol{e}_i^{\mathrm{T}}(t)[\dot{\boldsymbol{P}}_i(t)\boldsymbol{e}_i(t) + 2\boldsymbol{P}_i(t)\boldsymbol{A}_i\boldsymbol{e}_i(t) + 2\boldsymbol{P}_i(t)\boldsymbol{B}_i\boldsymbol{g}(\boldsymbol{e}_i(t)) + 2\boldsymbol{P}_i(t)\boldsymbol{W}_i(\boldsymbol{s}(t))] \tag{2-104}$$

根据假设 2.2.1，对于常数 $\kappa > 0$，有：

$$\lambda_{\max}(\boldsymbol{Q}^{\mathrm{T}}\boldsymbol{Q})\kappa \boldsymbol{e}_i^{\mathrm{T}}(t)\boldsymbol{e}_i(t) - \kappa \boldsymbol{g}^{\mathrm{T}}(\boldsymbol{e}_i(t))\boldsymbol{g}(\boldsymbol{e}_i(t)) \geqslant 0 \tag{2-105}$$

令 $\boldsymbol{\xi}_i(t)=[\boldsymbol{e}_i^{\mathrm{T}}(t),\boldsymbol{g}^{\mathrm{T}}(\boldsymbol{e}_i(t)),\boldsymbol{W}_i^{\mathrm{T}}(\boldsymbol{s}(t))]^{\mathrm{T}}$，则：

$$\boldsymbol{V}(\boldsymbol{e}(t))\leqslant\sum_{i=1}^{N}[\boldsymbol{\xi}_i^{\mathrm{T}}(t)\boldsymbol{\Omega}_{1i}\boldsymbol{\xi}_i(t)+\boldsymbol{W}_i^{\mathrm{T}}(\boldsymbol{s}(t))\boldsymbol{\Sigma}_{1i}\boldsymbol{W}_i(\boldsymbol{s}(t))] \tag{2-106}$$

根据式 (2-99) 和式 (2-100)，可得：

$$\begin{aligned}\boldsymbol{V}(\boldsymbol{e}(t))&\leqslant\sum_{i=1}^{N}[\alpha_i\boldsymbol{e}_i^{\mathrm{T}}(t)\boldsymbol{P}_i\boldsymbol{e}_i(t)+\boldsymbol{W}_i^{\mathrm{T}}(\boldsymbol{s}(t))(\boldsymbol{\Sigma}_{1i}-\boldsymbol{\Sigma}_{2i})\boldsymbol{W}_i(\boldsymbol{s}(t))]\\&\leqslant\sum_{i=1}^{N}[\alpha\boldsymbol{e}_i^{\mathrm{T}}(t)\boldsymbol{P}_i\boldsymbol{e}_i(t)+\gamma_i\boldsymbol{W}_i^{\mathrm{T}}(\boldsymbol{s}(t))\boldsymbol{W}_i(\boldsymbol{s}(t))]\\&\leqslant\alpha\boldsymbol{V}(\boldsymbol{e}(t))+\gamma_i\omega_i^2\end{aligned} \tag{2-107}$$

另外，当 $t=t_k$ 时，类似于定理 2.2.1，由式 (2-96) 可得：

$$\begin{aligned}\boldsymbol{V}(t_k^+)&=\boldsymbol{e}^{\mathrm{T}}(t_k)\boldsymbol{P}(t_k^+)\boldsymbol{e}(t_k)\\&\leqslant\mu\boldsymbol{e}^{\mathrm{T}}(t_k^-)\boldsymbol{P}(t_k^-)\boldsymbol{e}^{\mathrm{T}}(t_k^-)\\&\leqslant\mu\boldsymbol{V}(t_k^-)\end{aligned} \tag{2-108}$$

对于任意 $\varepsilon>0$，设 $\boldsymbol{\upsilon}(t)$ 是下列脉冲比较系统的唯一解：

$$\begin{cases}\dot{\boldsymbol{\upsilon}}(t)=\alpha\boldsymbol{\upsilon}(t)+\sum_{i=1}^{N}\gamma_i\omega_i^2+\varepsilon,t\neq t_k\\\boldsymbol{\upsilon}(t_k^+)=\mu\boldsymbol{\upsilon}(t_k),k\in\mathbb{N}\\\boldsymbol{\upsilon}(0)=\max_{1\leqslant i\leqslant N}\{\hat{m}_i\}\|\boldsymbol{e}(0)\|^2\end{cases} \tag{2-109}$$

根据引理 2.2.1 和 $\boldsymbol{V}(0)\leqslant\boldsymbol{\upsilon}(0)$，对于所有 $t>0$，$\boldsymbol{V}(t)\leqslant\boldsymbol{\upsilon}(t)$。根据参数变易法，$\boldsymbol{\upsilon}(t)$ 可以表示为：

$$\boldsymbol{\upsilon}(t)=\boldsymbol{W}(t,0)\boldsymbol{\upsilon}(0)+\int_0^t\boldsymbol{W}(t,s)\left(\sum_{i=1}^{N}\gamma_i\omega_i^2+\varepsilon\right) \tag{2-110}$$

其中，$\boldsymbol{W}(t,s),0\leqslant s\leqslant t$ 是线性脉冲系统的柯西矩阵，满足：

$$\begin{aligned}\boldsymbol{W}(t,s)&=\mathrm{e}^{\alpha(t-s)}\prod_{s\leqslant t_k<t}\mu\\&\leqslant\mathrm{e}^{(-r-\frac{\ln\mu}{h_2})(t-s)}\mu^{(\frac{t-s}{h_2}-1)}\\&\leqslant\frac{1}{\mu}\mathrm{e}^{-r(t-s)},0\leqslant s\leqslant t\end{aligned} \tag{2-111}$$

将式 (2-111) 代入式 (2-110) 得：

$$
\begin{aligned}
\boldsymbol{\upsilon}(t) & \leqslant \frac{1}{\mu}\mathrm{e}^{-rt}\boldsymbol{\upsilon}(0)+\int_0^t \mathrm{e}^{-r(t-s)}\frac{\sum_{i=1}^{N}\gamma_i\omega_i^2+\varepsilon}{\mu}\mathrm{d}s \\
& \leqslant \frac{1}{\mu}\boldsymbol{\upsilon}(0)\mathrm{e}^{-rt}+\frac{\sum_{i=1}^{N}\gamma_i\omega_i^2+\varepsilon}{\mu r}(1-\mathrm{e}^{-rt}) \\
& \leqslant \frac{1}{\mu}\boldsymbol{\upsilon}(0)\mathrm{e}^{-rt}+\frac{\sum_{i=1}^{N}\gamma_i\omega_i^2+\varepsilon}{\mu r}
\end{aligned}
\tag{2-112}
$$

令 $\varepsilon \to 0$，则：

$$
\min_{1\leqslant i\leqslant N}\{\breve{m}_i\}\|\boldsymbol{e}(t)\|^2 \, m\sum_{i=1}^{N}\boldsymbol{e}_i^{\mathrm{T}}(t)\boldsymbol{P}_i(t)\boldsymbol{e}_i(t)=\boldsymbol{V}(t)\leqslant\boldsymbol{\upsilon}(t)\leqslant\frac{1}{\mu}\boldsymbol{V}(0)\mathrm{e}^{-rt}+\frac{\sum_{i=1}^{N}\gamma_i\omega_i^2}{\mu r}
$$

因此：

$$
\|e(t)\|\leqslant\sqrt{\frac{1}{\min_{1\leqslant i\leqslant N}\{\breve{m}_i\}}\boldsymbol{V}(0)\mathrm{e}^{-\frac{r}{2}t}}+\sqrt{\frac{\sum_{i=1}^{N}\gamma_i\omega_i^2}{\min_{1\leqslant i\leqslant N}\{\breve{m}_i\}\mu r}}
$$

随着 $t\to\infty$，误差系统 (2-96) 指数收敛到集合 $M=\left\{\boldsymbol{e}\in\mathbb{R}^{n\times N}\left|\|\boldsymbol{e}\|\leqslant\sqrt{\frac{\sum_{i=1}^{N}\gamma_i\omega_i^2}{\min_{1\leqslant i\leqslant N}\{\breve{m}_i\}\mu r}}\right.\right\}$，收敛速率为 $r/2$。证毕。

注 2.4.1 如果其中一个孤立节点不稳定，则式 (2-102) 中 $\alpha=\max_{1\leqslant i\leqslant N}\{\alpha_i\}$ 为正数。这种情况下，需要使用同步型的脉冲来镇定网络 (2-96)，对应 $0<\mu<1$ [19]。如果所有的孤立节点都是稳定的，那么式 (2-102) 中的 α 可以是负的。在这种情况下，$\mu\geqslant 1$ 是允许的。式 (2-102) 可变为 $\frac{\ln\mu}{\inf\{t_{k+1}-t_k\}}+\alpha\leqslant -r$，为脉冲间隔提供了下界 $\inf\{t_{k+1}-t_k\}\geqslant\frac{\ln\mu}{-r-\alpha}$，这意味着误差系统 (2-96) 对脉冲干扰具有鲁棒性。

注 2.4.2

有界一致性问题的主要挑战在于误差上界的确定。定理 2.2.1 给出了一个一般的结果，提供了误差上界的显示表达式。影响误差上界的几个因素包括反映节点异质性的 ω_i、脉冲增益 μ、收敛速度 r 和李雅普诺夫矩阵 $\boldsymbol{P}(t)$。为了得到相对紧致的上界，对误差上界进行优化非常有必要，这个问题将在下一小节讨论。

定理 2.4.2

在假设 2.2.1 和假设 2.2.3 下，如果存在矩阵 $\boldsymbol{P}_1>0, \boldsymbol{P}_2>0$，$\boldsymbol{\Sigma}_{1i}>0$, $\boldsymbol{\Sigma}_{2i}>0$，对角矩阵 $\boldsymbol{D}$ 和常数 $\alpha_i,\gamma_i>0,\eta>0,r>0,c>0,\kappa>0,h_1>0,$ $h_2>0,\mu_1>0,\mu_2>0,0<\mu<1,i=1,2,\cdots,N$, 使得：

$$\begin{bmatrix} (1,1,1,j) & \boldsymbol{P}_1\boldsymbol{B}_i & \boldsymbol{P}_1 \\ * & -\kappa\boldsymbol{I} & 0 \\ * & * & -(\boldsymbol{\Sigma}_{1i}-\boldsymbol{\Sigma}_{2i}) \end{bmatrix} \leqslant 0 \tag{2-113}$$

和：

$$\begin{bmatrix} (2,1,1,j) & \boldsymbol{P}_2\boldsymbol{B}_i & \boldsymbol{P}_2 \\ * & -\kappa\boldsymbol{I} & 0 \\ * & * & -(\boldsymbol{\Sigma}_{1i}-\boldsymbol{\Sigma}_{2i}) \end{bmatrix} \leqslant 0 \tag{2-114}$$

$$\begin{gathered} \boldsymbol{\Sigma}_{1i}-\boldsymbol{\Sigma}_{2i} \leqslant \gamma_i\boldsymbol{I} \\ \boldsymbol{P}_1 \geqslant \eta\boldsymbol{I} \\ \eta\boldsymbol{I} \leqslant \boldsymbol{P}_2 \leqslant \mu_1\boldsymbol{P} \\ \sigma_{\max}^2(\boldsymbol{I}_N-c(\boldsymbol{L}+\boldsymbol{D})) \leqslant \mu_2 \end{gathered} \tag{2-115}$$

$$\begin{gathered} \mu_1\mu_2 \leqslant \mu \\ \frac{\ln\mu}{h_2}+\alpha \leqslant -r \end{gathered} \tag{2-116}$$

其中：

$$(1,1,1,j)=\boldsymbol{P}_1\boldsymbol{A}_i+\boldsymbol{A}_i^{\mathrm{T}}\boldsymbol{P}_1-\alpha_i\boldsymbol{P}_1+\frac{1}{h_j}(\boldsymbol{P}_1-\boldsymbol{P}_2)+\kappa\lambda_{\max}(\boldsymbol{Q}^{\mathrm{T}}\boldsymbol{Q})$$

$$(2,1,1,j)=\boldsymbol{P}_2\boldsymbol{A}_i+\boldsymbol{A}_i^{\mathrm{T}}\boldsymbol{P}_2-\alpha_i\boldsymbol{P}_2+\frac{1}{h_j}(\boldsymbol{P}_1-\boldsymbol{P}_2)+\kappa\lambda_{\max}(\boldsymbol{Q}^{\mathrm{T}}\boldsymbol{Q})$$

其中，$j=1,2$ 和 $\alpha=\max_{1\leqslant i\leqslant N}\{\alpha_i\}$。则误差系统 (2-96) 指数收敛到集合 M，收敛速率为 $r/2$，其中：

$$M=\left\{\boldsymbol{e}\in\mathbb{R}^{n\times N}\left|\|\boldsymbol{e}\|\leqslant\sqrt{\frac{\sum_{i=1}^{N}\gamma_i\omega_i^2}{\min_{1\leqslant i\leqslant N}\{\breve{m}_i\}\mu r}}\right.\right\}$$

证明：

证明方法类似于定理 2.2.2，此处省略。证毕。

为了进一步探讨 c、$\boldsymbol{D}$ 和 $\boldsymbol{L}$ 的作用，并找到可行解，用一个常数矩阵 $\hat{\boldsymbol{P}}$ 代替 $\boldsymbol{P}_i(t)$，可得如下结论。

推论 2.4.1

在假设 2.2.1 和假设 2.2.3 下，如果存在矩阵 $\hat{\boldsymbol{P}}>0$，$\boldsymbol{\Sigma}_{1i}>0$, $\boldsymbol{\Sigma}_{2i}>0$，对角矩阵 $\boldsymbol{D}$ 和标量 $\alpha_i,\gamma_i>0,\eta>0,c>0,\kappa>0,h_2>0,0<\mu<1,i=1,2,\cdots,N$，使得：

$$\begin{bmatrix}(1,1) & \hat{\boldsymbol{P}}\boldsymbol{B}_i & \hat{\boldsymbol{P}}\\ * & -\kappa\boldsymbol{I} & 0\\ * & * & -(\boldsymbol{\Sigma}_{1i}-\boldsymbol{\Sigma}_{2i})\end{bmatrix}<0 \tag{2-117}$$

$$\boldsymbol{\Sigma}_{1i}-\boldsymbol{\Sigma}_{2i}\leqslant\gamma_i\boldsymbol{I} \tag{2-118}$$

$$\sigma_{\max}^2(\boldsymbol{I}_N-c(\boldsymbol{L}+\boldsymbol{D}))\leqslant\mu \tag{2-119}$$

$$\frac{\ln\mu}{h_2}+\alpha<0 \tag{2-120}$$

其中，$(1,1)=\hat{\boldsymbol{P}}\boldsymbol{A}_i+\boldsymbol{A}_i^{\mathrm{T}}\hat{\boldsymbol{P}}-\alpha_i\hat{\boldsymbol{P}}+\kappa\lambda_{\max}(\boldsymbol{Q}^{\mathrm{T}}\boldsymbol{Q})$，$\alpha=\max_{1\leqslant i\leqslant N}\{\alpha_i\}$。则误差系统 (2-96) 指数收敛到集合 M，收敛速率为 $r/2$，其中：

$$M=\left\{\boldsymbol{e}\in\mathbb{R}^{n\times N}\left|\|\boldsymbol{e}\|\leqslant\sqrt{\frac{\sum_{i=1}^{N}\gamma_i\omega_i^2}{-\eta\mu(\frac{\ln\mu}{h_2}+\alpha)}}\right.\right\} \tag{2-121}$$

推论 2.4.2

在假设 2.2.2 和假设 2.2.3 下，如果存在矩阵 $\hat{\boldsymbol{P}}>0$，$\boldsymbol{\Sigma}_{1i}>0$，$\boldsymbol{\Sigma}_{2i}>0$，对角矩阵 $\boldsymbol{\Lambda}>0$ 和常数 $\alpha_i,\gamma_i>0,\eta>0,c>0,\kappa>0,h_2>0,0<\mu<1,i=1,2,\cdots,N$，使得式 (2-118) ～式 (2-120) 和

$$\begin{bmatrix} (1,1) & \hat{\boldsymbol{P}}\boldsymbol{B}_i & \hat{\boldsymbol{P}} \\ * & -\boldsymbol{\Lambda} & 0 \\ * & * & -(\boldsymbol{\Sigma}_{1i}-\boldsymbol{\Sigma}_{2i}) \end{bmatrix}<0 \tag{2-122}$$

成立，其中 $(1,1)=\hat{\boldsymbol{P}}\boldsymbol{A}_i+\boldsymbol{A}_i^{\mathrm{T}}\hat{\boldsymbol{P}}-\alpha_i\hat{\boldsymbol{P}}+\boldsymbol{Q}^{\mathrm{T}}\boldsymbol{\Lambda}\boldsymbol{Q}$，$\alpha=\max_{1\leqslant i\leqslant N}\{\alpha_i\}$ 和 $\boldsymbol{Q}=\mathrm{diag}\{q_1,q_2,\cdots,q_n\}$。则误差系统(2-96)指数收敛到式(2-121)定义的集合M。

推论 2.4.3

在假设 2.2.1 和假设 2.2.3 下，如果存在矩阵 $\hat{\boldsymbol{P}}>0$, $\boldsymbol{\Sigma}_{1i}>0,\boldsymbol{\Sigma}_{2i}>0$，对角矩阵 $\boldsymbol{D}$ 和常数 $\alpha_i,\gamma_i>0,\eta>0,c>0,\kappa>0,h_2>0,0<\mu<1,i=1,2,\cdots,N$，使得式 (2-117) ～式 (2-118) 和下列不等式成立：

$$c\lambda_{\max}(\boldsymbol{L}+\boldsymbol{D})<2 \tag{2-123}$$

$$\frac{\ln\mu}{h_2}+\alpha<0 \tag{2-124}$$

其中，$\alpha=\max_{1\leqslant i\leqslant N}\{\alpha_i\}$，$\mu=\rho^2(\boldsymbol{I}-c(\boldsymbol{L}+\boldsymbol{D}))$。则误差系统 (2-96) 指数收敛到式 (2-121) 定义的集合 M。

情况一： 当 $h_2>0$ 时的耦合强度和可选牵制方案。

推论 2.4.4

在假设 2.2.1 和假设 2.2.3 下，如果存在矩阵 $\hat{\boldsymbol{P}}>0,\boldsymbol{\Sigma}_{1i}>0,\boldsymbol{\Sigma}_{2i}>0$, 对角矩阵 $\boldsymbol{D}$ 和标量 $\alpha_i,\gamma_i>0,\eta>0,c>0,\kappa>0,h_2>0,0<\mu<1,i=1,2,\cdots,N$，使得式 (2-117)、式 (2-118) 和下列不等式成立：

$$0<c<\frac{2}{\lambda_{\max}(\boldsymbol{L}+\boldsymbol{D})} \tag{2-125}$$

$$0<h_2<-\frac{2\ln\rho(\boldsymbol{I}-c(\boldsymbol{L}+\boldsymbol{D}))}{\alpha} \tag{2-126}$$

其中，$\alpha=\max_{1\leqslant i\leqslant N}\{\alpha_i\}$，$\mu=\rho^2(\boldsymbol{I}-c(\boldsymbol{L}+\boldsymbol{D}))$。误差系统 (2-96) 的解轨线指数收敛到式 (2-121) 定义的集合 M。

情况二： 当 $h_2 \geqslant \bar{h} > 0$ 时的耦合强度和牵制控制方案。

推论 2.4.5

在假设 2.2.1 和假设 2.2.3 下，如果存在矩阵 $\hat{\boldsymbol{P}} > 0, \boldsymbol{\Sigma}_{1i} > 0, \boldsymbol{\Sigma}_{2i} > 0$，对角矩阵 $\boldsymbol{D}$ 和常数 $\alpha_i, \gamma_i > 0, \eta > 0, c > 0, \kappa > 0, h_2 > 0, 0 < \mu < 1, i = 1, 2, \cdots, N$，使得式 (2-117)、式 (2-118) 和下列不等式成立：

$$\frac{\lambda_{\min}(\boldsymbol{L}+\boldsymbol{D})}{\lambda_{\max}(\boldsymbol{L}+\boldsymbol{D})} > \frac{1-\mathrm{e}^{-\frac{\alpha h_2}{2}}}{1+\mathrm{e}^{-\frac{\alpha h_2}{2}}} \tag{2-127}$$

$$\frac{1-\mathrm{e}^{-\frac{\alpha h_2}{2}}}{\lambda_{\min}(\boldsymbol{L}+\boldsymbol{D})} < c < \frac{1+\mathrm{e}^{-\frac{\alpha h_2}{2}}}{\lambda_{\max}(\boldsymbol{L}+\boldsymbol{D})} \tag{2-128}$$

其中，$\alpha = \max_{1 \leqslant i \leqslant N}\{\alpha_i\}$，$\mu = \rho^2(\boldsymbol{I} - c(\boldsymbol{L}+\boldsymbol{D}))$。则误差系统 (2-96) 指数收敛到式 (2-121) 定义的集合 M。

2.4.3 误差上界优化

上述理论结果提供了领导者 - 跟随有界一致性准则。如何选择适当的 c、$\boldsymbol{D}$ 和 h_2 值来最小化误差上界则有待进一步讨论。

根据推论 2.4.1，我们可以得到以下优化问题：

$$\begin{aligned} &\min \frac{\sum_{i=1}^{N}\gamma_i\omega_i^2}{-\eta\mu\left(\dfrac{\ln\mu}{h_2}+\alpha\right)} \\ &\text{s.t.式 (2-117)、式(2-118)} \\ &\qquad \frac{\ln\mu}{h_2}+\alpha < 0 \\ &\qquad 0 < \mu < 1 \\ &\qquad h_2 > 0 \end{aligned} \tag{2-129}$$

其中，ω_i 是已知常数，γ_i、η、α、μ、h_2 是待优化的参数。

由于式 (2-117)、式 (2-118) 中不包含 μ 和 h_2，且目标函数 (2-129)

可分为 $\frac{1}{\eta}\sum_{i=1}^{N}\gamma_i\omega_i^2$ 和 $\frac{1}{-\mu\left(\frac{\ln\mu}{h_2}+\alpha\right)}$，因此对于优化问题 (2-129) 可以分两步求解。

首先，对于给定的 $\alpha>0$，讨论以下优化问题：

$$
\begin{aligned}
&\max_{\mu,h_2}\quad -\mu\left(\frac{\ln\mu}{h_2}+\alpha\right)\\
&\text{s.t.}\frac{\ln\mu}{h_2}+\alpha<0\\
&0<\mu<1\\
&h_2>0
\end{aligned}
\tag{2-130}
$$

其次，用 $J_1^*(\alpha)$ 表示式 (2-130) 的最优值，则优化问题式 (2-129) 等价于：

$$
\begin{aligned}
&\min_{\eta,\gamma_i,\alpha}\quad \frac{1}{\eta J_1^*(\alpha)}\sum_{i=1}^{N}\gamma_i\omega_i^2\\
&\text{s.t.式(2-117)、式(2-118)}
\end{aligned}
\tag{2-131}
$$

情况一： 当 $h_2>0$ 时的优化问题。

首先讨论优化问题 (2-130)。对于给定的 $h_2>0$，定义 $g(\mu)=-\mu\left(\frac{\ln\mu}{h_2}+\alpha\right)$，通过简单的计算，得到 $\frac{\mathrm{d}g(\mu)}{\mathrm{d}\mu}=-\frac{\ln\mu+1+\alpha h_2}{h_2}$。令 $\frac{\mathrm{d}g(\mu)}{\mathrm{d}\mu}=0$，得 $\mu=\mathrm{e}^{-(1+\alpha h_2)}$。由于 $\frac{\mathrm{d}^2g(\mu)}{\mathrm{d}\mu^2}=-\frac{1}{\mu h_2}<0$，$g(\mu)$ 有最大值 $\frac{1}{h_2}\mathrm{e}^{-(1+\alpha h_2)}$，约束 $h_2>0$ 意味着 h_2 可以是任何正常数。由于 $\lim_{h_2\to 0}\frac{1}{h_2}\mathrm{e}^{-(1+\alpha h_2)}=+\infty$，优化问题式 (2-130) 没有有限的最优解，式 (2-129) 和式 (2-131) 也没有最优解。因此，为了优化推论 2.4.3 和推论 2.4.4 中的误差上界，应该选择尽可能小的 h_2。

情况二： 当 $h_2\geqslant\bar{h}$ 时的优化问题。

如果存在 h_2 的下界，即 $h_2\geqslant\bar{h}$，则式 (2-129) 和式 (2-130) 中的约束 $h_2>0$ 被 $h_2\geqslant\bar{h}$ 所取代。得到如下优化问题：

$$
\begin{gathered}
\max_{\mu,h_2} -\mu\left(\frac{\ln\mu}{h_2}+\alpha\right) \\
\text{s.t.} \frac{\ln\mu}{h_2}+\alpha<0 \\
0<\mu<1 \\
h_2 \geqslant \bar{h}
\end{gathered} \tag{2-132}
$$

当 $\mu=\mathrm{e}^{-(1+\alpha\bar{h})}, h_2=\bar{h}$ 时，有唯一的最优解 $\frac{1}{\bar{h}}\mathrm{e}^{-(1+\alpha\bar{h})}$。

将上述结果代入式 (2-131)，得到目标函数：

$$
\frac{\bar{h}\sum_{i=1}^{N}\gamma_i\omega_i^2}{\eta\mathrm{e}^{-(1+\alpha\bar{h})}}=\bar{h}\mathrm{e}\sum_{i=1}^{N}\frac{\gamma_i\mathrm{e}^{\alpha\bar{h}}\omega_i^2}{\eta}
$$

因此，优化问题 (2-131) 可以写为：

$$
\begin{gathered}
\min_{\eta,\gamma_i,\alpha} \quad \bar{h}\mathrm{e}\sum_{i=1}^{N}\frac{\gamma_i\mathrm{e}^{\alpha\bar{h}}\omega_i^2}{\eta} \\
\text{s.t.式(2-117)、式(2-118)}
\end{gathered} \tag{2-133}
$$

对于固定的 γ_i 和 η，式 (2-133) 是一个广义特征值问题，可以用 Matlab 的 LMI工具箱解决。通过在有限区间内迭代 γ_i 和 η，可以找到一个可行解，具体算法流程参考算法 2.4.1。

算法 2.4.1

优化算法

第 1 步： 初始化系统参数 $\boldsymbol{A}_i$、$\boldsymbol{B}_i$、$\boldsymbol{A}$、$\boldsymbol{B}$、$\bar{h}$、$\omega_i, i=1,2,\cdots,N$，选择合适的迭代区间 $\gamma_i\in[\underline{\gamma}_i,\bar{\gamma}_i]$、$\eta\in[\underline{\eta},\bar{\eta}]$ 和迭代步长 γ_{istep}、η_{step}。令 $\gamma_1^*=\gamma_2^*=\cdots=\gamma_N^*=0$、$\eta^*=0$、$\alpha^*=0$，选取足够大的常数 θ^*。

第 2 步：

for $\eta=\underline{\eta}:\eta_{\text{step}}:\bar{\eta}$ do

  for $\gamma_1=\underline{\gamma}_1:\gamma_{\text{1step}}:\bar{\gamma}_1$ do

    ⋮

    for $\gamma_N=\underline{\gamma}_N:\gamma_{\text{Nstep}}:\bar{\gamma}_N$ do

① 通过式 (2-117)、式 (2-118) 求解广义特征值问题，找到可行解 α_i。

取 $\alpha=\max_{1\leqslant i\leqslant N}\{\alpha_i\}$ ；

② 计算 $\theta=\bar{h}\mathrm{e}\sum_{i=1}^{N}\frac{\gamma_i \mathrm{e}^{\alpha\bar{h}}\omega_i^2}{\eta}$

if $\theta<\theta^*$ then

更新 $\theta^*=\theta,\eta^*=\eta,\alpha^*=\alpha,\gamma_i^*=\gamma_i$

end if

end for

⋮

end for

end for

第 3 步：取 $h_2=\bar{h},\mu=\mathrm{e}^{-(1+\alpha^* h_2)}$，选择合适的 $\boldsymbol{D}$、c,满足$\sigma_{\max}^2(\boldsymbol{I}_n-c(\boldsymbol{L}+\boldsymbol{D}))=\mu$。若网络为无向图，则第 3 步可以替换为：

取 $h_2=\bar{h},\mu=\mathrm{e}^{-(1+\alpha^* h_2)}$，选择 $\boldsymbol{D}$，使得：

$$\frac{\lambda_{\min}(\boldsymbol{L}+\boldsymbol{D})}{\lambda_{\max}(\boldsymbol{L}+\boldsymbol{D})}\geqslant\frac{1-\mathrm{e}^{-\frac{1+\alpha^* h_2}{2}}}{1+\mathrm{e}^{-\frac{1+\alpha^* h_2}{2}}}$$

和：

$$c=\frac{1+\mathrm{e}^{-\frac{1+\alpha^* h_2}{2}}}{\lambda_{\max}(\boldsymbol{L}+\boldsymbol{D})}\quad 或\quad c=\frac{1-\mathrm{e}^{-\frac{1+\alpha^* h_2}{2}}}{\lambda_{\min}(\boldsymbol{L}+\boldsymbol{D})}$$

注 2.4.3

算法 2.4.1 中的第 1 步和第 2 步对于推论 2.4.5 中如何选择适当的 γ_i、η 和 α 同样适用。与推论 2.4.5 不同的是，为了得到优化的误差上界，倾向于选择一个更大的 R。在这种情况下，式 (2-128) 中的耦合强度 c 被替换为：

$$\frac{1-\mathrm{e}^{-\frac{1+\alpha h_2}{2}}}{\lambda_{\min}(\boldsymbol{L}+\boldsymbol{D})}\leqslant c\leqslant\frac{1+\mathrm{e}^{-\frac{1+\alpha h_2}{2}}}{\lambda_{\max}(\boldsymbol{L}+\boldsymbol{D})}$$

对于最优解，可以选择上界或下界作为 c 的取值。第 2 步表示随着智能体数量的增加，算法 2.4.1 将花费更多的时间来处理循环迭代。当 $N>4$ 时，可以取 $\gamma_1=\gamma_2=\cdots=\gamma_N$。算法 2.4.1 提供了一种有效的方法来获得一个相对紧致的误差上界，可通过 2.4.5 节中的数值仿真加以验证。

2.4.4 给定误差上界下的脉冲间隔与网络参数设计

定理 2.4.3

在假设 2.2.1 和假设 2.2.3 下，对给定参数 γ_i、η、σ，如果存在矩阵 $\hat{\boldsymbol{P}}>0$，$\boldsymbol{\Sigma}_{1i}>0,\boldsymbol{\Sigma}_{2i}>0$，对角矩阵 $\boldsymbol{D}$ 和常数 $\alpha_i,c>0,\kappa>0,h_2>0,i=1,2,\cdots,N$, 使得：

$$\begin{bmatrix} (1,1) & \hat{\boldsymbol{P}}\boldsymbol{B}_i & \hat{\boldsymbol{P}} \\ * & -\kappa\boldsymbol{I} & 0 \\ * & * & -(\boldsymbol{\Sigma}_{1i}-\boldsymbol{\Sigma}_{2i}) \end{bmatrix}<0 \tag{2-134}$$

$$\boldsymbol{\Sigma}_{1i}-\boldsymbol{\Sigma}_{2i}\leqslant\gamma_i\boldsymbol{I} \tag{2-135}$$

$$0<h_2\leqslant\frac{1}{\alpha}\boldsymbol{W}\left(\frac{\alpha\mathrm{e}^{-1}}{\sigma}\right) \tag{2-136}$$

$$\sigma_{\max}^2(\boldsymbol{I}_N-c(\boldsymbol{L}+\boldsymbol{D}))=\mathrm{e}^{-(1+\alpha h_2)} \tag{2-137}$$

其中，$(1,1)=\hat{\boldsymbol{P}}\boldsymbol{A}_i+\boldsymbol{A}_i^{\mathrm{T}}\hat{\boldsymbol{P}}-\alpha_i\hat{\boldsymbol{P}}+\kappa\lambda_{\max}(\boldsymbol{Q}^{\mathrm{T}}\boldsymbol{Q})$ ；$\alpha=\max_{1\leqslant i\leqslant N}\{\alpha_i\}$ 和 $W(z)$ 是 Lambert W 函数，满足 $z=W(z)\mathrm{e}^{W(z)}$。那么误差系统 (2-96) 以给定误差上界：

$$\epsilon=\sqrt{\frac{\sum_{i=1}^{N}\gamma_i\omega_i^2}{\eta\sigma}}$$

实现有界一致。

证明：

根据推论 2.4.1，得：

$$g(\mu)=-\mu\left(\frac{\ln\mu}{h_2}+\alpha\right)\geqslant\sigma$$

通过前面的分析可知 $g(\mu)$ 的最大值应满足：

$$\frac{1}{h_2}\mathrm{e}^{-(1+\alpha h_2)}\geqslant\sigma$$

由于最大值为递减函数，h_2 的最大值应满足 $\frac{1}{h_2}\mathrm{e}^{-(1+\alpha h_2)}=\sigma$，即：

$$\mathrm{e}^{\alpha h_2}\alpha h_2=\frac{\alpha\mathrm{e}^{-1}}{\sigma}$$

上面的 Lambert W 函数只有一个实解 $\frac{1}{\alpha}W\left(\frac{\alpha e^{-1}}{\sigma}\right)$，因此 $0<h_2\leqslant\frac{1}{\alpha}W\left(\frac{\alpha e^{-1}}{\sigma}\right),\mu=e^{-(1+\alpha h_2)}$。证毕。

推论 2.4.6

假设 $\boldsymbol{L}=\boldsymbol{L}^{\mathrm{T}}$，在假设 2.2.1 和假设 2.2.3 下，对给定参数 γ_i、η、σ，如果存在矩阵 $\hat{\boldsymbol{P}}>0$，$\boldsymbol{\Sigma}_{1i}>0,\boldsymbol{\Sigma}_{2i}>0$，对角矩阵 $\boldsymbol{D}$ 和常数 $\alpha_i,c>0$，$\kappa>0,h_2>0,i=1,2,\cdots,N$, 使得式 (2-134)、式 (2-135) 成立，以及：

$$0<h_2\leqslant\frac{1}{\alpha}W\left(\frac{\alpha e^{-1}}{\sigma}\right) \tag{2-138}$$

$$\frac{\lambda_{\min}(\boldsymbol{L}+\boldsymbol{D})}{\lambda_{\max}(\boldsymbol{L}+\boldsymbol{D})}\geqslant\frac{1-e^{-\frac{1+\alpha h_2}{2}}}{1+e^{-\frac{1+\alpha h_2}{2}}} \tag{2-139}$$

$$c=\frac{1+e^{-\frac{1+\alpha h_2}{2}}}{\lambda_{\max}(\boldsymbol{L}+\boldsymbol{D})}\text{或}\frac{1-e^{-\frac{1+\alpha h_2}{2}}}{\lambda_{\min}(\boldsymbol{L}+\boldsymbol{D})} \tag{2-140}$$

其中，$\alpha=\max_{1\leqslant i\leqslant N}\{\alpha_i\}$ 和 $W(z)$ 是 Lambert W 函数，满足 $z=W(z)e^{W(z)}$，则误差系统 (2-96) 以给定误差上界：

$$\epsilon=\sqrt{\frac{\sum_{i=1}^{N}\gamma_i\omega_i^2}{\eta\sigma}}$$

实现有界一致。

总体设计过程形成算法 2.4.2。

算法 2.4.2

设计算法

第 1 步：初始化系统参数 $\boldsymbol{A}_i,\boldsymbol{B}_i,\boldsymbol{A},\boldsymbol{B},\bar{h},\omega_i,i=1,2,\cdots,N$，设定误差界参数 γ_i,η,σ。

第 2 步：通过式 (2-117)、式 (2-118) 求解广义特征值问题，找到可行解 α_i。设置 $\alpha=\max_{1\leqslant i\leqslant N}\{\alpha_i\}$。

第 3 步：计算 $\bar{h}=\frac{1}{\sigma}W(\frac{\alpha}{\sigma e})$，选择 $h_2\leqslant\bar{h}$, $\mu=e^{-(1+\alpha h_2)}$。

第 4 步：选择合适的 $\boldsymbol{D}$ 和 c，满足 $\sigma_{\max}^2(\boldsymbol{I}_N - c(\boldsymbol{L}+\boldsymbol{D})) = \mu$。

对于对称网络，第 4 步可以被算法 2.4.1 中的第 3 步替换。

2.4.5 数值仿真

考虑一个由三个蔡氏电路组成的多智能体系统：

$$\dot{\boldsymbol{x}}_i(t) = \boldsymbol{A}_i\boldsymbol{x}_i(t) + \boldsymbol{B}_i\boldsymbol{f}(\boldsymbol{x}_i(t)), i = 1,2,3 \tag{2-141}$$

其中，$\boldsymbol{x}_i(t) = (\boldsymbol{x}_{i1}(t), \boldsymbol{x}_{i2}(t), \boldsymbol{x}_{i3}(t))^{\mathrm{T}}$，$\boldsymbol{f}(\boldsymbol{x}_i(t)) = (0.5(|\boldsymbol{x}_{i1}+1| - |\boldsymbol{x}_{i1}-1|)$ $0,0)^{\mathrm{T}}$，以及：

$$\boldsymbol{A}_1 = \begin{bmatrix} -2.5 & 10 & 0 \\ 1 & -1 & 1 \\ 0 & -18 & -0.5 \end{bmatrix}, \boldsymbol{B}_1 = \begin{bmatrix} \dfrac{35}{6} & 0 & 0 \\ 0 & 0 & 0 \\ 0 & 0 & 0 \end{bmatrix}, \boldsymbol{A}_2 = \begin{bmatrix} -2.5 & 10 & 0 \\ 1 & 1 & 1 \\ 0 & -18 & 0.3 \end{bmatrix}, \boldsymbol{B}_2 = \begin{bmatrix} \dfrac{29}{6} & 0 & 0 \\ 0 & 0 & 0 \\ 0.1 & 0 & 0 \end{bmatrix}$$

$$\boldsymbol{A}_3 = \begin{bmatrix} -2.6 & 10 & 0 \\ 1 & -0.9 & 1 \\ 0 & -23 & 0 \end{bmatrix}, \boldsymbol{B}_3 = \begin{bmatrix} \dfrac{35}{6} & 0 & 0 \\ 0 & 0 & 0 \\ 0 & 0 & 0 \end{bmatrix}$$

领导者的动力学方程满足：

$$\dot{\boldsymbol{s}}(t) = \boldsymbol{A}\boldsymbol{s}(t) + \boldsymbol{B}\boldsymbol{f}(\boldsymbol{s}(t)) \tag{2-142}$$

其中：

$$\boldsymbol{A} = \begin{bmatrix} -2.5 & 10 & 0 \\ 1 & -1 & 1 \\ 0 & -18 & 0 \end{bmatrix}, \boldsymbol{B} = \begin{bmatrix} \dfrac{35}{6} & 0 & 0 \\ 0 & 0 & 0 \\ 0 & 0 & 0 \end{bmatrix}$$

假设网络是连通图，其拉普拉斯矩阵 $\boldsymbol{L}$ 为：

$$\boldsymbol{L} = \begin{bmatrix} 1 & -1 & 0 \\ -1 & 2 & -1 \\ 0 & -1 & 1 \end{bmatrix}$$

通过仿真，$\omega_1 = 3.1301, \omega_2 = 2.0597, \omega_3 = 4.0934$。

图 2-7 给出了 $\boldsymbol{s}(t)$ 和三个蔡氏电路的轨迹，分别是混沌、稳定、不

稳定和周期性的。图 2-8 描述了 $\|\boldsymbol{e}(t)\|$ 随时间的演化。可以看出，在没有脉冲控制的情况下，误差信号以近似指数的速率趋近于无穷。

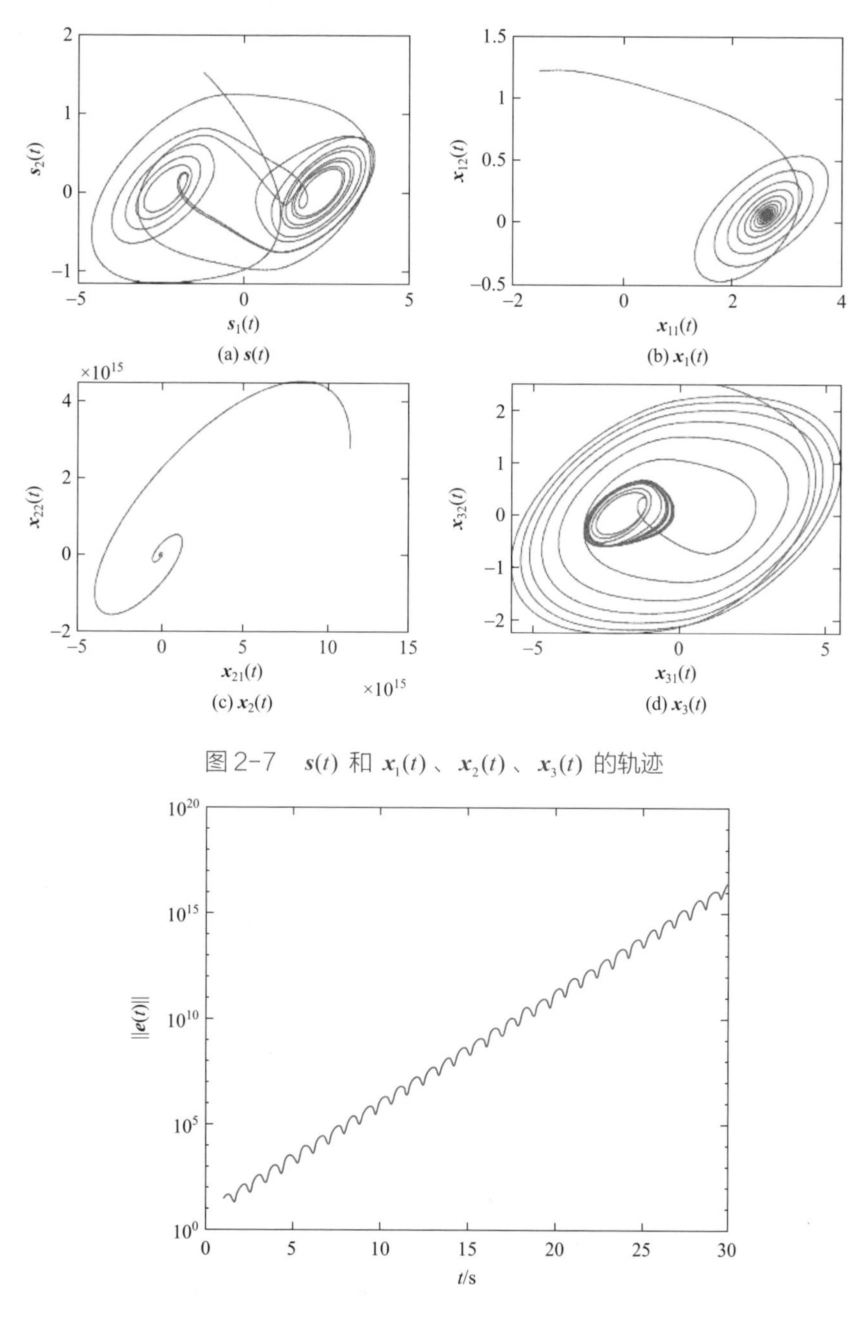

图 2-7　$\boldsymbol{s}(t)$ 和 $\boldsymbol{x}_1(t)$、$\boldsymbol{x}_2(t)$、$\boldsymbol{x}_3(t)$ 的轨迹

图 2-8　无脉冲控制下 $\|\boldsymbol{e}(t)\|$ 的演化曲线

例 2.4.1　$h_2>0$ 情况下的有界一致

令 $\boldsymbol{D}=\mathrm{diag}\{0,0,2\}$，智能体 3 为牵制节点，则 $\lambda_{\max}(\boldsymbol{L}+\boldsymbol{D})=3.7321$，因此，根据推论 2.4.3，$c<0.5359$，令 $c=0.5$，得 $\rho(\boldsymbol{I}_3-c(\boldsymbol{L}+\boldsymbol{D}))=0.8660$。因为假设 2.2.2 满足，在推论 2.4.1 中式 (2-117) 被替换为式 (2-122)。选择 $\gamma_1=0.46,\gamma_2=0.46,\gamma_3=0.46,\eta=30$，求解广义特征值问题式 (2-118) 和式 (2-122)，得 $\alpha=89.2542$，根据式 (2-126) 得 $h_2<0.0032$。令 $h_2=0.002$，得误差上界为 0.1074。图 2-9 展示了脉冲控制下 $\|\boldsymbol{e}(t)\|$ 随时间的演化曲线，真实的误差上界为 0.0910，与理论估计值很接近，说明了理论结果的有效性。图 2-10 给出了 $c=0.54$ 时的误差信号仿真图，结果显示耦合强度增长将导致误差指数发散，表明了较大的耦合强度将破坏一致性。

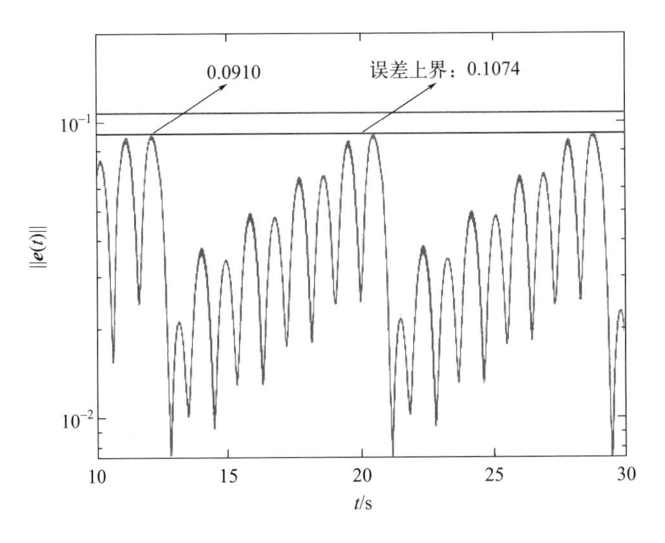

图 2-9　例 2.4.1 中，$c=0.5$ 时 $\|\boldsymbol{e}(t)\|$ 的演化曲线

例 2.4.2　$h_2\geqslant\bar{h}$ 情况下的有界一致

为降低控制成本，假设最大脉冲间隔 $h_2\geqslant0.02$。根据推论 2.4.5 和算法 2.4.2 的前两步，得出 $\gamma_1=0.64$、$\gamma_2=0.67$、$\gamma_3=0.69$、$\eta=32$ 和 $\alpha=69.7507$。取 $h_2=0.02$，由式 (2-127) 可知，脉冲牵制可控性指标 $R>0.3353$。例 2.4.1 中的牵制矩阵不满足条件，选择 $\boldsymbol{D}=\mathrm{diag}\{3,0.5,3\}$，得 $R=0.3400$，则条件 (2-127) 成立。根据式 (2-128)，可得 $0.3045<c<0.3088$。为了验证误差上界估计的有效性，将理论误差上

界与仿真误差上界在 $c\in(0.3045,0.3088)$ 上进行比较。图 2-11 描述了 $c\in(0.3045,0.3088)$ 时，理论误差上界和取 $t=10$ 到 $t=30$ 最大 2 范数所得到的仿真误差上界。结果显示理论结果与仿真数值有一定的差距。

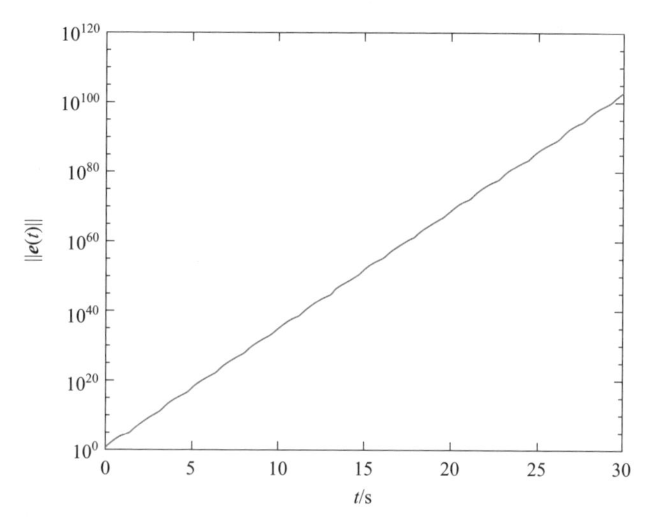

图 2-10　例 2.4.1 中，$c=0.54$ 时 $\|\boldsymbol{e}(t)\|$ 的演化曲线

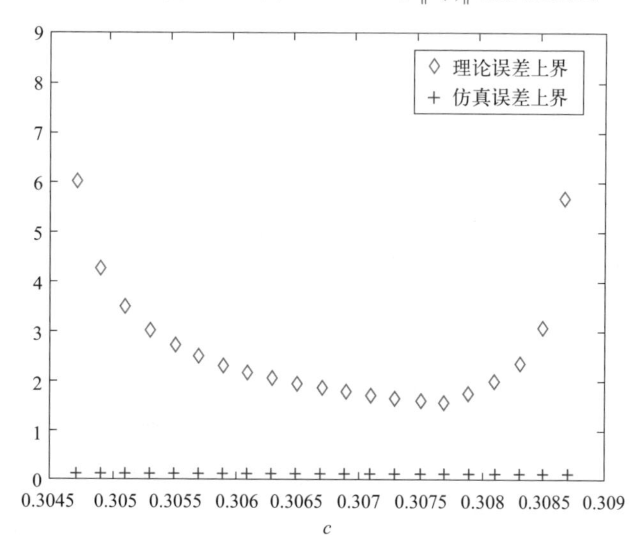

图 2-11　例 2.4.2 中 $c\in(0.3045,0.3088)$，理论误差上界与仿真误差上界的比较

根据算法 2.4.1，脉冲牵制可控性指标需满足 $R\geqslant 0.5362$。上述牵制矩阵不满足，因此，必须重置牵制矩阵。令 $\boldsymbol{D}=\text{diag}\{3.5,3.1,3.5\}$，简单

计算可得 $R=0.5371$。根据式(2-128)，$0.1497<c<0.2398$。优化后的耦合强度 $c=0.2081$ 或 $c=0.2085$。图 2-12 展示了理论误差上界和相应的仿真误差上界的对比结果。与图 2-11 相比，结果有了明显的提高。图 2-13 给出了误差信号在 $c=0.2081$ 时的仿真结果，从图中可以看出，跟随者和领导者 $\boldsymbol{s}(t)$ 以误差上界 0.3675 达到有界一致。

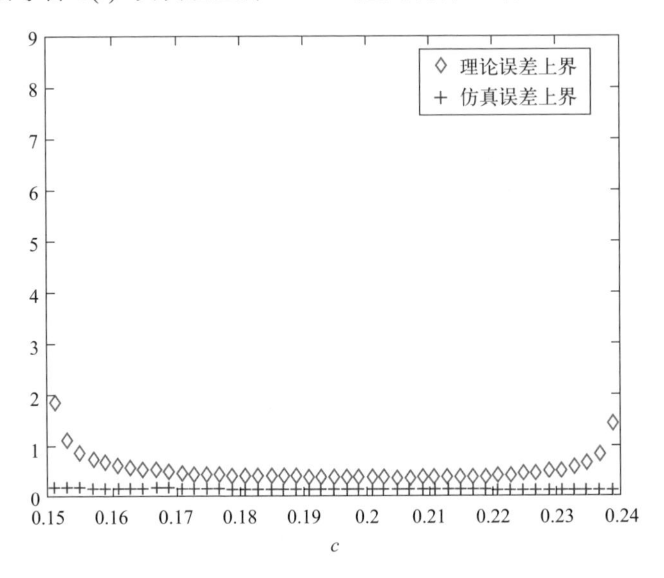

图 2-12　例 2.4.2 中 $c\in(0.1497, 0.2398)$，理论误差上界与仿真误差上界的比较

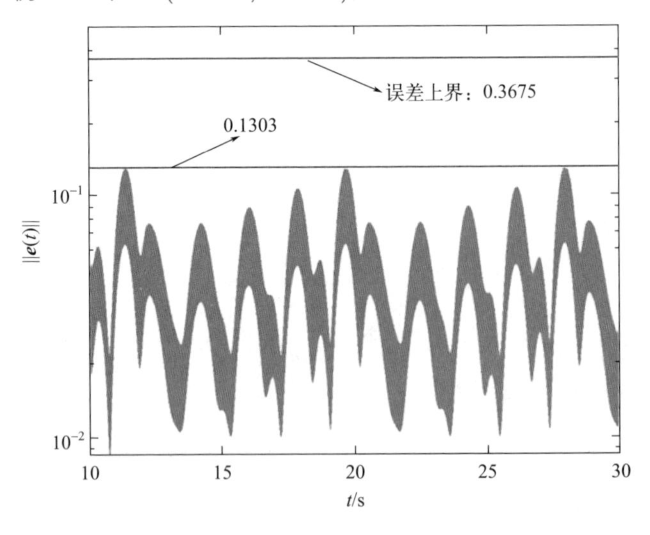

图 2-13　例 2.4.2 中，$c=0.2081$ 时 $\|\boldsymbol{e}(t)\|$ 的演化曲线

例 2.4.3 预设误差上界的控制器设计

令 $\gamma_1=1,\gamma_2=1,\gamma_3=1,\sigma=20,\eta=38.4615$，容易得到误差上界为 0.2。求解式 (2-122)、式 (2-135) 得 $\alpha=61.4336$。根据式 (2-138)，$h_2=0.01$。通过简单的计算，$\mu=\mathrm{e}^{-(1+\alpha h_2)}=0.1994$。根据式 (2-139)，脉冲牵制可控性指标 $R\geqslant 0.3826$。注意例 2.4.2 中 $\boldsymbol{D}=\mathrm{diag}\{3,0.5,3\}$ 不适用。通过增加第二个智能体的反馈增益，取 $\boldsymbol{D}=\mathrm{diag}\{3,0.9,3\}$，得 $R=0.3891$。根据式 (2-140)，有 $c=0.2864$ 或 $c=0.2912$。$c=0.2864$ 时误差信号的仿真结果如图 2-14 所示。从图中可以看出，跟随者和领导者 $\boldsymbol{s}(t)$ 在预设误差上界 0.2 内达成了有界一致，表明理论方法的有效性。

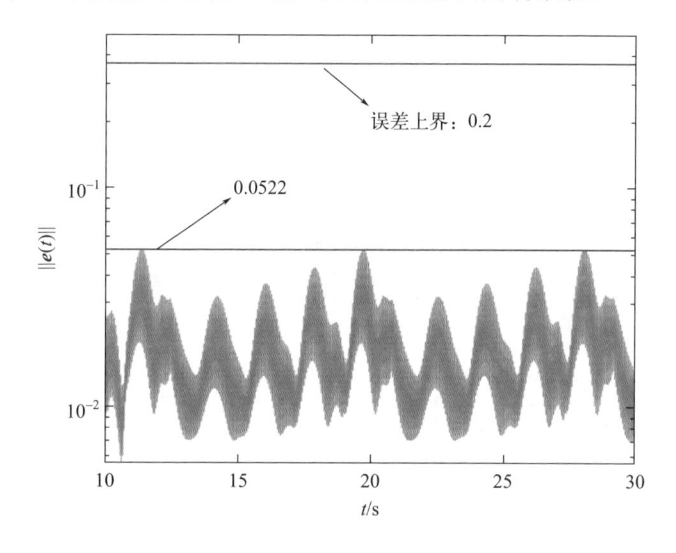

图 2-14 例 2.4.3 中，$c=0.2864$ 时 $\|\boldsymbol{e}(t)\|$ 的演化曲线

2.5 本章小结

本章主要围绕多智能体系统的分布式脉冲控制展开，分别讨论了同质网络和异质网络中非线性多智能体系统的领导者 - 跟随一致性问题。首先，探讨了同质网络中领导者 - 跟随一致性问题，分析了脉冲间隔、

耦合强度和牵制矩阵之间的关系。其次，将该问题推广到网络化延时脉冲控制的情形。一方面分析了网络延时的负面影响，另一方面讨论了分布式延时脉冲控制中脉冲间隔、牵制矩阵和耦合强度的设计问题。最后，研究了领导者 - 跟随异质多智能体系统的有界一致问题，探讨了如何设计耦合强度，选择牵制节点和确定脉冲间隔，以优化误差上界或在预设误差上界内达到有界一致。本章内容读者还可参考文献 [20-21]。随着通信和计算机技术的飞速发展，社会进入万物互联时代，工业网络系统中连接终端数量大幅增加，其隐私泄露问题日益显著，如何在设计分布式脉冲控制策略的基础上，保证智能体数据的安全则是未来研究的重点。

参考文献

[1] Guan Z, Liu Z, Feng G, et al. Impulsive consensus algorithms for second-order multi-agent networks with sampled information[J]. Automatica, 2012, 48 (7): 1397-1404 .

[2] Ding L, Yu P, Liu Z, et al. Consensus of second-order multi-agent systems via impulsive control using sampled hetero-information[J]. Automatica, 2013, 49 (9): 2881-2886.

[3] Lu J, Kurths J, Cao J, et al. Synchronization control for nonlinear stochastic dynamical networks: pinning impulsive strategy[J]. IEEE Transactions on Neural Networks and Learning Systems, 2012, 23(2), 285-292.

[4] Liu B, Lu W, Chen T. Pinning consensus in networks of multiagents via a single impulsive controller[J]. IEEE Transactions on Neural Networks and Learning Systems, 2013, 24(7): 1141-1149.

[5] Zhou J, Wu Q, Xiang L. Pinning complex delayed dynamical networks by a single impulsive controller[J]. IEEE Transactions on Circuits and Systems I: Regular Papers, 2011, 58(12): 2882-2893.

[6] He W, Qian F, Cao J. Pinning-controlled synchronization of delayed neural networks with distributed-delay coupling via impulsive control[J]. Neural Networks, 2017, 85: 1-9.

[7] Chen W, Wei D, Zheng W. Delayed impulsive control of Takagi–Sugeno fuzzy delay systems[J]. IEEE Transactions on Fuzzy Systems, 2013, 21(3): 516-526.

[8] Chen W, Zheng W. Exponential stability of nonlinear time-delay system with delayed impulse effects[J]. Automatica, 2011, 47(5): 1075-1083.

[9] Bouteraa Y, Ghommam J. Synchronization control of multiple robots manipulators[C]// 6th International multi-conference on systems, signals and devices. Piscataway, NY, USA: IEEE, 2009: 1-6.

[10] Ding Z. Consensus output regulation of a class of heterogeneous nonlinear systems[J]. IEEE Transactions on Automatic Control, 2013, 58(10): 2648-2653.

[11] Liu B, Hill D. Impulsive consensus for complex dynamical networks with nonidentical nodes and coupling time-delays[J]. SIAM Journal on Control and Optimization, 2011, 49(2): 315-338.

[12] Song Q, Cao J, Liu F. Synchronization of complex dynamical networks with nonidentical nodes[J]. Physics Letters A, 2010, 374(4): 544-551.

[13] Yang Z, Xu D. Stability analysis and design of impulsive control systems with time delay[J]. IEEE Transcations on Automatic Control, 2007, 52(8): 1448-1454.

[14] Song Q, Liu F, Cao J, et al. M-matrix strategies for pinningcontrolled leader-following consensus in multiagent systems with nonlinear dynamics[J]. IEEE Transactions on Cybernetics, 2013, 43(6): 1688-1697.

[15] Chen T, Liu X, Lu W. Pinning complex networks by a single controller[J]. IEEE Transactions on Circuits and Systems I: Regular Papers, 2007, 54(6): 1317-1326.

[16] Lu W, Li X, Rong Z. Global stabilization of complex networks with digraph topologies via a local pinning

algorithm[J]. Automatica, 2010, 46(1): 116-121.
[17] Yu W, Chen G Lu J. On pinning synchronization of complex dynamical networks[J]. Automatica, 2009, 45(2): 429-435.
[18] Sorrentino F, Di Bernardo M, Garofalo F, et al. Controllability of complex networks via pinning[J]. Physical Review E, 2007, 75(4): 046103.
[19] Lu J, Ho D W C, Cao J. A unified synchronization criterion for impulsive dynamical networks[J]. Automatica, 2010, 46(7): 1215-1221.
[20] He W, Qian F, Lam J, et al. Quasi-synchronization of heterogeneous dynamic networks via distributed impulsive control: error estimation, optimization and design[J]. Automatica, 2015, 62: 249-262.
[21] He W, Chen G, Han Q L, et al. Network-based leader-following consensus of nonlinear multi-agent systems via distributed impulsive control[J]. Information Sciences, 2017, 380: 145-158.

Digital Wave
Advanced Technology of Industrial Internet

Distributed Cooperative Control of Industrial Network Systems

面向工业网络系统的分布式协同控制

第3章

分布式采样控制

3.1 概述

在传统的协同控制问题中，通常假设智能体可以连续地获得测量或控制信号，这就要求系统具有充足的计算资源与理想可靠的通信环境。但在实际工业网络系统中，信道带宽有限且单个工业设备与终端的计算能力受限于硬件资源，且连续信号需要经过离散、采样、量化等操作才能被传输和使用，可见对连续信号的依赖与实际不尽相符。采样控制作为最常见的时间触发机制之一，使得智能体之间的信号以离散形式传输且仅在特定的时刻执行相应任务。同时基于时间触发的系统状态估计与控制能够通过采样系统理论开展控制方案设计和性能分析。因此，针对大规模的工业网络系统，应考虑如何设计分布式采样控制方案，能有助于节省通信资源、降低系统对传感器和控制器的性能要求，更加符合工业网络系统的实际应用需求。本章从分布式采样控制角度出发，讨论工业网络系统的协同调控问题。

在采样控制研究中，通常通过引入人工延时，将采样系统转化为延时系统进行分析[1]。一般认为，延时会降低系统的性能，甚至会直接破坏系统的稳定性。然而在振荡器、耦合谐振子、离岸钢架结构等系统中，延时可能发挥着积极作用，即必须用带延时的控制器才能镇定该类系统[2]。有关延时正效应的讨论参见本章参考文献 [3]。根据系数的取值情况可将二阶线性泛函微分方程分为几类：①延时取值为零时方程的解是稳定的，当其逐渐增大时系统逐渐变得不稳定；②延时取值为零时方程的解是不稳定的，当其逐渐增大到一定范围时系统变得稳定，并且随着延时继续增大，系统会在稳定和不稳定之间切换几次，最后停留在不稳定的状态；③延时取值为零时方程的解是稳定的，当其逐渐增大到一定范围时系统变得不稳定，随着延时继续增大，系统会在稳定和不稳定之间切换几次，最后停留在不稳定的状态；④无论延时取任何值，方程的解都是稳定的；⑤无论延时取任何值，方程的解都是不稳定的。泛函微分方程领域的此类分析激发了工程领域的研究热情，注意到有这样一类系统，延时为零时是不稳定的，但是当反馈回路中存在合适大小的延时时，系统可以被镇定，也就是说延时对系统的稳定性起到了积极作用。

在采样控制中，增加采样间隔可以减少采样次数，进一步降低通信能耗。已有研究表明，在镇定系统时，随机采样相比固定周期采样能允许更大的采样间隔 [1]。另外，有文献研究采样控制下固定延时的积极作用，然而面对网络诱导的时变延时，频域方法将不再适用 [4,5]。同时，目前仅有少量论文关注于网络诱导延时的积极影响 [6,7]，且局限于单个系统的稳定性。本章 3.2 节分别讨论了固定周期采样和随机采样下主从耦合负阻振荡器的 H_∞ 同步问题，该系统可利用具有有界延时的基于位置的反馈控制来镇定，但不能由无延时基于位置的反馈控制镇定，表明传输延时对同步起到的积极作用。本章 3.3 节则讨论了随机采样下非线性多智能体系统的一致性问题，区别于不考虑智能体间传输延时的研究 [8-10]，不仅提出了实现一致的判定方法，而且将随机采样下领导者 - 跟随一致性问题转化为只有一个主系统和两个从系统的主从同步问题，大大降低了问题求解的复杂度。

耦合谐振子属于一类特殊的、延时能够对系统的稳定性起到积极作用的系统。已有的研究利用延时位置信息或者采样位置 / 速度来实现耦合谐振子同步 [11-13]，大部分基于同步采样。在智能体数目较多的情况下，同步采样将面临很大的技术挑战，有关时钟同步问题近年来也颇受关注 [14]。本章 3.4 节讨论了耦合谐振子的分布式异步采样控制问题，并将延时正作用的研究从主从系统拓展到多个体系统。

3.2
网络化耦合负阻振荡器的分布式采样控制

3.2.1 模型描述

考虑如下负阻振荡器：

$$\begin{cases}\ddot{\boldsymbol{p}}(t)+2\zeta\omega_0\dot{\boldsymbol{p}}(t)+\omega_0^2\boldsymbol{p}(t)=\boldsymbol{u}(t)+\boldsymbol{f}(t)\\ \boldsymbol{u}(t)=\boldsymbol{K}\boldsymbol{p}(t)\end{cases} \tag{3-1}$$

其中，$\boldsymbol{p}(t)\in\mathbb{R}$ 为负阻振荡器的位置；$\zeta<0$ 为阻尼系数；$\omega_0>0$ 为角频率；$\boldsymbol{f}(t)\in\mathbb{R}$ 为扰动输入。由于 $\zeta<0$，负阻振荡器系统 (3-1) 在没有控制输入时是不稳定的。通常，经典控制理论中会利用负速度反馈 $\boldsymbol{u}(t)=-\boldsymbol{K}\dot{\boldsymbol{p}}(t)$ 镇定系统。然而，在许多实际应用场景中，由于测量过程中高频噪声的影响和测量设备的限制，速度信息难以获取。根据劳斯 - 赫尔维茨判据，由于 $\zeta<0$，无延时的位置反馈无法镇定振荡系统。需要在位置反馈中主动引入合适的延时 $r>0$，即 $\boldsymbol{u}(t)=-\boldsymbol{K}\boldsymbol{p}(t-r)$ 才能够使系统 (3-1) 稳定 [1]。

令 $\boldsymbol{x}(t)=\mathrm{col}\{\boldsymbol{p}(t),\dot{\boldsymbol{p}}(t)\}$，基于式 (3-1) 考虑如下两个结构相同的主从负阻振荡器：

$$\mathrm{M}:\begin{cases}\dot{\boldsymbol{x}}_{\mathrm{m}}(t)=\boldsymbol{A}\boldsymbol{x}_{\mathrm{m}}(t)\\ \boldsymbol{y}_{\mathrm{m}}(t)=\boldsymbol{C}\boldsymbol{x}_{\mathrm{m}}(t)\end{cases} \tag{3-2}$$

$$\mathrm{S}:\begin{cases}\dot{\boldsymbol{x}}_{\mathrm{s}}(t)=\boldsymbol{A}\boldsymbol{x}_{\mathrm{s}}(t)+\boldsymbol{B}\boldsymbol{u}(t)+\boldsymbol{E}\boldsymbol{f}(t)\\ \boldsymbol{y}_{\mathrm{s}}(t)=\boldsymbol{C}\boldsymbol{x}_{\mathrm{s}}(t)\end{cases} \tag{3-3}$$

其中，$\boldsymbol{A}=\begin{bmatrix}0 & 1\\ -\omega_0^2 & -2\zeta\omega_0\end{bmatrix},\boldsymbol{E}=\begin{bmatrix}0\\1\end{bmatrix},\boldsymbol{B}=\begin{bmatrix}0\\1\end{bmatrix},\boldsymbol{C}^{\mathrm{T}}=\begin{bmatrix}0\\1\end{bmatrix},\boldsymbol{x}(0)=x_0$ 以及 $\boldsymbol{f}(t)\in\mathcal{L}_2[0,\infty)$。

网络化主从负阻振荡器 (3-2) 和 (3-3) 的整体框架如图 3-1 所示。其中，缓存器 1 用于调度主系统和从系统的测量输出。缓存器 2 用来调度控制输入使得输入延时的取值落入一定的区间 $[r_1,r_2]$。具体数据调度策略如下：

① 以固定周期 h 对主系统和从系统的测量输出进行同步采样，并分别与其时间戳一起打包，记 $\{t_k\mid k\in\mathbb{N}\}$ 为采样序列；

② 数据包 $\boldsymbol{y}_{\mathrm{s}}(t_k)$ 和 $\boldsymbol{y}_{\mathrm{m}}(t_k)$ 分别经过网络传输到控制器端并存储在缓存器 1 中，考虑到主系统和从系统到控制器的网络诱导延时的不同，分别用 r_k^{msc} 和 r_k^{ssc} 表示主系统和从系统到控制器的网络诱导延时；

③ 取 $r_k^{\mathrm{sc}}=\max\{r_k^{\mathrm{ssc}},r_k^{\mathrm{msc}}\}$，控制器在时刻 $t_k+r_k^{\mathrm{sc}}$ 计算控制命令 $\boldsymbol{u}(t_k)=\boldsymbol{y}_{\mathrm{s}}(t_k)-\boldsymbol{y}_{\mathrm{m}}(t_k)$；

④ 通过通信网络，控制信号 $\boldsymbol{u}(t_k)$ 于时刻 $r_k = r_k^{sc} + r_k^{ca}$ 到达执行器，其中 r_k^{ca} 表示控制器到执行器的网络诱导延时；

⑤ 执行器根据以下三个原则更新控制输入：

a．如果 $0 < r_k < r_1$，控制信号 $\boldsymbol{u}(t_k)$ 应当在缓存器 2 中继续存储至少 $r_1 - r_k$ 的时间后再使用；

b．如果 $r_1 < r_k < r_2$，即刻使用控制信号 $\boldsymbol{u}(t_k)$；

c．如果 $r_k > r_2$，则主动丢弃 $\boldsymbol{u}(t_k)$。

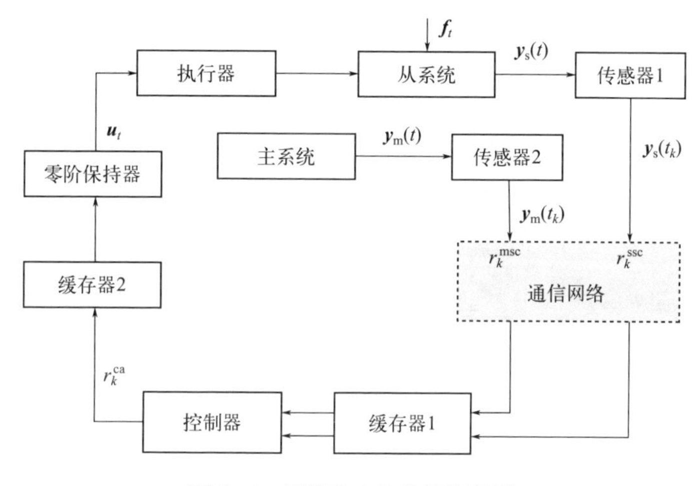

图 3-1　网络化主从负阻振荡器

假设 3.2.1

假设所有通信通道中都不存在数据包乱序，即 $r_k^{msc} < r_{k+1}^{msc} + h$、$r_k^{ssc} < r_{k+1}^{ssc} + h$ 以及 $r_k^{ca} < r_{k+1}^{ca} + h$。

3.2.2 固定周期采样下主从耦合负阻振荡器的 H_∞ 同步分析与设计

设计如下静态输出反馈控制：

$$C: \boldsymbol{u}(t) = \boldsymbol{K}_d \left(\boldsymbol{y}_s(t - r(t)) - \boldsymbol{y}_m(t - r(t)) \right) \tag{3-4}$$

其中，$t \in [t_k + r_k, t_{k+1} + r_{k+1})$；$r(t) = t - t_k$ 以及 $\dot{r}(t) = 1(t \neq t_k + r_k)$。令 $r_1 = \min_{k \in \mathbb{N}} \{r_k\}$ 和 $r_2 = \max_{k \in \mathbb{N}} \{r_k\}$，可知 $r_1 \leqslant r(t) \leqslant r_2 + h$。$\boldsymbol{K}_d$ 为待

设计的控制增益。定义误差为 $\boldsymbol{e}(t)=\boldsymbol{x}_{\mathrm{s}}(t)-\boldsymbol{x}_{\mathrm{m}}(t)$，则误差系统为：

$$\begin{cases}\dot{\boldsymbol{e}}(t)=\boldsymbol{A}\boldsymbol{e}(t)+\boldsymbol{B}\boldsymbol{K}_{\mathrm{d}}\boldsymbol{C}\boldsymbol{e}(t-r(t))+\boldsymbol{E}\boldsymbol{f}(t)\\ \boldsymbol{z}(t)=\boldsymbol{D}\boldsymbol{e}(t)\\ \boldsymbol{e}(t)=\boldsymbol{\phi}(t),t\in[-r_2-h,0)\end{cases} \tag{3-5}$$

其中，$t\in\left[t_k+r_k,t_{k+1}+r_{k+1}\right)$；$\boldsymbol{D}\in\mathbb{R}^{m\times n}$ 是一个具有合适维数的矩阵。

本节拟探索在固定周期采样和随机采样两种情况下，网络诱导延时对负阻振荡器主从同步的积极作用，并实现：

① 在 $\boldsymbol{f}(t)=0$ 时，误差系统 (3-5) 是渐近稳定的；

② 当 $\boldsymbol{f}(t)\neq 0$ 且 $\boldsymbol{f}(t)\in\mathcal{L}_2[0,\infty)$ 时，在零初始条件 $\boldsymbol{\phi}(t)=0$ $(t\in[-r_2-h,0])$ 下，被控输出 $\boldsymbol{z}(t)$ 满足不等式 $\|\boldsymbol{z}(t)\|^2\leqslant\gamma^2\|\boldsymbol{f}(t)\|^2$，其中 γ 表示 H_∞ 性能水平。

定理 3.2.1

给定正常数 γ、r_1、r_2、h 和反馈增益矩阵 $\boldsymbol{K}_{\mathrm{d}}$，如果存在矩阵 $\boldsymbol{P}\in\mathbb{R}^{n\times n}$，$\boldsymbol{P}=\boldsymbol{P}^T>0,\boldsymbol{Z}\in\mathbb{R}^{3n\times 3n},\boldsymbol{Z}=\boldsymbol{Z}^{\mathrm{T}}>0,\boldsymbol{R}_i\in\mathbb{R}^{n\times n},\boldsymbol{R}_i=\boldsymbol{R}_i^{\mathrm{T}}>0\left(i=1,2,3,4\right),\boldsymbol{Y}_a=\boldsymbol{Y}_a^{\mathrm{T}}>0,\boldsymbol{N}_l\left(l=1,2,3\right),\boldsymbol{U}_a,\boldsymbol{W}_{ab}\left(a,b=0,1,\cdots,M\right),\boldsymbol{T}_1,\boldsymbol{T}_2$ 和 $\boldsymbol{X}$，使得：

$$\begin{bmatrix}\boldsymbol{P} & \tilde{\boldsymbol{U}}\\ * & \tilde{\boldsymbol{W}}+\tilde{\boldsymbol{Y}}\end{bmatrix}>0 \tag{3-6}$$

$$\begin{bmatrix}\boldsymbol{R}_4 & \boldsymbol{X}\\ * & \boldsymbol{R}_4\end{bmatrix}>0 \tag{3-7}$$

$$\begin{bmatrix}\boldsymbol{\Theta}_{11} & \boldsymbol{\Theta}_{12} & \boldsymbol{\Theta}_{13}\\ * & \boldsymbol{\Theta}_{22} & 0\\ * & * & \boldsymbol{\Theta}_{33}\end{bmatrix}<0 \tag{3-8}$$

其中：

$$\begin{aligned}\boldsymbol{\Theta}_{11}=&\boldsymbol{v}_1^{\mathrm{T}}\left(\boldsymbol{U}_M+\boldsymbol{U}_M^{\mathrm{T}}+\boldsymbol{Y}_M+\boldsymbol{R}_1+\boldsymbol{D}^{\mathrm{T}}\boldsymbol{D}\right)\boldsymbol{v}_1-\gamma^2\boldsymbol{v}_8^{\mathrm{T}}\boldsymbol{v}_8+\boldsymbol{v}_2^{\mathrm{T}}(r_1^2\boldsymbol{R}_3+r^2\boldsymbol{R}_4)\boldsymbol{v}_2+\boldsymbol{v}_4^{\mathrm{T}}(\boldsymbol{R}_2-\boldsymbol{R}_1)\boldsymbol{v}_4\\ &-\boldsymbol{v}_5^{\mathrm{T}}(\boldsymbol{Y}_0+\boldsymbol{R}_2)\boldsymbol{v}_5-\boldsymbol{\zeta}_6^{\mathrm{T}}\boldsymbol{R}_4\boldsymbol{\zeta}_6-\boldsymbol{\zeta}_7^{\mathrm{T}}\boldsymbol{R}_4\boldsymbol{\zeta}_7+\mathrm{sym}\left\{\left[\boldsymbol{T}_1\boldsymbol{v}_1+\boldsymbol{T}_2\boldsymbol{v}_2\right]^{\mathrm{T}}\left[\boldsymbol{A}\boldsymbol{v}_1+\boldsymbol{B}\boldsymbol{K}_{\mathrm{d}}\boldsymbol{C}\boldsymbol{v}_3+\boldsymbol{E}\boldsymbol{v}_8-\boldsymbol{v}_2\right]\right\}\\ &+\mathrm{sym}\left\{\boldsymbol{\zeta}_1^{\mathrm{T}}\boldsymbol{Z}\boldsymbol{\zeta}_2+\boldsymbol{v}_1^{\mathrm{T}}\boldsymbol{P}\boldsymbol{v}_2-\boldsymbol{\zeta}_6^{\mathrm{T}}\boldsymbol{X}\boldsymbol{\zeta}_7-\boldsymbol{v}_1^{\mathrm{T}}\boldsymbol{U}_0\boldsymbol{v}_5\right\}+r_1\mathrm{sym}\left\{\boldsymbol{N}_1\boldsymbol{\zeta}_3+\boldsymbol{N}_2\boldsymbol{\zeta}_4+\boldsymbol{N}_3\boldsymbol{\zeta}_5\right\}\end{aligned}$$

$$\boldsymbol{\Theta}_{12}=\left[\boldsymbol{v}_1^{\mathrm{T}}\boldsymbol{\Gamma}_1^l+\boldsymbol{v}_2^{\mathrm{T}}\boldsymbol{\Gamma}_2^l+\boldsymbol{v}_5^{\mathrm{T}}\boldsymbol{\Gamma}_3^l\quad \boldsymbol{v}_1^{\mathrm{T}}\boldsymbol{\Gamma}_1^c+\boldsymbol{v}_2^{\mathrm{T}}\boldsymbol{\Gamma}_2^c+\boldsymbol{v}_5^{\mathrm{T}}\boldsymbol{\Gamma}_3^c\right],\boldsymbol{\Theta}_{22}=\mathrm{diag}\left\{-\boldsymbol{W}_c-\boldsymbol{Y}_c,\ -3\boldsymbol{Y}_c\right\}$$

$$r=r_2+h-r_1,\boldsymbol{\Theta}_{13}=\left[r_1\boldsymbol{N}_1\quad r_1\boldsymbol{N}_2\quad r_1\boldsymbol{N}_3\right],\boldsymbol{\Theta}_{33}=-\mathrm{diag}\left[\boldsymbol{R}_3\ \ 3\boldsymbol{R}_3\ \ 5\boldsymbol{R}_3\right],\ \boldsymbol{\Gamma}^l=\left[\bar{\boldsymbol{\Gamma}}^l\quad 0\right]$$

$$\boldsymbol{\Gamma}^c=\begin{bmatrix}\bar{\boldsymbol{\Gamma}}^c & 0\end{bmatrix},\bar{\boldsymbol{\Gamma}}^l=\begin{bmatrix}\boldsymbol{\Gamma}_1^l & \boldsymbol{\Gamma}_2^l & 0 & 0 & \boldsymbol{\Gamma}_3^l & 0 & 0\end{bmatrix},\bar{\boldsymbol{\Gamma}}^c=\begin{bmatrix}\boldsymbol{\Gamma}_1^c & \boldsymbol{\Gamma}_2^c & 0 & 0 & \boldsymbol{\Gamma}_3^c & 0 & 0\end{bmatrix}$$

$$\boldsymbol{\Gamma}_j^l=\begin{bmatrix}\boldsymbol{\Gamma}_{j1}^l & \boldsymbol{\Gamma}_{j2}^l & \cdots & \boldsymbol{\Gamma}_{jN}^l\end{bmatrix},\ \boldsymbol{\Gamma}_j^c=\begin{bmatrix}\boldsymbol{\Gamma}_{j1}^c & \boldsymbol{\Gamma}_{j2}^c & \cdots & \boldsymbol{\Gamma}_{jN}^c\end{bmatrix}\ (j=1,2,3)$$

$$\boldsymbol{\Gamma}_{1p}^l=-\boldsymbol{U}_p+\boldsymbol{U}_{p-1}+\frac{\varpi}{2}\left(\boldsymbol{W}_{p,M}^{\mathrm{T}}+\boldsymbol{W}_{p-1,M}^{\mathrm{T}}\right),\boldsymbol{\Gamma}_{1p}^c=-\frac{\varpi}{2}\left(\boldsymbol{W}_{p,M}^{\mathrm{T}}-\boldsymbol{W}_{p-1,M}^{\mathrm{T}}\right),\boldsymbol{\Gamma}_{2p}^l=\frac{\varpi}{2}\left(\boldsymbol{U}_p+\boldsymbol{U}_{p-1}\right)$$

$$\boldsymbol{\Gamma}_{2p}^c=-\frac{\varpi}{2}\left(\boldsymbol{U}_p-\boldsymbol{U}_{p-1}\right),\boldsymbol{\Gamma}_{3p}^l=-\frac{\varpi}{2}\left(\boldsymbol{W}_{p,0}^{\mathrm{T}}+\boldsymbol{W}_{p-1,0}^{\mathrm{T}}\right),\boldsymbol{\Gamma}_{3p}^c=\frac{\varpi}{2}\left(\boldsymbol{W}_{p,0}^{\mathrm{T}}-\boldsymbol{W}_{p-1,0}^{\mathrm{T}}\right)$$

$$\boldsymbol{Y}_c=\mathrm{diag}\left\{\boldsymbol{Y}_1-\boldsymbol{Y}_0,\boldsymbol{Y}_2-\boldsymbol{Y}_1,\cdots,\boldsymbol{Y}_M-\boldsymbol{Y}_{M-1}\right\},\boldsymbol{v}_g=[\underbrace{0,\cdots,0}_{g-1}\ \boldsymbol{I}_{n\times n}\ \underbrace{0,\cdots,0}_{7-g}\ \boldsymbol{0}_{n\times m}]_{n\times(7n+m)}(g=1,\cdots,7)$$

$$\boldsymbol{\zeta}_1^{\mathrm{T}}=\begin{bmatrix}\boldsymbol{v}_1^{\mathrm{T}} & r_1\boldsymbol{v}_6^{\mathrm{T}} & \frac{r_1^2}{2}\boldsymbol{v}_7^{\mathrm{T}}\end{bmatrix},\ \boldsymbol{\zeta}_2^{\mathrm{T}}=\begin{bmatrix}\boldsymbol{v}_2^{\mathrm{T}} & \boldsymbol{v}_1^{\mathrm{T}}-\boldsymbol{v}_4^{\mathrm{T}} & r_1\boldsymbol{v}_6^{\mathrm{T}}-r_1\boldsymbol{v}_4^{\mathrm{T}}\end{bmatrix},\boldsymbol{\zeta}_3=\boldsymbol{v}_1-\boldsymbol{v}_4,\boldsymbol{\zeta}_4=\boldsymbol{v}_1+\boldsymbol{v}_4-2\boldsymbol{v}_6$$

$$\boldsymbol{\zeta}_5=\boldsymbol{v}_1-\boldsymbol{v}_4-6\boldsymbol{v}_6+6\boldsymbol{v}_7,\boldsymbol{\zeta}_6=\boldsymbol{v}_4-\boldsymbol{v}_3,\boldsymbol{\zeta}_7=\boldsymbol{v}_3-\boldsymbol{v}_5$$

$$\boldsymbol{W}_c=\begin{bmatrix}\boldsymbol{W}_{c11} & \boldsymbol{W}_{c12} & \cdots & \boldsymbol{W}_{c1M}\\ \boldsymbol{W}_{c21} & \boldsymbol{W}_{c22} & \cdots & \boldsymbol{W}_{c2M}\\ \vdots & \vdots & \ddots & \vdots\\ \boldsymbol{W}_{cM1} & \boldsymbol{W}_{cM2} & \cdots & \boldsymbol{W}_{cMM}\end{bmatrix},\boldsymbol{W}_{cpq}=\varpi\left(\boldsymbol{W}_{pq}-\boldsymbol{W}_{p-1,q-1}\right)(p,q=1,2,\cdots,M)$$

那么误差系统 (3-5) 是渐近稳定的，且具有 H_∞ 扰动抑制水平 γ。

证明：

选择如下增广的完全型 Lyapunov-Krasovskii 泛函：

$$\begin{aligned}\boldsymbol{V}(t)&=\boldsymbol{e}^{\mathrm{T}}(t)\boldsymbol{P}\boldsymbol{e}(t)+2\boldsymbol{e}^{\mathrm{T}}(t)\int_{-r_2-h}^{0}\boldsymbol{U}(s)\boldsymbol{e}(t+s)\mathrm{d}s+\int_{-r_2-h}^{0}\boldsymbol{e}^{\mathrm{T}}(t+s)\boldsymbol{Y}(s)\boldsymbol{e}(t+s)\mathrm{d}s\\&+\int_{-r_2-h}^{0}\int_{-r_2-h}^{0}\boldsymbol{e}^{\mathrm{T}}(t+\theta)\boldsymbol{W}(\theta,s)\boldsymbol{e}(t+s)\mathrm{d}\theta\mathrm{d}s+\begin{bmatrix}\boldsymbol{e}(t)\\ \int_{-r_1}^{0}\boldsymbol{e}(s)\mathrm{d}s\\ \int_{t-r_1}^{t}\int_{t-r_1}^{s}\boldsymbol{e}(\theta)\mathrm{d}\theta\mathrm{d}s\end{bmatrix}^{\mathrm{T}}\boldsymbol{Z}\begin{bmatrix}\boldsymbol{e}(t)\\ \int_{-r_1}^{0}\boldsymbol{e}(s)\mathrm{d}s\\ \int_{t-r_1}^{t}\int_{t-r_1}^{s}\boldsymbol{e}(\theta)\mathrm{d}\theta\mathrm{d}s\end{bmatrix}\\&+\int_{t-r_i}^{t}\boldsymbol{e}^{\mathrm{T}}(s)\boldsymbol{R}_1\boldsymbol{e}(s)\mathrm{d}s+\int_{t-r_2-h}^{t-r_1}\boldsymbol{e}^{\mathrm{T}}(s)\boldsymbol{R}_2\boldsymbol{e}(s)\mathrm{d}s\\&+r_1\int_{t-r_1}^{t}\int_{s}^{0}\boldsymbol{e}^{\mathrm{T}}(\theta)\boldsymbol{R}_3\dot{\boldsymbol{e}}(\theta)\mathrm{d}\theta\mathrm{d}s+r\int_{t-r_2-h}^{t-r_1}\int_{s}^{0}\boldsymbol{e}^{\mathrm{T}}(\theta)\boldsymbol{R}_4\dot{\boldsymbol{e}}(\theta)\mathrm{d}\theta\mathrm{d}s\end{aligned}\tag{3-9}$$

其中，$t\in\left[t_k+r_k,t_{k+1}+r_{k+1}\right)$；$\boldsymbol{U}:\left[-r_2-h,0\right]\to\mathbb{R}^{n\times n}$；$\boldsymbol{Y}:\left[-r_2-h,0\right]\to\mathbb{R}^{n\times n}$；$\boldsymbol{Y}(\theta)=\boldsymbol{Y}^{\mathrm{T}}(\theta)$；$\boldsymbol{W}:\left[-r_2-h,0\right]\times\left[-r_2-h,0\right]\to\mathbb{R}^{n\times n}$；$\boldsymbol{W}(\theta,s)=\boldsymbol{W}^{\mathrm{T}}(\theta,s);\forall\theta,s\in\left[-r_2-h,0\right]$，并且 $\boldsymbol{U}$、$\boldsymbol{Y}$ 和 $\boldsymbol{W}$ 是连续可微的矩阵函数。对于 $p,q=1,2,\cdots,M$，选择 $\boldsymbol{U}$、$\boldsymbol{Y}$ 和 $\boldsymbol{W}$ 为如下连续分段线性形式：

$$
\begin{aligned}
\boldsymbol{U}^{p}(\alpha) &= \boldsymbol{U}\left(\varrho_{p-1}+\alpha\varpi\right)=(1-\alpha)\boldsymbol{U}_{p-1}+\alpha\boldsymbol{U}_{p}\\
\boldsymbol{Y}^{p}(\alpha) &= \boldsymbol{Y}\left(\varrho_{p-1}+\alpha\varpi\right)=(1-\alpha)\boldsymbol{Y}_{p-1}+\alpha\boldsymbol{Y}_{p}\\
\boldsymbol{W}^{pq}(\alpha,\beta) &= \boldsymbol{W}\left(\varrho_{p-1}+\alpha\varpi,\varrho_{q-1}+\beta\varpi\right)\\
&= \begin{cases}(1-\alpha)\boldsymbol{W}_{p-1,q-1}+\beta\boldsymbol{W}_{pq}+(\alpha-\beta)\boldsymbol{W}_{p,q-1},\alpha\geqslant\beta\\(1-\beta)\boldsymbol{W}_{p-1,q-1}+\alpha\boldsymbol{W}_{pq}+(\beta-\alpha)\boldsymbol{W}_{p-1,q},\alpha<\beta\end{cases}
\end{aligned}
\tag{3-10}
$$

其中，$0\leqslant\alpha\leqslant1,0\leqslant\beta\leqslant1,\varpi=\dfrac{r_2+h}{M},\varrho_a=-r_2-h+a\varpi$，即 $[-r_2-h,0]$ 被划分为 M 个片段，分别为 $\left[\varrho_{p-1},\varrho_p\right]$。

根据离散化技术 (3-10) 以及本章参考文献 [7]，存在正常数 $\varepsilon_1>0$ 和 $\varepsilon_2>0$，使得 $\varepsilon_1\|\boldsymbol{e}(t)\|^2\leqslant\boldsymbol{V}(t,\boldsymbol{e}_t,\dot{\boldsymbol{e}}_t)\leqslant\varepsilon_2\|\boldsymbol{e}(t)\|_{\mathrm{W}}^2$ 成立，其中 $\|\boldsymbol{e}\|_{\mathrm{W}}=\sup\limits_{\theta\in[-r_2-h,0]}\{\|\boldsymbol{e}_t(\theta)\|,\|\dot{\boldsymbol{e}}_t(\theta)\|\}$，$\boldsymbol{e}_t(\theta)=\boldsymbol{e}(t+\theta)$，$\dot{\boldsymbol{e}}_t(\theta)=\dot{\boldsymbol{e}}(t+\theta)$。

接下来将从两个方面完成证明。首先，证明误差系统 (3-5) 在 $\boldsymbol{f}(t)\equiv0$ $(\forall t\geqslant0)$ 时是渐近稳定的。对 Lyapunov-Krasovskii 泛函 (3-9) 在区间 $t\in\left[t_k+r_k,t_{k+1}+r_{k+1}\right)$ 上求导，可得：

$$
\begin{aligned}
\dot{V}(t,\boldsymbol{e}_t,\dot{\boldsymbol{e}}_t)= &\ \bar{\boldsymbol{\eta}}^{\mathrm{T}}\hat{\boldsymbol{\Phi}}_{11}\bar{\boldsymbol{\eta}}+2\bar{\boldsymbol{\eta}}^{\mathrm{T}}\boldsymbol{v}_1^{\mathrm{T}}\int_{-r_2-h}^{0}\boldsymbol{U}(s)\dot{\boldsymbol{e}}(t+s)\mathrm{d}s+2\bar{\boldsymbol{\eta}}^{\mathrm{T}}\boldsymbol{v}_2^{\mathrm{T}}\int_{-r_2-h}^{0}\boldsymbol{U}(s)\boldsymbol{e}(t+s)\mathbf{d}s\\
&+\int_{-r_2-h}^{0}\dot{\boldsymbol{e}}^{\mathrm{T}}(t+s)\boldsymbol{Y}(s)\boldsymbol{e}(t+s)\mathrm{d}s+2\int_{-r_2-h}^{0}\int_{-r_2-h}^{0}\dot{\boldsymbol{e}}(t+s)\boldsymbol{W}(s,\theta)\boldsymbol{e}(t+s)\mathrm{d}s\mathrm{d}\theta\\
&-r_1\int_{t-r_1}^{t}\dot{\boldsymbol{e}}^{\mathrm{T}}(s)\boldsymbol{R}_3\dot{\boldsymbol{e}}(s)\mathrm{d}s-r\int_{t-r_2-h}^{t-r_1}\dot{\boldsymbol{e}}^{\mathrm{T}}(s)\boldsymbol{R}_4\dot{\boldsymbol{e}}(s)\mathrm{d}s
\end{aligned}
\tag{3-11}
$$

其中：

$$
\bar{\boldsymbol{\eta}}^{\mathrm{T}}=\mathrm{col}\{\boldsymbol{\eta}_1,\ \boldsymbol{\eta}_2\},\boldsymbol{\eta}_1^{\mathrm{T}}=col\left\{\boldsymbol{e}(t),\ \dot{\boldsymbol{e}}(t),\ \boldsymbol{e}(t-r(t)),\ \boldsymbol{e}(t-r_1),\ \boldsymbol{e}(t-r_2-h)\right\}
$$

$$
\boldsymbol{\eta}_2^{\mathrm{T}}=\mathrm{col}\left\{\frac{1}{r_1}\int_{t-r_1}^{t}\boldsymbol{e}(s)\mathrm{d}s,\ \frac{2}{r_1^2}\int_{t-r_1}^{t}\int_{t-r_1}^{s}\boldsymbol{e}(\theta)\mathrm{d}\theta\mathrm{d}s\right\}
$$

$$
\hat{\boldsymbol{\Phi}}_{11}=\mathrm{sym}\left\{\bar{\boldsymbol{\zeta}}_1^{\mathrm{T}}\boldsymbol{Z}\bar{\boldsymbol{\zeta}}_2+\bar{\boldsymbol{v}}_1^{\mathrm{T}}\boldsymbol{P}\bar{\boldsymbol{v}}_2\right\}+\bar{\boldsymbol{v}}_1^{\mathrm{T}}\boldsymbol{R}_1\bar{\boldsymbol{v}}_1-\bar{\boldsymbol{v}}_5^{\mathrm{T}}\boldsymbol{R}_2\bar{\boldsymbol{v}}_5-\bar{\boldsymbol{v}}_4^{\mathrm{T}}(\boldsymbol{R}_1-\boldsymbol{R}_2)\bar{\boldsymbol{v}}_4+\bar{\boldsymbol{v}}_2^{\mathrm{T}}(r_1^2\boldsymbol{R}_3+r^2\boldsymbol{R}_4)\bar{\boldsymbol{v}}_2
$$

$$
\bar{\boldsymbol{\zeta}}_1=\mathrm{col}\left\{\bar{\boldsymbol{v}}_1^{\mathrm{T}},\quad r_1\bar{\boldsymbol{v}}_6^{\mathrm{T}},\quad \frac{r_1^2}{2}\bar{\boldsymbol{v}}_7^{\mathrm{T}}\right\},\bar{\boldsymbol{\zeta}}_2=\mathrm{col}\left\{\bar{\boldsymbol{v}}_2^{\mathrm{T}},\quad \bar{\boldsymbol{v}}_1^{\mathrm{T}}-\bar{\boldsymbol{v}}_4^{\mathrm{T}},\quad r_1\bar{\boldsymbol{v}}_6^{\mathrm{T}}-r_1\bar{\boldsymbol{v}}_4^{\mathrm{T}}\right\}
$$

$$
\bar{\boldsymbol{v}}_g=[\underbrace{0,\cdots,0}_{g-1}\ \ \boldsymbol{I}_{n\times n}\ \ \underbrace{0,\cdots,0}_{7-g}\ ]_{n\times(7n)}
$$

另外，根据本章参考文献 [15] 中的引理 1，可得：

$$-r_1\int_{t-r_1}^{t}\dot{\boldsymbol{e}}^{\mathrm{T}}(s)\boldsymbol{R}_3\dot{\boldsymbol{e}}(s)\mathrm{d}s \leqslant \bar{\boldsymbol{\eta}}^{\mathrm{T}}\boldsymbol{\varUpsilon}\bar{\boldsymbol{\eta}}$$

其中：

$$\boldsymbol{\varUpsilon} = \boldsymbol{r}_1^2(\boldsymbol{N}_1\boldsymbol{R}_3^{-1}\boldsymbol{N}_1^{\mathrm{T}} + \frac{1}{3}\boldsymbol{N}_2\boldsymbol{R}_3^{-1}\boldsymbol{N}_2^{\mathrm{T}} + \frac{1}{5}\boldsymbol{N}_3\boldsymbol{R}_3^{-1}\boldsymbol{N}_3^{\mathrm{T}}) + r_1\mathrm{sym}\left\{\boldsymbol{N}_1\bar{\boldsymbol{\zeta}}_3 + \boldsymbol{N}_2\bar{\boldsymbol{\zeta}}_4 + \boldsymbol{N}_3\bar{\boldsymbol{\zeta}}_5\right\}$$

$$\bar{\boldsymbol{\zeta}}_3 = \bar{\boldsymbol{v}}_1 - \bar{\boldsymbol{v}}_4, \bar{\boldsymbol{\zeta}}_4 = \bar{\boldsymbol{v}}_1 + \bar{\boldsymbol{v}}_4 - 2\bar{\boldsymbol{v}}_6, \bar{\boldsymbol{\zeta}}_5 = \bar{\boldsymbol{v}}_1 - \bar{\boldsymbol{v}}_4 - 6\bar{\boldsymbol{v}}_6 + 6\bar{\boldsymbol{v}}_7$$

显然：

$$-r_1\int_{t-r_1}^{t}\dot{\boldsymbol{e}}^{T}(s)\boldsymbol{R}_4\dot{\boldsymbol{e}}(s)\mathrm{d}s \leqslant \bar{\boldsymbol{\eta}}^{\mathrm{T}}\begin{bmatrix}\bar{\boldsymbol{\zeta}}_6^{\mathrm{T}} & \bar{\boldsymbol{\zeta}}_7^{\mathrm{T}}\end{bmatrix}\begin{bmatrix}\boldsymbol{R}_4 & \boldsymbol{X}\\ * & \boldsymbol{R}_4\end{bmatrix}\begin{bmatrix}\bar{\boldsymbol{\zeta}}_6\\ \bar{\boldsymbol{\zeta}}_7\end{bmatrix}\bar{\boldsymbol{\eta}}$$

$$2\bar{\boldsymbol{\eta}}^{\mathrm{T}}\left[\bar{\boldsymbol{v}}_1^{\mathrm{T}}\boldsymbol{T}_1^{\mathrm{T}} + \bar{\boldsymbol{v}}_2^{\mathrm{T}}\boldsymbol{T}_2^{\mathrm{T}}\right]\left[\boldsymbol{A}\bar{\boldsymbol{v}}_1 + \boldsymbol{B}\boldsymbol{K}_{\mathrm{d}}\boldsymbol{C}\bar{\boldsymbol{v}}_3 - \bar{\boldsymbol{v}}_2\right]\bar{\boldsymbol{\eta}} = 0$$

其中，$\bar{\boldsymbol{\zeta}}_6 = \bar{\boldsymbol{v}}_4 - \bar{\boldsymbol{v}}_3, \bar{\boldsymbol{\zeta}}_7 = \bar{\boldsymbol{v}}_3 - \bar{\boldsymbol{v}}_5$。因此对于 $t \in \left[t_k + r_k,\ t_{k+1} + r_{k+1}\right)$，$\forall k \in \mathbb{N}$，有：

$$\dot{\boldsymbol{V}}(t,\boldsymbol{e}_t,\dot{\boldsymbol{e}}_t) \leqslant \bar{\boldsymbol{\eta}}^{\mathrm{T}}\bar{\boldsymbol{\varPhi}}_{11}\bar{\boldsymbol{\eta}} - \int_0^1\tilde{\boldsymbol{e}}^{\mathrm{T}}(\alpha)\boldsymbol{Y}_c\tilde{\boldsymbol{e}}(\alpha)\mathrm{d}\alpha - \int_0^1\tilde{\boldsymbol{e}}^{T}(\alpha)\mathrm{d}\alpha\boldsymbol{W}_c\int_0^1\tilde{\boldsymbol{e}}(\alpha)\mathrm{d}\alpha$$
$$-2\bar{\boldsymbol{\eta}}^{\mathrm{T}}\int_0^1\left[\tilde{\boldsymbol{\varGamma}}^{l} + (1-2\alpha)\tilde{\boldsymbol{\varGamma}}^{c}\right]\tilde{\boldsymbol{e}}(\alpha)\mathrm{d}\alpha$$

其中，$\tilde{\boldsymbol{e}}(\alpha) = \begin{bmatrix}\tilde{\boldsymbol{e}}^{\mathrm{T}}(\alpha_1) & \tilde{\boldsymbol{e}}^{\mathrm{T}}(\alpha_2) & \cdots & \tilde{\boldsymbol{e}}^{\mathrm{T}}(\alpha_M)\end{bmatrix}^{\mathrm{T}}, \tilde{\boldsymbol{e}}(\alpha_p) = \boldsymbol{e}(t + \varrho_{p-1} + \alpha\varpi)$

并且：

$$\bar{\boldsymbol{\varPhi}}_{11} = \hat{\boldsymbol{\varPhi}}_{11} + \bar{\boldsymbol{v}}_1^{\mathrm{T}}\left(\boldsymbol{U}_M + \boldsymbol{U}_M^{\mathrm{T}} + \boldsymbol{Y}_M\right)\bar{\boldsymbol{v}}_1 + r_1^2\left(\boldsymbol{N}_1\boldsymbol{R}_3^{-1}\boldsymbol{N}_1^{\mathrm{T}} + \frac{1}{3}\boldsymbol{N}_2\boldsymbol{R}_3^{-1}\boldsymbol{N}_2^{\mathrm{T}} + \frac{1}{5}\boldsymbol{N}_3\boldsymbol{R}_3^{-1}\boldsymbol{N}_3^{\mathrm{T}}\right)$$
$$-\bar{\boldsymbol{v}}_5^{\mathrm{T}}\boldsymbol{Y}_0\bar{\boldsymbol{v}} - \bar{\boldsymbol{\zeta}}_6^{\mathrm{T}}\boldsymbol{R}_4\bar{\boldsymbol{\zeta}}_6 - \bar{\boldsymbol{\zeta}}_7^{\mathrm{T}}\boldsymbol{R}_4\bar{\boldsymbol{\zeta}} - \mathrm{sym}\left\{\bar{\boldsymbol{v}}_1^{\mathrm{T}}\boldsymbol{U}_0\bar{\boldsymbol{v}}_5 + \bar{\boldsymbol{\zeta}}_6^{\mathrm{T}}\boldsymbol{X}\bar{\boldsymbol{\zeta}}_7\right\} + r_1\mathrm{sym}\left\{\boldsymbol{N}_1\bar{\boldsymbol{\zeta}} + \boldsymbol{N}_2\bar{\boldsymbol{\zeta}}_4 + \boldsymbol{N}_3\bar{\boldsymbol{\zeta}}_5\right\}$$
$$+\mathrm{sym}\left\{\left[\bar{\boldsymbol{v}}_1^{\mathrm{T}}\boldsymbol{T}_1^{\mathrm{T}} + \bar{\boldsymbol{v}}_2^{\mathrm{T}}\boldsymbol{T}_2^{\mathrm{T}}\right]\left[\boldsymbol{A}\bar{\boldsymbol{v}}_1 + \boldsymbol{B}\boldsymbol{K}_{\mathrm{d}}\boldsymbol{C}\bar{\boldsymbol{v}}_3 - \bar{\boldsymbol{v}}_2\right]\right\}$$

由本章参考文献 [16] 中的命题 5.21 可得：

$$\dot{\boldsymbol{V}}(t,\boldsymbol{e}_t,\dot{\boldsymbol{e}}_t) \leqslant \begin{bmatrix}\bar{\boldsymbol{\eta}}\\ \int_0^1\tilde{\boldsymbol{e}}(\alpha)\mathrm{d}\alpha\end{bmatrix}^{\mathrm{T}}\bar{\boldsymbol{\varPsi}}\begin{bmatrix}\bar{\boldsymbol{\eta}}\\ \int_0^1\tilde{\boldsymbol{e}}(\alpha)\mathrm{d}\alpha\end{bmatrix}$$

其中：

$$\bar{\boldsymbol{\varPsi}} = \begin{bmatrix}\bar{\boldsymbol{\varPhi}}_{11} & \bar{\boldsymbol{\varTheta}}_{12}\\ * & \boldsymbol{\varTheta}_{22}\end{bmatrix}, \bar{\boldsymbol{\varTheta}}_{12} = \left[\bar{\boldsymbol{v}}_1^{\mathrm{T}}\boldsymbol{\varGamma}_1^{l} + \bar{\boldsymbol{v}}_2^{\mathrm{T}}\boldsymbol{\varGamma}_2^{l} + \bar{\boldsymbol{v}}_5^{\mathrm{T}}\boldsymbol{\varGamma}_3^{l} \quad \bar{\boldsymbol{v}}_1^{\mathrm{T}}\boldsymbol{\varGamma}_1^{c} + \bar{\boldsymbol{v}}_2^{\mathrm{T}}\boldsymbol{\varGamma}_2^{c} + \bar{\boldsymbol{v}}_5^{\mathrm{T}}\boldsymbol{\varGamma}_3^{c}\right]$$

根据引理 2.2.2，可得式 (3-8) 是 $\bar{\boldsymbol{\varPsi}} < 0$ 的必要条件。因此，存在 $\varepsilon_3 > 0$ 使得 $\dot{\boldsymbol{V}}(t,\boldsymbol{e}_t,\dot{\boldsymbol{e}}_t) < -\varepsilon_3 \|\boldsymbol{e}(t)\|^2$。所以，若式 (3-6) 和式 (3-8) 成立，

则误差系统 (3-5) 在零输入情况下是渐近稳定的。

考虑 $\boldsymbol{f}(t)\neq 0$ 的情况。在式 (3-11) 两端分别加上 $\|\boldsymbol{z}(t)\|^2-\gamma^2\|\boldsymbol{f}(t)\|^2$，并且将下列等式分别加到式 (3-11) 左右两端：

$$0=2\boldsymbol{\eta}^{\mathrm{T}}\left[\boldsymbol{v}_1^{\mathrm{T}}\boldsymbol{T}_1^{\mathrm{T}}+\boldsymbol{v}_2^{\mathrm{T}}\boldsymbol{T}_2^{\mathrm{T}}\right]\left[\boldsymbol{A}\boldsymbol{v}_1+\boldsymbol{B}\boldsymbol{K}_{\mathrm{d}}\boldsymbol{C}\boldsymbol{v}_3+\boldsymbol{E}\boldsymbol{v}_9-\boldsymbol{v}_2\right]\boldsymbol{\eta}$$

可得：

$$\begin{aligned}&\dot{V}\left(t,\boldsymbol{e}_t,\dot{\boldsymbol{e}}_t\right)+\|\boldsymbol{z}(t)\|^2-\gamma^2\|\boldsymbol{f}(t)\|^2\\&\leqslant\boldsymbol{\eta}^{\mathrm{T}}\boldsymbol{\Phi}_{11}\boldsymbol{\eta}-\int_0^1\tilde{\boldsymbol{e}}^{\mathrm{T}}(\alpha)\boldsymbol{Y}_c\tilde{\boldsymbol{e}}(\alpha)\mathrm{d}\alpha-\int_0^1\tilde{\boldsymbol{e}}^{\mathrm{T}}(\alpha)\mathrm{d}\alpha\boldsymbol{Z}_c\int_0^1\tilde{\boldsymbol{e}}(\alpha)\mathrm{d}\alpha-2\boldsymbol{\eta}^{\mathrm{T}}(t)\\&\int_0^1[\tilde{\boldsymbol{\Gamma}}^l+(1-2\alpha)\tilde{\boldsymbol{\Gamma}}^c]\tilde{\boldsymbol{e}}(\alpha)\mathrm{d}\alpha\end{aligned}\tag{3-12}$$

其中，$t\in\left[t_k+r_k,\ t_{k+1}+r_{k+1}\right)\ (\forall k\in\mathbb{N})$，$\boldsymbol{\eta}=\left[\bar{\boldsymbol{\eta}}^{\mathrm{T}}\quad \boldsymbol{f}^{\mathrm{T}}(t)\right]^{\mathrm{T}}$，并且：

$$\boldsymbol{\Phi}_{11}=\boldsymbol{\Theta}_{11}+r_1^2(\boldsymbol{N}_1\boldsymbol{R}_4^{-1}\boldsymbol{N}_1^{\mathrm{T}}+\frac{1}{3}\boldsymbol{N}_2\boldsymbol{R}_4^{-1}\boldsymbol{N}_2^{\mathrm{T}}+\frac{1}{5}\boldsymbol{N}_3\boldsymbol{R}_4^{-1}\boldsymbol{N}_3^{\mathrm{T}})$$

根据本章参考文献 [16] 中的命题 5.21 可得：

$$\dot{V}\left(t,\boldsymbol{e}_t,\dot{\boldsymbol{e}}_t\right)+\|\boldsymbol{z}(t)\|^2-\gamma^2\|\boldsymbol{f}(t)\|^2\leqslant\begin{bmatrix}\boldsymbol{\eta}\\\int_0^1\tilde{\boldsymbol{e}}(\alpha)\mathrm{d}\alpha\end{bmatrix}^{\mathrm{T}}\boldsymbol{\Psi}\begin{bmatrix}\boldsymbol{\eta}\\\int_0^1\tilde{\boldsymbol{e}}(\alpha)\mathrm{d}\alpha\end{bmatrix}$$

其中，$\boldsymbol{\Psi}=\begin{bmatrix}\boldsymbol{\Phi}_{11}&\boldsymbol{\Theta}_{12}\\ * &\boldsymbol{\Theta}_{22}\end{bmatrix}$。接下来的证明与 $\boldsymbol{f}(t)\equiv 0\ (\forall t\geqslant 0)$ 的情况相似。显然，如果不等式 (3-8) 成立，则在零初始条件下 $\dot{V}(t,\boldsymbol{e}_t,\dot{\boldsymbol{e}}_t)+\|\boldsymbol{z}(t)\|^2-\gamma^2\|\boldsymbol{f}(t)\|^2<0$，即可得 $\|\boldsymbol{z}(t)\|^2<\gamma^2\|\boldsymbol{f}(t)\|^2$。证毕。

通过在自由权重矩阵 $\boldsymbol{T}_1$ 和 $\boldsymbol{T}_2$ 中引入一些已知的可调参数，对矩阵不等式 (3-8) 进行线性化，可得到控制器设计的结果，具体结论如下。

定理 3.2.2

给定正常数 γ、r_1、r_2、h 和反馈增益矩阵 $\boldsymbol{K}_{\mathrm{d}}$，如果存在矩阵 $\boldsymbol{P}\in\mathbb{R}^{n\times n}$，$\boldsymbol{P}=\boldsymbol{P}^{\mathrm{T}}>0,\boldsymbol{Z}\in\mathbb{R}^{3n\times 3n},\boldsymbol{Z}=\boldsymbol{Z}^{\mathrm{T}}>0,\boldsymbol{R}_i\in\mathbb{R}^{n\times n},\boldsymbol{R}_i=\boldsymbol{R}_i^{\mathrm{T}}>0\left(i=1,2,3,4\right),\boldsymbol{Y}_a=\boldsymbol{Y}_a^{\mathrm{T}}>0,\boldsymbol{N}_l\left(l=1,2,3\right),\boldsymbol{U}_a,\boldsymbol{W}_{ab}\left(a,b=0,1,\cdots,M\right),\boldsymbol{T}_1,\boldsymbol{T}_2$ 和 $\boldsymbol{X}$，使得当矩阵 $\boldsymbol{T}_1$ 和 $\boldsymbol{T}_2$ 取如下形式时：

$$\boldsymbol{T}_1=\begin{bmatrix}\boldsymbol{T}_{11}&\boldsymbol{T}_{12}\\\epsilon_1\boldsymbol{I}&\epsilon_2\boldsymbol{I}\end{bmatrix},\boldsymbol{T}_2=\begin{bmatrix}\boldsymbol{T}_{21}&\boldsymbol{T}_{22}\\\epsilon_3\boldsymbol{I}&\epsilon_4\boldsymbol{I}\end{bmatrix}\tag{3-13}$$

定理3.2.1中的矩阵不等式(3-6)～式(3-8)成立，那么误差系统(3-5)是渐近稳定的，并且具有 H_∞ 扰动抑制水平 γ，且主从同步控制增益 K_d 可由矩阵不等式(3-6)～式(3-8)解出。

注 3.2.1 由于 $sym\{[\boldsymbol{T}_1\boldsymbol{v}_1+\boldsymbol{T}_2\boldsymbol{v}_2]^\text{T}\boldsymbol{BK}_\text{d}\boldsymbol{Cv}_3\}$ 的存在，定理 3.2.1 中的不等式 (3-8) 是非线性的。通过在自由矩阵变量 $\boldsymbol{T}_1$ 和 $\boldsymbol{T}_2$ 中引入可调参数 ϵ_i $(i=1,2,3,4)$，上述非线性项可线性化为：

$$\boldsymbol{v}_1^\text{T}\boldsymbol{T}_1^\text{T}\boldsymbol{BK}_\text{d}\boldsymbol{Cv}_3=\boldsymbol{v}_1^\text{T}\begin{bmatrix}\boldsymbol{T}_{11} & \epsilon_1\\ \boldsymbol{T}_{12} & \epsilon_2\end{bmatrix}\begin{bmatrix}0\\1\end{bmatrix}\boldsymbol{K}_\text{d}\boldsymbol{Cv}_3=\boldsymbol{v}_1^\text{T}\begin{bmatrix}\epsilon_1\\ \epsilon_2\end{bmatrix}\boldsymbol{K}_\text{d}\boldsymbol{Cv}_3$$

$$\boldsymbol{v}_2^\text{T}\boldsymbol{T}_2^\text{T}\boldsymbol{BK}_\text{d}\boldsymbol{Cv}_3=\boldsymbol{v}_1^T\begin{bmatrix}\boldsymbol{T}_{21} & \epsilon_3\\ \boldsymbol{T}_{22} & \epsilon_4\end{bmatrix}\begin{bmatrix}0\\1\end{bmatrix}\boldsymbol{K}_\text{d}\boldsymbol{Cv}_3=\boldsymbol{v}_1^\text{T}\begin{bmatrix}\epsilon_3\\ \epsilon_4\end{bmatrix}\boldsymbol{K}_\text{d}\boldsymbol{Cv}_3$$

然后通过 Matlab 的 Yalmip 工具箱直接求解定理 3.2.1 中的线性矩阵不等式便可得到控制增益 $\boldsymbol{K}_\text{d}$。

在求得的控制增益 $\boldsymbol{K}_\text{d}$ 下，基于定理 3.2.1 中的线性矩阵不等式对 H_∞ 性能指标 γ 进行优化。给定参数 r_1,r_2,h 和 $\boldsymbol{K}_\text{d}$，可通过处理下述局部优化过程得到最小 H_∞ 性能指标 γ。

最小化：γ

使得：$\boldsymbol{P}>0$，$\boldsymbol{Z}>0$，$\boldsymbol{R}_i>0$，$\boldsymbol{Y}_a>0$ 以及式 (3-6) ～式 (3-8) 成立。

3.2.3 随机采样下主从耦合负阻振荡器的 H_∞ 同步分析与设计

考虑采样周期 $\{t_{k+1}-t_k\}$ 可以在采样周期 h_1 和 h_2 间随机切换，其中 $0<h_1<h_2$。定义切换概率 $\text{Prob}\{h=h_1\}=\mu$ 和 $\text{Prob}\{h=h_2\}=1-\mu$，其中 $\mu\in[0,1]$ 是一个给定的常数。与 3.2.2 节类似，设计如下输出反馈控制：

$$\mathcal{C}:\boldsymbol{u}(t)=\boldsymbol{K}_s\left(\boldsymbol{y}_\text{s}(t-r(t))-\boldsymbol{y}_\text{m}(t-r(t))\right)$$

其中，对于 $t\neq kh+r_k$，有 $t\in[t_k+r_k,\ \ t_{k+1}+r_{k+1}),r(t)=t-t_k,\dot{r}(t)=1$。

由于输入采样周期在 h_1 和 h_2 之间切换，所以 $r(t)$ 是随机变量，并且 $r_k\leqslant r(t)\leqslant h_1+r_{k+1}$ 或 $r_k\leqslant r(t)\leqslant h_2+r_{k+1}$。如果定义 $r_1=\min_{k\in\mathbb{R}}\{r_k\}$

和 $r_2=\max_{k\in\mathbb{R}}\{r_k\}$，则显然 $r_1\leqslant r(t)\leqslant h_1+r_2$ 或 $r_1\leqslant r(t)\leqslant h_2+r_2$，且相应的概率为：

$$\text{Prob}\{r_1\leqslant r(t)\leqslant h_1+r_2\}=\mu+\left(1-\frac{h_2-h_1}{h_2+r_2-r_1}\right)(1-\mu)$$

$$\text{Prob}\{h_1+r_2\leqslant r(t)\leqslant h_2+r_2\}=\frac{h_2-h_1}{h_2+r_2-r_1}(1-\mu)$$

定义一个新的随机变量 $\kappa(t)$：

$$\kappa(t)=\begin{cases}1, r_1\leqslant r(t)\leqslant h_1+r_2\\ 0, h_1+r_2\leqslant r(t)\leqslant h_2+r_2\end{cases}$$

可得 $\text{Prob}\{\kappa(t)=1\}=\kappa$ 和 $\text{Prob}\{\kappa(t)=0\}=1-\kappa$，$\kappa=\mu+\left(1-\frac{h_2-h_1}{h_2+r_2-r_1}\right)(1-\mu)$，那么 $\kappa(t)$ 满足伯努利分布，并且有 $\mathbb{E}\{\kappa(t)\}=\kappa$ 和 $\mathbb{E}\left\{(\kappa(t)-\kappa)^2\right\}=\kappa(1-\kappa)$。

于是，在上述随机采样机制下，误差系统可表示为：

$$\begin{cases}\dot{\boldsymbol{e}}(t)=\boldsymbol{Ae}(t)+\kappa(t)\boldsymbol{BK}_{\mathrm{s}}\boldsymbol{Ce}(t-r_1(t))\\ \qquad +(1-\kappa(t))\boldsymbol{BK}_{\mathrm{s}}\boldsymbol{Ce}(t-r_2(t))+\boldsymbol{Ef}(t)\\ z(t)=\boldsymbol{De}(t)\end{cases}\tag{3-14}$$

其中，$t\in[t_k+r_k, t_{k+1}+r_{k+1})$；$r_1(t), r_2(t)$ 是时变延时，并且满足 $r_1\leqslant r_1(t)\leqslant h_1+r_2$ 或 $r_2+h_1\leqslant r_2(t)\leqslant h_2+r_2$，$\dot{r}_1(t)=\dot{r}_2(t)=1, t\neq t_k+r_k$。

注 3.2.2 在采样系统中，选择合适的采样周期以实现期望的控制性能是非常重要的。在网络控制系统中，随机采样机制可以在控制性能和有限的网络资源之间提供折中方案。对于本节所讨论的负阻振荡器，通过适当调整 h_1 和 h_2 的概率，随机采样机制可以协助输入延时落在稳定区间内。因此，在面对不断变化的通信条件时，随机采样机制可以更好地利用网络诱导延时来提高同步性能。

定义 3.2.1

如果满足以下条件，则称主系统 (3-2) 和从系统 (3-3) 在均方意义上以预设的 H_∞ 性能指标实现全局渐近同步，即误差系统 (3-14) 在均方意义上以预设的 H_∞ 性能实现渐近稳定。

① 当 $\boldsymbol{f}(t)\equiv 0$ 时，误差系统 (3-14) 是均方渐近稳定的；

② 当 $\boldsymbol{f}(t)\neq 0$ 且 $\boldsymbol{f}(t)\in\mathcal{L}_2[0,\infty)$ 时，在零初值条件 $\boldsymbol{\phi}(t)=0$ $(t\in[-r_2-h_2,0))$ 下，被控输出 $\boldsymbol{z}(t)$ 满足不等式 $\mathbb{E}\left\{\|\boldsymbol{z}(t)\|^2\right\}\leqslant\gamma^2\mathbb{E}\left\{\|\boldsymbol{f}(t)\|^2\right\}$，其中 $\gamma>0$ 是一个正常数。

定理 3.2.3

给定正常数 γ、r_1、r_2、h_1、h_2 和反馈增益矩阵 $\boldsymbol{K}_{\mathrm{s}}$，如果存在矩阵 $\boldsymbol{P}\in\mathbb{R}^{n\times n}$，$\boldsymbol{P}=\boldsymbol{P}^{\mathrm{T}}>0,\boldsymbol{Z}\in\mathbb{R}^{3n\times 3n},\boldsymbol{Z}=\boldsymbol{Z}^{\mathrm{T}}>0,\boldsymbol{R}_i\in\mathbb{R}^{n\times n},\boldsymbol{R}_i=\boldsymbol{R}_i^{\mathrm{T}}>0\left(i=1,\cdots,6\right)$, $\bar{\boldsymbol{Y}}_a=\bar{\boldsymbol{Y}}_a^{\mathrm{T}}>0,\boldsymbol{N}_l\left(l=1,2,3\right),\bar{\boldsymbol{U}}_a,\bar{\boldsymbol{W}}_{ab}\left(a,b=0,1,\cdots,N\right),\boldsymbol{T}_1,\boldsymbol{T}_2,\boldsymbol{X}_1$ 和 $\boldsymbol{X}_2$ 使得：

$$\begin{bmatrix}\boldsymbol{P} & \hat{\boldsymbol{U}}\\ * & \hat{\boldsymbol{Y}}+\hat{\boldsymbol{W}}\end{bmatrix}>0 \tag{3-15}$$

$$\begin{bmatrix}\boldsymbol{R}_5 & \boldsymbol{X}_1\\ * & \boldsymbol{R}_5\end{bmatrix}>0 \tag{3-16}$$

$$\begin{bmatrix}\boldsymbol{R}_6 & \boldsymbol{X}_2\\ * & \boldsymbol{R}_6\end{bmatrix}>0 \tag{3-17}$$

$$\begin{bmatrix}\boldsymbol{\Pi}_{11} & \boldsymbol{\Pi}_{12} & \boldsymbol{\Pi}_{13}\\ * & \boldsymbol{\Pi}_{22} & 0\\ * & * & \boldsymbol{\Pi}_{33}\end{bmatrix}<0 \tag{3-18}$$

其中：

$$\begin{aligned}\boldsymbol{\Pi}_{11}=&\boldsymbol{\sigma}_1^{\mathrm{T}}\left(\boldsymbol{R}_1+\bar{\boldsymbol{U}}_N+\bar{\boldsymbol{U}}_N^{\mathrm{T}}+\bar{\boldsymbol{Y}}_N+\boldsymbol{D}^{\mathrm{T}}\boldsymbol{D}\right)\boldsymbol{\sigma}_1+\boldsymbol{\sigma}_2^{\mathrm{T}}\digamma\boldsymbol{\sigma}_2+\boldsymbol{\sigma}_5^{\mathrm{T}}\left(\boldsymbol{R}_2-\boldsymbol{R}_1\right)\boldsymbol{\sigma}_5+\boldsymbol{\sigma}_6^{\mathrm{T}}\left(\boldsymbol{R}_3-\boldsymbol{R}_2\right)\boldsymbol{\sigma}_6\\&-\varsigma_6^{\mathrm{T}}\boldsymbol{R}_5\varsigma_6-\boldsymbol{\sigma}_7^{\mathrm{T}}\left(\boldsymbol{R}_3+\bar{\boldsymbol{Y}}_0\right)\boldsymbol{\sigma}_7-\varsigma_7^{\mathrm{T}}\boldsymbol{R}_5\varsigma_7-\varsigma_8^{\mathrm{T}}\boldsymbol{R}_6\varsigma_8-\varsigma_9^{\mathrm{T}}\boldsymbol{R}_6\varsigma_9-\bar{\gamma}^2\boldsymbol{\sigma}_{10}^{\mathrm{T}}\boldsymbol{\sigma}_{10}-\mathrm{sym}\left\{\boldsymbol{\sigma}_1^{\mathrm{T}}\boldsymbol{P}\boldsymbol{\sigma}_2\right.\\&\left.+\varsigma_1^{\mathrm{T}}\boldsymbol{Z}_{\zeta_2}+\boldsymbol{\sigma}_1^{\mathrm{T}}\bar{\boldsymbol{U}}_0\boldsymbol{\sigma}_7-\varsigma_6^{\mathrm{T}}\boldsymbol{X}_1\varsigma_7-\varsigma_8^{\mathrm{T}}\boldsymbol{X}_2\varsigma_9\right\}+r_1\,\mathrm{sym}\left\{\boldsymbol{N}_1\varsigma_3+\boldsymbol{N}_2\varsigma_4+\boldsymbol{N}_3\varsigma_5\right\}\\&+2\left[\boldsymbol{\sigma}_1^{\mathrm{T}}\boldsymbol{T}_1^{\mathrm{T}}+\boldsymbol{\sigma}_2^{\mathrm{T}}\boldsymbol{T}_2^{\mathrm{T}}\right]\times\left[\boldsymbol{A}\boldsymbol{\sigma}_1+\kappa\boldsymbol{B}\boldsymbol{K}_{\mathrm{s}}\boldsymbol{C}\boldsymbol{\sigma}_3+(1-\kappa)\boldsymbol{B}\boldsymbol{K}_{\mathrm{s}}\boldsymbol{C}\boldsymbol{\sigma}_4+\boldsymbol{E}\boldsymbol{\sigma}_{10}-\boldsymbol{\sigma}_2\right]\\&+\kappa(1-\kappa)\left(\boldsymbol{B}\boldsymbol{K}_{\mathrm{s}}\boldsymbol{C}\left(\boldsymbol{\sigma}_3-\boldsymbol{\sigma}_4\right)\right)^{\mathrm{T}}\digamma\boldsymbol{B}\boldsymbol{K}_{\mathrm{s}}\boldsymbol{C}\left(\boldsymbol{\sigma}_3-\boldsymbol{\sigma}_4\right)\end{aligned}$$

$$\boldsymbol{\Pi}_{12}=\left[\boldsymbol{\sigma}_1^{\mathrm{T}}\boldsymbol{\Omega}_1^l+\boldsymbol{\sigma}_2^{\mathrm{T}}\boldsymbol{\Omega}_2^l+\boldsymbol{\sigma}_7^{\mathrm{T}}\boldsymbol{\Omega}_3^l\quad \boldsymbol{\sigma}_1^{\mathrm{T}}\boldsymbol{\Omega}_1^c+\boldsymbol{\sigma}_2^{\mathrm{T}}\boldsymbol{\Omega}_2^c+\boldsymbol{\sigma}_7^{\mathrm{T}}\boldsymbol{\Omega}_3^c\right],\boldsymbol{\Pi}_{22}=\mathrm{diag}\left\{-\bar{\boldsymbol{W}}_c-\bar{\boldsymbol{Y}}_c,-3\bar{\boldsymbol{Y}}_c\right\}$$

$$\Pi_{13}=\left[r_1N_1 \quad r_1N_2 \quad r_1N_3\right],\Pi_{33}=-\mathrm{diag}\left\{R_4,3R_4,5R_4\right\},\Omega^l=\left[\bar{\Omega}^l \quad 0\right],\Omega^c=\left[\bar{\Omega}^c \quad 0\right]$$

$$\bar{\Omega}^l=\left[\Omega_1^l \quad \Omega_2^l \quad 0 \quad 0 \quad 0 \quad 0 \quad \Omega_3^l \quad 0 \quad 0\right],\bar{\Omega}^c=\left[\Omega_1^c \quad \Omega_2^c \quad 0 \quad 0 \quad 0 \quad 0 \quad \Omega_3^c \quad 0 \quad 0\right]$$

$$\Omega_j^l=\left[\Omega_{j1}^l \quad \Omega_{j2}^l\cdots\Omega_{jN}^l\right],\Omega_j^c=\left[\Omega_{j1}^c \quad \Omega_{j2}^c\cdots\Omega_{jN}^c\right](j=1,2,3,4,5)$$

$$\Omega_{1p}^l=-\bar{U}_p+\bar{U}_{p-1}+\frac{\pi}{2}\left(\bar{W}_{p,N}^{\mathrm{T}}+\bar{W}_{p-1,N}^{\mathrm{T}}\right),\Omega_{1p}^c=-\frac{\pi}{2}\left(\bar{W}_{p,N}^{\mathrm{T}}-\bar{W}_{p-1,N}^{\mathrm{T}}\right),\Omega_{2p}^l=\frac{\pi}{2}\left(\bar{U}_p+\bar{U}_{p-1}\right)$$

$$\Omega_{2p}^c=-\frac{\pi}{2}\left(\bar{U}_p-\bar{U}_{p-1}\right),\Omega_{3p}^l=-\frac{\pi}{2}\left(\bar{W}_{p,0}^{\mathrm{T}}+\bar{W}_{p-1,0}^{\mathrm{T}}\right),\Omega_{3p}^c=\frac{\pi}{2}\left(\bar{W}_{p,0}^{\mathrm{T}}-\bar{W}_{p-1,0}^{\mathrm{T}}\right)$$

$$\bar{W}_c=\begin{bmatrix}\bar{W}_{c11} & \bar{W}_{c12} & \cdots & \bar{W}_{c1N}\\ \bar{W}_{c21} & \bar{W}_{c22} & \cdots & \bar{W}_{c2N}\\ \vdots & \vdots & \ddots & \vdots\\ \bar{W}_{cN1} & \bar{W}_{cN2} & \cdots & \bar{W}_{cNN}\end{bmatrix},\varsigma_1^{\mathrm{T}}=\left[\sigma_1^{\mathrm{T}}r_1\sigma_8^{\mathrm{T}}\frac{r_1^2}{2}\sigma_9^{\mathrm{T}}\right],\varsigma_2^{\mathrm{T}}=\left[\sigma_2^{\mathrm{T}}\sigma_1^{\mathrm{T}}-\sigma_5^{\mathrm{T}}r_1\sigma_8^{\mathrm{T}}-r_1\sigma_5^{\mathrm{T}}\right]$$

$$\bar{W}_{cpq}=\pi\left(\bar{W}_{pq}-\bar{W}_{p-1,q-1}\right),(p,q=1,2,\cdots,N),\bar{Y}_c=\mathrm{diag}\left\{\bar{Y}_1-\bar{Y}_0,\bar{Y}_2-\bar{Y}_1,\cdots,\bar{Y}_M-\bar{Y}_{M-1}\right\}$$

$$\sigma_i=[\underbrace{0,\cdots,0}_{i-1}\ I_{n\times n}\ \underbrace{0,\cdots,0}_{10-i}\ \mathbf{0}_{n\times m}]_{n\times(9n+m)}(i=1,\cdots,9),\ \sigma_{10}=\left[0\ 0\ 0\ 0\ 0\ 0\ 0\ I_{n\times m}\right]_{n\times(9n+m)}$$

$$\varsigma_3=\sigma_1-\sigma_5,\varsigma_4=\sigma_1+\sigma_5-2\sigma_8,\varsigma_5=\sigma_1-\sigma_5-6\sigma_8+6\sigma_9$$

$$\varsigma_6=\sigma_5-\sigma_3,\varsigma_7=\sigma_3-\sigma_6,\varsigma_8=\sigma_6-\sigma_4,\varsigma_9=\sigma_4-\sigma_7$$

则误差系统 (3-14) 在均方意义下是渐近稳定的，且具有 H_∞ 扰动抑制水平 γ。

证明：

选择如下增广的完全型 Lyapunov-Krasovskii 泛函：

$$\begin{aligned}\bar{V}\left(t,e_t\right)=&e^{\mathrm{T}}(t)Pe(t)+2e^{\mathrm{T}}(t)\int_{-r_2-h_2}^{0}\bar{U}(s)e(t+s)\mathrm{d}s+\int_{-r_2-h_2}^{0}e^{\mathrm{T}}(t+s)\bar{Y}(s)e(t+s)\mathrm{d}s\\&+\int_{-r_2-h_2}^{0}\int_{-r_2-h_2}^{0}e^{\mathrm{T}}(t+\theta)\bar{W}(\theta,s)e(t+s)\mathrm{d}\theta\mathrm{d}s\\&+\begin{bmatrix}e(t)\\ \int_{t-r_1}^{t}e(s)\mathrm{d}s\\ \int_{t-r_1}^{t}\int_{t-r_1}^{s}e(\theta)\mathrm{d}\theta\mathrm{d}s\end{bmatrix}^{\mathrm{T}}Z\begin{bmatrix}e(t)\\ \int_{t-r_1}^{t}e(s)\mathrm{d}s\\ \int_{t-r_1}^{t}\int_{t-r_1}^{s}e(\theta)\mathrm{d}\theta\mathrm{d}s\end{bmatrix}\\&+\int_{t-r_1}^{t}e^{\mathrm{T}}(s)R_1e(s)\mathrm{d}s+\int_{t-r_2-h_1}^{t-r_1}e^{\mathrm{T}}(s)R_2e(s)\mathrm{d}s+\int_{t-r_2-h_2}^{t-r_2-h_1}e^{\mathrm{T}}(s)R_3e(s)\mathrm{d}s\\&+r_1\int_{t-r_1}^{t}\int_{s}^{0}\left(\vartheta^{\mathrm{T}}(\theta)R_4\vartheta(\theta)+\varphi^{\mathrm{T}}(\theta)R_4\varphi(\theta)\right)\mathrm{d}\theta\mathrm{d}s\end{aligned}$$

$$
\begin{aligned}
&+\left(r_2-r_1+h_1\right)\int_{t-r_2-h_1}^{t-r_1}\int_s^0\left(\boldsymbol{\vartheta}^{\mathrm{T}}(\theta)\boldsymbol{R}_5\boldsymbol{\vartheta}(\theta)+\boldsymbol{\varphi}^{\mathrm{T}}(\theta)\boldsymbol{R}_5\boldsymbol{\varphi}(\theta)\right)\mathrm{d}\theta\mathrm{d}s \\
&+\left(h_2-h_1\right)\int_{t-r_2-h_2}^{t-r_2-h_1}\int_s^0\left[\boldsymbol{\vartheta}^{\mathrm{T}}(\theta)\boldsymbol{R}_6\boldsymbol{\vartheta}(\theta)+\boldsymbol{\varphi}^{\mathrm{T}}(\theta)\boldsymbol{R}_6\boldsymbol{\varphi}(\theta)\right]\mathrm{d}\theta\mathrm{d}s
\end{aligned} \tag{3-19}
$$

其中，$t\in\left[t_k+r_k,t_{k+1}+r_{k+1}\right)$，$\bar{\boldsymbol{U}}:\left[-r_2-h_2,0\right]\to\mathbb{R}^{2\times2}$，$\bar{\boldsymbol{Y}}:\left[-r_2-h,0\right]\to\mathbb{R}^{n\times n}$，$\bar{\boldsymbol{Y}}\left(\theta\right)=\bar{\boldsymbol{Y}}^{\mathrm{T}}\left(\theta\right)$，$\bar{\boldsymbol{W}}:\left[-r_2-h_2,0\right]\times\left[-r_2-h_2,0\right]\to\mathbb{R}^{n\times n}$，$\bar{\boldsymbol{W}}(\theta,s)=\bar{\boldsymbol{W}}^{\mathrm{T}}(s,\theta),\forall\theta,s\in\left[-r_2-h,0\right]$，并且 $\bar{\boldsymbol{U}}$、$\bar{\boldsymbol{Y}}$ 和 $\bar{\boldsymbol{W}}$ 是连续可微的矩阵函数。对于 $p,q=1,2,\cdots,N$，选择 $\bar{\boldsymbol{U}}$、$\bar{\boldsymbol{Y}}$ 和 $\bar{\boldsymbol{W}}$ 为如下连续分段线性的形式：

$$
\begin{aligned}
&\bar{\boldsymbol{U}}^p\left(\alpha\right)=\bar{\boldsymbol{U}}\left(\delta_{p-1}+\alpha\pi\right)=\left(1-\alpha\right)\bar{\boldsymbol{U}}_{p-1}+\alpha\bar{\boldsymbol{U}}_p \\
&\bar{\boldsymbol{Y}}^p\left(\alpha\right)=\bar{\boldsymbol{Y}}\left(\delta_{p-1}+\alpha\pi\right)=\left(1-\alpha\right)\bar{\boldsymbol{Y}}_{p-1}+\alpha\bar{\boldsymbol{Y}}_p \\
&\bar{\boldsymbol{W}}^{pq}\left(\alpha,\beta\right)=\bar{\boldsymbol{W}}\left(\delta_{p-1}+\alpha\pi,\delta_{q-1}+\beta\pi\right)=\begin{cases}\left(1-\alpha\right)\bar{\boldsymbol{W}}_{p-1,q-1}+\beta\bar{\boldsymbol{W}}_{pq}+\left(\alpha-\beta\right)\bar{\boldsymbol{W}}_{p,q-1},\alpha\geqslant\beta\\ \left(1-\beta\right)\bar{\boldsymbol{W}}_{p-1,q-1}+\alpha\bar{\boldsymbol{W}}_{pq}+\left(\beta-\alpha\right)\bar{\boldsymbol{W}}_{p-1,q},\alpha<\beta\end{cases}
\end{aligned} \tag{3-20}
$$

其中，$0\leqslant\alpha\leqslant1,0\leqslant\beta\leqslant1,\pi=\dfrac{r_2+h_2}{N},\delta_a=-r_2-h_2+\alpha\pi$，即 $[-r_2-h_2,0]$ 被划分为 N 个片段，分别为 $\left[\delta_{p-1},\delta_p\right]$，并且 $\boldsymbol{\vartheta}\left(t\right)=\bar{\boldsymbol{\vartheta}}\left(t\right)+\boldsymbol{Ef}\left(t\right)$，以及：

$$
\begin{aligned}
&\bar{\boldsymbol{\vartheta}}\left(t\right)=\boldsymbol{Ae}\left(t\right)+\kappa\boldsymbol{BK}_{\mathrm{s}}\boldsymbol{Ce}\left(t-r_1\left(t\right)\right)+\left(1-\kappa\right)\boldsymbol{BK}_{\mathrm{s}}\boldsymbol{Ce}\left(t-r_2\left(t\right)\right) \\
&\boldsymbol{\varphi}\left(t\right)=\sqrt{\kappa\left(1-\kappa\right)}\boldsymbol{BK}_{\mathrm{s}}\boldsymbol{C}\left(\boldsymbol{e}\left(t-r_1\left(t\right)\right)-\boldsymbol{e}\left(t-r_2\left(t\right)\right)\right)
\end{aligned}
$$

易证明存在两个常数 $\bar{\varepsilon}_1$ 和 $\bar{\varepsilon}_2$，使得 $\bar{\varepsilon}_1\|\boldsymbol{e}(t)\|^2\leqslant\bar{V}(t,\boldsymbol{e}_t)\leqslant\bar{\varepsilon}_2\|\boldsymbol{e}(t)\|^2$ 成立。

定义 Lyapunov-Krasovskii 泛函的弱无穷小算子 $\mathcal{L}$ 为：

$$
\mathcal{L}\boldsymbol{V}(t,\boldsymbol{e}_t)=\sup\lim_{\varDelta\to0^+}\frac{\boldsymbol{V}(t+\varDelta,\boldsymbol{e}_{t+\varDelta})-\boldsymbol{V}(t,\boldsymbol{e}_t)}{\varDelta}
$$

假设 $\boldsymbol{f}(t)\equiv0$，易得：

$$
\begin{aligned}
\mathcal{L}\boldsymbol{V}(t,\boldsymbol{e}_t)=&\bar{\boldsymbol{\xi}}^{\mathrm{T}}\hat{\boldsymbol{\Sigma}}_{11}\bar{\xi}+2\bar{\boldsymbol{\vartheta}}^{\mathrm{T}}(t)\int_{-r_2-h_2}^0\bar{\boldsymbol{U}}(s)\boldsymbol{e}\left(t+s\right)\mathrm{d}s \\
&+2\boldsymbol{e}^{\mathrm{T}}(t)\int_{-r_2-h_2}^0\bar{\boldsymbol{U}}(s)\bar{\boldsymbol{\vartheta}}(t+s)\mathrm{d}s+2\int_{-r_2-h_2}^0\bar{\boldsymbol{\vartheta}}\left(t+s\right)\bar{\boldsymbol{Y}}(s)\boldsymbol{e}\left(t+s\right)\mathrm{d}s \\
&+2\int_{-r_2-h_2}^0\int_{-r_2-h_2}^0\bar{\boldsymbol{\vartheta}}\left(t+s\right)\bar{\boldsymbol{W}}(s,\theta)\boldsymbol{e}\left(t+s\right)\mathrm{d}s\mathrm{d}\theta \\
&-\left(r_2+r_2+h_1\right)\int_{t-r_2-h_1}^{t-r_1}\left(\bar{\boldsymbol{\vartheta}}^{\mathrm{T}}(s)\boldsymbol{R}_5\bar{\boldsymbol{\vartheta}}(s)+\bar{\boldsymbol{\varphi}}^{\mathrm{T}}(s)\boldsymbol{R}_5\bar{\boldsymbol{\varphi}}(s)\right)\mathrm{d}s \\
&-\left(h_2-h_1\right)\int_{t-r_2-h_2}^{t-r_2-h_1}\left(\bar{\boldsymbol{\vartheta}}^{\mathrm{T}}(s)\boldsymbol{R}_6\bar{\boldsymbol{\vartheta}}(s)+\bar{\boldsymbol{\varphi}}^{\mathrm{T}}(s)\boldsymbol{R}_6\bar{\boldsymbol{\varphi}}(s)\right)\mathrm{d}s \\
&-r\int_{t-r_1}^t\left(\bar{\boldsymbol{\vartheta}}^{\mathrm{T}}(s)\boldsymbol{R}_4\bar{\boldsymbol{\vartheta}}(s)+\bar{\boldsymbol{\varphi}}^{\mathrm{T}}(s)\boldsymbol{R}_4\bar{\boldsymbol{\varphi}}(s)\right)\mathrm{d}s
\end{aligned} \tag{3-21}
$$

其中：

$$\tilde{\boldsymbol{\xi}}^{\mathrm{T}}=\begin{bmatrix}\bar{\boldsymbol{\xi}}_1^{\mathrm{T}} & \boldsymbol{\xi}_2^{\mathrm{T}} & \boldsymbol{\xi}_3^{\mathrm{T}}\end{bmatrix},\bar{\boldsymbol{\xi}}_1^{\mathrm{T}}=\begin{bmatrix}\boldsymbol{e}^{\mathrm{T}}(t) & \bar{\boldsymbol{\vartheta}}^{\mathrm{T}}(t) & \boldsymbol{e}^{\mathrm{T}}(t-r_1(t)) & \boldsymbol{e}^{\mathrm{T}}(t-r_2(t))\end{bmatrix}$$

$$\boldsymbol{\xi}_2^{\mathrm{T}}=\begin{bmatrix}\boldsymbol{e}^{\mathrm{T}}(t-r_1) & \boldsymbol{e}^{\mathrm{T}}(t-r_2-h_1) & \boldsymbol{e}^{\mathrm{T}}(t-r_2-h_2)\end{bmatrix},$$

$$\boldsymbol{\xi}_3^{\mathrm{T}}=\begin{bmatrix}\frac{1}{r_1}\int_{t-r_1}^{t}\boldsymbol{e}^{\mathrm{T}}(s)\mathrm{d}s & \frac{2}{r_1^2}\int_{t-r_1}^{t}\int_{t-r_1}^{\theta}\boldsymbol{e}^{\mathrm{T}}(\theta)\mathrm{d}\theta\mathrm{d}s\end{bmatrix}$$

$$\begin{aligned}\hat{\boldsymbol{\Sigma}}_{11}=&\operatorname{sym}\left\{\bar{\boldsymbol{\sigma}}_1^{\mathrm{T}}\boldsymbol{P}\bar{\boldsymbol{\sigma}}_2+\bar{\varsigma}_1^{\mathrm{T}}\boldsymbol{Z}\bar{\varsigma}_2^{\mathrm{T}}\right\}+\bar{\boldsymbol{\sigma}}_1^{\mathrm{T}}\boldsymbol{R}_1\bar{\boldsymbol{\sigma}}_1+\bar{\boldsymbol{\sigma}}_2^{\mathrm{T}}\digamma\bar{\boldsymbol{\sigma}}_2+\bar{\boldsymbol{\sigma}}_5^{\mathrm{T}}(\boldsymbol{R}_2-\boldsymbol{R}_1)\bar{\boldsymbol{\sigma}}_5\\&+\bar{\boldsymbol{\sigma}}_6^{\mathrm{T}}(\boldsymbol{R}_3-\boldsymbol{R}_2)\bar{\boldsymbol{\sigma}}_6+\bar{\boldsymbol{\sigma}}_7^{\mathrm{T}}\boldsymbol{R}_3\bar{\boldsymbol{\sigma}}_7+\kappa(1-\kappa)(\boldsymbol{BKC}(\bar{\boldsymbol{\sigma}}_3-\bar{\boldsymbol{\sigma}}_4))^{\mathrm{T}}\digamma\boldsymbol{BKC}(\bar{\boldsymbol{\sigma}}_3-\bar{\boldsymbol{\sigma}}_4)\end{aligned}$$

$$\digamma=r_1^2\boldsymbol{R}_4+(r_2-r_1+h_1)^2\boldsymbol{R}_5+(h_2-h_1)^2\boldsymbol{R}_6,\bar{\varsigma}_1^{\mathrm{T}}=\begin{bmatrix}\bar{\boldsymbol{\sigma}}_1^{\mathrm{T}} & r_1\bar{\boldsymbol{\sigma}}_8^{\mathrm{T}} & \frac{r_1^2}{2}\bar{\boldsymbol{\sigma}}_9^{\mathrm{T}}\end{bmatrix}$$

$$\bar{\varsigma}_2^{\mathrm{T}}=\begin{bmatrix}\bar{\boldsymbol{\sigma}}_2^{\mathrm{T}} & \bar{\boldsymbol{\sigma}}_1^{\mathrm{T}}-\bar{\boldsymbol{\sigma}}_5^{\mathrm{T}} & r_1\bar{\boldsymbol{\sigma}}_8^{\mathrm{T}}-r_1\bar{\boldsymbol{\sigma}}_5^{\mathrm{T}}\end{bmatrix},\bar{\boldsymbol{\sigma}}_g=\begin{bmatrix}\underbrace{0,\cdots,0}_{g-1} & \boldsymbol{I}_{n\times n} & \underbrace{0,\cdots,0}_{9-g}\end{bmatrix}_{n\times(9n)}$$

根据本章参考文献 [15] 中的引理 1 可得：

$$\begin{aligned}&-r_1\mathbb{E}\left\{\int_{t-r_1}^{t}(\bar{\boldsymbol{\vartheta}}^{\mathrm{T}}(s)\boldsymbol{R}_4\bar{\boldsymbol{\vartheta}}(s)+\bar{\boldsymbol{\varphi}}^{\mathrm{T}}(s)\boldsymbol{R}_4\bar{\boldsymbol{\varphi}}(s))\mathrm{d}s\right\}\\=&-r_1\mathbb{E}\left\{\int_{t-r_1}^{t}\dot{\boldsymbol{e}}^{\mathrm{T}}(s)\boldsymbol{R}_4\dot{\boldsymbol{e}}(s)\mathrm{d}s\right\}\\\leqslant&-\mathbb{E}\left\{r_1^2(\boldsymbol{N}_1\boldsymbol{R}_4^{-1}\boldsymbol{N}_1^{\mathrm{T}}+\frac{1}{3}\boldsymbol{N}_2\boldsymbol{R}_4^{-1}\boldsymbol{N}_2^{\mathrm{T}}+\frac{1}{5}\boldsymbol{N}_3\boldsymbol{R}_4^{-1}\boldsymbol{N}_3^{\mathrm{T}})+r_1\operatorname{sym}\left\{\boldsymbol{N}_1\bar{\varsigma}_3+\boldsymbol{N}_2\bar{\varsigma}_4+\boldsymbol{N}_4\bar{\varsigma}_5\right\}\right\}\end{aligned}$$

其中，$\bar{\varsigma}_3=\bar{\boldsymbol{\sigma}}_1-\bar{\boldsymbol{\sigma}}_5$，$\bar{\varsigma}_4=\bar{\boldsymbol{\sigma}}_1+\bar{\boldsymbol{\sigma}}_5-2\bar{\boldsymbol{\sigma}}_8$，$\bar{\varsigma}_5=\bar{\boldsymbol{\sigma}}_1-\bar{\boldsymbol{\sigma}}_5-6\bar{\boldsymbol{\sigma}}_8+6\bar{\boldsymbol{\sigma}}_9$。注意到：

$$\begin{aligned}&-(r_2-r_1+h_1)\mathbb{E}\left\{\int_{t-r_2-h_1}^{t-r_1}\left(\boldsymbol{\vartheta}^{\mathrm{T}}(s)\boldsymbol{R}_5\boldsymbol{\vartheta}(s)+\boldsymbol{\varphi}^{\mathrm{T}}(s)\boldsymbol{R}_5\boldsymbol{\varphi}(s)\right)\mathrm{d}s\right\}\\=&-(r_2-r_1+h_1)\mathbb{E}\left\{\int_{t-r_2-h_1}^{t-r_1}\dot{\boldsymbol{e}}^{\mathrm{T}}(s)\boldsymbol{R}_5\dot{\boldsymbol{e}}(s)\mathrm{d}s\right\}\\\leqslant&-\mathbb{E}\left\{\begin{bmatrix}\bar{\varsigma}_6\\\bar{\varsigma}_7\end{bmatrix}^{\mathrm{T}}\begin{bmatrix}\boldsymbol{R}_5 & \boldsymbol{X}_1\\ * & \boldsymbol{R}_5\end{bmatrix}\begin{bmatrix}\bar{\varsigma}_6\\\bar{\varsigma}_7\end{bmatrix}\right\}\end{aligned}$$

以及：

$$\begin{aligned}&-(h_2-h_1)\mathbb{E}\left\{\int_{t-r_2-h_2}^{t-r_2-h_1}\left\{\boldsymbol{\vartheta}^{\mathrm{T}}(s)\boldsymbol{R}_6\boldsymbol{\vartheta}(s)+\boldsymbol{\varphi}^{\mathrm{T}}(s)\boldsymbol{R}_6\boldsymbol{\varphi}(s)\right\}\mathrm{d}s\right\}\\=&-(h_2-h_1)\mathbb{E}\left\{\int_{t-r_2-h_2}^{t-r_2-h_1}\dot{\boldsymbol{e}}^{\mathrm{T}}(s)\boldsymbol{R}_6\dot{\boldsymbol{e}}(s)\mathrm{d}s\right\}\end{aligned}$$

$$\leqslant -\mathbb{E}\left\{\begin{bmatrix}\bar{\varsigma}_8\\ \bar{\varsigma}_9\end{bmatrix}^{\mathrm{T}}\begin{bmatrix}\boldsymbol{R}_6 & \boldsymbol{X}_2\\ * & \boldsymbol{R}_6\end{bmatrix}\begin{bmatrix}\bar{\varsigma}_8\\ \bar{\varsigma}_9\end{bmatrix}\right\}$$

其中，$\bar{\varsigma}_6=\bar{\boldsymbol{\sigma}}_5-\bar{\boldsymbol{\sigma}}_3,\bar{\varsigma}_7=\bar{\boldsymbol{\sigma}}_3-\bar{\boldsymbol{\sigma}}_6,\bar{\varsigma}_8=\bar{\boldsymbol{\sigma}}_6-\bar{\boldsymbol{\sigma}}_4,\bar{\varsigma}_9=\bar{\boldsymbol{\sigma}}_4-\bar{\boldsymbol{\sigma}}_7$。另外，有：

$$2\mathbb{E}\left\{\tilde{\boldsymbol{\xi}}^{\mathrm{T}}\left[\bar{\boldsymbol{\sigma}}_1^{\mathrm{T}}\boldsymbol{T}_1^{\mathrm{T}}+\bar{\boldsymbol{\sigma}}_2^{\mathrm{T}}\boldsymbol{T}_2^{\mathrm{T}}\right]\left[\boldsymbol{A}\bar{\boldsymbol{\sigma}}_1+\kappa(t)\boldsymbol{B}\boldsymbol{K}_s\boldsymbol{C}\bar{\boldsymbol{\sigma}}_3+(1-\kappa(t))\boldsymbol{B}\boldsymbol{K}_s\boldsymbol{C}\bar{\boldsymbol{\sigma}}_4-\bar{\boldsymbol{\sigma}}_2\right]\tilde{\boldsymbol{\xi}}\right\}=0 \tag{3-22}$$

对式 (3-21) 两端同时求期望，并且将式 (3-22) 左右两端分别加到其左右两端，对于 $t\in\left[t_k+r_k,\ t_{k+1}+r_{k+1}\right),\forall k\in\mathbb{N}$，有：

$$\mathbb{E}\{\mathcal{L}\boldsymbol{V}(t,\boldsymbol{e}_t)\}\leqslant\mathbb{E}\left\{\tilde{\boldsymbol{\xi}}^{\mathrm{T}}\bar{\boldsymbol{\Sigma}}_{11}\tilde{\boldsymbol{\xi}}-\int_0^1\tilde{\boldsymbol{e}}^{\mathrm{T}}(\alpha)\bar{\boldsymbol{Y}}_c\tilde{\boldsymbol{e}}(\alpha)\mathrm{d}\alpha-\int_0^1\tilde{\boldsymbol{e}}^{\mathrm{T}}(\alpha)\mathrm{d}\alpha\bar{\boldsymbol{W}}_c\int_0^1\tilde{\boldsymbol{e}}(\alpha)\mathrm{d}\alpha\right.$$
$$\left.-2\tilde{\boldsymbol{\xi}}^{\mathrm{T}}\int_0^1[\bar{\boldsymbol{\Omega}}^l+(1-2\alpha)\bar{\boldsymbol{\Omega}}^c]\tilde{\boldsymbol{e}}(\alpha)\mathrm{d}\alpha\right\}$$

其中，$\tilde{\boldsymbol{e}}(\alpha)=\left[\tilde{\boldsymbol{e}}^{\mathrm{T}}(\alpha_1)\quad\tilde{\boldsymbol{e}}^{\mathrm{T}}(\alpha_2)\quad\cdots\quad\tilde{\boldsymbol{e}}^{\mathrm{T}}(\alpha_N)\right]^{\mathrm{T}},\tilde{\boldsymbol{e}}(\alpha_p)=\boldsymbol{e}(t+\delta_{p-1}+\alpha\pi)$，并且：

$$\bar{\boldsymbol{\Sigma}}_{11}=\hat{\boldsymbol{\Sigma}}_{11}+\bar{\boldsymbol{\sigma}}_1^{\mathrm{T}}\left(\bar{\boldsymbol{U}}_N+\bar{\boldsymbol{U}}_N^{\mathrm{T}}+\bar{\boldsymbol{Y}}_N\right)\bar{\boldsymbol{\sigma}}_1-\bar{\boldsymbol{\sigma}}_7^{\mathrm{T}}\bar{\boldsymbol{Y}}_0\bar{\boldsymbol{\sigma}}_7+r_1^2\left(\boldsymbol{N}_1\boldsymbol{R}_4^{-1}\boldsymbol{N}_1^{\mathrm{T}}+\frac{1}{3}\boldsymbol{N}_2\boldsymbol{R}_4^{-1}\boldsymbol{N}_2^{\mathrm{T}}+\frac{1}{5}\boldsymbol{N}_3\boldsymbol{R}_4^{-1}\boldsymbol{N}_3^{\mathrm{T}}\right)$$
$$-\bar{\varsigma}_6^{\mathrm{T}}\boldsymbol{R}_5\bar{\varsigma}_6-\bar{\varsigma}_7^{\mathrm{T}}\boldsymbol{R}_5\bar{\varsigma}_7-\bar{\varsigma}_8^{\mathrm{T}}\boldsymbol{R}_6\bar{\varsigma}_8-\bar{\varsigma}_9^{\mathrm{T}}\boldsymbol{R}_6\bar{\varsigma}_9-\mathrm{sym}\{\bar{\boldsymbol{\sigma}}_1^{\mathrm{T}}\bar{\boldsymbol{U}}_0\bar{\boldsymbol{\sigma}}_7-\bar{\varsigma}_6^{\mathrm{T}}\boldsymbol{X}_1\bar{\varsigma}_7-\bar{\varsigma}_8^{\mathrm{T}}\boldsymbol{X}_2\bar{\varsigma}_9\}$$
$$+r_1\mathrm{sym}\left\{\boldsymbol{N}_1\bar{\varsigma}_3+\boldsymbol{N}_2\bar{\varsigma}_4+\boldsymbol{N}_3\bar{\varsigma}_5\right\}$$
$$+2\left[\bar{\boldsymbol{\sigma}}_1^{\mathrm{T}}\boldsymbol{T}_1^{\mathrm{T}}+\bar{\boldsymbol{\sigma}}_2^{\mathrm{T}}\boldsymbol{T}_2^{\mathrm{T}}\right]\left[\boldsymbol{A}\bar{\boldsymbol{\sigma}}_1+\kappa\boldsymbol{B}\boldsymbol{K}_{\mathrm{s}}\boldsymbol{C}\bar{\boldsymbol{\sigma}}_3+(1-\kappa)\boldsymbol{B}\boldsymbol{K}_{\mathrm{s}}\boldsymbol{C}\bar{\boldsymbol{\sigma}}_4-\bar{\boldsymbol{\sigma}}_2\right]$$

根据本章参考文献 [16] 中的命题 5.21 可得：

$$\mathbb{E}\{\mathcal{L}\boldsymbol{V}(t,\boldsymbol{e}_t)\}\leqslant\mathbb{E}\left\{\begin{bmatrix}\tilde{\boldsymbol{\xi}}\\ \int_0^1\tilde{\boldsymbol{e}}(\alpha)\mathrm{d}\alpha\end{bmatrix}^{\mathrm{T}}\bar{\boldsymbol{\Xi}}\begin{bmatrix}\tilde{\boldsymbol{\xi}}\\ \int_0^1\tilde{\boldsymbol{e}}(\alpha)\mathrm{d}\alpha\end{bmatrix}\right\}$$

其中：

$$\bar{\boldsymbol{\Xi}}=\begin{bmatrix}\bar{\boldsymbol{\Sigma}}_{11} & \bar{\boldsymbol{\Pi}}_{12}\\ * & \boldsymbol{\Pi}_{22}\end{bmatrix},\bar{\boldsymbol{\Pi}}_{12}=[\bar{\boldsymbol{\sigma}}_1^{\mathrm{T}}\boldsymbol{\Omega}_1^l+\bar{\boldsymbol{\sigma}}_2^{\mathrm{T}}\boldsymbol{\Omega}_2^l+\bar{\boldsymbol{\sigma}}_7^{\mathrm{T}}\boldsymbol{\Omega}_3^l,\bar{\boldsymbol{\sigma}}_1^{\mathrm{T}}\boldsymbol{\Omega}_1^c+\bar{\boldsymbol{\sigma}}_2^{\mathrm{T}}\boldsymbol{\Omega}_2^c+\bar{\boldsymbol{\sigma}}_7^{\mathrm{T}}\boldsymbol{\Omega}_3^c]$$

根据引理 2.2.2，可得出式 (3-18) 是 $\bar{\boldsymbol{\Xi}}<0$ 的必要条件。因此，存在 $\bar{\varepsilon}_3>0$ 使得 $\mathbb{E}\{\mathcal{L}\boldsymbol{V}(t,\boldsymbol{e}_t)\}<-\bar{\varepsilon}_3\mathbb{E}\{\|\boldsymbol{e}(t)\|^2\}$。所以，定理 3.2.3 中的不等式条件能保证误差系统 (3-14) 在均方意义下是渐近稳定的。

然后考虑 $\boldsymbol{f}(t)\neq 0$ 的情况。在式 (3-21) 两端分别加上 $\|\boldsymbol{z}(t)\|^2-\gamma^2\|\boldsymbol{f}(t)\|^2$，将下列等式左右两端分别加到式 (3-21) 左右两端。

$$2\mathbb{E}\left\{\boldsymbol{\xi}^{\mathrm{T}}\left[\boldsymbol{\sigma}_1^{\mathrm{T}}\boldsymbol{T}_1^{\mathrm{T}}+\boldsymbol{\sigma}_2^{\mathrm{T}}\boldsymbol{T}_2^{\mathrm{T}}\right]\left[\boldsymbol{A}\boldsymbol{\sigma}_1+\kappa(t)\boldsymbol{B}\boldsymbol{K}_s\boldsymbol{C}\boldsymbol{\sigma}_3+(1-\kappa(t))\boldsymbol{B}\boldsymbol{K}_s\boldsymbol{C}\boldsymbol{\sigma}_4+\boldsymbol{E}\boldsymbol{\sigma}_{10}-\boldsymbol{\sigma}_2\right]\boldsymbol{\xi}\right\}=0$$

对式 (3-21) 两端同时求期望可得：

$$\mathbb{E}\{\mathcal{L}\boldsymbol{V}(t,\boldsymbol{e}_t)\}+\mathbb{E}\{\|\boldsymbol{z}(t)\|^2\}-\gamma^2\mathbb{E}\{\|\boldsymbol{f}(t)\|^2\}$$
$$\leqslant\mathbb{E}\left\{\boldsymbol{\xi}^{\mathrm{T}}\boldsymbol{\Sigma}_{11}\boldsymbol{\xi}-\int_0^1\tilde{\boldsymbol{e}}^{\mathrm{T}}(\alpha)\bar{\boldsymbol{Y}}_c\tilde{\boldsymbol{e}}(\alpha)\mathrm{d}\alpha-\int_0^1\tilde{\boldsymbol{e}}^{\mathrm{T}}(\alpha)\mathrm{d}\alpha\bar{\boldsymbol{W}}_c\right.$$
$$\left.\int_0^1\tilde{\boldsymbol{e}}(\alpha)\mathrm{d}\alpha-2\boldsymbol{\xi}^{\mathrm{T}}\int_0^1[\boldsymbol{\Omega}^l+(1-2\alpha)\boldsymbol{\Omega}^c]\tilde{\boldsymbol{e}}(\alpha)\mathrm{d}\alpha\right\}$$

其中：

$$\boldsymbol{\xi}^{\mathrm{T}}=\begin{bmatrix}\xi_1^{\mathrm{T}} & \xi_2^{\mathrm{T}} & \xi_3^{\mathrm{T}} & \boldsymbol{f}^{\mathrm{T}}(t)\end{bmatrix},\xi_1^{\mathrm{T}}=\begin{bmatrix}\boldsymbol{e}^{\mathrm{T}}(t) & \boldsymbol{\vartheta}^{\mathrm{T}}(t) & \boldsymbol{e}^{\mathrm{T}}(t-r_1(t)) & \boldsymbol{e}^{\mathrm{T}}(t-r_2(t))\end{bmatrix}$$

$$\boldsymbol{\Sigma}_{11}=\boldsymbol{\Pi}_{11}+r_1^2\left(\boldsymbol{N}_1\boldsymbol{R}_4^{-1}\boldsymbol{N}_1^{\mathrm{T}}+\frac{1}{3}\boldsymbol{N}_2\boldsymbol{R}_4^{-1}\boldsymbol{N}_2^{\mathrm{T}}+\frac{1}{5}\boldsymbol{N}_3\boldsymbol{R}_4^{-1}\boldsymbol{N}_3^{\mathrm{T}}\right)$$

根据本章参考文献 [16] 中的命题 5.21 可得：

$$\mathbb{E}\left\{\mathcal{L}\boldsymbol{V}(t,\boldsymbol{e}_t)\right\}+\mathbb{E}\{\|\boldsymbol{z}(t)\|^2\}-\gamma^2\mathbb{E}\{\|\boldsymbol{f}(t)\|^2\}\leqslant\mathbb{E}\left\{\begin{bmatrix}\xi\\ \int_0^1\tilde{e}(\alpha)\mathrm{d}\alpha\end{bmatrix}^{\mathrm{T}}\boldsymbol{\Xi}\begin{bmatrix}\xi\\ \int_0^1\tilde{e}(\alpha)\mathrm{d}\alpha\end{bmatrix}\right\}$$

其中，$\boldsymbol{\Xi}=\begin{bmatrix}\boldsymbol{\Sigma}_{11} & \boldsymbol{\Pi}_{12}\\ * & \boldsymbol{\Pi}_{22}\end{bmatrix}$。与定理 3.2.1 类似，如果定理 3.2.3 中的不等式成立，那么 $\mathbb{E}\{\mathcal{L}\boldsymbol{V}(t,\boldsymbol{e}_t)\}+\mathbb{E}\{\|\boldsymbol{z}(t)\|^2\}-\gamma^2\mathbb{E}\{\|\boldsymbol{f}(t)\|^2\}<0$。可知在零初始条件下，误差系统 (3-14) 满足 H_∞ 性能指标 γ，即 $\mathbb{E}\{\|\boldsymbol{z}(t)\|^2\}<\gamma^2\mathbb{E}\{\|\boldsymbol{f}(t)\|^2\}$。证毕。

定理 3.2.4

给定正常数 γ、r_1、r_2、h_1、h_2 和反馈增益矩阵 $\boldsymbol{K}_s$，如果存在矩阵 $\boldsymbol{P}\in\mathbb{R}^{n\times n}$，$\boldsymbol{P}=\boldsymbol{P}^{\mathrm{T}}>0,\boldsymbol{Z}\in\mathbb{R}^{3n\times 3n},\boldsymbol{Z}=\boldsymbol{Z}^{\mathrm{T}}>0,\boldsymbol{R}_i\in\mathbb{R}^{n\times n},\boldsymbol{R}_i=\boldsymbol{R}_i^{\mathrm{T}}>0(i=1,\cdots,6),\bar{\boldsymbol{Y}}_c=\bar{\boldsymbol{Y}}_c^{\mathrm{T}}>0,\boldsymbol{N}_l\left(l=1,2,3\right),\bar{\boldsymbol{U}}_c,\bar{\boldsymbol{W}}_{cd}\left(c,d=0,1,\cdots,N\right),\boldsymbol{T}_1,\boldsymbol{T}_2,\boldsymbol{X}_1$ 和 $\boldsymbol{X}_2$，使得当矩阵 $\boldsymbol{T}_1$ 和 $\boldsymbol{T}_2$ 取如式 (3-13) 所示的形式时，定理 3.2.3 中的矩阵不等式 (3-15) ～ (3-18) 以及 (3-23) 成立，那么误差系统 (3-14) 在均方意义下是渐近稳定的，并具有 H_∞ 扰动抑制水平 γ，且主从同步控制增益 $\boldsymbol{K}_{\mathrm{d}}$ 可由矩阵不等式 (3-15) ～式 (3-18) 以及下式解出。

$$\begin{bmatrix}\bar{\boldsymbol{\Pi}}_{11} & \boldsymbol{\Pi}_{12} & \boldsymbol{\Pi}_{13} & \boldsymbol{\Pi}_{14}\\ * & \boldsymbol{\Pi}_{22} & 0 & 0\\ * & * & \boldsymbol{\Pi}_{33} & 0\\ * & * & * & \boldsymbol{\Pi}_{44}\end{bmatrix}<0 \tag{3-23}$$

其中：

$$\boldsymbol{\Pi}_{14}=\kappa(1-\kappa)(\boldsymbol{B}\boldsymbol{K}_{\mathrm{s}}(\boldsymbol{\sigma}_3-\boldsymbol{\sigma}_4))^{\mathrm{T}},\boldsymbol{\Pi}_{44}=-\lambda\boldsymbol{I}_n+\lambda^2\boldsymbol{F}$$

$$\bar{\boldsymbol{\Pi}}_{11}=\boldsymbol{\Pi}_{11}-\kappa(1-\kappa)(\boldsymbol{B}\boldsymbol{K}_{\mathrm{s}}(\boldsymbol{\sigma}_3-\boldsymbol{\sigma}_4))^{\mathrm{T}}\boldsymbol{F}\boldsymbol{B}\boldsymbol{K}_s(\boldsymbol{\sigma}_3-\boldsymbol{\sigma}_4)$$

证明：

根据引理 2.2.2，式 (3-18) 等价于：

$$\begin{bmatrix} \bar{\boldsymbol{\Pi}}_{11} & \boldsymbol{\Pi}_{12} & \boldsymbol{\Pi}_{13} & \boldsymbol{\Pi}_{14} \\ * & \boldsymbol{\Pi}_{22} & 0 & 0 \\ * & * & \boldsymbol{\Pi}_{33} & 0 \\ * & * & * & -\boldsymbol{F}^{-1} \end{bmatrix}<0 \tag{3-24}$$

由于，$-\boldsymbol{F}^{-1}\leqslant-2\lambda+\lambda^2\boldsymbol{F}$，式 (3-24) 成立的充分条件是式 (3-23) 成立。证毕。

接下来，在求得的控制增益 $\boldsymbol{K}_{\mathrm{d}}$ 下，基于定理 3.2.1 中的线性矩阵不等式对 H_∞ 性能指标 γ 进行优化。给定参数 r_1、r_2、h_1、h_2、κ 和 $\boldsymbol{K}_{\mathrm{s}}$，均方意义下最小 H_∞ 性能指标 γ，可通过处理下述局部优化过程得到：

最小化：γ

使得：$\boldsymbol{P}>0$、$\boldsymbol{Z}>0$、$\boldsymbol{R}_i>0(i=1,\cdots,6)$、$\bar{\boldsymbol{Y}}_p>0(p=0,1,\cdots,M)$ 以及式 (3-15) ～式 (3-18) 成立。

3.2.4 数值仿真

例 3.2.1 固定周期采样控制

设置参数 $\zeta=-\dfrac{1}{20\sqrt{2}}$ 和 $\omega_0=\sqrt{2}$，取 $M=3$、$r_1=0.5\mathrm{s}$、$r_2=0.6\mathrm{s}$、$h=0.1\mathrm{s}$、$\boldsymbol{K}_{\mathrm{d}}=1$ 和 $\gamma_{\min}=1$，本例将验证定理 3.2.1。进一步取 $\epsilon_1=22$、$\epsilon_2=26$、$\epsilon_3=-22$ 和 $\epsilon_4=20$，通过解定理 3.2.2 中的线性矩阵不等式和性能优化过程，得到控制增益矩阵 $\boldsymbol{K}_{\mathrm{d}}=1.29$ 以及最小 H_∞ 性能指标 $\gamma_{\min}=0.96$。给定初始条件 $\boldsymbol{x}_{\mathrm{m}0}^{\mathrm{T}}=[0.5,-0.5]$，$\boldsymbol{x}_{\mathrm{s}0}^{\mathrm{T}}=[-0.5,0.5]$，扰动输入为：

$$f(t)=\begin{cases}\sin(t),0\mathrm{s}\leqslant t\leqslant 5\mathrm{s}\\ \cos(t),5\mathrm{s}<t\leqslant 15\mathrm{s}\\ 0,t>15\mathrm{s}\end{cases}$$

那么误差系统 (3-5) 的状态响应曲线如图 3-2 所示。

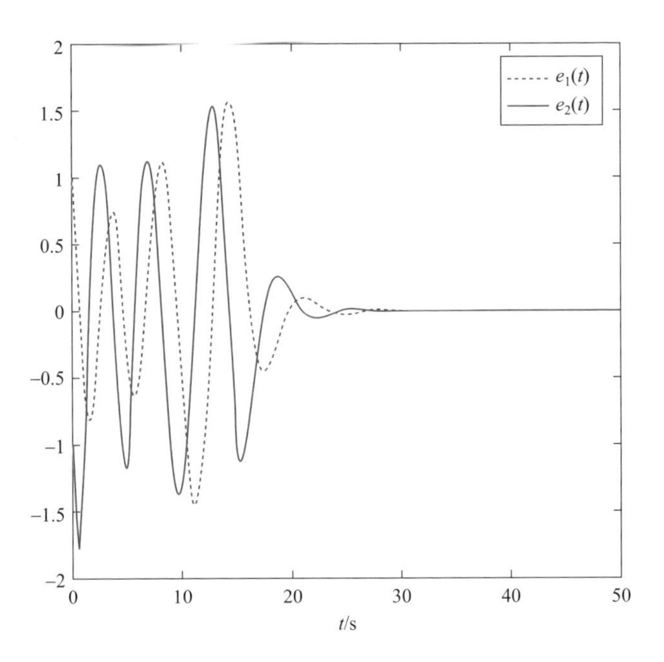

图 3-2　$r(t)=[0.5\text{s},0.7\text{s}]$ 下误差系统 (3-5) 的状态响应曲线

例 3.2.2　随机采样控制

设置参数 $\zeta=-\dfrac{1}{20\sqrt{2}}$ 和 $\omega_0=\sqrt{2}$，取 $M=3$、$r_1=0.5\text{s}$、$r_2=0.6\text{s}$、$h_1=0.1s$、$h_2=0.3\text{s}$、$\boldsymbol{K}_\text{s}=1$ 和 $\gamma=1$，本例将验证定理 3.2.3。进一步取 $\epsilon_1=0.5$、$\epsilon_2=0$、$\epsilon_3=-0.2$、$\epsilon_4=0.1$、$\lambda=1$ 和 $\kappa=0.55$，通过解定理 3.2.4 中的线性矩阵不等式和性能优化过程，得到控制增益矩阵 $\boldsymbol{K}_s=1.28$ 以及最小 H_∞ 性能指标 $\gamma_{\min}=0.45$。给定初始条件 $\boldsymbol{x}_{\text{m}0}^{\text{T}}=[0.5,-0.5]$, $\boldsymbol{x}_{\text{s}0}^{\text{T}}=[-0.5,0.5]$，扰动输入：

$$f(t)=\begin{cases}\sin(t),0\text{s}\leqslant t\leqslant 5\text{s}\\ \cos(t),5\text{s}<t\leqslant 15\text{s}\\ 0,t>15\text{s}\end{cases}$$

误差系统 (3-14) 的状态响应曲线如图 3-3 所示。根据定理 3.2.3 中的稳定性判据式 (3-15) ～式 (3-18)，可以得到最大可允许采样周期 $h_{2\max}=0.44\text{s}$。从表 3-1 中可以看到，随机采样机制可以增大最大允许采样周期，从而增大区间时变延时的上界。

表3-1　r_2 不同取值下 h_2 的上界($r_1 = 0.5\text{s}, h_1 = 0.1\text{s}$)

r_2/s	0.6	0.7	0.8	0.9	1.0
$h_{2\max}$/s	0.47	0.38	0.30	0.23	0.15

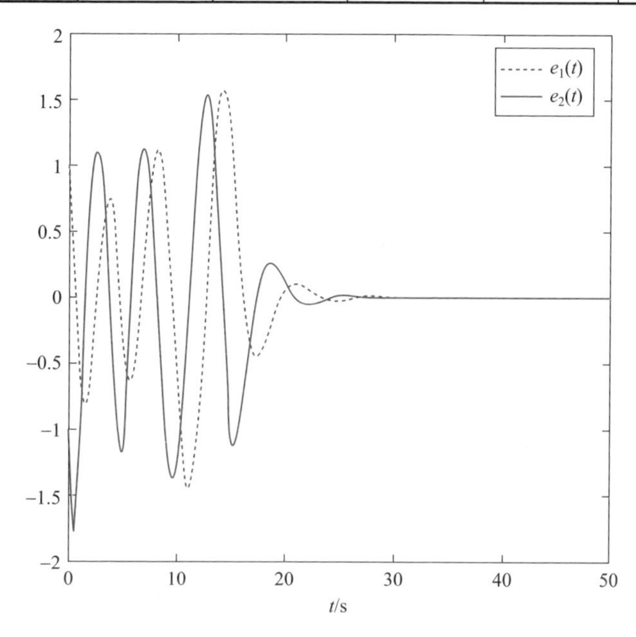

图 3-3　$r_1(t) = [0.5\text{s}, 0.6\text{s}], r_2(t) = [0.6\text{s}, 0.7\text{s}]$ 下误差系统 (3-14) 的状态响应曲线

3.3 领导者 - 跟随多智能体系统的分布式随机采样控制

3.3.1　模型描述

考虑有 N 个跟随者和 1 个领导者组成的多智能体系统，其中每个跟随者可看作有向图 $\mathcal{G}$ 的智能体。领导者的动力学方程可描述为：

$$\dot{\boldsymbol{x}}_0(t) = \boldsymbol{A}\boldsymbol{x}_0(t) + \boldsymbol{B}\boldsymbol{f}(\boldsymbol{x}_0(t)) \tag{3-25}$$

其中，$\boldsymbol{x}_0(t) = \left(x_{01}(t), x_{02}(t), \cdots, x_{0n}(t)\right)^{\mathrm{T}} \in \mathbb{R}^n$ 表示领导者的状态向量；函数 $\boldsymbol{f}(\boldsymbol{x}_0(t)) = \left(\boldsymbol{f}_1(\boldsymbol{x}_0(t)), \cdots, \boldsymbol{f}_n(\boldsymbol{x}_0(t))\right)^{\mathrm{T}}$ 为非线性函数；$\boldsymbol{A} \in \mathbb{R}^{n\times n}$ 和 $\boldsymbol{B} \in \mathbb{R}^{n\times n}$ 为常数矩阵。

跟随者的动力学方程为：

$$\dot{\boldsymbol{x}}_i(t)=\boldsymbol{A}\boldsymbol{x}_i(t)+\boldsymbol{B}\boldsymbol{f}(\boldsymbol{x}_i(t))+\boldsymbol{u}_i(t),\ \ i=1,2,\cdots,N \tag{3-26}$$

其中，$\boldsymbol{x}_i(t)=\left(x_{i1}(t),x_{i2}(t),\cdots,x_{in}(t)\right)^{\mathrm{T}}\in\mathbb{R}^n$ 表示第 i 个智能体的状态向量；$\boldsymbol{u}_i(t)$ 是待设计的分布式采样控制器。

假设 3.3.1

非线性函数 $\boldsymbol{f}(\cdot)$ 满足 Lipschitz 条件，即对于任意 $z_1,z_2\in\mathbb{R}^n$，都存在非负常数 $h_{ij}>0,\ i,j=1,2,\cdots,n$，使得：

$$|\boldsymbol{f}_i(z_1)-\boldsymbol{f}_i(z_2)|\leqslant\sum_{j=1}^{n}h_{ij}\,|z_{1j}-z_{2j}|$$

假设 3.3.2

假定领导者到每个跟随智能体均存在一条路径。

3.3.2 随机采样下领导者 - 跟随一致性协议设计

本节提出一种基于随机采样的通信机制，如图 3-4 所示。假设采样时间间隔在两个不同的值之间随机切换，即随机采样。本节假设所有的采样器进行同步采样。

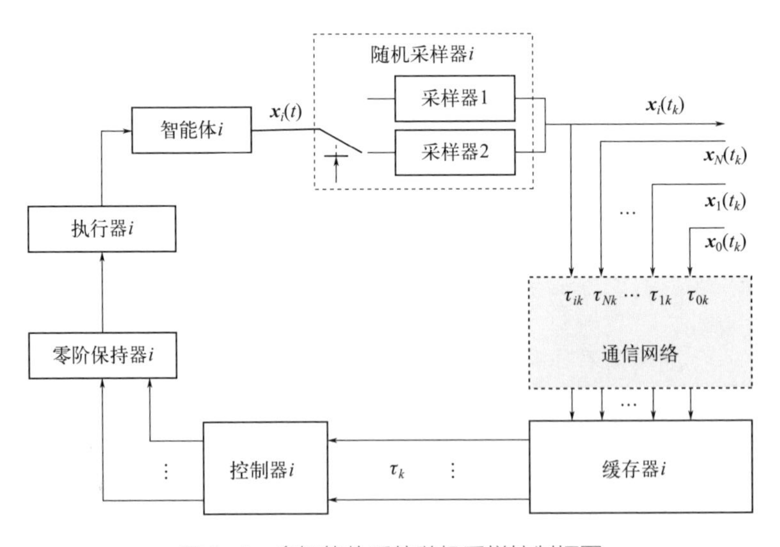

图 3-4　多智能体系统随机采样控制框图

如图 3-4 所示，在采样时刻 t_k，随机采样器 i 检测第 i 个智能体的状态数据，而下一个采样时刻 t_{k+1} 由随机采样器的采样周期发生概率决定。然而，采样信息在通信网络传输过程中可能存在延时、丢包和拥塞等现象，为了简化分析，本节仅考虑传输延时这一因素的影响。由于受到通信延时的影响，智能体 i 和它的邻居智能体 j 的采样状态信息到达控制器 i 的时刻是不相同的，也就是说，这些采样信息将异步到达目的智能体。为此，引入缓存器来储存所接收到的数据信息。当缓存器收集到所有需要发送给控制器 i 的采样信息时，缓存器立即将所有数据发送给控制器 i。定义采样器 i 和缓存器之间的通信延时为 $\tau_{ik}(i=0,1,2,\cdots,N)$。因此，采样器 i 到控制器 i 的传输延时为 $\tau_k=\max\left\{\tau_{ik},i=0,1,2,\cdots,N\right\}$。然后，控制器 i 更新数据，并将新的输出发送给执行器 i 对应的零阶保持器。零阶保持器的作用是保持 $t=t_k+\tau_k$ 到 $t=t_{k+1}+\tau_{k+1}$ 内，控制器 i 的输入信息恒定。本节提出如下基于采样数据的分布式一致性控制协议：

$$\boldsymbol{u}_i(t)=-c\sum_{j=1}^{N}l_{ij}\boldsymbol{x}_j(t_k)-ck_i\left(\boldsymbol{x}_i(t_k)-\boldsymbol{x}_0(t_k)\right) \tag{3-27}$$

其中，$t\in[t_k+\tau_k,t_{k+1}+\tau_{k+1}),0=t_0<t_1<\cdots<t_k<\cdots,\lim\limits_{k\to\infty}t_k=\infty$；常数 c 表示耦合强度；$k_i\geqslant 0,i=1,2,\cdots,N$ 表示牵制控制增益。当且仅当智能体 i 接收到领导者智能体的信息时，$k_i>0$，此时称智能体 i 为牵制智能体或控制智能体。网络拓扑相关定义见附录 A.1。式 (3-27) 与本章参考文献 [17] 中的控制器几乎相同，但文献 [17] 的方法仅适用于固定周期采样，无法解决本节的随机采样情况。

定义 $d(t)=t-t_k$，$t\in[t_k+\tau_k,t_{k+1}+\tau_{k+1})$。由于 $t_k=t-(t-t_k)=t-d(t)$，那么控制器 (3-27) 可写为：

$$\boldsymbol{u}_i(t)=-c\sum_{j=1}^{N}l_{ij}\boldsymbol{x}_j(t-d(t))-ck_i\left(\boldsymbol{x}_i(t-d(t))-x_0(t-d(t))\right) \tag{3-28}$$

其中，$\tau_k\leqslant d(t)<t_{k+1}-t_k+\tau_{k+1}$。

采样时间间隔 $\{t_{k+1}-t_k\}$ 在两个不同值 p_1 和 p_2 之间随机地进行切换，与 3.2.3 节相同。假设 $0<p_1<p_2$，随机变量 p 服从伯努利分布，即 $\mathrm{Prob}\{p=p_1\}=\beta$ 和 $\mathrm{Prob}\{p=p_2\}=1-\beta$，其中 $\beta\in[0,1]$ 为已知常数。因此，式 (3-28) 中延时函数 $d(t)$ 满足：

$$\tau_k \leqslant d(t) < p_1 + \tau_{k+1} \text{ 或 } \tau_k \leqslant d(t) < p_2 + \tau_{k+1}$$

由于采样时间间隔 p 在 p_1 和 p_2 两个值之间切换，那么 $d(t)$ 是在 τ_k 和 $p_2 + \tau_{k+1}$ 之间变化的随机变量。因此，随机变量 $d(t)$ 的概率为：

$$\text{Prob}\{\tau_k \leqslant d(t) < p_1 + \tau_{k+1}\} = \beta + \left(1 - \frac{p_2 - p_1}{p_2 + \tau_{k+1} - \tau_k}\right)(1-\beta) \quad (3\text{-}29)$$

$$\text{Prob}\{p_1 + \tau_{k+1} \leqslant d(t) < p_2 + \tau_{k+1}\} = \frac{p_2 - p_1}{p_2 + \tau_{k+1} - \tau_k}(1-\beta) \quad (3\text{-}30)$$

为了简化分析，假定智能体之间的通信延时是恒定常量 $\tau_k = \tau, k = 0,1,2,\cdots$，那么式 (3-29) 和式 (3-30) 可转化成：

$$\text{Prob}\{\tau \leqslant d(t) < p_1 + \tau\} = \beta + (p_1 / p_2)(1-\beta)$$

$$\text{Prob}\{p_1 + \tau \leqslant d(t) < p_2 + \tau\} = (1 - p_1 / p_2)(1-\beta)$$

定义一个新的随机变量 $\alpha(t)$，其概率分布为：

$$\alpha(t) = \begin{cases} 1, & \tau \leqslant d(t) < p_1 + \tau \\ 0, & p_1 + \tau \leqslant d(t) < p_2 + \tau \end{cases}$$

相应地，可得 $\text{Prob}\{\alpha(t)=1\} = \alpha$ 和 $\text{Prob}\{\alpha(t)=0\} = 1-\alpha$，其中 $\alpha = \beta + (p_1 / p_2)(1-\beta)$。因此，变量 $\alpha(t)$ 也属于伯努利分布，且满足 $\mathbb{E}\{\alpha(t)\} = \alpha$ $\mathbb{E}\{(\alpha(t)-\alpha)^2\} = \alpha(1-\alpha)$。

定义误差信号 $\boldsymbol{e}_i(t) = \boldsymbol{x}_i(t) - \boldsymbol{x}_0(t)$，那么控制器 (3-28) 可转化为：

$$\begin{aligned} \boldsymbol{u}_i(t) = & -c\alpha(t)\left(\sum_{j=1}^{N} l_{ij}\boldsymbol{e}_j(t-\tau_1(t)) + k_i\boldsymbol{e}_i(t-\tau_1(t))\right) \\ & -c(1-\alpha(t))\left(\sum_{j=1}^{N} l_{ij}\boldsymbol{e}_j(t-\tau_2(t) + k_i\boldsymbol{e}_i(t-\tau_2(t))\right) \end{aligned} \quad (3\text{-}31)$$

其中，$\tau_1(t)$、$\tau_2(t)$ 表示时变延时，满足 $\tau \leqslant \tau_1(t) < p_1 + \tau$ 和 $p_1 + \tau \leqslant \tau_2(t) < p_2 + \tau$。

由式 (3-26) 和式 (3-31) 可得误差系统为：

$$\begin{aligned} \dot{\boldsymbol{e}}_i(t) = & \boldsymbol{A}\boldsymbol{e}_i(t) + \boldsymbol{B}\boldsymbol{g}(\boldsymbol{e}_i(t), \boldsymbol{s}(t)) - c\alpha(t)\left(\sum_{j=1}^{N} l_{ij}\boldsymbol{e}_j(t-\tau_1(t)) + k_i\boldsymbol{e}_i(t-\tau_1(t))\right) \\ & -c(1-\alpha(t))\left(\sum_{j=1}^{N} l_{ij}\boldsymbol{e}_j(t-\tau_2(t) + k_i\boldsymbol{e}_i(t-\tau_2(t))\right) \end{aligned} \quad (3\text{-}32)$$

其中，$\boldsymbol{g}(\boldsymbol{e}_i(t),\boldsymbol{s}(t))=\boldsymbol{f}\left(\boldsymbol{e}_i(t)+\boldsymbol{s}(t)\right)-\boldsymbol{f}(\boldsymbol{s}(t))$。

定义 $\boldsymbol{e}(t)=(\boldsymbol{e}_1^{\mathrm{T}}(t),\boldsymbol{e}_2^{\mathrm{T}}(t),\cdots,\boldsymbol{e}_N^{\mathrm{T}}(t))^{\mathrm{T}}$，$\boldsymbol{g}(\boldsymbol{e}(t),\boldsymbol{s}(t))=(\boldsymbol{g}^{\mathrm{T}}(\boldsymbol{e}_1(t),\boldsymbol{s}(t)),\cdots,\boldsymbol{g}^{\mathrm{T}}(\boldsymbol{e}_N(t),\boldsymbol{s}(t)))^{\mathrm{T}}$，$\boldsymbol{e}(t-\tau_i(t))=\left(\boldsymbol{e}_1^{\mathrm{T}}(t-\tau_i(t)),\boldsymbol{e}_2^{\mathrm{T}}(t-\tau_i(t)),\cdots,\boldsymbol{e}_N^{\mathrm{T}}(t-\tau_i(t))\right)^{\mathrm{T}},i=1,2$，由式 (3-32) 可得：

$$\begin{aligned}\dot{\boldsymbol{e}}(t)=&\left(\boldsymbol{I}_N\otimes\boldsymbol{A}\right)\boldsymbol{e}(t)+\left(\boldsymbol{I}_N\otimes\boldsymbol{B}\right)\boldsymbol{g}(\boldsymbol{e}(t),\boldsymbol{s}(t))-c\alpha(t)\left((\boldsymbol{L}+\boldsymbol{K})\otimes\boldsymbol{I}_n\right)\boldsymbol{e}(t-\tau_1(t))\\&-c\left(1-\alpha(t)\right)\left((\boldsymbol{L}+\boldsymbol{K})\otimes\boldsymbol{I}_n\right)\boldsymbol{e}(t-\tau_2(t))\end{aligned}\tag{3-33}$$

其中，$\boldsymbol{K}=\operatorname{diag}\{k_1,k_2,\cdots,k_N\}$。

假设系统 (3-33) 的初始条件为 $\boldsymbol{e}(\theta)=\boldsymbol{\varphi}(\theta)$，$-p_2-\tau\leqslant\theta\leqslant 0$，$i=1,2,\cdots,N$，其中 $\boldsymbol{\varphi}(\theta)=\left(\boldsymbol{\varphi}_1^{\mathrm{T}}(\theta),\boldsymbol{\varphi}_2^{\mathrm{T}}(\theta),\cdots,\boldsymbol{\varphi}_N^{\mathrm{T}}(\theta)\right)^{\mathrm{T}}$，$\boldsymbol{\varphi}_i(\theta)\in\mathcal{C}([-p_2-\tau,0],\mathbb{R}^n)$。

定义 3.3.1

如果存在两个常数 $\mu>0$ 和 $\varepsilon>0$，使得：

$$\mathbb{E}\left\{\|\boldsymbol{e}(t)\|^2\right\}\leqslant\mu\sup_{-p_2-\tau\leqslant\theta\leqslant 0}\mathbb{E}\left\{\|\boldsymbol{\varphi}(\theta)\|^2\right\}\mathrm{e}^{-\varepsilon t}$$

其中，$\boldsymbol{\varphi}(\cdot)$ 为系统的初始条件，那么误差系统 (3-33) 是均方指数稳定的，也称作跟随者 (3-26) 与领导者 (3-25) 趋于均方一致。

3.3.3 有向图下领导者 - 跟随一致性分析

定理 3.3.1

在假设3.3.1和假设3.3.2下，如果存在对称矩阵 $\boldsymbol{P}>0$、$\boldsymbol{Q}_i>0$、$\boldsymbol{R}_i>0$ $(i=1,2,3)$，对角矩阵 $\boldsymbol{S}>0$ 和常数 $p_1>0$、$p_2>0$、$c>0$、$\beta\geqslant 0$，使得：

$$\boldsymbol{\Omega}_1=\begin{bmatrix}\boldsymbol{M}_{\boldsymbol{\Omega}_{11}} & \boldsymbol{M}_{\boldsymbol{\Omega}_{12}}\\ * & \boldsymbol{M}_{\boldsymbol{\Omega}_{13}}\end{bmatrix}<0\tag{3-34}$$

其中：

$$\boldsymbol{M}_{\boldsymbol{\Omega}_{11}}=\begin{bmatrix}\boldsymbol{\Omega}_{11}^1 & \boldsymbol{I}_N\otimes\boldsymbol{R}_1 & -c\alpha(\boldsymbol{L}+\boldsymbol{K})\otimes(\boldsymbol{P}+\boldsymbol{A}^{\mathrm{T}}F) & 0\\ * & \boldsymbol{\Omega}_{22}^1 & \boldsymbol{I}_N\otimes\boldsymbol{R}_2 & 0\\ * & * & \boldsymbol{\Omega}_{33}^1 & \boldsymbol{I}_N\otimes\boldsymbol{R}_2\\ * & * & * & \boldsymbol{\Omega}_{44}^1\end{bmatrix}$$

$$M_{\Omega_{12}}=\begin{bmatrix}-c(1-\alpha)(L+K)\otimes(P+A^{\mathrm T}F) & 0 & \Omega_{17}^1\\ 0 & 0 & 0\\ 0 & 0 & \Omega_{37}^1\\ I_N\otimes R_3 & 0 & 0\end{bmatrix},M_{\Omega_3}=\begin{bmatrix}\Omega_{55}^1 & I_N\otimes R_3 & \Omega_{57}^1\\ * & \Omega_{66}^1 & 0\\ * & * & \Omega_{77}^1\end{bmatrix}$$

$$\Omega_{11}^1=I_N\otimes(PA+A^{\mathrm T}P+Q_1+HSH-R_1+A^{\mathrm T}FA),\Omega_{17}^1=I_N\otimes(PB+A^{\mathrm T}FB)$$

$$\Omega_{22}^1=I_N\otimes(Q_2-Q_1-R_1-R_2),\Omega_{33}^1=-2I_N\otimes R_2+c^2\alpha(L+K)^{\mathrm T}(L+K)\otimes F$$

$$\Omega_{44}^1=I_N\otimes(Q_3-Q_2-R_2-R_3),\Omega_{55}^1=-2I_N\otimes R_3+c^2(1-\alpha)(L+K)^{\mathrm T}(L+K)\otimes F$$

$$\Omega_{57}^1=-c(1-\alpha)(L+K)^{\mathrm T}\otimes FB,\Omega_{66}^1=I_N\otimes(-Q_3-R_3),\Omega_{77}^1=I_N\otimes(-S+B^{\mathrm T}FB)$$

$$F=\tau^2R_1+p_1^2R_2+(p_2-p_1)^2R_3,H=(h_{ij})_{n\times n}$$

那么误差系统 (3-33) 是均方指数稳定的，即采用分布式控制协议 (3-27) 的多智能体系统 (3-25)、(3-26) 实现领导者 - 跟随均方一致。

证明：

选取如下 Lyapunov-Krasovskii 泛函：

$$V(t,e_t)=V_1(t,e_t)+V_2(t,e_t)+V_3(t,e_t) \tag{3-35}$$

其中：

$$V_1(t,e_t)=e^{\mathrm T}(t)(I_N\otimes P)e(t)$$

$$V_2(t,e_t)=\int_{t-\tau}^{t}e^{\mathrm T}(s)(I_N\otimes Q_1)e(s)\mathrm ds+\int_{t-p_1-\tau}^{t-\tau}e^{\mathrm T}(s)(I_N\otimes Q_2)e(s)\mathrm ds+\int_{t-p_2-\tau}^{t-p_1-\tau}e^{\mathrm T}(s)(I_N\otimes Q_3)e(s)\mathrm ds$$

$$\begin{aligned}V_3(t,e_t)=&\tau\int_{-\tau}^{0}\int_{t+\omega}^{t}\left(\varpi^{\mathrm T}(s)(I_N\otimes R_1)\varpi(s)+\rho^{\mathrm T}(s)(I_N\otimes R_1)\rho(s)\right)\mathrm ds\mathrm d\omega\\&+p_1\int_{-p_1-\tau}^{-\tau}\int_{t+\omega}^{t}\left(\varpi^{\mathrm T}(s)(I_N\otimes R_2)\varpi(s)+\rho^{\mathrm T}(s)(I_N\otimes R_2)\rho(s)\right)\mathrm ds\mathrm d\omega\\&+(p_2-p_1)\int_{-p_2-\tau}^{-p_1-\tau}\int_{t+\omega}^{t}\left(\varpi^{\mathrm T}(s)(I_N\otimes R_3)\varpi(s)+\rho^{\mathrm T}(s)(I_N\otimes R_3)\rho(s)\right)\mathrm ds\mathrm d\omega\end{aligned}$$

其中，$e_t=e(t+\theta),\ \forall\theta\in[-p_2-\tau,0]$，对称矩阵 $P>0$、$Q_i>0$、$R_i>0$ $(i=1,2,3)$，并且：

$$\begin{aligned}\varpi(t)=&(I_N\otimes A)e(t)+(I_N\otimes B)g(t,e(t))\\&-c\alpha\left((L+K)\otimes I_n\right)e(t-\tau_1(t))-c(1-\alpha)\left((L+K)\otimes I_n\right)e(t-\tau_2(t))\end{aligned}$$

$$\rho(t)=c\sqrt{\alpha(1-\alpha)}\left((L+K)\otimes I_n\right)(e(t-\tau_1(t))-e(t-\tau_2(t)))$$

考虑函数 $V(t,e_t)$ 的无穷小算子 $\mathcal LV(t,e_t)$，由式 (3-33) 和式 (3-35)

可得：

$$
\begin{aligned}
&\mathcal{L}V(t,e(t))\\
&=2e^{\mathrm{T}}(t)(I_N\otimes P)\varpi(t)+e^{\mathrm{T}}(t)(I_N\otimes Q_1)e(t)-e^{\mathrm{T}}(t-\tau)(I_N\otimes(Q_1-Q_2))e(t-\tau)\\
&\quad-e^{\mathrm{T}}(t-p_1-\tau)(I_N\otimes(Q_2-Q_3))e(t-p_1-\tau)-e^{\mathrm{T}}(t-p_2-\tau)(I_N\otimes Q_3)e(t-p_2-\tau)\\
&\quad+\varpi^{\mathrm{T}}(t)(I_N\otimes F)\varpi(t)+\rho^{\mathrm{T}}(t)(I_N\otimes F)\rho(t)\\
&\quad-\tau\int_{t-\tau}^{t}\left(\varpi^{\mathrm{T}}(s)(I_N\otimes R_1)\varpi(s)+\rho^{\mathrm{T}}(s)(I_N\otimes R_1)\rho(s)\right)\mathrm{d}s\\
&\quad-p_1\int_{t-p_1-\tau}^{t-\tau}\left(\varpi^{\mathrm{T}}(s)(I_N\otimes R_2)\varpi(s)+\rho^{\mathrm{T}}(s)(I_N\otimes R_2)\rho(s)\right)\mathrm{d}s\\
&\quad-(p_2-p_1)\int_{t-p_2-\tau}^{t-p_1-\tau}\left(\varpi^{\mathrm{T}}(s)(I_N\otimes R_3)\varpi(s)+\rho^{\mathrm{T}}(s)(I_N\otimes R_3)\rho(s)\right)\mathrm{d}s
\end{aligned}
\tag{3-36}
$$

对其中积分项进行缩放得：

$$
\begin{aligned}
&-\tau\mathbb{E}\left\{\int_{t-\tau}^{t}\left(\varpi^{\mathrm{T}}(s)(I_N\otimes R_1)\varpi(s)+\rho^{\mathrm{T}}(s)(I_N\otimes R_1)\rho(s)\right)\mathrm{d}s\right\}\\
&=-\tau\mathbb{E}\left\{\int_{t-\tau}^{t}\dot{e}^{\mathrm{T}}(s)(I_N\otimes R_1)\dot{e}(s)\mathrm{d}s\right\}\\
&\leqslant-\mathbb{E}\left\{\left(\int_{t-\tau}^{t}\dot{e}(s)\mathrm{d}s\right)^{\mathrm{T}}(I_N\otimes R_1)\left(\int_{t-\tau}^{t}\dot{e}(s)\mathrm{d}s\right)\right\}\\
&=\mathbb{E}\left\{(e^{\mathrm{T}}(t),e^{\mathrm{T}}(t-\tau))\Psi_1\begin{pmatrix}e(t)\\ e(t-\tau)\end{pmatrix}\right\}
\end{aligned}
\tag{3-37}
$$

$$
\begin{aligned}
&-p_1\mathbb{E}\left\{\int_{t-p_1-\tau}^{t-\tau}\varpi^{\mathrm{T}}(s)(I_N\otimes R_2)\varpi(s)+\rho^{\mathrm{T}}(s)(I_N\otimes R_2)\rho(s)\mathrm{d}s\right\}\\
&=-p_1\mathbb{E}\left\{\int_{t-p_1-\tau}^{t-\tau}\dot{e}^{\mathrm{T}}(s)(I_N\otimes R_2)\dot{e}(s)\mathrm{d}s\right\}
\end{aligned}
\tag{3-38}
$$

然后，利用 Jensen 不等式可得：

$$
\begin{aligned}
&-p_1\mathbb{E}\left\{\int_{t-p_1-\tau}^{t-\tau}\dot{e}^{\mathrm{T}}(s)(I_N\otimes R_2)\dot{e}(s)\mathrm{d}s\right\}\\
&\leqslant\mathbb{E}\left\{-\left(t-\tau-\left(t-\tau_1(t)\right)\right)\times\int_{t-\tau_1(t)}^{t-\tau}\dot{e}^{\mathrm{T}}(s)(I_N\otimes R_2)\dot{e}(s)\mathrm{d}s\right.\\
&\quad\left.-\left(\left(t-\tau_1(t)\right)-(t-p_1-\tau)\right)\times\int_{t-p_1-\tau}^{t-\tau_1(t)}\dot{e}^{\mathrm{T}}(s)(I_N\otimes R_2)\dot{e}(s)\mathrm{d}s\right\}\\
&\leqslant-\mathbb{E}\left\{\int_{t-\tau_1(t)}^{t-\tau}\dot{e}^{\mathrm{T}}(t)\mathrm{d}s\right\}(I_N\otimes R_2)\mathbb{E}\left\{\int_{t-\tau_1(t)}^{t-\tau}\dot{e}(s)\mathrm{d}s\right\}\\
&\quad-\mathbb{E}\left\{\int_{t-p_1-\tau}^{t-\tau_1(t)}\dot{e}^{\mathrm{T}}(t)\mathrm{d}s\right\}(I_N\otimes R_2)\mathbb{E}\left\{\int_{t-p_1-\tau}^{t-\tau_1(t)}\dot{e}(s)\mathrm{d}s\right\}
\end{aligned}
$$

$$
\begin{aligned}
&= \mathbb{E}\left\{(\boldsymbol{e}^{\mathrm{T}}(t-\tau), \boldsymbol{e}^{\mathrm{T}}(t-\tau_1(t)))\boldsymbol{\Psi}_2\begin{pmatrix}\boldsymbol{e}(t-\tau)\\ \boldsymbol{e}(t-\tau_1(t))\end{pmatrix}\right\}\\
&\quad + \mathbb{E}\left\{(\boldsymbol{e}^{\mathrm{T}}(t-\tau_1(t)), \boldsymbol{e}^{\mathrm{T}}(t-p_1-\tau))\boldsymbol{\Psi}_2\begin{pmatrix}\boldsymbol{e}(t-\tau_1(t))\\ \boldsymbol{e}(t-p_1-\tau)\end{pmatrix}\right\}
\end{aligned} \tag{3-39}
$$

同样地，可得：

$$
\begin{aligned}
&-(p_2-p_1)\mathbb{E}\left\{\int_{t-p_2-\tau}^{t-p_1-\tau}\boldsymbol{\varpi}^{\mathrm{T}}(s)(\boldsymbol{I}_N\otimes\boldsymbol{R}_3)\boldsymbol{\varpi}(s)+\boldsymbol{\rho}^{\mathrm{T}}(s)(\boldsymbol{I}_N\otimes\boldsymbol{R}_3)\boldsymbol{\rho}(s)\mathrm{d}s\right\}\\
&\leqslant \mathbb{E}\left\{(\boldsymbol{e}^{\mathrm{T}}(t-p_1-\tau), \boldsymbol{e}^{\mathrm{T}}(t-\tau_2(t)))\boldsymbol{\Psi}_3\begin{pmatrix}\boldsymbol{e}(t-p_1-\tau)\\ \boldsymbol{e}(t-\tau_2(t))\end{pmatrix}\right\}\\
&\quad + \mathbb{E}\left\{(\boldsymbol{e}^{\mathrm{T}}(t-\tau_2(t)), \boldsymbol{e}^{\mathrm{T}}(t-p_2-\tau))\boldsymbol{\Psi}_3\begin{pmatrix}\boldsymbol{e}(t-\tau_2(t))\\ \boldsymbol{e}(t-p_2-\tau)\end{pmatrix}\right\}
\end{aligned} \tag{3-40}
$$

其中，$\boldsymbol{\Psi}_i=\begin{bmatrix}-\boldsymbol{I}_N\otimes\boldsymbol{R}_i & \boldsymbol{I}_N\otimes\boldsymbol{R}_i\\ \boldsymbol{I}_N\otimes\boldsymbol{R}_i & -\boldsymbol{I}_N\otimes\boldsymbol{R}_i\end{bmatrix}, i=1,2,3$。

根据假设 3.3.1，对于对角矩阵 $\boldsymbol{S}>0$，有：

$$
\boldsymbol{e}^{\mathrm{T}}(t)\left(\boldsymbol{I}_N\otimes\boldsymbol{HSH}\right)\boldsymbol{e}(t)-\boldsymbol{g}^{\mathrm{T}}(\boldsymbol{e}(t))\left(\boldsymbol{I}_N\otimes\boldsymbol{S}\right)\boldsymbol{g}(\boldsymbol{e}(t))\geqslant 0 \tag{3-41}
$$

其中，$\boldsymbol{H}=(h_{ij})_{n\times n}$。

定义 $\boldsymbol{\xi}(t)=(\boldsymbol{e}^{\mathrm{T}}(t), \boldsymbol{e}^{\mathrm{T}}(t-\tau), \boldsymbol{e}^{\mathrm{T}}(t-\tau_1), \boldsymbol{e}^{\mathrm{T}}(t-p_1-\tau), \boldsymbol{e}^{\mathrm{T}}(t-\tau_2), \boldsymbol{e}^{\mathrm{T}}(t-p_2-\tau), \boldsymbol{g}^{\mathrm{T}}(\boldsymbol{e}(t)))^{\mathrm{T}}$，结合式 (3-36) ～式 (3-41)，取期望可得：

$$
\mathbb{E}\left\{\mathcal{L}\boldsymbol{V}(t,\boldsymbol{e}_t)\right\}\leqslant\mathbb{E}\left\{\boldsymbol{\xi}^{\mathrm{T}}(t)\boldsymbol{\Omega}_1\boldsymbol{\xi}(t)\right\} \tag{3-42}
$$

根据式 (3-34)，进一步可得：

$$
\mathbb{E}\left\{\mathcal{L}\boldsymbol{V}(t,\boldsymbol{e}_t)\right\}\leqslant-\lambda\mathbb{E}\left\{\|\boldsymbol{e}(t)\|^2\right\}
$$

其中，$\lambda=-\lambda_{\min}(\boldsymbol{\Omega}_1)$。在区间 $[-2p_2-2\tau,-p_2-\tau]$ 上，定义初始条件 $\boldsymbol{x}_j(\theta)$ 为 $\boldsymbol{x}_j(\theta)=\boldsymbol{x}_j(0), -2p_2-2\tau\leqslant\theta\leqslant-p_2-\tau, j=0,1,2,\cdots,N$。根据本章参考文献 [18] 中的引理 1 和定义 3.3.1，误差系统 (3-33) 是均方指数稳定的。证毕。

如果 $\beta=0$ 或 $\beta=1$，那么上述随机采样问题简化为一个固定周期采样问题。误差系统 (3-33) 变为：

$$
\dot{\boldsymbol{e}}(t)=\left(\boldsymbol{I}_N\otimes\boldsymbol{A}\right)\boldsymbol{e}(t)+\left(\boldsymbol{I}_N\otimes\boldsymbol{B}\right)\boldsymbol{g}(t,\boldsymbol{e}(t))-c\left(\left(\boldsymbol{L}+\boldsymbol{K}\right)\otimes\boldsymbol{I}_n\right)\boldsymbol{e}(t-\tau_1(t)) \tag{3-43}
$$

其中， $\tau < \tau_1(t) \leqslant p+\tau$。选取如下 Lyapunov-Krasovskii 泛函：

$$V(t,\boldsymbol{e}_t)=\boldsymbol{e}^{\mathrm{T}}(t)(\boldsymbol{I}_N\otimes\boldsymbol{P})\boldsymbol{e}(t)+\int_{t-\tau}^{t}\boldsymbol{e}^{\mathrm{T}}(s)(\boldsymbol{I}_N\otimes\boldsymbol{Q}_1)\boldsymbol{e}(s)+\int_{t-p-\tau}^{t-\tau}\boldsymbol{e}^{\mathrm{T}}(s)(\boldsymbol{I}_N\otimes\boldsymbol{Q}_2)\boldsymbol{e}(s)$$
$$+\tau\int_{-\tau}^{0}\int_{t+\omega}^{t}\Big(\boldsymbol{\varpi}^{\mathrm{T}}(s)\big(\boldsymbol{I}_N\otimes\boldsymbol{R}_1\big)\boldsymbol{\varpi}(s)+\boldsymbol{\rho}^{\mathrm{T}}(s)\big(\boldsymbol{I}_N\otimes\boldsymbol{R}_1\big)\boldsymbol{\rho}(s)\Big)\mathrm{d}s\mathrm{d}\omega$$
$$+p\int_{-p}^{0}\int_{t+\omega}^{t}\Big(\boldsymbol{\varpi}^{\mathrm{T}}(s)\big(\boldsymbol{I}_N\otimes\boldsymbol{R}_2\big)\boldsymbol{\varpi}(s)+\boldsymbol{\rho}^{\mathrm{T}}(s)\big(\boldsymbol{I}_N\otimes\boldsymbol{R}_2\big)\boldsymbol{\rho}(s)\Big)\mathrm{d}s\mathrm{d}\omega$$

根据定理 3.3.1，可得出以下推论。

推论 3.3.1

在假设 3.3.1 和假设 3.3.2 下，如果存在对称矩阵 $\boldsymbol{P}>0$、$\boldsymbol{Q}_i>0$、$\boldsymbol{R}_i>0\,(i=1,2)$，对角矩阵 $\boldsymbol{S}>0$ 和常数 $p>0$、$c>0$，使得：

$$\begin{bmatrix}\bar{\boldsymbol{\Omega}}_{11}^{1} & \boldsymbol{I}_N\otimes\boldsymbol{R}_1 & \bar{\boldsymbol{\Omega}}_{13}^{1} & 0 & \bar{\boldsymbol{\Omega}}_{15}^{1}\\ * & \bar{\boldsymbol{\Omega}}_{22}^{1} & \boldsymbol{I}_N\otimes\boldsymbol{R}_2 & 0 & 0\\ * & * & \bar{\boldsymbol{\Omega}}_{33}^{1} & \boldsymbol{I}_N\otimes\boldsymbol{R}_2 & \bar{\boldsymbol{\Omega}}_{35}^{1}\\ * & * & * & \bar{\boldsymbol{\Omega}}_{44}^{1} & 0\\ * & * & * & * & \bar{\boldsymbol{\Omega}}_{55}^{1}\end{bmatrix}<0 \tag{3-44}$$

其中：

$$\bar{\boldsymbol{\Omega}}_{11}^{1}=\boldsymbol{I}_N\otimes(\boldsymbol{PA}+\boldsymbol{A}^{\mathrm{T}}\boldsymbol{P}+\boldsymbol{Q}_1+\boldsymbol{HSH}-\boldsymbol{R}_1+\tau^2\boldsymbol{A}^{\mathrm{T}}\boldsymbol{R}_1\boldsymbol{A}+\boldsymbol{p}^2\boldsymbol{A}^{\mathrm{T}}\boldsymbol{R}_2\boldsymbol{A})$$
$$\bar{\boldsymbol{\Omega}}_{13}^{1}=-c(\boldsymbol{L}+\boldsymbol{K})\otimes(\boldsymbol{P}+\tau^2\boldsymbol{A}^{\mathrm{T}}\boldsymbol{R}_1+p^2\boldsymbol{A}^{\mathrm{T}}\boldsymbol{R}_2),\ \bar{\boldsymbol{\Omega}}_{15}^{1}=\boldsymbol{I}_N\otimes(\boldsymbol{PB}+\tau^2\boldsymbol{A}^{\mathrm{T}}\boldsymbol{R}_1\boldsymbol{B}+p^2\boldsymbol{A}^{\mathrm{T}}\boldsymbol{R}_2\boldsymbol{B})$$
$$\bar{\boldsymbol{\Omega}}_{22}^{1}=\boldsymbol{I}_N\otimes(\boldsymbol{Q}_2-\boldsymbol{Q}_1-\boldsymbol{R}_1-\boldsymbol{R}_2),\ \bar{\boldsymbol{\Omega}}_{33}^{1}=-2\boldsymbol{I}_N\otimes\boldsymbol{R}_2+c^2(\boldsymbol{L}+\boldsymbol{K})^{\mathrm{T}}(\boldsymbol{L}+\boldsymbol{K})\otimes(\tau^2\boldsymbol{R}_1+p^2\boldsymbol{R}_2)$$
$$\bar{\boldsymbol{\Omega}}_{35}^{1}=-c(\boldsymbol{L}+\boldsymbol{K})^{\mathrm{T}}\otimes(\tau^2\boldsymbol{R}_1+p^2\boldsymbol{R}_2)\boldsymbol{B},\ \bar{\boldsymbol{\Omega}}_{44}^{1}=\boldsymbol{I}_N\otimes(-\boldsymbol{Q}_2-\boldsymbol{R}_2)$$
$$\bar{\boldsymbol{\Omega}}_{55}^{1}=\boldsymbol{I}_N\otimes(-\boldsymbol{S}+\tau^2\boldsymbol{B}^{\mathrm{T}}\boldsymbol{R}_1\boldsymbol{B}+p^2\boldsymbol{B}^{\mathrm{T}}\boldsymbol{R}_2\boldsymbol{B})$$

那么误差系统 (3-43) 是均方指数稳定的。

假设每个跟随者智能体可无延时地接收到来自其邻居和领导者的信息，即 $\tau_k=0$，那么 $0\leqslant\tau_1(t)<p_1,\ p_1\leqslant\tau_2(t)<p_2$。根据定理 3.3.1，可以得出如下推论。

推论 3.3.2

在假设 3.3.1 和假设 3.3.2 下，如果存在对称矩阵 $\boldsymbol{P}>0$、$\boldsymbol{Q}_i>0$、$\boldsymbol{R}_i>0\,(i=1,2,3)$，对角矩阵 $\boldsymbol{S}>0$ 和常数 $p_1>0$、$p_2>0$、$c>0$、$\beta\geqslant0$，使得：

$$
\begin{bmatrix}
\hat{\boldsymbol{\Omega}}_{11}^{1} & \hat{\boldsymbol{\Omega}}_{12}^{1} & 0 & \hat{\boldsymbol{\Omega}}_{14}^{1} & 0 & \hat{\boldsymbol{\Omega}}_{16}^{1} \\
* & \hat{\boldsymbol{\Omega}}_{22}^{1} & \boldsymbol{I}_N \otimes \boldsymbol{R}_1 & 0 & 0 & \hat{\boldsymbol{\Omega}}_{26}^{1} \\
* & * & \hat{\boldsymbol{\Omega}}_{33}^{1} & \boldsymbol{I}_N \otimes \boldsymbol{R}_2 & 0 & 0 \\
* & * & * & \hat{\boldsymbol{\Omega}}_{44}^{1} & \boldsymbol{I}_N \otimes \boldsymbol{R}_2 & \hat{\boldsymbol{\Omega}}_{46}^{1} \\
* & * & * & * & \hat{\boldsymbol{\Omega}}_{55}^{1} & 0 \\
* & * & * & * & * & \hat{\boldsymbol{\Omega}}_{66}^{1}
\end{bmatrix} < 0
$$

其中：

$\hat{\boldsymbol{\Omega}}_{11}^{1} = \boldsymbol{I}_N \otimes (\boldsymbol{PA} + \boldsymbol{A}^{\mathrm{T}}\boldsymbol{P} + \boldsymbol{Q}_2 + \boldsymbol{HSH} - \boldsymbol{R}_2 + \boldsymbol{A}^{\mathrm{T}} \digamma \boldsymbol{A})$

$\hat{\boldsymbol{\Omega}}_{12}^{1} = -c\alpha(\boldsymbol{L} + \boldsymbol{K}) \otimes (\boldsymbol{P} + \boldsymbol{A}^{\mathrm{T}} \digamma) + \boldsymbol{I}_N \otimes \boldsymbol{R}_2$

$\hat{\boldsymbol{\Omega}}_{14}^{1} = -c(1-\alpha)(\boldsymbol{L} + \boldsymbol{K}) \otimes (\boldsymbol{P} + \boldsymbol{A}^{\mathrm{T}} \digamma), \hat{\boldsymbol{\Omega}}_{16}^{1} = \boldsymbol{I}_N \otimes (\boldsymbol{PB} + \boldsymbol{A}^{\mathrm{T}} \digamma \boldsymbol{B})$

$\hat{\boldsymbol{\Omega}}_{22}^{1} = -2\boldsymbol{I}_N \otimes \boldsymbol{R}_2 + c^2\alpha(\boldsymbol{L} + \boldsymbol{K})^{\mathrm{T}}(\boldsymbol{L} + \boldsymbol{K}) \otimes \digamma, \hat{\boldsymbol{\Omega}}_{26}^{1} - c\alpha(\boldsymbol{L} + \boldsymbol{K})^{\mathrm{T}} \otimes \digamma \boldsymbol{B}$

$\hat{\boldsymbol{\Omega}}_{33}^{1} = \boldsymbol{I}_N \otimes (\boldsymbol{Q}_3 - \boldsymbol{Q}_2 - \boldsymbol{R}_2 - \boldsymbol{R}_1), \hat{\boldsymbol{\Omega}}_{44}^{1} = -2\boldsymbol{I}_N \otimes \boldsymbol{R}_3 + c^2(1-\alpha)(\boldsymbol{L} + \boldsymbol{K})^{\mathrm{T}}(\boldsymbol{L} + \boldsymbol{K}) \otimes \digamma$

$\hat{\boldsymbol{\Omega}}_{46}^{1} = -c(1-\alpha)(\boldsymbol{L} + \boldsymbol{K})^{\mathrm{T}} \otimes \digamma \boldsymbol{B}, \hat{\boldsymbol{\Omega}}_{55}^{1} = \boldsymbol{I}_N \otimes (-\boldsymbol{Q}_3 - \boldsymbol{R}_3), \hat{\boldsymbol{\Omega}}_{66}^{1} = \boldsymbol{I}_N \otimes (-\boldsymbol{S} + \boldsymbol{B}^{\mathrm{T}} \digamma \boldsymbol{B})$

$\digamma = p_1^2 \boldsymbol{R}_2 + (p_2 - p_1)^2 \boldsymbol{R}_3$

那么误差系统 (3-33) 是均方指数稳定的。

证明：

选取 Lyapunov-Krasovskii 函数 (3-35)，其中 $\tau = 0$。然后，根据定理 3.3.1 的推导过程，可得推论 3.3.2。证毕。

如果采样方式为固定周期采样，而且忽略多智能体之间的通信延时，则有如下推论。

推论 3.3.3

在假设 3.3.1 和假设 3.3.2 下，如果存在对称矩阵 $\boldsymbol{P} > 0$、$\boldsymbol{Q}_2 > 0$、$\boldsymbol{R}_2 > 0$，对角矩阵 $\boldsymbol{S} > 0$ 和常数 $p > 0$、$c > 0$，使得：

$$
\begin{bmatrix}
\tilde{\boldsymbol{\Omega}}_{11}^{1} & \tilde{\boldsymbol{\Omega}}_{12}^{1} & 0 & \tilde{\boldsymbol{\Omega}}_{14}^{1} \\
* & \tilde{\boldsymbol{\Omega}}_{22}^{1} & \boldsymbol{I}_N \otimes \boldsymbol{R}_2 & \tilde{\boldsymbol{\Omega}}_{24}^{1} \\
* & * & -\boldsymbol{I}_N \otimes (\boldsymbol{Q}_2 + \boldsymbol{R}_2) & \tilde{\boldsymbol{\Omega}}_{44}^{1}
\end{bmatrix} < 0 \tag{3-45}
$$

其中：

$\tilde{\boldsymbol{\Omega}}_{11}^{1} = \boldsymbol{I}_N \otimes (\boldsymbol{PA} + \boldsymbol{A}^{\mathrm{T}}\boldsymbol{P} + \boldsymbol{Q}_2 + \boldsymbol{HSH} - \boldsymbol{R}_2 + p^2\boldsymbol{A}^{\mathrm{T}}\boldsymbol{R}_2\boldsymbol{A})$

$\tilde{\boldsymbol{\Omega}}_{12}^{1} = -c(\boldsymbol{L} + \boldsymbol{K}) \otimes (\boldsymbol{P} + p^2\boldsymbol{A}^{\mathrm{T}}\boldsymbol{R}_2) + \boldsymbol{I}_N \otimes \boldsymbol{R}_2, \tilde{\boldsymbol{\Omega}}_{14}^{1} = \boldsymbol{I}_N \otimes (\boldsymbol{PB} + p^2\boldsymbol{A}^{\mathrm{T}}\boldsymbol{R}_2\boldsymbol{B})$

$$\tilde{\boldsymbol{\Omega}}_{22}^{1}=-2\boldsymbol{I}_N\otimes\boldsymbol{R}_2+c^2p^2(\boldsymbol{L}+\boldsymbol{K})^{\mathrm{T}}(\boldsymbol{L}+\boldsymbol{K})\otimes\boldsymbol{R}_2$$
$$\tilde{\boldsymbol{\Omega}}_{24}^{1}=-cp^2(\boldsymbol{L}+\boldsymbol{K})^{\mathrm{T}}\otimes\boldsymbol{R}_2\boldsymbol{B},\tilde{\boldsymbol{\Omega}}_{44}^{1}=\boldsymbol{I}_N\otimes(-\boldsymbol{S}+p^2\boldsymbol{B}^{\mathrm{T}}\boldsymbol{R}_2\boldsymbol{B})$$

那么误差系统 (3-43) 是均方指数稳定的。

注 3.3.1　对比定理 3.3.1 和推论 3.3.2，推论 3.3.1 与推论 3.3.4，在定理 3.3.1 和推论 3.3.1 中，由于考虑了通信延时，其结果相对复杂。一般来说，通信延时会对稳定性造成负面影响。而在随机采样下，如果想要得到一个较大的采样时间间隔，就需要保证其概率足够小或另一采样时间间隔足够小。

注意，定理 3.3.1 中稳定性判定矩阵 $\boldsymbol{\Omega}_1$ 的维数为 $7Nn\times 7Nn$，当智能体的网络智能体数量非常庞大时，定理 3.3.1 求解困难。因此，希望找到一些低维的判定条件。接下来，将展示如何处理网络拓扑相关的矩阵来减少矩阵 $\boldsymbol{\Omega}_1$ 的维数，并且揭示采样策略和网络拓扑参数（包括网络拓扑 $\boldsymbol{L}$、牵制矩阵 $\boldsymbol{K}$ 和耦合强度 c）之间的关系。

3.3.4　无向图下领导者 - 跟随一致性分析

定理 3.3.2

在假设 3.3.1 和假设 3.3.2 下，考虑具有对称结构的网络。如果存在对称矩阵 $\boldsymbol{P}>0$、$\boldsymbol{Q}_i>0$、$\boldsymbol{R}_i>0\ (i=1,2,3)$，对角矩阵 $\boldsymbol{S}>0$ 和常数 $p_1>0$、$p_2>0$、$c>0$、$\beta\geqslant 0$，使得：

$$\boldsymbol{\Omega}_2(i)=\begin{bmatrix}\boldsymbol{\Omega}_{11}^2 & \boldsymbol{R}_1 & \boldsymbol{\Omega}_{13}^2(i) & 0 & \boldsymbol{\Omega}_{15}^2(i) & 0 & \boldsymbol{\Omega}_{17}^2\\ * & \boldsymbol{\Omega}_{22}^2 & \boldsymbol{R}_2 & 0 & 0 & 0 & 0\\ * & * & \boldsymbol{\Omega}_{33}^2(i) & \boldsymbol{R}_2 & 0 & 0 & \boldsymbol{\Omega}_{37}^2(i)\\ * & * & * & \boldsymbol{\Omega}_{44}^2 & \boldsymbol{R}_3 & 0 & 0\\ * & * & * & * & \boldsymbol{\Omega}_{55}^2(i) & \boldsymbol{R}_3 & \boldsymbol{\Omega}_{57}^2(i)\\ * & * & * & * & * & \boldsymbol{\Omega}_{66}^2 & 0\\ * & * & * & * & * & * & \boldsymbol{\Omega}_{77}^2\end{bmatrix}<0 \quad (3\text{-}46)$$

其中：

$$\boldsymbol{\Omega}_{11}^2=\boldsymbol{PA}+\boldsymbol{A}^{\mathrm{T}}\boldsymbol{P}+\boldsymbol{Q}_1+\boldsymbol{HSH}-\boldsymbol{R}_1+\boldsymbol{A}^{\mathrm{T}}\mathcal{F}\boldsymbol{A},\boldsymbol{\Omega}_{17}^2=\boldsymbol{PB}+\boldsymbol{A}^{\mathrm{T}}\mathcal{F}\boldsymbol{B},\boldsymbol{\Omega}_{22}^2=\boldsymbol{Q}_2-\boldsymbol{Q}_1-\boldsymbol{R}_1-\boldsymbol{R}_2$$
$$\boldsymbol{\Omega}_{44}^2=\boldsymbol{Q}_3-\boldsymbol{Q}_2-\boldsymbol{R}_2-\boldsymbol{R}_3,\boldsymbol{\Omega}_{66}^2=-\boldsymbol{Q}_3-\boldsymbol{R}_3,\boldsymbol{\Omega}_{77}^2=-\boldsymbol{S}+\boldsymbol{B}^{\mathrm{T}}\mathcal{F}\boldsymbol{B},\boldsymbol{\Omega}_{13}^2(i)=-c\alpha\lambda_i(\boldsymbol{P}+\boldsymbol{A}^{\mathrm{T}}\mathcal{F})$$
$$\boldsymbol{\Omega}_{15}^2(i)=-c(1-\alpha)\lambda_i\otimes(\boldsymbol{P}+\boldsymbol{A}^{\mathrm{T}}\mathcal{F}),\boldsymbol{\Omega}_{33}^2(i)=-2\boldsymbol{R}_2+c^2\alpha\lambda_i^2\mathcal{F},\boldsymbol{\Omega}_{37}^2(i)=-c\alpha\lambda_i\mathcal{F}\boldsymbol{B}$$
$$\boldsymbol{\Omega}_{55}^2(i)=-2\boldsymbol{R}_3+c^2(1-\alpha)\lambda_i^2\mathcal{F},\boldsymbol{\Omega}_{57}^2(i)=-c(1-\alpha)\lambda_i\mathcal{F}\boldsymbol{B},\mathcal{F}=\tau^2\boldsymbol{R}_1+p_1^2\boldsymbol{R}_2+(p_2-p_1)^2\boldsymbol{R}_3$$

其中，$\lambda_i\ (i=1,2,\cdots,N)$ 是对称矩阵 $\boldsymbol{L}+\boldsymbol{K}$ 的特征值，满足 $0<\lambda_1\leqslant\cdots\leqslant\lambda_N$，那么误差系统 (3-33) 是均方指数稳定的。

证明：

基于本章参考文献 [19]，根据假设 3.3.2，对称矩阵 $\boldsymbol{L}+\boldsymbol{K}$ 的所有特征值为正，令 $0<\lambda_1\leqslant\cdots\leqslant\lambda_N$。然后，存在一个正交矩阵 $\boldsymbol{\Phi}=(\phi_1,\phi_2,\cdots,\phi_N)\in\mathbb{R}^{N\times N}$，使 $\boldsymbol{\Phi}^{\mathrm{T}}(\boldsymbol{L}+\boldsymbol{K})\boldsymbol{\Phi}=\mathrm{diag}\{\lambda_1,\lambda_2,\cdots,\lambda_N\}$ 和 $\boldsymbol{\Phi}^{\mathrm{T}}(\boldsymbol{L}+\boldsymbol{K})(\boldsymbol{L}+\boldsymbol{K})\boldsymbol{\Phi}=\mathrm{diag}\{\lambda_1^2,\lambda_2^2,\cdots,\lambda_N^2\}$ 成立。然后，在式 (3-34) 两边同时左乘和右乘矩阵 $\hat{\boldsymbol{\Phi}}=\mathrm{diag}\{\boldsymbol{\Phi}^{\mathrm{T}}\otimes\boldsymbol{I}_n,\boldsymbol{\Phi}^{\mathrm{T}}\otimes\boldsymbol{I}_n,\boldsymbol{\Phi}^{\mathrm{T}}\otimes\boldsymbol{I}_n,\boldsymbol{\Phi}^{\mathrm{T}}\otimes\boldsymbol{I}_n,\boldsymbol{\Phi}^{\mathrm{T}}\otimes\boldsymbol{I}_n\}$。整理可得定理 3.3.2，即 $\hat{\boldsymbol{\Phi}}\boldsymbol{\Omega}_1\hat{\boldsymbol{\Phi}}^{\mathrm{T}}<0$ 等价于 $\boldsymbol{\Omega}_2(i)<0$，$i=1,2,\cdots,N$。证毕。

借助网络拓扑的优势，定理 3.3.2 提供了一个低维的判定条件，该条件简单，且易于验证。下面给出一些更直观的讨论。

注 3.3.2

根据定理3.3.2，如下基于采样数据的领导者－跟随一致性问题：

$$\begin{aligned}&L:\dot{\boldsymbol{x}}_0(t)=\boldsymbol{Ax}_0(t)+\boldsymbol{Bf}(\boldsymbol{x}_0(t))\\&F:\dot{\boldsymbol{x}}_i(t)=\boldsymbol{Ax}_i(t)+\boldsymbol{Bf}(\boldsymbol{x}_i(t))-c\sum_{j=1}^{N}l_{ij}(\boldsymbol{x}_j(t_k)-\boldsymbol{x}_i(t_k))\\&\qquad\quad-ck_i(\boldsymbol{x}_i(t_k)-\boldsymbol{x}_0(t_k))\\&\quad\forall t\in[t_k+\tau,t_{k+1}+\tau)\end{aligned}\tag{3-47}$$

可以看作 N 个主从系统同步问题：

$$\begin{aligned}&\mathcal{M}:\dot{\boldsymbol{x}}_0(t)=\boldsymbol{Ax}_0(t)+\boldsymbol{Bf}(\boldsymbol{x}_0(t))\\&\mathcal{S}:\dot{\boldsymbol{x}}_i(t)=\boldsymbol{Ax}_i(t)+\boldsymbol{Bf}(\boldsymbol{x}_i(t))-c\lambda_i(\boldsymbol{x}_i(t_k)\\&\qquad\quad-\boldsymbol{x}_0(t_k)),\ \forall t\in[t_k+\tau,t_{k+1}+\tau)\end{aligned}\tag{3-48}$$

其中，$i=1,2,\cdots,N$，L 表示领导者智能体，F 表示跟随者智能体，$\mathcal{M}$ 是主系统，$\mathcal{S}$ 是从系统。很明显，系统 (3-48) 是由系统 (3-47) 分解得到的。可以看出，利用矩阵降维的方法得到的定理 3.3.2 的计算简单，易于应用。此外，定理 3.3.2 展示

了耦合强度 c 对一致性收敛的影响，而且该无向网络拓扑结构和牵制控制对一致性的影响可以通过 $\boldsymbol{L}+\boldsymbol{K}$ 的特征值体现。

注 3.3.3 如本章参考文献 [18] 所示，选择适当的采样周期及其发生概率对于稳定误差系统 (3-33) 至关重要。根据定理 3.3.1，在给定拓扑下，可通过求解式 (3-34) 获得采样周期 p_1、p_2 及其发生概率 β。然而，$\boldsymbol{\Omega}_1$ 的维度过大，并且依赖于智能体数量。随着智能体数量的增加，其求解难度逐步加大。定理 3.3.2 给出了降维至 $7n\times 7n$ 的结果，虽然依然包含了 N 个矩阵不等式，但相比之下也能高效求解。特别地，对于给定网络拓扑 $\boldsymbol{L}$ 和牵制矩阵 $\boldsymbol{K}$，假设 $c\lambda_i(\boldsymbol{L}+\boldsymbol{K})\in[m_1,m_2], i=1,2,\cdots,N$，那么在完成 $c\lambda_i=m_1$ 或者 $c\lambda_i=m_2$ 的替换后，可使用 Matlab 的 LMI 工具箱求解式 (3-46)。然后可以确定一组 p_1、p_2、β。此时，可将基于采样数据领导者 - 跟随一致性问题式 (3-48) 转化为如下主从同步问题：

$$
\begin{aligned}
&\mathcal{M}:\dot{\boldsymbol{x}}_0(t)=\boldsymbol{A}\boldsymbol{x}_0(t)+\boldsymbol{B}\boldsymbol{f}(\boldsymbol{x}_0(t))\\
&\mathcal{S}:\dot{\boldsymbol{x}}_i(t)=\boldsymbol{A}\boldsymbol{x}_i(t)+\boldsymbol{B}\boldsymbol{f}(\boldsymbol{x}_i(t))\\
&\qquad\qquad -m_i(\boldsymbol{x}_i(t_k)-\boldsymbol{x}_0(t_k)),\ \forall t\in[t_k+\tau,t_{k+1}+\tau)
\end{aligned}
\tag{3-49}
$$

其中，$i=1,2$。结果表明，只需有效地选择 p_1、p_2、β 就可稳定系统 (3-49)，且只涉及两个独立的跟随者。

3.3.5 网络拓扑设计

定理 3.3.1 和定理 3.3.2 主要研究采样机制的作用。然而，网络拓扑和牵制控制对一致性的作用还不是十分清楚。接下来主要讨论网络拓扑和牵制控制的设计。

定理 3.3.3

在假设 3.3.1 和假设 3.3.2 下，给定常数 p_1、p_2 和 β，如果存在两个常数 $m_2\geqslant m_1>0$，矩阵 $\boldsymbol{P}>0$、$\boldsymbol{Q}_i>0$、$\boldsymbol{R}_i>0\ (i=1,2,3)$ 和对角矩阵 $\boldsymbol{S}>0$，对于任意 $m\in[m_1,m_2]$ 满足：

$$\boldsymbol{\Omega}_3=\begin{bmatrix}\boldsymbol{\Omega}_{11}^3 & \boldsymbol{R}_1 & \boldsymbol{\Omega}_{13}^3 & 0 & \boldsymbol{\Omega}_{15}^3 & 0 & \boldsymbol{\Omega}_{17}^3\\ * & \boldsymbol{\Omega}_{22}^3 & \boldsymbol{R}_2 & 0 & 0 & 0 & 0\\ * & * & \boldsymbol{\Omega}_{33}^3 & \boldsymbol{R}_2 & 0 & 0 & \boldsymbol{\Omega}_{37}^3\\ * & * & * & \boldsymbol{\Omega}_{44}^3 & \boldsymbol{R}_3 & 0 & 0\\ * & * & * & * & \boldsymbol{\Omega}_{55}^3 & \boldsymbol{R}_3 & \boldsymbol{\Omega}_{57}^3\\ * & * & * & * & * & \boldsymbol{\Omega}_{66}^3 & 0\\ * & * & * & * & * & * & \boldsymbol{\Omega}_{77}^3\end{bmatrix}<0 \tag{3-50}$$

其中：

$\boldsymbol{\Omega}_{11}^3=\boldsymbol{PA}+\boldsymbol{A}^{\mathrm{T}}\boldsymbol{P}+\boldsymbol{Q}_1+\boldsymbol{HSH}-\boldsymbol{R}_1+\boldsymbol{A}^{\mathrm{T}}\boldsymbol{\digamma}\boldsymbol{A},\boldsymbol{\Omega}_{13}^3=-\alpha m(\boldsymbol{P}+\boldsymbol{A}^{\mathrm{T}}\boldsymbol{\digamma})$

$\boldsymbol{\Omega}_{15}^3=-(1-\alpha)m\otimes(\boldsymbol{P}+\boldsymbol{A}^{\mathrm{T}}\boldsymbol{\digamma}),\boldsymbol{\Omega}_{17}^3=\boldsymbol{PB}+\boldsymbol{A}^{\mathrm{T}}\boldsymbol{\digamma}\boldsymbol{B},\boldsymbol{\Omega}_{22}^3=\boldsymbol{Q}_2-\boldsymbol{Q}_1-\boldsymbol{R}_1-\boldsymbol{R}_2$

$\boldsymbol{\Omega}_{33}^3=-2\boldsymbol{R}_2+\alpha m^2\boldsymbol{\digamma},\boldsymbol{\Omega}_{37}^3=-\alpha m\boldsymbol{\digamma}\boldsymbol{B},\boldsymbol{\Omega}_{44}^3=\boldsymbol{Q}_3-\boldsymbol{Q}_2-\boldsymbol{R}_2-\boldsymbol{R}_3$

$\boldsymbol{\Omega}_{55}^3=-2\boldsymbol{R}_3+(1-\alpha)m^2\boldsymbol{\digamma},\boldsymbol{\Omega}_{57}^3=-(1-\alpha)m\boldsymbol{\digamma}\boldsymbol{B},\boldsymbol{\Omega}_{66}^3=-\boldsymbol{Q}_3-\boldsymbol{R}_3$

$\boldsymbol{\Omega}_{77}^3=-\boldsymbol{S}+\boldsymbol{B}^{\mathrm{T}}\boldsymbol{\digamma}\boldsymbol{B},\boldsymbol{\digamma}=\tau^2\boldsymbol{R}_1+p_1^2\boldsymbol{R}_2+(p_2-p_1)^2\boldsymbol{R}_3$

并且，牵制矩阵 $\boldsymbol{K}$ 和耦合强度 c 满足：

$$\frac{\lambda_{\min}(\boldsymbol{L}+\boldsymbol{K})}{\lambda_{\max}(\boldsymbol{L}+\boldsymbol{K})}\geqslant\frac{m_1}{m_2} \tag{3-51}$$

以及

$$\frac{m_1}{\lambda_{\min}(\boldsymbol{L}+\boldsymbol{K})}\leqslant c\leqslant\frac{m_2}{\lambda_{\max}(\boldsymbol{L}+\boldsymbol{K})} \tag{3-52}$$

那么在无向网络拓扑下，误差系统 (3-33) 是均方指数稳定的。

证明：

根据式 (3-52) 可知，存在耦合强度 c 使得 $c\lambda_{\min}(\boldsymbol{L}+\boldsymbol{K})\leqslant c\lambda_i\leqslant c\lambda_{\max}(\boldsymbol{L}+\boldsymbol{K})$（$\lambda_i$ 的定义见定理 3.3.2），结合式 (3-51)、式 (3-52)，易得 $m_1\leqslant c\lambda_i\leqslant m_2$。因此，对于所有 $c\lambda_i$，$i=1,2,\cdots,N$，有 $\boldsymbol{\Omega}_3<0$。然后根据定理 3.3.2，可得定理 3.3.3。证毕。

注 3.3.4 根据本章参考文献 [20] 中的引理 4，易得 $(1-\rho)m_1^2+\rho m_2^2\geqslant[(1-\rho)m_1+\rho m_2]^2,\forall\rho\in[0,1]$。对于 $m=m_1$ 或 $m=m_2$ 时，$\boldsymbol{\Omega}_3<0$ 成立，那么当 $m\in[m_1,m_2]$ 时，$\boldsymbol{\Omega}_3<0$。最后，通过适当的计算，很容易得到 m 的下界 m_1 和上界 m_2。

注 3.3.5

定理 3.3.3 讨论了在给定的采样方案下，如何设计网络参数镇定多智能体系统。实际上，基于定理 3.3.3，基于采样数据的领导者-跟随一致性问题式(3-47)等价于如下主从同步问题：

$$
\begin{aligned}
&\mathcal{M}:\dot{\boldsymbol{x}}_0(t)=\boldsymbol{A}\boldsymbol{x}_0(t)+\boldsymbol{B}\boldsymbol{f}(\boldsymbol{x}_0(t))\\
&\mathcal{S}:\dot{\boldsymbol{x}}_1(t)=\boldsymbol{A}\boldsymbol{x}_1(t)+\boldsymbol{B}\boldsymbol{f}(\boldsymbol{x}_1(t))\\
&\qquad\qquad -m(\boldsymbol{x}_1(t_k)-\boldsymbol{x}_0(t_k)),\forall t\in[t_k+\tau,t_{k+1}+\tau)
\end{aligned}
$$

其中，反馈增益 m 待确定。一旦 m 的上下界确定，则可以用于网络参数设计。结果表明，即使系统在给定的 p_1、p_2、β 下不能实现稳定，也可以有效地设计通信网络实现同步。

在通信延时 $\tau=0$ 的情况下，可以得到如下推论。

推论 3.3.4

在假设 3.3.1 和假设 3.3.2 下，给定常数 p_1、p_2 和 β，如果存在两个常数 $m_2\geqslant m_1>0$，矩阵 $\boldsymbol{P}>0$、$\boldsymbol{Q}_i>0$、$\boldsymbol{R}_i>0\ (i=1,2,3)$ 和对角矩阵 $\boldsymbol{S}>0$，对于任意 $m\in[m_1,m_2]$ 使得：

$$
\hat{\boldsymbol{\Omega}}_3=\begin{bmatrix}
\hat{\boldsymbol{\Omega}}_{11}^3 & \hat{\boldsymbol{\Omega}}_{12}^3 & 0 & \hat{\boldsymbol{\Omega}}_{14}^3 & 0 & \hat{\boldsymbol{\Omega}}_{16}^3\\
* & \hat{\boldsymbol{\Omega}}_{22}^3 & \boldsymbol{R}_2 & 0 & 0 & \hat{\boldsymbol{\Omega}}_{26}^3\\
* & * & \hat{\boldsymbol{\Omega}}_{33}^3 & \boldsymbol{R}_3 & 0 & 0\\
* & * & * & \hat{\boldsymbol{\Omega}}_{44}^3 & \boldsymbol{R}_3 & \hat{\boldsymbol{\Omega}}_{46}^3\\
* & * & * & * & -\boldsymbol{Q}_3-\boldsymbol{R}_3 & 0\\
* & * & * & * & * & \hat{\boldsymbol{\Omega}}_{66}^3
\end{bmatrix}<0 \tag{3-53}
$$

其中：

$$
\begin{aligned}
&\hat{\boldsymbol{\Omega}}_{11}^3=\boldsymbol{PA}+\boldsymbol{A}^{\mathrm{T}}\boldsymbol{P}+\boldsymbol{Q}_2+\boldsymbol{HSH}-\boldsymbol{R}_2+\boldsymbol{A}^{\mathrm{T}}\mathcal{F}\boldsymbol{A},\hat{\boldsymbol{\Omega}}_{12}^3=-\alpha m(\boldsymbol{P}+\boldsymbol{A}^{\mathrm{T}}\mathcal{F})+\boldsymbol{R}_2\\
&\hat{\boldsymbol{\Omega}}_{14}^3=-(1-\alpha)m(\boldsymbol{P}+\boldsymbol{A}^{\mathrm{T}}\mathcal{F}),\hat{\boldsymbol{\Omega}}_{16}^3=\boldsymbol{PB}+\boldsymbol{A}^{\mathrm{T}}\mathcal{F}\boldsymbol{B},\hat{\boldsymbol{\Omega}}_{22}^3=-2\boldsymbol{R}_2+\alpha m^2\mathcal{F}\\
&\hat{\boldsymbol{\Omega}}_{26}^3=-\alpha m\mathcal{F}\boldsymbol{B},\hat{\boldsymbol{\Omega}}_{33}^3=\boldsymbol{Q}_3-\boldsymbol{Q}_2-\boldsymbol{R}_2-\boldsymbol{R}_3\\
&\hat{\boldsymbol{\Omega}}_{44}^3=-2\boldsymbol{R}_3+(1-\alpha)m^2\mathcal{F},\hat{\boldsymbol{\Omega}}_{46}^3=-(1-\alpha)m\mathcal{F}\boldsymbol{B},\hat{\boldsymbol{\Omega}}_{66}^3=-\boldsymbol{S}+\boldsymbol{B}^{\mathrm{T}}\mathcal{F}\boldsymbol{B}\\
&\mathcal{F}=p_1^2\boldsymbol{R}_2+(p_2-p_1)\boldsymbol{R}_3
\end{aligned}
$$

并且矩阵$\boldsymbol{K}$和耦合强度c满足式(3-51)、式(3-52)，那么在无向网络拓扑下，误差系统(3-33)是均方指数稳定的。

注 3.3.6　值得一提的是，定理 3.3.3 和推论 3.3.4 中线性矩阵不等式的维数与网络规模无关。实际上，$\boldsymbol{\Omega}_3<0$ 成立就能确保系统（3-49）的主从同步。在某种意义上，本小节成功地将具有 1 个领导者和 N 个跟随者的领导者 - 跟随一致性问题简化为 1 个主系统和 1 个从系统的同步问题，这非常适用于解决大规模网络化智能体系统的一致性问题。此外，本节对于如何选择牵制智能体以及如何设计耦合强度的问题提供了指导，在例 3.3.2 中加以验证。

3.3.6　数值仿真

考虑耦合细胞神经网络模型，其领导者的动力学方程满足：

$$\dot{\boldsymbol{x}}_0(t)=\boldsymbol{A}\boldsymbol{x}_0(t)+\boldsymbol{B}\boldsymbol{f}(t,\boldsymbol{x}_0(t)) \tag{3-54}$$

其中，非线性函数 $\boldsymbol{f}(\boldsymbol{x}_0(t))=\left[q(x_{01}(t)),q(x_{02}(t)),q(x_{03}(t))\right]^{\mathrm{T}},q(x_{0i}(t))=\frac{1}{2}(|x_{0i}(t)+1|-|x_{0i}(t)-1|),i=1,2,3$ ；以及：

$$\boldsymbol{A}=\begin{bmatrix}-1 & 0 & 0\\ 0 & -1 & 0\\ 0 & 0 & -1\end{bmatrix},\quad \boldsymbol{B}=\begin{bmatrix}1.25 & -3.2 & -3.2\\ -3.2 & 1.1 & -4.4\\ -3.2 & 4.4 & 1.0\end{bmatrix}$$

设初始条件为 $x_{01}(0)=0.1,x_{02}(0)=0.1,x_{03}(0)=-0.1$ ，图 3-5 展示了领导者的轨迹。

例 3.3.1　非对称网络的应用

考虑有 4 个跟随者的多智能体系统，其拉普拉斯矩阵为：

$$\boldsymbol{L}=\begin{bmatrix}1 & 0 & -1 & 0\\ -1 & 1 & 0 & 0\\ -1 & -1 & 2 & 0\\ -1 & 0 & -1 & 2\end{bmatrix}$$

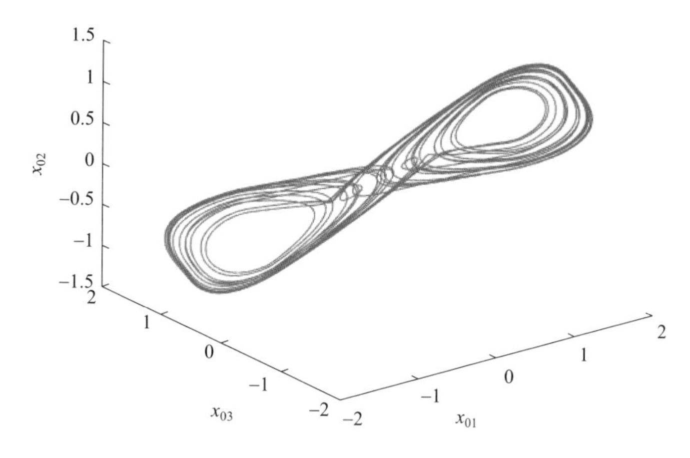

图 3-5　领导者的轨迹

每个跟随者的动力学方程满足式 (3-54)，但初始条件不同。定义跟随者与领导者智能体之间的误差为：

$$e(t)=\frac{1}{4\times 3}\sum_{i=1}^{4}\sum_{j=1}^{3}\left(x_{ij}(t)-x_{0j}(t)\right)^2 \tag{3-55}$$

图 3-6 和图 3-7 表明，在没有控制输入的作用下，多智能体系统无法实现领导者 - 跟随一致。为实现一致性，采用随机采样控制 (3-27)。令 $c=5, k_1=3, k_2=2, k_3=0, k_4=0$，并且仅对智能体 1 和智能体 2 施加控制作用。选取 $p_1=0.01, p_2=0.05, \beta=0.8$，根据定理 3.3.1，使用

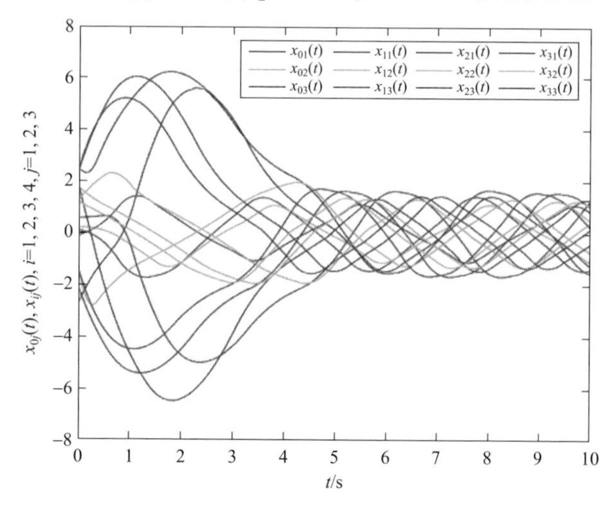

图 3-6　无控制输入下的状态响应曲线

Matlab 的 LMI 工具箱解式 (3-34) 可得 $t_{\min} = -1.2753 \times 10^{-6}$ 和最大允许通信延时 $\tau = 0.016$ 。图 3-8 和图 3-9 分别给出了采样控制下的状态响应曲线和误差信号 $e(t)$ 的演化曲线。

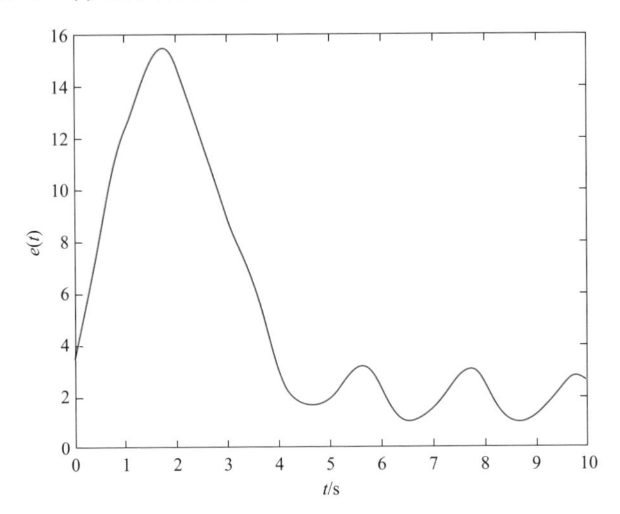

图 3-7　无控制输入下误差信号的演化曲线

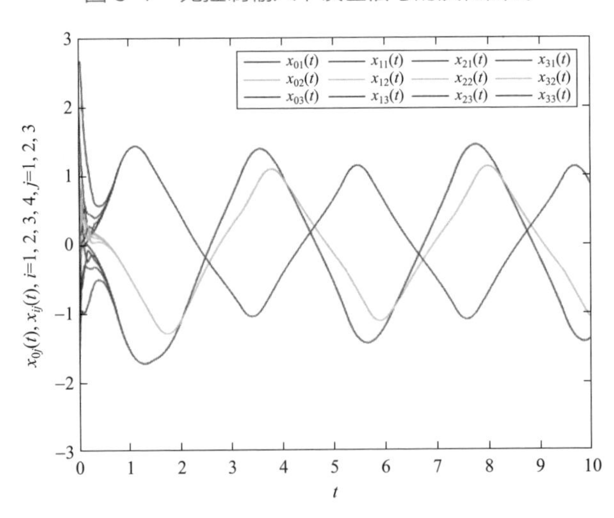

图 3-8　例 3.3.1 中采样控制下的状态响应曲线

接下来对比随机采样和固定周期采样的情况。根据推论 3.3.1，固定周期采样允许的最大采样时间间隔为 $p = 0.018$ ，然而在随机采样下，采样时间间隔可以取一个较大的值，如 0.05。在无通信延时的情况

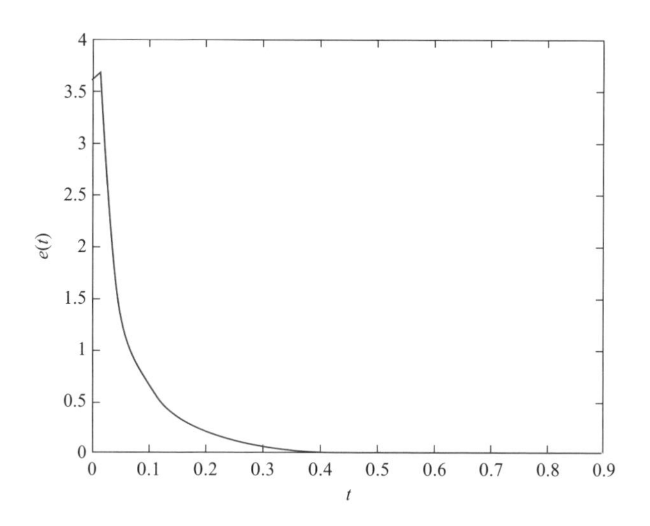

图 3-9　例 3.3.1 中采样控制下误差信号的演化曲线

下，根据推论 3.3.2，p_2 允许的最大值为 0.098；当通信延时 $\tau=0.016$ 时，根据定理 3.3.1，p_2 允许的最大值为 0.05。如果在固定周期采样的情况下，当通信延时不存在时，根据推论 3.3.3，允许的最大采样周期为 $p=0.034$；当采样周期为 $p=0.034$ 时，根据推论 3.3.1，τ 允许的最大值为 0.018。上述表明，与固定周期采样相比，随机采样可以允许一个较大采样时间间隔，并且通信延时对采样周期大小有负面影响。

例 3.3.2　对称网络的应用

选择 100 个跟随者智能体的近邻网络，其拉普拉斯矩阵为：

$$\boldsymbol{L}=\begin{bmatrix} 6 & -1 & -1 & -1 & 0 & \cdots & 0 & -1 & -1 & -1 \\ -1 & 6 & -1 & -1 & -1 & 0 & \cdots & 0 & -1 & -1 \\ \vdots & \vdots & \vdots & \vdots & \vdots & \vdots & \vdots & \vdots & \vdots & \vdots \\ -1 & -1 & 0 & \cdots & 0 & -1 & -1 & -1 & 6 & -1 \\ -1 & -1 & -1 & 0 & \cdots & 0 & -1 & -1 & -1 & 6 \end{bmatrix}_{100\times100}$$

由于网络中有 100 个智能体，如果采用定理 3.3.1，那么求解不等式 (3-34) 具有巨大的挑战。令 $p_1=0.01, p_2=0.05, \beta=0.8, \tau=0$，根据推论 3.3.4，易得 $m_1=5.553$ 和 $m_2=57.792$。然后根据式（3-51），可得 $\dfrac{\lambda_{\min}(L+K)}{\lambda_{\max}(L+K)}\geqslant\dfrac{m_1}{m_2}=0.0961$。均匀地选取 40% 的跟随者智能体对其

施加控制作用，如选择编号为 $(i-1)10+2, (i-1)10+4, (i-1)10+6, (i-1)10+9, i=1,2,\cdots,10$ 的智能体，易得 $\lambda_{\min}(\boldsymbol{L}+\boldsymbol{K})=1.7731$ 和 $\lambda_{\max}(\boldsymbol{L}+\boldsymbol{K})=18.0883$，其比值为 0.098，满足式（3-51）。根据式（3-52），可得 $3.1318\leqslant c\leqslant 3.195$。然后，令 $c=3.15$，图 3-10 和图 3-11 分别给出了状态变量和误差信号的仿真结果。从图中可以看出，所有跟随者智能体与领导者智能体达成了状态一致。

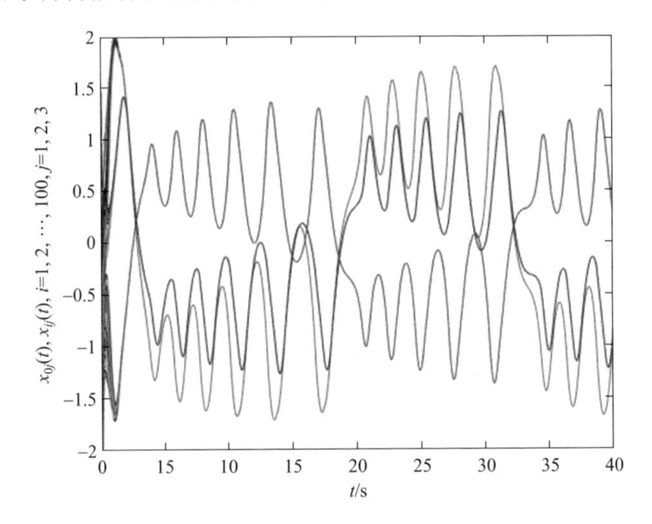

图 3-10　例 3.3.2 中采样控制下的状态响应曲线

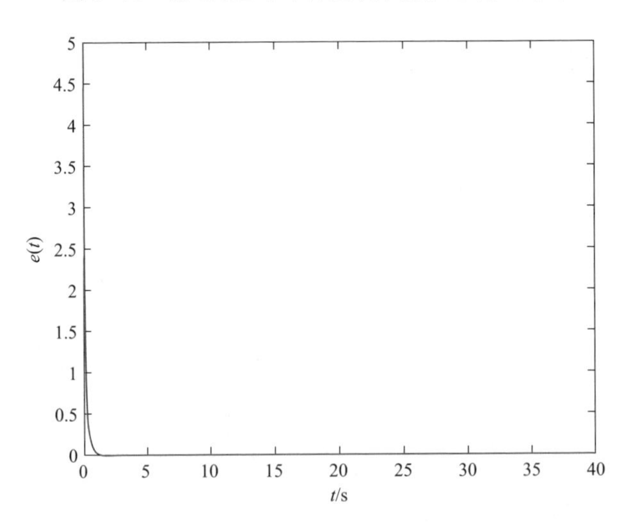

图 3-11　例 3.3.2 中采样控制下误差信号的演化曲线

3.4 耦合多谐振子的分布式异步采样控制

本章 3.2 节研究了网络诱导延时对仅使用位置状态的主从负阻振荡器同步的积极影响，其中每个控制器仅在其邻居同步采样的所有数据包准时到达时才更新。本节将考虑多个耦合谐振子在异步采样机制下的同步控制问题。

3.4.1 模型描述

考虑带有 N 个跟随者和 1 个领导者的耦合多谐振子系统，其中每个跟随谐振子的动力学方程为：

$$\begin{cases}\dot{\boldsymbol{p}}_i(t)=\boldsymbol{g}_i(t)\\ \dot{\boldsymbol{g}}_i(t)=-\alpha\boldsymbol{p}_i(t)+\boldsymbol{u}_i(t),i=1,2,\cdots,N\end{cases} \tag{3-56}$$

其中，$\boldsymbol{p}_i(t)\in\mathbb{R}^n$、$\boldsymbol{g}_i(t)\in\mathbb{R}^n$ 和 $\boldsymbol{u}_i(t)\in\mathbb{R}^n$ 分别为第 i 个谐振子的位置、速度和控制输入向量；α 是一个正常数。为使符号简洁，本节令 $n=1$，但通过克罗内克积运算，很容易将本节的结论推广到 $n>1$ 的情况。

领导者谐振子用下标 0 来表示，其动力学方程为：

$$\begin{cases}\dot{\boldsymbol{p}}_0(t)=\boldsymbol{g}_0(t)\\ \dot{\boldsymbol{g}}_0(t)=-\alpha\boldsymbol{p}_0(t)\end{cases} \tag{3-57}$$

对于任意初始条件 $(\boldsymbol{p}_i(0),\boldsymbol{g}_i(0))$，如果 $\lim\limits_{t\to\infty}\|\boldsymbol{p}_0-\boldsymbol{p}_i\|=0$ 以及 $\lim\limits_{t\to\infty}\|\boldsymbol{g}_0-\boldsymbol{g}_i\|=0$，$i=1,2,\cdots,N$，则称跟随谐振子系统与领导者实现渐近同步。

3.4.2 异步通信机制

(1) 数据采样和传输

网络化耦合谐振子的通信框架如图 3-12 所示。采样器 i 以周期 h_i^s 进行采样，这意味着通信过程中使用的是数字信号而不是模拟信号。假设 h_i^s 是一个正常数，对于 $i\neq j$，h_i^s 和 h_j^s 不一定相等，即 N 个采样器不一定同步运行。定义 $\bar{h}^s=\max\{h_i^s\mid i=0,1,2,\cdots,N\}$。

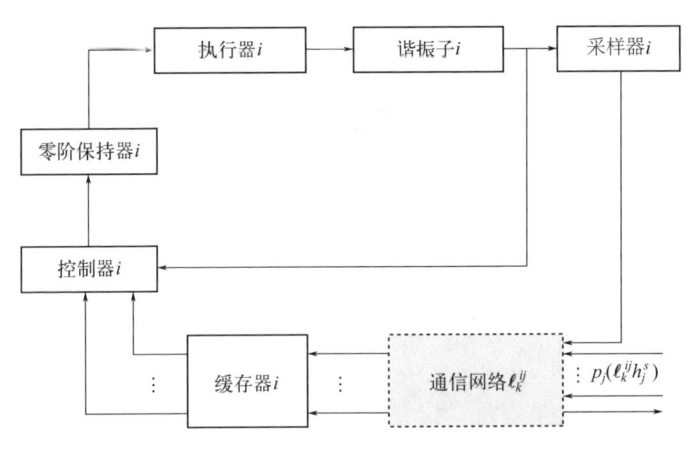

图 3-12　耦合多谐振子异步采样控制框图

采样器 i 的采样序列为 $\{\ell h_i^s \mid \ell \in \mathbb{N}\}$。然后，将采样信号 $\boldsymbol{p}_i\left(\ell h_i^s\right)$ 和时间戳 ℓ 一起打包为一个采样数据包 $\left(\boldsymbol{p}_i\left(\ell h_i^s\right),\ell\right)$，并通过不同的信道传输到邻居谐振子的控制器端，如图 3-12 所示。在本节中，假设所有通信信道都具有良好的服务质量，因此不存在数据包丢失或混乱的情况，但传输延时不可避免。并且，不同通信信道产生的延时不一定相同。

注 3.4.1　本节假定系统的初始时间 t_0 为 0。如果 t_0 大于 0，那么数据包序列为 $\{(p_i(t_0+\ell h_i^s),\ell) \mid \ell = 1,2,\cdots\}$。

(2) 缓存器和控制器

在图 3-12 中，缓存器 i 用来收集和存储由不同信道传输过来的邻居谐振子的采样数据包。数据包 $\left(p_j\left(\ell h_j^s\right),\ell\right)$ 是由智能体 j 传至智能体 i 的，因为传输延时不可避免，所以该数据包会在 $\ell h_j^s + \tau_\ell^{ij}$ 时刻到达缓存器 i，其中 τ_ℓ^{ij} 表示采样器 j 到缓存器 i 的网络诱导延时。由于通信信道具有良好的服务质量，对于连续发送的两个数据包，显然有：

$$\ell h_j^s + \tau_\ell^{ij} \leqslant (\ell+1)h_j^s + \tau_{\ell+1}^{ij},\ j \in \mathcal{N}_i,\ \ell \in \mathbb{N} \tag{3-58}$$

在每个通信信道中，假设缓存器 i 只存储最新的数据包。那么有 $|\mathcal{N}_i|$ 个数据包存储在缓存器 i 中。传输延时 τ_ℓ^{ij} 在每个通信信道上有所不同，并且由上界和下界界定，即：

$$\underline{\tau}^{ij} \leqslant \tau_{\ell}^{ij} \leqslant \overline{\tau}^{ij}, i=1,2,\cdots,N; j \in \mathcal{N}_i; \ell \in \mathbb{N} \tag{3-59}$$

缓存器 i 收集并存储来自谐振子 i 及其邻居的数据包，控制器 i 根据缓存器 i 中存储的数据来计算控制命令。如果控制器 i 是事件驱动的，即控制器 i 在缓存器 i 更新后执行，那么由于存在 $|\mathcal{N}_i|$ 个邻居，控制器的更新将会过于频繁。此处设置控制器 i 是以 $h_i^c > 0$ 为周期进行更新的，这将明显降低控制器的更新频率。对于不同的谐振子 i，h_i^c 可能不相等，即对于 $i \neq j$，h_i^c 不一定与 h_j^c 相等。

控制器 i 的更新序列为 $\left\{d_k^i \mid k \in \mathbb{N}\right\}$，且有 $h_i^c = d_{k+1}^i - d_k^i$。假设 d_k^i 时刻，缓存器 i 中存储的数据包是 $\left\{\boldsymbol{p}_j\left(\ell_k^{ij} h_i^s\right), \ell_k^{ij}\right\}$。由于缓存器 i 仅存储最新到达的数据，那么在 d_k^i 时刻，下一个数据包 $(\boldsymbol{p}_j((\ell_k^{ij}+1)h_j^s),(\ell_k^{ij}+1))$ 还未到达缓存器 i，那么：

$$\ell_k^{ij} h_j^s + \tau_{\ell_k^{ij}}^{ij} \leqslant d_k^i < (\ell_k^{ij}+1)h_j^s + \tau_{(\ell_k^{ij}+1)}^{ij}, i=1,2,\cdots,N; j \in \mathcal{N}_i \tag{3-60}$$

因此，d_k^i 时刻的分布式控制协议为：

$$\boldsymbol{u}_i\left(d_k^i\right) = f_i \sum_{j=1}^{N} a_{ij}\left(\boldsymbol{p}_i\left(\ell_k^{ij} h_j^s\right) - \boldsymbol{p}_j\left(\ell_k^{ij} h_j^s\right)\right) + f_i d_i\left(\boldsymbol{p}_i\left(\ell_k^{i0} h_0^s\right) - \boldsymbol{p}_0\left(\ell_k^{i0} h_0^s\right)\right) \tag{3-61}$$

其中，$f_i > 0$ 是谐振子 i 的控制增益；a_{ij} 是加权邻接系数；d_i 是领导者与谐振子 i 的牵制增益。

(3) 执行器

在图 3-12 中，控制器 i 产生的控制信号由零阶保持器 i 保持直到下一个控制信号到达。使用 $\{\boldsymbol{u}_i(d_k^i) \mid k \in \mathbb{N}\}$ 表示控制器 i 传输的控制信号序列。谐振子 i 的控制输入 $\boldsymbol{u}_i(t)$ 为：

$$\begin{aligned}\boldsymbol{u}_i(t) &= \boldsymbol{u}_i(d_k^i) \\ &= f_i \sum_{j=1}^{N} a_{ij}(\boldsymbol{p}_i(\ell_k^{ij} h_j^s) - \boldsymbol{p}_j(\ell_k^{ij} h_j^s)) + f_i d_i(\boldsymbol{p}_i(\ell_k^{i0} h_0^s) - \boldsymbol{p}_0(\ell_k^{i0} h_0^s)), t \in [d_k^i, d_{k+1}^i)\end{aligned} \tag{3-62}$$

令 $\tau_{ij}(t) = t - \ell_k^{ij} h_j^s, t \in \left[d_k^i, d_{k+1}^i\right)$，那么此时谐振子 i 的控制输入可表示为：

$$\boldsymbol{u}_i(t) = f_i \sum_{j=1}^{N} a_{ij}\left(\boldsymbol{p}_i\left(t - \tau_{ij}(t)\right) - \boldsymbol{p}_j\left(t - \tau_{ij}(t)\right)\right) + f_i d_i\left(\boldsymbol{p}_i\left(t - \tau_{i0}(t)\right) - \boldsymbol{p}_0\left(t - \tau_{i0}(t)\right)\right) \tag{3-63}$$

令 $\underline{\tau}_{ij}=\underline{\tau}^{ij}$ 和 $\overline{\tau}^{ij}=h_i^c+\overline{h}^s+\overline{\tau}^{ij}$，则 $\tau_{ij}(t)$ 满足 $\underline{\tau}_{ij}\leqslant\tau_{ij}(t)\leqslant\overline{\tau}^{ij}$，$t\in\left[d_k^i,d_{k+1}^i\right)$。

在分布式控制协议 (3-63) 下，系统 (3-56) 可写为：

$$\begin{cases}\dot{\boldsymbol{p}}_i(t)=\boldsymbol{g}_i(t)\\ \dot{\boldsymbol{g}}_i(t)=-\alpha\boldsymbol{p}_i(t)+f_i\sum\limits_{j=1}^{N}a_{ij}(\boldsymbol{p}_i(t-\tau_{ij}(t))-\boldsymbol{p}_j(t-\tau_{ij}(t)))+f_id_i(\boldsymbol{p}_i(t-\tau_{i0}(t))\\ \qquad -\boldsymbol{p}_0(t-\tau_{i0}(t)))\end{cases}$$

定义 $\hat{\boldsymbol{p}}_i(t)=\boldsymbol{p}_i(t)-\boldsymbol{p}_0(t)$ 和 $\hat{\boldsymbol{g}}_i(t)=\boldsymbol{g}_i(t)-\boldsymbol{g}_0(t)$，分别代表相对于领导者的位置和速度信息。因此，误差系统为：

$$\begin{cases}\dot{\hat{\boldsymbol{p}}}_i(t)=\hat{\boldsymbol{g}}_i(t)\\ \dot{\hat{\boldsymbol{g}}}_i(t)=-\alpha\hat{\boldsymbol{p}}_i(t)+f_i\sum\limits_{j=1}^{N}a_{ij}(\hat{\boldsymbol{p}}_i(t-\tau_{ij}(t))-\hat{\boldsymbol{p}}_j(t-\tau_{ij}(t)))-\alpha\hat{\boldsymbol{p}}_i(t)\\ \qquad +f_id_i(\boldsymbol{p}_i(t-\tau_{i0}(t)))\end{cases}$$

令 $\boldsymbol{e}_i(t)=\mathrm{col}\{\hat{\boldsymbol{p}}_i(t),\hat{\boldsymbol{g}}_i(t)\}$，那么对 $t\in[d_k^i,d_{k+1}^i),i=1,2,\cdots,N$，有：

$$\dot{\boldsymbol{e}}_i(t)=\boldsymbol{A}\boldsymbol{e}_i(t)+f_i\boldsymbol{BC}\sum_{j=1}^{N}a_{ij}(\boldsymbol{e}_i(t-\tau_{ij}(t))-\boldsymbol{e}_j(t-\tau_{ij}(t)))+f_i\boldsymbol{BC}d_i\boldsymbol{e}_i(t-\tau_{i0}(t)) \tag{3-64}$$

其中：

$$\boldsymbol{A}=\begin{bmatrix}0 & 1\\ -\alpha & 0\end{bmatrix},\boldsymbol{B}^{\mathrm{T}}=[0\ \ 1],\boldsymbol{C}=[1\ \ 0]$$

令 $\boldsymbol{e}(t)=\mathrm{col}\{\boldsymbol{e}_1(t),\boldsymbol{e}_2(t),\cdots,\boldsymbol{e}_N(t)\}$，那么上述误差系统的矩阵表达形式为：

$$\begin{aligned}\dot{\boldsymbol{e}}(t)=&(\boldsymbol{I}_N\otimes\boldsymbol{A})\boldsymbol{e}(t)+\sum_{i=1}^{N}\sum_{j=1,j\neq i}^{N}(\boldsymbol{FL}_{ij})\otimes(\boldsymbol{BC})\boldsymbol{e}(t-\tau_{ij}(t))\\ &+\sum_{i=1}^{N}(\boldsymbol{FD}_i)\otimes(\boldsymbol{BC})\boldsymbol{e}(t-\tau_{i0}(t))\end{aligned} \tag{3-65}$$

其中，$\boldsymbol{F}=\mathrm{diag}\{f_1,f_2,\cdots,f_N\}$；$\boldsymbol{L}_{ij}=(l_{ij}^{kh})_{N\times N}\in\mathbb{R}^{N\times N}(k,h=1,2,\cdots,N)$，其中 $l_{ij}^{ij}=-a_{ij},l_{ij}^{ii}=a_{ij}$，如果 $k\neq i$ 或者 $h\neq i,j$，$l_{ij}^{kh}=0$，易得 $\boldsymbol{L}=\sum\limits_{i=1}^{N}\sum\limits_{j=1,j\neq i}^{N}\boldsymbol{L}_{ij}$；$\boldsymbol{D}_i\in\mathbb{R}^{N\times N}$ 为对角阵，其中 (i,i) 位置为 d_i，其余位置为 0，显

然 $\boldsymbol{D}=\sum_{i=1}^{N}\boldsymbol{D}_i$。

令 $\tau_{ii}(t)=\tau_{i0}(t)$，误差系统 (3-65) 可等价地描述为：

$$\dot{\boldsymbol{e}}(t)=(\boldsymbol{I}_N\otimes \boldsymbol{A})\boldsymbol{e}(t)+\sum_{i=1}^{N}\sum_{j=1}^{N}(\boldsymbol{F}\boldsymbol{H}_{ij})\otimes(\boldsymbol{B}\boldsymbol{C})\boldsymbol{e}(t-\tau_{ij}(t)) \tag{3-66}$$

其中，$\boldsymbol{H}_{ii}=\boldsymbol{D}_i,\boldsymbol{H}_{ij}=\boldsymbol{L}_{ij}(i,j=1,2,\cdots,N;j\neq i)$。误差系统的初始条件为 $\boldsymbol{e}(\vartheta)=\boldsymbol{\phi}(\vartheta)$ $(\vartheta\in[t_0-\bar{\tau},t_0])$，其中 $\bar{\tau}=\max_{i,j=1,2,\cdots,N}\{\bar{\tau}^{ij}\}$。

3.4.3 异步采样下耦合多谐振子分布式同步分析与设计

定理 3.4.1

给定常数 $\underline{\tau}_{ij}$，$\bar{\tau}^{ij}(i,j=1,2,\cdots,N)$ 和反馈增益矩阵 $\boldsymbol{F}$，如果存在矩阵 $\boldsymbol{P}\in\mathbb{R}^{2\times2},\boldsymbol{P}=\boldsymbol{P}^{\mathrm{T}}>0,\boldsymbol{T}_{ij}\in\mathbb{R}^{2\times2},\boldsymbol{T}_{ij}=\boldsymbol{T}_{ij}^{\ \mathrm{T}}>0,\boldsymbol{W}_{ij}\in\mathbb{R}^{2\times2},\boldsymbol{W}_{ij}=\boldsymbol{W}_{ij}^{\ \mathrm{T}}>0,\boldsymbol{Y}_{ij}\in\mathbb{R}^{2\times2},\boldsymbol{Y}_{ij}=\boldsymbol{Y}_{ij}^{\ \mathrm{T}}>0,\boldsymbol{X}_{ij}\in\mathbb{R}^{2\times2},\boldsymbol{X}_{ij}=\boldsymbol{X}_{ij}^{\ \mathrm{T}}>0,\boldsymbol{S}_a=\boldsymbol{S}_a^{\ \mathrm{T}}>0,\boldsymbol{Q}_a,\boldsymbol{R}_{ab}(a,b=0,1,\cdots,M),\boldsymbol{U}_1,\boldsymbol{U}_2$ 和 $\boldsymbol{G}_{ij}$，使得：

$$\begin{bmatrix}(\boldsymbol{I}\otimes\boldsymbol{P}) & \tilde{\boldsymbol{Q}}\\ * & \tilde{\boldsymbol{S}}+\tilde{\boldsymbol{R}}\end{bmatrix}>0 \tag{3-67}$$

$$\begin{bmatrix}(\boldsymbol{I}\otimes\boldsymbol{X}_{ij}) & (\boldsymbol{I}\otimes\boldsymbol{G}_{ij})\\ * & (\boldsymbol{I}\otimes\boldsymbol{X}_{ij})\end{bmatrix}>0 \tag{3-68}$$

$$\begin{bmatrix}\boldsymbol{\varPsi}_{11} & \boldsymbol{\varPsi}_{12}\\ * & \boldsymbol{\varPsi}_{22}\end{bmatrix}>0 \tag{3-69}$$

其中：

$$\tilde{\boldsymbol{R}}=[\boldsymbol{I}\otimes\boldsymbol{R}_{pq}]_{(M+1)\times(M+1)},(p,q=0,1,\cdots,M),\tilde{\boldsymbol{Q}}=[\boldsymbol{I}\otimes\boldsymbol{Q}_0,\cdots,\boldsymbol{I}\otimes\boldsymbol{Q}_M]$$

$$\tilde{\boldsymbol{S}}=\hbar^{-1}\mathrm{diag}\{\boldsymbol{I}\otimes\boldsymbol{S}_0,\cdots,\boldsymbol{I}\otimes\boldsymbol{S}_M\},\boldsymbol{\varPsi}_{11}=\begin{bmatrix}\boldsymbol{\varPi}_{11} & \boldsymbol{\varPi}_{12} & \boldsymbol{\varPi}_{13} & 0 & \boldsymbol{\varPi}_{15}\\ * & \boldsymbol{\varPi}_{22} & \boldsymbol{\varPi}_{23} & \boldsymbol{\varPi}_{24} & 0\\ * & * & \boldsymbol{\varPi}_{33} & \boldsymbol{\varPi}_{34} & 0\\ * & * & * & \boldsymbol{\varPi}_{44} & 0\\ * & * & * & * & \boldsymbol{\varPi}_{55}\end{bmatrix}$$

$$\boldsymbol{\varPi}_{11}=\begin{bmatrix}\boldsymbol{\varXi}_{1,1} & \boldsymbol{\varXi}_{1,2}\\ * & \boldsymbol{\varXi}_{2,2}\end{bmatrix},\boldsymbol{\varPi}_{12}=\begin{bmatrix}\boldsymbol{\varXi}_{1,3} & \cdots & \boldsymbol{\varXi}_{1,2+N^2}\\ \boldsymbol{\varXi}_{2,3} & \cdots & \boldsymbol{\varXi}_{2,2+N^2}\end{bmatrix},\boldsymbol{\varPi}_{13}=\begin{bmatrix}\boldsymbol{\varXi}_{1,3+N^2} & \cdots & \boldsymbol{\varXi}_{1,2+2N^2}\\ 0 & \cdots & 0\end{bmatrix}$$

$$\boldsymbol{\varPi}_{22}=\mathrm{diag}\{\boldsymbol{\varXi}_{2+(i-1)N+j,2+(i-1)N+j}\}_{N\times N},\boldsymbol{\varPi}_{23}=\mathrm{diag}\{\boldsymbol{\varXi}_{2+(i-1)N+j,2+N^2+(i-1)N+j}\}_{N\times N}$$

$$\Pi_{33}=\mathrm{diag}\{\Xi_{2+N^2+(i-1)N+j,2+N^2+(i-1)N+j}\}_{N\times N},$$
$$\Pi_{24}=\mathrm{diag}\{\Xi_{2+(i-1)N+j,2+2N^2+(i-1)N+j}\}_{N\times N}$$
$$\Pi_{34}=\mathrm{diag}\{\Xi_{2+N^2+(i-1)N+j,2+2N^2+(i-1)N+j}\}_{N\times N},$$
$$\Pi_{44}=\mathrm{diag}\{\Xi_{2+2N^2+(i-1)N+j,2+2N^2+(i-1)N+j}\}_{N\times N}$$

$$\Pi_{15}=\mathrm{col}\{\boldsymbol{I}\otimes\boldsymbol{Q}_M,0\},\ \Pi_{55}=\boldsymbol{I}\otimes\boldsymbol{S}_M$$

$$\Xi_{1,1}=-\mathrm{sym}\{\boldsymbol{I}\otimes\boldsymbol{Q}_0+\boldsymbol{I}\otimes(\boldsymbol{U}_1^{\mathrm{T}}\boldsymbol{A})\}-\boldsymbol{I}\otimes\boldsymbol{S}_0-\sum_{i=1}^{N}\sum_{j=1}^{N}(\boldsymbol{I}\otimes\boldsymbol{T}_{ij}-\boldsymbol{I}\otimes\boldsymbol{Y}_{ij})$$

$$\Xi_{1,2}=-\boldsymbol{I}\otimes\boldsymbol{P}+\boldsymbol{I}\otimes\boldsymbol{U}_1^{\mathrm{T}}-\boldsymbol{I}\otimes(\boldsymbol{A}^{\mathrm{T}}\boldsymbol{U}_2),\Xi_{2,2}$$
$$=-\sum_{i=1}^{N}\sum_{j=1}^{N}(\underline{\tau}_{ij}^2(\boldsymbol{I}\otimes\boldsymbol{Y}_{ij})+\tau_{ij}^2(\boldsymbol{I}\otimes\boldsymbol{X}_{ij}))+\mathrm{sym}\{\boldsymbol{I}\otimes\boldsymbol{U}_2^{\mathrm{T}}\}$$

$$\Xi_{1,2+(i-1)N+j}=-(\boldsymbol{F}\boldsymbol{H}_{ij})\otimes(\boldsymbol{U}_1^{\mathrm{T}}\boldsymbol{B}\boldsymbol{C}),\Xi_{2,2+(i-1)N+j}=-(\boldsymbol{F}\boldsymbol{H}_{ij})\otimes(\boldsymbol{U}_2^{\mathrm{T}}\boldsymbol{B}\boldsymbol{C})$$

$$\Xi_{2+(i-1)N+j,2+(i-1)N+j}=2(\boldsymbol{I}\otimes\boldsymbol{X}_{ij})-\mathrm{sym}\{\boldsymbol{I}\otimes\boldsymbol{G}_{ij}\},\Xi_{1,2+N^2+(i-1)N+j}=-\boldsymbol{I}\otimes\boldsymbol{Y}_{ij}$$

$$\Xi_{2+(i-1)N+j,2+N^2+(i-1)N+j}=\boldsymbol{I}\otimes\boldsymbol{G}_{ij}^{\mathrm{T}}-\boldsymbol{I}\otimes\boldsymbol{X}_{ij}$$

$$\Xi_{2+N^2+(i-1)N+j,2+N^2+(i-1)N+j}=\boldsymbol{I}\otimes\boldsymbol{T}_{ij}-\boldsymbol{I}\otimes\boldsymbol{W}_{ij}+\boldsymbol{I}\otimes\boldsymbol{Y}_{ij}+\boldsymbol{I}\otimes\boldsymbol{Y}_{ij}$$

$$\Xi_{2+(i-1)N+j,2+2N^2+(i-1)N+j}=\boldsymbol{I}\otimes\boldsymbol{G}_{ij}-\boldsymbol{I}\otimes\boldsymbol{X}_{ij},\Xi_{2+N^2+(i-1)N+j,2+2N^2+(i-1)N+j}=-\boldsymbol{I}\otimes\boldsymbol{G}_{ij}$$

$$\Xi_{2+2N^2+(i-1)N+j,2+2N^2+(i-1)N+j}=\boldsymbol{I}\otimes\boldsymbol{W}_{ij}+\boldsymbol{I}\otimes\boldsymbol{X}_{ij},\Psi_{12}=[-\Upsilon^s-\Upsilon^a],\Psi_{22}$$
$$=\mathrm{diag}\{\boldsymbol{R}_o+\boldsymbol{S}_o,3\boldsymbol{S}_o\}$$

$$\Upsilon^s=\mathrm{col}\{\Upsilon_1^s,\Upsilon_2^s,\underbrace{0,\cdots,0}_{3N^2},\Upsilon_3^s\},\Upsilon_\sigma^s=[\Upsilon_{\sigma1}^s\cdots\Upsilon_{\sigma M}^s],\boldsymbol{Y}^a=\mathrm{col}\{\Upsilon_1^a,\Upsilon_2^a,\underbrace{0,\cdots,0}_{3N^2},\Upsilon_3^a\}$$

$$\Upsilon_\sigma^a=[\Upsilon_{\sigma1}^a\cdots\Upsilon_{\sigma M}^a](\sigma=1,2,3),\Upsilon_{1p}^s=(\hbar/2)\boldsymbol{I}\otimes(\boldsymbol{R}_{0,p-1}+\boldsymbol{R}_{0,p})+\boldsymbol{I}\otimes(\boldsymbol{Q}_p-\boldsymbol{Q}_{p-1})$$

$$\Upsilon_{1p}^a=-(\hbar/2)\boldsymbol{I}\otimes(\boldsymbol{R}_{0,p-1}-\boldsymbol{R}_{0,p})$$

$$\Upsilon_{2p}^s=(\hbar/2)\boldsymbol{I}\otimes(\boldsymbol{Q}_{p-1}+\boldsymbol{Q}_p),\Upsilon_{2p}^a=-(\hbar/2)\boldsymbol{I}\otimes(\boldsymbol{Q}_{p-1}-\boldsymbol{Q}_p)$$

$$\Upsilon_{3p}^s=-(\hbar/2)\boldsymbol{I}\otimes(\boldsymbol{R}_{M,p-1}+\boldsymbol{R}_{M,p})$$

$$\Upsilon_{3p}^a=(\hbar/2)\boldsymbol{I}\otimes(\boldsymbol{R}_{M,p-1}-\boldsymbol{R}_{M,p}),\ \boldsymbol{R}_o=\left[\boldsymbol{R}_{opq}\right]_{M\times M}$$

$$\boldsymbol{R}_{opq}=(\hbar\boldsymbol{I})\otimes(\boldsymbol{R}_{p-1,q-1}-\boldsymbol{R}_{p,q})(p,q=1,\cdots,M)$$

$$\boldsymbol{S}_o=\mathrm{diag}\{\boldsymbol{I}\otimes(\boldsymbol{S}_0-\boldsymbol{S}_1),\cdots,\boldsymbol{I}\otimes(\boldsymbol{S}_{M-1}-\boldsymbol{S}_M)\}$$

那么误差系统 (3-66) 是渐近稳定的。

证明：

选择如下所示的完全型 Lyapunov-Krasovskii 泛函：

$$
\begin{aligned}
\boldsymbol{V}\left(t,\boldsymbol{e}_t,\dot{\boldsymbol{e}}_t\right)=&\boldsymbol{e}^{\mathrm{T}}(t)\left(\boldsymbol{I}\otimes\boldsymbol{P}\right)\boldsymbol{e}(t)+2\boldsymbol{e}^{\mathrm{T}}(t)\int_{-\tau}^{0}\left(\boldsymbol{I}\otimes\boldsymbol{Q}(s)\right)\boldsymbol{e}(t+s)\mathrm{d}s\\
&+\int_{-\tau}^{0}\int_{-\tau}^{0}\boldsymbol{e}^{\mathrm{T}}(t+\theta)\left(\boldsymbol{I}\otimes\boldsymbol{R}(\theta,s)\right)\boldsymbol{e}(t+s)\mathrm{d}\theta\mathrm{d}s\\
&+\int_{-\tau}^{0}\boldsymbol{e}^{\mathrm{T}}(t+s)\left(\boldsymbol{I}\otimes\boldsymbol{S}(s)\right)\boldsymbol{e}(t+s)\mathrm{d}s\\
&+\sum_{i=1}^{N}\sum_{j=1}^{N}\int_{t-\underline{\tau}_{ij}}^{t}\boldsymbol{e}^{\mathrm{T}}(s)\left(\boldsymbol{I}\otimes\boldsymbol{T}_{ij}\right)\boldsymbol{e}(s)\mathrm{d}s\\
&+\sum_{i=1}^{N}\sum_{j=1}^{N}\int_{t-\overline{\tau}^{ij}}^{t-\underline{\tau}_{ij}}\boldsymbol{e}^{\mathrm{T}}(s)\left(\boldsymbol{I}\otimes\boldsymbol{W}_{ij}\right)\boldsymbol{e}(s)\mathrm{d}s\\
&+\sum_{i=1}^{N}\sum_{j=1}^{N}\underline{\tau}_{ij}\int_{-\underline{\tau}_{ij}}^{0}\int_{t+s}^{t}\boldsymbol{e}^{\mathrm{T}}(\theta)\left(\boldsymbol{I}\otimes\boldsymbol{Y}_{ij}\right)\boldsymbol{e}(\theta)\mathrm{d}\theta\mathrm{d}s\\
&+\sum_{i=1}^{N}\sum_{j=1}^{N}\tau_{ij}\int_{-\overline{\tau}^{ij}}^{-\underline{\tau}_{ij}}\int_{t+s}^{t}\dot{\boldsymbol{e}}^{\mathrm{T}}(\theta)\left(\boldsymbol{I}\otimes\boldsymbol{X}_{ij}\right)\dot{\boldsymbol{e}}(\theta)\mathrm{d}\theta\mathrm{d}s
\end{aligned}
\tag{3-70}
$$

其中， $\tau_{ij}=\overline{\tau}^{ij}-\underline{\tau}_{ij},\boldsymbol{e}_t=\boldsymbol{e}(t+s),\dot{\boldsymbol{e}}_t=\dot{\boldsymbol{e}}(t+s),\boldsymbol{Q}:\left[-\overline{\tau},0\right]\to\mathbb{R}^{2\times2},\boldsymbol{S}:\left[-\overline{\tau},0\right]\to\mathbb{R}^{2\times2},\boldsymbol{S}(\theta)=\boldsymbol{S}^{\mathrm{T}}(\theta)$ 以及 $\boldsymbol{R}:\left[-\overline{\tau},0\right]\times\left[-\overline{\tau},0\right]\to\mathbb{R}^{2\times2},\boldsymbol{R}(\theta,s)=\boldsymbol{R}^{\mathrm{T}}(s,\theta),\left(\forall\theta,s\in\left[-\overline{\tau},0\right]\right)$。

因为 $\boldsymbol{Q}$、$\boldsymbol{S}$ 和 $\boldsymbol{R}$ 是连续的，所以 Lyapunov-Krasovskii 泛函 (3-70) 难以应用于实际。对于 $p,q=1,2,\cdots,M$，将 $\boldsymbol{Q}(\theta)$、$\boldsymbol{S}(\theta)$ 和 $\boldsymbol{R}(\theta,s)$ 离散为如下分段连续形式：

$$
\boldsymbol{Q}^{p}(\alpha)=\boldsymbol{Q}\left(\kappa_p+\alpha\hbar\right)=(1-\alpha)\boldsymbol{Q}_p+\alpha\boldsymbol{Q}_{p-1}\tag{3-71}
$$

$$
\boldsymbol{S}^{p}(\alpha)=\boldsymbol{S}\left(\kappa_p+\alpha\hbar\right)=(1-\alpha)\boldsymbol{S}_p+\alpha\boldsymbol{S}_{p-1}\tag{3-72}
$$

$$
\begin{aligned}
\boldsymbol{R}^{pq}(\alpha,\beta)&=\boldsymbol{R}\left(\kappa_p+\alpha\hbar,\kappa_q+\beta\hbar\right)\\
&=\begin{cases}(1-\alpha)\boldsymbol{R}_{p,q}+\beta\boldsymbol{R}_{p-1,q-1}+(\alpha-\beta)\boldsymbol{R}_{p-1,q},\alpha\geqslant\beta\\(1-\beta)\boldsymbol{R}_{p,q}+\alpha\boldsymbol{R}_{p-1,q-1}+(\beta-\alpha)\boldsymbol{R}_{p,q-1},\alpha<\beta\end{cases}
\end{aligned}
\tag{3-73}
$$

其中，$0\leqslant\alpha\leqslant1,0\leqslant\beta\leqslant1,\hbar=\dfrac{\overline{\tau}}{M}$ 以及 $\kappa_p=-p\hbar$，即 $\left[\overline{\tau},0\right]$ 被划分为 M 个片段 $\left[\kappa_p,\kappa_{p-1}\right]$。

根据本章参考文献 [18]，如果式 (3-67) 成立，则存在 μ_1 和 μ_2 使得 $\mu_1\|\boldsymbol{e}(t)\|^2\leqslant\boldsymbol{V}(t,\boldsymbol{e}_t,\dot{\boldsymbol{e}}_t)\leqslant\mu_2\|\boldsymbol{e}(t)\|_{\mathbb{W}}^2$，其中 $\boldsymbol{e}_t=\boldsymbol{e}(t+s),\dot{\boldsymbol{e}}_t=\dot{\boldsymbol{e}}(t+s)$ $\|\boldsymbol{e}(t)\|_{\mathbb{W}}=\sup\limits_{s\in[\overline{\tau},0]}\{\|\boldsymbol{e}_t\|,\|\dot{\boldsymbol{e}}_t\|\}$。

然后，对 Lyapunov-Krasovskii 泛函 (3-70) 求导可得：

$$
\begin{aligned}
\dot{V}(t,\boldsymbol{e}_t,\dot{\boldsymbol{e}}_t) &= 2\dot{\boldsymbol{e}}^{\mathrm{T}}(t)(\boldsymbol{I}\otimes\boldsymbol{P})\boldsymbol{e}(t) + 2\boldsymbol{e}^{\mathrm{T}}(t)\int_{-\bar{\tau}}^{0}(\boldsymbol{I}\otimes\boldsymbol{Q}(s))\dot{\boldsymbol{e}}(t+s)\mathrm{d}s \\
&+ 2\dot{\boldsymbol{e}}^{\mathrm{T}}(t)\int_{-\bar{\tau}}^{0}(\boldsymbol{I}\otimes\boldsymbol{Q}(s))\boldsymbol{e}(t+s)\mathrm{d}s + 2\int_{-\bar{\tau}}^{0}\int_{-\bar{\tau}}^{0}\dot{\boldsymbol{e}}(t+\theta)(\boldsymbol{I}\otimes\boldsymbol{R}(\theta,s))\boldsymbol{e}(t+s)\mathrm{d}s\mathrm{d}\theta \\
&+ 2\int_{-\bar{\tau}}^{0}\dot{\boldsymbol{e}}^{\mathrm{T}}(t+s)(\boldsymbol{I}\otimes\boldsymbol{S}(s))\boldsymbol{e}(t+s)\mathrm{d}s + \sum_{i=1}^{N}\sum_{j=1}^{N}\boldsymbol{e}^{\mathrm{T}}(t)(\boldsymbol{I}\otimes\boldsymbol{T}_{ij})\boldsymbol{e}^{\mathrm{T}}(t) \\
&+ \sum_{i=1}^{N}\sum_{j=1}^{N}\boldsymbol{e}^{\mathrm{T}}(t-\underline{\tau}_{ij})((\boldsymbol{I}\otimes\boldsymbol{W}_{ij})-(\boldsymbol{I}\otimes\boldsymbol{T}_{ij}))\boldsymbol{e}^{\mathrm{T}}(t-\underline{\tau}_{ij}) \\
&- \sum_{i=1}^{N}\sum_{j=1}^{N}\boldsymbol{e}^{\mathrm{T}}(t-\bar{\tau}_{ij})(\boldsymbol{I}\otimes\boldsymbol{W}_{ij})\boldsymbol{e}^{\mathrm{T}}(t-\bar{\tau}_{ij})) \\
&+ \sum_{i=1}^{N}\sum_{j=1}^{N}\dot{\boldsymbol{e}}^{\mathrm{T}}(t)(\underline{\tau}_{ij}^{2}(\boldsymbol{I}\otimes\boldsymbol{Y}_{ij})+\tau_{ij}^{2}(\boldsymbol{I}\otimes\boldsymbol{X}_{ij}))\dot{\boldsymbol{e}}(t) \\
&- \sum_{i=1}^{N}\sum_{j=1}^{N}\underline{\tau}_{ij}\int_{t-\underline{\tau}_{ij}}^{t}\dot{\boldsymbol{e}}^{\mathrm{T}}(s)(\boldsymbol{I}\otimes\boldsymbol{Y}_{ij})\dot{\boldsymbol{e}}(s)\mathrm{d}s \\
&- \sum_{i=1}^{N}\sum_{j=1}^{N}\tau_{ij}\int_{t-\bar{\tau}_{i}}^{t-\underline{\tau}_{ij}}\dot{\boldsymbol{e}}^{\mathrm{T}}(s)(\boldsymbol{I}\otimes\boldsymbol{X}_{ij})\dot{\boldsymbol{e}}(s)\mathrm{d}s
\end{aligned}
\tag{3-74}
$$

然后对上式的每一部分进行积分，结合式 (3-71) ～式 (3-73)，可得：

$$
\begin{aligned}
& 2\dot{\boldsymbol{e}}^{\mathrm{T}}(t)\int_{-\bar{\tau}}^{0}(\boldsymbol{I}\otimes\boldsymbol{Q}(s))\boldsymbol{e}(t+s)\mathrm{d}s + 2\boldsymbol{e}^{\mathrm{T}}(t)\int_{-\bar{\tau}}^{0}(\boldsymbol{I}\otimes\boldsymbol{Q}(s))\dot{\boldsymbol{e}}(t+s)\mathrm{d}s \\
&\quad + 2\int_{-\bar{\tau}}^{0}\int_{-\bar{\tau}}^{0}\dot{\boldsymbol{e}}(t+\theta)(\boldsymbol{I}\otimes\boldsymbol{R}(\theta,s))\boldsymbol{e}(t+s)\mathrm{d}s\mathrm{d}\theta + 2\int_{-\bar{\tau}}^{0}\dot{\boldsymbol{e}}^{\mathrm{T}}(t+s)(\boldsymbol{I}\otimes\boldsymbol{S}(s))\boldsymbol{e}(t+s)\mathrm{d}s \\
&= 2\dot{\boldsymbol{e}}^{\mathrm{T}}(t)\int_{-\bar{\tau}}^{0}(\boldsymbol{I}\otimes\boldsymbol{Q}(s))\boldsymbol{e}(t+s)\mathrm{d}s \\
&\quad + 2\boldsymbol{e}^{\mathrm{T}}(t)\left[(\boldsymbol{I}\otimes\boldsymbol{Q}(0))\boldsymbol{e}(t)-(\boldsymbol{I}\otimes\boldsymbol{Q}(-\bar{\tau}))\boldsymbol{e}(t-\bar{\tau})-\int_{-\bar{\tau}}^{0}(\boldsymbol{I}\otimes\dot{\boldsymbol{Q}}(s))\boldsymbol{e}(t+s)\mathrm{d}s\right] \\
&\quad + \int_{-\bar{\tau}}^{0}\boldsymbol{e}^{\mathrm{T}}(t+\theta)\left[(\boldsymbol{I}\otimes\boldsymbol{R}(\theta,0))\boldsymbol{e}(t)-(\boldsymbol{I}\otimes\boldsymbol{R}(\theta,-\bar{\tau}))\boldsymbol{e}(t)-\int_{-\bar{\tau}}^{0}\left(\boldsymbol{I}\otimes\frac{\partial\boldsymbol{R}(\theta,s)}{\partial s}\right)\boldsymbol{e}(t+s)\mathrm{d}s\right]\mathrm{d}\theta \\
&\quad + \int_{-\bar{\tau}}^{0}\left[\boldsymbol{e}^{\mathrm{T}}(t)(\boldsymbol{I}\otimes\boldsymbol{R}(0,s))-\boldsymbol{e}^{\mathrm{T}}(t-\bar{\tau})(\boldsymbol{I}\otimes\boldsymbol{R}(-\bar{\tau},s))-\int_{-\bar{\tau}}^{0}\boldsymbol{e}^{\mathrm{T}}(t+\theta)\left(\boldsymbol{I}\otimes\frac{\partial\boldsymbol{R}(\theta,s)}{\partial\theta}\right)\mathrm{d}\theta\right] \\
&\quad\quad \boldsymbol{e}(t+s)\mathrm{d}s \\
&\quad + \boldsymbol{e}^{\mathrm{T}}(t)(\boldsymbol{I}\otimes\boldsymbol{S}(0))\boldsymbol{e}(t)-\boldsymbol{e}^{\mathrm{T}}(t-\bar{\tau})(\boldsymbol{I}\otimes\boldsymbol{S}(-\bar{\tau}))\boldsymbol{e}(t-\bar{\tau})- \\
&\quad\quad \int_{-\bar{\tau}}^{0}\boldsymbol{e}(t+s)(\boldsymbol{I}\otimes\dot{\boldsymbol{S}}(s))\boldsymbol{e}(t+s)\mathrm{d}s \\
&= \boldsymbol{e}^{\mathrm{T}}(t)\left[(\boldsymbol{I}\otimes\boldsymbol{Q}(0))+(\boldsymbol{I}\otimes\boldsymbol{Q}^{\mathrm{T}}(0))+(\boldsymbol{I}\otimes\boldsymbol{S}(0))\right] \\
&\quad\quad \boldsymbol{e}(t)-\boldsymbol{e}^{\mathrm{T}}(t-\bar{\tau})(\boldsymbol{I}\otimes\boldsymbol{S}(-\bar{\tau}))\boldsymbol{e}(t-\bar{\tau})
\end{aligned}
$$

$$
\begin{aligned}
&-2\boldsymbol{e}^{\mathrm{T}}(t)(\boldsymbol{I}\otimes\boldsymbol{Q}(-\bar{\tau}))\boldsymbol{e}(t-\bar{\tau})+2\dot{\boldsymbol{e}}^{\mathrm{T}}(t)\int_{-\bar{\tau}}^{0}(\boldsymbol{I}\otimes\boldsymbol{Q}(s))\boldsymbol{e}(t+s)\mathrm{d}s\\
&-\int_{-\bar{\tau}}^{0}\boldsymbol{e}^{\mathrm{T}}(t+s)(\boldsymbol{I}\otimes\dot{\boldsymbol{S}}(s))\boldsymbol{e}(t+s)\mathrm{d}s-\int_{-\bar{\tau}}^{0}\mathrm{d}\theta\int_{-\bar{\tau}}^{0}\boldsymbol{e}^{\mathrm{T}}(t+\theta)\\
&\left(\boldsymbol{I}\otimes\left(\frac{\partial\boldsymbol{R}(\theta,s)}{\partial\theta}+\frac{\partial\boldsymbol{R}(\theta,s)}{\partial s}\right)\right)\boldsymbol{e}(t+s)\mathrm{d}s\\
&+2\boldsymbol{e}^{\mathrm{T}}(t)\int_{-\bar{\tau}}^{0}\left[-(\boldsymbol{I}\otimes\dot{\boldsymbol{Q}}(s))+(\boldsymbol{I}\otimes\boldsymbol{R}(0,s))\right]\boldsymbol{e}(t+s)\mathrm{d}s-2\boldsymbol{e}^{\mathrm{T}}(t-\bar{\tau})\\
&\int_{-\bar{\tau}}^{0}(\boldsymbol{I}\otimes\boldsymbol{R}(-\bar{\tau},s))\boldsymbol{e}(t+s)\mathrm{d}s
\end{aligned}
\tag{3-75}
$$

根据式 (3-71) ～式 (3-73)，可以看出矩阵值函数 $\boldsymbol{Q}$、$\boldsymbol{R}$ 和 $\boldsymbol{S}$ 是分段线性的，那么：

$$
\dot{\boldsymbol{e}}^{\mathrm{T}}(t)\int_{-\bar{\tau}}^{0}(\boldsymbol{I}\otimes\boldsymbol{Q}(s))\boldsymbol{e}(t+s)\mathrm{d}s=\dot{\boldsymbol{e}}^{\mathrm{T}}(t)\sum_{p=1}^{M}\int_{0}^{1}\boldsymbol{I}\otimes\mathcal{Q}_{p}\boldsymbol{e}\left(\alpha_{p}\right)\hbar\mathrm{d}\alpha \tag{3-76}
$$

其中，$\mathcal{Q}_{p}=0.5\left(\boldsymbol{Q}_{p}-\boldsymbol{Q}_{p-1}\right)-(0.5-\alpha)\left(\boldsymbol{Q}_{p}-\boldsymbol{Q}_{p-1}\right)$ 以及：

$$
\int_{-\bar{\tau}}^{0}\boldsymbol{e}(t+s)(\boldsymbol{I}\otimes\dot{\boldsymbol{S}})(s)\boldsymbol{e}(t+s)\mathrm{d}s=\sum_{p=1}^{M}\int_{0}^{1}\boldsymbol{e}^{\mathrm{T}}(\alpha_{p})\left(\frac{1}{\hbar}\boldsymbol{I}\right)\otimes(\boldsymbol{S}_{p-1}-\boldsymbol{S}_{p})\boldsymbol{e}(\alpha_{p})\hbar\mathrm{d}\alpha \tag{3-77}
$$

$$
\begin{aligned}
&\int_{-\bar{\tau}}^{0}\mathrm{d}\theta\int_{-\bar{\tau}}^{0}\boldsymbol{e}^{\mathrm{T}}(t+\theta)\left(\boldsymbol{I}\otimes\left(\frac{\partial\boldsymbol{R}(\theta,s)}{\partial\theta}+\frac{\partial\boldsymbol{R}(\theta,s)}{\partial s}\right)\right)\boldsymbol{e}(t+s)\mathrm{d}s\\
&=\sum_{p=1}^{M}\sum_{q=1}^{M}\int_{0}^{1}\int_{0}^{1}\boldsymbol{e}^{\mathrm{T}}(\alpha_{p})\left(\frac{1}{\hbar}I\right)\otimes(\boldsymbol{R}_{p-1,q-1}-\boldsymbol{R}_{pq})\boldsymbol{e}(\alpha_{q})\hbar\mathrm{d}\alpha\hbar\mathrm{d}\beta
\end{aligned}
\tag{3-78}
$$

$$
\begin{aligned}
&\boldsymbol{e}^{\mathrm{T}}(t)\int_{-\bar{\tau}}^{0}\left[-(\boldsymbol{I}\otimes\dot{\boldsymbol{Q}}(s))+(\boldsymbol{I}\otimes\boldsymbol{R}(0,s))\right]\boldsymbol{e}(t+s)\mathrm{d}s\\
&=\sum_{p=1}^{M}\boldsymbol{e}^{\mathrm{T}}(t)\int_{0}^{1}\boldsymbol{I}\otimes\left\{\frac{1}{\hbar}(\boldsymbol{Q}_{p}-\boldsymbol{Q}_{p-1})+\left[\frac{1}{2}(\boldsymbol{R}_{0,p-1}+\boldsymbol{R}_{0,p})-\frac{1-2\alpha}{2}(\boldsymbol{R}_{0,p-1}-\boldsymbol{R}_{0,p})\right]\right\}\\
&\boldsymbol{e}(\alpha_{p})\hbar\mathrm{d}\alpha
\end{aligned}
\tag{3-79}
$$

$$
\begin{aligned}
&\boldsymbol{e}^{\mathrm{T}}(t-\bar{\tau})\int_{-\bar{\tau}}^{0}(\boldsymbol{I}\otimes\boldsymbol{R}(-\bar{\tau},s))\boldsymbol{e}(t+s)\mathrm{d}s\\
&=\sum_{p=1}^{M}\boldsymbol{e}^{\mathrm{T}}(t-\bar{\tau})\int_{0}^{1}\boldsymbol{I}\otimes\left[\frac{1}{2}(\boldsymbol{R}_{M,p-1}+\boldsymbol{R}_{M,p})-\frac{1}{2}(1-2\alpha)(\boldsymbol{R}_{M,p-1}-\boldsymbol{R}_{M,p})\right]\boldsymbol{e}(\alpha_{p})\hbar\mathrm{d}\alpha
\end{aligned}
\tag{3-80}
$$

其中，$\boldsymbol{e}(\alpha_{p})=\boldsymbol{e}(\kappa_{p}+\alpha\hbar)$。

另外，根据 Jessen 积分不等式可得：

$$\underline{\tau}_{ij}\int_{t-\underline{\tau}_{ij}}^{t}\dot{\boldsymbol{e}}^{\mathrm{T}}(s)(\boldsymbol{I}\otimes\boldsymbol{Y}_{ij})\dot{\boldsymbol{e}}(s)\mathrm{d}s\geqslant\boldsymbol{\chi}^{\mathrm{T}}(t)(\boldsymbol{I}\otimes\boldsymbol{Y}_{ij})\boldsymbol{\chi}(t) \tag{3-81}$$

其中，$\boldsymbol{\chi}(t)=\boldsymbol{e}(t)-\boldsymbol{e}(t-\underline{\tau}_{ij})$。如果不等式 (3-68) 成立，那么根据交互凸方法[21]可得：

$$\tau_{ij}\int_{t-\bar{\tau}_{ij}}^{t-\underline{\tau}_{ij}}\dot{\boldsymbol{e}}^{\mathrm{T}}(s)(\boldsymbol{I}\otimes\boldsymbol{X}_{ij})\dot{\boldsymbol{e}}(s)\mathrm{d}s\geqslant\boldsymbol{\zeta}_{ij}^{\mathrm{T}}(t)\begin{bmatrix}\boldsymbol{I}\otimes\boldsymbol{X}_{ij} & \boldsymbol{I}\otimes\boldsymbol{G}_{ij}\\ * & \boldsymbol{I}\otimes\boldsymbol{X}_{ij}\end{bmatrix}\boldsymbol{\zeta}_{ij}(t) \tag{3-82}$$

其中，$\boldsymbol{\zeta}_{ij}(t)=\mathrm{col}\left\{\boldsymbol{e}\left(t-\underline{\tau}_{ij}\right)-\boldsymbol{e}\left(t-\tau_{ij}(t)\right)\quad\boldsymbol{e}\left(t-\tau_{ij}(t)\right)-\boldsymbol{e}\left(t-\bar{\tau}_{ij}\right)\right\}$。

注意到：

$$2\left[\boldsymbol{e}^{\mathrm{T}}(t)\left(\boldsymbol{I}\otimes\boldsymbol{U}_1^{\mathrm{T}}\right)+\dot{\boldsymbol{e}}^{\mathrm{T}}(t)\left(\boldsymbol{I}\otimes\boldsymbol{U}_2^{\mathrm{T}}\right)\right][\boldsymbol{\aleph}(t)-\dot{\boldsymbol{e}}(t)]=0 \tag{3-83}$$

其中，$\boldsymbol{\aleph}(t)=(\boldsymbol{I}\otimes\boldsymbol{A})\boldsymbol{e}(t)+\sum_{i=1}^{N}\sum_{j=1}^{N}\left(\boldsymbol{F}\boldsymbol{H}_{ij}\right)\otimes(\boldsymbol{B}\boldsymbol{C})\boldsymbol{e}\left(t-\tau_{ij}(t)\right)$。将式 (3-76) ～式 (3-80) 代入式 (3-75)，并结合式（3-81）～式 (3-83) 可得：

$$\begin{aligned}\dot{V}\left(t,\boldsymbol{e}_t,\dot{\boldsymbol{e}}_t\right)\leqslant&-\boldsymbol{\xi}^{\mathrm{T}}(t)\boldsymbol{\Psi}_{11}\boldsymbol{\xi}(t)+2\boldsymbol{\xi}^{\mathrm{T}}(t)\int_0^1\left[\boldsymbol{\Upsilon}^{s}+(1-2\alpha)\boldsymbol{\Upsilon}^{a}\right]\tilde{\boldsymbol{e}}(\alpha)\mathrm{d}\alpha\\&-\int_0^1\tilde{\boldsymbol{e}}^{\mathrm{T}}(\alpha)\boldsymbol{S}_o\tilde{\boldsymbol{e}}(\alpha)\mathrm{d}\alpha-\int_0^1\tilde{\boldsymbol{e}}^{\mathrm{T}}(\alpha)\mathrm{d}\alpha\boldsymbol{R}_o\int_0^1\tilde{\boldsymbol{e}}(\alpha)\mathrm{d}\alpha\end{aligned} \tag{3-84}$$

其中：

$\tilde{\boldsymbol{e}}(\alpha)=\mathrm{col}\{\boldsymbol{e}(\alpha_1),\cdots,\boldsymbol{e}(\alpha_M)\}$，$\boldsymbol{\xi}(t)=\mathrm{col}\{\boldsymbol{e}(t),\dot{\boldsymbol{e}}(t),\boldsymbol{\eta}_1(t),\boldsymbol{\eta}_2(t),\boldsymbol{\eta}_3(t),\boldsymbol{e}(t-\bar{\tau})\}$

$\boldsymbol{\eta}_i(t)=\mathrm{col}\{\boldsymbol{\varsigma}_1^{i}(t),\cdots,\boldsymbol{\varsigma}_N^{i}(t)\},(i=1,2,3)$，$\boldsymbol{\varsigma}_i^{1}(t)=\mathrm{col}\{\boldsymbol{e}(t-\tau_{i1}(t)),\cdots,\boldsymbol{e}(t-\tau_{iN}(t))\}$

$\boldsymbol{\varsigma}_i^{2}(t)=\mathrm{col}\{\boldsymbol{e}(t-\underline{\tau}_{i1}),\cdots,\boldsymbol{e}(t-\underline{\tau}_{iN})\}$，$\boldsymbol{\varsigma}_i^{3}(t)=\mathrm{col}\{\boldsymbol{e}(t-\bar{\tau}_{i1}),\cdots,\boldsymbol{e}(t-\bar{\tau}_{iN})\}$

与本章参考文献 [15] 相似，如果矩阵不等式 (3-69) 成立，那么存在一个小常数 $\mu_3>0$ 使得 $\dot{\boldsymbol{V}}(t,\boldsymbol{e}_t,\dot{\boldsymbol{e}}_t)\leqslant-\mu_3\|\boldsymbol{e}(t)\|^2$。根据李雅普诺夫稳定性理论可知，式 (3-66) 是渐近稳定的。证毕。

注 3.4.2 定理 3.4.1 给出了耦合多谐振子同步的充分条件。该条件取决于上界 $\bar{\tau}_{ij}$ 和下界 $\underline{\tau}_{ij}$，其中包括网络诱导延时 $\tau_{ij}(t)$、采样周期 $\bar{h}^{s}$ 和控制器更新周期 h_i^{c} 的上界。对于给定的 $\bar{h}^{s}$ 和 h_i^{c}，可研究网络诱导延时对耦合多谐振子同步的积极影响。也就是说，通过引入适当的满足式 (3-67) ~ 式 (3-69) 的网络诱导延时 $\tau_{ij}(t)\in[\underline{\tau}^{ij},\bar{\tau}^{ij}]$，耦合多谐振子能实现同步。

值得注意的是，定理 3.4.1 中矩阵不等式 (3-67) ～ (3-69) 是关于控制增益矩阵 $\boldsymbol{F}$ 非凸的。可采用锥互补线性化算法、粒子群优化算法等处理这类非凸问题，但都需要较大的计算量。为了减少计算负担，下面根据一系列线性矩阵不等式的解计算控制增益矩阵 $\boldsymbol{F}$。

定理 3.4.2

给定正常数 $\underline{\tau}_{ij},\bar{\tau}^{ij}\left(i,j=1,2,\cdots,N\right)$ 和 $\lambda_m\left(m=1,2,3,4\right)$，如果存在矩阵 $\boldsymbol{P}\in\mathbb{R}^{2\times2},\boldsymbol{P}=\boldsymbol{P}^{\mathrm{T}}>0,\boldsymbol{T}_{ij}\in\mathbb{R}^{2\times2},\boldsymbol{T}_{ij}={\boldsymbol{T}_{ij}}^{\mathrm{T}}>0,\boldsymbol{W}_{ij}\in\mathbb{R}^{2\times2},\boldsymbol{W}_{ij}={\boldsymbol{W}_{ij}}^{\mathrm{T}}>0,$ $\boldsymbol{Y}_{ij}\in\mathbb{R}^{2\times2},\boldsymbol{Y}_{ij}={\boldsymbol{Y}_{ij}}^{\mathrm{T}}>0,\boldsymbol{X}_{ij}\in\mathbb{R}^{2\times2},\ \boldsymbol{X}_{ij}={\boldsymbol{X}_{ij}}^{\mathrm{T}}>0,\boldsymbol{S}_a={\boldsymbol{S}_a}^{\mathrm{T}}>0,\boldsymbol{Q}_a,\boldsymbol{R}_{ab}(a,b=0,1,\cdots,M),\boldsymbol{U}_1,\boldsymbol{U}_2$ 和 $\boldsymbol{G}_{ij}$，使得当自由权重矩阵 $\boldsymbol{U}_1$ 和 $\boldsymbol{U}_2$ 取如下形式时：

$$\boldsymbol{U}_1=\begin{bmatrix}u_{11} & u_{12}\\ \lambda_1 & \lambda_2\end{bmatrix},\quad \boldsymbol{U}_2=\begin{bmatrix}u_{21} & u_{22}\\ \lambda_3 & \lambda_4\end{bmatrix}\tag{3-85}$$

定理3.4.1中的矩阵不等式(3-67)～(3-69)成立，那么误差系统(3-66)是渐近稳定的，且控制增益矩阵$\boldsymbol{F}$可由矩阵不等式(3-67)～(3-69)解出。

证明：

由于非线性项 $(\boldsymbol{F}\boldsymbol{H}_{ij})\otimes(\boldsymbol{U}_1^{\mathrm{T}}\boldsymbol{B}\boldsymbol{C})$ 和 $(\boldsymbol{F}\boldsymbol{H}_{ij})\otimes(\boldsymbol{U}_2^{\mathrm{T}}\boldsymbol{B}\boldsymbol{C})$ 的存在，定理3.4.1中的判据是非凸的。根据式(3-85)选择 $\boldsymbol{U}_1$ 和 $\boldsymbol{U}_2$，由矩阵$\boldsymbol{B}$和$\boldsymbol{C}$的性质可得：

$$\left(\boldsymbol{F}\boldsymbol{H}_{ij}\right)\otimes\left(\boldsymbol{U}_1^{\mathrm{T}}\boldsymbol{B}\boldsymbol{C}\right)=\left(\boldsymbol{F}\boldsymbol{H}_{ij}\right)\otimes\left(\begin{bmatrix}u_{11} & u_{12}\\ \lambda_1 & \lambda_2\end{bmatrix}^{\mathrm{T}}\begin{bmatrix}0\\1\end{bmatrix}[1\ \ 0]\right)=\left(\boldsymbol{F}\boldsymbol{H}_{ij}\right)\otimes\begin{bmatrix}\lambda_1 & 0\\ \lambda_2 & 0\end{bmatrix}$$

$$\left(\boldsymbol{F}\boldsymbol{H}_{ij}\right)\otimes\left(\boldsymbol{U}_2^{\mathrm{T}}\boldsymbol{B}\boldsymbol{C}\right)=\left(\boldsymbol{F}\boldsymbol{H}_{ij}\right)\otimes\left(\begin{bmatrix}u_{21} & u_{22}\\ \lambda_3 & \lambda_4\end{bmatrix}^{\mathrm{T}}\begin{bmatrix}0\\1\end{bmatrix}[1\ \ 0]\right)=\left(\boldsymbol{F}\boldsymbol{H}_{ij}\right)\otimes\begin{bmatrix}\lambda_3 & 0\\ \lambda_4 & 0\end{bmatrix}$$

显然，通过在 $\boldsymbol{U}_1$ 和 $\boldsymbol{U}_2$ 中引入一些先验常数可以将非线性项转化为线性项。因此，可以使用 Matlab 的 YALMIP 工具箱，通过调整一些参数来计算控制增益矩阵 $\boldsymbol{F}$。证毕。

3.4.4 数值仿真

例 3.4.1 基于移动机器人仿真平台的验证

首先建立一个由 4 个两轮微分驱动移动机器人组成的仿真实验平台

来验证所提控制方案的有效性。搭建一个软件框架来模拟固定拓扑下移动机器人的控制方案（如图 3-13 所示）。在图 3-13 中，领导者谐振子作为一个参考轨迹。每个控制器模块均由一个网络化耦合谐振子和一个线性反馈控制器构成，其中每个耦合谐振子控制器保证每个谐振子的运动和领导者谐振子的运动轨迹同步，每个线性反馈控制器保证每个机器人的运动与相应的谐振子同步。

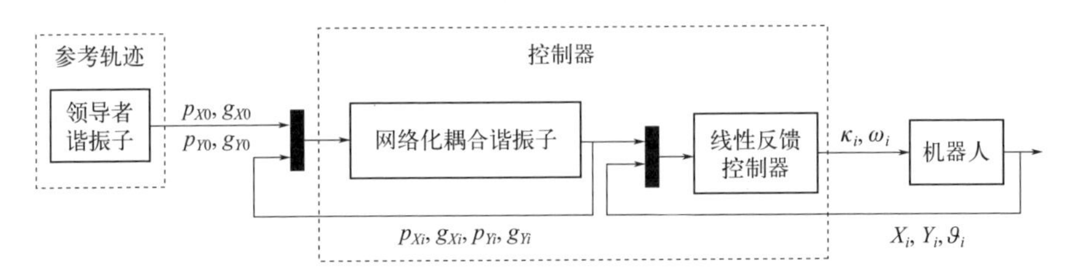

图 3-13　第 i 个机器人的控制方案

在图 3-13 所示的仿真平台中，使用两轮微分驱动移动机器人，其动力学模型可以由下列非线性方程来表示：

$$\begin{bmatrix} \dot{X}_i \\ \dot{Y}_i \\ \dot{\vartheta}_i \end{bmatrix} = \begin{bmatrix} \kappa_i \cos(\vartheta_i) \\ \kappa_i \cos(\vartheta_i) \\ \omega_i \end{bmatrix}$$

其中，(X_i, Y_i) 表示第 i 个机器人驱动轮轴中心点的笛卡儿坐标；ϑ_i 是机器人正面与 X 轴的夹角；κ_i 和 ω_i 分别是第 i 个机器人的平移和旋转速度。引入一个非轮轴中心固定点 (X_{oi}, Y_{oi})，其中 $X_{oi} = X_i + \boldsymbol{g}_i \cos(\vartheta_i), Y_{oi} = Y_i + \boldsymbol{g}_i \sin(\vartheta_i)$，$\boldsymbol{g}_i$ 表示这一固定点与轮轴中心点的距离。则：

$$\begin{bmatrix} \dot{X}_{oi} \\ \dot{Y}_{oi} \end{bmatrix} = \begin{bmatrix} \cos\vartheta_i & -\boldsymbol{g}_i \sin\vartheta_i \\ \sin\vartheta_i & \boldsymbol{g}_i \cos\vartheta_i \end{bmatrix} \begin{bmatrix} \kappa_i \\ \omega_i \end{bmatrix} \tag{3-86}$$

令 $\mathcal{O}_{Xi} = \dot{X}_{oi}$ 和 $\mathcal{O}_{Yi} = \dot{Y}_{oi}$，式 (3-86) 可转化为如下所示的形式：

$$\begin{bmatrix} \kappa_i \\ \omega_i \end{bmatrix} = \begin{bmatrix} \cos\vartheta_i & \sin\vartheta_i \\ -\sin(\vartheta_i)/\boldsymbol{g}_i & \cos(\vartheta_i)/\boldsymbol{g}_i \end{bmatrix} \begin{bmatrix} \mathcal{O}_{Xi} \\ \mathcal{O}_{Yi} \end{bmatrix}$$

控制部分由两个模块构成，即网络化多谐振子耦合控制模块和线性反馈控制模块。令 p_{Xi}、p_{Yi}、g_{Xi} 和 g_{Yi} 表示网络化多谐振子耦合控制器中各谐振子的响应，包括位移和速度分别在 X 轴和 Y 轴方向上的分量。使用误差系统 (3-66) 作为网络化多谐振子耦合控制模块，令 p_{*i} 和 g_{*i} 分别满足式 (3-69)，设计如下所示的线性反馈控制器：

$$
\begin{aligned}
\mathcal{O}_{Xi} &= g_{Xi} - \left(X_{oi} - p_{Xi}\right) \\
\mathcal{O}_{Yi} &= g_{Yi} - \left(Y_{oi} - p_{Yi}\right)
\end{aligned} \tag{3-87}
$$

当时间 t 趋无穷时，有 $p_{*i} \to p_{*j} \to \cos\left(\sqrt{\alpha}t\right)p_{*0}\left(0\right) + \frac{1}{\sqrt{\alpha}}\sin\left(\sqrt{\alpha}t\right)$ $g_{*0}\left(0\right)$ 和 $g_{*i} \to g_{*j} \to \sqrt{\alpha}\sin\left(\sqrt{\alpha}t\right)p_{*0}\left(0\right) + \cos\left(\sqrt{\alpha}t\right)g_{*0}\left(0\right)$，（* 表示 X 或 Y)。线性反馈控制器 (3-87) 保证当时间 t 趋于无穷时，有 $X_{oi}\left(t\right) \to p_{Xi}\left(t\right)$ 和 $Y_{oi}\left(t\right) \to p_{Yi}\left(t\right)$。因此结合这两部分可知，当时间趋于无穷时，有：

$$
X_{oi}\left(t\right) \to X_{oj}\left(t\right) \to \cos\left(\sqrt{\alpha}t\right)p_{X0} + \frac{1}{\sqrt{\alpha}}\sin\left(\sqrt{\alpha}t\right)g_{X0}
$$

$$
Y_{oi}\left(t\right) \to Y_{oj}\left(t\right) \to \cos\left(\sqrt{\alpha}t\right)p_{Y0} + \frac{1}{\sqrt{\alpha}}\sin\left(\sqrt{\alpha}t\right)g_{Y0}
$$

接下来进行数值验证。令 $\alpha = 0.81, N = 4, a_{23} = 1, a_{31} = 1, a_{42} = 1$ 和 $d_1 = d_3 = d_4 = 1$。

① 给定 $M = 3, h_1^s = h_2^s = 0.01\text{s}, h^c = 0.02\text{s}, \underline{\tau}^{11} = 1.0\text{s}, \underline{\tau}^{12} = \underline{\tau}^{13} = \underline{\tau}^{14} = 1.3\text{s}$, $\underline{\tau}^{21} = \underline{\tau}^{22} = 1.5\text{s}$, $\underline{\tau}^{23} = \underline{\tau}^{24} = 1.0\text{s}, \underline{\tau}^{31} = \underline{\tau}^{32} = \underline{\tau}^{33} = 2.0\text{s}, \underline{\tau}^{34} = 1.2\text{s}, \underline{\tau}^{41} = \underline{\tau}^{42} = 1.0\text{s}, \underline{\tau}^{43} = \underline{\tau}^{44} = 1.5\text{s}, \overline{\tau}^{11} = 2.0s, \overline{\tau}^{12} = \overline{\tau}^{13} = \overline{\tau}^{14} = 2.5\text{s}, \overline{\tau}^{21} = \overline{\tau}^{22} = 2.5\text{s}, \overline{\tau}^{23} = \overline{\tau}^{24} = 1.5\text{s}, \overline{\tau}^{31} = \overline{\tau}^{32} = \overline{\tau}^{33} = 2.5\text{s}$, $\overline{\tau}^{34} = 2.0\text{s}$, $\overline{\tau}^{41} = \overline{\tau}^{42} = 1.5\text{s}, \overline{\tau}^{43} = \overline{\tau}^{44} = 2.5\text{s}$ 以及控制增益矩阵 $\boldsymbol{F} = \text{diag}\left\{0.3, 0.3, 0.3, 0.3\right\}$，根据定理 3.4.1，误差系统 (3-36) 是渐近稳定的；

② 给定 $\lambda_1 = 2.2 \times 10^{-14}, \lambda_2 = 2.5 \times 10^{-14}, \lambda_3 = 2.5 \times 10^{-14}$ 和 $\lambda_4 = 1.9 \times 10^{-14}$，根据定理 3.4.2 计算可得控制增益矩阵 $\boldsymbol{F} = \text{diag}\{0.2356, 0.2551, 0.2551, 0.2442\}$。

选择领导者谐振子的初始状态为 $p_{X0} = 1.5$、$p_{Y0} = 0$、$g_{X0} = 0$ 和 $g_{Y0} = 0.5$。可以看到领导者谐振子提供的参考轨迹是一个半径为 1.5m、速度为 0.5m/s 的圆环。N 个跟随谐振子的初始值任意选取。在本节所设计的控制协议下，每个谐振子在 X 轴和 Y 轴方向上的状态分量如图 3-14 所示。图 3-15 刻画了 4 个移动机器人完整的运动轨迹，这里为便于观察，对每个机器人分别在 X 轴和 Y 轴上进行了一定的位移，可以看到，随着时间的增长，4 个机器人的移动逐渐同步。图 3-16 刻画了 4 个机器人以及领导者谐振子在 X 轴和 Y 轴方向上的状态分量，可以看到 4 个机器人的移动逐渐与领导者谐振子的轨迹同步。

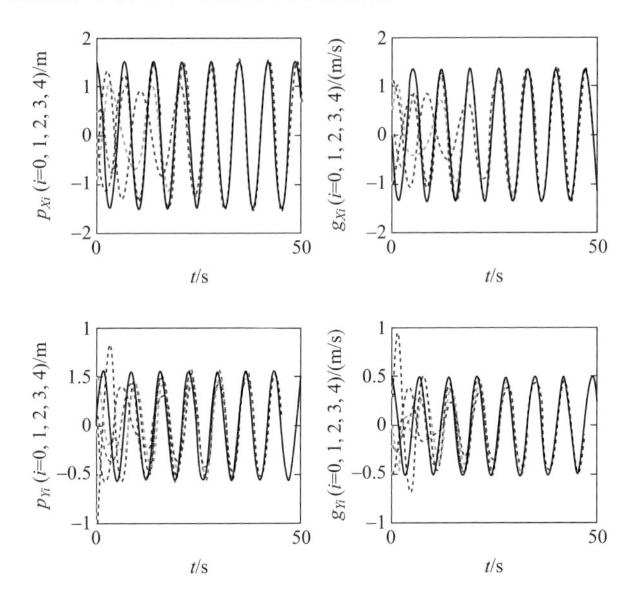

图 3-14 谐振子 X 轴和 Y 轴方向上的状态分量响应曲线

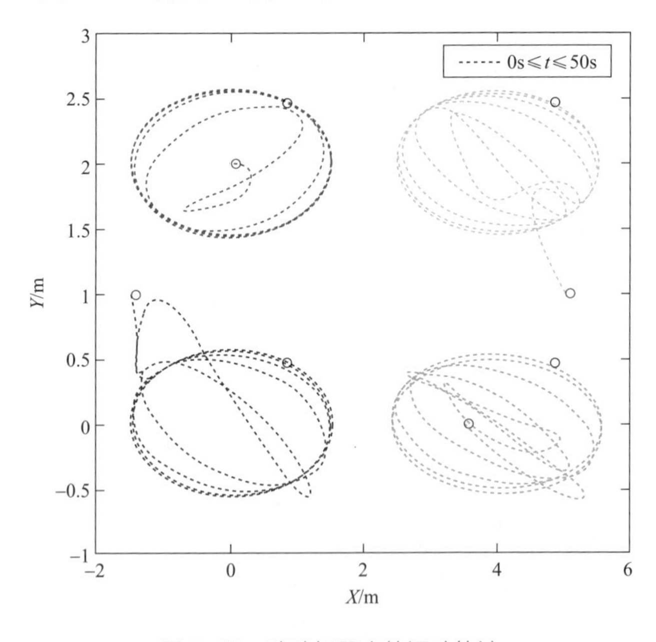

图 3-15 移动机器人的运动轨迹

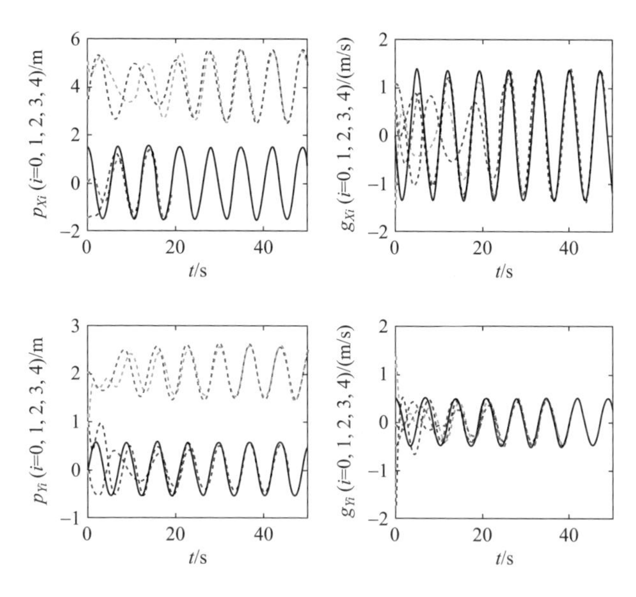

图 3-16　移动机器人 X 轴和 Y 轴方向上的状态响应曲线

3.5 本章小结

本章主要围绕分布式采样控制展开，分别讨论了采样数据下主从负阻振荡器、非线性领导者 - 跟随多智能体系统以及耦合谐振子的同步问题。首先，研究了固定周期采样和随机采样下主从耦合负阻振荡器 H_∞ 同步问题，揭示了采样机制带来的网络诱导延时对同步的正作用。其次，研究了随机采样下非线性领导者 - 跟随多智能体系统的一致性问题，分别给出了有向网络拓扑和无向网络拓扑下的一致性判据，并将领导者 - 跟随一致性问题转化为同步问题，以解决大规模网络下线性矩阵不等式维度过高而难以求解的问题。最后，将上述研究推广，研究了异步采样机制下耦合多谐振子的同步问题。本章主要内容来自于本章参考文献 [22-24]。本章对异步采样机制做了初步探索，然而每个智能体中依然进行固定周期采样，而随机采样能够增大系统的平均采样间隔，降低系统能耗。基于异步随机采样的多智能体系统相关研究是一个有趣的话题。此外，现有的绝大部分分布式采样控制都使用零阶保持器来保持控制输入不变，并且控制器需在两次采样间隔内持续输出，而这对于某些应用难以实现，如卫星机动[25]，而脉冲调制能够通过定义适当的脉冲函数来调制采样间隔，使得控制器只需要在采样间隔中的一部分时间内工作，能大大降低控制器的工作时间。如何基于脉冲调制设计采样机制具有实际意义。

参考文献

[1] Fridman E, Seuret A, Richard J P. Robust sampled-data stabilization of linear systems: an input delay approach[J]. Automatica, 2004, 40(8): 1441-1446.

[2] Cooke K L. Differential-difference equations[C]//International symposium on nonlinear differential equations and nonlinear mechanics. New York, London: Academic Press, 1963: 155-171.

[3] Lee M S, Hsu C S. On the τ-decomposition method of stability analysis for retarded dynamical systems [J]. SIAM Journal of Control, 1969, 7(2): 242-259.

[4] Song Q, Liu F, Wen G, et al. Synchronization of coupled harmonic oscillators via sampled position data control[J]. IEEE Transactions on Circuits and Systems I: Regular Papers, 2016, 63(7): 1079-1088.

[5] Huang N, Duan Z, Chen G. Some necessary and sufficient conditions for consensus of second-order multi-agent systems with sampled position data[J]. Automatica, 2016, 63: 148-155.

[6] Zhang D, Han Q L, Jia X. Network-based output tracking control for a class of TS fuzzy systems that can not be stabilized by nondelayed output feedback controllers[J]. IEEE Transactions on Cybernetics, 2014, 45(8): 1511-1524.

[7] Zhang D, Yang Y, Jia X, et al. Investigating the positive effects of packet dropouts on network-based H_∞ control for a class of linear systems[J]. Journal of the Franklin Institute, 2016, 353(14): 3343-3367.

[8] Zhao X, Ma C, Xing X, et al. A stochastic sampling consensus protocol of networked Euler–Lagrange systems with application to two-link manipulator[J]. IEEE Transactions on Industrial Informatics, 2015, 11(4): 907-914.

[9] Shen B, Wang Z, Liu X. Sampled-data synchronization control of dynamical networks with stochastic sampling [J]. IEEE Transactions on Automatic Control, 2012, 57(10): 2644-2650.

[10] Hu A, Cao J, Hu M, et al. Event-triggered consensus of Markovian jumping multi-agent systems via stochastic sampling[J]. IET Control Theory & Applications, 2015, 9(13): 1964-1972.

[11] Zhou J, Zhang H, Xiang L, et al. Synchronization of coupled harmonic oscillators with local instantaneous interaction[J]. Automatica, 2012, 48(8): 1715-1721.

[12] Zhang H, Zhou J. Synchronization of sampled-data coupled harmonic oscillators with control inputs missing[J]. Systems & Control Letters, 2012, 61(12): 1277-1285.

[13] Song Q, Yu W, Cao J, et al. Reaching synchronization in networked harmonic oscillators with outdated position data[J]. IEEE Transactions on Cybernetics, 2015, 46(7): 1566-1578.

[14] Dorfler F, Bullo F. Synchronization in complex networks of phase oscillators: a survey [J]. Automatica, 2014, 50(6):1539-1564.

[15] Zeng H B, He Y, Wu M, et al. New results on stability analysis for systems with discrete distributed delay[J]. Automatica, 2015, 60: 189-192.

[16] Gu K, Chen J, Kharitonov V L. Stability of time-delay systems[M]. Berlin: Springer Science & Business Media, 2003.

[17] Wen G, Yu W, Chen M Z Q, et al. H_∞ pinning synchronization of directed networks with aperiodic sampled-data communications[J]. IEEE Transactions on Circuits and Systems I: Regular Papers, 2014, 61(11): 3245-3255.

[18] Shen B, Wang Z, Liu X. Sampled-data synchronization control of dynamical networks with stochastic sampling [J]. IEEE Transactions on Automatic Control, 2012, 57(10): 2644-2650.

[19] Song Q, Liu F, Cao J, et al. M-matrix strategies for pinning-controlled leader-following consensus in multiagent systems with nonlinear dynamics [J]. IEEE Transactions on Cybernetics, 2013, 43(6): 1688-1697.
[20] Zhang W, Tang Y, Wu X, et al. Synchronization of nonlinear dynamical networks with heterogeneous impulses[J]. IEEE Transactions on Circuits & Systems I Regular Papers, 2014, 61(61): 1220-1228.
[21] Park P G, Ko J W, Jeong C. Reciprocally convex approach to stability of systems with time-varying delays[J]. Automatica, 2011, 47(1): 235-238.
[22] Yang Y, He W, Han Q L, et al. H_∞ synchronization of networked master-slave oscillators with delayed position data: the positive effects of network-induced delays[J]. IEEE Transactions on Cybernetics, 2018, 49(12): 4090-4102.
[23] He W, Zhang B, Han Q L, et al. Leader-following consensus of nonlinear multiagent systems with stochastic sampling[J]. IEEE Transactions on Cybernetics, 2016, 47(2): 327-338.
[24] Yang Y, Zhang X M, He W, et al. Position-based synchronization of networked harmonic oscillators with asynchronous sampling and communication delays[J]. IEEE Transactions on cybernetics, 2021, 51(8): 4337-4347.
[25] Liu Z W, Yu X, Guan Z H, et al. Pulse-modulated intermittent control in consensus of multiagent systems[J]. IEEE Transactions on Systems, Man, and Cybernetics: Systems, 2016, 47(5): 783-793.

Digital Wave
Advanced Technology of Industrial Internet

Distributed Cooperative
Control of Industrial Network Systems

面向工业网络系统的分布式协同控制

第4章

分布式静态事件触发控制

4.1 概述

工业控制系统是由多种自动控制组件以及对实时数据进行采集、监测的过程控制组件共同构成的确保工业基础设施自动化运行、过程控制与监控的业务流程管控系统，其中被控对象通常通过具备充足通信资源的网络来实现实时的控制和监测。相应地，预期的实时控制和状态估计行为是以时间触发的方式（即在预定的以及周期性发生的时间时刻）来实现的。这样一来，经典的采样系统理论可以较好地被用来开展系统性能分析及设计。众所周知，这些基于时间触发的控制和估计方法往往会导致对有限计算和通信资源的过度使用。目前，通过一些无线和数字网络介质，大多数系统应用中的控制器和状态估计器往往是空间和远程部署。通信技术和计算机技术的进展为现代工业系统带来了新的控制和估计范式。在这种新范式下，控制器和估计器的设计过程就需要充分地考虑由有限带宽及有限计算处理能力所带来的资源受限约束，这就催生了事件触发机制。本章从多智能体系统角度出发，讨论工业网络系统的事件触发控制。

事件触发机制最早在本章参考文献 [1,2] 中提出，其基本原理是基于一些明确定义的事件而不是一些在固定设置的时间点对系统数据进行一系列的采样操作以及 / 或者传输操作。因其通信高效性且能保证控制效果，被引入网络化控制系统 [3-5] 和多智能体系统 [6,7]。具体进展介绍见本章参考文献 [8,9]。通过在事件触发时刻进行控制器更新可以有效地减少控制器的更新频率 [6,7,10-12]，然而这些研究需要使用连续测量信号来实现一致性协议设计。随后，有学者提出了基于采样数据的事件触发控制，为排除 Zeno 行为和持续监控事件触发条件提供了一种有效方案 [13-15]，其结果适用于领导者 - 跟随系统。不同于有领导者的多智能体系统，系统最终的收敛状态与网络拓扑结构的关系是分析的难点。平均一致性 [16]、广义代数连通度 [17] 等概念相继提出。为了解决无领导者事件触发控制问题并且得到低维判据，本章 4.2 节研究了基于固定周期采样的无领导者非线性多智能体系统的事件触发一致性问题。第 3 章的研究已表明随机采样机制的优越性，有关随机采样事件触发控制的研究[18,19]越来越受到关注。本章 4.3 节则讨论了基于随机采样的非线性多智能体系统的事件触发一致性问题，将网络强连通的要求弱化为具有有向生成树的网络。基于组合测量的分布式事件触发一致性算法提出以来，由于控制器仅在自己的触发时刻更新输入，颇受青睐[20,21]。本章 4.4 节以带延时的耦合神经网络系统为对象，讨论了基于组合测量事件触发机制下的一致性问题。

4.2 基于周期采样事件触发机制的多智能体系统的一致性

4.2.1 模型描述

考虑包含 N 个节点的非线性多智能体系统，节点表示为 $\{1,\cdots,N\}$，其中第 i 个节点的动力学方程为：

$$\dot{\boldsymbol{x}}_i(t)=\boldsymbol{f}(\boldsymbol{x}_i(t),t)+\boldsymbol{u}_i(t), i=1,2,\cdots,N \tag{4-1}$$

其中，$\boldsymbol{x}_i(t)\in\mathbb{R}^n$ 是智能体 i 的状态向量；$\boldsymbol{u}_i(t)\in\mathbb{R}^n$ 表示第 i 个智能体的控制输入；$\boldsymbol{f}(\boldsymbol{x}_i(t),t)=(\boldsymbol{f}_1(\boldsymbol{x}_i(t),t),\boldsymbol{f}_2(\boldsymbol{x}_i(t),t),\cdots,\boldsymbol{f}_n(\boldsymbol{x}_i(t),t))^T\in\mathbb{R}^n$ 表示第 i 个智能体的非线性动力学。

假设 4.2.1

非线性函数 $\boldsymbol{f}(\boldsymbol{x},t)$ 满足如下 Lipschitz 条件：

$$\|\boldsymbol{f}(\boldsymbol{x}_1,t)-\boldsymbol{f}(\boldsymbol{x}_2,t)\|\leqslant\rho\|\boldsymbol{x}_1-\boldsymbol{x}_2\|,\forall\boldsymbol{x}_1,\boldsymbol{x}_2\in\mathbb{R}^n,t\geqslant 0$$

其中，ρ 是非负常数。

假设 4.2.2

网络拓扑图 $\mathcal{G}$ 是强连通的，即任意两个节点之间都存在一条有向路径，有关网络拓扑的详细描述见附录 A.1。

本节的目的是设计一个基于固定周期采样的事件触发一致性控制协议，使得系统 (4-1) 达到一致。

定义 4.2.1

对于任意给定初始状态 $\boldsymbol{x}_i(0)\in\mathbb{R}^N$，如果

$$\lim_{t\to\infty}\left\|\boldsymbol{x}_i(t)-\boldsymbol{x}_j(t)\right\|=0,\ i,j=1,2,\cdots,N$$

成立，则称多智能体系统(4-1)达到一致。

引理 4.2.1（Finsler 引理）

假设 $\boldsymbol{x}\in\mathbb{R},\boldsymbol{P}=\boldsymbol{P}^{\mathrm{T}}\in\mathbb{R}^{n\times n},\boldsymbol{H}\in\mathbb{R}^{n\times n}$ 满足 $Rank(\boldsymbol{H})=l<n$，那么如下条件等价：

① $\boldsymbol{x}^{\mathrm{T}}\boldsymbol{P}\boldsymbol{x}<0,\forall\boldsymbol{x}\in\left\{\boldsymbol{x}:\boldsymbol{H}\boldsymbol{x}=0,\boldsymbol{x}\neq0\right\}$；

② 对于一些标量 $\sigma\in\mathbb{R}$，有 $\boldsymbol{P}-\sigma\boldsymbol{H}^{\mathrm{T}}\boldsymbol{H}<0$；

③ $\exists\boldsymbol{X}\in\mathbb{R}^{n\times n}$ 使得 $\boldsymbol{P}+\boldsymbol{X}\boldsymbol{H}+\boldsymbol{H}^{\mathrm{T}}\boldsymbol{X}^{\mathrm{T}}<0$；

④ $\boldsymbol{H}^{\perp\mathrm{T}}\boldsymbol{P}\boldsymbol{H}^{\perp}<0$，其中 $\boldsymbol{H}^{\perp}$ 是 $\boldsymbol{H}$ 的核，满足 $\boldsymbol{H}^{\perp}\boldsymbol{H}=0$。

4.2.2 基于固定周期采样的事件触发控制协议设计

为减少多智能体系统中节点间的通信负载，本节设计了基于采样数据的分布式事件触发机制。周期采样器设置了恒定的采样周期 $h>0$。根据该智能体的采样数据以及在每个采样时刻 $kh,k\in\mathbb{N}$ 从其邻居发送的数据来决定是否传输采样信息。

假设系统中的所有智能体进行同步采样，采样序列为 $\{0,h,2h,\cdots\}=\{kh,k\in\mathbb{N}\}$。第 i 个智能体的事件触发序列为 $\{t_0^i,t_1^i,t_2^i,\cdots,t_r^i,\cdots\}=\{t_r^i,r\in\mathbb{N}\}\left(0=t_0^i<t_1^i<t_2^i<\cdots<t_r^i<\cdots\right)$，其中 t_r^i 表示第 i 个智能体的第 r 个事件触发时刻，显然 $t_r^i\in\{kh,k\in\mathbb{N}\}$ 且 $t_0^i=0$。在每个事件触发时刻，智能体 i 将当前的采样状态信息传输给邻居智能体，同时更新控制器输入。

假设第 i 个智能体的邻居智能体 j 的事件触发时刻序列为 $\{t_{r'}^j,r'\in\mathbb{N}\}$，定义 $t_{r'(t_r^i)}^j=\max\{t_{r'}^j\mid t_{r'}^j\leqslant t_r^i\}$ 和 $t_{r'(kh)}^j=\max\{t_{r'}^j\mid t_{r'}^j\leqslant kh\}$，$r'\in\mathbb{N}$，分别为邻居智能体 j 距智能体 i 的上一个触发时刻 t_r^i 和离当前采样时刻 kh 最近的触发时刻。因此 $t_{r'(t_r^i)}^j\leqslant t_{r'(kh)}^j$ 且 $t_{r'(t_r^i)}^j\leqslant t_r^i$，具体的时间序列如图 4-1 所示。

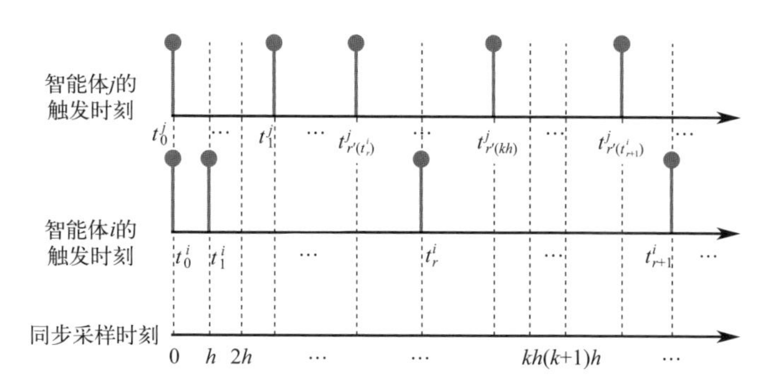

图 4-1　基于固定周期采样事件触发时间序列

在两个事件触发时刻之间即 $t \in [t_r^i, t_{r+1}^i)$，假设 $[t_r^i, t_{r+1}^i) = \bigcup_{k=\frac{t_r^i}{h}}^{\frac{t_{r+1}^i}{h}} [kh, (k+1)h)$，即将两个事件触发间隔分割成连续的周期采样序列。定义在第 kh 时刻的测量误差为上一个事件触发时刻的采样状态和当前时刻采样状态的误差：

$$\boldsymbol{e}_i(kh) = \boldsymbol{x}_i(t_r^i) - \boldsymbol{x}_i(kh), \quad t_r^i \leqslant kh < t_{r+1}^i \tag{4-2}$$

当 $kh \neq t_r^i$ 时，$\boldsymbol{e}_i(kh) = \boldsymbol{x}_i(t_r^i) - \boldsymbol{x}_i(kh)$；当 $kh = t_r^i$ 时，$\boldsymbol{e}_i(kh) = \boldsymbol{e}_i(t_r^i) = 0$。

定义邻居智能体的累积误差：

$$\boldsymbol{E}_i(kh) = \sum_{j \in \mathcal{N}_i} w_{ij} \boldsymbol{E}_{ij}(kh), \quad t_r^i \leqslant kh < t_{r+1}^i \tag{4-3}$$

其中，$\boldsymbol{E}_{ij}(kh) = \boldsymbol{x}_j(t_{r'(t_r^i)}^j) - \boldsymbol{x}_j(t_{r'(kh)}^j)$。当 $kh = t_r^i$ 时，$\boldsymbol{E}_{ij}(kh) = 0$；当 $kh \neq t_r^i$ 时，如果在时间 $[t_r^i, t_{r+1}^i)$ 内没有接收到邻居智能体 j 传过来的数据，则 $\boldsymbol{E}_{ij}(kh) = 0$，否则 $t_{r'(t_r^i)}^j \leqslant t_{r'(kh)}^j$。

根据式 (4-2) 和式 (4-3)，设计如下事件触发条件：

$$\begin{aligned} t_{r+1}^i = t_r^i + \min_{l \geqslant 1} \{ & lh : \boldsymbol{e}_i^{\mathrm{T}}(t_r^i + lh) \boldsymbol{\Phi} \boldsymbol{e}_i(t_r^i + lh) \\ & > \sigma_i \boldsymbol{y}_i^{\mathrm{T}}(t_r^i + lh) \boldsymbol{\Phi} \boldsymbol{y}_i(t_r^i + lh) - \boldsymbol{E}_i^{\mathrm{T}}(t_r^i + lh) \boldsymbol{\Phi} \boldsymbol{E}_i(t_r^i + lh) \} \end{aligned} \tag{4-4}$$

其中，$l \in \mathbb{N}$；$\sigma_i > 0$ 为阈值参数；$\boldsymbol{\Phi} > 0$ 为加权矩阵；t_{r+1}^i 为智能体 i 的下一个事件触发时刻；$\boldsymbol{y}_i(t_r^i + lh) = \sum_{j \in \mathcal{N}_i} w_{ij} [\boldsymbol{x}_i(t_r^i) - \boldsymbol{x}_j(t_{r'(t_r^i)}^j)]$。

如果触发条件 (4-4) 满足，则传递当前时刻的触发状态 $\boldsymbol{x}_i(t_{r+1}^i)$ 给邻居智能体，而在此之前，根据邻居智能体传过来的信息和当前时刻的采样信息来更新自己的控制输入。设计如下分布式控制协议：

$$\boldsymbol{u}_i(t) = -\boldsymbol{K}\sum_{j\in\mathcal{N}_i} w_{ij}\left[\boldsymbol{x}_i(t_r^i) - \boldsymbol{x}_j(t_{r'(t_r^i)}^j)\right],\ t\in[t_r^i, t_{r+1}^i) \tag{4-5}$$

其中，$\boldsymbol{K}\in\mathbb{R}^{n\times n}$ 是待设计的反馈增益矩阵。$t_{r'(t_r^i)}^j = \max\{t_{r'}^j \mid t_{r'}^j \leqslant t_r^i\}$ 为邻居智能体距智能体 i 当前触发时刻最近的触发时刻，由此可得控制器仅在自己的触发时刻更新，并由零阶保持器在两个事件之间保持恒定的常值。

注 4.2.1　从事件触发条件 (4-4) 中可以看出，下一个事件触发时刻只与第 i 个智能体的采样数据和从邻居智能体 j 传递过来的采样数据有关，这避免了智能体间的连续通信。同时仅需在采样时刻判断事件触发条件，避免了对事件触发条件的连续检测。那么，事件触发时间序列 $\{t_0^i, t_1^i, \cdots\}\subseteq\{0, h, 2h, \cdots\}$，因此事件触发的间隔 $\{t_{r+1}^i - t_r^i, r=0,1,\cdots\}$ 不小于采样周期 h，可以有效避免 Zeno 行为。

引理 4.2.2

对于任意的 $k\in\mathbb{N}$，根据事件触发条件 (4-4)，如下不等式成立：

$$\boldsymbol{e}_i^{\mathrm{T}}(kh)\boldsymbol{\Phi}\boldsymbol{e}_i(kh) \leqslant \sigma_i \boldsymbol{y}_i^{\mathrm{T}}(kh)\boldsymbol{\Phi}\boldsymbol{y}_i(kh) - \boldsymbol{E}_i^{\mathrm{T}}(kh)\boldsymbol{\Phi}\boldsymbol{E}_i(kh) \tag{4-6}$$

其中：

$$\boldsymbol{y}_i(kh) = \sum_{j\in\mathcal{N}_i} w_{ij}[\boldsymbol{x}_i(t_r^i) - \boldsymbol{x}_j(t_{r'(t_r^i)}^j)]$$

$$\boldsymbol{E}_i(kh) = \sum_{j\in\mathcal{N}_i} w_{ij}[\boldsymbol{x}_j(t_{r'(t_r^i)}^j) - \boldsymbol{x}_j(t_{r'(kh)}^j)],\ t_{r'(kh)}^j = \max\{t_{r'}^j \mid t_{r'}^j \leqslant kh\}$$

证明：

考虑任意连续的事件间隔 $[t_r^i, t_{r+1}^i)$，假设 $t_r^i \leqslant kh < t_{r+1}^i$。当 $kh = t_r^i$ 时，$\boldsymbol{e}_i(kh)=0$，$\boldsymbol{E}_i(kh)=0$，显然有 $\sigma_i\boldsymbol{y}_i^{\mathrm{T}}(kh)\boldsymbol{\Phi}\boldsymbol{y}_i(kh)\geqslant 0$；当 $t_r^i < kh < t_{r+1}^i$，根据事件触发条件 (4-4)，$\boldsymbol{e}_i^{\mathrm{T}}(kh)\boldsymbol{\Phi}\boldsymbol{e}_i(kh) \leqslant \sigma_i \boldsymbol{y}_i^{\mathrm{T}}(kh)\boldsymbol{\Phi}\boldsymbol{y}_i(kh) - \boldsymbol{E}_i^{\mathrm{T}}(kh)\boldsymbol{\Phi}\boldsymbol{E}_i(kh)$ 成立，由此可得在任意采样时刻 kh，式 (4-6) 成立。证毕。

4.2.3 基于固定周期采样事件触发机制的一致性分析

考虑时间间隔 $[t_r^i,t_{r+1}^i)=\bigcup_{k=\frac{t_r^i}{h}}^{\frac{t_{r+1}^i}{h}}[kh,(k+1)h)$，当 $t\in[kh,(k+1)h)$ 时，将式 (4-2)、式 (4-3) 和式 (4-5) 代入系统 (4-1) 可得：

$$\begin{aligned}\dot{\boldsymbol{x}}_i(t)&=\boldsymbol{f}(\boldsymbol{x}_i(t),t)-\boldsymbol{K}\sum_{j\in\mathcal{N}_i}w_{ij}[\boldsymbol{x}_i(t_r^i)-\boldsymbol{x}_j(t^j_{r'(t_r^i)})]\\&=\boldsymbol{f}(\boldsymbol{x}_i(t),t)-\boldsymbol{K}\sum_{j\in\mathcal{N}_i}w_{ij}[\boldsymbol{x}_i(t_r^i)-(\boldsymbol{x}_j(t^j_{r'(kh)})+\boldsymbol{E}_{ij}(kh))]\\&=\boldsymbol{f}(\boldsymbol{x}_i(t),t)-\boldsymbol{K}\sum_{j\in\mathcal{N}_i}w_{ij}[\boldsymbol{x}_i(kh)+\boldsymbol{e}_i(kh)-\boldsymbol{x}_j(kh)-\boldsymbol{e}_j(kh)]+\boldsymbol{K}\boldsymbol{E}_i(kh)\\&=\boldsymbol{f}(\boldsymbol{x}_i(t),t)-\boldsymbol{K}\sum_{j=1}^{N}l_{ij}\boldsymbol{x}_j(kh)-\boldsymbol{K}\sum_{j=1}^{N}l_{ij}\boldsymbol{e}_j(kh)+\boldsymbol{K}\boldsymbol{E}_i(kh)\end{aligned}\tag{4-7}$$

由于网络中不存在领导者，根据强连通网络拓扑的性质，可引入所有节点的状态加权平均值 $\sum_{j=1}^{N}\xi_j\boldsymbol{x}_j$ 作为虚拟领导者 $\boldsymbol{x}_0(t)$，其中 $\boldsymbol{\xi}=(\xi_1,\xi_2,\cdots,\xi_N)^{\mathrm{T}}$ 是拉普拉斯矩阵 $\boldsymbol{L}$ 的 0 特征值对应的非负左特征向量，并且满足 $\sum_{j=1}^{N}\xi_j=1$。根据本章参考文献 [22]，如果网络拓扑是强连通的，则 $\boldsymbol{\xi}$ 存在。定义同步误差 $\boldsymbol{z}_i(t)=\boldsymbol{x}_i(t)-\boldsymbol{x}_0(t)$，考虑时间 $t\in[kh,(k+1)h)$，$k\in\mathbb{N}$，可得如下误差系统：

$$\begin{aligned}\dot{\boldsymbol{z}}_i(t)=&\boldsymbol{f}(\boldsymbol{x}_i(t),t)-\boldsymbol{f}(\boldsymbol{x}_0(t),t)-\sum_{j=1}^{N}\xi_j[\boldsymbol{f}(\boldsymbol{x}_j(t),t)-\boldsymbol{f}(\boldsymbol{x}_0(t),t)]-\boldsymbol{K}\sum_{j=1}^{N}l_{ij}\boldsymbol{z}_j(kh)\\&-\boldsymbol{K}\sum_{j=1}^{N}l_{ij}\boldsymbol{e}_j(kh)+\boldsymbol{K}\boldsymbol{E}_i(kh)-\boldsymbol{K}\sum_{j=1}^{N}\xi_j\boldsymbol{E}_j(kh)\end{aligned}\tag{4-8}$$

定义 $\boldsymbol{z}(t)=(\boldsymbol{z}_1^{\mathrm{T}}(t),\cdots,\boldsymbol{z}_N^{\mathrm{T}}(t))^{\mathrm{T}}$, $\boldsymbol{z}(kh)=(\boldsymbol{z}_1^{\mathrm{T}}(kh),...,\boldsymbol{z}_N^{\mathrm{T}}(kh))^{\mathrm{T}}$, $\boldsymbol{e}(kh)=(\boldsymbol{e}_1^{\mathrm{T}}(kh),\cdots,\boldsymbol{z}_N^{\mathrm{T}}(kh))^{\mathrm{T}}$, $\boldsymbol{E}(kh)=(\boldsymbol{E}_1^{\mathrm{T}}(kh),\cdots,\boldsymbol{E}_N^{\mathrm{T}}(kh))^{\mathrm{T}}$，则对于 $t\in\left[kh,(k+1)h\right)$，上式的矩阵表达形式为：

$$\dot{\boldsymbol{z}}(t)=(\boldsymbol{M}\otimes\boldsymbol{I}_n)\boldsymbol{F}(\boldsymbol{z}(t),t)-(\boldsymbol{L}\otimes\boldsymbol{K})\boldsymbol{z}(kh)-(\boldsymbol{L}\otimes\boldsymbol{K})\boldsymbol{e}(kh)+(\boldsymbol{M}\otimes\boldsymbol{K})\boldsymbol{E}(kh)\tag{4-9}$$

其中，$\boldsymbol{F}(\boldsymbol{z}(t),t)=\boldsymbol{f}(\boldsymbol{x}(t),t)-\boldsymbol{1}_N\otimes\boldsymbol{f}(\boldsymbol{x}_0(t),t)$, $\boldsymbol{f}(\boldsymbol{x}(t),t)=(\boldsymbol{f}^{\mathrm{T}}(\boldsymbol{x}_1(t),t),\cdots,$

$\boldsymbol{f}^{\mathrm{T}}(\boldsymbol{x}_N(t),t))^{\mathrm{T}}$ 以及 $\boldsymbol{M}=\boldsymbol{I}_N-\mathbf{1}_N\boldsymbol{\xi}^{\mathrm{T}}$。

对于 $t\in[kh,(k+1)h)$，定义 $d_k(t)=t-kh$。显然 $d_k(t)$ 是一个在 $t=kh$ 时刻跳变、在 $t\neq kh$ 时连续的分段线性函数，并且 $t\neq kh$ 时，$\dot{d}_k(t)=1$。当 $kh=t-d_k(t)$ 时，$0\leqslant d_k(t)<h$，那么对于 $t\in[kh,(k+1)h)$，误差系统 (4-9) 可转化为：

$$\begin{aligned}\dot{\boldsymbol{z}}(t)=&(\boldsymbol{M}\otimes\boldsymbol{I}_n)\boldsymbol{F}(\boldsymbol{z}(t),t)-(\boldsymbol{L}\otimes\boldsymbol{K})\boldsymbol{z}(t-d_k(t))\\&-(\boldsymbol{L}\otimes\boldsymbol{K})\boldsymbol{e}(t-d_k(t))+(\boldsymbol{M}\otimes\boldsymbol{K})\boldsymbol{E}(t-d_k(t))\end{aligned}\tag{4-10}$$

通过采用输入延时方法对采样误差系统 (4-9) 进行转换，那么无领导者系统 (4-7) 的一致性问题转换为带有时变延时的误差系统 (4-10) 的稳定性问题。

定理 4.2.1

在假设 4.2.1 和假设 4.2.2 下，如果存在对称矩阵 $\boldsymbol{P}$、$\boldsymbol{Q}$、$\boldsymbol{\Phi}$ 满足 $\boldsymbol{E}^{\mathrm{T}}\boldsymbol{PE}>0$，$\boldsymbol{E}^{\mathrm{T}}\boldsymbol{QE}>0,\boldsymbol{\Phi}>0$，使得：

$$\boldsymbol{\Omega}_1=\begin{bmatrix}\boldsymbol{\Delta}_{11}&\boldsymbol{\Delta}_{12}&\boldsymbol{O}&\boldsymbol{\Delta}_{14}&\boldsymbol{\Delta}_{15}&\boldsymbol{\Delta}_{16}\\ *&\boldsymbol{\Delta}_{22}&\boldsymbol{\Delta}_{23}&\boldsymbol{\Delta}_{24}&\boldsymbol{\Delta}_{25}&\boldsymbol{\Delta}_{26}\\ *&*&\boldsymbol{\Delta}_{33}&\boldsymbol{O}&\boldsymbol{O}&\boldsymbol{O}\\ *&*&*&\boldsymbol{\Delta}_{44}&\boldsymbol{\Delta}_{45}&\boldsymbol{\Delta}_{46}\\ *&*&*&*&\boldsymbol{\Delta}_{55}&\boldsymbol{\Delta}_{56}\\ *&*&*&*&*&\boldsymbol{\Delta}_{66}\end{bmatrix}<0\tag{4-11}$$

其中：

$$\boldsymbol{\Delta}_{11}=-(\boldsymbol{E}^{\mathrm{T}}\boldsymbol{QE}-\rho^2\boldsymbol{E}^{\mathrm{T}}\boldsymbol{E})\otimes\boldsymbol{I}_n,\boldsymbol{\Delta}_{12}=-\boldsymbol{E}^{\mathrm{T}}\boldsymbol{PLE}\otimes\boldsymbol{K}+\boldsymbol{E}^{\mathrm{T}}\boldsymbol{QE}\otimes\boldsymbol{I}_n$$
$$\boldsymbol{\Delta}_{14}=\boldsymbol{E}^{\mathrm{T}}\boldsymbol{PM}\otimes\boldsymbol{I}_n,\boldsymbol{\Delta}_{15}=-\boldsymbol{E}^{\mathrm{T}}\boldsymbol{PL}\otimes\boldsymbol{K},\boldsymbol{\Delta}_{16}=\boldsymbol{E}^{\mathrm{T}}\boldsymbol{PM}\otimes\boldsymbol{K},\boldsymbol{\Delta}_{23}=\boldsymbol{E}^{\mathrm{T}}\boldsymbol{QE}\otimes\boldsymbol{I}_n$$
$$\boldsymbol{\Delta}_{22}=-2\boldsymbol{E}^{\mathrm{T}}\boldsymbol{QE}\otimes\boldsymbol{I}_n+h^2\boldsymbol{E}^{\mathrm{T}}\boldsymbol{L}^{\mathrm{T}}\boldsymbol{QLE}\otimes\boldsymbol{K}^{\mathrm{T}}\boldsymbol{K}+\boldsymbol{E}^{\mathrm{T}}\boldsymbol{L}^{\mathrm{T}}\boldsymbol{\Lambda LE}\otimes\boldsymbol{\Phi}$$
$$\boldsymbol{\Delta}_{24}=-h^2\boldsymbol{E}^{\mathrm{T}}\boldsymbol{L}^{\mathrm{T}}\boldsymbol{QM}\otimes\boldsymbol{K}^{\mathrm{T}},\boldsymbol{\Delta}_{25}=h^2\boldsymbol{E}^{\mathrm{T}}\boldsymbol{L}^{\mathrm{T}}\boldsymbol{QL}\otimes\boldsymbol{K}^{\mathrm{T}}\boldsymbol{K}+\boldsymbol{E}^{\mathrm{T}}\boldsymbol{L}^{\mathrm{T}}\boldsymbol{\Lambda L}\otimes\boldsymbol{\Phi}$$
$$\boldsymbol{\Delta}_{26}=-h^2\boldsymbol{E}^{\mathrm{T}}\boldsymbol{L}^{\mathrm{T}}\boldsymbol{QM}\otimes\boldsymbol{K}^{\mathrm{T}}\boldsymbol{K}-\boldsymbol{E}^{\mathrm{T}}\boldsymbol{L}^{\mathrm{T}}\boldsymbol{\Lambda}\otimes\boldsymbol{\Phi},\boldsymbol{\Delta}_{33}=-\boldsymbol{E}^{\mathrm{T}}\boldsymbol{QE}\otimes\boldsymbol{I}_n$$
$$\boldsymbol{\Delta}_{44}=-(\boldsymbol{I}_N-h^2\boldsymbol{M}^{\mathrm{T}}\boldsymbol{QM})\otimes\boldsymbol{I}_n,\boldsymbol{\Delta}_{45}=-h^2\boldsymbol{M}^{\mathrm{T}}\boldsymbol{QL}\otimes\boldsymbol{K}$$
$$\boldsymbol{\Delta}_{46}=h^2\boldsymbol{M}^{\mathrm{T}}\boldsymbol{QM}\otimes\boldsymbol{K},\ \boldsymbol{\Delta}_{55}=-(\boldsymbol{I}_N-\boldsymbol{L}^{\mathrm{T}}\boldsymbol{\Lambda L})\otimes\boldsymbol{\Phi}+h^2\boldsymbol{L}^{\mathrm{T}}\boldsymbol{QL}\otimes\boldsymbol{K}^{\mathrm{T}}\boldsymbol{K}$$
$$\boldsymbol{\Delta}_{56}=-h^2\boldsymbol{L}^{\mathrm{T}}\boldsymbol{QM}\otimes\boldsymbol{K}^{\mathrm{T}}\boldsymbol{K}-\boldsymbol{L}^{\mathrm{T}}\boldsymbol{\Lambda}\otimes\boldsymbol{\Phi},\boldsymbol{\Delta}_{66}=-(\boldsymbol{I}_N-\boldsymbol{\Lambda})\otimes\boldsymbol{\Phi}+h^2\boldsymbol{M}^{\mathrm{T}}\boldsymbol{QM}\otimes\boldsymbol{K}^{\mathrm{T}}\boldsymbol{K}$$

$$\boldsymbol{E}=\begin{bmatrix}\boldsymbol{I}_{N-1}\\ -\dfrac{\bar{\boldsymbol{\xi}}^{\mathrm{T}}}{\xi_N}\end{bmatrix}\in\mathbb{R}^{N\times N-1},\ \bar{\boldsymbol{\xi}}=[\xi_1,\cdots,\xi_{N-1}]^{\mathrm{T}}\in\mathbb{R}^{N-1},\boldsymbol{\Lambda}=\mathrm{diag}\{\sigma_1,\sigma_2,\cdots,\sigma_N\}$$

那么在事件触发机制 (4-4) 下，误差系统 (4-10) 是全局渐近稳定的。

证明：

选取如下 Lyapunov-Krasovskii 泛函：

$$\boldsymbol{V}(t)=\boldsymbol{z}^{\mathrm{T}}(t)(\boldsymbol{P}\otimes\boldsymbol{I}_n)\boldsymbol{z}(t)+h\int_{-h}^{0}\int_{t+\theta}^{t}\dot{\boldsymbol{z}}^{\mathrm{T}}(s)(\boldsymbol{Q}\otimes\boldsymbol{I}_n)\dot{\boldsymbol{z}}(s)\mathrm{d}s\mathrm{d}\theta \tag{4-12}$$

由于 $(\boldsymbol{\xi}^{\mathrm{T}}\otimes\boldsymbol{I}_n)\boldsymbol{z}(t)=0$，以及 $\boldsymbol{E}^{\mathrm{T}}\boldsymbol{PE}>0$，$\boldsymbol{E}^{\mathrm{T}}\boldsymbol{QE}>0$，那么 $\boldsymbol{V}(t)>0$。由此定义的 Lyapunov–Krasovskii 泛函是合理有效的。

$\boldsymbol{V}(t)$ 沿着式 (4-10) 的解轨迹求导可得：

$$\begin{aligned}\dot{\boldsymbol{V}}(t)&=2\boldsymbol{z}^{\mathrm{T}}(t)(\boldsymbol{P}\otimes\boldsymbol{I}_n)\dot{\boldsymbol{z}}(t)+h^2\dot{\boldsymbol{z}}^{\mathrm{T}}(t)(\boldsymbol{Q}\otimes\boldsymbol{I}_n)\dot{\boldsymbol{z}}(t)-h\int_{t-h}^{t}\dot{\boldsymbol{z}}^{\mathrm{T}}(s)(\boldsymbol{Q}\otimes\boldsymbol{I}_n)\dot{\boldsymbol{z}}(s)\mathrm{d}s\\&=2\boldsymbol{z}^{\mathrm{T}}(t)(\boldsymbol{PM}\otimes\boldsymbol{I}_n)\boldsymbol{F}(\boldsymbol{z}(t),t)-2\boldsymbol{z}^{\mathrm{T}}(t)(\boldsymbol{PL}\otimes\boldsymbol{K})\boldsymbol{z}(t-d_k(t))\\&\quad-2\boldsymbol{z}^{\mathrm{T}}(t)(\boldsymbol{PL}\otimes\boldsymbol{K})\boldsymbol{e}(t-d_k(t))+2\boldsymbol{z}^{\mathrm{T}}(t)(\boldsymbol{PM}\otimes\boldsymbol{K})\boldsymbol{E}(t-d_k(t))\\&\quad+h^2\dot{\boldsymbol{z}}^{\mathrm{T}}(t)(\boldsymbol{Q}\otimes\boldsymbol{I}_n)\dot{\boldsymbol{z}}(t)-h\int_{t-h}^{t}\dot{\boldsymbol{z}}^{\mathrm{T}}(s)(\boldsymbol{Q}\otimes\boldsymbol{I}_n)\dot{\boldsymbol{z}}(s)\mathrm{d}s\end{aligned} \tag{4-13}$$

其中：

$$\begin{aligned}&h^2\dot{\boldsymbol{z}}^{\mathrm{T}}(t)(\boldsymbol{Q}\otimes\boldsymbol{I}_n)\dot{\boldsymbol{z}}(t)\\&=h^2\boldsymbol{F}^{\mathrm{T}}(\boldsymbol{z}(t),t)(\boldsymbol{M}^{\mathrm{T}}\boldsymbol{QM}\otimes\boldsymbol{I}_n)\boldsymbol{F}(\boldsymbol{z}(t),t)-2h^2\boldsymbol{z}^{\mathrm{T}}(t-d_k(t))\\&\quad(\boldsymbol{L}^{\mathrm{T}}\boldsymbol{QM}\otimes\boldsymbol{K}^{\mathrm{T}})\boldsymbol{F}(\boldsymbol{z}(t),t)\\&\quad+h^2\boldsymbol{z}^{\mathrm{T}}(t-d_k(t))(\boldsymbol{L}^{\mathrm{T}}\boldsymbol{QL}\otimes\boldsymbol{K}^{\mathrm{T}}\boldsymbol{K})\boldsymbol{z}(t-d_k(t))-2h^2\boldsymbol{F}^{\mathrm{T}}(\boldsymbol{z}(t),t)\\&\quad(\boldsymbol{M}^{\mathrm{T}}\boldsymbol{QL}\otimes\boldsymbol{K})\boldsymbol{e}(t-d_k(t))\\&\quad+2h^2\boldsymbol{F}^{\mathrm{T}}(\boldsymbol{z}(t),t)(\boldsymbol{M}^{\mathrm{T}}\boldsymbol{QM}\otimes\boldsymbol{K})\boldsymbol{E}(t-d_k(t))+2h^2\boldsymbol{z}^{\mathrm{T}}(t-d_k(t))\\&\quad(\boldsymbol{L}^{\mathrm{T}}\boldsymbol{QL}\otimes\boldsymbol{K}^{\mathrm{T}}\boldsymbol{K})\boldsymbol{e}(t-d_k(t))\\&\quad-2h^2\boldsymbol{z}^{\mathrm{T}}(t-d_k(t))(\boldsymbol{L}^{\mathrm{T}}\boldsymbol{QM}\otimes\boldsymbol{K}^{\mathrm{T}}\boldsymbol{K})\boldsymbol{E}(t-d_k(t))-2h^2\boldsymbol{e}^{\mathrm{T}}(t-d_k(t))\\&\quad(\boldsymbol{L}^{\mathrm{T}}\boldsymbol{QM}\otimes\boldsymbol{K}^{\mathrm{T}}\boldsymbol{K})\boldsymbol{E}(t-d_k(t))\\&\quad+h^2\boldsymbol{e}^{\mathrm{T}}(t-d_k(t))(\boldsymbol{L}^{\mathrm{T}}\boldsymbol{QL}\otimes\boldsymbol{K}^{\mathrm{T}}\boldsymbol{K})\boldsymbol{e}(t-d_k(t))+h^2\boldsymbol{E}^{\mathrm{T}}(t-d_k(t))\\&\quad(\boldsymbol{M}^{\mathrm{T}}\boldsymbol{QM}\otimes\boldsymbol{K}^{\mathrm{T}}\boldsymbol{K})\boldsymbol{E}(t-d_k(t))\end{aligned} \tag{4-14}$$

由 Jensen 不等式可得：

$$
\begin{aligned}
&-h\int_{t-h}^{t}\dot{\boldsymbol z}^{\mathrm T}(s)(\boldsymbol Q\otimes \boldsymbol I_n)\dot{\boldsymbol z}(s)\mathrm ds\\
&\leqslant -[(t-d_k(t))-(t-h)]\int_{t-h}^{t-d_k(t)}\dot{\boldsymbol z}^{\mathrm T}(s)(\boldsymbol Q\otimes \boldsymbol I_n)\dot{\boldsymbol z}(s)\mathrm ds-[t-(t-d_k(t))]\\
&\quad\int_{t-d_k(t)}^{t}\dot{\boldsymbol z}^{\mathrm T}(s)(\boldsymbol Q\otimes \boldsymbol I_n)\dot{\boldsymbol z}(s)\\
&\leqslant -\left(\int_{t-h}^{t-d_k(t)}\dot{\boldsymbol z}(s)\mathrm ds\right)^{\mathrm T}(\boldsymbol Q\otimes \boldsymbol I_n)\left(\int_{t-h}^{t-d_k(t)}\dot{\boldsymbol z}(s)\mathrm ds\right)\\
&\quad-\left(\int_{t-d_k(t)}^{t}\dot{\boldsymbol z}(s)\mathrm ds\right)^{\mathrm T}(\boldsymbol Q\otimes \boldsymbol I_n)\left(\int_{t-d_k(t)}^{t}\dot{\boldsymbol z}(s)\mathrm ds\right)\\
&\leqslant -[\boldsymbol z(t-d_k(t))-\boldsymbol z(t-h)]^{\mathrm T}(\boldsymbol Q\otimes \boldsymbol I_n)[\boldsymbol z(t-d_k(t))-\boldsymbol z(t-h)]\\
&\quad-[\boldsymbol z(t)-\boldsymbol z(t-d_k(t))]^{\mathrm T}(\boldsymbol Q\otimes \boldsymbol I_n)[\boldsymbol z(t)-\boldsymbol z(t-d_k(t))]
\end{aligned}
\tag{4-15}
$$

根据引理 4.2.2，对于任意 $kh\in[t_r^i,t_{r+1}^i)$，有：

$$
\begin{aligned}
&\boldsymbol e_i^{\mathrm T}(kh)\boldsymbol\Phi\boldsymbol e_i(kh)\\
&\leqslant \sigma_i\boldsymbol y_i^{\mathrm T}(kh)\boldsymbol\Phi\boldsymbol y_i(kh)-\boldsymbol E_i^{\mathrm T}(kh)\boldsymbol\Phi\boldsymbol E_i(kh)\\
&=\sigma_i\left[\sum_{j\in\mathcal N_i}w_{ij}(\boldsymbol x_i(t_r^i)-\boldsymbol x_j(t_{r'(t_r^i)}^j))\right]^{\mathrm T}\boldsymbol\Phi\left[\sum_{j\in\mathcal N_i}w_{ij}(\boldsymbol x_i(t_r^i)-\boldsymbol x_j(t_{r'(t_r^i)}^j))\right]\\
&\quad-\boldsymbol E_i^{\mathrm T}(kh)\boldsymbol\Phi\boldsymbol E_i(kh)\\
&=\sigma_i\left[\sum_{j\in\mathcal N_i}w_{ij}(\boldsymbol x_i(t_r^i)-\boldsymbol x_j(t_{r'(kh)}^j)-\boldsymbol E_{ij}(kh))\right]^{\mathrm T}\\
&\quad\boldsymbol\Phi\left[\sum_{j\in\mathcal N_i}w_{ij}(\boldsymbol x_i(t_r^i)-\boldsymbol x_j(t_{r'(kh)}^j)-\boldsymbol E_{ij}(kh))\right]-\boldsymbol E_i^{\mathrm T}(kh)\boldsymbol\Phi\boldsymbol E_i(kh)\\
&=\sigma_i\left[\sum_{j\in\mathcal N_i}l_{ij}(\boldsymbol z_j(kh)+\boldsymbol e_j(kh))-\boldsymbol E_i(kh)\right]^{\mathrm T}\boldsymbol\Phi\left[\sum_{j\in\mathcal N_i}l_{ij}(\boldsymbol z_j(kh)+\boldsymbol e_j(kh))-\boldsymbol E_i(kh)\right]\\
&\quad-\boldsymbol E_i^{\mathrm T}(kh)\boldsymbol\Phi\boldsymbol E_i(kh)
\end{aligned}
\tag{4-16}
$$

将其两边写成矩阵表达形式：

$$
\begin{aligned}
&\boldsymbol e^{\mathrm T}(kh)(\boldsymbol I_N\otimes\boldsymbol\Phi)\boldsymbol e(kh)\\
&\leqslant[(\boldsymbol L\otimes\boldsymbol I_n)(\boldsymbol z(kh)+\boldsymbol e(kh))-\boldsymbol E(kh)]^{\mathrm T}(\boldsymbol\Lambda\otimes\boldsymbol\Phi)\\
&\quad[(\boldsymbol L\otimes\boldsymbol I_n)(\boldsymbol z(kh)+\boldsymbol e(kh))-\boldsymbol E(kh)]\\
&\quad-\boldsymbol E^{\mathrm T}(kh)(\boldsymbol I_N\otimes\boldsymbol\Phi)\boldsymbol E(kh)
\end{aligned}
\tag{4-17}
$$

根据假设 4.2.1 可得：

$$-\boldsymbol{F}^{\mathrm{T}}(\boldsymbol{z}(t),t)\boldsymbol{F}(\boldsymbol{z}(t),t)+\rho^2\boldsymbol{z}^{\mathrm{T}}(t)\boldsymbol{z}(t)\geqslant 0 \tag{4-18}$$

将式 (4-14) ～式 (4-18) 代入式 (4-13) 可得：

$$\dot{V}(t)\leqslant \boldsymbol{y}^{\mathrm{T}}(t)\boldsymbol{\Omega}_2\boldsymbol{y}(t) \tag{4-19}$$

其中，$\boldsymbol{y}(t)=[\boldsymbol{z}^{\mathrm{T}}(t),\boldsymbol{z}^{\mathrm{T}}(t-d_k(t)),\boldsymbol{z}^{\mathrm{T}}(t-h),\boldsymbol{F}^{\mathrm{T}}(\boldsymbol{z}(t),t),\boldsymbol{e}^{\mathrm{T}}(t-d_k(t)),\boldsymbol{E}^{\mathrm{T}}(t-d_k(t))]^{\mathrm{T}}$，并且：

$$\boldsymbol{\Omega}_2=\begin{bmatrix} -(\boldsymbol{Q}-\rho^2\boldsymbol{I}_N)\otimes\boldsymbol{I}_n & (1,2) & \boldsymbol{O} & \boldsymbol{PM}\otimes\boldsymbol{I}_n & -\boldsymbol{PL}\otimes\boldsymbol{K} & \boldsymbol{PM}\otimes\boldsymbol{K}\\ * & (2,2) & \boldsymbol{Q}\otimes\boldsymbol{I}_n & -h^2\boldsymbol{L}^{\mathrm{T}}\boldsymbol{QM}\otimes\boldsymbol{K}^{\mathrm{T}} & (2,5) & (2,6)\\ * & * & -\boldsymbol{Q}\otimes\boldsymbol{I}_n & \boldsymbol{O} & \boldsymbol{O} & \boldsymbol{O}\\ * & * & * & (4,4) & (4,5) & (4,6)\\ * & * & * & * & (5,5) & (5,6)\\ * & * & * & * & * & (6,6) \end{bmatrix} \tag{4-20}$$

其中：

$(1,2)=-\boldsymbol{PL}\otimes\boldsymbol{K}+\boldsymbol{Q}\otimes\boldsymbol{I}_n,(2,2)=-2\boldsymbol{Q}\otimes\boldsymbol{I}_n+h^2\boldsymbol{L}^{\mathrm{T}}\boldsymbol{QL}\otimes\boldsymbol{K}^{\mathrm{T}}\boldsymbol{K}+\boldsymbol{L}^{\mathrm{T}}\boldsymbol{\Lambda L}\otimes\boldsymbol{\Phi}$

$(2,5)=h^2\boldsymbol{L}^{\mathrm{T}}\boldsymbol{QL}\otimes\boldsymbol{K}^{\mathrm{T}}\boldsymbol{K}+\boldsymbol{L}^{\mathrm{T}}\boldsymbol{\Lambda L}\otimes\boldsymbol{\Phi},(2,6)=-h^2\boldsymbol{L}^{\mathrm{T}}\boldsymbol{QM}\otimes\boldsymbol{K}^{\mathrm{T}}\boldsymbol{K}-\boldsymbol{L}^{\mathrm{T}}\boldsymbol{\Lambda}\otimes\boldsymbol{\Phi}$

$(4,4)=-(\boldsymbol{I}_N-h^2\boldsymbol{M}^{\mathrm{T}}\boldsymbol{QM})\otimes\boldsymbol{I}_n,(4,5)=-h^2\boldsymbol{M}^{\mathrm{T}}\boldsymbol{QL}\otimes\boldsymbol{K},(4,6)=h^2\boldsymbol{M}^{\mathrm{T}}\boldsymbol{QM}\otimes\boldsymbol{K}$

$(5,5)=-(\boldsymbol{I}_N-\boldsymbol{L}^{\mathrm{T}}\boldsymbol{\Lambda L})\otimes\boldsymbol{\Phi}+h^2\boldsymbol{L}^{\mathrm{T}}\boldsymbol{QL}\otimes\boldsymbol{K}^{\mathrm{T}}\boldsymbol{K}$

$(5,6)=-h^2\boldsymbol{L}^{\mathrm{T}}\boldsymbol{QM}\otimes\boldsymbol{K}^{\mathrm{T}}\boldsymbol{K}-\boldsymbol{L}^{\mathrm{T}}\boldsymbol{\Lambda}\otimes\boldsymbol{\Phi},(6,6)=-(\boldsymbol{I}_N-\boldsymbol{\Lambda})\otimes\boldsymbol{\Phi}+h^2\boldsymbol{M}^{\mathrm{T}}\boldsymbol{QM}\otimes\boldsymbol{K}^{\mathrm{T}}\boldsymbol{K}$

由于 $(\boldsymbol{\xi}^{\mathrm{T}}\otimes\boldsymbol{I}_n)\boldsymbol{z}(t)=0,(\boldsymbol{\xi}^{\mathrm{T}}\otimes\boldsymbol{I}_n)\boldsymbol{z}(t-d_k(t))=0,(\boldsymbol{\xi}^{\mathrm{T}}\otimes\boldsymbol{I}_n)\boldsymbol{z}(t-h)=0$，所以有：

$$\boldsymbol{Hy}(t)=\boldsymbol{O}_{6n} \tag{4-21}$$

其中，$\boldsymbol{H}=\mathrm{diag}\{\boldsymbol{\xi}^{\mathrm{T}},\boldsymbol{\xi}^{\mathrm{T}},\boldsymbol{\xi}^{\mathrm{T}},\boldsymbol{O},\boldsymbol{O},\boldsymbol{O}\}\otimes\boldsymbol{I}_n\in\mathbb{R}^{6n\times 6Nn}$。

根据引理 4.2.1，$\boldsymbol{y}^{\mathrm{T}}(t)\boldsymbol{\Omega}_2\boldsymbol{y}(t)<0,\forall\boldsymbol{y}\in\{\boldsymbol{y}:\boldsymbol{Hy}=\boldsymbol{O},\boldsymbol{y}\neq 0\}$ 等价于：

$$\boldsymbol{H}^{\perp\mathrm{T}}\boldsymbol{\Omega}_2\boldsymbol{H}^{\perp}<0 \tag{4-22}$$

其中，$\boldsymbol{H}^{\perp}=\mathrm{diag}\{\boldsymbol{E},\boldsymbol{E},\boldsymbol{E},\boldsymbol{I}_N,\boldsymbol{I}_N,\boldsymbol{I}_N\}\otimes\boldsymbol{I}_n\in\mathbb{R}^{6Nn\times(6N-3)n}$，且 $\boldsymbol{HH}^{\perp}=\boldsymbol{O}$。

定义 $\boldsymbol{\Omega}_1=\boldsymbol{H}^{\perp\mathrm{T}}\boldsymbol{\Omega}_2\boldsymbol{H}^{\perp}\boldsymbol{\Omega}_1=\boldsymbol{H}^{\perp\mathrm{T}}\boldsymbol{\Omega}_2\boldsymbol{H}^{\perp}<0$，由条件 (4-11) 可知：

$$\dot{V}(t)\leqslant 0 \tag{4-23}$$

因此存在一个足够小的常数 $\epsilon>0$，使得 $\dot{V}(t)<-\epsilon\|\boldsymbol{z}(t)\|_2^2$，这保证了误差系统 (4-10) 的稳定性，证毕。

注 4.2.2 从定理 4.2.1 来看，本小节只要求存在满足 $\boldsymbol{E}^{\mathrm{T}}\boldsymbol{P}\boldsymbol{E}>0$ 和 $\boldsymbol{E}^{\mathrm{T}}\boldsymbol{Q}\boldsymbol{E}>0$ 的对称矩阵 $\boldsymbol{P}$ 和 $\boldsymbol{Q}$，并未要求矩阵 $\boldsymbol{P}$ 和 $\boldsymbol{Q}$ 为正定矩阵，这是由于 $(\boldsymbol{\xi}^{\mathrm{T}}\otimes\boldsymbol{I}_n)\boldsymbol{z}(t)=0$，对于任意的向量 $\boldsymbol{z}(t)$，存在向量 $\boldsymbol{v}(t)$，满足 $\boldsymbol{z}(t)=\boldsymbol{E}\boldsymbol{v}(t)$，这保证了在 $\boldsymbol{E}^{\mathrm{T}}\boldsymbol{P}\boldsymbol{E}>0,\boldsymbol{E}^{\mathrm{T}}\boldsymbol{Q}\boldsymbol{E}>0$ 条件下 Lyapunov-Krasovskii 泛函式 (4-12) 的有效性。

注 4.2.3 本章参考文献 [23-27] 引入虚拟领导者讨论了无领导者一致性问题，并采用广义代数连通度来处理网络拓扑。对于具有线性动力学 [23,24] 和非线性动力学 [26,27] 的多智能体系统来说，这是可行的。然而，代数判据虽直观但保守性较大。本节基于 Finsler 引理（引理 4.2.1），通过线性矩阵不等式给出了无领导者一致性的充分条件，这种利用网络拓扑的等效变换来处理稳定性问题的方法可能会得到较为不保守的结果。

当系统中智能体的个数和单个智能体维度增大时，定理 4.2.1 中的判定条件维数高，求解困难。通过选取一些特殊的事件触发加权矩阵和反馈增益矩阵，得出如下低维的推论。

推论 4.2.1

在假设 4.2.1 和假设 4.2.2 下，反馈增益矩阵 $\boldsymbol{K}=\alpha\boldsymbol{I}_n$，事件触发加权矩阵 $\boldsymbol{\Phi}=\boldsymbol{I}_n$，给定 $h>0$，事件触发参数矩阵 $\boldsymbol{\Lambda}=\mathrm{diag}\{\sigma_1,\sigma_2,\cdots,\sigma_N\}$，如果存在对称矩阵 $\boldsymbol{P}$、$\boldsymbol{Q}$ 满足 $\boldsymbol{E}^{\mathrm{T}}\boldsymbol{P}\boldsymbol{E}>0,\boldsymbol{E}^{\mathrm{T}}\boldsymbol{Q}\boldsymbol{E}>0$，使得：

$$\boldsymbol{\Omega}_3=\begin{bmatrix}-\boldsymbol{E}^{\mathrm{T}}\boldsymbol{Q}\boldsymbol{E}+\rho^2\boldsymbol{E}^{\mathrm{T}}\boldsymbol{E} & \tilde{\boldsymbol{\Delta}}_{12} & \boldsymbol{O} & \boldsymbol{E}^{\mathrm{T}}\boldsymbol{P}\boldsymbol{M} & -\alpha\boldsymbol{E}^{\mathrm{T}}\boldsymbol{P}\boldsymbol{L} & \alpha\boldsymbol{E}^{\mathrm{T}}\boldsymbol{P}\boldsymbol{M}\\ * & \tilde{\boldsymbol{\Delta}}_{22} & \boldsymbol{E}^{\mathrm{T}}\boldsymbol{Q}\boldsymbol{E} & \tilde{\boldsymbol{\Delta}}_{24} & \tilde{\boldsymbol{\Delta}}_{25} & \tilde{\boldsymbol{\Delta}}_{26}\\ * & * & -\boldsymbol{E}^{\mathrm{T}}\boldsymbol{Q}\boldsymbol{E} & \boldsymbol{O} & \boldsymbol{O} & \boldsymbol{O}\\ * & * & * & \tilde{\boldsymbol{\Delta}}_{44} & \tilde{\boldsymbol{\Delta}}_{45} & \tilde{\boldsymbol{\Delta}}_{46}\\ * & * & * & * & \tilde{\boldsymbol{\Delta}}_{55} & \tilde{\boldsymbol{\Delta}}_{56}\\ * & * & * & * & * & \tilde{\boldsymbol{\Delta}}_{66}\end{bmatrix}<0 \tag{4-24}$$

其中：

$$\tilde{\Delta}_{12}=-\alpha \boldsymbol{E}^{\mathrm{T}}\boldsymbol{PLE}+\boldsymbol{E}^{\mathrm{T}}\boldsymbol{QE},\tilde{\Delta}_{22}=-2\boldsymbol{E}^{\mathrm{T}}\boldsymbol{QE}+h^2\alpha^2\boldsymbol{E}^{\mathrm{T}}\boldsymbol{L}^{\mathrm{T}}\boldsymbol{QLE}+\boldsymbol{E}^{\mathrm{T}}\boldsymbol{L}^{\mathrm{T}}\boldsymbol{\Lambda LE}$$
$$\tilde{\Delta}_{24}=-h^2\alpha\boldsymbol{E}^{\mathrm{T}}\boldsymbol{L}^{\mathrm{T}}\boldsymbol{QM},\tilde{\Delta}_{25}=\alpha^2h^2\boldsymbol{E}^{\mathrm{T}}\boldsymbol{L}^{\mathrm{T}}\boldsymbol{QL}+\boldsymbol{E}^{\mathrm{T}}\boldsymbol{L}^{\mathrm{T}}\boldsymbol{\Lambda L}$$
$$\tilde{\Delta}_{26}=-\alpha^2h^2\boldsymbol{E}^{\mathrm{T}}\boldsymbol{L}^{\mathrm{T}}\boldsymbol{QM}-\boldsymbol{E}^{\mathrm{T}}\boldsymbol{L}^{\mathrm{T}}\boldsymbol{\Lambda},\tilde{\Delta}_{44}=-(\boldsymbol{I}_N-h^2\boldsymbol{M}^{\mathrm{T}}\boldsymbol{QM}),\tilde{\Delta}_{45}=-\alpha h^2\boldsymbol{M}^{\mathrm{T}}\boldsymbol{QL}$$
$$\tilde{\Delta}_{46}=\alpha h^2\boldsymbol{M}^{\mathrm{T}}\boldsymbol{QM},\tilde{\Delta}_{55}=-(\boldsymbol{I}_N-\alpha^2h^2\boldsymbol{L}^{\mathrm{T}}\boldsymbol{QL}-\boldsymbol{L}^{\mathrm{T}}\boldsymbol{\Lambda L})$$
$$\tilde{\Delta}_{56}=-\alpha^2h^2\boldsymbol{L}^{\mathrm{T}}\boldsymbol{QM}-\boldsymbol{L}^{\mathrm{T}}\boldsymbol{\Lambda},\tilde{\Delta}_{66}=-(\boldsymbol{I}_N-\alpha^2h^2\boldsymbol{M}^{\mathrm{T}}\boldsymbol{QM}-\boldsymbol{\Lambda})$$

$$\boldsymbol{E}=\begin{bmatrix}\boldsymbol{I}_{N-1}\\ -\dfrac{\bar{\boldsymbol{\xi}}^{\mathrm{T}}}{\xi_N}\end{bmatrix}\in\mathbb{R}^{N\times N-1},\ \bar{\boldsymbol{\xi}}=[\xi_1,\cdots,\xi_{N-1}]^{\mathrm{T}}\in\mathbb{R}^{N-1}$$

那么在事件触发机制 (4-4) 下，误差系统 (4-10) 是全局渐近稳定的。

证明：

选取与定理 4.2.1 证明中相同的 Lyapunov-Krasovskii 泛函。对于任意的 $kh\in[t_r^i,t_{r+1}^i)$，下述不等式恒成立：

$$\boldsymbol{e}_i^{\mathrm{T}}(kh)\boldsymbol{e}_i(kh)\leqslant\sigma_i\boldsymbol{y}_i^{\mathrm{T}}(kh)\boldsymbol{y}_i(kh)-\boldsymbol{E}_i^{\mathrm{T}}(kh)\boldsymbol{E}_i(kh)$$

其矩阵表达形式为：

$$\boldsymbol{e}^{\mathrm{T}}(kh)\boldsymbol{e}(kh)\leqslant[(\boldsymbol{L}\otimes\boldsymbol{I}_n)(\boldsymbol{z}(kh)+\boldsymbol{e}(kh))-\boldsymbol{E}(kh)]^{\mathrm{T}}(\boldsymbol{\Lambda}\otimes\boldsymbol{I}_n)[(\boldsymbol{L}\otimes\boldsymbol{I}_n)$$
$$(\boldsymbol{z}(kh)+\boldsymbol{e}(kh))-\boldsymbol{E}(kh)]-\boldsymbol{E}^{\mathrm{T}}(kh)\boldsymbol{E}(kh)$$

与定理 4.2.1 的证明思路相同，使用 $\alpha\boldsymbol{I}_n$ 替换 $\boldsymbol{K}$，可以得到推论 4.2.1，此处不再赘述。证毕。

注 4.2.4　比较推论 4.2.1 和定理 4.2.1，尽管 $\boldsymbol{\Phi}=\boldsymbol{I}_n$ 可能增加事件触发条件的保守性，但是推论 4.2.1 减少了稳定性条件矩阵的维度，使得线性矩阵不等式 (4-24) 的维度与每个智能体的维度无关，只与系统中智能体的个数相关。

如果不考虑事件触发机制对系统的影响，那么上述讨论的问题就会转化为在固定周期采样下多智能体系统的一致性问题。假设 $\boldsymbol{K}=\alpha\boldsymbol{I}_n$，误差系统 (4-10) 可以写为：

$$\dot{\boldsymbol{z}}(t)=(\boldsymbol{M}\otimes\boldsymbol{I}_n)\boldsymbol{F}(\boldsymbol{z}(t),t)-\alpha(\boldsymbol{L}\otimes\boldsymbol{I}_n)\boldsymbol{z}(t-d_k(t))\tag{4-25}$$

根据定理 4.2.1 的证明思路，可得出以下推论。

推论 4.2.2

在假设 4.2.1 和假设 4.2.2 下，反馈增益矩阵 $\boldsymbol{K}=\alpha\boldsymbol{I}_n$，给定 $h>0$，如果存在对称矩阵 $\boldsymbol{P}$，$\boldsymbol{Q}$ 满足 $\boldsymbol{E}^{\mathrm{T}}\boldsymbol{PE}>0, \boldsymbol{E}^{\mathrm{T}}\boldsymbol{QE}>0$，使得：

$$\boldsymbol{\Omega}_4=\begin{bmatrix} -\boldsymbol{E}^{\mathrm{T}}\boldsymbol{QE}+\rho^2\boldsymbol{E}^{\mathrm{T}}\boldsymbol{E} & \bar{\boldsymbol{\Delta}}_{12} & \boldsymbol{O} & \boldsymbol{E}^{\mathrm{T}}\boldsymbol{PM} \\ * & \bar{\boldsymbol{\Delta}}_{22} & \boldsymbol{E}^{\mathrm{T}}\boldsymbol{QE} & -h^2\alpha\boldsymbol{E}^{\mathrm{T}}\boldsymbol{L}^{\mathrm{T}}\boldsymbol{QM} \\ * & * & -\boldsymbol{E}^{\mathrm{T}}\boldsymbol{QE} & \boldsymbol{O} \\ * & * & * & -(\boldsymbol{I}_N-h^2\boldsymbol{M}^{\mathrm{T}}\boldsymbol{QM}) \end{bmatrix}<0 \tag{4-26}$$

其中，$\bar{\boldsymbol{\Delta}}_{12}=-\alpha\boldsymbol{E}^{\mathrm{T}}\boldsymbol{PLE}+\boldsymbol{E}^{\mathrm{T}}\boldsymbol{QE}, \bar{\boldsymbol{\Delta}}_{22}=-2\boldsymbol{E}^{\mathrm{T}}\boldsymbol{QE}+h^2\alpha^2\boldsymbol{E}^{\mathrm{T}}\boldsymbol{L}^{\mathrm{T}}\boldsymbol{QLE}$，$\boldsymbol{E}=\begin{bmatrix}\boldsymbol{I}_{N-1} \\ -\dfrac{\bar{\boldsymbol{\xi}}^{\mathrm{T}}}{\xi_N}\end{bmatrix}\in\mathbb{R}^{N\times N-1}$，$\bar{\boldsymbol{\xi}}=[\xi_1,\cdots,\xi_{N-1}]^{\mathrm{T}}\in\mathbb{R}^{N-1}$，那么误差系统 (4-10) 是全局渐近稳定的。

4.2.4 基于固定周期采样事件触发机制的控制器设计

定理 4.2.2

在假设 4.2.1 和假设 4.2.2 下，给定常数 $\mu>0$，采样周期 $h>0$，事件触发参数矩阵 $\boldsymbol{\Lambda}=\mathrm{diag}\{\sigma_1,\sigma_2,\cdots,\sigma_N\}$，如果存在对称矩阵 $\tilde{\boldsymbol{Q}}>0$、$\tilde{\boldsymbol{\Phi}}>0$、$\boldsymbol{X}>0$、$\boldsymbol{Y}$ 使得：

$$\begin{bmatrix} \tilde{\boldsymbol{\Omega}}_1 & h\boldsymbol{H}^{\perp\mathrm{T}}\tilde{\boldsymbol{S}}^{\mathrm{T}} & \boldsymbol{H}^{\perp\mathrm{T}}\boldsymbol{F}^{\mathrm{T}}(\boldsymbol{I}_N\otimes\tilde{\boldsymbol{\Phi}}) & \tilde{\boldsymbol{\Omega}}_2 \\ * & \boldsymbol{\Xi}^{-1}\otimes(\mu^2\tilde{\boldsymbol{Q}}-2\mu\boldsymbol{X}) & \boldsymbol{O} & \boldsymbol{O} \\ * & * & -(\boldsymbol{\Xi\Lambda})^{-1}\otimes\tilde{\boldsymbol{\Phi}} & \boldsymbol{O} \\ * & * & * & -\boldsymbol{\Xi}^{-1}\otimes\boldsymbol{I}_n \end{bmatrix}<0 \tag{4-27}$$

其中，$\tilde{\boldsymbol{S}}=[\boldsymbol{O},-\boldsymbol{L}\otimes\boldsymbol{Y},\boldsymbol{O},\boldsymbol{M}\otimes\boldsymbol{I}_n,-\boldsymbol{L}\otimes\boldsymbol{Y},\boldsymbol{M}\otimes\boldsymbol{Y}], \boldsymbol{F}=[\boldsymbol{O},\boldsymbol{L}\otimes\boldsymbol{I}_n,\boldsymbol{O},\boldsymbol{O},\boldsymbol{L}\otimes\boldsymbol{I}_n,-\boldsymbol{I}_{Nn}]$，$\boldsymbol{F}=[\boldsymbol{O},\boldsymbol{L}\otimes\boldsymbol{I}_n,\boldsymbol{O},\boldsymbol{O},\boldsymbol{L}\otimes\boldsymbol{I}_n,-\boldsymbol{I}_{Nn}]$，以及：

$$\tilde{\boldsymbol{\Omega}}_1=\begin{bmatrix} -\boldsymbol{E}^{\mathrm{T}}\boldsymbol{\Xi}\boldsymbol{E}\otimes\tilde{\boldsymbol{Q}} & \bar{\boldsymbol{\Gamma}}_{12} & \boldsymbol{O} & \boldsymbol{E}^{\mathrm{T}}\boldsymbol{\Xi}\otimes\boldsymbol{I}_n & -\boldsymbol{E}^{\mathrm{T}}\boldsymbol{\Xi}\boldsymbol{L}\otimes\boldsymbol{Y} & \boldsymbol{E}^{\mathrm{T}}\boldsymbol{\Xi}\otimes\boldsymbol{Y} \\ * & \bar{\boldsymbol{\Gamma}}_{22} & \boldsymbol{E}^{\mathrm{T}}\boldsymbol{\Xi}\boldsymbol{E}\otimes\tilde{\boldsymbol{Q}} & \boldsymbol{O} & \boldsymbol{O} & \boldsymbol{O} \\ * & * & -\boldsymbol{E}^{\mathrm{T}}\boldsymbol{\Xi}\boldsymbol{E}\otimes\tilde{\boldsymbol{Q}} & \boldsymbol{O} & \boldsymbol{O} & \boldsymbol{O} \\ * & * & * & -\boldsymbol{\Xi}\otimes\boldsymbol{I}_n & \boldsymbol{O} & \boldsymbol{O} \\ * & * & * & * & -\boldsymbol{\Xi}\otimes\tilde{\boldsymbol{\Phi}} & \boldsymbol{O} \\ * & * & * & * & * & -\boldsymbol{\Xi}\otimes\tilde{\boldsymbol{\Phi}} \end{bmatrix} \tag{4-28}$$

并且：

$$\bar{\boldsymbol{\Gamma}}_{12}=-\boldsymbol{E}^{\mathrm{T}}\boldsymbol{\Xi}\boldsymbol{L}\boldsymbol{E}\otimes\boldsymbol{Y}+\boldsymbol{E}^{\mathrm{T}}\boldsymbol{\Xi}\boldsymbol{E}\otimes\tilde{\boldsymbol{Q}},\bar{\boldsymbol{\Gamma}}_{22}=-2\boldsymbol{E}^{\mathrm{T}}\boldsymbol{\Xi}\boldsymbol{E}\otimes\tilde{\boldsymbol{Q}},$$

$$\tilde{\boldsymbol{\Omega}}_2=[\boldsymbol{E}\otimes\rho\boldsymbol{X},\boldsymbol{O},\boldsymbol{O},\boldsymbol{O},\boldsymbol{O},\boldsymbol{O}]^{\mathrm{T}}$$

$$\boldsymbol{\Xi}=\mathrm{diag}\{\xi_1,\xi_2,\cdots,\xi_N\},\ \boldsymbol{H}^{\perp}=\mathrm{diag}\{\boldsymbol{E}\otimes\boldsymbol{I}_n,\boldsymbol{E}\otimes\boldsymbol{I}_n,\boldsymbol{E}\otimes\boldsymbol{I}_n,\boldsymbol{I}_{Nn},\boldsymbol{I}_{Nn},\boldsymbol{I}_{Nn}\}$$

$$\boldsymbol{E}=\begin{bmatrix}\boldsymbol{I}_{N-1}\\ -\dfrac{\bar{\boldsymbol{\xi}}^{\mathrm{T}}}{\xi_N}\end{bmatrix}\in\mathbb{R}^{N\times N-1},\ \bar{\boldsymbol{\xi}}=[\xi_1,\cdots,\xi_{N-1}]^{\mathrm{T}}\in\mathbb{R}^{N-1}$$

那么在事件触发机制 (4-4) 下，误差系统 (4-10) 是全局渐近稳定的，并且反馈增益矩阵 $\boldsymbol{K}=\boldsymbol{Y}\boldsymbol{X}^{-1}$，事件触发加权矩阵 $\boldsymbol{\Phi}=\boldsymbol{X}^{-1}\tilde{\boldsymbol{\Phi}}\boldsymbol{X}^{-1}$。

证明：

选取如下 Lyapunov-Krasovskii 泛函：

$$V(t)=\boldsymbol{z}^{\mathrm{T}}(t)(\boldsymbol{\Xi}\otimes\boldsymbol{P})\boldsymbol{z}(t)+h\int_{-h}^{0}\int_{t+\theta}^{t}\dot{\boldsymbol{z}}^{\mathrm{T}}(s)(\boldsymbol{\Xi}\otimes\boldsymbol{Q})\dot{\boldsymbol{z}}(s)\mathrm{d}s\mathrm{d}\theta \tag{4-29}$$

其中，$\boldsymbol{P}=\boldsymbol{X}^{-1},\boldsymbol{Q}=\boldsymbol{P}\tilde{\boldsymbol{Q}}\boldsymbol{P}$。

$V(t)$ 沿着式 (4-10) 的导数为：

$$\begin{aligned}\dot{V}(t)=&2\boldsymbol{z}^{\mathrm{T}}(t)(\boldsymbol{\Xi}\boldsymbol{M}\otimes\boldsymbol{P})\boldsymbol{F}(\boldsymbol{z}(t),t)-2\boldsymbol{z}^{\mathrm{T}}(t)(\boldsymbol{\Xi}\boldsymbol{L}\otimes\boldsymbol{P}\boldsymbol{K})\boldsymbol{z}(t-d_k(t))\\ &-2\boldsymbol{z}^{\mathrm{T}}(t)(\boldsymbol{\Xi}\boldsymbol{L}\otimes\boldsymbol{P}\boldsymbol{K})\boldsymbol{e}(t-d_k(t))+2\boldsymbol{z}^{\mathrm{T}}(t)(\boldsymbol{\Xi}\boldsymbol{M}\otimes\boldsymbol{P}\boldsymbol{K})\boldsymbol{E}(t-d_k(t))\\ &+h^2\dot{\boldsymbol{z}}^{\mathrm{T}}(t)(\boldsymbol{\Xi}\otimes\boldsymbol{Q})\dot{\boldsymbol{z}}(t)-h\int_{t-h}^{t}\dot{\boldsymbol{z}}^{\mathrm{T}}(s)(\boldsymbol{\Xi}\otimes\boldsymbol{Q})\dot{\boldsymbol{z}}(s)\mathrm{d}s\end{aligned} \tag{4-30}$$

由于 $(\boldsymbol{\xi}^{\mathrm{T}}\otimes\boldsymbol{I}_n)\boldsymbol{z}(t)=0$，因此：

$$\begin{aligned}&\boldsymbol{z}^{\mathrm{T}}(t)(\boldsymbol{\Xi}\boldsymbol{M}\otimes\boldsymbol{P})\boldsymbol{F}(\boldsymbol{z}(t),t)\\ &=\boldsymbol{z}^{\mathrm{T}}(t)(\boldsymbol{\Xi}\otimes\boldsymbol{P})\boldsymbol{F}(\boldsymbol{z}(t),t)-\boldsymbol{z}^{\mathrm{T}}(t)(\boldsymbol{\Xi}\mathbf{1}_N\boldsymbol{\xi}^{\mathrm{T}}\otimes\boldsymbol{P})\boldsymbol{F}(\boldsymbol{z}(t),t)\\ &=\boldsymbol{z}^{\mathrm{T}}(t)(\boldsymbol{\Xi}\otimes\boldsymbol{P})\boldsymbol{F}(\boldsymbol{z}(t),t)-\boldsymbol{z}^{\mathrm{T}}(t)(\boldsymbol{\xi}\boldsymbol{\xi}^{\mathrm{T}}\otimes\boldsymbol{P})\boldsymbol{F}(\boldsymbol{z}(t),t)\end{aligned}$$

$$=z^{\mathrm{T}}(t)(\varXi\otimes\boldsymbol{P})\boldsymbol{F}(z(t),t)-z^{\mathrm{T}}(t)(\boldsymbol{\xi}\otimes\boldsymbol{I}_n)(\boldsymbol{\xi}^{\mathrm{T}}\otimes\boldsymbol{P})\boldsymbol{F}(z(t),t)$$
$$=z^{\mathrm{T}}(t)(\varXi\otimes\boldsymbol{P})\boldsymbol{F}(z(t),t) \tag{4-31}$$

同理，有 $z^{\mathrm{T}}(t)(\varXi\boldsymbol{M}\otimes\boldsymbol{PK})\boldsymbol{E}(t-d_k(t))=z^{\mathrm{T}}(t)(\varXi\otimes\boldsymbol{PK})\boldsymbol{E}(t-d_k(t))$，因此式 (4-30) 等价于：

$$\begin{aligned}\dot{V}(t)=&2z^{\mathrm{T}}(t)(\varXi\otimes\boldsymbol{P})\boldsymbol{F}(z(t),t)-2z^{\mathrm{T}}(t)(\varXi\boldsymbol{L}\otimes\boldsymbol{PK})z(t-d_k(t))\\&-2z^{\mathrm{T}}(t)(\varXi\boldsymbol{L}\otimes\boldsymbol{PK})\boldsymbol{e}(t-d_k(t))+2z^{\mathrm{T}}(t)(\varXi\otimes\boldsymbol{PK})\boldsymbol{E}(t-d_k(t))\\&+h^2\dot{z}^{\mathrm{T}}(t)(\varXi\otimes\boldsymbol{Q})\dot{z}(t)-h\int_{t-h}^{t}\dot{z}^{\mathrm{T}}(s)(\varXi\otimes\boldsymbol{Q})\dot{z}(s)\mathrm{d}s\end{aligned} \tag{4-32}$$

定义 $\boldsymbol{y}(t)=[z^{\mathrm{T}}(t),z^{\mathrm{T}}(t-d_k(t)),z^{\mathrm{T}}(t-h),\boldsymbol{F}^{\mathrm{T}}(z(t),t),\boldsymbol{e}^{\mathrm{T}}(t-d_k(t)),\boldsymbol{E}^{\mathrm{T}}(t-d_k(t))]^{\mathrm{T}}$，误差系统 (4-10) 等价于：

$$\dot{z}(t)=\boldsymbol{S}\boldsymbol{y}(t) \tag{4-33}$$

其中，$\boldsymbol{S}=[\boldsymbol{O},-\boldsymbol{L}\otimes\boldsymbol{K},\boldsymbol{O},\boldsymbol{M}\otimes\boldsymbol{I}_n,-\boldsymbol{L}\otimes\boldsymbol{K},\boldsymbol{M}\otimes\boldsymbol{K}]$。

所以：

$$h^2\dot{z}^{\mathrm{T}}(t)(\varXi\otimes\boldsymbol{Q})\dot{z}(t)=h^2\boldsymbol{y}^{\mathrm{T}}(t)\boldsymbol{S}^{\mathrm{T}}(\varXi\otimes\boldsymbol{Q})\boldsymbol{S}\boldsymbol{y}(t) \tag{4-34}$$

由假设 4.2.1 可得：

$$-\boldsymbol{F}^{\mathrm{T}}(z(t),t)(\varXi\otimes\boldsymbol{I}_n)\boldsymbol{F}(z(t),t)+\rho^2z^{\mathrm{T}}(t)(\varXi\otimes\boldsymbol{I}_n)z(t)\geqslant 0 \tag{4-35}$$

由 Jensen 不等式可得：

$$\begin{aligned}-h\int_{t-h}^{t}\dot{z}^{\mathrm{T}}(s)(\varXi\otimes\boldsymbol{Q})\dot{z}(s)\mathrm{d}s\leqslant&-[z(t-d_k(t))-z(t-h)]^{\mathrm{T}}(\varXi\otimes\boldsymbol{Q})[z(t-d_k(t))\\&-z(t-h)]-[z(t)-z(t-d_k(t))]^{\mathrm{T}}(\varXi\otimes\boldsymbol{Q})[z(t)-z(t-d_k(t))]\end{aligned} \tag{4-36}$$

由事件触发条件 (4-6) 可得：

$$\begin{aligned}\boldsymbol{e}^{\mathrm{T}}(kh)(\varXi\otimes\boldsymbol{\Phi})\boldsymbol{e}(kh)\leqslant&[(\boldsymbol{L}\otimes\boldsymbol{I}_n)(z(kh)+\boldsymbol{e}(kh))-\boldsymbol{E}(kh)]^{\mathrm{T}}(\varXi\boldsymbol{\Lambda}\otimes\boldsymbol{\Phi})[(\boldsymbol{L}\otimes\boldsymbol{I}_n)\\&\times(z(kh)+\boldsymbol{e}(kh))-\boldsymbol{E}(kh)]-\boldsymbol{E}^{\mathrm{T}}(kh)(\varXi\otimes\boldsymbol{\Phi})\boldsymbol{E}(kh)\end{aligned} \tag{4-37}$$

通过定义 $\boldsymbol{F}=[\boldsymbol{O},\boldsymbol{L}\otimes\boldsymbol{I}_n,\boldsymbol{O},\boldsymbol{O},\boldsymbol{L}\otimes\boldsymbol{I}_n,-\boldsymbol{I}_{Nn}]$，式 (4-37) 可转化为：

$$\boldsymbol{e}^{\mathrm{T}}(kh)(\varXi\otimes\boldsymbol{\Phi})\boldsymbol{e}(kh)+\boldsymbol{E}^{\mathrm{T}}(kh)(\varXi\otimes\boldsymbol{\Phi})\boldsymbol{E}(kh)\leqslant\boldsymbol{y}^{\mathrm{T}}(t)\boldsymbol{F}^{\mathrm{T}}(\varXi\boldsymbol{\Lambda}\otimes\boldsymbol{\Phi})\boldsymbol{F}\boldsymbol{y}(t) \tag{4-38}$$

将式 (4-34) ～式 (4-37) 代入式 (4-32)，整理可得：

$$\dot{V}(t) \leqslant \boldsymbol{y}^{\mathrm{T}}(t)\boldsymbol{\Sigma}\boldsymbol{y}(t) \tag{4-39}$$

其中，$\boldsymbol{\Sigma} = \boldsymbol{\Omega} + \boldsymbol{S}^{\mathrm{T}}(h^2\boldsymbol{\Xi} \otimes \boldsymbol{Q})\boldsymbol{S} + \boldsymbol{F}^{\mathrm{T}}(\boldsymbol{\Xi}\boldsymbol{\Lambda} \otimes \boldsymbol{\Phi})\boldsymbol{F}$。根据引理 2.2.2，$\boldsymbol{\Sigma} < 0$ 等价于：

$$\begin{bmatrix} \boldsymbol{\Omega} & h\boldsymbol{S}^{\mathrm{T}}(\boldsymbol{I}_N \otimes \boldsymbol{Q}) & \boldsymbol{F}^{\mathrm{T}}(\boldsymbol{I}_N \otimes \boldsymbol{\Phi}) \\ * & -\boldsymbol{\Xi}^{-1} \otimes \boldsymbol{Q} & \boldsymbol{O} \\ * & * & -(\boldsymbol{\Xi}\boldsymbol{\Lambda})^{-1} \otimes \boldsymbol{\Phi} \end{bmatrix} < 0 \tag{4-40}$$

其中：

$$\boldsymbol{\Omega} = \begin{bmatrix} \boldsymbol{\Gamma}_{11} & -\boldsymbol{\Xi}\boldsymbol{L} \otimes \boldsymbol{PK} + \boldsymbol{\Xi} \otimes \boldsymbol{Q} & \boldsymbol{O} & \boldsymbol{\Xi} \otimes \boldsymbol{P} & -\boldsymbol{\Xi}\boldsymbol{L} \otimes \boldsymbol{PK} & \boldsymbol{\Xi} \otimes \boldsymbol{PK} \\ * & -2\boldsymbol{\Xi} \otimes \boldsymbol{Q} & \boldsymbol{\Xi} \otimes \boldsymbol{Q} & \boldsymbol{O} & \boldsymbol{O} & \boldsymbol{O} \\ * & * & -\boldsymbol{\Xi} \otimes \boldsymbol{Q} & \boldsymbol{O} & \boldsymbol{O} & \boldsymbol{O} \\ * & * & * & -\boldsymbol{\Xi} \otimes \boldsymbol{I}_n & \boldsymbol{O} & \boldsymbol{O} \\ * & * & * & * & -\boldsymbol{\Xi} \otimes \boldsymbol{\Phi} & \boldsymbol{O} \\ * & * & * & * & * & -\boldsymbol{\Xi} \otimes \boldsymbol{\Phi} \end{bmatrix}$$

$$\boldsymbol{\Gamma}_{11} = \boldsymbol{\Xi} \otimes (-\boldsymbol{Q} + \rho^2\boldsymbol{I}_n) \tag{4-41}$$

又由于 $(\boldsymbol{\xi}^{\mathrm{T}} \otimes \boldsymbol{I}_n)z(t) = 0, (\boldsymbol{\xi}^{\mathrm{T}} \otimes \boldsymbol{I}_n)z(t - d_k(t)) = 0, (\boldsymbol{\xi}^{\mathrm{T}} \otimes \boldsymbol{I}_n)z(t - h) = 0$，有：

$$\boldsymbol{H}\boldsymbol{y}(t) = \boldsymbol{O}_{6n} \tag{4-42}$$

根据引理 4.2.1 可得：

$$\boldsymbol{y}^{\mathrm{T}}(t)\boldsymbol{\Sigma}\boldsymbol{y}(t) < 0, \forall \boldsymbol{y} \in \{\boldsymbol{y} : \boldsymbol{H}\boldsymbol{y} = 0, \boldsymbol{y} \neq 0\} \tag{4-43}$$

其等价于：

$$\boldsymbol{H}^{\perp\mathrm{T}}\boldsymbol{\Sigma}\boldsymbol{H}^{\perp} < 0 \tag{4-44}$$

其中：

$$\boldsymbol{H} = \operatorname{diag}\{\boldsymbol{\xi}^{\mathrm{T}}, \boldsymbol{\xi}^{\mathrm{T}}, \boldsymbol{\xi}^{\mathrm{T}}, \boldsymbol{O}, \boldsymbol{O}, \boldsymbol{O}\} \otimes \boldsymbol{I}_n \in \mathbb{R}^{6n\times 6Nn}$$

$$\boldsymbol{H}^{\perp} = \operatorname{diag}\{\boldsymbol{E}, \boldsymbol{E}, \boldsymbol{E}, \boldsymbol{I}_N, \boldsymbol{I}_N, \boldsymbol{I}_N\} \otimes \boldsymbol{I}_n \in \mathbb{R}^{6Nn\times(6N-3)n}$$

并且满足 $\boldsymbol{H}\boldsymbol{H}^{\perp} = \boldsymbol{O}$。

根据引理 2.2.2，$\boldsymbol{H}^{\perp\mathrm{T}}\boldsymbol{\Sigma}\boldsymbol{H}^{\perp} < 0$ 等价于：

$$\begin{bmatrix} \boldsymbol{H}^{\perp\mathrm{T}}\boldsymbol{\Omega}\boldsymbol{H}^{\perp} & h\boldsymbol{H}^{\perp\mathrm{T}}\boldsymbol{S}^{\mathrm{T}}(\boldsymbol{I}_N \otimes \boldsymbol{Q}) & \boldsymbol{H}^{\perp\mathrm{T}}\boldsymbol{F}^{\mathrm{T}}(\boldsymbol{I}_N \otimes \boldsymbol{\Phi}) \\ * & -\boldsymbol{\Xi}^{-1} \otimes \boldsymbol{Q} & \boldsymbol{O} \\ * & * & -(\boldsymbol{\Xi}\boldsymbol{\Lambda})^{-1} \otimes \boldsymbol{\Phi} \end{bmatrix} < 0 \tag{4-45}$$

因此，在条件 (4-45) 下，$\dot{V}(t)\leqslant 0$，那么误差系统 (4-10) 可以达到渐近稳定。

针对反馈增益矩阵 $\boldsymbol{K}$ 的设计，首先令 $\boldsymbol{P}^{-1}\boldsymbol{\Phi}\boldsymbol{P}^{-1}=\tilde{\boldsymbol{\Phi}}$，$\boldsymbol{K}\boldsymbol{P}^{-1}=\boldsymbol{Y}$，在式 (4-45) 两端同时左乘和右乘对角矩阵 $\mathrm{diag}\{\boldsymbol{I}_N\otimes\boldsymbol{P}^{-1},\boldsymbol{I}_N\otimes\boldsymbol{P}^{-1},\boldsymbol{I}_N\otimes\boldsymbol{P}^{-1},\boldsymbol{I}_{Nn},\boldsymbol{I}_N\otimes\boldsymbol{P}^{-1},\boldsymbol{I}_N\otimes\boldsymbol{P}^{-1},\boldsymbol{I}_N\otimes\boldsymbol{Q}^{-1},\boldsymbol{I}_N\otimes\boldsymbol{P}^{-1}\}$ 可得：

$$\begin{bmatrix}\tilde{\boldsymbol{\Omega}} & h\boldsymbol{H}^{\perp\mathrm{T}}\tilde{\boldsymbol{S}}^{\mathrm{T}} & \boldsymbol{H}^{\perp\mathrm{T}}\boldsymbol{F}^{\mathrm{T}}(\boldsymbol{I}_N\otimes\tilde{\boldsymbol{\Phi}})\\ * & -\boldsymbol{\Xi}^{-1}\otimes\boldsymbol{Q}^{-1} & \boldsymbol{O}\\ * & * & -(\boldsymbol{\Xi}\boldsymbol{\Lambda})^{-1}\otimes\tilde{\boldsymbol{\Phi}}\end{bmatrix}<0 \tag{4-46}$$

其中，$\tilde{\boldsymbol{S}}=[\boldsymbol{O},-\boldsymbol{L}\otimes\boldsymbol{Y},\boldsymbol{O},\boldsymbol{M}\otimes\boldsymbol{I}_n,-\boldsymbol{L}\otimes\boldsymbol{Y},\boldsymbol{M}\otimes\boldsymbol{Y}]$，以及：

$$\tilde{\boldsymbol{\Omega}}=\begin{bmatrix}\tilde{\boldsymbol{\Gamma}}_{11} & \tilde{\boldsymbol{\Gamma}}_{12} & \boldsymbol{O} & \boldsymbol{E}^{\mathrm{T}}\boldsymbol{\Xi}\otimes\boldsymbol{I}_n & -\boldsymbol{E}^{\mathrm{T}}\boldsymbol{\Xi}\boldsymbol{L}\otimes\boldsymbol{Y} & \boldsymbol{E}^{\mathrm{T}}\boldsymbol{\Xi}\otimes\boldsymbol{Y}\\ * & -2\boldsymbol{E}^{\mathrm{T}}\boldsymbol{\Xi}\boldsymbol{E}\otimes\tilde{\boldsymbol{Q}} & \boldsymbol{E}^{\mathrm{T}}\boldsymbol{\Xi}\boldsymbol{E}\otimes\tilde{\boldsymbol{Q}} & \boldsymbol{O} & \boldsymbol{O} & \boldsymbol{O}\\ * & * & -\boldsymbol{E}^{\mathrm{T}}\boldsymbol{\Xi}\boldsymbol{E}\otimes\tilde{\boldsymbol{Q}} & \boldsymbol{O} & \boldsymbol{O} & \boldsymbol{O}\\ * & * & * & -\boldsymbol{\Xi}\otimes\boldsymbol{I}_n & \boldsymbol{O} & \boldsymbol{O}\\ * & * & * & * & -\boldsymbol{\Xi}\otimes\tilde{\boldsymbol{\Phi}} & \boldsymbol{O}\\ * & * & * & * & * & -\boldsymbol{\Xi}\otimes\tilde{\boldsymbol{\Phi}}\end{bmatrix}$$

$$\tilde{\boldsymbol{\Gamma}}_{11}=\boldsymbol{E}^{\mathrm{T}}\boldsymbol{\Xi}\boldsymbol{E}\otimes(-\tilde{\boldsymbol{Q}}+\rho^2\boldsymbol{X}\boldsymbol{X}),\tilde{\boldsymbol{\Gamma}}_{12}=-\boldsymbol{E}^{\mathrm{T}}\boldsymbol{\Xi}\boldsymbol{L}\boldsymbol{E}\otimes\boldsymbol{Y}+\boldsymbol{E}^{\mathrm{T}}\boldsymbol{\Xi}\boldsymbol{E}\otimes\tilde{\boldsymbol{Q}} \tag{4-47}$$

由于 $\tilde{\boldsymbol{\Omega}}$ 中的 $\tilde{\boldsymbol{\Gamma}}_{11}$ 包含非线性部分 $\boldsymbol{X}\boldsymbol{X}$，因此难以求解。根据引理 2.2.2，将线性矩阵不等式 (4-46) 转化为易于求解的线性矩阵不等式：

$$\begin{bmatrix}\tilde{\boldsymbol{\Omega}}_1 & h\boldsymbol{H}^{\perp\mathrm{T}}\tilde{\boldsymbol{S}}^{\mathrm{T}} & \boldsymbol{H}^{\perp\mathrm{T}}\boldsymbol{F}^{\mathrm{T}}(\boldsymbol{I}_N\otimes\tilde{\boldsymbol{\Phi}}) & \tilde{\boldsymbol{\Omega}}_2\\ * & -\boldsymbol{\Xi}^{-1}\otimes\boldsymbol{Q}^{-1} & \boldsymbol{O} & \boldsymbol{O}\\ * & * & -(\boldsymbol{\Xi}\boldsymbol{\Lambda})^{-1}\otimes\tilde{\boldsymbol{\Phi}} & \\ * & * & * & -\boldsymbol{\Xi}^{-1}\otimes\boldsymbol{I}_n\end{bmatrix}<0 \tag{4-48}$$

其中，$\tilde{\boldsymbol{\Omega}}_1$ 由式 (4-28) 给定，$\tilde{\boldsymbol{\Omega}}_2=[\boldsymbol{E}\otimes\rho\boldsymbol{X},\boldsymbol{O},\boldsymbol{O},\boldsymbol{O},\boldsymbol{O},\boldsymbol{O}]^{\mathrm{T}}$。

由于 $-\boldsymbol{Q}^{-1}=-\boldsymbol{P}^{-1}\tilde{\boldsymbol{Q}}^{-1}\boldsymbol{P}^{-1}=-\boldsymbol{X}\tilde{\boldsymbol{Q}}^{-1}\boldsymbol{X}$，所以 $-\boldsymbol{X}\tilde{\boldsymbol{Q}}^{-1}\boldsymbol{X}\leqslant\mu^2\tilde{\boldsymbol{Q}}-2\mu\boldsymbol{X}$。因此可将 $-\boldsymbol{Q}^{-1}$ 替换为更易于求解的 $\mu^2\tilde{\boldsymbol{Q}}-2\mu\boldsymbol{X}$，可以得到线性矩阵不等式 (4-27)，并等价于式 (4-48)。根据条件 (4-27) 可以获得使得系统稳定的反馈控制增益 $\boldsymbol{K}=\boldsymbol{Y}\boldsymbol{X}^{-1}$ 和事件触发加权矩阵 $\boldsymbol{\Phi}=\boldsymbol{X}^{-1}\tilde{\boldsymbol{\Phi}}\boldsymbol{X}^{-1}$，证毕。

4.2.5 数值仿真

例 4.2.1 固定周期事件采样触发控制验证

考虑 1 个由 6 个智能体组成的系统，其网络拓扑如图 4-2 所示，且每条边的权重为 1。

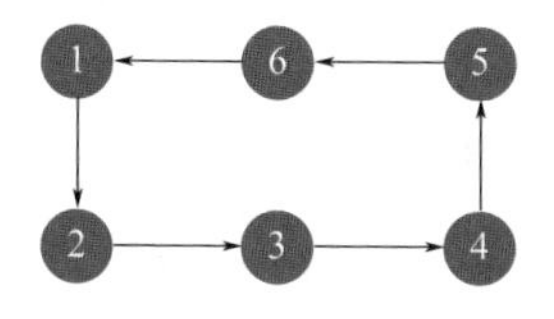

图 4-2 网络拓扑图

其对应的拉普拉斯矩阵为：

$$\boldsymbol{L}=\begin{bmatrix}1&0&0&0&0&-1\\-1&1&0&0&0&0\\0&-1&1&0&0&0\\0&0&-1&1&0&0\\0&0&0&-1&1&0\\0&0&0&0&-1&1\end{bmatrix}$$

经过简单计算，对应拉普拉斯矩阵 0 特征值的左特征向量 ξ 为 $\xi=\left[1/6,1/6,1/6,1/6,1/6,1/6\right]^{\mathrm{T}}$。假设智能体 i 的动力学方程为：

$$\begin{cases}\dfrac{\mathrm{d}x_{i1}}{\mathrm{d}t}=-0.2\sin 2x_{i1}(t)\\ \dfrac{\mathrm{d}x_{i2}}{\mathrm{d}t}=0.2\cos 2x_{i2}(t)\\ \dfrac{\mathrm{d}x_{i3}}{\mathrm{d}t}=0.4\sin x_{i3}(t)\end{cases}\tag{4-49}$$

其中，$\boldsymbol{x}_i(t)=\left[x_{i1}(t),x_{i2}(t),x_{i3}(t)\right]^{\mathrm{T}}\in\mathbb{R}^3,i=1,2,3,4,5,6$，利普希茨参数 $\rho=0.4$。

设置事件触发参数 $\boldsymbol{\Lambda}=\mathrm{diag}\{0.03,0.02,0.02,0.02,0.03,0.03\}$。假设事件触发加权矩阵为 $\boldsymbol{\Phi}=\boldsymbol{I}_3$，反馈增益矩阵 $\boldsymbol{K}=\mathrm{diag}\{3,3,3\}$，采样周期为 $h=0.01\mathrm{s}$。根据推论 4.2.1，由 Matlab 的 LMI 工具箱求解线性矩阵不等

式 (4-24)，可得：

$$
\boldsymbol{E}^{\mathrm{T}}\boldsymbol{P}\boldsymbol{E}=\begin{bmatrix} 0.1554 & 0.0190 & 0.0109 & 0.0563 & 0.0825 \\ 0.0190 & 0.1095 & 0.0029 & 0.0185 & 0.0444 \\ 0.0109 & 0.0029 & 0.1334 & 0.0745 & 0.0694 \\ 0.0563 & 0.0185 & 0.0745 & 0.2305 & 0.1150 \\ 0.0825 & 0.0444 & 0.0694 & 0.1150 & 0.2504 \end{bmatrix}
$$

$$
\boldsymbol{E}^{\mathrm{T}}\boldsymbol{Q}\boldsymbol{E}=\begin{bmatrix} 29.7503 & 2.9298 & 2.0958 & 16.5030 & 22.6503 \\ 2.9298 & 18.4666 & -1.5956 & -0.1421 & 14.3184 \\ 2.0958 & -1.5956 & 19.7943 & 5.4079 & 10.6313 \\ 16.5030 & -0.1421 & 5.4079 & 30.3670 & 13.3226 \\ 22.6503 & 14.3184 & 10.6313 & 13.3226 & 48.7845 \end{bmatrix}
$$

可以得出 $\boldsymbol{E}^{\mathrm{T}}\boldsymbol{P}\boldsymbol{E}>0, \boldsymbol{E}^{\mathrm{T}}\boldsymbol{Q}\boldsymbol{E}>0$，并且不强制对称矩阵 $\boldsymbol{P}$ 和 $\boldsymbol{Q}$ 为正定矩阵。然后根据定理 4.2.1，使用 Matlab 的 LMI 工具箱求解式 (4-11) 可得：

$$
\boldsymbol{P}=\begin{bmatrix} 0.5528 & -0.0427 & -0.0324 \\ -0.0427 & 0.5416 & -0.0455 \\ -0.0324 & -0.0455 & 0.5413 \end{bmatrix}, \boldsymbol{Q}=\begin{bmatrix} 173.0979 & 46.7475 & 36.1686 \\ 46.7475 & 191.1016 & 52.1816 \\ 36.1686 & 52.1816 & 187.9720 \end{bmatrix}
$$

$$
\boldsymbol{K}=\begin{bmatrix} 2.3600 & 0.1196 & 0.1467 \\ 0.1298 & 2.3365 & 0.1189 \\ 0.1525 & 0.1144 & 2.3392 \end{bmatrix}, \boldsymbol{\Phi}=\begin{bmatrix} 73.0856 & 18.8612 & 15.9366 \\ 18.7612 & 78.1659 & 20.2656 \\ 15.9366 & 20.2659 & 77.2940 \end{bmatrix}
$$

其中，$\boldsymbol{P}$ 和 $\boldsymbol{Q}$ 为正定矩阵。

图 4-3 展示了 6 个智能体在固定周期采样事件触发机制下的演化曲线，其初始状态条件分别为 $\boldsymbol{x}_1(0)=[1.2,0,-1.5]^{\mathrm{T}}$, $\boldsymbol{x}_2(0)=[0,1,-2]^{\mathrm{T}}$, $\boldsymbol{x}_3(0)=[-1,-2.3,0]^{\mathrm{T}}$, $\boldsymbol{x}_4(0)=[2,1.2,-1]^{\mathrm{T}}$, $\boldsymbol{x}_5(0)=[1,0,-1]^{\mathrm{T}}$, $\boldsymbol{x}_6(0)=[-2,-1.25,2.5]^{\mathrm{T}}$，可见 6 个智能体实现一致。图 4-4 展示了 6 个智能体与虚拟领导者之间误差信号第一维状态分量 $z_{i1}(t)$ 的演化曲线，同步误差随着时间增大渐近趋于 0。

图 4-5 给出了在固定周期采样事件触发机制下，时间段 [0,2s) 内，事件发生时刻和事件触发间隔的时序图。经过计算得出，在 [0,2s) 内，智能体 1 ～ 6 分别发生 40、30、34、35、29、28 次事件。引入如下指标来表示平均通信率：

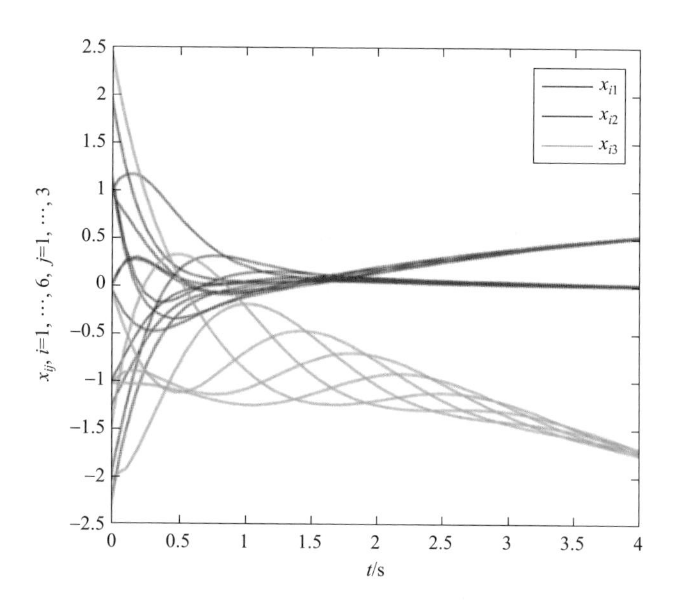

图 4-3　事件触发控制协议 (4-5) 下的状态响应曲线

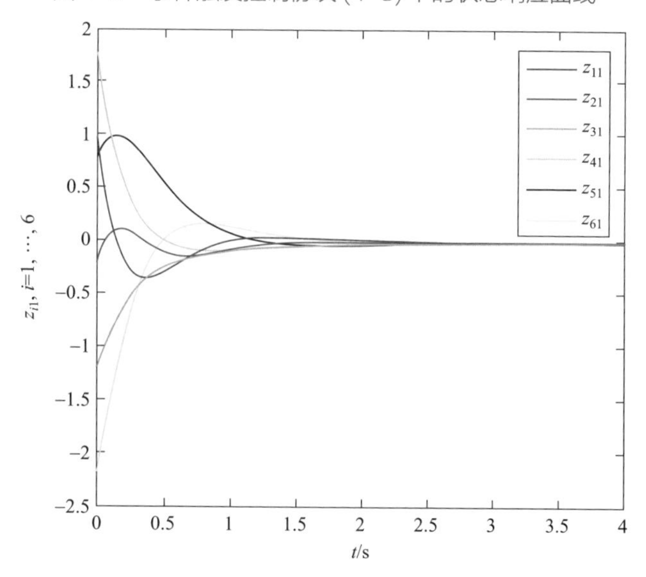

图 4-4　事件触发控制协议 (4-5) 下误差信号第一维状态分量的演化曲线

$$J = \sum_{i=1}^{6} s_i N_i \Big/ d \sum_{i=1}^{6} N_i$$

其中，s_i 为第 i 个智能体的事件触发次数；d 代表采样次数；N_i 代表第 i 个智能体邻居的个数。

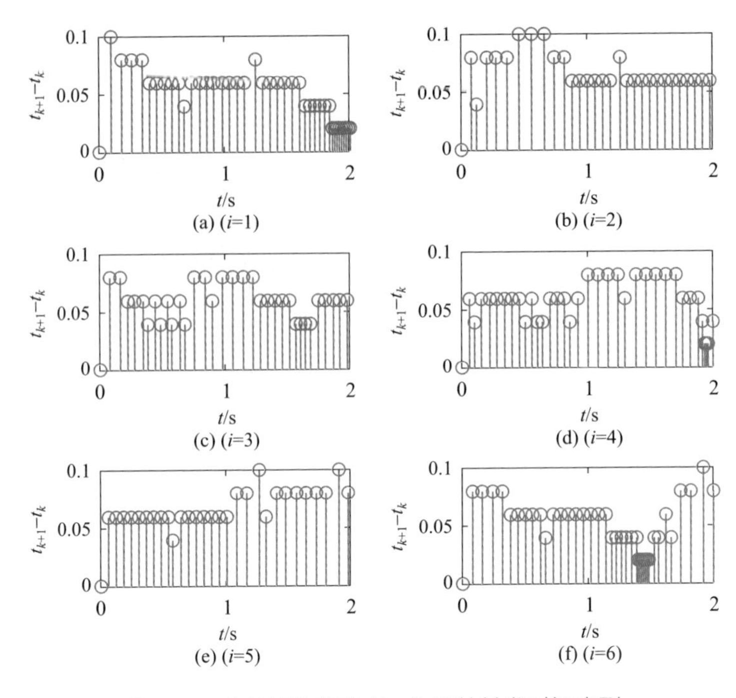

图 4-5　事件触发策略 (4-4) 下的触发时间序列

上述仿真中，在 [0,2s) 内，$d=100$，$J=34\%$，这意味着相比于采样控制机制，事件触发机制可以减少 66% 的数据传输。进一步，图 4-6 具体地展示了第 6 个智能体在本节提出的基于固定周期采样事件触发机

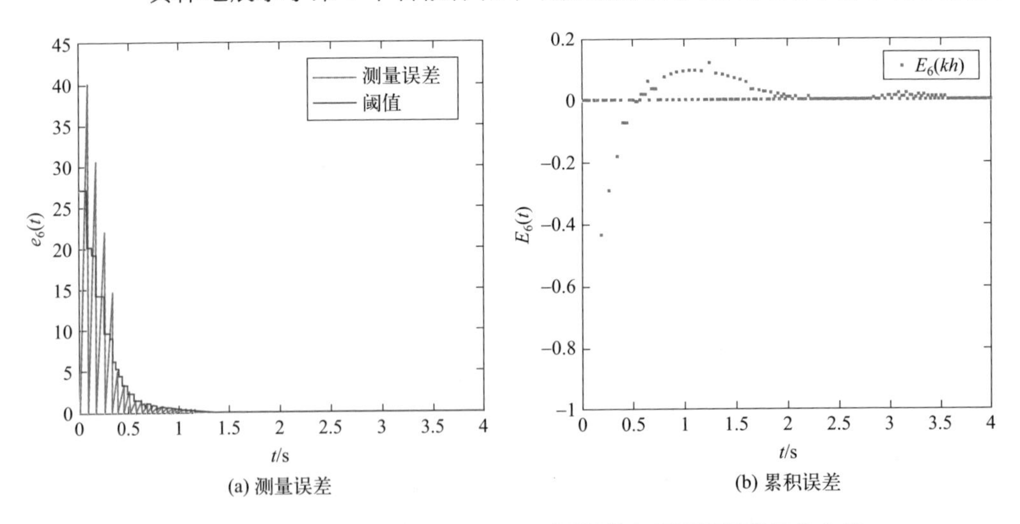

图 4-6　事件触发控制协议 (4-5) 下测量误差与累积误差的演化曲线

制下的测量误差、阈值和累积误差 $E_6(kh)$ 的演化曲线。在每个事件发生时刻，或者在两个事件触发间隔内，第 6 个智能体没有接收到邻居智能体传来的信息，$E_6(kh)=0$，否则，$E_6(kh)$ 由式(4-3)计算得来。图 4-7 展示了控制信号的演化曲线，其中每个智能体只在自身的事件时刻更新控制信号，大大减少了控制器的更新频率和计算量。

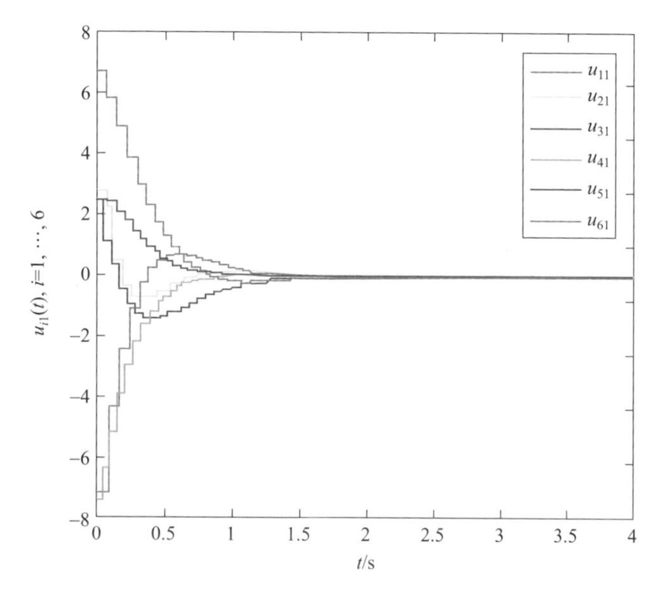

图 4-7　事件触发控制协议 (4-5) 下控制信号的演化曲线

4.3 基于随机采样事件触发机制的多智能体系统的一致性

在 4.2 节固定周期采样的基础上，本节研究了基于随机采样事件触发控制协议的多智能体系统的一致性问题。本节考虑与式(4-1)相同的数学模型，其非线性函数满足假设 4.2.1，并且网络拓扑满足假设 4.2.2。

4.3.1 基于随机采样的事件触发控制协议设计

假设在系统(4-1)中，智能体的采样周期可以在 h_1 和 h_2 之间随机

切换，且满足 $0<h_1<h_2$。其概率为 $Prob\{h=h_1\}=\rho$ 和 $Prob\{h=h_2\}=1-\rho$，$\rho\in[0,1]$ 是一个给定的常量。与 4.2.1 节相同，假设所有智能体进行同步采样，且采样序列为 $\{t_0,t_1,t_2,\cdots\}$，其中 $t_0=0$，那么 $t_{k+1}-t_k=\{h\,|\,h=\{h_1,h_2\}\}$，$k\in\mathbb{N}$。并且在每个采样时刻，由给定的事件触发条件决定是否将采样数据传递给邻居智能体。

假设第 i 个智能体的第 r 次事件触发时刻为 t_r^i，事件触发序列为 $\{t_r^i\}_{r=0}^{\infty}$，其中 $t_r^i\in\{t_k,k\in\mathbb{N}\}$ 且 $t_0^i=0$。定义邻居智能体 j 的事件触发时刻序列为 $\{t_{r'}^j,r'\in\mathbb{N}\}$。$t_{r'(t_r^i)}^j=\max\{t_{r'}^j\,|\,t_{r'}^j\leqslant t_r^i\}$ 和 $t_{r'(t_k)}^j=\max\{t_{r'}^j\,|\,t_{r'}^j\leqslant t_k\}$，$r'\in\mathbb{N}$，分别为邻居智能体 j 距智能体 i 的上一个触发时刻 t_r^i 和当前采样时刻 t_k 最近的触发时刻，并且 $t_{r'(t_r^i)}^j\leqslant t_{r'(t_k)}^j$ 以及 $t_{r'(t_r^i)}^j\leqslant t_r^i$。智能体 i 的下一个事件触发时刻 t_{r+1}^i 由如下事件触发条件决定：

$$t_{r+1}^i=\min_{t_k>t_r^i}\{t_k:\boldsymbol{e}_i^{\mathrm{T}}(t_k)\boldsymbol{\Phi}\boldsymbol{e}_i(t_k)+\boldsymbol{E}_i^{\mathrm{T}}(t_k)\boldsymbol{\Phi}\boldsymbol{E}_i(t_k)>\sigma_i\boldsymbol{y}_i^{\mathrm{T}}(t_k)\boldsymbol{\Phi}\boldsymbol{y}_i(t_k)\}\tag{4-50}$$

其中，$\sigma_i>0$ 为事件触发参数；$\boldsymbol{\Phi}>0$ 为事件触发加权矩阵；$\boldsymbol{e}_i(t_k)$ 为在采样时刻 t_k 的测量误差。

$$\boldsymbol{e}_i(t_k)=\boldsymbol{x}_i(t_r^i)-\boldsymbol{x}_i(t_k),t_r^i\leqslant t_k<t_{r+1}^i\tag{4-51}$$

当 $t_k\neq t_r^i$ 时，$\boldsymbol{e}_i(t_k)=\boldsymbol{x}_i(t_r^i)-\boldsymbol{x}_i(t_k)$；当 $t_k=t_r^i$ 时，$\boldsymbol{e}_i(t_k)=\boldsymbol{e}_i(t_r^i)=0$。

此外定义 $\boldsymbol{E}_i(t_k)$ 是第 i 个智能体在当前采样时刻的累积误差：

$$\boldsymbol{E}_i(t_k)=\sum_{j\in\mathcal{N}_i}w_{ij}\boldsymbol{E}_{ij}(t_k),t_r^i\leqslant t_k<t_{r+1}^i\tag{4-52}$$

其中，$\boldsymbol{E}_{ij}(t_k)=\boldsymbol{x}_j(t_{r'(t_r^i)}^j)-\boldsymbol{x}_j(t_{r'(t_k)}^j)$。当 $t_k=t_r^i$ 时，$\boldsymbol{E}_{ij}(t_k)=0$。当 $t_k\neq t_r^i$ 且在两次事件触发间隔即时间段 $[t_r^i,t_{r+1}^i)$ 内没有得到邻居智能体传来的数据时，$\boldsymbol{E}_{ij}(t_k)=0$，否则，$t_{r'(t_r^i)}^j\leqslant t_{r'(t_k)}^j$，即 $\boldsymbol{E}_{ij}(t_k)\neq 0$。阈值函数为 $\boldsymbol{y}_i(t_k)=\sum_{j\in\mathcal{N}_i}w_{ij}[\boldsymbol{x}_i(t_r^i)-\boldsymbol{x}_j(t_{r'(t_r^i)}^j)]$。

设计如下分布式控制协议：

$$\boldsymbol{u}_i(t)=-c\sum_{j\in\mathcal{N}_i}w_{ij}[\boldsymbol{x}_i(t_r^i)-\boldsymbol{x}_j(t_{r'(t_r^i)}^j)],t\in[t_k,t_{k+1})\tag{4-53}$$

其中，c 是耦合强度，$t_r^i=\max\{t_r^i\,|\,t_r^i\leqslant t_k\},t_{r'(t_r^i)}^j=\max\{t_{r'}^j\,|\,t_{r'}^j\leqslant t_r^i\}$。根据式 (4-50) 和式 (4-51)，式 (4-53) 可转化为：

$$\begin{aligned}\boldsymbol{u}_i(t) &= -c\sum_{j\in\mathcal{N}_i} w_{ij}[\boldsymbol{x}_i(t_r^i) - \boldsymbol{x}_j(t_{r'(t_r^i)}^j)] \\ &= -c\sum_{j\in\mathcal{N}_i} w_{ij}[\boldsymbol{x}_i(t_r^i) - (\boldsymbol{x}_j(t_{r'(t_k)}^j) + \boldsymbol{E}_{ij}(t_k))] \\ &= -c\sum_{j\in\mathcal{N}_i} w_{ij}[\boldsymbol{x}_i(t_k) + \boldsymbol{e}_i(t_k) - \boldsymbol{x}_j(t_k) - \boldsymbol{e}_j(t_k)] + c\boldsymbol{E}_i(t_k) \\ &= -c\sum_{j=1}^{N} l_{ij}(\boldsymbol{x}_j(t_k) + \boldsymbol{e}_j(t_k)) + c\boldsymbol{E}_i(t_k)\end{aligned} \tag{4-54}$$

令 $\tau(t) = t - t_k, \forall t \in [t_k, t_{k+1})$，$\tau(t)$ 是一个在 $t \neq t_k$ 时 $\dot{\tau}(t) = 1$、在 $t = t_k$ 时 $\tau(t_k)$ 发生跳变的分段连续线性函数，并且 $0 \leqslant \tau(t) < t_{k+1} - t_k$。令 $t_k = t - \tau(t)$，那么控制协议 (4-54) 可转化为：

$$\boldsymbol{u}_i(t) = -c\sum_{j=1}^{N} l_{ij}(\boldsymbol{x}_j(t-\tau(t)) + \boldsymbol{e}_j(t-\tau(t))) + c\boldsymbol{E}_i(t-\tau(t)) \tag{4-55}$$

由于 $t_{k+1} - t_k = \{h \mid h = \{h_1, h_2\}, 0 < h_1 < h_2\}$ 是一个随机变量，满足 $\text{Prob}\{h = h_1\} = \rho$，$\text{Prob}\{h = h_2\} = 1 - \rho$，那么延时 $\tau(t)$ 满足 $0 \leqslant \tau(t) < h_1$ 或 $0 \leqslant \tau(t) < h_2$，其概率为：

$$\begin{aligned}&\text{Prob}\{0 \leqslant \tau(t) < h_1\} = \rho + \frac{h_1}{h_2}(1-\rho) \\ &\text{Prob}\{h_1 \leqslant \tau(t) < h_2\} = \frac{h_2 - h_1}{h_2}(1-\rho)\end{aligned} \tag{4-56}$$

引入一个新的随机变量：

$$\beta(t) = \begin{cases} 1, & 0 \leqslant \tau(t) < h_1 \\ 0, & h_1 \leqslant \tau(t) < h_2 \end{cases} \tag{4-57}$$

可得 $\text{Prob}\{\beta(t) = 1\} = \beta, \text{Prob}\{\beta(t) = 0\} = 1 - \beta$，其中 $\beta \in [0,1)$，且满足 $\beta = \rho + \frac{h_1}{h_2}(1-\rho)$。随机变量 $\beta(t)$ 服从伯努利分布，满足 $\mathbb{E}\{\beta(t)\} = \beta, \mathbb{E}\{(\beta(t) - \beta)^2\} = \beta(1-\beta)$。于是，分布式控制协议 (4-55) 可进一步转化为：

$$\begin{aligned}\boldsymbol{u}_i(t) = &-c\beta(t)[\sum_{j=1}^{N} l_{ij}(\boldsymbol{x}_j(t-\tau_1(t)) + \boldsymbol{e}_j(t-\tau_1(t))) - \boldsymbol{E}_i(t-\tau_1(t))] \\ &-c(1-\beta(t))[\sum_{j=1}^{N} l_{ij}(\boldsymbol{x}_j(t-\tau_2(t)) + \boldsymbol{e}_j(t-\tau_2(t))) - \boldsymbol{E}_i(t-\tau_2(t))]\end{aligned} \tag{4-58}$$

其中，$\tau_1(t)$, $\tau_2(t)$ 满足 $0\leqslant\tau_1(t)<h_1$，$h_1\leqslant\tau_2(t)<h_2$。

4.3.2 基于随机采样事件触发机制的均方一致性分析：强连通网络

与 4.2.3 节类似，定义虚拟领导者 $\boldsymbol{x}_0(t)=\sum_{j=1}^{N}\xi_j\boldsymbol{x}_j(t)$，其中 $\boldsymbol{\xi}=(\xi_1,\xi_2,\cdots,\xi_N)^{\mathrm{T}}$ 是拉普拉斯矩阵 $\boldsymbol{L}$ 关于 0 特征值的非负左特征向量，且满足 $\sum_{j=1}^{N}\xi_j=1$。定义误差信号 $\boldsymbol{z}_i(t)=\boldsymbol{x}_i(t)-\boldsymbol{x}_0(t)$，则对于任意的 $t\in[t_k,t_{k+1})$ 满足：

$$
\begin{aligned}
\dot{\boldsymbol{z}}_i(t)=&\boldsymbol{f}(\boldsymbol{x}_i(t),t)-\boldsymbol{f}(\boldsymbol{x}_0(t),t)-\sum_{j=1}^{N}\xi_j[\boldsymbol{f}(\boldsymbol{x}_j(t),t)-\boldsymbol{f}(\boldsymbol{x}_0(t),t)]-c\beta(t)\\
&\left[\sum_{j=1}^{N}l_{ij}(\boldsymbol{x}_j(t-\tau_1(t))+\boldsymbol{e}_j(t-\tau_1(t)))-\boldsymbol{E}_i(t-\tau_1(t))+\sum_{j=1}^{N}\xi_j\boldsymbol{E}_j(t-\tau_1(t))\right]-c(1-\beta(t))\\
&\left[\sum_{j=1}^{N}l_{ij}(\boldsymbol{x}_j(t-\tau_2(t))+\boldsymbol{e}_j(t-\tau_2(t)))-\boldsymbol{E}_i(t-\tau_2(t))+\sum_{j=1}^{N}\xi_j\boldsymbol{E}_j(t-\tau_2(t))\right]
\end{aligned}
\tag{4-59}
$$

令 $\boldsymbol{z}(t)=(\boldsymbol{z}_1^{\mathrm{T}}(t),\cdots,\boldsymbol{z}_N^{\mathrm{T}}(t))^{\mathrm{T}}$, $\boldsymbol{e}(t)=(\boldsymbol{e}_1^{\mathrm{T}}(t),\cdots,\boldsymbol{e}_N^{\mathrm{T}}(t))^{\mathrm{T}}$, $\boldsymbol{E}(t)=(\boldsymbol{E}_1^{\mathrm{T}}(t),\cdots,\boldsymbol{E}_N^{\mathrm{T}}(t))^{\mathrm{T}}$，系统 (4-59) 的矩阵表达形式为：

$$
\begin{aligned}
\dot{\boldsymbol{z}}(t)=&-c\beta(t)\big[(\boldsymbol{L}\otimes\boldsymbol{I}_n)(\boldsymbol{z}(t-\tau_1(t))+\boldsymbol{e}(t-\tau_1(t)))-(\boldsymbol{M}\otimes\boldsymbol{I}_n)\boldsymbol{E}(t-\tau_1(t))\big]\\
&-c(1-\beta(t))\big[(\boldsymbol{L}\otimes\boldsymbol{I}_n)(\boldsymbol{z}(t-\tau_2(t))+\boldsymbol{e}(t-\tau_2(t)))-(\boldsymbol{M}\otimes\boldsymbol{I}_n)\boldsymbol{E}(t-\tau_2(t))\big]\\
&+(\boldsymbol{M}\otimes\boldsymbol{I}_n)\boldsymbol{F}(\boldsymbol{z}(t),t)
\end{aligned}
\tag{4-60}
$$

其中，$\boldsymbol{F}(\boldsymbol{z}(t),t)=\hat{\boldsymbol{f}}(\boldsymbol{x}(t),t)-\boldsymbol{1}_N\otimes\boldsymbol{f}(\boldsymbol{x}_0(t),t)$, $\hat{\boldsymbol{f}}(\boldsymbol{x}(t),t)=(\boldsymbol{f}^{\mathrm{T}}(\boldsymbol{x}_1(t),t),\cdots,\boldsymbol{f}^{\mathrm{T}}(\boldsymbol{x}_N(t),t))^{\mathrm{T}}$ 以及 $\boldsymbol{M}=\boldsymbol{I}_N-\boldsymbol{1}_N\boldsymbol{\xi}^{\mathrm{T}}$。

误差系统 (4-60) 的初始条件为：

$$
\boldsymbol{z}(\theta)=\boldsymbol{\phi}(\theta),\ -h_2\leqslant\theta\leqslant 0 \tag{4-61}
$$

其中，$\boldsymbol{\phi}(\theta)=[\boldsymbol{\phi}_1^{\mathrm{T}}(\theta),\boldsymbol{\phi}_2^{\mathrm{T}}(\theta),\cdots,\boldsymbol{\phi}_N^{\mathrm{T}}(\theta)]^{\mathrm{T}}$，并且 $\boldsymbol{\phi}_i(\theta)\in\mathcal{C}([-h_2,0],\mathbb{R}^n)$。

定义 4.3.1

如果存在正实数 μ 和 ϵ 使得对于任意初始条件 $\boldsymbol{\phi}_i(\theta)\in\mathcal{C}([-h_2,0],\mathbb{R}^n)$ 满足：

$$\mathbb{E}\{\|\boldsymbol{z}(t)\|^2\}\leqslant\mu\sup_{-h_2\leqslant\theta\leqslant0}\mathbb{E}\{\|\boldsymbol{\phi}(\theta)\|^2\}\mathrm{e}^{-\epsilon t} \tag{4-62}$$

那么误差系统 (4-60) 是均方指数稳定的，即多智能体系统 (4-1) 可以达到均方指数一致。

定理 4.3.1

在假设 4.2.1 和假设 4.2.2 下，对于给定的常数 $h_2>h_1>0$，$\rho\in[0,1]$ 和事件触发参数矩阵 $\boldsymbol{\Lambda}=\mathrm{diag}\{\sigma_1,\cdots,\sigma_N\}$，如果存在满足 $\boldsymbol{E}^{\mathrm{T}}\boldsymbol{P}\boldsymbol{E}>0$, $\boldsymbol{E}^{\mathrm{T}}\boldsymbol{Q}_i\boldsymbol{E}>0,\boldsymbol{E}^{\mathrm{T}}\boldsymbol{R}_i\boldsymbol{E}>0,i=1,2$ 的对称矩阵 $\boldsymbol{P}$、$\boldsymbol{R}_i$、$\boldsymbol{Q}_i$ 和事件触发加权矩阵 $\boldsymbol{\Phi}>0$，使得：

$$\begin{bmatrix}\tilde{\boldsymbol{\Omega}} & \tilde{\boldsymbol{\Delta}}_1^{\mathrm{T}}(\boldsymbol{F}\otimes\boldsymbol{I}_n) & \tilde{\boldsymbol{\Delta}}_2^{\mathrm{T}}(\boldsymbol{F}\otimes\boldsymbol{I}_n) & \tilde{\boldsymbol{\Pi}}_1^{\mathrm{T}}(\boldsymbol{I}_N\otimes\boldsymbol{\Phi}) & \tilde{\boldsymbol{\Pi}}_2^{\mathrm{T}}(\boldsymbol{I}_N\otimes\boldsymbol{\Phi})\\ * & -\boldsymbol{F}\otimes\boldsymbol{I}_n & \boldsymbol{O} & \boldsymbol{O} & \boldsymbol{O}\\ * & * & -\dfrac{1}{\beta(1-\beta)}\boldsymbol{F}\otimes\boldsymbol{I}_n & \boldsymbol{O} & \boldsymbol{O}\\ * & * & * & -\dfrac{1}{\beta}\boldsymbol{\Lambda}^{-1}\otimes\boldsymbol{\Phi} & \boldsymbol{O}\\ * & * & * & * & -\dfrac{1}{1-\beta}\boldsymbol{\Lambda}^{-1}\otimes\boldsymbol{\Phi}\end{bmatrix}<0 \tag{4-63}$$

其中，$\tilde{\boldsymbol{\Omega}}=\sum_{i=1}^{5}\tilde{\boldsymbol{\Omega}}_i,\tilde{\boldsymbol{\Omega}}_1=2\boldsymbol{\varepsilon}_1^{\mathrm{T}}(\boldsymbol{E}^{\mathrm{T}}\boldsymbol{P}\otimes\boldsymbol{I}_n)\tilde{\boldsymbol{\Delta}}_1$，并且：

$$\tilde{\boldsymbol{\Omega}}_2=\boldsymbol{\varepsilon}_1^{\mathrm{T}}(\boldsymbol{E}^{\mathrm{T}}\boldsymbol{R}_1\boldsymbol{E}\otimes\boldsymbol{I}_n)\boldsymbol{\varepsilon}_1-\boldsymbol{\varepsilon}_4^{\mathrm{T}}(\boldsymbol{E}^{\mathrm{T}}(\boldsymbol{R}_1-\boldsymbol{R}_2)\boldsymbol{E}\otimes\boldsymbol{I}_n)\boldsymbol{\varepsilon}_4-\boldsymbol{\varepsilon}_5^{\mathrm{T}}(\boldsymbol{E}^{\mathrm{T}}\boldsymbol{R}_2\boldsymbol{E}\otimes\boldsymbol{I}_n)\boldsymbol{\varepsilon}_5$$

$$\tilde{\boldsymbol{\Omega}}_3=-[\boldsymbol{\varepsilon}_{12},\boldsymbol{\varepsilon}_{24}]^{\mathrm{T}}(\boldsymbol{E}^{\mathrm{T}}\boldsymbol{Q}_1\boldsymbol{E}\otimes\boldsymbol{I}_n)[\boldsymbol{\varepsilon}_{12},\boldsymbol{\varepsilon}_{24}]-[\boldsymbol{\varepsilon}_{43},\boldsymbol{\varepsilon}_{35}]^{\mathrm{T}}(\boldsymbol{E}^{\mathrm{T}}\boldsymbol{Q}_2\boldsymbol{E}\otimes\boldsymbol{I}_n)[\boldsymbol{\varepsilon}_{43},\boldsymbol{\varepsilon}_{35}]$$

$$\tilde{\boldsymbol{\Omega}}_4=\eta^2\boldsymbol{\varepsilon}_1^{\mathrm{T}}(\boldsymbol{E}^{\mathrm{T}}\boldsymbol{E}\otimes\boldsymbol{I}_n)\boldsymbol{\varepsilon}_1-\boldsymbol{\varepsilon}_{10}^{\mathrm{T}}\boldsymbol{\varepsilon}_{10}$$

$$\tilde{\boldsymbol{\Omega}}_5=-\beta[\boldsymbol{\varepsilon}_6^{\mathrm{T}}(\boldsymbol{I}_N\otimes\boldsymbol{\Phi})\boldsymbol{\varepsilon}_6+\boldsymbol{\varepsilon}_8^{\mathrm{T}}(\boldsymbol{I}_N\otimes\boldsymbol{\Phi})\boldsymbol{\varepsilon}_8]-(1-\beta)[\boldsymbol{\varepsilon}_7^{\mathrm{T}}(\boldsymbol{I}_N\otimes\boldsymbol{\Phi})\boldsymbol{\varepsilon}_7+\boldsymbol{\varepsilon}_9^{\mathrm{T}}(\boldsymbol{I}_N\otimes\boldsymbol{\Phi})\boldsymbol{\varepsilon}_9]$$

$$\begin{aligned}\tilde{\boldsymbol{\Delta}}_1=&-c\beta[(\boldsymbol{L}\boldsymbol{E}\otimes\boldsymbol{I}_n)\boldsymbol{\varepsilon}_2+(\boldsymbol{L}\otimes\boldsymbol{I}_n)\boldsymbol{\varepsilon}_6-(\boldsymbol{M}\otimes\boldsymbol{I}_n)\boldsymbol{\varepsilon}_8]\\&-c(1-\beta)[(\boldsymbol{L}\boldsymbol{E}\otimes\boldsymbol{I}_n)\boldsymbol{\varepsilon}_3+(\boldsymbol{L}\otimes\boldsymbol{I}_n)\boldsymbol{\varepsilon}_7-(\boldsymbol{M}\otimes\boldsymbol{I}_n)\boldsymbol{\varepsilon}_9]+(\boldsymbol{M}\otimes\boldsymbol{I}_n)\boldsymbol{\varepsilon}_{10}\end{aligned}$$

$$\tilde{\Delta}_2 = c(LE \otimes I_n)\varepsilon_{23} + c(L \otimes I_n)\varepsilon_{67} - c(M \otimes I_n)\varepsilon_{89}, F = h_1^2 Q_1 + (h_2 - h_1)^2 Q_2$$

$$\tilde{\Pi}_l = (LE \otimes I_n)\varepsilon_{l+1} + (L \otimes I_n)\varepsilon_{l+5} - \varepsilon_{l+7}, l = 1,2, \beta = \rho + \frac{h_1}{h_2}(1-\rho)$$

$$E = \begin{bmatrix} I_{N-1} \\ -\dfrac{\bar{\xi}^{\mathrm{T}}}{\xi_N} \end{bmatrix} \in \mathbb{R}^{N \times N-1}, \bar{\xi} = [\xi_1, \cdots, \xi_{N-1}]^{\mathrm{T}} \in \mathbb{R}^{N-1}$$

以及 ε_k 是一个带有 10 个对角块的块矩阵，且第 k 个块矩阵是一个单位阵，$k = 1,2,\cdots,10$，即 $\varepsilon_1 = [I_{Nn}, O, O, \cdots, O, O] \in \mathbb{R}^{Nn \times 10Nn}$，$O \in \mathbb{R}^{Nn \times Nn}$，另外 $\varepsilon_{ij} = \varepsilon_i - \varepsilon_j$，那么误差系统 (4-60) 在事件触发机制 (4-50) 下是均方指数稳定的。

证明：

选取如下 Lyapunov-Krasovskii 泛函：

$$V(t, z_t) = \sum_{i=1}^{3} V_i(t, z_t) \tag{4-64}$$

其中：

$$V_1(t, z_t) = z^{\mathrm{T}}(t)(P \otimes I_n)z(t)$$

$$V_2(t, z_t) = \int_{t-h_1}^{t} z^{\mathrm{T}}(s)(R_1 \otimes I_n)z(s)\mathrm{d}s + \int_{t-h_2}^{t-h_1} z^{\mathrm{T}}(s)(R_2 \otimes I_n)z(s)\mathrm{d}s$$

$$\begin{aligned} V_3(t, z_t) = {} & h_1 \int_{-h_1}^{0} \int_{t+\theta}^{t} \bar{w}^{\mathrm{T}}(s)(Q_1 \otimes I_n)\bar{w}(s) + \rho^{\mathrm{T}}(s)(Q_1 \otimes I_n)\rho(s)\mathrm{d}s\mathrm{d}\theta \\ & + (h_2 - h_1)\int_{-h_2}^{-h_1} \int_{t+\theta}^{t} \bar{w}^{\mathrm{T}}(s)(Q_2 \otimes I_n)\bar{w}(s) + \rho^{\mathrm{T}}(s)(Q_2 \otimes I_n)\rho(s)\mathrm{d}s\mathrm{d}\theta \end{aligned}$$

其中，$E^{\mathrm{T}}PE > 0, E^{\mathrm{T}}Q_iE > 0, E^{\mathrm{T}}R_iE > 0, i = 1,2$，并且：

$$\begin{aligned} \bar{w}(t) = {} & (M \otimes I_n)F(z(t), t) - c\beta[(L \otimes I_n)(z(t - \tau_1(t)) + e(t - \tau_1(t))) - (M \otimes I_n)E(t - \tau_1(t))] \\ & - c(1-\beta)[(L \otimes I_n)(z(t - \tau_2(t)) + e(t - \tau_2(t))) - (M \otimes I_n)E(t - \tau_2(t))] \end{aligned}$$

$$\begin{aligned} \rho(t) = {} & c\sqrt{\beta(1-\beta)}\big[(L \otimes I_n)[(z(t - \tau_1(t)) - z(t - \tau_2(t))) + (e(t - \tau_1(t)) - e(t - \tau_2(t)))] \\ & - (M \otimes I_n)(E(t - \tau_1(t)) - E(t - \tau_2(t)))\big] \end{aligned}$$

由于误差信号 $z(t)$ 分量线性相关，即 $(\xi^{\mathrm{T}} \otimes I_n)z(t) = 0$ 和 $\xi^{\mathrm{T}}E = 0$。由定理 4.3.1，$E^{\mathrm{T}}PE > 0, E^{\mathrm{T}}Q_iE > 0, E^{\mathrm{T}}R_iE > 0, i = 1,2$ 可知 $V(t, z_t) > 0$，即 Lyapunov-Krasovskii 泛函 (4-64) 是合理的。考虑 $V(t, z_t)$ 的弱无穷小算子：

$$\mathcal{L}\boldsymbol{V}(t,\boldsymbol{z}_t)=\lim_{\delta\to 0^+}\frac{\mathbb{E}\{\boldsymbol{V}(t+\delta,\boldsymbol{z}_{t+\delta})\mid \boldsymbol{z}_t\}-\boldsymbol{V}(t,\boldsymbol{z}_t)}{\delta} \tag{4-65}$$

定义：

$$\begin{aligned}\boldsymbol{y}(t)=[&\boldsymbol{z}^{\mathrm{T}}(t),\boldsymbol{z}^{\mathrm{T}}(t-\tau_1(t)),\boldsymbol{z}^{\mathrm{T}}(t-\tau_2(t)),\boldsymbol{z}^{\mathrm{T}}(t-h_1),\boldsymbol{z}^{\mathrm{T}}(t-h_2),\boldsymbol{e}^{\mathrm{T}}(t-\tau_1(t)),\\ &\boldsymbol{e}^{\mathrm{T}}(t-\tau_2(t)),\boldsymbol{E}^{\mathrm{T}}(t-\tau_1(t)),\boldsymbol{E}^{\mathrm{T}}(t-\tau_2(t)),\boldsymbol{F}^{\mathrm{T}}(\boldsymbol{z}(t),t)]^{\mathrm{T}}\in\mathbb{R}^{10Nn\times Nn}\end{aligned}$$

由式 (4-60) 和式 (4-64) 可得：

$$\mathbb{E}\{\mathcal{L}\boldsymbol{V}_1(t,\boldsymbol{z}_t)\}=\mathbb{E}\{2\boldsymbol{z}^{\mathrm{T}}(t)(\boldsymbol{P}\otimes\boldsymbol{I}_n)\bar{\boldsymbol{w}}(t)\}=\mathbb{E}\{2\boldsymbol{y}^{\mathrm{T}}(t)\boldsymbol{\varepsilon}_1^{\mathrm{T}}(\boldsymbol{P}\otimes\boldsymbol{I}_n)\boldsymbol{\varDelta}_1\boldsymbol{y}(t)\} \tag{4-66}$$

其中：

$$\begin{aligned}\boldsymbol{\varDelta}_1=&-c\beta[(\boldsymbol{L}\otimes\boldsymbol{I}_n)(\boldsymbol{\varepsilon}_2+\boldsymbol{\varepsilon}_6)-(\boldsymbol{M}\otimes\boldsymbol{I}_n)\boldsymbol{\varepsilon}_8]\\ &-c(1-\beta)[(\boldsymbol{L}\otimes\boldsymbol{I}_n)(\boldsymbol{\varepsilon}_3+\boldsymbol{\varepsilon}_7)-(\boldsymbol{M}\otimes\boldsymbol{I}_n)\boldsymbol{\varepsilon}_9]+(\boldsymbol{M}\otimes\boldsymbol{I}_n)\boldsymbol{\varepsilon}_{10}\end{aligned}$$

并且

$$\begin{aligned}\mathbb{E}\{\mathcal{L}\boldsymbol{V}_2(t,\boldsymbol{z}_t)\}=&\mathbb{E}\{\boldsymbol{z}^{\mathrm{T}}(t)(\boldsymbol{R}_1\otimes\boldsymbol{I}_n)\boldsymbol{z}(t)-\boldsymbol{z}^{\mathrm{T}}(t-h_1)((\boldsymbol{R}_1-\boldsymbol{R}_2)\otimes\boldsymbol{I}_n)\boldsymbol{z}(t-h_1)\\ &-\boldsymbol{z}^{\mathrm{T}}(t-h_2)(\boldsymbol{R}_2\otimes\boldsymbol{I}_n)\boldsymbol{z}(t-h_2)\}\\ =&\mathbb{E}\{\boldsymbol{y}^{\mathrm{T}}(t)[\boldsymbol{\varepsilon}_1^{\mathrm{T}}(\boldsymbol{R}_1\otimes\boldsymbol{I}_n)\boldsymbol{\varepsilon}_1-\boldsymbol{\varepsilon}_4^{\mathrm{T}}((\boldsymbol{R}_1-\boldsymbol{R}_2)\otimes\boldsymbol{I}_n)\boldsymbol{\varepsilon}_4\\ &-\boldsymbol{\varepsilon}_5^{\mathrm{T}}(\boldsymbol{R}_2\otimes\boldsymbol{I}_n)\boldsymbol{\varepsilon}_5]\boldsymbol{y}(t)\}\end{aligned} \tag{4-67}$$

以及：

$$\begin{aligned}\mathbb{E}\{\mathcal{L}\boldsymbol{V}_3(t,\boldsymbol{z}_t)\}=&\mathbb{E}\{\bar{\boldsymbol{w}}^{\mathrm{T}}(t)(\boldsymbol{F}\otimes\boldsymbol{I}_n)\bar{\boldsymbol{w}}(t)+\boldsymbol{\rho}^{\mathrm{T}}(t)(\boldsymbol{F}\otimes\boldsymbol{I}_n)\boldsymbol{\rho}(t)\\ &-h_1\int_{t-h_1}^{t}\dot{\boldsymbol{z}}^{\mathrm{T}}(s)(\boldsymbol{Q}_1\otimes\boldsymbol{I}_n)\dot{\boldsymbol{z}}(s)\mathrm{d}s\\ &-(h_2-h_1)\int_{t-h_2}^{t-h_1}\dot{\boldsymbol{z}}^{\mathrm{T}}(s)(\boldsymbol{Q}_2\otimes\boldsymbol{I}_n)\dot{\boldsymbol{z}}(s)\mathrm{d}s\}\\ =&\mathbb{E}\{\boldsymbol{y}^{\mathrm{T}}(t)[\boldsymbol{\varDelta}_1^{\mathrm{T}}(\boldsymbol{F}\otimes\boldsymbol{I}_n)\boldsymbol{\varDelta}_1+\beta(1-\beta)\boldsymbol{\varDelta}_2^{\mathrm{T}}(\boldsymbol{F}\otimes\boldsymbol{I}_n)\boldsymbol{\varDelta}_2]\boldsymbol{y}(t)\}\\ &-\mathbb{E}\{h_1\int_{t-h_1}^{t}\dot{\boldsymbol{z}}^{\mathrm{T}}(s)(\boldsymbol{Q}_1\otimes\boldsymbol{I}_n)\dot{\boldsymbol{z}}(s)\mathrm{d}s+(h_2-h_1)\\ &\int_{t-h_2}^{t-h_1}\dot{\boldsymbol{z}}^{\mathrm{T}}(s)(\boldsymbol{Q}_2\otimes\boldsymbol{I}_n)\dot{\boldsymbol{z}}(s)\mathrm{d}s\}\end{aligned} \tag{4-68}$$

其中，$\boldsymbol{F}=h_1^2\boldsymbol{Q}_1+(h_2-h_1)^2\boldsymbol{Q}_2$，$\boldsymbol{\varDelta}_2=c(\boldsymbol{L}\otimes\boldsymbol{I}_n)(\boldsymbol{\varepsilon}_{23}+\boldsymbol{\varepsilon}_{67})-c(\boldsymbol{M}\otimes\boldsymbol{I}_n)\boldsymbol{\varepsilon}_{89}$。由 Jensen 不等式可得：

$$
\begin{aligned}
&-\mathbb{E}\{h_1\int_{t-h_1}^{t}\dot{z}^{\mathrm{T}}(s)(Q_1\otimes I_n)\dot{z}(s)\mathrm{d}s\}\\
&\leqslant \mathbb{E}\{-[(t-\tau_1(t))-(t-h_1)]\int_{t-h_1}^{t-\tau_1(t)}\dot{z}^{\mathrm{T}}(s)(Q_1\otimes I_n)\dot{z}(s)\mathrm{d}s\\
&\quad -[t-(t-\tau_1(t))]\int_{t-\tau_1(t)}^{t}\dot{z}^{\mathrm{T}}(s)(Q_1\otimes I_n)\dot{z}(s)\mathrm{d}s\}\\
&\leqslant -\mathbb{E}\{\int_{t-h_1}^{t-\tau_1(t)}\dot{z}^{\mathrm{T}}(s)\mathrm{d}s\}(Q_1\otimes I_n)\mathbb{E}\{\int_{t-h_1}^{t-\tau_1(t)}\dot{z}(s)\mathrm{d}s\}\\
&\quad -\mathbb{E}\{\int_{t-\tau_1(t)}^{t}\dot{z}^{\mathrm{T}}(s)\mathrm{d}s\}(Q_1\otimes I_n)\mathbb{E}\{\int_{t-\tau_1(t)}^{t}\dot{z}(s)\mathrm{d}s\}\\
&=\mathbb{E}\{[z^{\mathrm{T}}(t),z^{\mathrm{T}}(t-\tau_1(t))]\Psi_1[z(t),z(t-\tau_1(t))]\}+\mathbb{E}\{[z^{\mathrm{T}}(t-\tau_1)\\
&\quad z^{\mathrm{T}}(t-h_1)]\Psi_1[z(t-\tau_1),z(t-h_1)]\}\\
&=-\mathbb{E}\{y^{\mathrm{T}}(t)\begin{bmatrix}\varepsilon_{12}^{\mathrm{T}}\\ \varepsilon_{24}^{\mathrm{T}}\end{bmatrix}(Q_1\otimes I_n)[\varepsilon_{12},\ \varepsilon_{24}]y(t)\}
\end{aligned}
\tag{4-69}
$$

同样可得：

$$
\begin{aligned}
&-\mathbb{E}\{(h_2-h_1)\int_{t-h_2}^{t-h_1}\dot{z}^{\mathrm{T}}(s)(Q_2\otimes I_n)\dot{z}(s)\mathrm{d}s\}\\
&\leqslant \mathbb{E}\{[z^{\mathrm{T}}(t-h_1),z^{\mathrm{T}}(t-\tau_2(t))]\Psi_2[z(t-h_1),z(t-\tau_2(t))]\}\\
&\quad +\mathbb{E}\{[z^{\mathrm{T}}(t-\tau_2),z^{\mathrm{T}}(t-h_2)]\Psi_2[z(t-\tau_2),z(t-h_2)]\}\\
&=-\mathbb{E}\{y^{\mathrm{T}}(t)\begin{bmatrix}\varepsilon_{43}^{\mathrm{T}}\\ \varepsilon_{35}^{\mathrm{T}}\end{bmatrix}(Q_2\otimes I_n)[\varepsilon_{43},\varepsilon_{35}]y(t)\}
\end{aligned}
\tag{4-70}
$$

其中，$\Psi_i=\begin{bmatrix}-Q_i\otimes I_n & Q_i\otimes I_n\\ Q_i\otimes I_n & -Q_i\otimes I_n\end{bmatrix}, i=1,2$。由假设 4.2.1 可得：

$$
\mathbb{E}\{-F^{\mathrm{T}}(z(t),t)F(z(t),t)+\eta^2 z^{\mathrm{T}}(t)z(t)\}\geqslant 0 \tag{4-71}
$$

根据事件触发条件 (4-50)，对于 $t\in\left[t_r^i,t_{r+1}^i\right)$，有：

$$
\begin{aligned}
&\mathrm{e}_i^{\mathrm{T}}(t_k)\Phi e_i(t_k)\leqslant \sigma_i y_i^{\mathrm{T}}(t_k)\Phi y_i(t_k)-E_i^{\mathrm{T}}(t_k)\Phi E_i(kh)\\
&=\sigma_i[\sum_{j\in\mathcal{N}_i}w_{ij}(x_i(t_r^i)-x_j(t_{r'(t_r^i)}^j))]^{\mathrm{T}}\Phi[\sum_{j\in\mathcal{N}_i}w_{ij}(x_i(t_r^i)-x_j(t_{r'(t_r^i)}^j))]\\
&\quad -E_i^{\mathrm{T}}(t_k)\Phi E_i(t_k)\\
&=\sigma_i[\sum_{j\in\mathcal{N}_i}w_{ij}(x_i(t_r^i)-x_j(t_{r'(t_k)}^j)-E_{ij}(t_k))]^{\mathrm{T}}\\
&\quad \Phi[\sum_{j\in\mathcal{N}_i}w_{ij}(x_i(t_r^i)-x_j(t_{r'(t_k)}^j)-E_{ij}(t_k))]-E_i^{\mathrm{T}}(t_k)\Phi E_i(t_k)\\
&=\sigma_i[\sum_{j\in\mathcal{N}_i}l_{ij}(z_j(t_k)+e_j(t_k))-E_i(t_k)]^{\mathrm{T}}\Phi[\sum_{j\in\mathcal{N}_i}l_{ij}(z_j(t_k)\\
&\quad +e_j(t_k))-E_i(t_k)]-E_i^{\mathrm{T}}(t_k)\Phi E_i(t_k)
\end{aligned}
\tag{4-72}
$$

考虑随机变量 $\beta(t)$，并将上式写为矩阵表达形式可得：

$$\begin{aligned}
&\beta(t)\Big(\boldsymbol{e}^{\mathrm{T}}(t-\tau_1(t))(\boldsymbol{I}_N\otimes\boldsymbol{\Phi})\boldsymbol{e}(t-\tau_1(t))+\boldsymbol{E}^{\mathrm{T}}(t-\tau_1(t))(\boldsymbol{I}_N\otimes\boldsymbol{\Phi})\boldsymbol{E}(t-\tau_1(t))\Big)\\
&+(1-\beta(t))\Big(\boldsymbol{e}^{\mathrm{T}}(t-\tau_2(t))(\boldsymbol{I}_N\otimes\boldsymbol{\Phi})\boldsymbol{e}(t-\tau_2(t))+\boldsymbol{E}^{\mathrm{T}}(t-\tau_2(t))(\boldsymbol{I}_N\otimes\boldsymbol{\Phi})\boldsymbol{E}(t-\tau_2(t))\Big)\\
&\leqslant\beta(t)\Big([(\boldsymbol{L}\otimes\boldsymbol{I}_n)(\boldsymbol{z}(t-\tau_1(t))+\boldsymbol{e}(t-\tau_1(t)))-\boldsymbol{E}(t-\tau_1(t))]^{\mathrm{T}}\\
&\quad(\boldsymbol{\Lambda}\otimes\boldsymbol{\Phi})[(\boldsymbol{L}\otimes\boldsymbol{I}_n)(\boldsymbol{z}(t-\tau_1(t))\\
&+\boldsymbol{e}(t-\tau_1(t)))-\boldsymbol{E}(t-\tau_1(t))]\Big)+(1-\beta(t))\Big([(\boldsymbol{L}\otimes\boldsymbol{I}_n)\\
&\quad(\boldsymbol{z}(t-\tau_2(t))+\boldsymbol{e}(t-\tau_2(t)))\\
&-\boldsymbol{E}(t-\tau_2(t))]^{\mathrm{T}}(\boldsymbol{\Lambda}\otimes\boldsymbol{\Phi})[(\boldsymbol{L}\otimes\boldsymbol{I}_n)\boldsymbol{z}(t-\tau_2(t))+\boldsymbol{e}(t-\tau_2(t)))\\
&\quad-\boldsymbol{E}(t-\tau_2(t))]\Big)
\end{aligned}\tag{4-73}$$

那么：

$$\begin{aligned}
\mathbb{E}\{\boldsymbol{y}^{\mathrm{T}}(t)\Big(&\beta\boldsymbol{\Pi}_1^{\mathrm{T}}(\boldsymbol{\Lambda}\otimes\boldsymbol{\Phi})\boldsymbol{\Pi}_1+(1-\beta)\boldsymbol{\Pi}_2^{\mathrm{T}}(\boldsymbol{\Lambda}\otimes\boldsymbol{\Phi})\boldsymbol{\Pi}_2\\
&-\beta[\boldsymbol{\varepsilon}_6^{\mathrm{T}}(\boldsymbol{I}_N\otimes\boldsymbol{\Phi})\boldsymbol{\varepsilon}_6+\boldsymbol{\varepsilon}_8^{\mathrm{T}}(\boldsymbol{I}_N\otimes\boldsymbol{\Phi})\boldsymbol{\varepsilon}_8]\\
&-(1-\beta)[\boldsymbol{\varepsilon}_7^{\mathrm{T}}(\boldsymbol{I}_N\otimes\boldsymbol{\Phi})\boldsymbol{\varepsilon}_7+\boldsymbol{\varepsilon}_9^{\mathrm{T}}(\boldsymbol{I}_N\otimes\boldsymbol{\Phi})\boldsymbol{\varepsilon}_9]\Big)\boldsymbol{y}(t)\}\geqslant 0
\end{aligned}\tag{4-74}$$

其中，$\boldsymbol{\Pi}_l=(\boldsymbol{L}\otimes\boldsymbol{I}_n)(\boldsymbol{\varepsilon}_{l+1}+\boldsymbol{\varepsilon}_{l+5})-\boldsymbol{\varepsilon}_{l+7}$。根据式 (4-66) ～式 (4-74) 有：

$$\mathbb{E}\{\mathcal{L}\boldsymbol{V}(t,\boldsymbol{z}_t)\}\leqslant\mathbb{E}\{\boldsymbol{y}^{\mathrm{T}}(t)\boldsymbol{\Sigma}\boldsymbol{y}(t)\}\tag{4-75}$$

其中：

$$\begin{aligned}
\boldsymbol{\Sigma}=\boldsymbol{\Omega}&+\boldsymbol{\Delta}_1^{\mathrm{T}}(\boldsymbol{F}\otimes\boldsymbol{I}_n)\boldsymbol{\Delta}_1+\beta(1-\beta)\boldsymbol{\Delta}_2^{\mathrm{T}}(\boldsymbol{F}\otimes\boldsymbol{I}_n)\boldsymbol{\Delta}_2\\
&+\beta\boldsymbol{\Pi}_1^{\mathrm{T}}(\boldsymbol{\Lambda}\otimes\boldsymbol{\Phi})\boldsymbol{\Pi}_1+(1-\beta)\boldsymbol{\Pi}_2^{\mathrm{T}}(\boldsymbol{\Lambda}\otimes\boldsymbol{\Phi})\boldsymbol{\Pi}_2
\end{aligned}$$

并且 $\boldsymbol{\Omega}=\sum_{i=1}^{5}\boldsymbol{\Omega}_i$，其中：

$$\begin{aligned}
&\boldsymbol{\Omega}_1=2\boldsymbol{\varepsilon}_1^{\mathrm{T}}(\boldsymbol{P}\otimes\boldsymbol{I}_n)\boldsymbol{\Delta}_1,\ \boldsymbol{\Omega}_2=\boldsymbol{\varepsilon}_1^{\mathrm{T}}(\boldsymbol{R}_1\otimes\boldsymbol{I}_n)\boldsymbol{\varepsilon}_1-\boldsymbol{\varepsilon}_4^{\mathrm{T}}((\boldsymbol{R}_1-\boldsymbol{R}_2)\otimes\boldsymbol{I}_n)\boldsymbol{\varepsilon}_4-\boldsymbol{\varepsilon}_5^{\mathrm{T}}(\boldsymbol{R}_2\otimes\boldsymbol{I}_n)\boldsymbol{\varepsilon}_5\\
&\boldsymbol{\Omega}_3=-\begin{bmatrix}\boldsymbol{\varepsilon}_{12}^{\mathrm{T}}\\ \boldsymbol{\varepsilon}_{24}^{\mathrm{T}}\end{bmatrix}(\boldsymbol{Q}_1\otimes\boldsymbol{I}_n)[\boldsymbol{\varepsilon}_{12},\ \boldsymbol{\varepsilon}_{24}]-\begin{bmatrix}\boldsymbol{\varepsilon}_{43}^{\mathrm{T}}\\ \boldsymbol{\varepsilon}_{35}^{\mathrm{T}}\end{bmatrix}(\boldsymbol{Q}_2\otimes\boldsymbol{I}_n)[\boldsymbol{\varepsilon}_{43},\ \boldsymbol{\varepsilon}_{35}],\ \boldsymbol{\Omega}_4=\eta^2\boldsymbol{\varepsilon}_1^{\mathrm{T}}\boldsymbol{\varepsilon}_1-\boldsymbol{\varepsilon}_{10}^{\mathrm{T}}\boldsymbol{\varepsilon}_{10}\\
&\boldsymbol{\Omega}_5=-\beta[\boldsymbol{\varepsilon}_6^{\mathrm{T}}(\boldsymbol{I}_N\otimes\boldsymbol{\Phi})\boldsymbol{\varepsilon}_6+\boldsymbol{\varepsilon}_8^{\mathrm{T}}(\boldsymbol{I}_N\otimes\boldsymbol{\Phi})\boldsymbol{\varepsilon}_8]-(1-\beta)[\boldsymbol{\varepsilon}_7^{\mathrm{T}}(\boldsymbol{I}_N\otimes\boldsymbol{\Phi})\boldsymbol{\varepsilon}_7+\boldsymbol{\varepsilon}_9^{\mathrm{T}}(\boldsymbol{I}_N\otimes\boldsymbol{\Phi})\boldsymbol{\varepsilon}_9]
\end{aligned}$$

根据引理 2.2.2 可得 $\boldsymbol{\Sigma}<0$ 等价于：

$$\begin{bmatrix} \boldsymbol{\Omega} & \boldsymbol{\Delta}_1^{\mathrm{T}}(\boldsymbol{F}\otimes\boldsymbol{I}_n) & \boldsymbol{\Delta}_2^{\mathrm{T}}(\boldsymbol{F}\otimes\boldsymbol{I}_n) & \boldsymbol{\Pi}_1^{\mathrm{T}}(\boldsymbol{I}_N\otimes\boldsymbol{\Phi}) & \boldsymbol{\Pi}_2^{\mathrm{T}}(\boldsymbol{I}_N\otimes\boldsymbol{\Phi}) \\ * & -\boldsymbol{F}\otimes\boldsymbol{I}_n & \boldsymbol{O} & \boldsymbol{O} & \boldsymbol{O} \\ * & * & -\dfrac{1}{\beta(1-\beta)}\boldsymbol{F}\otimes\boldsymbol{I}_n & \boldsymbol{O} & \boldsymbol{O} \\ * & * & * & -\dfrac{1}{\beta}\boldsymbol{\Lambda}^{-1}\otimes\boldsymbol{\Phi} & \boldsymbol{O} \\ * & * & * & * & -\dfrac{1}{(1-\beta)}\boldsymbol{\Lambda}^{-1}\otimes\boldsymbol{\Phi} \end{bmatrix} < 0 \tag{4-76}$$

注意 $(\boldsymbol{\xi}^{\mathrm{T}}\otimes\boldsymbol{I}_n)\boldsymbol{z}(t)=0,\ (\boldsymbol{\xi}^{\mathrm{T}}\otimes\boldsymbol{I}_n)\boldsymbol{z}(t-\tau_l(t))=0,\ (\boldsymbol{\xi}^{\mathrm{T}}\otimes\boldsymbol{I}_n)\boldsymbol{z}(t-h_l)=0,$ $l=1,2$，因此：

$$\boldsymbol{H}\boldsymbol{y}(t)=\boldsymbol{O}_{10n} \tag{4-77}$$

其中，$\boldsymbol{H}=\mathrm{diag}\{\boldsymbol{\xi}^{\mathrm{T}},\boldsymbol{\xi}^{\mathrm{T}},\boldsymbol{\xi}^{\mathrm{T}},\boldsymbol{\xi}^{\mathrm{T}},\boldsymbol{\xi}^{\mathrm{T}},\boldsymbol{O},\boldsymbol{O},\boldsymbol{O},\boldsymbol{O},\boldsymbol{O}\}\in\mathbb{R}^{10n\times10Nn}$。

根据引理 4.2.1 可得 $\boldsymbol{y}^{\mathrm{T}}(t)\boldsymbol{\Sigma}\boldsymbol{y}(t)<0,\forall\boldsymbol{y}\in\{\boldsymbol{y}:\boldsymbol{H}\boldsymbol{y}=0,\boldsymbol{y}\neq0\}$ 等价于：

$$\boldsymbol{H}^{\perp\mathrm{T}}\boldsymbol{\Sigma}\boldsymbol{H}^{\perp}<0 \tag{4-78}$$

即不等式 (4-63)，其中 $\boldsymbol{H}^{\perp}=\mathrm{diag}\{\boldsymbol{E},\boldsymbol{E},\boldsymbol{E},\boldsymbol{E},\boldsymbol{E},\boldsymbol{O},\boldsymbol{O},\boldsymbol{O},\boldsymbol{O},\boldsymbol{O}\}\otimes\boldsymbol{I}_n\in$ $\mathbb{R}^{10Nn\times(10N-5)n}$ 且 $\boldsymbol{H}\boldsymbol{H}^{\perp}=0$，$\boldsymbol{E}=\begin{bmatrix}\boldsymbol{I}_{N-1}\\ -\dfrac{\bar{\boldsymbol{\xi}}^{\mathrm{T}}}{\xi_N}\end{bmatrix}\in\mathbb{R}^{N\times N-1}$，$\bar{\boldsymbol{\xi}}=[\xi_1,\cdots,\xi_{N-1}]^{\mathrm{T}}\in\mathbb{R}^{N-1}$。

根据条件 (4-63) 可得：

$$\mathbb{E}\{\mathcal{L}\boldsymbol{V}(t,z_t)\}\leqslant-\epsilon\mathbb{E}\{\|\boldsymbol{z}(t)\|^2\} \tag{4-79}$$

那么误差系统 (4-60) 是均方稳定的。证毕。

注 4.3.1 与定理 4.3.1 讨论类似，定理 4.3.1 不需要矩阵 $\boldsymbol{P}$、$\boldsymbol{Q}_i$、$\boldsymbol{R}_i$、$i=1,2$ 是正定的。条件 $\boldsymbol{E}^{\mathrm{T}}\boldsymbol{P}\boldsymbol{E}>0$、$\boldsymbol{E}^{\mathrm{T}}\boldsymbol{Q}_i\boldsymbol{E}>0$、$\boldsymbol{E}^{\mathrm{T}}\boldsymbol{R}_i\boldsymbol{E}>0,i=1,2$ 保证了Lyapunov-Krasovskii泛函(4-64)的有效性。Finsler 引理（引理 4.2.1）通过充分利用拉普拉斯矩阵来处理稳定性问题，而不是提取其代数特征值 [28]，结论较为不保守。

由于条件 (4-63) 中的线性矩阵不等式的维数过高，下面给出一个低维判据。

推论 4.3.1

在假设 4.2.1 和假设 4.2.2 下，对于事件触发加权矩阵 $\boldsymbol{\Phi}=\boldsymbol{I}_n$ 和给定的常数 $h_2>h_1>0$，$\rho\in[0,1]$ 以及事件触发参数矩阵 $\boldsymbol{\Lambda}=\mathrm{diag}\{\sigma_1,\cdots,\sigma_N\}$，如果存在对称矩阵 $\boldsymbol{P}$、$\boldsymbol{R}_i$、$\boldsymbol{Q}_i$，满足 $\boldsymbol{E}^{\mathrm{T}}\boldsymbol{PE}>0$、$\boldsymbol{E}^{\mathrm{T}}\boldsymbol{Q}_i\boldsymbol{E}>0$、$\boldsymbol{E}^{\mathrm{T}}\boldsymbol{R}_i\boldsymbol{E}>0$, $i=1,2$ 使得：

$$\begin{bmatrix} \bar{\boldsymbol{\Omega}} & \bar{\boldsymbol{\Delta}}_1^{\mathrm{T}}\boldsymbol{F} & \bar{\boldsymbol{\Delta}}_2^{\mathrm{T}}\boldsymbol{F} & \bar{\boldsymbol{\Pi}}_1^{\mathrm{T}} & \bar{\boldsymbol{\Pi}}_2^{\mathrm{T}} \\ * & -\boldsymbol{F} & \boldsymbol{O} & \boldsymbol{O} & \boldsymbol{O} \\ * & * & -\dfrac{1}{\beta(1-\beta)}\boldsymbol{F} & \boldsymbol{O} & \boldsymbol{O} \\ * & * & * & -\dfrac{1}{\beta}\boldsymbol{\Lambda}^{-1} & \boldsymbol{O} \\ * & * & * & * & -\dfrac{1}{1-\beta}\boldsymbol{\Lambda}^{-1} \end{bmatrix}<0 \tag{4-80}$$

其中，$\bar{\boldsymbol{\Omega}}=\sum_{i=1}^{5}\bar{\boldsymbol{\Omega}}_i$，且：

$$\bar{\boldsymbol{\Omega}}_1=2\bar{\boldsymbol{\varepsilon}}_1^{\mathrm{T}}\boldsymbol{E}^{\mathrm{T}}\boldsymbol{P}\bar{\boldsymbol{\Delta}}_1,\ \bar{\boldsymbol{\Omega}}_2=\bar{\boldsymbol{\varepsilon}}_1^{\mathrm{T}}\boldsymbol{E}^{\mathrm{T}}\boldsymbol{R}_1\boldsymbol{E}\bar{\boldsymbol{\varepsilon}}_1-\bar{\boldsymbol{\varepsilon}}_4^{\mathrm{T}}\boldsymbol{E}^{\mathrm{T}}(\boldsymbol{R}_1-\boldsymbol{R}_2)\boldsymbol{E}\bar{\boldsymbol{\varepsilon}}_4-\bar{\boldsymbol{\varepsilon}}_5^{\mathrm{T}}\boldsymbol{E}^{\mathrm{T}}\boldsymbol{R}_2\boldsymbol{E}\bar{\boldsymbol{\varepsilon}}_5$$

$$\bar{\boldsymbol{\Omega}}_3=-[\bar{\boldsymbol{\varepsilon}}_{12},\bar{\boldsymbol{\varepsilon}}_{24}]^{\mathrm{T}}\boldsymbol{E}^{\mathrm{T}}\boldsymbol{Q}_1\boldsymbol{E}[\bar{\boldsymbol{\varepsilon}}_{12},\bar{\boldsymbol{\varepsilon}}_{24}]-[\bar{\boldsymbol{\varepsilon}}_{43},\bar{\boldsymbol{\varepsilon}}_{35}]^{\mathrm{T}}\boldsymbol{E}^{\mathrm{T}}\boldsymbol{Q}_2\boldsymbol{E}[\bar{\boldsymbol{\varepsilon}}_{43},\bar{\boldsymbol{\varepsilon}}_{35}],$$

$$\bar{\boldsymbol{\Omega}}_4=\eta^2\bar{\boldsymbol{\varepsilon}}_1^{\mathrm{T}}\boldsymbol{E}^{\mathrm{T}}\boldsymbol{E}\bar{\boldsymbol{\varepsilon}}_1-\bar{\boldsymbol{\varepsilon}}_{10}^{\mathrm{T}}\bar{\boldsymbol{\varepsilon}}_{10}$$

$$\bar{\boldsymbol{\Omega}}_5=-\beta[\bar{\boldsymbol{\varepsilon}}_6^{\mathrm{T}}\bar{\boldsymbol{\varepsilon}}_6+\bar{\boldsymbol{\varepsilon}}_8^{\mathrm{T}}\bar{\boldsymbol{\varepsilon}}_8]-(1-\beta)[\bar{\boldsymbol{\varepsilon}}_7^{\mathrm{T}}\bar{\boldsymbol{\varepsilon}}_7+\bar{\boldsymbol{\varepsilon}}_9^{\mathrm{T}}\bar{\boldsymbol{\varepsilon}}_9]$$

$$\bar{\boldsymbol{\Delta}}_1=-c\beta(\boldsymbol{LE}\bar{\boldsymbol{\varepsilon}}_2+\boldsymbol{L}\bar{\boldsymbol{\varepsilon}}_6-\boldsymbol{M}\bar{\boldsymbol{\varepsilon}}_8)-c(1-\beta)(\boldsymbol{LE}\bar{\boldsymbol{\varepsilon}}_3+\boldsymbol{L}\bar{\boldsymbol{\varepsilon}}_7-\boldsymbol{M}\bar{\boldsymbol{\varepsilon}}_9)+\boldsymbol{M}\bar{\boldsymbol{\varepsilon}}_{10}$$

$$\bar{\boldsymbol{\Delta}}_2=c\boldsymbol{LE}\bar{\boldsymbol{\varepsilon}}_{23}+c(\boldsymbol{L}\otimes\boldsymbol{I}_n)\bar{\boldsymbol{\varepsilon}}_{67}-c\boldsymbol{M}\bar{\boldsymbol{\varepsilon}}_{89},\ \boldsymbol{F}=h_1^2\boldsymbol{Q}_1+(h_2-h_1)^2\boldsymbol{Q}_2$$

$$\bar{\boldsymbol{\Pi}}_l=\boldsymbol{LE}\bar{\boldsymbol{\varepsilon}}_{l+1}+\boldsymbol{L}\bar{\boldsymbol{\varepsilon}}_{l+5}-\bar{\boldsymbol{\varepsilon}}_{l+7},\ l=1,2,\ \beta=\rho+\frac{h_1}{h_2}(1-\rho)$$

$$\boldsymbol{E}=\begin{bmatrix}\boldsymbol{I}_{N-1}\\ -\dfrac{\bar{\boldsymbol{\xi}}^{\mathrm{T}}}{\xi_N}\end{bmatrix}\in\mathbb{R}^{N\times N-1},\ \bar{\boldsymbol{\xi}}=[\xi_1,\cdots,\xi_{N-1}]^{\mathrm{T}}\in\mathbb{R}^{N-1}$$

以及 $\bar{\boldsymbol{\varepsilon}}_k$ 是一个带有 10 个对角矩阵块的块矩阵，并且第 k 个块矩阵是单位阵 $\boldsymbol{I}_N$，$k=1,2,\cdots,10$，即 $\bar{\boldsymbol{\varepsilon}}_1=[\boldsymbol{I}_N,\boldsymbol{O},\boldsymbol{O},\cdots,\boldsymbol{O},\boldsymbol{O}]\in\mathbb{R}^{N\times 10N}$，

$\boldsymbol{O} \in \mathbb{R}^{N\times N}$，此外 $\bar{\boldsymbol{\varepsilon}}_{ij} = \bar{\boldsymbol{\varepsilon}}_i - \bar{\boldsymbol{\varepsilon}}_j$，那么误差系统 (4-60) 在事件触发机制 (4-50) 下可以达到均方指数稳定。

证明：

选取与定理 4.3.1 一样的 Lyapunov-Krasovskii 泛函。对于任意 $t_k \in [t_r^i, t_{r+1}^i)$，下述不等式恒成立：

$$\boldsymbol{e}_i^{\mathrm{T}}(t_k)\boldsymbol{e}_i(t_k) \leqslant \sigma_i \boldsymbol{y}_i^{\mathrm{T}}(t_k)\boldsymbol{y}_i(t_k) - \boldsymbol{E}_i^{\mathrm{T}}(t_k)\boldsymbol{E}_i(t_k) \tag{4-81}$$

可转化为：

$$\begin{aligned}
&\beta(t)\Big(\boldsymbol{e}^{\mathrm{T}}(t-\tau_1(t))\boldsymbol{e}(t-\tau_1(t)) + \boldsymbol{E}^{\mathrm{T}}(t-\tau_1(t))\boldsymbol{E}(t-\tau_1(t))\Big) + \\
&(1-\beta(t))\Big(\boldsymbol{e}^{\mathrm{T}}(t-\tau_2(t))\boldsymbol{e}(t-\tau_2(t)) + \boldsymbol{E}^{\mathrm{T}}(t-\tau_2(t))\boldsymbol{E}(t-\tau_2(t))\Big) \\
\leqslant\ &\beta(t)\Big([(\boldsymbol{L}\otimes\boldsymbol{I}_n)(\boldsymbol{z}(t-\tau_1(t)) + \boldsymbol{e}(t-\tau_1(t))) - \boldsymbol{E}(t-\tau_1(t))]^{\mathrm{T}} \\
&(\boldsymbol{\Lambda}\otimes\boldsymbol{I}_n)[(\boldsymbol{L}\otimes\boldsymbol{I}_n)(\boldsymbol{z}(t-\tau_1(t)) \\
&+\boldsymbol{e}(t-\tau_1(t))) - \boldsymbol{E}(t-\tau_1(t))]\Big) + (1-\beta(t))\Big([(\boldsymbol{L}\otimes\boldsymbol{I}_n)(\boldsymbol{z}(t-\tau_2(t)) + \boldsymbol{e}(t-\tau_2(t))) \\
&-\boldsymbol{E}(t-\tau_2(t))]^{\mathrm{T}}(\boldsymbol{\Lambda}\otimes\boldsymbol{I}_n)[(\boldsymbol{L}\otimes\boldsymbol{I}_n)\boldsymbol{z}(t-\tau_2(t)) + \boldsymbol{e}(t-\tau_2(t))) - \boldsymbol{E}(t-\tau_2(t))]\Big)
\end{aligned} \tag{4-82}$$

那么：

$$\begin{aligned}
&\mathbb{E}\{\boldsymbol{y}^{\mathrm{T}}(t)\Big[\Big(\beta\bar{\boldsymbol{\Pi}}_1^{\mathrm{T}}\boldsymbol{\Lambda}\bar{\boldsymbol{\Pi}}_1 + (1-\beta)\bar{\boldsymbol{\Pi}}_2^{\mathrm{T}}\boldsymbol{\Lambda}\bar{\boldsymbol{\Pi}}_2 - \beta[\bar{\boldsymbol{\varepsilon}}_6^{\mathrm{T}}\bar{\boldsymbol{\varepsilon}}_6 + \bar{\boldsymbol{\varepsilon}}_8^{\mathrm{T}}\bar{\boldsymbol{\varepsilon}}_8] \\
&-(1-\beta)[\bar{\boldsymbol{\varepsilon}}_7^{\mathrm{T}}\bar{\boldsymbol{\varepsilon}}_7 + \bar{\boldsymbol{\varepsilon}}_9^{\mathrm{T}}\bar{\boldsymbol{\varepsilon}}_9]\Big)\otimes\boldsymbol{I}_n\Big]\boldsymbol{y}(t)\} \geqslant 0
\end{aligned} \tag{4-83}$$

其中，$\bar{\boldsymbol{\Pi}}_l = \boldsymbol{L}(\bar{\boldsymbol{\varepsilon}}_{l+1} + \bar{\boldsymbol{\varepsilon}}_{l+5}) - \bar{\boldsymbol{\varepsilon}}_{l+7}$。

根据定理 4.3.1 的证明过程，条件 (4-63) 等价于式 (4-80)，很容易得到推论 4.3.1，在此不再赘述。证毕。

如果不考虑事件触发机制，那么讨论的问题便转化为多智能体系统在随机采样下的一致性问题。若两个采样周期 $0 < h_1 < h_2$ 的随机切换服从伯努利分布，则误差系统 (4-60) 可转化为：

$$\begin{aligned}
\dot{\boldsymbol{z}}(t) = &(\boldsymbol{M}\otimes\boldsymbol{I}_n)\boldsymbol{F}(\boldsymbol{z}(t),t) - c\beta(t)(\boldsymbol{L}\otimes\boldsymbol{I}_n)\boldsymbol{z}(t-\tau_1(t)) \\
&-c(1-\beta(t))(\boldsymbol{L}\otimes\boldsymbol{I}_n)\boldsymbol{z}(t-\tau_2(t))
\end{aligned} \tag{4-84}$$

其中，$0 < \tau_1(t) < h_1, h_1 < \tau_2(t) < h_2$。

选取如下 Lyapunov-Krasovskii 泛函：

$$
\begin{aligned}
V(t,z(t)) &= z^{\mathrm{T}}(t)(P\otimes I_n)z(t)+\int_{t-h_1}^{t} z^{\mathrm{T}}(s)(R_1\otimes I_n)z(s)\mathrm{d}s+\int_{t-h_2}^{t-h_1} z^{\mathrm{T}}(s)(R_2\otimes I_n)\\
&\quad \times z(s)\mathrm{d}s + h_1\int_{-h_1}^{0}\int_{t+\theta}^{t} \bar{w}^{\mathrm{T}}(s)(Q_1\otimes I_n)\bar{w}(s)+\rho^{\mathrm{T}}(s)(Q_1\otimes I_n)\rho(s)\mathrm{d}s\mathrm{d}\theta\\
&\quad +(h_2-h_1)\int_{-h_2}^{-h_1}\int_{t+\theta}^{t} \bar{w}^{\mathrm{T}}(s)(Q_2\otimes I_n)\bar{w}(s)+\rho^{\mathrm{T}}(s)(Q_n\otimes I_n)\rho(s)\mathrm{d}s\mathrm{d}\theta
\end{aligned}
\tag{4-85}
$$

其中：

$$
\bar{w}(t)=(M\otimes I_n)F(z(t),t)-c\beta(L\otimes I_n)z(t-\tau_1(t))-c(1-\beta)(L\otimes I_n)z(t-\tau_2(t))
$$

$$
\rho(t)=c\sqrt{\beta(1-\beta)}(L\otimes I_n)(z(t-\tau_1(t))-z(t-\tau_2(t)))
$$

定义 $y(t)=[z^{\mathrm{T}}(t),z^{\mathrm{T}}(t-\tau_1(t)),z^{\mathrm{T}}(t-\tau_2(t)),z^{\mathrm{T}}(t-h_1),z^{\mathrm{T}}(t-h_2),F^{\mathrm{T}}(z(t),t)]^{\mathrm{T}}\in\mathbb{R}^{6Nn\times Nn}$。在推论 4.3.1 的基础上，可以得到如下推论。

推论 4.3.2

在假设 4.2.1 和假设 4.2.2 下，对于给定的常数 $h_2>h_1>0$，$\rho\in[0,1]$，如果存在对称矩阵P、R_i、Q_i满足$E^{\mathrm{T}}PE>0$、$E^{\mathrm{T}}Q_iE>0$、$E^{\mathrm{T}}R_iE>0$，$i=1,2$ 使得：

$$
\begin{bmatrix}
\hat{\Omega} & \hat{\Delta}_1^{\mathrm{T}}F & \hat{\Delta}_2^{\mathrm{T}}F\\
* & -F & O\\
* & * & -F/\beta(1-\beta)
\end{bmatrix}<0
\tag{4-86}
$$

其中，$\hat{\Omega}=\sum_{i=1}^{4}\hat{\Omega}_i$，且：

$$
\hat{\Omega}_1=2\hat{\varepsilon}_1^{\mathrm{T}}E^{\mathrm{T}}P\hat{\Delta}_1,\ \hat{\Omega}_2=\hat{\varepsilon}_1^{\mathrm{T}}E^{\mathrm{T}}R_1E\hat{\varepsilon}_1-\hat{\varepsilon}_4^{\mathrm{T}}E^{\mathrm{T}}(R_1-R_2)E\hat{\varepsilon}_4-\hat{\varepsilon}_5^{\mathrm{T}}E^{\mathrm{T}}R_2E\hat{\varepsilon}_5
$$

$$
\hat{\Omega}_3=-[\hat{\varepsilon}_{12},\hat{\varepsilon}_{24}]^{\mathrm{T}}E^{\mathrm{T}}Q_1E[\hat{\varepsilon}_{12},\hat{\varepsilon}_{24}]-[\hat{\varepsilon}_{43},\hat{\varepsilon}_{35}]^{\mathrm{T}}E^{\mathrm{T}}Q_2E[\hat{\varepsilon}_{43},\hat{\varepsilon}_{35}],
$$

$$
\hat{\Omega}_4=\eta^2\hat{\varepsilon}_1^{\mathrm{T}}E^{\mathrm{T}}E\hat{\varepsilon}_1-\hat{\varepsilon}_6^{\mathrm{T}}\hat{\varepsilon}_6
$$

$$
\hat{\Delta}_1=-c\beta LE\hat{\varepsilon}_2-c(1-\beta)LE\hat{\varepsilon}_3+M\hat{\varepsilon}_6,\ \hat{\Delta}_2=cLE\hat{\varepsilon}_{23},\ F=h_1^2Q_1+(h_2-h_1)^2Q_2
$$

$$
\beta=\rho+\frac{h_1}{h_2}(1-\rho),\ E=\begin{bmatrix} I_{N-1}\\ -\dfrac{\bar{\xi}^{\mathrm{T}}}{\xi_N}\end{bmatrix}\in\mathbb{R}^{N\times N-1},\ \bar{\xi}=[\xi_1,\cdots,\xi_{N-1}]^{\mathrm{T}}\in\mathbb{R}^{N-1}
$$

其中，$\hat{\varepsilon}_k$ 是一个包含 6 个对角矩阵块的块矩阵，且第 k 个块矩阵是单位阵I_N，即 $\hat{\varepsilon}_1=[I_N,O,O,O,O,O]\in\mathbb{R}^{N\times 6N}$，$O\in\mathbb{R}^{N\times 6N}$，此外 $\hat{\varepsilon}_{ij}=\hat{\varepsilon}_i-\hat{\varepsilon}_j$，

那么误差系统 (4-84) 在分布式随机采样控制下达到均方指数稳定。

4.3.3 基于随机采样事件触发机制的均方一致性分析：包含有向生成树的网络

假设 4.3.1

网络拓扑 $\mathcal{G}$ 是有向的，且包含有向生成树。

根据假设 4.3.1，存在一个 $N \times N$ 维的置换矩阵 $\boldsymbol{W}$，其拉普拉斯矩阵 $\boldsymbol{L}$ 的 Frobenius 形式为：

$$\boldsymbol{W}^{\mathrm{T}}\boldsymbol{L}\boldsymbol{W} = \bar{\boldsymbol{L}} = \begin{bmatrix} \bar{\boldsymbol{L}}_{11} & \boldsymbol{O} & \vdots & \boldsymbol{O} \\ \bar{\boldsymbol{L}}_{21} & \bar{\boldsymbol{L}}_{22} & \vdots & \boldsymbol{O} \\ \vdots & \vdots & \ddots & \vdots \\ \bar{\boldsymbol{L}}_{b1} & \bar{\boldsymbol{L}}_{b2} & \cdots & \bar{\boldsymbol{L}}_{bb} \end{bmatrix} \tag{4-87}$$

其中，$\bar{\boldsymbol{L}}_{11} \in \mathbb{R}^{p_1 \times p_1}, \bar{\boldsymbol{L}}_{22} \in \mathbb{R}^{p_2 \times p_2}, \cdots, \bar{\boldsymbol{L}}_{bb} \in \mathbb{R}^{p_b \times p_b}$ 为不可约方阵，并且 $\sum_{i=1}^{b} p_i = N$。令 $G_1, G_2, \cdots, G_b$ 分别为有向图 $\mathcal{G}$ 的强连通分支，每个强连通子系统的拉普拉斯矩阵为 $\bar{\boldsymbol{L}}_{ii}$，$\bar{\boldsymbol{L}}_{ij}$ 代表强连通子图 G_j 对 G_i 的影响，其中 $i, j = 1, 2, \cdots, b$ 满足 $i > j$。令 $\bar{\boldsymbol{L}}_{kk} = \boldsymbol{L}_k + \boldsymbol{D}_k$，其中 $\boldsymbol{L}_k$ 是一个行和为零的矩阵；$\boldsymbol{D}_k \geqslant 0$ 是一个对角矩阵，且当 $k = 2, 3, \cdots, b$ 时，$\boldsymbol{D}_k > 0$，当 $k = 1$ 时，$\boldsymbol{D}_1 = 0$，即 $\bar{\boldsymbol{L}}_{11} = \boldsymbol{L}_1$。子系统 G_1 是强连通的且不受外界影响，那么存在一个全为正数的向量 $\boldsymbol{\xi}_1 = (\xi_{1_1}, \cdots, \xi_{1_{p_1}})^{\mathrm{T}}$，满足 $\boldsymbol{\xi}_1^{\mathrm{T}} \bar{\boldsymbol{L}}_{11} = 0$，$\boldsymbol{\xi}_1^{\mathrm{T}} \mathbf{1}_{p_1} = 1$。

由 $\sum_{i=1}^{b} p_i = N$ 可知，系统 (4-59) 被分为 b 个子系统，第一个子系统属于有向图 G 的根节点簇，不受其他子系统的影响。由定理 4.3.1 可知，第一个子系统在随机采样事件触发机制下可以达到渐近一致，即 $\boldsymbol{x}_{1_s}(t) = \boldsymbol{x}^*(t) + \mathcal{O}(t^{-\epsilon})$，$s = 1, 2, \cdots, p_1$，其中 $\mathcal{O}(t^{-\epsilon})$ 是衰减率，$\epsilon > 0$，$\boldsymbol{x}^*(t)$ 满足 $\dot{\boldsymbol{x}}^*(t) = \boldsymbol{f}(\boldsymbol{x}^*(t)) + \mathcal{O}(t^{-\epsilon t})$。属于第 i 个子系统的智能体，$i = 2, 3, \cdots, b$，不仅会受到子系统内部智能体间的相互影响，还可能受到前 $i-1$ 个子系统中智能体的影响，因此随机采样事件触发机制下该子系统的动力学方程满足：

$$
\begin{aligned}
\dot{\boldsymbol{x}}_{i_s}(t) = \boldsymbol{f}(\boldsymbol{x}_{i_s}(t)) - c\sum_{j=1}^{p_i} w_{i_s i_j}\left[\boldsymbol{x}_{i_s}(t_r^{i_s}) - \boldsymbol{x}_{i_j}(t^{i_j}_{r'(t_r^{i_s})})\right] \\
- c\sum_{1\leqslant m<i}\sum_{j=1}^{p_m} w_{i_s m_j}\left[\boldsymbol{x}_{i_s}(t_r^{i_s}) - \boldsymbol{x}_{m_j}(t^{m_j}_{r'(t_r^{i_s})})\right]
\end{aligned} \tag{4-88}
$$

其中， $s=1,2,\cdots,p_i, i=2,3,\cdots,b$ 。

假设前 $i-1$ 个子系统已经达到一致，且一致点状态为 $\boldsymbol{x}^*(t)$，那么对于第 i 个子系统， $i=2,3,\cdots,b$ ，考虑时间间隔 $[t_k,t_{k+1})\subseteq[t_r^{i_s},t_{r+1}^{i_s}), t\in[t_k,t_{k+1})$ ，结合式 (4-51) 和式 (4-52) 可得第 $s(s=1,2,\cdots,p_i)$ 个智能体的状态方程为：

$$
\begin{aligned}
\dot{\boldsymbol{x}}_{i_s}(t) &= \boldsymbol{f}(\boldsymbol{x}_{i_s}(t)) - c\sum_{j=1}^{p_i} w_{i_s i_j}[\boldsymbol{x}_{i_s}(t_k) - \boldsymbol{x}_{i_j}(t_k) + \boldsymbol{e}_{i_s}(t_k) - \boldsymbol{e}_{i_j}(t_k) - \boldsymbol{E}_{i_s i_j}(t_k)] \\
&\quad - c\sum_{1\leqslant m<i}\sum_{j=1}^{p_m} w_{i_s m_j}[\boldsymbol{x}_{i_s}(t_k) - \boldsymbol{x}^*(t_k) + \boldsymbol{e}_{i_s}(t_k) - \boldsymbol{E}_{i_s m_j}(t_k)] + \mathcal{O}(t^{-\epsilon t}) \\
&= \boldsymbol{f}(\boldsymbol{x}_{i_s}(t)) - c\sum_{j=1}^{p_i} l_{i_s i_j}[\boldsymbol{x}_{i_j}(t_k) + \boldsymbol{e}_{i_j}(t_k)] - c\sum_{1\leqslant m<i}\sum_{j=1}^{p_m} w_{i_s m_j}[\boldsymbol{x}_{i_s}(t_k) - \boldsymbol{x}^*(t_k) + \boldsymbol{e}_{i_s}(t_k)] \\
&\quad + c\sum_{j=1}^{p_i} w_{i_s i_j}\boldsymbol{E}_{i_s i_j}(t_k) + c\sum_{1\leqslant m<i}\sum_{j=1}^{p_m} w_{i_s m_j}\boldsymbol{E}_{i_s m_j}(t_k) + \mathcal{O}(t^{-\epsilon t}) \\
&= \boldsymbol{f}(\boldsymbol{x}_{i_s}(t)) - c\sum_{j=1}^{p_i} \bar{l}_{i_s i_j}[\boldsymbol{x}_{i_j}(t_k) - \boldsymbol{x}^*(t_k) + \boldsymbol{e}_{i_j}(t_k)] + c\boldsymbol{E}_{i_s}(t_k) + \mathcal{O}(t^{-\epsilon t})
\end{aligned} \tag{4-89}
$$

定义同步误差 $\bar{\boldsymbol{z}}_{i_s}(t)=\boldsymbol{x}_{i_s}(t)-\boldsymbol{x}^*(t)$ ，考虑采样周期 h_1 和 h_2 ，定义延时 $\tau(t)=t-t_k\in\{\tau_1(t),\tau_2(t)\}$ ，其满足 $0<\tau_1(t)<h_1, h_1<\tau_2(t)<h_2$ 且其分布由随机变量 $\beta(t)$ 表示。对于 $t\in[t_k,t_{k+1})$ ，可得：

$$
\begin{aligned}
\dot{\bar{\boldsymbol{z}}}(t) &= \boldsymbol{F}(\bar{\boldsymbol{z}}(t)) - c\beta(t)[(\bar{\boldsymbol{L}}_{ii}\otimes\boldsymbol{I}_n)(\bar{\boldsymbol{z}}(t-\tau_1(t)) + \bar{\boldsymbol{e}}(t-\tau_1(t))) - \bar{\boldsymbol{E}}(t-\tau_1(t))] \\
&\quad - c(1-\beta(t))\times[(\bar{\boldsymbol{L}}_{ii}\otimes\boldsymbol{I}_n)(\bar{\boldsymbol{z}}(t-\tau_2(t)) + \bar{\boldsymbol{e}}(t-\tau_2(t))) - \bar{\boldsymbol{E}}(t-\tau_2(t))] \\
&\quad + \mathcal{O}(e^{-\epsilon t})
\end{aligned} \tag{4-90}
$$

其中， $\bar{\boldsymbol{z}}(t)=[\bar{\boldsymbol{z}}_{i_1}^{\mathrm{T}}(t),\cdots,\bar{\boldsymbol{z}}_{i_{p_i}}^{\mathrm{T}}(t)]^{\mathrm{T}}, \bar{\boldsymbol{e}}(t)=[\boldsymbol{e}_{i_1}^{\mathrm{T}}(t),\cdots,\boldsymbol{e}_{i_{p_i}}^{\mathrm{T}}(t)]^{\mathrm{T}}, \bar{\boldsymbol{E}}(t)=[\boldsymbol{E}_{i_1}^{\mathrm{T}}(t),\cdots,\boldsymbol{E}_{i_{p_i}}^{\mathrm{T}}(t)]^{\mathrm{T}}, \boldsymbol{F}(\bar{\boldsymbol{z}}(t))=\hat{\boldsymbol{f}}(\bar{\boldsymbol{x}}(t)) -\mathbf{1}_{p_i}\otimes\boldsymbol{f}(\boldsymbol{x}^*(t)), \hat{\boldsymbol{f}}(\bar{\boldsymbol{x}}(t))=[\boldsymbol{f}^{\mathrm{T}}(x_{i_1}(t)),\cdots,\boldsymbol{f}^{\mathrm{T}}(\boldsymbol{x}_{i_{p_i}}(t))]^{\mathrm{T}}$ 。

根据以上分析，在包含有向生成树的网络中，多智能体系统在随机采样事件触发机制下的一致性问题可以转化为误差系统 (4-60) 和 $i-1$

个误差系统 (4-90) 的稳定问题。

定理 4.3.2

在假设 4.2.1 和假设 4.3.1 下，对于给定的常数 $h_2 > h_1 > 0, \rho \in [0,1]$ 和事件触发参数矩阵 $\boldsymbol{\Lambda} = \mathrm{diag}\{\sigma_1, \cdots, \sigma_N\}$，如果存在满足 $\boldsymbol{E}^{\mathrm{T}}\boldsymbol{P}_1\boldsymbol{E} > 0$、$\boldsymbol{E}^{\mathrm{T}}\boldsymbol{Q}_{1_d}\boldsymbol{E} > 0$、$\boldsymbol{E}^{\mathrm{T}}\boldsymbol{R}_{1_d}\boldsymbol{E} > 0$ 的对称矩阵 $\boldsymbol{P}_1$、$\boldsymbol{R}_{1_d}$、$\boldsymbol{Q}_{1_d}$，正定矩阵 $\boldsymbol{P}_i$、$\boldsymbol{R}_{i_d}$、$\boldsymbol{Q}_{i_d}$, $i = 2,3,\cdots,b$，$d = 1,2$，事件触发加权矩阵 $\boldsymbol{\Phi} > 0$，使得：

$$\boldsymbol{\Gamma}_1 = \begin{bmatrix} \tilde{\boldsymbol{\Omega}}_1 & \tilde{\boldsymbol{\Delta}}_{1_1}^{\mathrm{T}}(\boldsymbol{F}_1 \otimes \boldsymbol{I}_n) & \tilde{\boldsymbol{\Delta}}_{1_2}^{\mathrm{T}}(\boldsymbol{F}_1 \otimes \boldsymbol{I}_n) & \tilde{\boldsymbol{\Pi}}_{1_1}^{\mathrm{T}}(\boldsymbol{I}_{p_1} \otimes \boldsymbol{\Phi}) & \tilde{\boldsymbol{\Pi}}_{1_2}^{\mathrm{T}}(\boldsymbol{I}_{p_1} \otimes \boldsymbol{\Phi}) \\ * & -\boldsymbol{F}_1 \otimes \boldsymbol{I}_n & \boldsymbol{O} & \boldsymbol{O} & \boldsymbol{O} \\ * & * & -\dfrac{1}{\beta(1-\beta)}\boldsymbol{F}_1 \otimes \boldsymbol{I}_n & \boldsymbol{O} & \boldsymbol{O} \\ * & * & * & -\dfrac{1}{\beta}\boldsymbol{\Lambda}_1^{-1} \otimes \boldsymbol{\Phi} & \boldsymbol{O} \\ * & * & * & * & -\dfrac{1}{1-\beta}\boldsymbol{\Lambda}_1^{-1} \otimes \boldsymbol{\Phi} \end{bmatrix} < 0 \tag{4-91}$$

$$\boldsymbol{\Gamma}_i = \begin{bmatrix} \tilde{\boldsymbol{\Omega}}_i & \tilde{\boldsymbol{\Delta}}_{i_1}^{\mathrm{T}}(\boldsymbol{F}_i \otimes \boldsymbol{I}_n) & \tilde{\boldsymbol{\Delta}}_{i_2}^{\mathrm{T}}(\boldsymbol{F}_i \otimes \boldsymbol{I}_n) & \tilde{\boldsymbol{\Pi}}_{i_1}^{\mathrm{T}}(\boldsymbol{I}_{p_i} \otimes \boldsymbol{\Phi}) & \tilde{\boldsymbol{\Pi}}_{i_2}^{\mathrm{T}}(\boldsymbol{I}_{p_i} \otimes \boldsymbol{\Phi}) \\ * & -\boldsymbol{F}_i \otimes \boldsymbol{I}_n & \boldsymbol{O} & \boldsymbol{O} & \boldsymbol{O} \\ * & * & -\dfrac{1}{\beta(1-\beta)}\boldsymbol{F}_i \otimes \boldsymbol{I}_n & \boldsymbol{O} & \boldsymbol{O} \\ * & * & * & -\dfrac{1}{\beta}\boldsymbol{\Lambda}_i^{-1} \otimes \boldsymbol{\Phi} & \boldsymbol{O} \\ * & * & * & * & -\dfrac{1}{1-\beta}\boldsymbol{\Lambda}_i^{-1} \otimes \boldsymbol{\Phi} \end{bmatrix} < 0 \tag{4-92}$$

其中：

$$\tilde{\boldsymbol{\Omega}}_1 = \sum_{j=1}^{5}\tilde{\boldsymbol{\Omega}}_{1_j}, \tilde{\boldsymbol{\Omega}}_i = \sum_{j=1}^{5}\tilde{\boldsymbol{\Omega}}_{i_j}, \tilde{\boldsymbol{\Omega}}_{1_1} = 2\boldsymbol{\varepsilon}_1^{1^{\mathrm{T}}}(\boldsymbol{E}^{\mathrm{T}}\boldsymbol{P}_1 \otimes \boldsymbol{I}_n)\tilde{\boldsymbol{\Delta}}_{1_1}$$

$$\tilde{\boldsymbol{\Omega}}_{1_2} = \boldsymbol{\varepsilon}_1^{1^{\mathrm{T}}}(\boldsymbol{E}^{\mathrm{T}}\boldsymbol{R}_{1_1}\boldsymbol{E} \otimes \boldsymbol{I}_n)\boldsymbol{\varepsilon}_1^1 - \boldsymbol{\varepsilon}_4^{1^{\mathrm{T}}}(\boldsymbol{E}^{\mathrm{T}}(\boldsymbol{R}_{1_1} - \boldsymbol{R}_{1_2})\boldsymbol{E} \otimes \boldsymbol{I}_n)\boldsymbol{\varepsilon}_4^1 - \boldsymbol{\varepsilon}_5^{1^{\mathrm{T}}}(\boldsymbol{E}^{\mathrm{T}}\boldsymbol{R}_{1_2}\boldsymbol{E} \otimes \boldsymbol{I}_n)\boldsymbol{\varepsilon}_5^1$$

$$\tilde{\boldsymbol{\Omega}}_{1_3}=-[\boldsymbol{\varepsilon}_{12}^1,\boldsymbol{\varepsilon}_{24}^1]^{\mathrm{T}}(\boldsymbol{E}^{\mathrm{T}}\boldsymbol{Q}_{1_1}\boldsymbol{E}\otimes\boldsymbol{I}_n)[\boldsymbol{\varepsilon}_{12}^1,\boldsymbol{\varepsilon}_{24}^1]-[\boldsymbol{\varepsilon}_{43}^1,\boldsymbol{\varepsilon}_{35}^1]^{\mathrm{T}}(\boldsymbol{E}^{\mathrm{T}}\boldsymbol{Q}_{1_2}\boldsymbol{E}\otimes\boldsymbol{I}_n)[\boldsymbol{\varepsilon}_{43}^1,\boldsymbol{\varepsilon}_{35}^1]$$

$$\tilde{\boldsymbol{\Omega}}_{1_5}=-\beta[\boldsymbol{\varepsilon}_6^{1^{\mathrm{T}}}(\boldsymbol{I}_{p_1}\otimes\boldsymbol{\Phi})\boldsymbol{\varepsilon}_6^1+\boldsymbol{\varepsilon}_8^{1^{\mathrm{T}}}(\boldsymbol{I}_{p_1}\otimes\boldsymbol{\Phi})\boldsymbol{\varepsilon}_8^1]-(1-\beta)[\boldsymbol{\varepsilon}_7^{1^{\mathrm{T}}}(\boldsymbol{I}_{p_1}\otimes\boldsymbol{\Phi})\boldsymbol{\varepsilon}_7^1+\boldsymbol{\varepsilon}_9^{1^{\mathrm{T}}}(\boldsymbol{I}_{p_1}\otimes\boldsymbol{\Phi})\boldsymbol{\varepsilon}_9^1]$$

$$\tilde{\boldsymbol{\Omega}}_{1_4}=\eta^2\boldsymbol{\varepsilon}_1^{1^{\mathrm{T}}}(\boldsymbol{E}^{\mathrm{T}}\boldsymbol{E}\otimes\boldsymbol{I}_n)\boldsymbol{\varepsilon}_1^1-\boldsymbol{\varepsilon}_{10}^{1^{\mathrm{T}}}\boldsymbol{\varepsilon}_{10}^1,\tilde{\boldsymbol{\Omega}}_{i_1}=2\boldsymbol{\varepsilon}_1^{i^{\mathrm{T}}}(\boldsymbol{P}_i\otimes\boldsymbol{I}_n)\tilde{\boldsymbol{\Delta}}_{i_1},\tilde{\boldsymbol{\Omega}}_{i_4}=\eta^2\boldsymbol{\varepsilon}_1^{i^{\mathrm{T}}}\boldsymbol{\varepsilon}_1^i-\boldsymbol{\varepsilon}_{10}^{i^{\mathrm{T}}}\boldsymbol{\varepsilon}_{10}^i$$

$$\tilde{\boldsymbol{\Omega}}_{i_2}=\boldsymbol{\varepsilon}_1^{i^{\mathrm{T}}}(\boldsymbol{R}_{i_1}\otimes\boldsymbol{I}_n)\boldsymbol{\varepsilon}_1^i-\boldsymbol{\varepsilon}_4^{i^{\mathrm{T}}}((\boldsymbol{R}_{i_1}-\boldsymbol{R}_{i_2})\otimes\boldsymbol{I}_n)\boldsymbol{\varepsilon}_4^i-\boldsymbol{\varepsilon}_5^{i^{\mathrm{T}}}(\boldsymbol{R}_{i_2}\otimes\boldsymbol{I}_n)\boldsymbol{\varepsilon}_5^i$$

$$\tilde{\boldsymbol{\Omega}}_{i_3}=-[\boldsymbol{\varepsilon}_{12}^i,\boldsymbol{\varepsilon}_{24}^i]^{\mathrm{T}}(\boldsymbol{Q}_{i_1}\otimes\boldsymbol{I}_n)[\boldsymbol{\varepsilon}_{12}^i,\boldsymbol{\varepsilon}_{24}^i]-[\boldsymbol{\varepsilon}_{43}^i,\boldsymbol{\varepsilon}_{35}^i]^{\mathrm{T}}(\boldsymbol{Q}_{i_2}\otimes\boldsymbol{I}_n)[\boldsymbol{\varepsilon}_{43}^i,\boldsymbol{\varepsilon}_{35}^i]$$

$$\tilde{\boldsymbol{\Omega}}_{i_5}=-\beta[\boldsymbol{\varepsilon}_6^{i^{\mathrm{T}}}(\boldsymbol{I}_{p_i}\otimes\boldsymbol{\Phi})\boldsymbol{\varepsilon}_6^i+\boldsymbol{\varepsilon}_8^{i^{\mathrm{T}}}(\boldsymbol{I}_{p_i}\otimes\boldsymbol{\Phi})\boldsymbol{\varepsilon}_8^i]-(1-\beta)[\boldsymbol{\varepsilon}_7^{i^{\mathrm{T}}}(\boldsymbol{I}_{p_i}\otimes\boldsymbol{\Phi})\boldsymbol{\varepsilon}_7^i+\boldsymbol{\varepsilon}_9^{i^{\mathrm{T}}}(\boldsymbol{I}_{p_i}\otimes\boldsymbol{\Phi})\boldsymbol{\varepsilon}_9^i]$$

$$\begin{aligned}\tilde{\boldsymbol{\Delta}}_{1_1}=&-c\beta[(\bar{\boldsymbol{L}}_{11}\boldsymbol{E}\otimes\boldsymbol{I}_n)\boldsymbol{\varepsilon}_2^1+(\bar{\boldsymbol{L}}_{11}\otimes\boldsymbol{I}_n)\boldsymbol{\varepsilon}_6^1-(\boldsymbol{M}\otimes\boldsymbol{I}_n)\boldsymbol{\varepsilon}_8^1]-c(1-\beta)[(\bar{\boldsymbol{L}}_{11}\boldsymbol{E}\otimes\boldsymbol{I}_n)\boldsymbol{\varepsilon}_3^1\\&+(\bar{\boldsymbol{L}}_{11}\otimes\boldsymbol{I}_n)\boldsymbol{\varepsilon}_7^1-(\boldsymbol{M}\otimes\boldsymbol{I}_n)\boldsymbol{\varepsilon}_9^1]+(\boldsymbol{M}\otimes\boldsymbol{I}_n)\boldsymbol{\varepsilon}_{10}^1\end{aligned}$$

$$\tilde{\boldsymbol{\Delta}}_{i_1}=-c\beta[(\bar{\boldsymbol{L}}_{ii}\otimes\boldsymbol{I}_n)\boldsymbol{\varepsilon}_2^i+(\bar{\boldsymbol{L}}_{ii}\otimes\boldsymbol{I}_n)\boldsymbol{\varepsilon}_6^i-\boldsymbol{\varepsilon}_8^i]-c(1-\beta)[(\bar{\boldsymbol{L}}_{ii}\otimes\boldsymbol{I}_n)\boldsymbol{\varepsilon}_3^i+(\bar{\boldsymbol{L}}_{ii}\otimes\boldsymbol{I}_n)\boldsymbol{\varepsilon}_7^i-\boldsymbol{\varepsilon}_9^i]+\boldsymbol{\varepsilon}_{10}^i$$

$$\tilde{\boldsymbol{\Delta}}_{1_2}=c(\bar{\boldsymbol{L}}_{11}\boldsymbol{E}\otimes\boldsymbol{I}_n)\boldsymbol{\varepsilon}_{23}^1+c(\bar{\boldsymbol{L}}_{11}\otimes\boldsymbol{I}_n)\boldsymbol{\varepsilon}_{67}^1-c(\boldsymbol{M}\otimes\boldsymbol{I}_n)\boldsymbol{\varepsilon}_{89}^1$$

$$\tilde{\boldsymbol{\Delta}}_{i_2}=c(\bar{\boldsymbol{L}}_{ii}\otimes\boldsymbol{I}_n)\boldsymbol{\varepsilon}_{23}^i+c(\bar{\boldsymbol{L}}_{ii}\otimes\boldsymbol{I}_n)\boldsymbol{\varepsilon}_{67}^i-c\boldsymbol{\varepsilon}_{89}^i,\tilde{\boldsymbol{\Pi}}_{1_l}=(\bar{\boldsymbol{L}}_{11}\boldsymbol{E}\otimes\boldsymbol{I}_n)\boldsymbol{\varepsilon}_{l+1}^1+(\bar{\boldsymbol{L}}_{11}\otimes\boldsymbol{I}_n)\boldsymbol{\varepsilon}_{l+5}^1-\boldsymbol{\varepsilon}_{l+7}^1$$

$$\tilde{\boldsymbol{\Pi}}_{i_l}=(\bar{\boldsymbol{L}}_{ii}\otimes\boldsymbol{I}_n)\boldsymbol{\varepsilon}_{l+1}^i+(\bar{\boldsymbol{L}}_{ii}\otimes\boldsymbol{I}_n)\boldsymbol{\varepsilon}_{l+5}^i-\boldsymbol{\varepsilon}_{l+7}^i,l=1,2,\boldsymbol{F}_1=h_1^2\boldsymbol{Q}_{1_1}+(h_2-h_1)^2\boldsymbol{Q}_{1_2}$$

$$\boldsymbol{F}_i=h_1^2\boldsymbol{Q}_{i_1}+(h_2-h_1)^2\boldsymbol{Q}_{i_2},\boldsymbol{E}=\begin{bmatrix}\boldsymbol{I}_{p_1-1}\\-\dfrac{\tilde{\boldsymbol{\xi}}_1^{\mathrm{T}}}{\xi_{1p_1}}\end{bmatrix}\in\mathbb{R}^{p_1\times p_1-1},\tilde{\boldsymbol{\xi}}_1=[\xi_{1_1},\cdots,\xi_{1p_1-1}]^{\mathrm{T}}\in\mathbb{R}^{p_1-1}$$

其中，$\boldsymbol{\varepsilon}_k^j$ 是一个包含 10 个对角矩阵块的块矩阵，且第 $k,(k=1,2,\cdots,10)$ 个矩阵块是单位矩阵 $\boldsymbol{I}_{p_jn},j=1,2,\cdots,b$，即 $\boldsymbol{\varepsilon}_1^j=[\boldsymbol{I}_{p_jn},\boldsymbol{O},\boldsymbol{O},\boldsymbol{O},\boldsymbol{O},\boldsymbol{O},\boldsymbol{O},\boldsymbol{O},\boldsymbol{O},\boldsymbol{O}]\in\mathbb{R}^{p_jn\times10p_jn},\boldsymbol{O}\in\mathbb{R}^{p_jn\times p_jn}$，此外，$\boldsymbol{\varepsilon}_{km}^j=\boldsymbol{\varepsilon}_k^j-\boldsymbol{\varepsilon}_m^j$，则系统 (4-1) 在随机采样事件触发机制 (4-50) 下可以达到均方指数一致。

证明：

由定理 4.3.1 可知，第一个强连通子系统在条件 (4-91) 下可以达到一致。针对其他子系统，设计如下 Lyapunov-Krasovskii 泛函：

$$\begin{aligned}\boldsymbol{V}_i(t,\bar{\boldsymbol{z}}_t)=&\bar{\boldsymbol{z}}^{\mathrm{T}}(t)(\boldsymbol{P}_i\otimes\boldsymbol{I}_n)\bar{\boldsymbol{z}}(t)+\int_{t-h_1}^{t}\bar{\boldsymbol{z}}^{\mathrm{T}}(s)(\boldsymbol{R}_{i1}\otimes\boldsymbol{I}_n)\bar{\boldsymbol{z}}(s)\mathrm{d}s\\&+\int_{t-h_2}^{t-h_1}\bar{\boldsymbol{z}}^{\mathrm{T}}(s)(\boldsymbol{R}_{i_2}\otimes\boldsymbol{I}_n)\bar{\boldsymbol{z}}(s)\mathrm{d}s\\&+h_1\int_{-h_1}^{0}\int_{t+\theta}^{t}\bar{\boldsymbol{w}}^{\mathrm{T}}(s)(\boldsymbol{Q}_{i_1}\otimes\boldsymbol{I}_n)\bar{\boldsymbol{w}}(s)+\boldsymbol{\rho}^{\mathrm{T}}(s)(\boldsymbol{Q}_{i_1}\otimes\boldsymbol{I}_n)\boldsymbol{\rho}(s)\mathrm{d}s\mathrm{d}\theta\\&+(h_2-h_1)\int_{-h_2}^{-h_1}\int_{t+\theta}^{t}\bar{\boldsymbol{w}}^{\mathrm{T}}(s)(\boldsymbol{Q}_{i_2}\otimes\boldsymbol{I}_n)\bar{\boldsymbol{w}}(s)+\boldsymbol{\rho}^{\mathrm{T}}(s)(\boldsymbol{Q}_{i_2}\otimes\boldsymbol{I}_n)\boldsymbol{\rho}(s)\mathrm{d}s\mathrm{d}\theta\end{aligned}\tag{4-93}$$

其中：

$$
\begin{aligned}
\bar{\boldsymbol{w}}(t)=&\boldsymbol{F}(\boldsymbol{z}(t),t)-c\beta[(\bar{\boldsymbol{L}}_{ii}\otimes\boldsymbol{I}_n)(\bar{\boldsymbol{z}}(t-\tau_1(t))+\bar{\boldsymbol{e}}(t-\tau_1(t)))-\bar{\boldsymbol{E}}(t-\tau_1(t))]\\
&-c(1-\beta)[(\bar{\boldsymbol{L}}_{ii}\otimes\boldsymbol{I}_n)(\bar{\boldsymbol{z}}(t-\tau_2(t))+\bar{\boldsymbol{e}}(t-\tau_2(t)))-\bar{\boldsymbol{E}}(t-\tau_2(t))]\\
\boldsymbol{\rho}(t)=&c\sqrt{\beta(1-\beta)}\big[(\bar{\boldsymbol{L}}_{ii}\otimes\boldsymbol{I}_n)[(\bar{\boldsymbol{z}}(t-\tau_1(t))-\bar{\boldsymbol{z}}(t-\tau_2(t)))+(\bar{\boldsymbol{e}}(t-\tau_1(t))\\
&-\bar{\boldsymbol{e}}(t-\tau_2(t)))]-(\bar{\boldsymbol{E}}(t-\tau_1(t))-\bar{\boldsymbol{E}}(t-\tau_2(t)))\big]
\end{aligned}
$$

对除第一个强连通子系统外的其他子系统定义的同步误差向量式 (4-90) 不是线性相关的，因此引理 4.2.2 不再适用，根据定理 4.3.1 的证明过程，易得条件 (4-92)，在此不再赘述。证毕。

根据定理 4.3.2，第一个子系统中的智能体可以看作整个系统的领导者，其他子系统可以看作跟随者，如果第一个子系统达到了一致，那么其他子系统将渐近收敛到第一个子系统。

4.3.4 数值仿真

例 4.3.1 随机采样事件触发控制验证

考虑一个包含 6 个智能体的系统，其网络拓扑结构如图 4-8 所示。

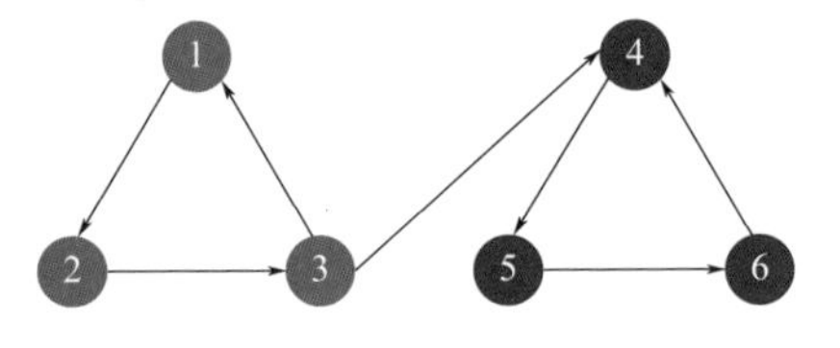

图 4-8 网络拓扑图

智能体 1、2、3 属于第一个强连通子系统，智能体 4、5、6 属于第二个强连通子系统，其拉普拉斯矩阵满足 Frobenius 形式：

$$
\boldsymbol{L}=\begin{bmatrix}4&0&-4&0&0&0\\-2&2&0&0&0&0\\0&-2.5&2.5&0&0&0\\0&0&-3.5&4.5&0&-1\\0&0&0&-1.5&1.5&0\\0&0&0&0&-2&2\end{bmatrix}\tag{4-94}
$$

经过简单计算可知第一个子系统的 $\boldsymbol{\xi}_1=[0.2174,0.4348,0.3478]^{\mathrm{T}}$ 。假设智能体的动力学方程为：

$$\begin{cases}\dfrac{\mathrm{d}x_{i1}}{\mathrm{d}t}=-a(x_{i2}(t)-\sin x_{i1}(t)-0.5\sin x_{i2}(t))\\ \dfrac{\mathrm{d}x_{i2}}{\mathrm{d}t}=a(x_{i1}(t)+0.5\sin x_{i1}(t)+\sin x_{i2}(t))\end{cases} \tag{4-95}$$

其中，$a=1/2$ 。

选取耦合强度为 $c=1$，随机采样周期 $h_1=0.01$，$h_2=0.02$，选择采样周期 $h=h_1$ 的概率为 $\rho=0.6$，意味着有 0.4 的概率选择采样周期 $h=h_2$。经过计算，$\mathrm{Prob}\{0\leqslant\tau(t)<h_1\}=\beta_1=0.8$，$\mathrm{Prob}\{h_1\leqslant\tau(t)<h_2\}=0.2$ 。选择事件触发参数 $\boldsymbol{\Lambda}_1=\mathrm{diag}\{0.02,0.01,0.03\}$，$\boldsymbol{\Lambda}_2=\mathrm{diag}\{0.02,0.03,0.02\}$ 。

根据定理 4.3.2，使用 Matlab 的 LMI 工具箱求解式 (4-91) 和式 (4-92) 可得 $t_{\mathrm{mins}}=-4.2\times10^{-4}$，事件触发加权矩阵：

$$\boldsymbol{\Phi}=\begin{bmatrix}9.8164 & 0\\ 0 & 9.8164\end{bmatrix}$$

并且有：

$$\boldsymbol{E}^{\mathrm{T}}\boldsymbol{P}_1\boldsymbol{E}=\begin{bmatrix}1.9066 & 1.2463\\ 1.3463 & 3.2212\end{bmatrix},\boldsymbol{E}^{\mathrm{T}}\boldsymbol{Q}_{1_1}\boldsymbol{E}=\begin{bmatrix}28.6108 & 14.2332\\ 14.2332 & 42.9180\end{bmatrix}$$

$$\boldsymbol{E}^{\mathrm{T}}\boldsymbol{Q}_{1_2}\boldsymbol{E}=\begin{bmatrix}18.5251 & 10.2272\\ 10.2272 & 32.8860\end{bmatrix},\boldsymbol{E}^{\mathrm{T}}\boldsymbol{R}_{1_1}\boldsymbol{E}=\begin{bmatrix}2.8372 & 1.2305\\ 1.2305 & 4.0363\end{bmatrix}$$

$$\boldsymbol{E}^{\mathrm{T}}\boldsymbol{R}_{1_2}\boldsymbol{E}=\begin{bmatrix}4.0256 & 1.9073\\ 1.9073 & 5.7516\end{bmatrix}$$

满足 $\boldsymbol{E}^{\mathrm{T}}\boldsymbol{P}_1\boldsymbol{E}>0,\boldsymbol{E}^{\mathrm{T}}\boldsymbol{Q}_{1_1}\boldsymbol{E}>0,\boldsymbol{E}^{\mathrm{T}}\boldsymbol{Q}_{1_2}\boldsymbol{E}>0,\boldsymbol{E}^{\mathrm{T}}\boldsymbol{R}_{1_1}\boldsymbol{E}>0,\boldsymbol{E}^{\mathrm{T}}\boldsymbol{R}_{1_2}\boldsymbol{E}>0$ 。

图 4-9 展示了 6 个智能体在随机采样事件触发机制下的状态响应曲线，其初始条件为 $x_1(0)=[1.5,-3]^{\mathrm{T}}$，$x_2(0)=[2,-3.5]^{\mathrm{T}}$，$x_3(0)=[2,-3.2]^{\mathrm{T}}$，$x_4(0)=[-2.3,2.6]^{\mathrm{T}}$，$x_5(0)=[-2,-4.7]^{\mathrm{T}}$，$x_6(0)=[3.5,-2.5]^{\mathrm{T}}$。由图 4-9 可看出多智能体系统在此机制下可以达到一致，并且第一个强连通子系统内的智能体先达到一致，然后第二个子系统内的智能体再达到渐近一致。图 4-10 具体展示了第一个和第二个子系统的误差范数 $\|\boldsymbol{z}(t)\|$ 和 $\|\bar{\boldsymbol{z}}(t)\|$ 的演化曲线，可以清楚地看到第一个子系统的误差大约在 $t=0.6\mathrm{s}$ 时衰减为 0，第二个子系统在 $t=6.8\mathrm{s}$ 时衰减为 0。

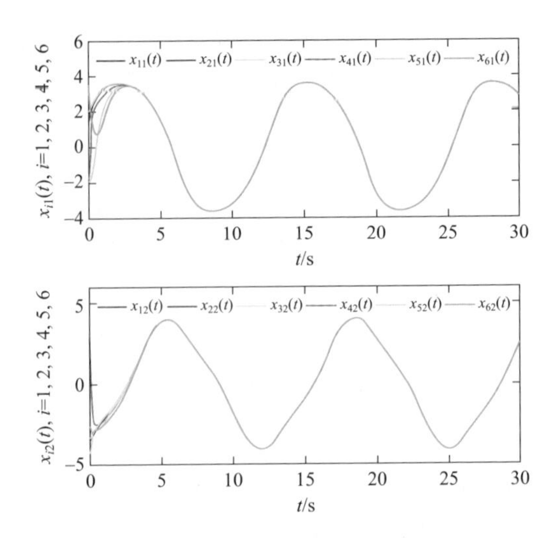

图 4-9　事件触发控制协议 (4-53) 下的状态响应曲线

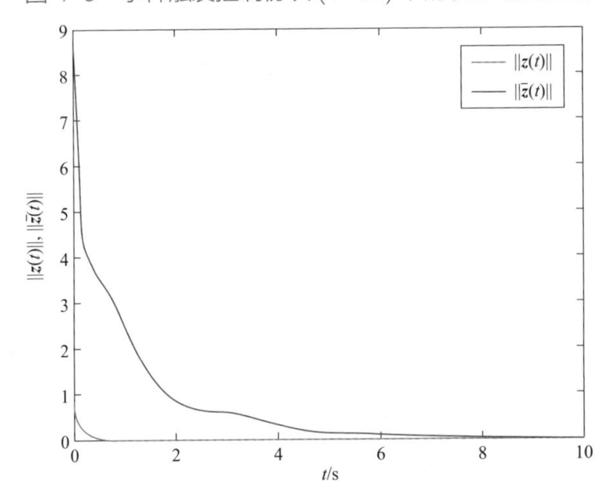

图 4-10　事件触发控制协议 (4-53) 下第一个和第二个强连通子系统误差信号的演化曲线

为了验证随机采样机制和事件触发机制的有效性，考虑时间区间 $[0,2\text{s})$ 内，多智能体系统各自事件触发时间序列如图 4-11 所示，随机采样周期的选取服从概率为 0.6 和 0.4 的伯努利分布。图 4-11 还展示了在 $[0,2\text{s})$ 内事件触发间隔的时序图，智能体 1、2、3 分别只有 69、30、33 次事件发生。

考虑例 4.2.1 中定义的平均通信率指标 J。在上述仿真中，$d=148$，$J=87.3\%$，意味着与时间驱动机制相比，事件触发机制减少了 12.7% 的数据传输。图 4-12 展示了 6 个智能体控制信号 $u_{i1}(t), i=1,2,3,4,5,6$ 的

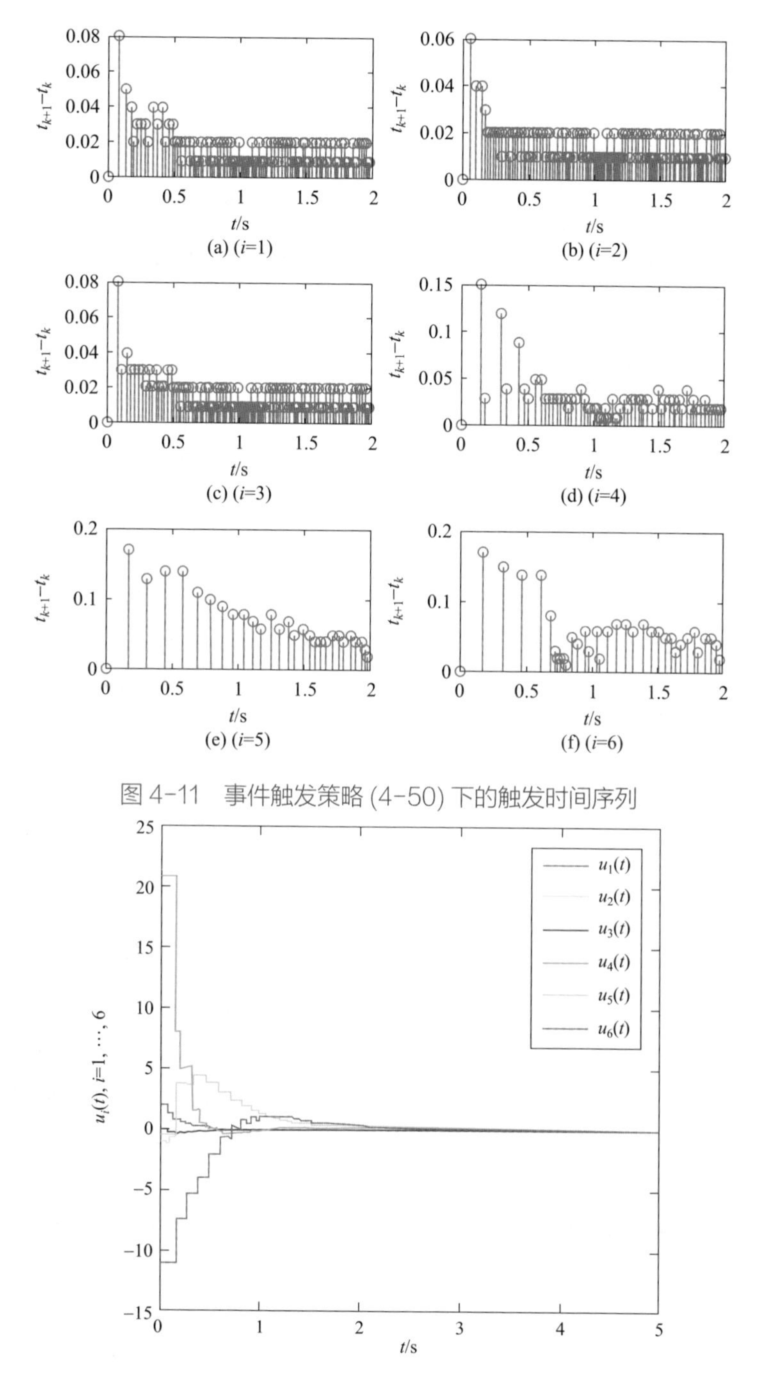

图 4-11　事件触发策略 (4-50) 下的触发时间序列

图 4-12　事件触发控制协议 (4-53) 下控制信号的演化曲线

演化图，每个智能体仅在自己的事件触发时刻发生控制更新，极大地减少了控制信号的更新频率与计算量。

4.4 基于组合测量事件触发机制的耦合神经网络的一致性

4.4.1 模型描述

考虑包含N个神经网络节点的耦合系统，第i个节点的动力学方程为：

$$\dot{\boldsymbol{x}}_i(t) = -\boldsymbol{C}\boldsymbol{x}_i(t) + \boldsymbol{A}\boldsymbol{f}(\boldsymbol{x}_i(t)) + \boldsymbol{B}\boldsymbol{g}(\boldsymbol{x}_i(t-\tau)) + \boldsymbol{u}_i(t),\ i = 1,2,\cdots,N \tag{4-96}$$

其中，$\boldsymbol{x}_i(t) \in \mathbb{R}^n$ 和 $\boldsymbol{u}_i(t) \in \mathbb{R}^n$ 分别是第i个节点的状态向量和控制输入；$\boldsymbol{A} \in \mathbb{R}^{n\times n}$ 和 $\boldsymbol{B} \in \mathbb{R}^{n\times n}$ 分别表示t时刻和$t-\tau$时刻单个神经网络中各神经元之间的连接权矩阵；$\boldsymbol{C} = \mathrm{diag}(c_1, c_2, \cdots, c_n) > 0$ 表示神经元的自反馈；$\boldsymbol{f}(\boldsymbol{x}_i(t)) = (\boldsymbol{f}_1(x_i(t)), \boldsymbol{f}_2(x_i(t)), \cdots, \boldsymbol{f}_n(x_i(t)))^{\mathrm{T}} \in \mathbb{R}^n$ 为激活函数；$\boldsymbol{g}(\boldsymbol{x}_i(t-\tau)) = (g_1(x_i(t-\tau)), g_2(x_i(t-\tau)), \cdots, g_n(x_i(t-\tau)))^{\mathrm{T}} \in \mathbb{R}^n$ 是其内部带延时的激活函数。网络拓扑与4.2节相同，满足假设4.2.2。

假设 4.4.1

假设存在非负常数ρ_1, ρ_2，使得对于任意$x_1, x_2 \in \mathbb{R}^n, t \geqslant 0$，非线性函数$\boldsymbol{f}(\boldsymbol{x}(t))$和$\boldsymbol{g}(\boldsymbol{x}(t-\tau))$满足如下Lipschitz条件：

$$\|\boldsymbol{f}(\boldsymbol{x}_1(t)) - \boldsymbol{f}(\boldsymbol{x}_2(t))\| \leqslant \rho_1 \|\boldsymbol{x}_1(t) - \boldsymbol{x}_2(t)\| \tag{4-97}$$

$$\|\boldsymbol{g}(\boldsymbol{x}_1(t-\tau)) - \boldsymbol{g}(\boldsymbol{x}_2(t-\tau))\| \leqslant \rho_2 \|\boldsymbol{x}_1(t-\tau) - \boldsymbol{x}_2(t-\tau)\| \tag{4-98}$$

本节将设计一个基于组合状态采样信息的事件触发控制，使得耦合神经网络系统(4-96)与定义4.2.1所述一致。

4.4.2 基于组合测量的固定周期采样事件触发控制协议设计

下面介绍基于组合测量的固定周期采样事件触发通信机制。对于每个节点，假设有一个周期采样器每隔一定的周期 $h(h>0)$ 获取与其相邻节点间的相对组合测量误差数据，用作事件触发的判断。如果在采样时

刻 $kh, k \in \mathbb{N}$ 满足了事件触发条件，则触发事件，并使用此时获取的与邻居节点的相对误差数据更新自身控制策略。

采样时间序列为 $\{0, h, 2h, 3h, \cdots\} = \{kh, k \in \mathbb{N}\}$，第 i 个节点的事件触发时间序列为 $\{t_0^i, t_1^i, t_2^i, \cdots\} = \{t_r^i, r \in \mathbb{N}\}$，假设节点 i 的第 r 次事件发生在 t_r^i 时刻，那么下一个触发时刻 t_{r+1}^i 由如下事件触发条件决定：

$$t_{r+1}^i = t_r^i + \min_{l \geq 1}\{lh : \boldsymbol{e}_i^{\mathrm{T}}(t_r^i + lh)\boldsymbol{\Phi}\boldsymbol{e}_i(t_r^i + lh) > \sigma_i \boldsymbol{q}_i^{\mathrm{T}}(t_r^i)\boldsymbol{\Phi}\boldsymbol{q}_i(t_r^i)\} \tag{4-99}$$

其中，$l \in \mathbb{N}$；$\sigma_i > 0$ 是事件触发阈值参数；$\boldsymbol{\Phi} > 0$ 是事件触发加权矩阵；$\boldsymbol{e}_i(t_r^i + lh)$ 是节点 i 在每个采样时刻的测量误差，其定义为：

$$\boldsymbol{e}_i(t_r^i + lh) = \boldsymbol{q}_i(t_r^i) - \boldsymbol{q}_i(t_r^i + lh) \tag{4-100}$$

在每个采样时刻，节点 i 与邻居节点的相对组合测量误差为：

$$\boldsymbol{q}_i(kh) = \sum_{j \in \mathcal{N}_i} w_{ij}(\boldsymbol{x}_j(kh) - \boldsymbol{x}_i(kh)) \tag{4-101}$$

因此 $\boldsymbol{q}_i(t_r^i)$ 是节点 i 与邻居节点在事件触发时刻 t_r^i 的相对状态误差，$\boldsymbol{q}_i(t_r^i + lh)$ 是在事件时刻 t_r^i 之后的每一个采样时刻的相对状态误差。

从事件触发条件 (4-99) 中可以看出，下一个事件的发生与测量误差 $\boldsymbol{e}_i(t_r^i + lh)$ 和事件触发时刻的组合测量误差 $\boldsymbol{q}_i(t_r^i)$ 有关，间接由每个采样时刻的组合测量误差 $\boldsymbol{q}_i(t_r^i + lh)$ 决定。一旦满足条件 (4-99)，那么相对组合测量误差 $\boldsymbol{q}_i(t_{r+1}^i)$ 被存储传送用作控制器的更新。

设计基于组合测量数据的分布式控制协议：

$$\boldsymbol{u}_i(t) = \alpha \boldsymbol{q}_i(t_r^i) = \alpha \sum_{j \in \mathcal{N}_i} w_{ij}(\boldsymbol{x}_j(t_r^i) - \boldsymbol{x}_i(t_r^i)) \tag{4-102}$$

其中，α 为耦合强度。可以看出控制器 $\boldsymbol{u}_i$ 仅在事件触发时刻发生更新。

引理 4.4.1

根据事件触发条件 (4-99)，对于任意 $k \in \mathbb{N}$，下述不等式成立：

$$\boldsymbol{e}_i^{\mathrm{T}}(kh)\boldsymbol{\Phi}\boldsymbol{e}_i(kh) \leqslant \sigma_i \boldsymbol{q}_i^{\mathrm{T}}(t_{r(k)}^i)\boldsymbol{\Phi}\boldsymbol{q}_i(t_{r(k)}^i) \tag{4-103}$$

其中，$r(k) = \arg\min_r\{kh - t_r^i \mid kh \geqslant t_r^i, r \in \mathbb{N}\}$。

证明：

考虑两个连续的事件触发时间内 $[t_r^i, t_{r+1}^i)$，假设 $t_r^i \leqslant kh < t_{r+1}^i$，当 $kh = t_r^i$ 时，$\boldsymbol{e}_i(kh) = 0$，$\sigma_i \boldsymbol{q}_i^{\mathrm{T}}(t_r^i)\boldsymbol{\Phi}\boldsymbol{q}_i(t_r^i) \geqslant 0$；当 $t_r^i < kh < t_{r+1}^i$，通过事件

触发条件 (4-99) 可知 $\boldsymbol{e}_i^{\mathrm{T}}(kh)\boldsymbol{\Phi}\boldsymbol{e}_i(kh) \leqslant \sigma_i \boldsymbol{q}_i^{\mathrm{T}}(t_r^i)\boldsymbol{\Phi}\boldsymbol{q}_i(t_r^i)$。因此在任意采样时刻 kh，不等式 (4-103) 成立。证毕。

4.4.3 基于组合测量事件触发机制的一致性分析：强连通网络

假设 $[t_r^i, t_{r+1}^i) = \bigcup_{k=\frac{t_r^i}{h}}^{\frac{t_{r+1}^i}{h}} [kh,(k+1)h), k \in \mathbb{N}$，考虑两个采样间隔 $[kh,(k+1)h)$，测量误差为：

$$\boldsymbol{e}_i(kh) = \boldsymbol{q}_i(t_r^i) - \boldsymbol{q}_i(kh), t_r^i \leqslant kh < t_{r+1}^i \tag{4-104}$$

根据控制器 (4-102) 和测量误差 (4-104)，耦合神经网络系统 (4-96) 可转化为：

$$\begin{aligned}\dot{\boldsymbol{x}}_i(t) &= -\boldsymbol{C}\boldsymbol{x}_i(t) + \boldsymbol{A}\boldsymbol{f}(\boldsymbol{x}_i(t)) + \boldsymbol{B}\boldsymbol{g}(\boldsymbol{x}_i(t-\tau)) + \alpha \boldsymbol{q}_i(t_r^i) \\ &= -\boldsymbol{C}\boldsymbol{x}_i(t) + \boldsymbol{A}\boldsymbol{f}(\boldsymbol{x}_i(t)) + \boldsymbol{B}\boldsymbol{g}(\boldsymbol{x}_i(t-\tau)) + \alpha(\boldsymbol{e}_i(kh) + \boldsymbol{q}_i(kh)) \\ &= -\boldsymbol{C}\boldsymbol{x}_i(t) + \boldsymbol{A}\boldsymbol{f}(\boldsymbol{x}_i(t)) + \boldsymbol{B}\boldsymbol{g}(\boldsymbol{x}_i(t-\tau)) + \alpha \boldsymbol{e}_i(kh) - \alpha \sum_{j=1}^{N} l_{ij} \boldsymbol{x}_j(kh)\end{aligned} \tag{4-105}$$

与 4.2.3 节类似，定义虚拟领导者 $\boldsymbol{x}_0(t) = \sum_{j=1}^{N} \xi_j \boldsymbol{x}_j(t)$，其中 $\boldsymbol{\xi} = (\xi_1, \xi_2, \cdots, \xi_N)^{\mathrm{T}}$ 是拉普拉斯矩阵 $\boldsymbol{L}$ 关于 0 特征值的非负左特征向量，且满足 $\sum_{j=1}^{N} \xi_j = 1$。定义误差信号 $\boldsymbol{z}_i(t) = \boldsymbol{x}_i(t) - \boldsymbol{x}_0(t)$，对于 $t \in [kh,(k+1)h), k \in \mathbb{N}$，可得误差系统：

$$\begin{aligned}\dot{\boldsymbol{z}}_i(t) = &-\boldsymbol{C}\boldsymbol{x}_i(t) + \boldsymbol{C}\sum_{j=1}^{N} \xi_j \boldsymbol{x}_j(t) + \boldsymbol{A}\boldsymbol{f}(\boldsymbol{x}_i(t)) - \boldsymbol{A}\sum_{j=1}^{N} \xi_j \boldsymbol{f}(\boldsymbol{x}_j(t)) + \boldsymbol{B}\boldsymbol{g}(\boldsymbol{x}_i(t-\tau)) \\ &- \boldsymbol{B}\sum_{j=1}^{N} \xi_j \boldsymbol{g}(\boldsymbol{x}_j(t-\tau)) - \alpha \sum_{j=1}^{N} l_{ij} \boldsymbol{z}_j(kh) + \alpha \boldsymbol{e}_i(kh) - \alpha \sum_{j=1}^{N} \xi_j \boldsymbol{e}_j(kh)\end{aligned} \tag{4-106}$$

定义 $d_k(t) = t - kh, t \in [kh,(k+1)h)$，则 $0 \leqslant d_k(t) < h$。于是式 (4-106) 可转化为矩阵表达形式：

$$\begin{aligned}\dot{\boldsymbol{z}}(t) = &-(\boldsymbol{I}_N \otimes \boldsymbol{C})\boldsymbol{z}(t) + (\boldsymbol{M} \otimes \boldsymbol{A})\boldsymbol{F}(\boldsymbol{z}(t)) + (\boldsymbol{M} \otimes \boldsymbol{B})\boldsymbol{G}(\boldsymbol{z}(t-\tau)) \\ &- \alpha(\boldsymbol{L} \otimes \boldsymbol{I}_n)\boldsymbol{z}(t - d_k(t)) + \alpha(\boldsymbol{M} \otimes \boldsymbol{I}_n)\boldsymbol{e}(t - d_k(t))\end{aligned} \tag{4-107}$$

其中：

$$
\begin{aligned}
&\boldsymbol{M}=\boldsymbol{I}_N-\boldsymbol{1}_N\boldsymbol{\xi}^{\mathrm{T}},\ \boldsymbol{F}(z(t))=\hat{\boldsymbol{f}}(\boldsymbol{x}(t))-\boldsymbol{1}_N\otimes \boldsymbol{f}(\boldsymbol{x}_0(t))\\
&\hat{\boldsymbol{f}}(\boldsymbol{x}(t))=(\boldsymbol{f}^{\mathrm{T}}(\boldsymbol{x}_1(t)),\cdots,\boldsymbol{f}^{\mathrm{T}}(\boldsymbol{x}_N(t)))^{\mathrm{T}}\\
&\boldsymbol{G}(z(t-\tau))=\hat{\boldsymbol{g}}(\boldsymbol{x}(t-\tau))-\boldsymbol{1}_N\otimes \boldsymbol{g}(\boldsymbol{x}_0(t-\tau))\\
&\hat{\boldsymbol{g}}(\boldsymbol{x}(t-\tau))=(\boldsymbol{g}^{\mathrm{T}}(\boldsymbol{x}_1(t-\tau)),\cdots,\boldsymbol{g}^{\mathrm{T}}(\boldsymbol{x}_N(t-\tau)))^{\mathrm{T}}
\end{aligned}
$$

综上，基于输入延时方法，耦合神经网络的一致性问题转化为带时变延时的误差系统 (4-107) 的稳定性问题。

定理 4.4.1

在假设4.2.2和假设4.4.1下，给定采样周期$h(h>0)$，事件触发阈值参数矩阵$\boldsymbol{\Lambda}=\mathrm{diag}\{\sigma_1,\sigma_2,\cdots,\sigma_N\}$，如果存在对称正定矩阵$\boldsymbol{P}$、$\boldsymbol{R}$、$\boldsymbol{Q}\in\mathbb{R}^{N\times N}$，事件触发加权矩阵$\boldsymbol{\Phi}>0$，使得：

$$
\boldsymbol{\Omega}=\begin{pmatrix}
(1,1) & \boldsymbol{O} & (1,3) & \boldsymbol{O} & (1,5) & (1,6) & (1,7) & (1,8)\\
* & (2,2) & \boldsymbol{O} & \boldsymbol{O} & \boldsymbol{O} & \boldsymbol{O} & \boldsymbol{O} & \boldsymbol{O}\\
* & * & (3,3) & (3,4) & \boldsymbol{O} & \boldsymbol{O} & (3,7) & (3,8)\\
* & * & * & (4,4) & \boldsymbol{O} & \boldsymbol{O} & \boldsymbol{O} & \boldsymbol{O}\\
* & * & * & * & (5,5) & \boldsymbol{O} & \boldsymbol{O} & (5,8)\\
* & * & * & * & * & (6,6) & \boldsymbol{O} & (6,8)\\
* & * & * & * & * & * & (7,7) & (7,8)\\
* & * & * & * & * & * & * & (8,8)
\end{pmatrix}<0 \tag{4-108}
$$

其中：

$$
\begin{aligned}
&(1,1)=\boldsymbol{E}^{\mathrm{T}}\boldsymbol{\Xi}\boldsymbol{E}\otimes(-\boldsymbol{PC}-\boldsymbol{C}^{\mathrm{T}}\boldsymbol{P}-\boldsymbol{Q}+\boldsymbol{R}+\rho_1^2\boldsymbol{I}_n),(1,3)=-\alpha\boldsymbol{E}^{\mathrm{T}}\boldsymbol{\Xi}\boldsymbol{L}\boldsymbol{E}\otimes\boldsymbol{P}+\boldsymbol{E}^{\mathrm{T}}\boldsymbol{\Xi}\boldsymbol{E}\otimes\boldsymbol{Q}\\
&(1,5)=\boldsymbol{E}^{\mathrm{T}}\boldsymbol{\Xi}\otimes\boldsymbol{PA},(1,6)=\boldsymbol{E}^{\mathrm{T}}\boldsymbol{\Xi}\otimes\boldsymbol{PB},(1,7)=\alpha\boldsymbol{E}^{\mathrm{T}}\boldsymbol{\Xi}\otimes\boldsymbol{P},(1,8)=-h\boldsymbol{E}^{\mathrm{T}}\otimes\boldsymbol{C}^{\mathrm{T}}\boldsymbol{Q}\\
&(2,2)=-\boldsymbol{E}^{\mathrm{T}}\boldsymbol{\Xi}\boldsymbol{E}\otimes(\boldsymbol{R}-\rho_2^2\boldsymbol{I}_n),(3,3)=-2\boldsymbol{E}^{\mathrm{T}}\boldsymbol{\Xi}\boldsymbol{E}\otimes\boldsymbol{Q}+\boldsymbol{E}^{\mathrm{T}}\boldsymbol{L}^{\mathrm{T}}\boldsymbol{\Lambda}\boldsymbol{\Xi}\boldsymbol{L}\boldsymbol{E}\otimes\boldsymbol{\Phi}\\
&(3,4)=\boldsymbol{E}^{\mathrm{T}}\boldsymbol{\Xi}\boldsymbol{E}\otimes\boldsymbol{Q},(3,7)=-\boldsymbol{E}^{\mathrm{T}}\boldsymbol{L}^{\mathrm{T}}\boldsymbol{\Lambda}\boldsymbol{\Xi}\otimes\boldsymbol{\Phi},(3,8)=-\alpha h\boldsymbol{E}^{\mathrm{T}}\boldsymbol{L}^{\mathrm{T}}\otimes\boldsymbol{Q}\\
&(4,4)=-\boldsymbol{E}^{\mathrm{T}}\boldsymbol{\Xi}\boldsymbol{E}\otimes\boldsymbol{Q},(5,5)=-\boldsymbol{\Xi}\otimes\boldsymbol{I}_n,(5,8)=h\boldsymbol{M}^{\mathrm{T}}\otimes\boldsymbol{A}^{\mathrm{T}}\boldsymbol{Q},(6,6)=-\boldsymbol{\Xi}\otimes\boldsymbol{I}_n\\
&(6,8)=h\boldsymbol{M}^{\mathrm{T}}\otimes\boldsymbol{B}^{\mathrm{T}}\boldsymbol{Q},(7,7)=-(\boldsymbol{I}_N-\boldsymbol{\Lambda})\boldsymbol{\Xi}\otimes\boldsymbol{\Phi},(7,8)=\alpha h\boldsymbol{M}^{\mathrm{T}}\otimes\boldsymbol{Q},(8,8)=-\boldsymbol{\Xi}^{-1}\otimes\boldsymbol{Q}
\end{aligned}
$$

$$
\boldsymbol{E}=\begin{bmatrix}\boldsymbol{I}_{N-1}\\ -\dfrac{\bar{\boldsymbol{\xi}}^{\mathrm{T}}}{\xi_N}\end{bmatrix}\in\mathbb{R}^{N\times N-1},\ \bar{\boldsymbol{\xi}}=[\xi_1,\cdots,\xi_{N-1}]^{\mathrm{T}}\in\mathbb{R}^{N-1},\ \boldsymbol{\Xi}=\mathrm{diag}\{\xi_1,\cdots,\xi_N\},\ \boldsymbol{\Lambda}=\mathrm{diag}\{\sigma_1,\cdots,\sigma_N\}
$$

那么误差系统(4-107)在基于组合测量的固定周期采样事件触发机制(4-102)

下是全局渐近稳定的。

证明：

选取如下 Lyapunov-Krasovskii 泛函：

$$\begin{aligned}\boldsymbol{V}(t)=&\boldsymbol{z}^{\mathrm{T}}(t)(\boldsymbol{\varXi}\otimes\boldsymbol{P})\boldsymbol{z}(t)+\int_{t-\tau}^{t}\boldsymbol{z}^{\mathrm{T}}(s)(\boldsymbol{\varXi}\otimes\boldsymbol{R})\boldsymbol{z}(s)\mathrm{d}s\\&+h\int_{-h}^{0}\int_{t+\theta}^{t}\dot{\boldsymbol{z}}^{\mathrm{T}}(s)(\boldsymbol{\varXi}\otimes\boldsymbol{Q})\dot{\boldsymbol{z}}(s)\mathrm{d}s\mathrm{d}\theta\end{aligned}\tag{4-109}$$

$\boldsymbol{V}(t)$ 沿式 (4-107) 的导数为：

$$\begin{aligned}\dot{\boldsymbol{V}}(t)=&2\boldsymbol{z}^{\mathrm{T}}(t)(\boldsymbol{\varXi}\otimes\boldsymbol{P})\dot{\boldsymbol{z}}(t)+\boldsymbol{z}^{\mathrm{T}}(t)(\boldsymbol{\varXi}\otimes\boldsymbol{R})\boldsymbol{z}(t)-\boldsymbol{z}^{\mathrm{T}}(t-\tau)(\boldsymbol{\varXi}\otimes\boldsymbol{R})\boldsymbol{z}(t-\tau)\\&+h^{2}\dot{\boldsymbol{z}}^{\mathrm{T}}(t)(\boldsymbol{\varXi}\otimes\boldsymbol{Q})\dot{\boldsymbol{z}}(t)-h\int_{t-h}^{t}\dot{\boldsymbol{z}}^{\mathrm{T}}(s)(\boldsymbol{\varXi}\otimes\boldsymbol{Q})\dot{\boldsymbol{z}}(s)\mathrm{d}s\\=&-2\boldsymbol{z}^{\mathrm{T}}(t)(\boldsymbol{\varXi}\otimes\boldsymbol{PC})\boldsymbol{z}(t)+2\boldsymbol{z}^{\mathrm{T}}(t)(\boldsymbol{\varXi M}\otimes\boldsymbol{PA})\boldsymbol{F}(\boldsymbol{z}(t))+2\boldsymbol{z}^{\mathrm{T}}(t)\\&(\boldsymbol{\varXi M}\otimes\boldsymbol{PB})\boldsymbol{G}(\boldsymbol{z}(t-\tau))\\&-2\alpha\boldsymbol{z}^{\mathrm{T}}(t)(\boldsymbol{\varXi L}\otimes\boldsymbol{P})\boldsymbol{z}(t-d_{k}(t))+2\alpha\boldsymbol{z}^{\mathrm{T}}(t)(\boldsymbol{\varXi M}\otimes\boldsymbol{P})\\&\boldsymbol{e}(t-d_{k}(t))\boldsymbol{z}^{\mathrm{T}}(t)(\boldsymbol{\varXi}\otimes\boldsymbol{R})\boldsymbol{z}(t)\\&-\boldsymbol{z}^{\mathrm{T}}(t-\tau)(\boldsymbol{\varXi}\otimes\boldsymbol{R})\boldsymbol{z}(t-\tau)+h^{2}\dot{\boldsymbol{z}}^{\mathrm{T}}(t)(\boldsymbol{\varXi}\otimes\boldsymbol{Q})\dot{\boldsymbol{z}}(t)\\&-h\int_{t-h}^{t}\dot{\boldsymbol{z}}^{\mathrm{T}}(s)(\boldsymbol{\varXi}\otimes\boldsymbol{Q})\dot{\boldsymbol{z}}(s)\mathrm{d}s\end{aligned}\tag{4-110}$$

由于 $(\boldsymbol{\xi}^{\mathrm{T}}\otimes\boldsymbol{I}_{n})\boldsymbol{z}(t)=0$，因此：

$$\begin{aligned}&\boldsymbol{z}^{\mathrm{T}}(t)(\boldsymbol{\varXi M}\otimes\boldsymbol{PA})\boldsymbol{F}(\boldsymbol{z}(t))\\&=\boldsymbol{z}^{\mathrm{T}}(t)(\boldsymbol{\varXi}\otimes\boldsymbol{PA})\boldsymbol{F}(\boldsymbol{z}(t))-\boldsymbol{z}^{\mathrm{T}}(t)(\boldsymbol{\varXi}\boldsymbol{1}_{N}\boldsymbol{\xi}^{\mathrm{T}}\otimes\boldsymbol{PA})\boldsymbol{F}(\boldsymbol{z}(t))\\&=\boldsymbol{z}^{\mathrm{T}}(t)(\boldsymbol{\varXi}\otimes\boldsymbol{PA})\boldsymbol{F}(\boldsymbol{z}(t))-\boldsymbol{z}^{\mathrm{T}}(t)(\boldsymbol{\xi}\boldsymbol{\xi}^{\mathrm{T}}\otimes\boldsymbol{PA})\boldsymbol{F}(\boldsymbol{z}(t))\\&=\boldsymbol{z}^{\mathrm{T}}(t)(\boldsymbol{\varXi}\otimes\boldsymbol{PA})\boldsymbol{F}(\boldsymbol{z}(t))-\boldsymbol{z}^{\mathrm{T}}(t)(\boldsymbol{\xi}\otimes I_{n})(\boldsymbol{\xi}^{\mathrm{T}}\otimes\boldsymbol{PA})\boldsymbol{F}(\boldsymbol{z}(t))\\&=\boldsymbol{z}^{\mathrm{T}}(t)(\boldsymbol{\varXi}\otimes\boldsymbol{PA})\boldsymbol{F}(\boldsymbol{z}(t))\end{aligned}\tag{4-111}$$

同理可得：

$$\begin{aligned}&\boldsymbol{z}^{\mathrm{T}}(t)(\boldsymbol{\varXi M}\otimes\boldsymbol{PB})\boldsymbol{G}(\boldsymbol{z}(t-\tau))=\boldsymbol{z}^{\mathrm{T}}(t)(\boldsymbol{\varXi}\otimes\boldsymbol{PB})\boldsymbol{G}(\boldsymbol{z}(t-\tau))\\&\alpha\boldsymbol{z}^{\mathrm{T}}(t)(\boldsymbol{\varXi M}\otimes\boldsymbol{P})\boldsymbol{e}(t-d_{k}(t))=\alpha\boldsymbol{z}^{\mathrm{T}}(t)(\boldsymbol{\varXi}\otimes\boldsymbol{P})\boldsymbol{e}(t-d_{k}(t))\\&\qquad=\alpha\boldsymbol{z}^{\mathrm{T}}(t)(\boldsymbol{\varXi}\otimes\boldsymbol{P})\boldsymbol{e}(t-d_{k}(t))\end{aligned}$$

因此，式 (4-110) 等价于：

$$\begin{aligned}\dot{\boldsymbol{V}}(t)=&-2\boldsymbol{z}^{\mathrm{T}}(t)(\boldsymbol{\varXi}\otimes\boldsymbol{PC})\boldsymbol{z}(t)+2\boldsymbol{z}^{\mathrm{T}}(t)(\boldsymbol{\varXi}\otimes\boldsymbol{PA})\boldsymbol{F}(\boldsymbol{z}(t))\\&+2\boldsymbol{z}^{\mathrm{T}}(t)(\boldsymbol{\varXi}\otimes\boldsymbol{PB})\boldsymbol{G}(\boldsymbol{z}(t-\tau))\end{aligned}$$

$$
\begin{aligned}
&-2\alpha \boldsymbol{z}^{\mathrm{T}}(t)(\Xi \boldsymbol{L}\otimes \boldsymbol{P})\boldsymbol{z}(t-d_k(t))+2\alpha \boldsymbol{z}^{\mathrm{T}}(t)(\boldsymbol{\Xi}\otimes \boldsymbol{P})\\
&\boldsymbol{e}(t-d_k(t))+\boldsymbol{z}^{\mathrm{T}}(t)(\boldsymbol{\Xi}\otimes \boldsymbol{R})\boldsymbol{z}(t)\\
&-\boldsymbol{z}^{\mathrm{T}}(t-\tau)(\boldsymbol{\Xi}\otimes \boldsymbol{R})\boldsymbol{z}(t-\tau)+h^2\dot{\boldsymbol{z}}^{\mathrm{T}}(t)(\boldsymbol{\Xi}\otimes \boldsymbol{Q})\dot{\boldsymbol{z}}(t)\\
&-h\int_{t-h}^{t}\dot{\boldsymbol{z}}^{\mathrm{T}}(s)(\boldsymbol{\Xi}\otimes \boldsymbol{Q})\dot{\boldsymbol{z}}(s)\mathrm{d}s
\end{aligned}
\tag{4-112}
$$

定义 $\boldsymbol{y}(t)=[\boldsymbol{z}^{\mathrm{T}}(t),\boldsymbol{z}^{\mathrm{T}}(t-\tau),\boldsymbol{z}^{\mathrm{T}}(t-d_k(t)),\boldsymbol{z}^{\mathrm{T}}(t-h),\boldsymbol{F}^{\mathrm{T}}(\boldsymbol{z}(t)),\boldsymbol{G}^{\mathrm{T}}(\boldsymbol{z}(t-\tau)),\boldsymbol{e}^{\mathrm{T}}(t-d_k(t))]^{\mathrm{T}}$，则：

$$
\dot{\boldsymbol{z}}(t)=\boldsymbol{S}\boldsymbol{y}(t) \tag{4-113}
$$

其中，$\boldsymbol{S}=[-\boldsymbol{I}_N\otimes \boldsymbol{C},\boldsymbol{O},-\alpha \boldsymbol{L}\otimes \boldsymbol{I}_n,\boldsymbol{O},\boldsymbol{M}\otimes \boldsymbol{A},\boldsymbol{M}\otimes \boldsymbol{B},\alpha \boldsymbol{M}\otimes \boldsymbol{I}_n]$。因此：

$$
h^2\dot{\boldsymbol{z}}^{\mathrm{T}}(t)(\boldsymbol{\Xi}\otimes \boldsymbol{Q})\dot{\boldsymbol{z}}(t)=h^2\boldsymbol{y}^{\mathrm{T}}(t)\boldsymbol{S}^{\mathrm{T}}(\boldsymbol{\Xi}\otimes \boldsymbol{Q})\boldsymbol{S}\boldsymbol{y}(t) \tag{4-114}
$$

根据 Jensen 不等式可得：

$$
\begin{aligned}
&-h\int_{t-h}^{t}\dot{\boldsymbol{z}}^{\mathrm{T}}(s)(\boldsymbol{\Xi}\otimes \boldsymbol{Q})\dot{\boldsymbol{z}}(s)\mathrm{d}s\\
&\leqslant-\left(\int_{t-h}^{t-d_k(t)}\dot{\boldsymbol{z}}(s)\mathrm{d}s\right)^{\mathrm{T}}(\boldsymbol{\Xi}\otimes \boldsymbol{Q})\left(\int_{t-h}^{t-d_k(t)}\dot{\boldsymbol{z}}(s)\mathrm{d}s\right)\\
&\quad-\left(\int_{t-d_k(t)}^{t}\dot{\boldsymbol{z}}(s)\mathrm{d}s\right)^{\mathrm{T}}(\boldsymbol{\Xi}\otimes \boldsymbol{Q})\left(\int_{t-d_k(t)}^{t}\dot{\boldsymbol{z}}(s)\mathrm{d}s\right)\\
&\leqslant-[\boldsymbol{z}(t-d_k(t))-\boldsymbol{z}(t-h)]^{\mathrm{T}}(\boldsymbol{\Xi}\otimes \boldsymbol{Q})[\boldsymbol{z}(t-d_k(t))-\boldsymbol{z}(t-h)]\\
&\quad-[\boldsymbol{z}(t)-\boldsymbol{z}(t-d_k(t))]^{\mathrm{T}}(\boldsymbol{\Xi}\otimes \boldsymbol{Q})[\boldsymbol{z}(t)-\boldsymbol{z}(t-d_k(t))]
\end{aligned}
\tag{4-115}
$$

根据引理 4.4.1，对于任意 $kh\in[t_r^i,t_{r+1}^i)$，有：

$$
\begin{aligned}
\boldsymbol{e}_i^{\mathrm{T}}(kh)\boldsymbol{\Phi}\boldsymbol{e}_i(kh)\leqslant\sigma_i\boldsymbol{q}_i^{\mathrm{T}}(t_r^i)\boldsymbol{\Phi}\boldsymbol{q}_i(t_r^i)&=\sigma_i[\boldsymbol{e}_i(kh)+\boldsymbol{q}_i(kh)]^{\mathrm{T}}\boldsymbol{\Phi}[\boldsymbol{e}_i(kh)+\boldsymbol{q}_i(kh)]\\
&=\sigma_i\left[\boldsymbol{e}_i(kh)-\sum_{j=1}^{N}l_{ij}\boldsymbol{z}_j(kh)]^{\mathrm{T}}\boldsymbol{\Phi}[\boldsymbol{e}_i(kh)-\sum_{j=1}^{N}l_{ij}\boldsymbol{z}_j(kh)\right]
\end{aligned}
\tag{4-116}
$$

其矩阵表达形式为：

$$
\begin{aligned}
&\boldsymbol{e}^{\mathrm{T}}(kh)(\boldsymbol{\Xi}\otimes \boldsymbol{\Phi})\boldsymbol{e}(kh)\leqslant[\boldsymbol{e}(kh)-(\boldsymbol{L}\otimes \boldsymbol{I}_n)\boldsymbol{z}(kh)]^{\mathrm{T}}(\boldsymbol{\Xi\Lambda}\otimes \boldsymbol{\Phi})\\
&[\boldsymbol{e}(kh)-(\boldsymbol{L}\otimes \boldsymbol{I}_n)\boldsymbol{z}(kh)]
\end{aligned}
\tag{4-117}
$$

由假设 4.4.1，可知：

$$
-\boldsymbol{F}^{\mathrm{T}}(\boldsymbol{z}(t))(\boldsymbol{\Xi}\otimes \boldsymbol{I}_n)\boldsymbol{F}(\boldsymbol{z}(t))+\rho_1^2\boldsymbol{z}^{\mathrm{T}}(t)(\boldsymbol{\Xi}\otimes \boldsymbol{I}_n)\boldsymbol{z}(t)\geqslant 0 \tag{4-118}
$$

$$
-\boldsymbol{G}^{\mathrm{T}}(\boldsymbol{z}(t-\tau))(\boldsymbol{\Xi}\otimes \boldsymbol{I}_n)\boldsymbol{G}(\boldsymbol{z}(t-\tau))+\rho_2^2\boldsymbol{z}^{\mathrm{T}}(t-\tau)(\boldsymbol{\Xi}\otimes \boldsymbol{I}_n)\boldsymbol{z}(t-\tau)\geqslant 0 \tag{4-119}
$$

将式 (4-113) ～式 (4-119) 代入式 (4-112) 可得：

$$\begin{aligned}\dot{V}(t) &\leqslant \boldsymbol{y}^{\mathrm{T}}(t)\boldsymbol{\Omega}_1\boldsymbol{y}(t)+h^2\boldsymbol{y}^{\mathrm{T}}(t)\boldsymbol{S}^{\mathrm{T}}(\boldsymbol{\varXi}\otimes\boldsymbol{Q})\boldsymbol{S}\boldsymbol{y}(t)\\&=\boldsymbol{y}^{\mathrm{T}}(t)\Sigma\boldsymbol{y}(t)\end{aligned} \tag{4-120}$$

其中，$\boldsymbol{\Sigma}=\boldsymbol{\Omega}_1+h^2\boldsymbol{S}^{\mathrm{T}}(\boldsymbol{\varXi}\otimes\boldsymbol{Q})\boldsymbol{S}$，以及：

$$\boldsymbol{\Omega}_1=\begin{bmatrix}(1,1) & \boldsymbol{O} & (1,3) & \boldsymbol{O} & (1,5) & (1,6) & (1,7)\\ * & (2,2) & \boldsymbol{O} & \boldsymbol{O} & \boldsymbol{O} & \boldsymbol{O} & \boldsymbol{O}\\ * & * & (3,3) & \boldsymbol{\varXi}\otimes\boldsymbol{Q} & \boldsymbol{O} & \boldsymbol{O} & -\boldsymbol{L}^{\mathrm{T}}\boldsymbol{\Lambda}\boldsymbol{\varXi}\otimes\boldsymbol{\Phi}\\ * & * & * & -\boldsymbol{\varXi}\otimes\boldsymbol{Q} & \boldsymbol{O} & \boldsymbol{O} & \boldsymbol{O}\\ * & * & * & * & -\boldsymbol{\varXi}\otimes\boldsymbol{I}_n & \boldsymbol{O} & \boldsymbol{O}\\ * & * & * & * & * & -\boldsymbol{\varXi}\otimes\boldsymbol{I}_n & \boldsymbol{O}\\ * & * & * & * & * & * & -(\boldsymbol{I}_N-\boldsymbol{\Lambda})\boldsymbol{\varXi}\otimes\boldsymbol{\Phi}\end{bmatrix} \tag{4-121}$$

$$\begin{aligned}&(1,1)=\boldsymbol{\varXi}\otimes(-\boldsymbol{PC}-\boldsymbol{C}^{\mathrm{T}}\boldsymbol{P}+\boldsymbol{R}-\boldsymbol{Q}+\rho_1^2\boldsymbol{I}_n),(1,3)\\&\quad=-\alpha\boldsymbol{\varXi}\boldsymbol{L}\otimes\boldsymbol{P}+\boldsymbol{\varXi}\otimes\boldsymbol{Q},(1,5)=\boldsymbol{\varXi}\otimes\boldsymbol{PA}\\&(1,6)=\boldsymbol{\varXi}\otimes\boldsymbol{PB},(1,7)=\alpha\boldsymbol{\varXi}\otimes\boldsymbol{P},(2,2)=-\boldsymbol{\varXi}\otimes(\boldsymbol{R}-\rho_2^2\boldsymbol{I}_n),(3,3)\\&\quad=-2\boldsymbol{\varXi}\otimes\boldsymbol{Q}+\boldsymbol{L}^{\mathrm{T}}\boldsymbol{\Lambda}\boldsymbol{\varXi}\boldsymbol{L}\otimes\boldsymbol{\Phi}\end{aligned}$$

另外，由于 $(\boldsymbol{\xi}^{\mathrm{T}}\otimes\boldsymbol{I}_n)\boldsymbol{z}(t)=0,(\boldsymbol{\xi}^{\mathrm{T}}\otimes\boldsymbol{I}_n)\boldsymbol{z}(t-\tau)=0,(\boldsymbol{\xi}^{\mathrm{T}}\otimes\boldsymbol{I}_n)\boldsymbol{z}(t-d_k(t))=0,(\boldsymbol{\xi}^{\mathrm{T}}\otimes\boldsymbol{I}_n)\boldsymbol{z}(t-h)=0$，因此：

$$\boldsymbol{H}\boldsymbol{y}(t)=\boldsymbol{O}_{7n} \tag{4-122}$$

其中，$H=\operatorname{diag}\{\boldsymbol{\xi}^{\mathrm{T}},\boldsymbol{\xi}^{\mathrm{T}},\boldsymbol{\xi}^{\mathrm{T}},\boldsymbol{\xi}^{\mathrm{T}},\boldsymbol{O},\boldsymbol{O},\boldsymbol{O}\}\otimes\boldsymbol{I}_n\in\mathbb{R}^{7n\times 7Nn}$。

根据引理 4.2.2，$\boldsymbol{y}^{\mathrm{T}}(t)\boldsymbol{\Sigma}\boldsymbol{y}(t)<0,\forall\boldsymbol{y}\in\{\boldsymbol{y}:\boldsymbol{H}\boldsymbol{y}=0,\boldsymbol{y}\neq 0\}$ 等价于：

$$\boldsymbol{H}^{\perp\mathrm{T}}\boldsymbol{\Sigma}\boldsymbol{H}^{\perp}<0 \tag{4-123}$$

其中，$\boldsymbol{H}^{\perp}=\operatorname{diag}\{\boldsymbol{E},\boldsymbol{E},\boldsymbol{E},\boldsymbol{E},\boldsymbol{I}_N,\boldsymbol{I}_N,\boldsymbol{I}_N\}\otimes\boldsymbol{I}_n\in\mathbb{R}^{7Nn\times(7N-4)n}$，$\boldsymbol{H}\boldsymbol{H}^{\perp}=0$。根据引理 2.2.2，式 (4-123) 进一步等价于：

$$\begin{bmatrix}\boldsymbol{H}^{\perp\mathrm{T}}\boldsymbol{\Omega}_1\boldsymbol{E} & h\boldsymbol{H}^{\perp\mathrm{T}}\boldsymbol{S}^{\mathrm{T}}(\boldsymbol{I}_N\otimes\boldsymbol{Q})\\ * & -\boldsymbol{\varXi}^{-1}\otimes\boldsymbol{Q}\end{bmatrix}<0 \tag{4-124}$$

其展开是线性矩阵不等式(4-108)。那么 $\dot{V}(t)\leqslant 0$，所以存在一个足够小的常数 $\epsilon>0$，使得 $\dot{V}(t)<-\epsilon\|\boldsymbol{z}(t)\|_2^2$，因此误差系统(4-107)是渐近稳定的。证毕。

注 4.4.1 定理 4.4.1 给出了系统 (4-105) 实现一致的充分条件，确立了网络拓扑、采样数据事件触发策略和控制器之间的关系。对于强连通网络，计算可得 $\boldsymbol{\Xi}$。在给定事件触发参数 σ_i 和耦合强度 α 的情况下，通过求解线性矩阵不等式 (4-108)，可以获得最大允许采样周期 h 和相应的事件触发加权矩阵 $\boldsymbol{\Phi}$。

4.4.4 基于组合测量事件触发机制的一致性分析：包含有向生成树的网络

假设耦合神经网络 (4-96) 的网络拓扑满足假设 4.3.1，并且拉普拉斯矩阵满足如 4.3.3 节式 (4-87) 所示的 Frobenius 形式。类似地，将系统 (4-96) 分成 b 个强连通子系统，每个子系统有 p_i 个节点，$i=1,2,3,\cdots,b$，且满足 $\sum_{i=1}^{b}p_i=N$。假设 $G_1,G_2,\cdots,G_b$ 为有向图 $\mathcal{G}$ 的强连通分支，每个子强连通分支的拉普拉斯矩阵为 $\bar{\boldsymbol{L}}_{ii}$，$\bar{\boldsymbol{L}}_{ij}(i>j)$ 代表子系统 G_j 对子系统 G_i 的影响。令 $\bar{\boldsymbol{L}}_{kk}=\boldsymbol{L}_k+\boldsymbol{D}_k$，可知 $\boldsymbol{L}_k$ 是一个行和为零的矩阵，$\boldsymbol{D}_k\geqslant 0$ 是一个对角矩阵，且对于 $k=2,3,\cdots,b$ 时，$\boldsymbol{D}_k>0$，当 $k=1$ 时，$\boldsymbol{D}_1=0$，即 $\bar{\boldsymbol{L}}_{11}=\boldsymbol{L}_1$。

第一个子系统是强连通的，节点的动力学方程为：

$$\dot{\boldsymbol{x}}_{1_s}(t)=-\boldsymbol{C}\boldsymbol{x}_{1_s}(t)+\boldsymbol{A}\boldsymbol{f}(\boldsymbol{x}_{1_s}(t))+\boldsymbol{B}\boldsymbol{g}(\boldsymbol{x}_{1_s}(t-\tau))+\alpha\sum_{j=1}^{p_1}w_{1_s1_j}(\boldsymbol{x}_{1_j}(t_r^{1_s})-\boldsymbol{x}_{1_s}(t_r^{1_s})) \tag{4-125}$$

其中，$s=1,2,\cdots,p_1$，根据定理 4.4.1，假设第一个强连通子系统已经达到一致，并且一致状态为 $\boldsymbol{x}_{1_s}(t)=\boldsymbol{x}^*+\mathcal{O}(t^{-\epsilon_1})$，其中 $\mathcal{O}(t^{-\epsilon_1})$ 是衰减率，$\epsilon_1>0$。

对于子系统 $i,\ i=2,3,\cdots,b$，其中第 $s,\ s=1,2,\cdots,p_i$ 个节点的动力学方程为：

$$\begin{aligned}\dot{\boldsymbol{x}}_{i_s}(t)=&-\boldsymbol{C}\boldsymbol{x}_{i_s}(t)+\boldsymbol{A}\boldsymbol{f}(\boldsymbol{x}_{i_s}(t))+\boldsymbol{B}\boldsymbol{g}(\boldsymbol{x}_{i_s}(t-\tau))+\alpha\sum_{j=1}^{p_i}w_{i_si_j}(\boldsymbol{x}_{i_j}(t_r^{i_s})-\boldsymbol{x}_{i_s}(t_r^{i_s}))\\&+\alpha\sum_{1\leqslant m<i}\sum_{j=1}^{p_m}w_{i_sm_j}(\boldsymbol{x}_{m_j}(t_r^{i_s})-\boldsymbol{x}_{i_s}(t_r^{i_s}))\end{aligned} \tag{4-126}$$

假设前 $i-1$ 个子系统已经达到一致，并且一致状态 $\boldsymbol{x}^*(t)$ 满足：

$$\dot{\boldsymbol{x}}^*(t)=-\boldsymbol{C}\boldsymbol{x}^*(t)+\boldsymbol{A}\boldsymbol{f}(\boldsymbol{x}^*(t))+\boldsymbol{B}\boldsymbol{g}(\boldsymbol{x}^*(t-\tau))+\mathcal{O}(t^{-\epsilon t}),\epsilon>0 \quad (4\text{-}127)$$

假设 $[t_r^{i_s},t_{r+1}^{i_s})=\bigcup_{k=\frac{t_r^{i_s}}{h}}^{\frac{t_{r+1}^{i_s}}{h}}[kh,(k+1)h)$，考虑 $t\in[kh,(k+1)h)$，式 (4-126) 等价于：

$$\begin{aligned}
\dot{\boldsymbol{x}}_{i_s}(t)&=-\boldsymbol{C}\boldsymbol{x}_{i_s}(t)+\boldsymbol{A}\boldsymbol{f}(\boldsymbol{x}_{i_s}(t))+\boldsymbol{B}\boldsymbol{g}(\boldsymbol{x}_{i_s}(t-\tau))+\alpha(\boldsymbol{q}_{i_s}(kh)+\boldsymbol{e}_{i_s}(kh))+\mathcal{O}(t^{-\epsilon t})\\
&=-\boldsymbol{C}\boldsymbol{x}_{i_s}(t)+\boldsymbol{A}\boldsymbol{f}(\boldsymbol{x}_{i_s}(t))+\boldsymbol{B}\boldsymbol{g}(\boldsymbol{x}_{i_s}(t-\tau))-\alpha\sum_{j=1}^{p_i}l_{i_si_j}\boldsymbol{x}_{i_j}(kh)\\
&\quad-\alpha\sum_{1\leqslant m<i}\sum_{j=1}^{p_m}w_{i_sm_j}(\boldsymbol{x}_{i_s}(kh)-\boldsymbol{x}^*(kh))+\alpha\boldsymbol{e}_{i_s}(kh)+\mathcal{O}(t^{-\epsilon t})\\
&=-\boldsymbol{C}\boldsymbol{x}_{i_s}(t)+\boldsymbol{A}\boldsymbol{f}(\boldsymbol{x}_{i_s}(t))+\boldsymbol{B}\boldsymbol{g}(\boldsymbol{x}_{i_s}(t-\tau))-\alpha\sum_{j=1}^{p_i}\overline{l}_{i_si_j}(\boldsymbol{x}_{i_j}(kh)-\boldsymbol{x}^*(kh))\\
&\quad+\alpha\boldsymbol{e}_{i_s}(kh)+\mathcal{O}(t^{-\epsilon t})
\end{aligned} \quad (4\text{-}128)$$

定义误差信号 $\overline{\boldsymbol{z}}_{i_s}(t)=\boldsymbol{x}_{i_s}(t)-\boldsymbol{x}^*(t), s=1,2,\cdots,p_i$，引入时变延时 $d_k(t)=t-kh$。对于 $t\in[kh,(k+1)h)$，可得误差系统：

$$\begin{aligned}
\dot{\overline{\boldsymbol{z}}}(t)=&-(\boldsymbol{I}_N\otimes\boldsymbol{C})\overline{\boldsymbol{z}}(t)+(\boldsymbol{I}_N\otimes\boldsymbol{A})\boldsymbol{F}(\overline{\boldsymbol{z}}(t))+(\boldsymbol{I}_N\otimes\boldsymbol{B})\boldsymbol{G}(\overline{\boldsymbol{z}}(t-\tau))\\
&-\alpha(\overline{\boldsymbol{L}}_{ii}\otimes\boldsymbol{I}_n)\overline{\boldsymbol{z}}(t-d_k(t))+\alpha\overline{\boldsymbol{e}}(t-d_k(t))+\mathcal{O}(e^{-\epsilon t})
\end{aligned} \quad (4\text{-}129)$$

其中，$\overline{\boldsymbol{z}}(t)=[\overline{\boldsymbol{z}}_{i_1}^{\mathrm{T}}(t),\cdots,\overline{\boldsymbol{z}}_{i_{p_i}}^{\mathrm{T}}(t)]^{\mathrm{T}}$, $\overline{\boldsymbol{e}}(t-d_k(t))=[\boldsymbol{e}_{i_1}^{\mathrm{T}}(t-d_k(t)),\cdots,\boldsymbol{e}_{i_{p_i}}^{\mathrm{T}}(t-d_k(t))]^{\mathrm{T}}$，函数 $\boldsymbol{F}(\bullet)$、$\boldsymbol{G}(\bullet)$ 的定义参见式 (4-107)。

定理 4.4.2

在假设 4.2.2 和假设 4.4.1 下，给定采样周期 $h>0$，事件触发参数矩阵 $\boldsymbol{\Lambda}_1=\mathrm{diag}\{\sigma_{1_1},\sigma_{1_2},\cdots,\sigma_{1_{p_1}}\}, \boldsymbol{\Lambda}_i=\mathrm{diag}\{\sigma_{i_1},\sigma_{i_2},\cdots,\sigma_{i_{p_i}}\}$，如果存在正定矩阵 $\boldsymbol{P}_i$、$\boldsymbol{R}_i$、$\boldsymbol{Q}_i\in\mathbb{R}^{p_i\times p_i}, i=1,2,\cdots,b$，事件触发加权矩阵 $\boldsymbol{\Phi}>0$，使得：

$$\bar{\boldsymbol{\Omega}}_1=\begin{pmatrix}(1,1) & \boldsymbol{O} & (1,3) & \boldsymbol{O} & (1,5) & (1,6) & (1,7) & (1,8)\\ * & (2,2) & \boldsymbol{O} & \boldsymbol{O} & \boldsymbol{O} & \boldsymbol{O} & \boldsymbol{O} & \boldsymbol{O}\\ * & * & (3,3) & (3,4) & \boldsymbol{O} & \boldsymbol{O} & (3,7) & (3,8)\\ * & * & * & (4,4) & \boldsymbol{O} & \boldsymbol{O} & \boldsymbol{O} & \boldsymbol{O}\\ * & * & * & * & (5,5) & \boldsymbol{O} & \boldsymbol{O} & (5,8)\\ * & * & * & * & * & (6,6) & \boldsymbol{O} & (6,8)\\ * & * & * & * & * & * & (7,7) & (7,8)\\ * & * & * & * & * & * & * & (8,8)\end{pmatrix}<0 \tag{4-130}$$

其中：

$(1,1)=\boldsymbol{E}_1^{\mathrm{T}}\boldsymbol{\Xi}_1\boldsymbol{E}_1\otimes(-\boldsymbol{P}_1\boldsymbol{C}-\boldsymbol{C}^{\mathrm{T}}\boldsymbol{P}_1-\boldsymbol{Q}_1+\boldsymbol{R}_1+\rho_1^2\boldsymbol{I}_n),(1,3)=-\alpha\boldsymbol{E}_1^{\mathrm{T}}\boldsymbol{\Xi}_1\bar{\boldsymbol{L}}_{11}\boldsymbol{E}_1\otimes\boldsymbol{P}_1+\boldsymbol{E}_1^{\mathrm{T}}\boldsymbol{\Xi}_1\boldsymbol{E}_1\otimes\boldsymbol{Q}_1$

$(1,5)=\boldsymbol{E}_1^{\mathrm{T}}\boldsymbol{\Xi}_1\otimes\boldsymbol{P}_1\boldsymbol{A},(1,6)=\boldsymbol{E}_1^{\mathrm{T}}\boldsymbol{\Xi}_1\otimes\boldsymbol{P}_1\boldsymbol{B},(1,7)=\alpha\boldsymbol{E}_1^{\mathrm{T}}\boldsymbol{\Xi}_1\otimes\boldsymbol{P}_1,(1,8)=-h\boldsymbol{E}_1^{\mathrm{T}}\otimes\boldsymbol{C}^{\mathrm{T}}\boldsymbol{Q}_1$

$(2,2)=-\boldsymbol{E}_1^{\mathrm{T}}\boldsymbol{\Xi}_1\boldsymbol{E}_1\otimes(\boldsymbol{R}_1-\rho_2^2\boldsymbol{I}_n),(3,3)=-2\boldsymbol{E}_1^{\mathrm{T}}\boldsymbol{\Xi}_1\boldsymbol{E}_1\otimes\boldsymbol{Q}_1+\boldsymbol{E}_1^{\mathrm{T}}\bar{\boldsymbol{L}}_{11}^{\mathrm{T}}\boldsymbol{\Lambda}_1\boldsymbol{\Xi}_1\boldsymbol{L}_{11}\boldsymbol{E}_1\otimes\boldsymbol{\Phi}$

$(3,4)=\boldsymbol{E}_1^{\mathrm{T}}\boldsymbol{\Xi}_1\boldsymbol{E}_1\otimes\boldsymbol{Q}_1,(3,7)=-\boldsymbol{E}_1^{\mathrm{T}}\bar{\boldsymbol{L}}_{11}^{\mathrm{T}}\boldsymbol{\Lambda}_1\boldsymbol{\Xi}_1\otimes\boldsymbol{\Phi},(3,8)=-\alpha h\boldsymbol{E}_1^{\mathrm{T}}\bar{\boldsymbol{L}}_{11}^{\mathrm{T}}\otimes\boldsymbol{Q}_1$

$(4,4)=-\boldsymbol{E}_1^{\mathrm{T}}\boldsymbol{\Xi}_1\boldsymbol{E}_1\otimes\boldsymbol{Q}_1,(5,5)=-\boldsymbol{\Xi}_1\otimes\boldsymbol{I}_n,(5,8)=h\boldsymbol{M}_1^{\mathrm{T}}\otimes\boldsymbol{A}^{\mathrm{T}}\boldsymbol{Q}_1,(6,6)=-\boldsymbol{\Xi}_1\otimes\boldsymbol{I}_n$

$(6,8)=h\boldsymbol{M}_1^{\mathrm{T}}\otimes\boldsymbol{B}^{\mathrm{T}}\boldsymbol{Q}_1,(7,7)=-(I_{p_1}-\boldsymbol{\Lambda}_1)\boldsymbol{\Xi}_1\otimes\boldsymbol{\Phi},(7,8)=\alpha h\boldsymbol{M}_1^{\mathrm{T}}\otimes\boldsymbol{Q}_1,(8,8)=-\boldsymbol{\Xi}_1^{-1}\otimes\boldsymbol{Q}_1$

并且：

$$\bar{\boldsymbol{\Omega}}_i=\begin{bmatrix}(1,1) & \boldsymbol{O} & (1,3) & \boldsymbol{O} & (1,5) & (1,6) & (1,7) & (1,8)\\ * & (2,2) & \boldsymbol{O} & \boldsymbol{O} & \boldsymbol{O} & \boldsymbol{O} & \boldsymbol{O} & \boldsymbol{O}\\ * & * & (3,3) & (3,4) & \boldsymbol{O} & \boldsymbol{O} & (3,7) & (3,8)\\ * & * & * & (4,4) & \boldsymbol{O} & \boldsymbol{O} & \boldsymbol{O} & \boldsymbol{O}\\ * & * & * & * & -\boldsymbol{I}_{p_in} & \boldsymbol{O} & \boldsymbol{O} & (5,8)\\ * & * & * & * & * & -\boldsymbol{I}_{p_in} & \boldsymbol{O} & (6,8)\\ * & * & * & * & * & * & -(\boldsymbol{I}_{p_i}-\boldsymbol{\Lambda}_i)\otimes\boldsymbol{\Phi} & (7,8)\\ * & * & * & * & * & * & * & -\boldsymbol{I}_{p_i}\otimes\boldsymbol{Q}_i\end{bmatrix}<0 \tag{4-131}$$

其中：

$(1,1)=\boldsymbol{I}_{p_i}\otimes(-\boldsymbol{P}_i\boldsymbol{C}-\boldsymbol{C}^{\mathrm{T}}\boldsymbol{P}_i-\boldsymbol{Q}_i+\boldsymbol{R}_i+\rho_1^2\boldsymbol{I}_n),(1,3)=-\alpha\bar{\boldsymbol{L}}_{ii}\otimes\boldsymbol{P}_i+\boldsymbol{I}_{p_i}\otimes\boldsymbol{Q}_i,(1,5)=\boldsymbol{I}_{p_i}\otimes\boldsymbol{P}_i\boldsymbol{A}$

$(1,6)=\boldsymbol{I}_{p_i}\otimes\boldsymbol{P}_i\boldsymbol{B},(1,7)=\alpha\boldsymbol{I}_{p_i}\otimes\boldsymbol{P}_i,(1,8)=-h\boldsymbol{I}_{p_i}\otimes\boldsymbol{C}^{\mathrm{T}}\boldsymbol{Q}_i,(2,2)=-\boldsymbol{I}_{p_i}\otimes(\boldsymbol{R}_i-\rho_2^2\boldsymbol{I}_n)$

$(3,3)=-2\boldsymbol{I}_{p_i}\otimes\boldsymbol{Q}_i+\bar{\boldsymbol{L}}_{ii}^{\mathrm{T}}\boldsymbol{\Lambda}_i\boldsymbol{L}_{ii}\otimes\boldsymbol{\Phi},(3,4)=\boldsymbol{I}_{p_i}\otimes\boldsymbol{Q}_i,(3,7)=-\bar{\boldsymbol{L}}_{ii}^{\mathrm{T}}\boldsymbol{\Lambda}_i\otimes\boldsymbol{\Phi},(3,8)=-\alpha h\bar{\boldsymbol{L}}_{ii}^{\mathrm{T}}\otimes\boldsymbol{Q}_i$

$(4,4)=-\boldsymbol{I}_{p_i}\otimes\boldsymbol{Q}_i,(5,8)=h\boldsymbol{I}_{p_i}\otimes\boldsymbol{A}^{\mathrm{T}}\boldsymbol{Q}_i,(6,8)=h\boldsymbol{I}_{p_i}\otimes\boldsymbol{B}^{\mathrm{T}}\boldsymbol{Q}_i,(7,8)=\alpha h\boldsymbol{I}_{p_i}\otimes\boldsymbol{Q}_i$

$\boldsymbol{\Xi}_1=\mathrm{diag}\{\xi_{1_1},\cdots,\xi_{1_{p_1}}\},\boldsymbol{M}_1=\boldsymbol{I}_{p_1}-\boldsymbol{1}_{p_1}\boldsymbol{\xi}_1^{\mathrm{T}},\tilde{\boldsymbol{\xi}}_1=[\tilde{\xi}_{1_1},\cdots,\tilde{\xi}_{1_{p_1-1}}]^{\mathrm{T}}\in\mathbb{R}^{p_1-1},\boldsymbol{\Lambda}_i=\mathrm{diag}\{\sigma_{i_1},\sigma_{i_2},\cdots,\sigma_{i_{p_i}}\}$

且 $\boldsymbol{E}_1=\begin{bmatrix}\boldsymbol{I}_{p_1-1}\\ -\dfrac{\tilde{\boldsymbol{\xi}}_1^{\mathrm{T}}}{\xi_{1_{p_1}}}\end{bmatrix}\in\mathbb{R}^{p_1\times p_1-1}$，那么系统(4-96)在基于组合测量的固定周期采样事件触发机制(4-99)下实现了渐近一致。

证明：

由定理 4.4.1 可知第一个强连通子系统在条件 (4-130) 下可以达到一致，对于其他子系统，选取如下 Lyapunov-Krasovskii 泛函：

$$\begin{aligned}\boldsymbol{V}_i(t)=&\bar{\boldsymbol{z}}^{\mathrm{T}}(t)(\boldsymbol{I}_{p_i}\otimes\boldsymbol{P}_i)\bar{\boldsymbol{z}}(t)+\int_{t-\tau}^{t}\bar{\boldsymbol{z}}^{\mathrm{T}}(s)(\boldsymbol{I}_{p_i}\otimes\boldsymbol{R}_i)\bar{\boldsymbol{z}}(s)\mathrm{d}s\\&+h\int_{-h}^{0}\int_{t+\theta}^{t}\dot{\bar{\boldsymbol{z}}}^{\mathrm{T}}(s)(\boldsymbol{I}_{p_i}\otimes\boldsymbol{Q}_i)\dot{\bar{\boldsymbol{z}}}(s)\mathrm{d}s\mathrm{d}\theta\end{aligned}\tag{4-132}$$

其中，$i=2,\cdots,b$。

考虑时间 $t\in[kh,(k+1)h),t_r^{i_s}\leqslant kh<t_{r+1}^{i_s},k\in\mathbb{N}$，对式 (4-132) 求导，然后与定理 4.4.1 的证明方式相似。同时因为误差系统 (4-129) 中的同步误差 $\bar{\boldsymbol{z}}(t)$ 不是线性相关的，所以在这部分的证明中未使用引理 4.2.2。参考定理 4.4.1 可知，在式 (4-131) 下，结论成立。证毕。

下面讨论如何得到低维判据。将 $-\boldsymbol{C}\boldsymbol{x}_i(t)+\boldsymbol{A}\boldsymbol{f}(\boldsymbol{x}_i(t))$ 表示成一般的非线性 $\tilde{\boldsymbol{f}}(\boldsymbol{x}_i(t))$，并且假设 $\boldsymbol{B}=\boldsymbol{I}_n$，那么第 i 个节点的动态方程为：

$$\dot{\boldsymbol{x}}_i(t)=\tilde{\boldsymbol{f}}(\boldsymbol{x}_i(t))+\boldsymbol{g}(\boldsymbol{x}_i(t-\tau))+\boldsymbol{u}_i(t)\tag{4-133}$$

在基于组合测量的固定周期采样事件触发控制策略 (4-102) 下，属于第一个强连通子系统的误差方程 (4-107) 可以转化为：

$$\begin{aligned}\dot{\boldsymbol{z}}(t)=&(\boldsymbol{M}_1\otimes\boldsymbol{I}_n)\tilde{\boldsymbol{F}}(\boldsymbol{z}(t))+(\boldsymbol{M}_1\otimes\boldsymbol{I}_n)\boldsymbol{G}(\boldsymbol{z}(t-\tau))-\alpha(\bar{\boldsymbol{L}}_{11}\otimes\boldsymbol{I}_n)\boldsymbol{z}(t-d_k(t))\\&+\alpha(\boldsymbol{M}_1\otimes\boldsymbol{I}_n)\boldsymbol{e}(t-d_k(t))\end{aligned}\tag{4-134}$$

其中，$\boldsymbol{z}(t)=[\boldsymbol{z}_{1_1}^{\mathrm{T}}(t),\cdots,\boldsymbol{z}_{1_{p_1}}^{\mathrm{T}}(t)]^{\mathrm{T}}$, $\boldsymbol{z}_{1_s}(t)=\boldsymbol{x}_{1_s}(t)-\sum_{j=1}^{p_1}\xi_{1_j}\boldsymbol{x}_{1_j}(t)$, $\boldsymbol{M}_1=\boldsymbol{I}_{p_1}-\boldsymbol{1}_{p_1}\boldsymbol{\xi}_1^{\mathrm{T}}$, $\tilde{\boldsymbol{F}}(\boldsymbol{z}(t))=\hat{\tilde{\boldsymbol{f}}}(\boldsymbol{x}(t))-\boldsymbol{1}_{p_1}\otimes\tilde{\boldsymbol{f}}(\boldsymbol{x}_0(t))$, $\boldsymbol{x}(t)=(\boldsymbol{x}_{1_1}(t),\cdots,\boldsymbol{x}_{1_{p_1}}(t))^{\mathrm{T}}$，$\boldsymbol{G}(\boldsymbol{z}(t-\tau))$ 的定义参见式 (4-107)。

第 i 个子系统内的误差方程 (4-107) 可以转化为：

$$\dot{\bar{z}}(t)=\tilde{\boldsymbol{F}}(\bar{z}(t))+\boldsymbol{G}(\bar{z}(t-\tau))-\alpha(\bar{\boldsymbol{L}}_{ii}\otimes\boldsymbol{I}_n)\bar{z}(t-d_k(t))+\alpha\bar{\boldsymbol{e}}(t-d_k(t))+\mathcal{O}(e^{-\epsilon t}) \tag{4-135}$$

其中， $\bar{z}(t)=[\bar{z}_{1_1}^{\mathrm{T}}(t),\cdots,\bar{z}_{1_{p_i}}^{\mathrm{T}}(t)]^{\mathrm{T}}$, $\bar{z}_{i_s}(t)=\boldsymbol{x}_{i_s}(t)-\boldsymbol{x}^*(t)$, $\bar{\boldsymbol{e}}(t)=(\boldsymbol{e}_{1_1}^{\mathrm{T}}(t),\cdots,\boldsymbol{e}_{1_{p_i}}^{\mathrm{T}}(t))^{\mathrm{T}}$， $\boldsymbol{x}^*(t)$ 满足 $\dot{\boldsymbol{x}}^*(t)=\tilde{\boldsymbol{f}}(\boldsymbol{x}^*(t))+\boldsymbol{g}(\boldsymbol{x}^*(t-\tau))+\mathcal{O}(t^{-\epsilon t})$。函数 $\tilde{\boldsymbol{F}}(\bullet)$, $\boldsymbol{G}(\bullet)$ 与式 (4-134) 相同。

假设事件触发条件 (4-99) 中的加权矩阵 $\boldsymbol{\Phi}=\boldsymbol{I}_n$，与定理 4.4.2 的证明方式相似，可以得到下面形式更加简单、维度更低的一致性准则。

推论 4.4.1

在假设 4.2.2 和假设 4.4.1 下，事件触发加权矩阵 $\boldsymbol{\Phi}=I_n$，给定采样周期 $h(h>0)$，如果存在对称矩阵 $\boldsymbol{P}_1$、$\boldsymbol{R}_1$、$\boldsymbol{Q}_1\in\mathbb{R}^{p_1\times p_1}$，使得 $\boldsymbol{E}_1^{\mathrm{T}}\boldsymbol{P}_1\boldsymbol{E}_1>0$, $\boldsymbol{E}_1^{\mathrm{T}}\boldsymbol{R}_1\boldsymbol{E}_1>0, \boldsymbol{E}_1^{\mathrm{T}}\boldsymbol{Q}_1\boldsymbol{E}_1>0$；如果存在正定矩阵 $\boldsymbol{P}_i$、$\boldsymbol{R}_i$、$\boldsymbol{Q}_i\in\mathbb{R}^{p_i\times p_i}, i=2,\cdots,b$, 使得：

$$\boldsymbol{\Gamma}_1=\begin{bmatrix}\boldsymbol{\Delta}_{11} & \boldsymbol{O} & \boldsymbol{\Delta}_{13} & \boldsymbol{O} & \boldsymbol{E}_1^{\mathrm{T}}\boldsymbol{P}_1\boldsymbol{M}_1 & \boldsymbol{E}_1^{\mathrm{T}}\boldsymbol{P}_1\boldsymbol{M}_1 & \alpha\boldsymbol{E}_1^{\mathrm{T}}\boldsymbol{P}_1\boldsymbol{M}_1 & \boldsymbol{O}\\ * & \boldsymbol{\Delta}_{22} & \boldsymbol{O} & \boldsymbol{O} & \boldsymbol{O} & \boldsymbol{O} & \boldsymbol{O} & \boldsymbol{O}\\ * & * & \boldsymbol{\Delta}_{33} & \boldsymbol{E}_1^{\mathrm{T}}\boldsymbol{P}_1\boldsymbol{M}_1 & \boldsymbol{O} & \boldsymbol{O} & -\boldsymbol{E}_1^{\mathrm{T}}\bar{\boldsymbol{L}}_{11}^{\mathrm{T}}\boldsymbol{\Lambda}_1 & \alpha h\boldsymbol{E}_1^{\mathrm{T}}\bar{\boldsymbol{L}}_{11}^{\mathrm{T}}\boldsymbol{Q}_1\\ * & * & * & -\boldsymbol{E}_1^{\mathrm{T}}\boldsymbol{P}_1\boldsymbol{M}_1 & \boldsymbol{O} & \boldsymbol{O} & \boldsymbol{O} & \boldsymbol{O}\\ * & * & * & * & -\boldsymbol{I}_{p_1} & \boldsymbol{O} & \boldsymbol{O} & h\boldsymbol{M}_1^{\mathrm{T}}\boldsymbol{Q}\\ * & * & * & * & * & -\boldsymbol{I}_{p_1} & \boldsymbol{O} & h\boldsymbol{M}_1^{\mathrm{T}}\boldsymbol{Q}_1\\ * & * & * & * & * & * & \boldsymbol{\Delta}_{77} & \alpha h\boldsymbol{M}_1^{\mathrm{T}}\boldsymbol{Q}_1\\ * & * & * & * & * & * & * & -\boldsymbol{Q}_1\end{bmatrix}<0 \tag{4-136}$$

其中：

$$\boldsymbol{\Delta}_{11}=-\boldsymbol{E}_1^{\mathrm{T}}\boldsymbol{Q}_1\boldsymbol{E}_1+\boldsymbol{E}_1^{\mathrm{T}}\boldsymbol{R}_1\boldsymbol{E}_1+\rho_1^2\boldsymbol{E}_1^{\mathrm{T}}\boldsymbol{E}_1, \boldsymbol{\Delta}_{13}=-\alpha\boldsymbol{E}_1^{\mathrm{T}}\boldsymbol{P}_1\bar{\boldsymbol{L}}_{11}\boldsymbol{E}_1+\boldsymbol{E}_1^{\mathrm{T}}\boldsymbol{Q}_1\boldsymbol{E}_1$$

$$\boldsymbol{\Delta}_{22}=-\boldsymbol{E}_1^{\mathrm{T}}\boldsymbol{R}_1\boldsymbol{E}_1+\rho_2^2\boldsymbol{E}_1^{\mathrm{T}}\boldsymbol{E}_1, \boldsymbol{\Delta}_{33}=-2\boldsymbol{E}_1^{\mathrm{T}}\boldsymbol{Q}_1\boldsymbol{E}_1+\boldsymbol{E}_1^{\mathrm{T}}\bar{\boldsymbol{L}}_{11}^{\mathrm{T}}\boldsymbol{\Lambda}_1\bar{\boldsymbol{L}}_{11}\boldsymbol{E}_1, \boldsymbol{\Delta}_{77}=-(\boldsymbol{I}_{p_1}-\boldsymbol{\Lambda}_1)$$

以及：

$$
\boldsymbol{\Gamma}_i=\begin{bmatrix}
\boldsymbol{\Delta}_{11} & \boldsymbol{O} & \boldsymbol{\Delta}_{13} & \boldsymbol{O} & \boldsymbol{P}_i & \boldsymbol{P}_i & \alpha\boldsymbol{P}_i & \boldsymbol{O} \\
* & \boldsymbol{\Delta}_{22} & \boldsymbol{O} & \boldsymbol{O} & \boldsymbol{O} & \boldsymbol{O} & \boldsymbol{O} & \boldsymbol{O} \\
* & * & \boldsymbol{\Delta}_{33} & \boldsymbol{Q}_i & \boldsymbol{O} & \boldsymbol{O} & -\bar{\boldsymbol{L}}_{ii}^{\mathrm{T}}\boldsymbol{\Lambda}_i & -\alpha h\bar{\boldsymbol{L}}_{ii}^{\mathrm{T}}\boldsymbol{Q}_i \\
* & * & * & -\boldsymbol{Q}_i & \boldsymbol{O} & \boldsymbol{O} & \boldsymbol{O} & \boldsymbol{O} \\
* & * & * & * & -\boldsymbol{I}_{p_i} & \boldsymbol{O} & \boldsymbol{O} & h\boldsymbol{Q}_i \\
* & * & * & * & * & -\boldsymbol{I}_{p_i} & \boldsymbol{O} & h\boldsymbol{Q}_i \\
* & * & * & * & * & * & -(\boldsymbol{I}_{p_i}-\boldsymbol{\Lambda}_i) & \alpha h\boldsymbol{Q}_i \\
* & * & * & * & * & * & * & -\boldsymbol{Q}_i
\end{bmatrix}<0
\tag{4-137}
$$

其中：

$$
\boldsymbol{\Delta}_{11}=-\boldsymbol{Q}_i+\boldsymbol{R}_i+\rho_1^2\boldsymbol{I}_{p_i},\boldsymbol{\Delta}_{13}=-\alpha\boldsymbol{P}_i\bar{\boldsymbol{L}}_{ii}+\boldsymbol{Q}_i,\boldsymbol{\Delta}_{22}=-\boldsymbol{R}_i+\rho_2^2\boldsymbol{I}_{p_i},
$$

$$
\boldsymbol{\Delta}_{33}=-2\boldsymbol{Q}_i+\bar{\boldsymbol{L}}_{ii}^{\mathrm{T}}\boldsymbol{\Lambda}_i\bar{\boldsymbol{L}}_{ii}
$$

$$
\boldsymbol{E}_1=\begin{bmatrix}\boldsymbol{I}_{p_1-1}\\ -\dfrac{\tilde{\boldsymbol{\xi}}_1^{\mathrm{T}}}{\xi_{1_{p_1}}}\end{bmatrix}\in\mathbb{R}^{p_1\times p_1-1},\tilde{\boldsymbol{\xi}}_1=[\xi_{1_1},\cdots,\xi_{1_{p_1-1}}]^{\mathrm{T}}\in\mathbb{R}^{p_1-1},\boldsymbol{\Lambda}_i=\mathrm{diag}\{\sigma_{i_1},\sigma_{i_2},\cdots,\sigma_{i_{p_i}}\}
$$

那么系统(4-96)在基于组合测量的固定周期采样事件触发机制式(4-99)下是渐近一致的。

证明：

与定理 4.4.2 的证明相似，对于第一个子系统，选取 Lyapunov-Krasovskii 泛函：

$$
\begin{aligned}
V_1(t)=&\boldsymbol{z}^{\mathrm{T}}(t)(\boldsymbol{P}_1\otimes\boldsymbol{I}_n)\boldsymbol{z}(t)+\int_{t-\tau}^{t}\boldsymbol{z}^{\mathrm{T}}(s)(\boldsymbol{R}_1\otimes\boldsymbol{I}_n)\boldsymbol{z}(s)\mathrm{d}s\\
&+h\int_{-h}^{0}\int_{t+\theta}^{t}\dot{\boldsymbol{z}}^{\mathrm{T}}(s)(\boldsymbol{Q}_1\otimes\boldsymbol{I}_n)\dot{\boldsymbol{z}}(s)\mathrm{d}s\mathrm{d}\theta
\end{aligned}
\tag{4-138}
$$

由于 $(\boldsymbol{\xi}_1^{\mathrm{T}}\otimes\boldsymbol{I}_n)\boldsymbol{z}(t)=0$，$\boldsymbol{\xi}_1^{\mathrm{T}}\boldsymbol{E}_1=0$，又因为 $\boldsymbol{E}_1^{\mathrm{T}}\boldsymbol{P}_1\boldsymbol{E}_1>0,\boldsymbol{E}_1^{\mathrm{T}}\boldsymbol{R}_1\boldsymbol{E}_1>0,$ $\boldsymbol{E}_1^{\mathrm{T}}\boldsymbol{Q}_1\boldsymbol{E}_1>0$，所以式 (4-138) 定义的 Lyapunov-Krasovskii 泛函是合理的，即 $V_1(t)>0$。在这种情况下不要求矩阵 $\boldsymbol{P}_1$、$\boldsymbol{R}_1$、$\boldsymbol{Q}_1$ 为正定矩阵，放宽了对矩阵的要求。

对于第 i 个子系统，选取 Lyapunov-Krasovskii 泛函：

$$\begin{aligned}V_i(t) &= \bar{z}^{\mathrm{T}}(t)(\boldsymbol{P}_i \otimes \boldsymbol{I}_n)\bar{z}(t) + \int_{t-\tau}^{t} \bar{z}^{\mathrm{T}}(s)(\boldsymbol{R}_i \otimes \boldsymbol{I}_n)\bar{z}(s)\mathrm{d}s \\ &+ h\int_{-h}^{0}\int_{t+\theta}^{t} \dot{\bar{z}}^{\mathrm{T}}(s)(\boldsymbol{Q}_i \otimes \boldsymbol{I}_n)\dot{\bar{z}}(s)\mathrm{d}s\mathrm{d}\theta\end{aligned} \tag{4-139}$$

由条件 $\boldsymbol{P}_i > 0$、$\boldsymbol{R}_i > 0$、$\boldsymbol{Q}_i > 0$ 为正定矩阵可知，Lyapunov-Krasovskii 泛函 (4-139) 是合理的。类似定理 4.4.2 的证明，易知结论成立。证毕。

4.4.5 数值仿真

例 4.4.1 基于组合测量的事件触发控制验证

考虑一个包含 7 个节点的耦合神经网络模型，包含有向生成树的网络拓扑，如图 4-13 所示，其中每条边的权重为 1。

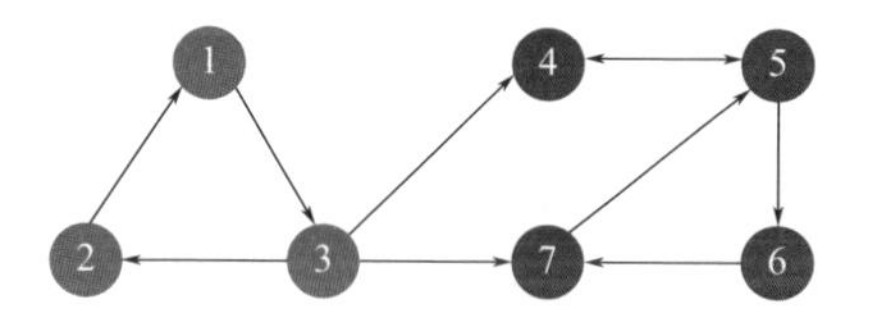

图 4-13 网络拓扑图

节点 1、2、3 属于第一个强连通子系统，节点 4、5、6、7 属于第二个强连通子系统。假设第 i 个神经网络的动力学方程为：

$$\begin{aligned}\begin{bmatrix}\dot{x}_{i1}(t)\\ \dot{x}_{i2}(t)\end{bmatrix} &= -\begin{bmatrix}1 & 0\\ 0 & 1\end{bmatrix}\begin{bmatrix}x_{i1}(t)\\ x_{i2}(t)\end{bmatrix} + \begin{bmatrix}3.2 & -4\\ -0.08 & 2\end{bmatrix}\begin{bmatrix}f_1(x_{i1}(t))\\ f_2(x_{i2}(t))\end{bmatrix} \\ &+ \begin{bmatrix}-2.5 & -0.3\\ -0.08 & -1.4\end{bmatrix}\begin{bmatrix}g_1(x_{i1}(t-\tau))\\ g_2(x_{i2}(t-\tau))\end{bmatrix}\end{aligned} \tag{4-140}$$

其中，非线性函数 $\boldsymbol{g}(x) = \boldsymbol{f}(x) = (\tanh x_{i1}, \tanh x_{i2})^{\mathrm{T}}$，延时 $\tau = 1,\ i = 1, 2,3,4,5,6,7$。图 4-14 给出了节点在没有控制作用下的轨迹。

取耦合强度 α=25，事件触发条件参数矩阵 $\boldsymbol{\Lambda}_1 = \mathrm{diag}\{0.04, 0.04, 0.04\}$，$\boldsymbol{\Lambda}_2 = \mathrm{diag}\{0.0015, 0.0015, 0.004, 0.004\}$，根据定理 4.4.2，利用 Matlab 的 LMI 工具箱求得最大允许采样周期为 $h_{\max} = 0.008\mathrm{s}$，事件触发加权矩阵为：

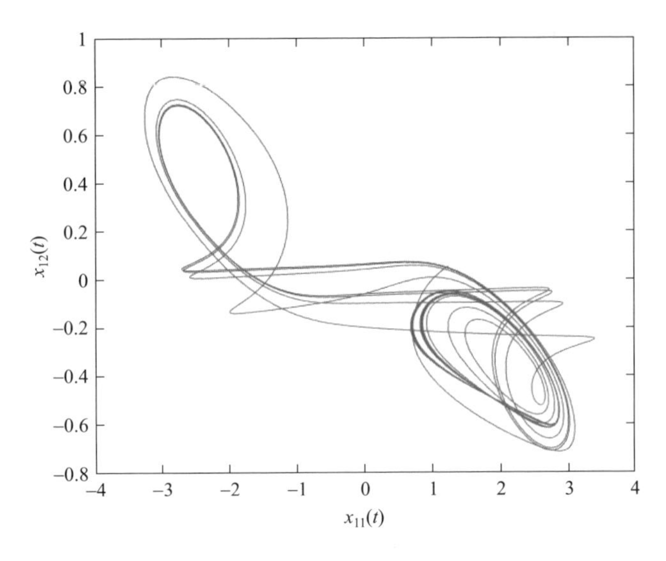

图 4-14　孤立节点轨迹

$$\boldsymbol{\Phi}=10^{2}\begin{bmatrix}2.0274 & 2.142\\ 2.142 & 9.4912\end{bmatrix}$$

图 4-15 展示了在基于组合测量的固定周期采样事件触发控制策略 (4-102) 下，系统 (4-140) 各节点的第一维状态分量的响应曲线。图 4-16 展示了第一个和第二个强连通子系统中的误差信号 $\|z(t)\|$ 和 $\|\bar{z}(t)\|$ 的演化曲线，可以看出第一个子系统的误差先衰减为 0，即节点 1、2、3 先达到一致，接着第二个子系统的误差衰减为 0，即节点 4、5、6、7 渐近收敛到第一个子系统的稳定状态点。图 4-17 展示了 [0,4s) 内事件触发时间间隔的时序图，7 个节点分别有 235、273、225、347、346、287、296 次事件发生。

考虑例 4.2.1 中定义的平均通信率指标。在上述仿真中，经计算 $J=44.88\%$，意味着与时间驱动机制相比，事件触发机制减少了 55.12% 的控制更新。图 4-18 给出了第 7 个节点的测量误差和事件触发阈值的演化曲线。每隔一定的采样周期 $h=0.008\text{s}$，利用与邻居节点的相对测量误差与此刻的测量误差进行事件触发条件的判断，如果满足条件，则测量误差重置为零，相应的阈值函数也发生变化，作为下一次的判断阈值。图 4-19 展示了在此事件触发机制下 7个节点控制信号第一维分量的演化曲线，每个节点仅在自己的事件触发时刻更新控制输入，减少了控制器的更新频率和计算量。

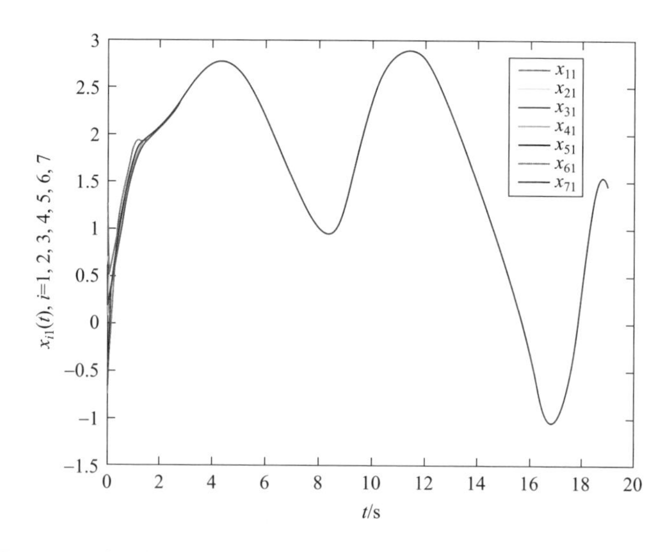

图 4-15　事件触发控制协议 (4-102) 下状态第一维分量的响应曲线

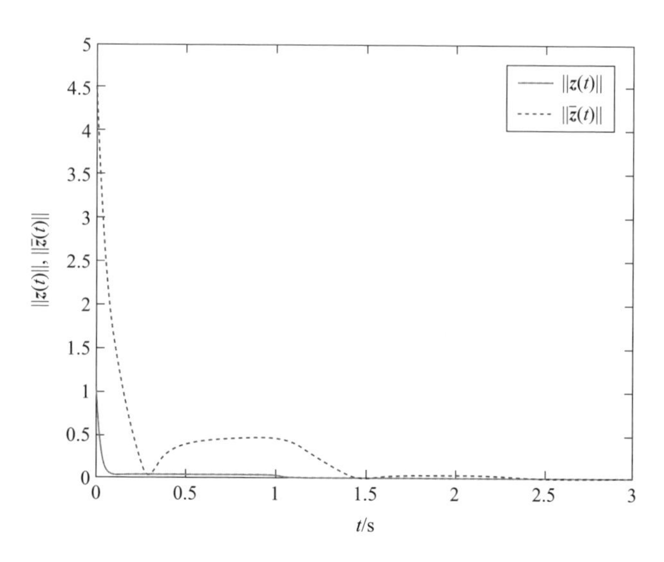

图 4-16　事件触发控制协议 (4-102) 下第一个和第二个强连通子系统的误差信号演化曲线

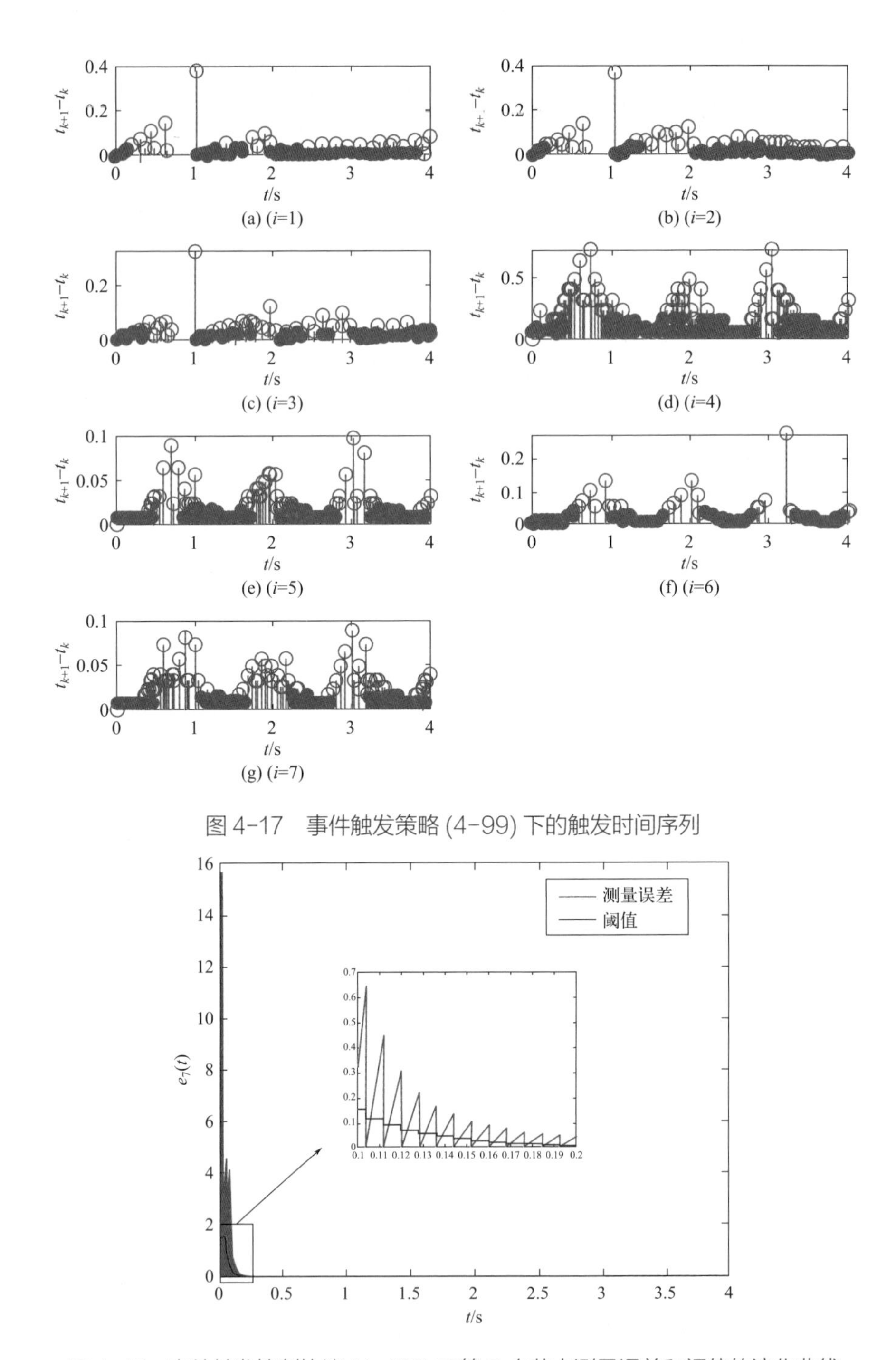

图 4-17　事件触发策略 (4-99) 下的触发时间序列

图 4-18　事件触发控制协议 (4-102) 下第 7 个节点测量误差和阈值的演化曲线

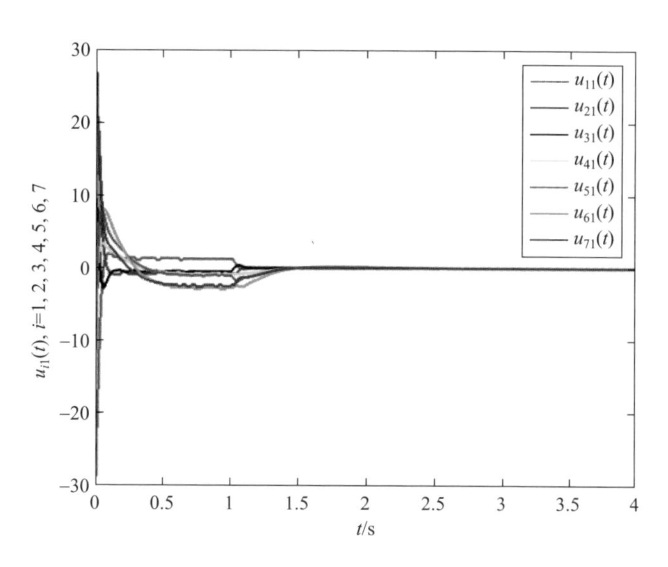

图 4-19　事件触发控制协议 (4-102) 下控制信号第一维分量的演化曲线

4.5 本章小结

本章主要围绕多智能体系统的静态事件触发控制展开，分别讨论了基于固定周期采样数据和随机采样事件触发机制下非线性无领导者多智能体系统的一致性问题，以及基于组合测量事件触发机制下耦合神经网络的一致性问题。首先，针对具有 Lipschitz 型非线性多智能体的系统，提出固定周期采样方案下的分布式事件触发传输策略，减少了智能体与控制器之间的更新通信，避免了连续监测。然后，将该结论推广至随机采样下，分别推导了具有强连通网络和包含有向生成树网络下多智能体系统的均方一致准则。最后，针对耦合神经网络的无领导同步问题，引入基于组合测量的分布式事件触发控制策略以减少控制更新。本章内容读者还可参考文献 [29-31]。然而，以上的分布式事件触发机制在控制器或触发参数设计时需要提供网络拓扑等全局信息。随着网络规模的不断扩大，或网络受到攻击导致智能体个数发生变化时，原有的调控机制将失效。为了提高自主多智能体系统事件触发机制的可拓展性和灵活性，如何只利用网络局部信息设计完全分布式事件触发机制具有重要的研究价值。

参考文献

[1] Åström K J, Bernhardsson B. Comparison of periodic and event based sampling for firstorder stochastic systems[J]. IFAC Proceedings Volumes, 1999, 32(2): 5006-5011.

[2] Åarzén K E. A simple event-based PID controller[J]. IFAC Proceedings Volumes, 1999, 32(2): 8687-8692.

[3] Peng C, Han Q L. A novel event-triggered transmission scheme and L2 control codesign for sampled-data control systems[J]. IEEE Transactions on Automatic Control, 2013, 58(10): 2620-2626.

[4] Zhang X M, Han Q L. Event-based dynamic output feedback control for networked control systems[J]. IET Control Theory and Applications, 2014, 8(4): 226-234.

[5] Yue D, Tian E, Han Q L. A delay system method for designing event-triggered controllers of networked control systems[J]. IEEE Transactions on Automatic Control, 2013, 58(2): 475-481.

[6] Dimarogonas D, Johansson K. Event-triggered control for multi-agent systems[C]// Proceedings of the 48th IEEE Conference on Decision and Control, jointly with the 28th Chinese Control Conference. Piscataway, NJ,USA: IEEE, 2009: 7131-7136.

[7] Dimarogonas D, Frazzoli E, Johansson K. Distributed event-triggered control for multiagent systems[J]. IEEE Transactions on Automatic Control, 2012, 57(5): 1291-1297.

[8] Ding L, Han Q L, Ge X, et al. An overview of recent advances in event-triggered consensus of multiagent systems[J]. IEEE Transactions on Cybernetics, 2017, 48(4): 1110-1123.

[9] Zhang X M, Han Q L, Zhang B L. An overview and deep investigation on sampled-data-based event-triggered control and filtering for networked systems[J]. IEEE Transactions on Industrial Informatics, 2016, 13(1): 4-16.

[10] Fan Y, Feng G, Wang Y, et al. Distributed event-triggered control of multi-agent systems with combinational measurements[J]. Automatica, 2013, 49(2): 671-675.

[11] Li H, Liao X, Chen G, et al. Event-triggered asynchronous intermittent communication strategy for synchronization in complex dynamical networks[J]. Neural Networks, 2015, 66: 1-10.

[12] Fan Y, Yang Y, Zhang Y. Sampling-based event-triggered consensus for multi-agent systems[J]. Neurocomputing, 2016, 191: 141-147.

[13] Noorbakhsh S M, Ghaisari J. Distributed event-triggered consensus strategy for multi-agent systems under limited resources[J]. International Journal of Control, 2016, 89(1): 156-168.

[14] Li L, Ho D W C, Cao J, et al. Pinning cluster synchronization in an array of coupled neural networks under event-based mechanism[J]. Neural Networks, 2016, 76: 1-12.

[15] Peng C, Tian E, Zhang J, et al. Decentralized eventtriggering communication scheme for large-scale systems under network environments[J]. Information Sciences, 2017, 380: 132-144.

[16] Olfati-Saber R, Fax J A, Murray R M. Consensus and cooperation in networked multi-agent systems[J]. Proceedings of the IEEE, 2007, 95(1): 215-233.

[17] Yu W, Chen G, Cao M, et al. Second-order consensus for multiagent systems with directed topologies and nonlinear dynamics[J]. IEEE Transactions on Systems, Man, and Cybernetics, Part B (Cybernetics), 2009, 40(3): 881-891.

[18] Hu A, Cao J, Hu M, et al. Cluster synchronization of complex networks via event-triggered strategy under stochastic sampling[J]. Physica A: Statistical Mechanics and its Applications, 2015, 434: 99-110.

[19] Hu A, Cao J, Hu M, et al. Event-triggered consensus of Markovian jumping multi - agent systems via stochastic sampling[J]. IET Control Theory & Applications, 2015, 9(13): 1964-1972.

[20] Fan Y, Feng G, Wang Y, et al. Distributed event-triggered control of multi-agent systems with combinational measurements[J]. Automatica, 2013, 49(2): 671-675.

[21] Yuan F, Wang S, Cheng S. Zeno-free event-triggered consensus using sampled data[C]//2015 34th Chinese Control Conference (CCC). Piscataway, NJ, USA: IEEE, 2015: 7039-7043.

[22] Lu J, Ho D W C. Globally exponential synchronization and synchronizability for general dynamical

networks[J]. IEEE Transactions on Systems, Man, and Cybernetics, Part B (Cybernetics), 2009, 40(2): 350-361.
[23] Yu P, Ding L, Liu Z W. A distributed event-triggered transmission strategy for exponential consensus of general linear multi-agent systems with directed topology[J]. Journal of the Franklin Institute, 2015, 352(12): 5866-5881.
[24] Noorbakhsh S M, Ghaisari J. Event-based consensus controller for linear multi-agent systems over directed communication topologies: a co-design approach[J]. Asian Journal of Control, 2016, 18(5): 1934-1939.
[25] Yu W, Chen G, Cao M. Second-order consensus for multiagent systems with directed topologies and nonlinear dynamics[J]. IEEE Transactions on Systems, Man, and Cybernetics, Part B (Cybernetics), 2009, 40(3): 881-891.
[26] Cui B, Zhao C, Ma T. Leaderless and leader-following consensus of multi-agent chaotic systems with unknown time delays and switching topologies[J]. Nonlinear Analysis: Hybrid Systems, 2017, 24: 115-131.
[27] Li H, Liao X, Chen G. Event-triggered asynchronous intermittent communication strategy for synchronization in complex dynamical networks[J]. Neural Networks, 2015, 66: 1-10.
[28] Cui B, Zhao C, Ma T, et al. Leaderless and leader-following consensus of multi-agent chaotic systems with unknown time delays and switching topologies[J]. Nonlinear Analysis: Hybrid Systems, 2017, 24: 115-131.
[29] He W, Lv S, Peng C, et al. Improved leaderless consenus criteria of networked multi-agent systems based on the sampled data[J]. International Journal of Systems Science, 2018, 49(13): 2737-2752.
[30] He W, Lv S, Wang X, et al. Leaderless consensus of multi-agent systems via an event-triggered strategy under stochastic sampling[J]. Journal of the Franklin Institute, 2019, 356(12): 6502-6524.
[31] Lv S, He W, Qian F, et al. Leaderless synchronization of coupled neural networks with the event-triggered mechanism[J]. Neural Networks, 2018, 105: 316-327.

Digital Wave
Advanced Technology of Industrial Internet

Distributed Cooperative Control of Industrial Network Systems

面向工业网络系统的分布式协同控制

第5章

分布式动态事件触发控制

5.1 概述

在第 4 章所述的静态事件触发控制策略中，当系统渐近趋于一致时，触发阈值趋于零，可能会导致较多不必要地触发，从而造成工业网络系统通信资源的浪费。近年来，动态事件触发机制的提出有效地解决了这一难题，且能够更加有效地提高资源利用效率和实现更加灵活的网络设计[1-2]。通过引入与系统误差相关的事件触发参数，并根据误差大小灵活调节事件触发阈值或事件触发参数，能有效增加相邻事件触发的间隔，从而更好地降低事件触发次数并避免 Zeno 现象。为进一步提升工业网络系统运行的高效性，本章围绕基于动态事件触发控制的多智能体系统一致性问题展开。

在实际应用中，考虑到通信带宽有限，常采用量化通信来降低单次传输量，从而节约通信资源。动态事件触发机制则通过降低传输次数的方式，来提高通信资源的利用率。将量化通信与动态事件触发机制相结合，对降低工业网络系统的通信成本有重要的实际意义。由于量化误差的存在，传统的基于精确测量的事件触发策略不能直接应用于量化反馈控制。有研究关注均匀 / 对数量化器下具有单积分动态的多智能体的事件触发一致性问题[3-4]，后扩展到具有量化通信的一般线性多智能体系统的事件触发一致性问题[5-7]。然而，这些研究局限于基于状态反馈的线性多智能体系统的量化一致问题。量化会导致误差系统的不连续性，而动态事件触发机制的引入也使得系统分析更加具有挑战性。本章 5.2 节讨论了基于绝对 / 相对输出量化信息的主从系统的动态事件触发控制，通过引入指数衰减的阈值实现事件触发机制的动态更新，并详解介绍了理论结果在图像保密传输的应用案例。基于相对状态量化的线性系统事件触发一致性已有一些结果[6,7]。然而在远程传输模式下，信号需要先进行量化然后传输，因此，控制器只能获得绝对量化状态测量值。本章 5.3 节研究了基于绝对量化误差的多智能体系统动态事件触发控制，将 5.2 节的主从系统扩展到多个体系统。

不依赖于系统状态或者误差的指数衰减的阈值能够实现动态调节，为了设计更加灵活的动态阈值，针对一阶系统[8]和二阶系统[9]，通过在触发条件中引入与状态相关的动态参数实现了一致。结果表明，动态阈值在确保触发序列不存在Zeno行为方面起着至关重要的作用。然而具有一般线性动力学的多智能体系统在现实中更为常见，此外，也可以将其视为非线性系统的线性化模型。本章5.4节详细讨论了如何设计与系统状态相关的动态阈值调整规则，从而实现一般线性多智能体系统的自适应动态事件触发一致，进一步减少对通信资源的占用，实现更高的资源利用效率。

5.2 基于动态事件触发机制的主从神经网络的量化同步

5.2.1 模型描述

考虑一般主从混沌神经网络模型，主神经网络和从神经网络的动力学方程分别为：

$$\begin{cases}\dot{\boldsymbol{x}}(t)=-\boldsymbol{A}\boldsymbol{x}(t)+\boldsymbol{D}\boldsymbol{f}(\boldsymbol{x}(t))+\boldsymbol{I}\\ \boldsymbol{z}_{\mathrm{M}}(t)=\boldsymbol{C}\boldsymbol{x}(t)\end{cases}\tag{5-1}$$

$$\begin{cases}\dot{\boldsymbol{y}}(t)=-\boldsymbol{A}\boldsymbol{x}(t)+\boldsymbol{D}\boldsymbol{f}(\boldsymbol{x}(t))+\boldsymbol{B}\boldsymbol{u}(t)+\boldsymbol{I}\\ \boldsymbol{z}_{\mathrm{S}}(t)=\boldsymbol{C}\boldsymbol{y}(t)\end{cases}\tag{5-2}$$

其中，$\boldsymbol{x}(t)=[x_1(t),\cdots,x_n(t)]^{\mathrm{T}}\in\mathbb{R}^n$ 和 $\boldsymbol{y}(t)=[y_1(t),\cdots,y_n(t)]^{\mathrm{T}}$ 分别代表主神经网络和从神经网络神经元的状态；$\boldsymbol{z}_{\mathrm{M}}\in\mathbb{R}^l$ 及 $\boldsymbol{z}_{\mathrm{S}}\in\mathbb{R}^l$ 分别为主神经网络与从神经网络的输出测量值；$\boldsymbol{u}(t)\in\mathbb{R}^m$ 为外部控制输入；$\boldsymbol{f}(\boldsymbol{y})=(f_1(y_1),\cdots,f_n(y_n))^{\mathrm{T}}$ 为激活函数；$\boldsymbol{A}\in\mathbb{R}^{n\times n}$ 及 $\boldsymbol{D}\in\mathbb{R}^{n\times n}$ 为已知的常数矩阵；$\boldsymbol{B}\in\mathbb{R}^{n\times m}$ 为列满秩的控制输入矩阵；$\boldsymbol{C}\in\mathbb{R}^{l\times n}$ 为行满秩的输出测量矩阵，$\boldsymbol{I}=(\boldsymbol{I}_1,\cdots,\boldsymbol{I}_n)^{\mathrm{T}}\in\mathbb{R}^n$ 代表神经网络的外部输入信号。

假设 5.2.1

激活函数 $\boldsymbol{f}(z)$ 为 Lipschitz 型非线性函数，即对于任意 $z_1, z_2 \in \mathbb{R}^n$，存在正常数 $l_i(i=1,2,\cdots,n)$，使得：

$$\left|f_i(z_{1i})-f_i(z_{2i})\right| \leqslant l_i\left|z_{1i}-z_{2i}\right| \tag{5-3}$$

假设 5.2.2

主神经网络 (5-1) 有界，即存在一个正常数 γ，对任意给定的初始值 $\boldsymbol{x}(0)\in\mathbb{R}^n$，存在 $T(\boldsymbol{x}(0))$，使得：

$$\left\|\boldsymbol{x}(t,\boldsymbol{x}(0))\right\| \leqslant \gamma,\quad \forall t \geqslant T \tag{5-4}$$

由于量化误差的存在，主从神经网络 (5-1) 和 (5-2) 无法实现完全同步，下面给出有界同步的定义。

定义 5.2.1

若存在一个集合 M，使得对于任意的初始条件 $\boldsymbol{x}(0)$、$\boldsymbol{y}(0)\in\mathbb{R}^n$，当 $t\to\infty$ 时，误差信号 $\boldsymbol{e}(t)=\boldsymbol{y}(t)-\boldsymbol{x}(t)$ 趋近于 $M=\{\boldsymbol{e}(t)\in\mathbb{R}^n \,\|\, \|\boldsymbol{e}(t)\|\leqslant\vartheta\}$，则称主神经网络 (5-1) 与从神经网络 (5-2) 实现了有界同步且误差界为 ϑ，其中 $\vartheta>0$。

根据量化参数与时间的关系，量化器分为静态量化器和动态量化器。其中，静态量化器较易实现，而动态量化器可以根据不同的输入调整相应的量化步长。下面介绍一种常见的静态量化器模型：对数量化器（具体可见附录 A.3.1）。

定义对数量化器形式为 $\boldsymbol{q}_l:\mathbb{R}\to\mathbb{R}$，其数学模型可以表示为：

$$\boldsymbol{q}_l(\boldsymbol{v})=\begin{cases}\varpi_i, & (1/(1+\alpha_l))\varpi_i < v \leqslant (1/(1-\alpha_l))\varpi_i, i=0,\pm1,\pm2,\cdots \\ 0\ , & v=0 \\ -\boldsymbol{q}_l(-v), & v<0\end{cases} \tag{5-5}$$

其中，$\alpha_l=(1-\rho)/(1+\rho), 0<\rho<1$；$\rho$ 为量化密度；Γ 表示量化级集合，其形式为 $\Gamma=\{\pm\varpi_i:\varpi_i=\rho^i\varpi_0, i=0,\pm1,\pm2,\cdots\}\cup\{0\}, \varpi_0>0$。因此，可定义量化输出值 $\boldsymbol{q}_l(v)$ 与真实值 v 之间的差为量化误差，对于给定的量化参数 $\alpha_l>0$，对数量化器满足如下的扇形有界条件：

$$\boldsymbol{q}_l(v)-v=\delta_l v,\quad \exists\delta_l\in[-\alpha_l,\alpha_l),\forall v\in\mathbb{R} \tag{5-6}$$

定义 $\boldsymbol{q}_l(\boldsymbol{x})=\left[q_l(x_1),q_l(x_2),\cdots,q_l(x_n)\right]^{\mathrm{T}}$，根据上述表述可知，$\boldsymbol{q}_l(\boldsymbol{x})-\boldsymbol{x}=\boldsymbol{H}\boldsymbol{v}$，其中 $\boldsymbol{H}\in\tilde{\boldsymbol{\Delta}}$，其中 $\tilde{\boldsymbol{\Delta}}=\{\boldsymbol{\Delta}\in\mathbb{R}^n\mid\boldsymbol{\Delta}=\operatorname{diag}\{\delta_1,\delta_2,\cdots,\delta_n\},\delta_i\in[-\alpha_l,\alpha_l)\}$。

5.2.2 基于绝对 / 相对输出量化信息的事件触发控制

5.2.2.1 基于绝对输出量化信息的事件触发控制

令 $\boldsymbol{q}_l(\boldsymbol{z}_{\mathrm{M}})$、$\boldsymbol{q}_l(\boldsymbol{z}_{\mathrm{S}})$ 分别表示 $\boldsymbol{z}_{\mathrm{M}}$、$\boldsymbol{z}_{\mathrm{S}}$ 的量化测量值。假设从神经网络的事件触发序列为 $\{t_k\}$，其由 $t_0,t_1,t_2,\cdots$ 组成，则定义输出测量误差为：

$$\boldsymbol{\xi}^q(t)=[\boldsymbol{q}_l(\boldsymbol{z}_{\mathrm{S}}(t_k))-\boldsymbol{q}_l(\boldsymbol{z}_{\mathrm{M}}(t_k))]-[\boldsymbol{q}_l(\boldsymbol{z}_{\mathrm{S}}(t))-\boldsymbol{q}_l(\boldsymbol{z}_{\mathrm{M}}(t))],\ t\in[t_k,t_{k+1}) \tag{5-7}$$

根据式 (5-6)，上式可转化为：

$$\begin{aligned}\boldsymbol{\xi}^q(t)&=\boldsymbol{C}[\boldsymbol{e}(t_k)+\boldsymbol{\Delta}_1(t_k)\boldsymbol{y}(t_k)-\boldsymbol{\Delta}_2(t_k)\boldsymbol{x}(t_k)-(\boldsymbol{e}(t)+\boldsymbol{\Delta}_1(t)\boldsymbol{y}(t)-\boldsymbol{\Delta}_2(t)\boldsymbol{x}(t))]\\&=\boldsymbol{C}[\boldsymbol{\phi}(t_k)-\boldsymbol{\phi}(t)]\\&=\boldsymbol{C}\boldsymbol{e}^q(t)\end{aligned} \tag{5-8}$$

其中，$\boldsymbol{\phi}(t)=\boldsymbol{e}(t)+\boldsymbol{\Delta}_1(t)\boldsymbol{y}(t)-\boldsymbol{\Delta}_2(t)\boldsymbol{x}(t),\ \boldsymbol{e}^q(t)=\boldsymbol{\phi}(t_k)-\boldsymbol{\phi}(t)$，$\boldsymbol{\Delta}_1(t),\boldsymbol{\Delta}_2(t)\in\tilde{\boldsymbol{\Delta}}$ 分别表示 $\boldsymbol{z}_{\mathrm{S}}$ 和 $\boldsymbol{z}_{\mathrm{M}}$ 的量化误差。

事件触发时间序列 $\{t_k\}$ 由下列事件触发函数决定：

$$\begin{aligned}&t_0=0\\&t_{k+1}=\inf_{r>t_k}\left\{r\,\middle|\,h(\boldsymbol{\xi}^q(t),\boldsymbol{\phi}(t_k))\geqslant 0,t\in[t_k,r)\right\}\\&h(\boldsymbol{\xi}^q(t),\boldsymbol{\phi}(t_k))=\left\|\boldsymbol{\xi}^q(t)\right\|^2-\eta^2\left\|\boldsymbol{q}_l(\boldsymbol{z}_{\mathrm{S}}(t_k))-\boldsymbol{q}_l(\boldsymbol{z}_{\mathrm{M}}(t_k))\right\|^2-\sigma^2\mathrm{e}^{-\rho t}-\tau\end{aligned} \tag{5-9}$$

其中，$\boldsymbol{\xi}^q(t)$ 为式 (5-8) 定义的测量误差，触发参数 $0<\eta<1,\rho>0,\sigma\in\mathbb{R}$ 及 $\tau>0$ 待定。

注 5.2.1

由式 (5-9) 可知，本小节中事件触发序列的更新由上一个触发时刻量化输出测量值的变化值、指数衰减项 $\mathrm{e}^{-\rho t}$ 及常数 τ 决定，其中 $\sigma^2\mathrm{e}^{-\rho t}+\tau$ 可视为动态阈值。因此称式 (5-9) 为动态事件触发机制。由于量化误差无法被消除，即使 t 趋于无穷大，测量误差 $\boldsymbol{\xi}^q(t)$ 也总是非零的。常数 τ 可以有效地避免 Zeno 现象。与传统的静态事件触发策略[3,5]相比，动态变化的阈值能有效地节约通信资源。当选择 $\sigma=0$ 时，事件触发条件 (5-9) 等价于本章参考文献 [3] 中的静态事件触发条件。

根据式 (5-9)，设计如下量化输出反馈控制器：

$$\boldsymbol{u}_1(t)=\boldsymbol{K}[\boldsymbol{q}_l(\boldsymbol{z}_{\mathrm{S}}(t_k))-\boldsymbol{q}_l(\boldsymbol{z}_{\mathrm{M}}(t_k))],\ t\in[t_k,t_{k+1}) \tag{5-10}$$

5.2.2.2 基于相对输出量化信息的事件触发控制

实际应用中绝对信息有时较难获取，如在控制器端接收到的信号为输出信号的相对信息。另外在某些无人车 / 无人机编队场景中，跟随者仅能获得自身与邻居节点的相对位置信息。定义采用相对量化信息时的测量误差为：

$$\hat{\boldsymbol{\xi}}^q(t)=\boldsymbol{q}_l(\boldsymbol{z}_{\mathrm{S}}(t_k)-\boldsymbol{z}_{\mathrm{M}}(t_k))-\boldsymbol{q}_l(\boldsymbol{z}_{\mathrm{S}}(t)-\boldsymbol{z}_{\mathrm{M}}(t)) \tag{5-11}$$

根据式 (5-8)，上式可以写为：

$$\begin{aligned}\hat{\boldsymbol{\xi}}^q(t)&=\boldsymbol{C}[\boldsymbol{e}(t_k)+\boldsymbol{\Delta}_3(t_k)\boldsymbol{e}(t_k)-(\boldsymbol{e}(t)+\boldsymbol{\Delta}_3(t)\boldsymbol{e}(t))]\\&=\boldsymbol{C}[\hat{\boldsymbol{\phi}}(t_k)-\hat{\boldsymbol{\phi}}(t)]\\&=\boldsymbol{C}\hat{\boldsymbol{e}}^q(t)\end{aligned} \tag{5-12}$$

其中，$\hat{\boldsymbol{\phi}}(t)=\boldsymbol{e}(t)+\boldsymbol{\Delta}_3(t)\boldsymbol{e}(t), \hat{\boldsymbol{e}}^q(t)=\hat{\boldsymbol{\phi}}(t_k)-\hat{\boldsymbol{\phi}}(t)$，其中 $\boldsymbol{\Delta}_3(t)\in\tilde{\boldsymbol{\Delta}}$ 为 $\boldsymbol{z}_{\mathrm{S}}(t)-\boldsymbol{z}_{\mathrm{M}}(t)$ 的量化误差。

设计如下事件触发机制：

$$\begin{aligned}&t_0=0\\&t_{k+1}=\inf_{r>t_k}\{r\,|\,h(\hat{\boldsymbol{\xi}}^q(t),\hat{\boldsymbol{\phi}}(t_k))\geqslant 0,t\in[t_k,r)\}\\&h(\hat{\boldsymbol{\xi}}^q(t),\hat{\boldsymbol{\phi}}(t_k))=\left\|\hat{\boldsymbol{\xi}}^q(t)\right\|^2-\eta^2\left\|\boldsymbol{q}_l(\boldsymbol{z}_{\mathrm{S}}(t_k)-\boldsymbol{z}_{\mathrm{M}}(t_k))\right\|^2-\sigma^2\mathrm{e}^{-\rho t}-\tau\end{aligned} \tag{5-13}$$

其中，$0<\eta<1,\ \rho>0,\ \sigma\in\mathbb{R}$ 及 $\tau>0$ 为待设计的参数。

设计如下量化输出反馈控制器：

$$\boldsymbol{u}_2(t)=\boldsymbol{K}\boldsymbol{q}_1(\boldsymbol{z}_{\mathrm{S}}(t_k)-\boldsymbol{z}_{\mathrm{M}}(t_k)),\ t\in[t_k,t_{k+1}) \tag{5-14}$$

5.2.3 主从混沌神经网络量化同步分析

5.2.3.1 基于绝对输出量化的耦合混沌神经网络事件触发同步

定理 5.2.1

在假设 5.2.1 和假设 5.2.2 下，对于给定的参数矩阵 $\boldsymbol{A}$、$\boldsymbol{B}$、$\boldsymbol{C}$、$\boldsymbol{D}$ 以及 $\boldsymbol{K}$，如果存在一个正定矩阵 $\boldsymbol{P}$，正定对角阵 $\boldsymbol{\Sigma}_1$、$\boldsymbol{\Sigma}_2$、$\boldsymbol{\Sigma}_3$ 及正常数 ε 和 η，使得：

$$\boldsymbol{\Omega}_1=\begin{bmatrix}\boldsymbol{\Pi}_1 & \boldsymbol{PD} & \boldsymbol{\Gamma}_1 & \boldsymbol{\Gamma}_1 & \boldsymbol{\Gamma}_1\\ * & -\boldsymbol{\Sigma}_1 & \boldsymbol{O} & \boldsymbol{O} & \boldsymbol{O}\\ * & * & \boldsymbol{\Gamma}_2 & \eta^2\boldsymbol{C}^{\mathrm{T}}\boldsymbol{C} & \eta^2\boldsymbol{C}^{\mathrm{T}}\boldsymbol{C}\\ * & * & * & \boldsymbol{\Gamma}_3 & \eta^2\boldsymbol{C}^{\mathrm{T}}\boldsymbol{C}\\ * & * & * & * & \boldsymbol{\Gamma}_4\end{bmatrix}<0 \tag{5-15}$$

其中：

$$\boldsymbol{\Gamma}_1=\boldsymbol{PBKC}+\eta^2\boldsymbol{C}^{\mathrm{T}}\boldsymbol{C},\boldsymbol{\Gamma}_2=-\boldsymbol{\Sigma}_2+\eta^2\boldsymbol{C}^{\mathrm{T}}\boldsymbol{C},\boldsymbol{\Gamma}_3=-\boldsymbol{\Sigma}_3+\eta^2\boldsymbol{C}^{\mathrm{T}}\boldsymbol{C},\boldsymbol{\Gamma}_4=-(1-\eta^2)\boldsymbol{C}^{\mathrm{T}}\boldsymbol{C}$$

$$\boldsymbol{\Pi}_1=-\boldsymbol{PA}-\boldsymbol{A}^{\mathrm{T}}\boldsymbol{P}+\boldsymbol{PBKC}+(\boldsymbol{BKC})^{\mathrm{T}}\boldsymbol{P}+\boldsymbol{L}^{\mathrm{T}}\boldsymbol{\Sigma}_1\boldsymbol{L}+\alpha^2\boldsymbol{\Sigma}_2+\eta^2\boldsymbol{C}^{\mathrm{T}}\boldsymbol{C}+\varepsilon\boldsymbol{I}$$

那么从神经网络 (5-2) 与主神经网络 (5-1) 实现有界同步，且同步误差 $\boldsymbol{e}(t)$ 指数收敛到：

$$M_1=\left\{\boldsymbol{e}(t)\in\boldsymbol{R}^n\,\middle|\,\|\boldsymbol{e}(t)\|\leqslant\sqrt{\frac{\lambda_{\max}(\boldsymbol{P})\Theta}{\lambda_{\min}(\boldsymbol{P})\varepsilon}}\right\} \tag{5-16}$$

其中，$\Theta=4\alpha^2\gamma^2\lambda_{\max}(\boldsymbol{\Sigma}_3)+\sigma^2+\tau$。

证明：

结合式 (5-1)、式 (5-2)、式 (5-8) 及式 (5-10)，当 $t\in[t_k,t_{k+1})$ 时，误差系统的动力学方程满足：

$$\begin{aligned}\dot{\boldsymbol{e}}(t)&=-\boldsymbol{Ae}(t)+\boldsymbol{Dg}(\boldsymbol{e}(t))+\boldsymbol{BK}[\boldsymbol{q}_l(z_{\mathrm{S}}(t_k))-\boldsymbol{q}_l(z_{\mathrm{M}}(t_k))]\\&=-\boldsymbol{Ae}(t)+\boldsymbol{Dg}(\boldsymbol{e}(t))+\boldsymbol{BKC}[\boldsymbol{e}^q(t)+\boldsymbol{\phi}(t)]\\&=-\boldsymbol{Ae}(t)+\boldsymbol{Dg}(\boldsymbol{e}(t))+\boldsymbol{BKC}[\boldsymbol{e}^q(t)+\boldsymbol{e}(t)+\boldsymbol{\Delta}_1(t)\boldsymbol{e}(t)+(\boldsymbol{\Delta}_1(t)-\boldsymbol{\Delta}_2(t))\boldsymbol{x}(t)]\end{aligned} \tag{5-17}$$

其中，$\boldsymbol{g}(\boldsymbol{e}(t))=\boldsymbol{f}(\boldsymbol{y}(t))-\boldsymbol{f}(\boldsymbol{x}(t))$。

选取如下李雅普诺夫函数：

$$V(t)=e^{\mathrm{T}}(t)Pe(t) \tag{5-18}$$

$V(t)$ 沿式 (5-17) 的解轨迹对 t 求导：

$$\begin{aligned}\dot{V}(t)=2e^{\mathrm{T}}(t)P\{-Ae(t)+Dg(e(t))+BKC[e^{q}(t)\\+e(t)+\Delta_1(t)e(t)+(\Delta_1(t)-\Delta_2(t))x(t)]\}\end{aligned} \tag{5-19}$$

显然，上式为一个不连续微分方程。根据附录 A.3.2，下列的微分包含存在一个完全 Krasovskii 解：

$$\begin{aligned}\dot{V}(t)\in 2e^{\mathrm{T}}(t)P\{-Ae(t)+Dg(e(t))+BKC[e^{q}(t)+e(t)\\+\mathcal{K}(\Delta_1(t)e(t))+\mathcal{K}[(\Delta_1(t)-\Delta_2(t))x(t)]]\}\end{aligned} \tag{5-20}$$

选取 $v_1(t)$ 及 $v_2(t)$ 分别满足 $v_1(t)\in\mathcal{K}(\Delta_1(t)e(t))$、$v_2(t)\in\mathcal{K}[(\Delta_1(t)-\Delta_2(t))x(t)]$。易知 $\|v_1(t)\|\leqslant\alpha_l\|e(t)\|,\|v_2(t)\|\leqslant 2\alpha_l\|x(t)\|$。故式 (5-20) 可写为：

$$\begin{aligned}\dot{V}(t)&=2e^{\mathrm{T}}(t)P\{-Ae(t)+Dg(e(t))+BKC[e^{q}(t)+e(t)+v_1(t)+v_2(t)]\}\\&=e^{\mathrm{T}}(t)(-PA-A^{\mathrm{T}}P+PBKC+(BKC)^{\mathrm{T}}P)e(t)+2e^{\mathrm{T}}(t)PDg(e(t))\\&\quad+2e^{\mathrm{T}}(t)PBKCv_1(t)+2e^{\mathrm{T}}(t)PBKCv_2(t)+2e^{\mathrm{T}}(t)PBKCe^{q}(t)\end{aligned} \tag{5-21}$$

根据假设 5.2.1 可得：

$$-g^{\mathrm{T}}(e(t))\Sigma_1 g(e(t))+e^{\mathrm{T}}(t)L^{\mathrm{T}}\Sigma_1 Le(t)\geqslant 0 \tag{5-22}$$

$$-v_1^{\mathrm{T}}(t)\Sigma_2 v_1(t)+\alpha^2 e^{\mathrm{T}}(t)\Sigma_2 e(t)\geqslant 0 \tag{5-23}$$

$$-v_2^{\mathrm{T}}(t)\Sigma_3 v_2(t)+\alpha^2 x^{\mathrm{T}}(t)\Sigma_3 x(t)\geqslant 0 \tag{5-24}$$

其中，$L=\mathrm{diag}\{l_1,l_2,\cdots,l_n\}$。

根据式 (5-8) 和式 (5-9) 可得：

$$\begin{aligned}(e^{q}(t))^{\mathrm{T}}C^{\mathrm{T}}Ce^{q}(t)&<\eta^2\phi^{\mathrm{T}}(t_k)C^{\mathrm{T}}C\phi(t_k)+\sigma^2\mathrm{e}^{-\rho t}+\tau\\&=\eta^2[e^{q}(t)+\phi(t)]^{\mathrm{T}}C^{\mathrm{T}}C[e^{q}(t)+\phi(t)]+\sigma^2\mathrm{e}^{-\rho t}+\tau\end{aligned} \tag{5-25}$$

其等价于：

$$\begin{aligned}&-(1-\eta^2)(e^{q}(t))^{\mathrm{T}}C^{\mathrm{T}}Ce^{q}(t)+2\eta^2(e^{q}(t))^{\mathrm{T}}C^{\mathrm{T}}C\phi(t)\\&+\eta^2\phi^{\mathrm{T}}(t)C^{\mathrm{T}}C\phi(t)+\sigma^2\mathrm{e}^{-\rho t}+\tau>0\end{aligned} \tag{5-26}$$

由于 $\phi(t)=e(t)+v_1(t)+v_2(t)$，式 (5-26) 可写为：

$$
\begin{aligned}
&-(1-\eta^2)(\boldsymbol{e}^q(t))^{\mathrm{T}}\boldsymbol{C}^{\mathrm{T}}\boldsymbol{C}\boldsymbol{e}^q(t)+2\eta^2(\boldsymbol{e}^q(t))^{\mathrm{T}}\boldsymbol{C}^{\mathrm{T}}\boldsymbol{C}[\boldsymbol{e}(t)+\boldsymbol{v}_1(t)+\boldsymbol{v}_2(t)]\\
&+\eta^2[\boldsymbol{e}(t)+\boldsymbol{v}_1(t)+\boldsymbol{v}_2(t)]^{\mathrm{T}}\boldsymbol{C}^{\mathrm{T}}\boldsymbol{C}[\boldsymbol{e}(t)+\boldsymbol{v}_1(t)+\boldsymbol{v}_2(t)]+\sigma^2\mathrm{e}^{-\rho t}+\tau>0
\end{aligned}
\tag{5-27}
$$

将式(5-22)～式(5-24)和式(5-27)代入式(5-21)，并结合假设5.2.2可得：

$$
\begin{aligned}
\dot{\boldsymbol{V}}(t)&\leqslant\boldsymbol{\chi}^{\mathrm{T}}(t)\boldsymbol{\Omega}_1\boldsymbol{\chi}(t)+4\alpha_l^2\boldsymbol{x}^{\mathrm{T}}(t)\boldsymbol{\Sigma}_3\boldsymbol{x}(t)+\tau\\
&\leqslant\boldsymbol{\chi}^{\mathrm{T}}(t)\boldsymbol{\Omega}_1\boldsymbol{\chi}(t)\text{-}\varepsilon\boldsymbol{e}^{\mathrm{T}}(t)\boldsymbol{e}(t)+4\alpha_l^2\gamma^2\lambda_{\max}(\boldsymbol{\Sigma}_3)+\sigma^2+\tau
\end{aligned}
\tag{5-28}
$$

其中，$\boldsymbol{\chi}(t)=[\boldsymbol{e}^{\mathrm{T}}(t),\boldsymbol{g}^{\mathrm{T}}(\boldsymbol{e}(t)),\boldsymbol{v}_1^{\mathrm{T}}(t),\boldsymbol{v}_2^{\mathrm{T}}(t),(\boldsymbol{e}^q(t))^{\mathrm{T}}]^{\mathrm{T}}$。

因为 $\boldsymbol{\Omega}_1<0$，故存在一个正实数 $\varepsilon>0$ 使得：

$$
\boldsymbol{V}(t)\leqslant\mathrm{e}^{-\frac{\varepsilon}{\lambda_{\max}(\boldsymbol{P})}(t-t_k)}\boldsymbol{V}(t_k)+\frac{\lambda_{\max}(\boldsymbol{P})}{\varepsilon}\Theta\left(1-\mathrm{e}^{-\frac{\varepsilon}{\lambda_{\max}(\boldsymbol{P})}(t-t_k)}\right)
\tag{5-29}
$$

通过归纳法可得：

$$
\boldsymbol{V}(t)\leqslant\mathrm{e}^{-\frac{\varepsilon}{\lambda_{\max}(\boldsymbol{P})}(t-t_k)}\boldsymbol{V}(0)+\frac{\lambda_{\max}(\boldsymbol{P})}{\varepsilon}\Theta\left(1-\mathrm{e}^{-\frac{\varepsilon}{\lambda_{\max}(\boldsymbol{P})}t}\right)
\tag{5-30}
$$

由于 $\lambda_{\min}(\boldsymbol{P})\boldsymbol{e}^{\mathrm{T}}(t)\boldsymbol{e}(t)\leqslant\boldsymbol{V}(t),\varepsilon>0$ 及 $\boldsymbol{P}>0$，可得：

$$
\|\boldsymbol{e}(t)\|\leqslant\mathrm{e}^{-\frac{\varepsilon}{2\lambda_{\max}(\boldsymbol{P})}}\sqrt{\frac{\boldsymbol{V}(\boldsymbol{x}(0))}{\lambda_{\min}(\boldsymbol{P})}}+\sqrt{\frac{\lambda_{\max}(\boldsymbol{P})}{\varepsilon\lambda_{\min}(\boldsymbol{P})}\Theta\left(1-\mathrm{e}^{-\frac{\varepsilon}{\lambda_{\max}(\boldsymbol{P})}t}\right)}
\tag{5-31}
$$

因此，当 $t\to\infty$ 时，$\|\boldsymbol{e}(t)\|$ 指数收敛到集合 M_1，收敛速率为 $\varepsilon/2\lambda_{\max}(\boldsymbol{P})$。证毕。

定理 5.2.2

若定理5.2.1的条件都满足，且参数 τ 满足 $\tau>(2\alpha_l\varLambda_1+4\alpha_l\gamma)^2\left\|\boldsymbol{C}^{\mathrm{T}}\boldsymbol{C}\right\|$，那么在给定的事件触发条件(5-9)下，误差系统(5-17)能够保证不发生Zeno行为。

证明：

根据前述分析，可用量化状态测量误差 $\boldsymbol{e}^q(t)$ 来表示量化输出测量误差 $\boldsymbol{\xi}^q(t)$，但是由于量化误差的存在，两者不再是连续状态。因此需重新定义一个连续的状态测量误差 $\tilde{\boldsymbol{e}}(t)=\boldsymbol{e}(t_k)-\boldsymbol{e}(t),t\in[t_k,t_{k+1})$。$\boldsymbol{e}^q(t)$ 与 $\tilde{\boldsymbol{e}}(t)$ 的关系为：

$$
\begin{aligned}
\|\tilde{\boldsymbol{e}}(t)\|&=\|\boldsymbol{e}(t_k)-\boldsymbol{e}(t)\|\\
&=\left\|\boldsymbol{e}^q(t)-\boldsymbol{\varDelta}_1(t_k)\boldsymbol{e}(t_k)-(\boldsymbol{\varDelta}_1(t_k)-\boldsymbol{\varDelta}_2(t_k))\boldsymbol{x}(t_k)+\boldsymbol{\varDelta}_1(t)\boldsymbol{e}(t)+(\boldsymbol{\varDelta}_1(t)-\boldsymbol{\varDelta}_2(t))\boldsymbol{x}(t)\right\|
\end{aligned}
\tag{5-32}
$$

当满足事件触发条件 (5-9) 时，$\tilde{e}(t)$ 将被重置为 0。对上式求导：

$$\begin{aligned}\frac{\mathrm{d}}{\mathrm{d}t}\|\tilde{\boldsymbol{e}}(t)\|=\frac{\tilde{\boldsymbol{e}}^{\mathrm{T}}(t)\dot{\tilde{\boldsymbol{e}}}(t)}{\|\tilde{\boldsymbol{e}}(t)\|}\leqslant\|\dot{\tilde{\boldsymbol{e}}}(t)\|&=\|-\boldsymbol{A}\boldsymbol{e}(t)+\boldsymbol{D}\boldsymbol{g}(\boldsymbol{e}(t))+\boldsymbol{BKC}\boldsymbol{\phi}(t_k)\|\\&\leqslant\|\boldsymbol{A}\|\|\boldsymbol{e}(t)\|+\|\boldsymbol{DL}\|\|\boldsymbol{e}(t)\|+\|\boldsymbol{BKC}\|\|\boldsymbol{\phi}(t_k)\|\\&\leqslant\|\boldsymbol{A}\|\|\boldsymbol{e}(t)\|+\|\boldsymbol{DL}\|\|\boldsymbol{e}(t)\|+\|\boldsymbol{BKC}\|\|\boldsymbol{e}(t_k)+\boldsymbol{\Delta}_1(t_k)\boldsymbol{e}(t_k)\\&\quad+(\boldsymbol{\Delta}_1(t_k)-\boldsymbol{\Delta}_2(t_k))\boldsymbol{x}(t_k)\|\end{aligned}\tag{5-33}$$

结合式 (5-31) 可知 $\|\boldsymbol{e}(t)\|$ 是有界的，且上界为 $\Lambda_1=\sqrt{\frac{\lambda_{\max}(\boldsymbol{P})}{\lambda_{\min}(\boldsymbol{P})}}\|\boldsymbol{x}(0)\|+\sqrt{\frac{\lambda_{\max}(\boldsymbol{P})}{\varepsilon\lambda_{\min}(\boldsymbol{P})}\Theta}$，并且由于 $\boldsymbol{\Delta}_1(t)$、$\boldsymbol{\Delta}_2(t)$ 也是有界的，因此可知 $\|\dot{\tilde{\boldsymbol{e}}}(t)\|$ 存在上界，即：

$$\frac{\mathrm{d}}{\mathrm{d}t}\|\tilde{\boldsymbol{e}}(t)\|\leqslant\Lambda_2\tag{5-34}$$

其中，$\Lambda_2=(\|\boldsymbol{A}\|+\|\boldsymbol{DL}\|+(1+\alpha)\|\boldsymbol{BKC}\|)\Lambda_1+2\|\boldsymbol{BKC}\|\alpha\gamma$。

对于 $t\in[t_k,t_{k+1})$，有：

$$\int_{t_k}^{t}\frac{\mathrm{d}}{\mathrm{d}t}\|\tilde{\boldsymbol{e}}(s)\|\mathrm{d}s\leqslant\Lambda_2(t-t_k)\tag{5-35}$$

所以：

$$t-t_k\geqslant\frac{\|\tilde{\boldsymbol{e}}(t)\|-\|\tilde{\boldsymbol{e}}(t_k)\|}{\Lambda_2}\tag{5-36}$$

结合式 (5-32) 可得：

$$\begin{aligned}\|\tilde{\boldsymbol{e}}(t)\|-\|\tilde{\boldsymbol{e}}(t_k)\|\geqslant&\|\boldsymbol{e}^q(t)\|-\|\boldsymbol{\Delta}_1(t_k)\boldsymbol{e}(t_k)\|-\|\boldsymbol{\Delta}_1(t)\boldsymbol{e}(t)\|\\&-\|(\boldsymbol{\Delta}_1(t_k)-\boldsymbol{\Delta}_2(t_k))\boldsymbol{x}(t_k)\|-\|(\boldsymbol{\Delta}_1(t)-\boldsymbol{\Delta}_2(t))\boldsymbol{x}(t)\|\\\geqslant&\|\boldsymbol{e}^q(t)\|-2\alpha_l\Lambda_1-4\alpha_l\gamma\end{aligned}\tag{5-37}$$

由事件触发策略 (5-9) 可知，下一次事件触发时刻 t_{k+1} 满足：

$$\|\boldsymbol{\xi}^q(t_{k+1})\|^2\geqslant\eta^2\|\boldsymbol{q}(z_{\mathrm{S}}(t_k))-\boldsymbol{q}(z_{\mathrm{M}}(t_k))\|^2+\sigma^2\mathrm{e}^{-\rho t_{k+1}}+\tau\geqslant\tau\tag{5-38}$$

由于 $\|\boldsymbol{\xi}^q(t)\|^2\leqslant\|\boldsymbol{C}^{\mathrm{T}}\boldsymbol{C}\|\|\boldsymbol{e}^q(t)\|^2$，那么：

$$\left\|\boldsymbol{e}^q(t_{k+1})\right\|^2\geqslant\frac{\tau}{\|\boldsymbol{C}^{\mathrm{T}}\boldsymbol{C}\|}\tag{5-39}$$

在触发时刻 t_k，$\boldsymbol{e}^q(t)$ 值为 0，且其值会一直增大直到下一个触发时刻 t_{k+1} 到来。结合式 (5-36)、式 (5-37) 及式 (5-39) 有：

$$t_{k+1}-t_k \geqslant \frac{\sqrt{\dfrac{\tau}{\|\boldsymbol{C}^{\mathrm{T}}\boldsymbol{C}\|}}-2\alpha_l\Lambda_1-4\alpha_l\gamma}{\Lambda_2} \tag{5-40}$$

如果 $\tau>(2\alpha_l\Lambda_1+4\alpha_l\gamma)^2\|\boldsymbol{C}^{\mathrm{T}}\boldsymbol{C}\|$，那么：

$$t_{k+1}-t_k \geqslant \bar{\tau}>0 \tag{5-41}$$

其中：

$$\bar{\tau}=\frac{\left(\sqrt{\dfrac{\tau}{\|\boldsymbol{C}^{\mathrm{T}}\boldsymbol{C}\|}}-2\alpha_l\Lambda_1-4\alpha_l\gamma\right)}{\Lambda_2}$$

因此 Zeno 行为不会发生。证毕。

根据前述分析，定理 5.2.1 给出了基于动态事件触发控制 (5-10) 的主从混沌神经网络有界同步的充分条件，并给出了一个具体的上界表达式。有界同步的上界取决于量化器、事件触发条件的参数以及主神经网络的上界。如果不考虑事件触发机制，只考虑绝对信息的量化影响，则控制器 (5-10) 可以表示为：

$$\boldsymbol{u}(t)=\boldsymbol{K}[\boldsymbol{q}(z_{\mathrm{S}}(t))-\boldsymbol{q}(z_{\mathrm{M}}(t))] \tag{5-42}$$

此时有如下推论成立。

推论 5.2.1

在假设 5.2.1 和假设 5.2.2 下，对于给定的 $\boldsymbol{A}$、$\boldsymbol{B}$、$\boldsymbol{C}$、$\boldsymbol{D}$ 及 $\boldsymbol{K}$，若存在正定矩阵 $\hat{\boldsymbol{P}}$ 和正定对角矩阵 $\boldsymbol{\Sigma}_4$、$\boldsymbol{\Sigma}_5$、$\boldsymbol{\Sigma}_6$ 及正实数 ι，使得：

$$\begin{bmatrix} \boldsymbol{\Pi}_2 & \hat{\boldsymbol{P}}\boldsymbol{D} & \hat{\boldsymbol{P}}\boldsymbol{BKC} & \hat{\boldsymbol{P}}\boldsymbol{BKC} \\ * & -\boldsymbol{\Sigma}_4 & \boldsymbol{O} & \boldsymbol{O} \\ * & * & -\boldsymbol{\Sigma}_5 & \boldsymbol{O} \\ * & * & * & -\boldsymbol{\Sigma}_6 \end{bmatrix}<0 \tag{5-43}$$

其中，$\boldsymbol{\Pi}_2=\hat{\boldsymbol{P}}(-\boldsymbol{A}+\boldsymbol{BKC})+(-\boldsymbol{A}+\boldsymbol{BKC})^{\mathrm{T}}\hat{\boldsymbol{P}}+\boldsymbol{L}^{\mathrm{T}}\boldsymbol{\Sigma}_4\boldsymbol{L}+\alpha_l^2\boldsymbol{\Sigma}_5+\iota\boldsymbol{I}$，则在控制器 (5-42) 下，从神经网络 (5-2) 可与主神经网络 (5-1) 实现有界同步，且同步误差 $\boldsymbol{e}(t)$ 指数收敛到：

$$M_2=\left\{\boldsymbol{e}(t)\in\mathbb{R}^n \,\middle|\, \|\boldsymbol{e}(t)\|\leqslant 2\alpha_l\gamma\sqrt{\frac{\lambda_{\max}(\hat{\boldsymbol{P}})\lambda_{\max}(\boldsymbol{\Sigma}_6)}{\lambda_{\min}(\hat{\boldsymbol{P}})\iota}}\right\} \tag{5-44}$$

证明：

在控制器 (5-42) 下，误差系统的动力学方程可写为：

$$\dot{\boldsymbol{e}}(t)=-\boldsymbol{A}\boldsymbol{e}(t)+\boldsymbol{D}\boldsymbol{g}(\boldsymbol{e}(t))+\boldsymbol{BKC}[\boldsymbol{e}(t)+\boldsymbol{\Delta}_1(t)\boldsymbol{e}(t)+(\boldsymbol{\Delta}_1(t)-\boldsymbol{\Delta}_2(t))\boldsymbol{x}(t)] \tag{5-45}$$

上式为一个不连续的微分方程。下面的微分包含存在一个完全的 Krasovskii 解：

$$\dot{\boldsymbol{e}}(t)\in-\boldsymbol{A}\boldsymbol{e}(t)+\boldsymbol{D}\boldsymbol{g}(\boldsymbol{e}(t))+\boldsymbol{BKC}\{\boldsymbol{e}(t)+\mathcal{K}(\boldsymbol{\Delta}_1(t)\boldsymbol{e}(t))+\mathcal{K}[(\boldsymbol{\Delta}_1(t)-\boldsymbol{\Delta}_2(t))\boldsymbol{x}(t)]\} \tag{5-46}$$

选取分别满足 $\boldsymbol{v}_3(t)\in\mathcal{K}(\boldsymbol{\Delta}_1(t)\boldsymbol{e}(t))$、$\boldsymbol{v}_4(t)\in\mathcal{K}[(\boldsymbol{\Delta}_1(t)-\boldsymbol{\Delta}_2(t))\boldsymbol{x}(t)]$ 的 $\boldsymbol{v}_3(t)$ 和 $\boldsymbol{v}_4(t)$，使得 $\boldsymbol{v}_3$、$\boldsymbol{v}_4$ 与 $\boldsymbol{v}_1$、$\boldsymbol{v}_2$ 分别有相同的性质，那么式(5-46) 可以进一步表示为：

$$\dot{\boldsymbol{e}}(t)=-\boldsymbol{A}\boldsymbol{e}(t)+\boldsymbol{D}\boldsymbol{g}(\boldsymbol{e}(t))+\boldsymbol{BKC}[\boldsymbol{e}(t)+\boldsymbol{v}_3(t)+\boldsymbol{v}_4(t)] \tag{5-47}$$

与定理 5.2.1 类似，可证明从神经网络 (5-2) 可与主神经网络 (5-1) 实现有界同步。具体的证明过程已省略。证毕。

5.2.3.2 基于相对输出量化信息事件触发控制的混沌神经网络同步

定理 5.2.3

在假设 5.2.1 和假设 5.2.2 下，对于给定的参数矩阵 $\boldsymbol{A}$、$\boldsymbol{B}$、$\boldsymbol{C}$、$\boldsymbol{D}$ 以及 $\boldsymbol{K}$，若存在正定矩阵 $\boldsymbol{P}$，正定对角阵 $\hat{\boldsymbol{\Sigma}}_1$、$\hat{\boldsymbol{\Sigma}}_2$ 及正实数 ε 和 η，使得：

$$\hat{\boldsymbol{\Omega}}_1=\begin{bmatrix}\hat{\boldsymbol{\Pi}}_1 & \boldsymbol{PD} & \hat{\boldsymbol{\Gamma}}_1 & \hat{\boldsymbol{\Gamma}}_1\\ * & -\hat{\boldsymbol{\Sigma}}_1 & \boldsymbol{O} & \boldsymbol{O}\\ * & * & \hat{\boldsymbol{\Gamma}}_2 & \eta^2\boldsymbol{C}^{\mathrm{T}}\boldsymbol{C}\\ * & * & * & \hat{\boldsymbol{\Gamma}}_3\end{bmatrix}<0 \tag{5-48}$$

其中：

$$\hat{\boldsymbol{\Gamma}}_1=\boldsymbol{PBKC}+\eta^2\boldsymbol{C}^{\mathrm{T}}\boldsymbol{C},\hat{\boldsymbol{\Gamma}}_2=-\hat{\boldsymbol{\Sigma}}_2+\eta^2\boldsymbol{C}^{\mathrm{T}}\boldsymbol{C},\hat{\boldsymbol{\Gamma}}_3=-(1-\eta^2)\boldsymbol{C}^{\mathrm{T}}\boldsymbol{C}$$

$$\hat{\boldsymbol{\Pi}}_1=-\boldsymbol{PA}-\boldsymbol{A}^{\mathrm{T}}\boldsymbol{P}+\boldsymbol{PBKC}+(\boldsymbol{BKC})^{\mathrm{T}}\boldsymbol{P}+\boldsymbol{L}^{\mathrm{T}}\hat{\boldsymbol{\Sigma}}_1\boldsymbol{L}+\alpha_l^2\hat{\boldsymbol{\Sigma}}_2+\eta^2\boldsymbol{C}^{\mathrm{T}}\boldsymbol{C}+\varepsilon\boldsymbol{I}$$

那么从神经网络 (5-2) 可与主神经网络 (5-1) 实现有界同步，且同步误差 $\boldsymbol{e}(t)$ 指数收敛到：

$$\hat{M}_1 = \left\{ \boldsymbol{e}(t) \in \mathbb{R}^n \middle| \|\boldsymbol{e}(t)\| \leqslant \sqrt{\frac{\lambda_{\max}(\boldsymbol{P})(\tau + \sigma^2)}{\lambda_{\min}(\boldsymbol{P})\varepsilon}} \right\} \tag{5-49}$$

证明：

结合式(5-1)、式(5-2)、式(5-11)及式(5-14)可得，当 $t \in [t_k, t_{k+1})$ 时，同步误差系统的动力学方程为：

$$\begin{aligned}\dot{\boldsymbol{e}}(t) &= -\boldsymbol{A}\boldsymbol{e}(t) + \boldsymbol{D}\boldsymbol{g}(\boldsymbol{e}(t)) + \boldsymbol{B}\boldsymbol{K}\boldsymbol{q}_1(\boldsymbol{z}_{\mathrm{S}}(t_k) - \boldsymbol{z}_{\mathrm{M}}(t_k)) \\ &= -\boldsymbol{A}\boldsymbol{e}(t) + \boldsymbol{D}\boldsymbol{g}(\boldsymbol{e}(t)) + \boldsymbol{B}\boldsymbol{K}\boldsymbol{C}[\hat{\boldsymbol{e}}^q(t) + \hat{\boldsymbol{\phi}}(t)] \\ &= -\boldsymbol{A}\boldsymbol{e}(t) + \boldsymbol{D}\boldsymbol{g}(\boldsymbol{e}(t)) + \boldsymbol{B}\boldsymbol{K}\boldsymbol{C}[\hat{\boldsymbol{e}}^q(t) + \boldsymbol{e}(t) + \hat{\boldsymbol{\Delta}}_1(t)\boldsymbol{e}(t)]\end{aligned} \tag{5-50}$$

由于量化误差的不连续性，如下微分包含存在一个完全的 Krasovskii 解：

$$\dot{\boldsymbol{e}}(t) \in -\boldsymbol{A}\boldsymbol{e}(t) + \boldsymbol{D}\boldsymbol{g}(\boldsymbol{e}(t)) + \boldsymbol{B}\boldsymbol{K}\boldsymbol{C}[\hat{\boldsymbol{e}}^q(t) + \boldsymbol{e}(t) + \mathcal{K}(\tilde{\boldsymbol{\Delta}}_1(t)\boldsymbol{e}(t))] \tag{5-51}$$

选择满足 $\hat{\boldsymbol{v}}_1(t) \in \mathcal{K}(\tilde{\boldsymbol{\Delta}}_1(t)\boldsymbol{e}(t))$ 的 $\hat{\boldsymbol{v}}_1(t)$ 并根据对数量化器的性质可知 $\|\hat{\boldsymbol{v}}_1(t)\| \leqslant \alpha \|\boldsymbol{e}(t)\|$，那么式(5-51)可转化为：

$$\dot{\boldsymbol{e}}(t) = -\boldsymbol{A}\boldsymbol{e}(t) + \boldsymbol{D}\boldsymbol{g}(\boldsymbol{e}(t)) + \boldsymbol{B}\boldsymbol{K}\boldsymbol{C}[\hat{\boldsymbol{e}}^q(t) + \boldsymbol{e}(t) + \hat{\boldsymbol{v}}_1(t)] \tag{5-52}$$

选择与式(5-18)相同的李雅普诺夫函数，类似于定理5.2.1的证明，可以得到从神经网络(5-2)与主神经网络(5-1)实现有界同步的充分条件。证毕。

定理 5.2.4

在满足定理5.2.3的条件下，如果 τ 满足 $\tau > 4\alpha_i^2 \hat{\Lambda}_1^2 \|\boldsymbol{C}^{\mathrm{T}}\boldsymbol{C}\|$，对于本节给出的事件触发条件(5-13)，那么误差系统(5-52)可以避免 Zeno 行为的发生。

证明：

定理5.2.4与定理5.2.2证明过程类似，此处省略。

如果只考虑相对信息的量化影响，控制器(5-14)可表示为：

$$\boldsymbol{u}(t) = \boldsymbol{K}\boldsymbol{q}(\boldsymbol{z}_{\mathrm{S}}(t) - \boldsymbol{z}_{\mathrm{M}}(t)) \tag{5-53}$$

此时有如下推论成立。

推论 5.2.2

在假设 5.2.1 和假设 5.2.2 下，对于给定的 $\boldsymbol{A}$、$\boldsymbol{B}$、$\boldsymbol{C}$、$\boldsymbol{D}$ 及 $\boldsymbol{K}$，如果存在正定矩阵 $\hat{\boldsymbol{P}}$，正对角矩阵 $\hat{\boldsymbol{\Sigma}}_4$、$\hat{\boldsymbol{\Sigma}}_5$ 及正实数 ι 使得：

$$\begin{bmatrix} \hat{\boldsymbol{\Pi}}_2 & \hat{\boldsymbol{P}}\boldsymbol{D} & \hat{\boldsymbol{P}}\boldsymbol{BKC} \\ * & -\hat{\boldsymbol{\Sigma}}_4 & \boldsymbol{O} \\ * & * & -\hat{\boldsymbol{\Sigma}}_5 \end{bmatrix} < 0 \tag{5-54}$$

其中，$\boldsymbol{\Pi}_2 = \hat{\boldsymbol{P}}(-\boldsymbol{A}+\boldsymbol{BKC})+(-\boldsymbol{A}+\boldsymbol{BKC})^{\mathrm{T}}\hat{\boldsymbol{P}}+\boldsymbol{L}^{\mathrm{T}}\hat{\boldsymbol{\Sigma}}_4\boldsymbol{L}+\alpha_l^2\hat{\boldsymbol{\Sigma}}_5+\iota\boldsymbol{I}$，那么在控制器(5-53)下，从神经网络(5-2)可与主神经网络(5-1)实现指数同步。

证明：

根据主从神经网络方程及控制器 (5-53) 可得，同步误差系统的动力学方程为：

$$\begin{aligned} \dot{\boldsymbol{e}}(t) &= -\boldsymbol{A}\boldsymbol{e}(t)+\boldsymbol{D}\boldsymbol{g}(\boldsymbol{e}(t))+\boldsymbol{BK}\boldsymbol{q}(z_{\mathrm{S}}(t)-z_{\mathrm{M}}(t)) \\ &= -\boldsymbol{A}\boldsymbol{e}(t)+\boldsymbol{D}\boldsymbol{g}(\boldsymbol{e}(t))+\boldsymbol{BKC}[\boldsymbol{e}(t)+\tilde{\boldsymbol{\Delta}}_1(t)\boldsymbol{e}(t)] \end{aligned} \tag{5-55}$$

选取如下李雅普诺夫函数：

$$\boldsymbol{V}(t)=\boldsymbol{e}^{\mathrm{T}}(t)\hat{\boldsymbol{P}}\boldsymbol{e}(t) \tag{5-56}$$

$\boldsymbol{V}(t)$ 沿式 (5-55) 的解轨迹对 t 求导：

$$\dot{\boldsymbol{V}}(t)=2\boldsymbol{e}^{\mathrm{T}}(t)\hat{\boldsymbol{P}}\{-\boldsymbol{A}\boldsymbol{e}(t)+\boldsymbol{D}\boldsymbol{g}(\boldsymbol{e}(t))+\boldsymbol{BKC}[\boldsymbol{e}(t)+\tilde{\boldsymbol{\Delta}}_1(t)\boldsymbol{e}(t)]\} \tag{5-57}$$

上式为一个不连续微分方程，下式的微分包含存在一个完全 Krasovskii 解：

$$\dot{\boldsymbol{V}}(t)\in 2\boldsymbol{e}^{\mathrm{T}}(t)\hat{\boldsymbol{P}}\{-\boldsymbol{A}\boldsymbol{e}(t)+\boldsymbol{D}\boldsymbol{g}(\boldsymbol{e}(t))+\boldsymbol{BKC}[\boldsymbol{e}(t)+\mathcal{K}(\tilde{\boldsymbol{\Delta}}_1(t)\boldsymbol{e}(t))]\} \tag{5-58}$$

选择满足 $\boldsymbol{v}_5(t)\in\mathcal{K}(\tilde{\boldsymbol{\Delta}}_1(t)\boldsymbol{e}(t))$ 的 $\boldsymbol{v}_5(t)$，且有 $\|\boldsymbol{v}_5(t)\|\leqslant\alpha_l\|\boldsymbol{e}(t)\|$，则式 (5-58) 可写为：

$$\dot{\boldsymbol{V}}(t)=2\boldsymbol{e}^{\mathrm{T}}(t)\hat{\boldsymbol{P}}\{-\boldsymbol{A}\boldsymbol{e}(t)+\boldsymbol{D}\boldsymbol{g}(\boldsymbol{e}(t))+\boldsymbol{BKC}[\boldsymbol{e}(t)+\boldsymbol{v}_5(t)]\} \tag{5-59}$$

与定理 5.2.1 证明相同，可得推论 5.2.2 成立。证毕。

注 5.2.2 本小节的控制协议是基于相对量化信号设计的，由定理 5.2.3 可知，此时因采用对数量化器对相对输出信号进行量化，有界同步仅与事件触发条件的参数相关，而与主从神经网络本身无关。若不采用事件触发策略，在推论 5.2.2 中可得主从神经网络，实现指数同步。以上结论与对数量化器量化误差的性质息息相关。由附录 A.3.1 可知，对数量化器的量化误差与被量化对象成比例关系，当被量化对象值减小时，量化误差也随之减小。本小节中被量化的对象为主从神经网络输出的误差，故当两个系统实现同步时，量化误差也为零，因此有界同步误差界与系统本身的性质无关。

5.2.3.3 输出反馈控制器设计

$\boldsymbol{P},\boldsymbol{K}$ 为待求的矩阵变量，但由于线性矩阵不等式 (5-15)、(5-43)、(5-48) 及 (5-54) 为非凸的，无法从上述的线性矩阵不等式中直接解出控制器增益矩阵 $\boldsymbol{K}$。本小节将给出上述两小节中输出反馈控制器增益矩阵 $\boldsymbol{K}$ 的设计。

定理 5.2.5

对于给定的矩阵 $\boldsymbol{A}$、$\boldsymbol{B}$、$\boldsymbol{C}$、$\boldsymbol{D}$，如果存在正定矩阵 $\boldsymbol{P}$，正定对角阵 $\boldsymbol{\Sigma}_1$、$\boldsymbol{\Sigma}_2$、$\boldsymbol{\Sigma}_3$，常数矩阵 $\boldsymbol{M}\in\mathbb{R}^{m\times m}$、$\boldsymbol{N}\in\mathbb{R}^{m\times l}$ 及正实数 ε、η，使得：

$$\boldsymbol{\Omega}_2=\begin{bmatrix}\tilde{\boldsymbol{\Pi}}_1 & \boldsymbol{PD} & \tilde{\boldsymbol{\Gamma}}_1 & \tilde{\boldsymbol{\Gamma}}_1 & \tilde{\boldsymbol{\Gamma}}_1\\ * & -\boldsymbol{\Sigma}_1 & \boldsymbol{O} & \boldsymbol{O} & \boldsymbol{O}\\ * & * & \boldsymbol{\Gamma}_2 & \eta^2\boldsymbol{C}^{\mathrm{T}}\boldsymbol{C} & \eta^2\boldsymbol{C}^{\mathrm{T}}\boldsymbol{C}\\ * & * & * & \boldsymbol{\Gamma}_3 & \eta^2\boldsymbol{C}^{\mathrm{T}}\boldsymbol{C}\\ * & * & * & * & \boldsymbol{\Gamma}_4\end{bmatrix}<0 \tag{5-60}$$

$$\boldsymbol{BM}=\boldsymbol{PB}$$

其中：

$$\tilde{\boldsymbol{\Pi}}_1=-\boldsymbol{PA}-\boldsymbol{A}^{\mathrm{T}}\boldsymbol{P}+\boldsymbol{BNC}+(\boldsymbol{BNC})^{\mathrm{T}}+\boldsymbol{L}^{\mathrm{T}}\boldsymbol{\Sigma}_1\boldsymbol{L}\\+\alpha_i^2\boldsymbol{\Sigma}_2+\eta^2\boldsymbol{C}^{\mathrm{T}}\boldsymbol{C}+\varepsilon\boldsymbol{I},\tilde{\boldsymbol{\Gamma}}_1=\boldsymbol{BNC}+\eta^2\boldsymbol{C}^{\mathrm{T}}\boldsymbol{C}$$

那么控制器 (5-10) 的反馈增益矩阵 $\boldsymbol{K}=\boldsymbol{M}^{-1}\boldsymbol{N}$。

证明：

由于 $\boldsymbol{K}=\boldsymbol{M}^{-1}\boldsymbol{N}$ 及 $\boldsymbol{PB}=\boldsymbol{BM}$，所以 $\boldsymbol{PBK}=\boldsymbol{BN}$。另外，由 $\boldsymbol{\Omega}_2<0$ 可得定理 5.2.1 中的 $\boldsymbol{\Omega}_1<0$。证毕。

注意到对于 $\boldsymbol{PB}=\boldsymbol{BM}$，$\boldsymbol{M}=(\boldsymbol{B}^{\mathrm{T}}\boldsymbol{B})^{-1}\boldsymbol{B}^{\mathrm{T}}\boldsymbol{PB}$ 成立的充分条件是当且仅当 $\boldsymbol{B}$ 列满秩。$\boldsymbol{P}$ 和 $\boldsymbol{N}$ 可通过解线性矩阵不等式得到。类似地，推论 5.2.1、定理 5.2.3 以及推论 5.2.2 中的控制器增益矩阵也可通过定理 5.2.5 中的方法求得，此处省略具体的形式。

5.2.4 数值仿真

例 5.2.1 基于绝对输出量化的事件触发主从同步

本节将利用蔡氏电路来验证上述理论结论。主神经网络的系统模型为：

$$\dot{\boldsymbol{x}}(t)=-\boldsymbol{A}\boldsymbol{x}(t)+\boldsymbol{D}\boldsymbol{f}(\boldsymbol{x}(t)) \tag{5-61}$$

其中，$\boldsymbol{x}(t)=\left[x_1(t),x_2(t),x_3(t)\right]^{\mathrm{T}}\in\mathbb{R}^3$，$\boldsymbol{f}(\boldsymbol{x}(t))=[\frac{1}{2}(m_1-m_0)(|x_1+1|-|x_1-1|),0,0]^{\mathrm{T}}$，$\boldsymbol{D}=\boldsymbol{I}_3$，$\boldsymbol{B}=\boldsymbol{I}_3$，且 $\boldsymbol{A}=\begin{bmatrix} am_1 & -a & 0 \\ -1 & 1 & -1 \\ 0 & b & 0 \end{bmatrix}$，$\boldsymbol{C}=\begin{bmatrix} 1 & 0 & 1 \\ 0 & 1 & 1 \end{bmatrix}$。

当 $a=9$、$b=14.286$ 及 $m_0=-\frac{1}{7}$ 时，蔡氏电路系统 (5-61) 产生混沌行为。图 5-1 展示了初始条件为 $x_1(0)=0.1$、$x_2(0)=0.01$、$x_3(0)=0.1$ 时主神经网络的轨迹。从图 5-1 中易知蔡氏电路的混沌轨迹是有界的。

从神经网络参数与式 (5-61) 相同，且用 $\boldsymbol{y}(t)=\left[y_1(t),y_2(t),y_3(t)\right]^{\mathrm{T}}$ 表示系统中的状态分量。设置初始条件为 $y_1(0)=10, y_2(0)=6, y_3(0)=4$。

对于事件触发策略 (5-9)，选取 $\eta=0.3,\sigma=20,\rho=0.1,\tau=0.036$，且量化器参数设置为 $\alpha=0.025$。根据定理 5.2.5，可得量化输出反馈控制器增益矩阵 $\boldsymbol{K}$ 为：

$$\boldsymbol{K}=\begin{bmatrix} -6.0211 & -6.2283 \\ -10.7053 & 0.4230 \\ 8.5049 & -7.8113 \end{bmatrix}$$

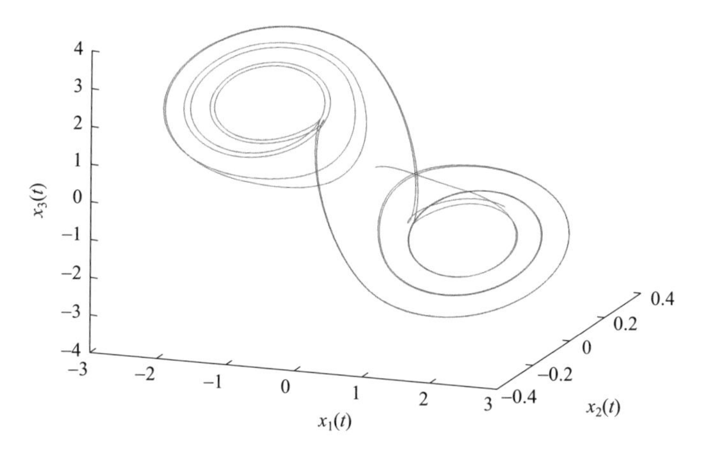

图 5-1　蔡氏电路轨迹

图 5-2 展示了 $x_1(t), y_1(t)$ 在不同的初始条件下的状态响应曲线。图 5-3 为控制器 (5-10) 下主从神经网络同步误差范数 $\|\boldsymbol{e}(t)\|$ 在对数坐标系下的演化曲线。因此，主从神经网络在控制器 (5-10) 下可以实现有界同步。图 5-4 为事件触发时间序列图。

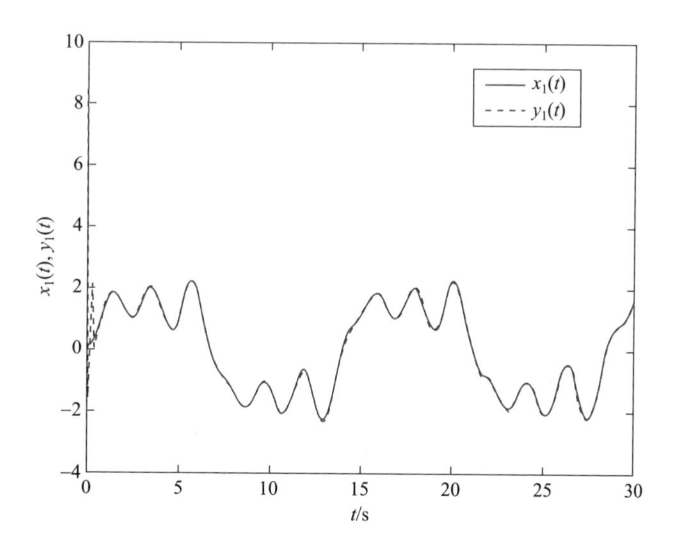

图 5-2　动态事件触发控制协议 (5-10) 下主从神经网络状态分量 $x_1(t)$、$y_1(t)$ 的响应曲线

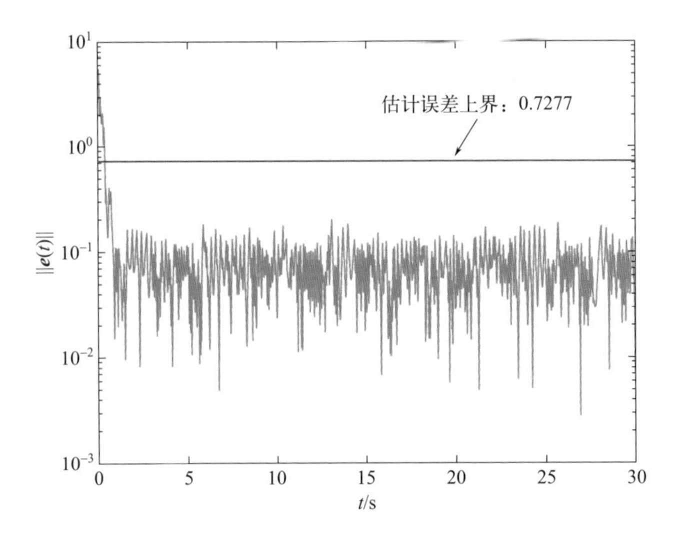

图 5-3　动态事件触发控制协议 (5-10) 下同步误差范数 $\|\boldsymbol{e}(t)\|$ 的演化曲线

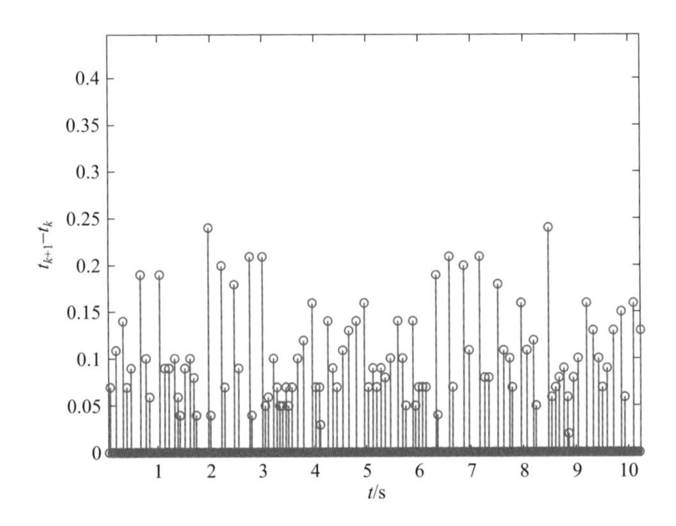

图 5-4　动态事件触发策略 (5-9) 下从神经网络的触发时间序列

对于控制器 (5-42)，设置量化器参数为 $\alpha=0.025$，根据推论 5.2.1 及定理 5.2.5 可得控制器增益矩阵为：

$$\boldsymbol{K}=\begin{bmatrix}-13.5595 & -4.4639\\ -1.5795 & 0.0638\\ 6.1420 & -4.6415\end{bmatrix}$$

图 5-5 为 $x_1(t)$、$y_1(t)$ 在不同的初始条件下的状态响应曲线。图 5-6 为主从神经网络在控制器 (5-42) 下同步误差范数 $\|\boldsymbol{e}(t)\|$ 在对数坐标系下的演化曲线。因此，主从神经网络在控制器 (5-42) 下可以实现有界同步。

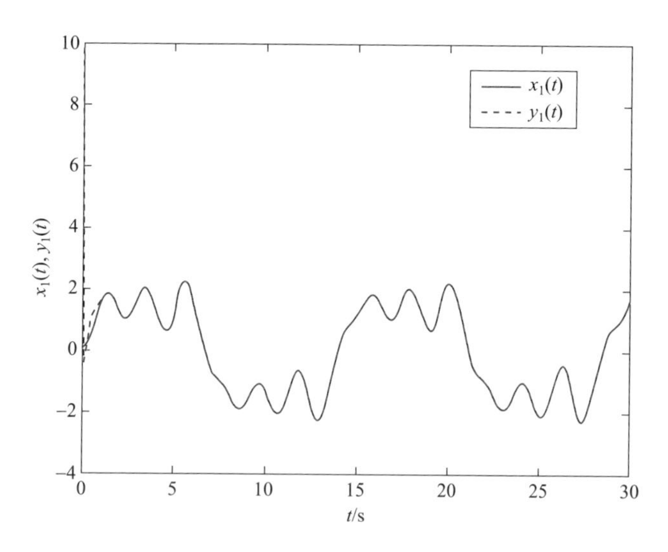

图 5-5　控制协议 (5-42) 下主从神经网络状态分量 $x_1(t)$、$y_1(t)$ 的响应曲线

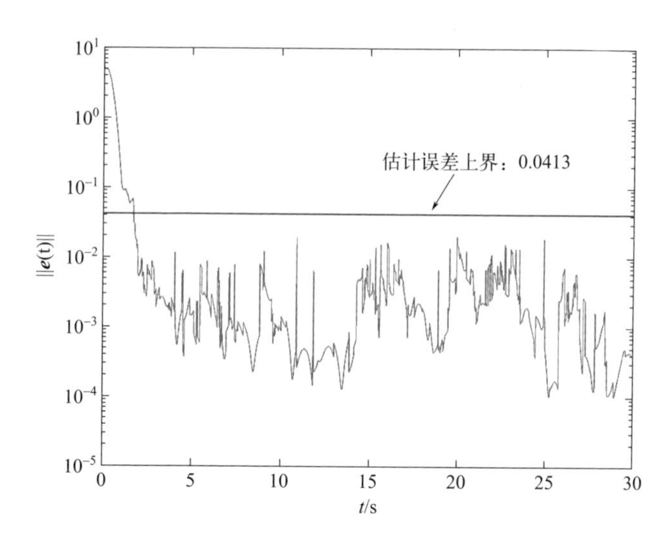

图 5-6　控制协议 (5-42) 下同步误差范数 $\|\boldsymbol{e}(t)\|$ 的演化曲线

例 5.2.2　基于相对输出量化的事件触发主从同步

选取与例 5.2.1 相同的数学模型，采用相对输出量化信息事件触发控制协议 (5-14)，选取与定理 5.2.1 相同的 η、σ、ρ 及 τ，由定理 5.2.3 及定理 5.2.5 求得控制器增益矩阵：

$$
\boldsymbol{K}=\begin{bmatrix} -3.7761 & 1.1926 \\ 0.5451 & -0.8192 \\ 3.9253 & -1.9285 \end{bmatrix}
$$

图 5-7 给出了 $x_1(t)$、$y_1(t)$ 在不同的初始条件下的状态响应曲线，图 5-8 为主从神经网络在控制器 (5-14) 下误差范数 $\|\boldsymbol{e}(t)\|$ 在对数坐标系下的演化曲线。因此，主从神经网络在控制器 (5-10) 下可以实现有界同步。图 5-9 为事件触发时间序列图。

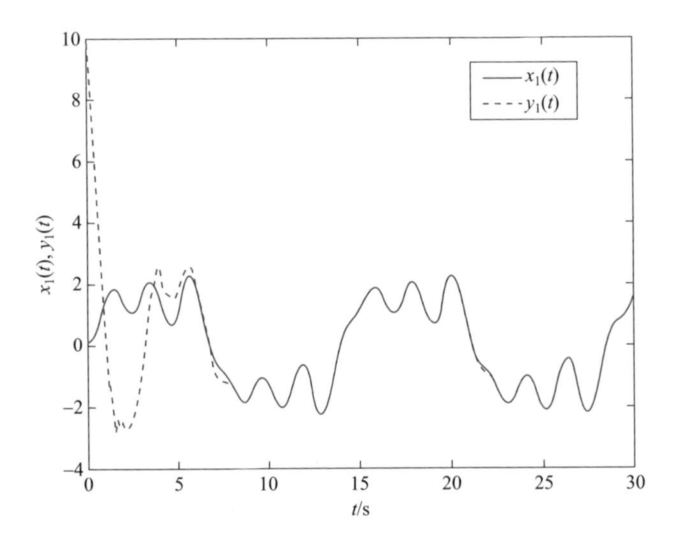

图 5-7　动态事件触发控制协议 (5-14) 下主从神经网络状态分量 $x_1(t)$、$y_1(t)$ 的响应曲线

对于相对输出量化信息控制器 (5-53)，由推论 5.2.2 及定理 5.2.5 求得控制器增益矩阵：

$$
\boldsymbol{K}=\begin{bmatrix} -14.3231 & 10.3979 \\ 7.9399 & -0.5515 \\ -8.6844 & -10.7514 \end{bmatrix}
$$

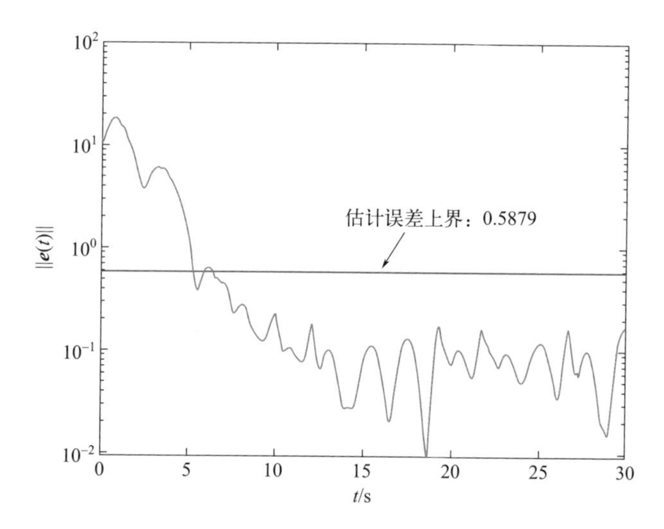

图 5-8　动态事件触发控制协议 (5-14) 下误差范数 $\|\boldsymbol{e}(t)\|$ 的演化曲线

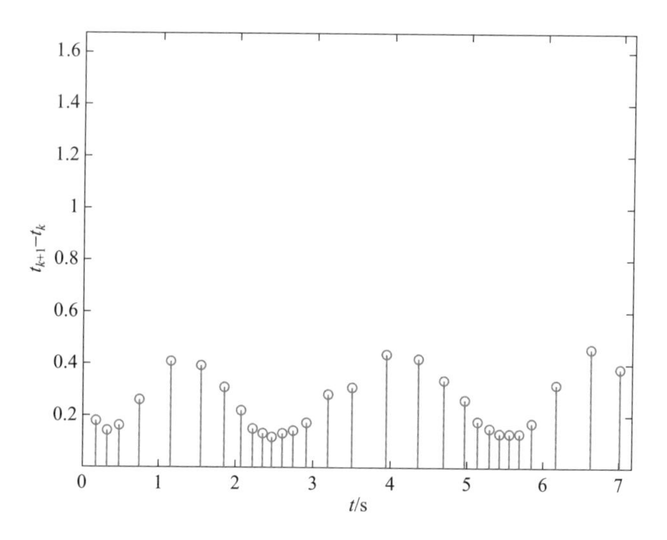

图 5-9　动态事件触发策略 (5-13) 下从神经网络的触发时间序列

图 5-10 为主从神经网络在控制器 (5-53) 下误差范数 $\|\boldsymbol{e}(t)\|$ 在对数坐标系下的演化曲线。因此，主从神经网络在控制器 (5-42) 下可以实现指数同步。

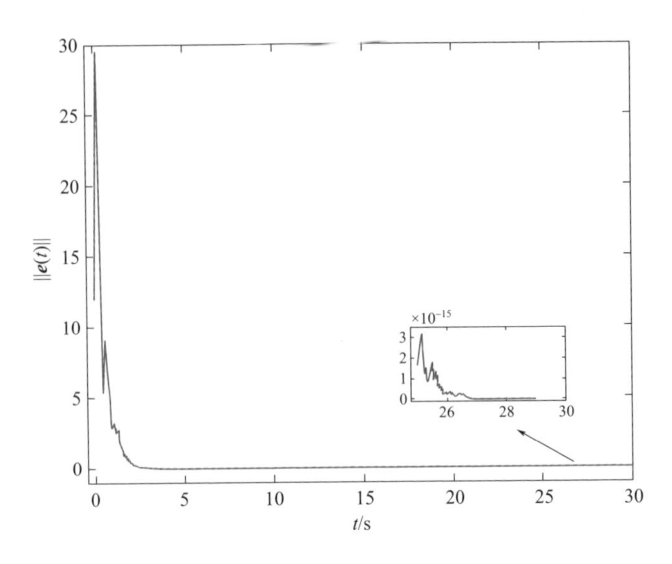

图 5-10　控制协议 (5-53) 下误差范数 $\|\boldsymbol{e}(t)\|$ 的演化曲线

5.2.5　基于主从混沌神经网络量化同步的图像保密通信机制

混沌系统对初始状态非常敏感，其信号具有长期不可预测性，符合传统加密算法中对密钥随机性的要求。因此，学者们基于主从混沌系统的同步问题提出了混沌保密通信机制并进行了深入的研究。混沌保密通信的基本思想是：在发送端合成混沌信号与待发送的明文信号，得到一个类似噪声的信号，确保待发送的明文信息在公共传输信道中的保密性；接收端收到加密的信息（一般称为密文）后，利用实现同步后的混沌信号将明文信息恢复。为完成上述混沌保密通信过程，要求收发两端具有相同的混沌信号，若将发送端的混沌系统称为主系统，接收端的混沌系统称为从系统，那么就要求主从系统同步。根据混沌信号与明文信号合成方式的不同，传统的混沌保密通信可分为三种类型[10]：混沌掩盖、混沌键控、混沌调制。混沌掩盖以其原理简单且与传统保密通信能更好地结合，受到了学者的广泛关注[11,12]。基于 5.2.2 和 5.2.3 提出的主从混沌神经网络同步方案，本小节利用混沌掩盖机制，提出一种如图 5-11 所示的图像保密通信机制。

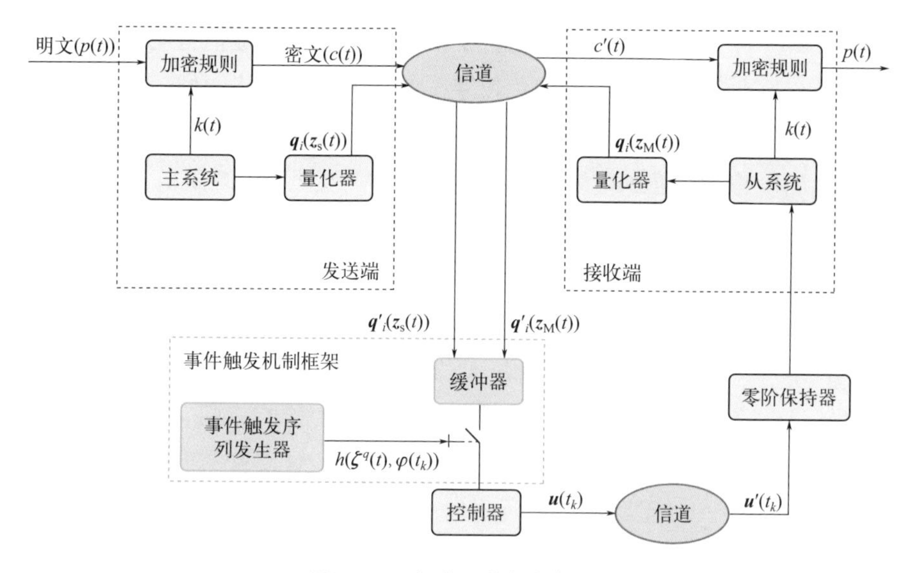

图 5-11　保密通信机制框图

从图 5-11 中可知混沌掩盖是结合传统密码学的基本原理来实现的。发送端使用给定的加密函数加密明文 $p(t)$。加密函数的密钥 $k(t)$ 由主系统生成。发送端通过通信信道向接收端发送加密的明文，该信号被称为密文 $c(t)$。同时，主系统通过信道将量化输出测量值发送到缓冲器中。事件触发序列发生器计算事件触发函数的值，通过事件触发条件判断是否将当前量化的输出测量值发送给控制器，即决定是否更新控制策略。接收端基于解密函数以及从系统产生的密钥 $k(t)$ 将接收到的密文 $c'(t)$ 进行恢复。

注意到在图 5-11 中，由于信道中可能会存在噪声或者外部干扰，发送端发送的信号 $c(t)$、$u(t)$ 与接收端接收到的信号 $c'(t)$、$u'(t)$ 可能是不完全相同的。为了简化问题，假设本小节中 $c(t)=c'(t),u(t)=u'(t)$。显然，为正确恢复明文，必须保证发送端及接收端的密钥相同，因此对主从系统的同步有很高的要求。而待传输的保密信号可以是任何需要传输的数字信号，如音频信号、图像和视频。本小节将利用基于动态事件触发的量化同步来实现图像信号的保密传输。

下面具体介绍图像加密方法。加密算法包含两个过程：像素置乱和像素替换。首先介绍置乱阶段。置乱过程是指将明文信息的像素值打乱重新排列。对于彩色数字图像来说，可以将图像信号看作是一个由三个大小相同的矩阵重叠在一起的数字信号。通常将三个部分的矩阵分别称为红色 (R) 矩阵、绿色 (G) 矩阵及蓝色 (B) 矩阵。每个矩阵大小均为 $\bar{M}\times\bar{N}$，矩阵中的元素为 0 ～ 255 之间的像素值。将每个矩阵转换为一个一维的整数向量，且其长度为 $\bar{L}=\bar{M}\times\bar{N}$。

令 $\boldsymbol{P}_{\mathrm{R}}=[P_{\mathrm{R}i,j}]\in\mathbb{R}^{\bar{M}\times\bar{N}}$ 为 R 颜色矩阵的位置矩阵，其中 $P_{\mathrm{R}i,j}\in[0,1,\cdots,255]$。类似地，G 和 B 的位置矩阵分别用 $\boldsymbol{P}_{\mathrm{G}}\in\mathbb{R}^{\bar{M}\times\bar{N}}$ 及 $\boldsymbol{P}_{\mathrm{B}}\in\mathbb{R}^{\bar{M}\times\bar{N}}$ 表示。对位置矩阵 $\boldsymbol{P}_{\mathrm{R}}$ 左乘（右乘）置乱矩阵 $\boldsymbol{Q}$，则 $\boldsymbol{P}_{\mathrm{R}}$ 每行（列）的位置将会被打乱。以下是置乱矩阵 $\boldsymbol{Q}$ 的一般性质：

① 置乱矩阵每行每列只有一个元素为 1，其他元素均为 0；

② 置乱矩阵的转置矩阵与逆矩阵相同，即 $\boldsymbol{Q}^{\mathrm{T}}=\boldsymbol{Q}^{-1}$；

③ 令 $\boldsymbol{P}'_{\mathrm{R}}$、$\boldsymbol{P}'_{\mathrm{G}}$ 及 $\boldsymbol{P}'_{\mathrm{B}}$ 为置乱后的图像矩阵，可以推出 $\boldsymbol{P}'_{\mathrm{R}}\boldsymbol{Q}^{\mathrm{T}}=\boldsymbol{P}_{\mathrm{R}}\boldsymbol{Q}\boldsymbol{Q}^{\mathrm{T}}=\boldsymbol{P}_{\mathrm{R}}$。

下面介绍图像加密方法的第二个阶段：像素替换。像素替换是指使用由密钥生成的密文取代明文的每个像素点。此处采用主从混沌神经网络产生的信号作为密钥。因此，像素替换过程的输入为打乱顺序后的图像矩阵 $\boldsymbol{P}'_{\mathrm{S}}=[\boldsymbol{P}'_{\mathrm{R}},\boldsymbol{P}'_{\mathrm{G}},\boldsymbol{P}'_{\mathrm{B}}]$，输出为加密图像信息 $\boldsymbol{C}$，算法的具体步骤如下。

步骤 1 利用四阶龙格 - 库塔算法以步长 0.01 迭代至少 $\bar{L}$ 次，得到主从混沌神经网络的状态值。其中，$x(0)$、$y(0)$ 分别表示主从系统的迭代初始值。

步骤 2 将每次迭代求得的主从系统的状态向量 $(x_1,x_2,x_3)^{\mathrm{T}}$ 及 $(y_1,y_2,y_3)^{\mathrm{T}}$ 存储下来。当主从系统实现有界同步时，取该时刻之后长度为 $\bar{L}$ 的状态值：

$$x_i=\{x_i(1),x_i(2),\cdots,x_i(L)\},\quad i=1,2,3$$
$$y_i=\{y_i(1),y_i(2),\cdots,y_i(L)\},\quad i=1,2,3$$

步骤 3 生成加密算法中的密钥 $\boldsymbol{X}_{\mathrm{R}}$、$\boldsymbol{X}_{\mathrm{G}}$、$\boldsymbol{X}_{\mathrm{B}}$，同时生成解密算法的密钥 $\boldsymbol{Y}_{\mathrm{R}}$、$\boldsymbol{Y}_{\mathrm{G}}$、$\boldsymbol{Y}_{\mathrm{B}}$；

$$
\begin{aligned}
&\boldsymbol{X}_{\mathrm{R}}(i)=\left\lfloor K_1(x_1^2(i)+x_2^2(i)+x_3^2(i))\right\rfloor \bmod 256\\
&\boldsymbol{X}_{\mathrm{G}}(i)=\left\lfloor K_2(x_1(i)\times x_2(i)+x_2(i)\times x_3(i)+x_3(i)\times x_1(i))\right\rfloor \bmod 256\\
&\boldsymbol{X}_{\mathrm{B}}(i)=\left\lfloor K_3 x_1(i)\right\rfloor \bmod 256\\
&\boldsymbol{Y}_{\mathrm{R}}(i)=\left\lfloor K_1(y_1^2(i)+y_2^2(i)+y_3^2(i))\right\rfloor \bmod 256\\
&\boldsymbol{Y}_{\mathrm{G}}(i)=\left\lfloor K_2(y_1(i)\times y_2(i)+y_2(i)\times y_3(i)+y_3(i)\times y_1(i))\right\rfloor \bmod 256\\
&\boldsymbol{Y}_{\mathrm{B}}(i)=\left\lfloor K_3 y_1(i)\right\rfloor \bmod 256
\end{aligned} \tag{5-62}
$$

其中，$\lfloor a\rfloor$ 代表取不大于实数 a 的最大整数，$\bmod(x,y)$ 为取余操作。此处要求 $\boldsymbol{X}_{\mathrm{R}}$、$\boldsymbol{X}_{\mathrm{G}}$ 及 $\boldsymbol{X}_{\mathrm{B}}$ 向量长度与明文信息长度相同。

步骤 4　将置乱后的矩阵 $\boldsymbol{P}'_{\mathrm{R}}$、$\boldsymbol{P}'_{\mathrm{G}}$、$\boldsymbol{P}'_{\mathrm{B}}$ 转换为一维向量，然后将 $\boldsymbol{P}'_{\mathrm{R}}$、$\boldsymbol{P}'_{\mathrm{G}}$、$\boldsymbol{P}'_{\mathrm{B}}$ 分别用密钥 $\boldsymbol{X}_{\mathrm{R}}$、$\boldsymbol{X}_{\mathrm{G}}$ 及 $\boldsymbol{X}_{\mathrm{B}}$ 进行加密。密文信息 $\boldsymbol{C}_{\mathrm{R}}$、$\boldsymbol{C}_{\mathrm{G}}$、$\boldsymbol{C}_{\mathrm{B}}$ 通过异或 (XOR) 运算得到：

$$
\begin{aligned}
&\boldsymbol{C}_{\mathrm{R}}(i)=\mathbb{E}(\boldsymbol{P}'_{\mathrm{R}}(i),\boldsymbol{X}_{\mathrm{R}}(i))=\boldsymbol{P}'_{\mathrm{R}}(i)\oplus \boldsymbol{X}_{\mathrm{R}}(i)\\
&\boldsymbol{C}_{\mathrm{G}}(i)=\mathbb{E}(\boldsymbol{P}'_{\mathrm{G}}(i),\boldsymbol{X}_{\mathrm{G}}(i))=\boldsymbol{P}'_{\mathrm{G}}(i)\oplus \boldsymbol{X}_{\mathrm{G}}(i)\\
&\boldsymbol{C}_{\mathrm{B}}(i)=\mathbb{E}(\boldsymbol{P}'_{\mathrm{B}}(i),\boldsymbol{X}_{\mathrm{B}}(i))=\boldsymbol{P}'_{\mathrm{B}}(i)\oplus \boldsymbol{X}_{\mathrm{B}}(i)
\end{aligned} \tag{5-63}
$$

其中，$\oplus$ 代表异或运算符号。解密算法是基于异或运算及置乱矩阵的加密机制的逆过程，此处省略。

5.2.6　实验验证及安全性分析

本小节利用图像处理中经典的彩色图像 Lena 来进行图像加密算法有效性的验证，在 5.2.4 节的仿真实验的基础上得到主从系统有界同步的状态序列，并将其作为算法的加密（解密）密钥。同时，将利用实验讨论量化器参数对加密图像恢复程度的影响。最后从图像加密算法的安全性及算法效率方面对本小节所提算法的性能进行了详细的分析。

（1）加密解密实验验证

利用 5.2.4 节中同步后的主从蔡氏电路的状态时间序列作为加密解密的密钥。选择加密算法参数为 $K_1=100, K_2=10, K_3=1000$，取量化器参数 α 为 0.015。选取图像大小为 256×256 的经典图像 Lena 作为待传输的明文来验证保密通信算法的有效性。Lena 图像是图像处理中常用的标准测试图像，广泛应用于图像处理及算法验证中。图 5-12 为在四种控制器作用下图像的加密解密实验结果。

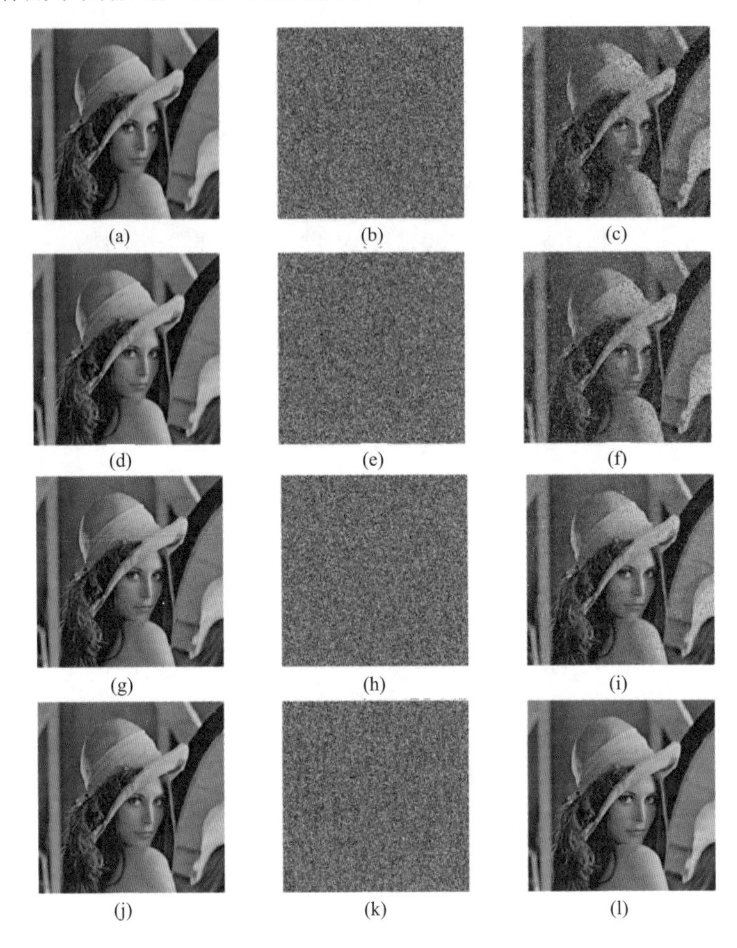

图 5-12　保密通信实验结果

图 5-12(a) ～ (c) 为绝对量化事件触发控制下的明文、密文和恢复的明文；图 5-12(d) ～ (f) 为不考虑事件触发时基于绝对量化信息控制的明文、密文和恢复的明文；图 5-12(g) ～ (i) 为基于相对量化信息的事件触发控制下主从系统同步的图像保密通信结果；图 5-12(j) ～ (l) 为不考虑事件触发时基于绝对量化信息控制主从系统同步的保密通信实验结果。

从图 5-12 中可看出，不考虑事件触发下的保密通信解密即图像恢复效果比考虑事件触发时保密通信图像的恢复效果要好，这也进一步说明了事件触发在节约控制器资源消耗、降低通信成本的同时会对系统的同步性能造成影响，与 5.2.3 节中得到的理论结果是一致的。因此在实际应用中，需要对自身资源情况及系统性能要求做评估及权衡，从而决定采取何种控制策略。

为了评估本小节中提出的加密算法的有效性，采用如下所示的 Pearson 积矩相关系数来计算两幅不同图像的相似度[13]：

$$\begin{aligned}\operatorname{corr}(X,Y)&=\frac{\operatorname{Cov}(X,Y)}{\sigma_X\sigma_Y}=\frac{E(X-\bar{X})E(Y-\bar{Y})}{\sigma_X\sigma_Y}\\&=\frac{E(X-\bar{X})E(Y-\bar{Y})}{\sqrt{\sum_{i=1}^{n}(X_i-\bar{X})^2}\sqrt{\sum_{i=1}^{n}(Y_i-\bar{Y})^2}}\end{aligned} \tag{5-64}$$

其中，$\bar{X}$ 及 $\bar{Y}$ 分别代表 X 和 Y 的均值；$\operatorname{corr}\in[-1,1]$，$\operatorname{corr}=1$ 或 -1 意味着两图像完全相同，$\operatorname{corr}=0$ 则代表两图像是完全不相关的两幅图。表 5-1 为当对数量化器参数均为 $\alpha_l=0.015$ 时，两种不同的控制策略下加密图像（密文）、解密（恢复）图像（恢复的明文）与原图像之间的相似度的对比值。

表5-1　图像相似度及熵的对比

控制策略	相似度		熵	
	密文	恢复的明文	明文	密文
控制器 (5-10)	0.0015	0.6294	7.2733	7.9878
控制器 (5-42)	0.0020	0.6420	7.2733	7.9594
控制器 (5-14)	0.0008	0.8705	7.2733	7.9890
控制器 (5-53)	0.0039	1.0000	7.2733	7.9588

为说明量化参数对解密算法中图像恢复的影响，在不考虑事件触发策略的情况下基于绝对量化信息的控制策略，增加 20 组 $\alpha_l\in[0.002,0.025]$ 时的加密解密实验，并通过计算每组实验原图像与恢复后图像的相似度得出如图 5-13 所示的曲线。由图可知，α_l 的值越大，明文与恢复后的明文的相似度就越小，也就意味着恢复后的明文损失的信息越多。这是因为 α_l 越大，相应的量化误差也越大，从而降低了图像恢复的性能，导致恢复后的图像中存在噪声。

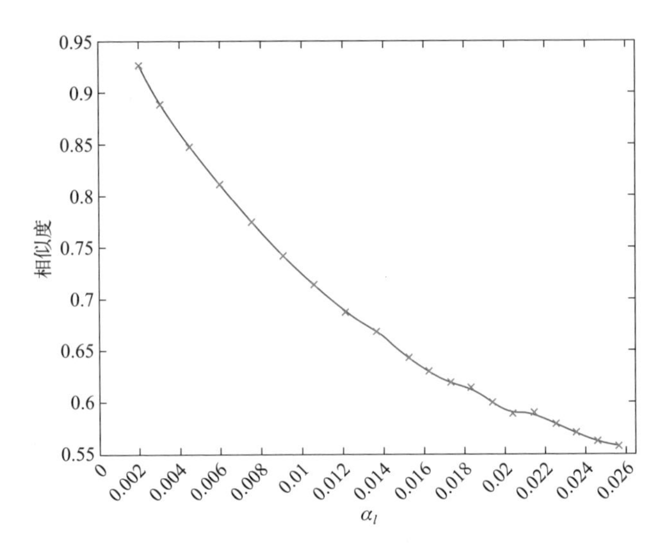

图 5-13　当 $\alpha_l \in [0.002, 0.025]$ 时的相似度

（2）算法安全性能分析

为了评估加密算法的性能，本小节将从密钥空间、算法复杂度、参数失配灵敏度、灰度直方图、信息熵及相邻像素点相关性六个方面进行加密算法安全性能的分析。

① 密钥空间：指加密（解密）算法中可使用的密钥的数量。图像加密算法中，密钥空间越大，抵御暴力解密攻击的能力越强。也就是说，即使加密算法被意外泄露了，如果攻击者不能得到完全相同的密钥，将很难把加密后的图像恢复出来。本节加密算法的密钥空间由两部分组成：主从混沌神经网络的初始状态 $x_1(0)$、$x_2(0)$、$x_3(0)$、$y_1(0)$、$y_2(0)$ 及 $y_3(0)$，蔡氏电路的参数 a、b、m_0 及 m_1。生成怎样的混沌信号取决于系统初始值及参数的设置，对于一般的个人电脑来说，其有效精度为 10^{-14}。因此，加密（解密）算法的密钥空间可达 10^{140}，该密钥空间大小可以抵抗几乎所有的暴力攻击 [14]。

② 算法复杂度：通常用算法复杂度衡量算法性能的优劣。这个指标主要衡量当算法输入规模增加时，算法执行时间如何增长。本小节中的加密算法包括三个步骤，即乱序重排过程、密钥生成过程及替代过程。那么对于任意一个尺寸为 $3 \times N \times N$ 的图像，需要 $3 \times (1 + N \times N + N \times N)$

次迭代计算。因此，此处所提算法的计算复杂度为 $O(N^2)$，即算法复杂度与图像大小成比例关系，处于复杂度量级较小的范畴内，性能良好。

③ 参数失配灵敏度：此处研究在式 (5-62) 中引入的 K_i 对加密解密算法灵敏度的影响。如果主从混沌神经网络间存在参数失配，则不能准确恢复明文。理论上，由式 (5-62) 及式 (5-63) 可得，密文恢复的正确性取决于 X_j、Y_j 之间是否一致，其中 $j=\mathrm{R}$，G，B 。对 X_j、Y_j 之间的差值进行估计得：

$$
\begin{aligned}
&\tilde{e}_{\mathrm{R}}(i) \approx K_1 \left| \sum_{p=1}^{3} (x_p^2(i) - y_p^2(i)) \right| \\
&\tilde{e}_{\mathrm{G}}(i) \approx K_2 \left| (x_1(i)\times x_2(i) + x_2(i)\times x_3(i) + x_3(i)\times x_1(i)) \right. \\
&\qquad\qquad \left. - (y_1(i)\times y_2(i) + y_2(i)\times y_3(i) + y_3(i)\times y_1(i)) \right| \\
&\tilde{e}_{\mathrm{B}}(i) \approx K_3 \left| x_1(i) - y_1(i) \right|
\end{aligned}
\tag{5-65}
$$

从上式可以看出，K_i 越大，则算法对参数的失配越敏感。对于蔡氏电路 (5-61)，当主从系统的参数 a 分别取 9 和 9.1 时，主从系统的参数出现了不匹配的情况。图 5-14 展示了在控制器 (5-42) 下，当 K_3 取不同值时图像恢复的效果，以此验证了 K_i 对解密性能的影响。由图可知，一个取值较大的 K_3 使得图像恢复的效果变差。从安全的角度上来看，K_3 越大也就意味着系统对参数的不匹配越敏感，从而增加了攻击者破解密文的难度，也就大大增强了算法的安全性能。

(a) K_3=10

(b) K_3=100

(c) K_3=1000

图 5-14　参数 K_3 的灵敏度测试

④ 灰度直方图：图像加密算法中，密文图像的灰度直方图分布越均匀，则其抵抗统计攻击的能力越强。图 5-15 展示了原图像［图 5-15(a)］、

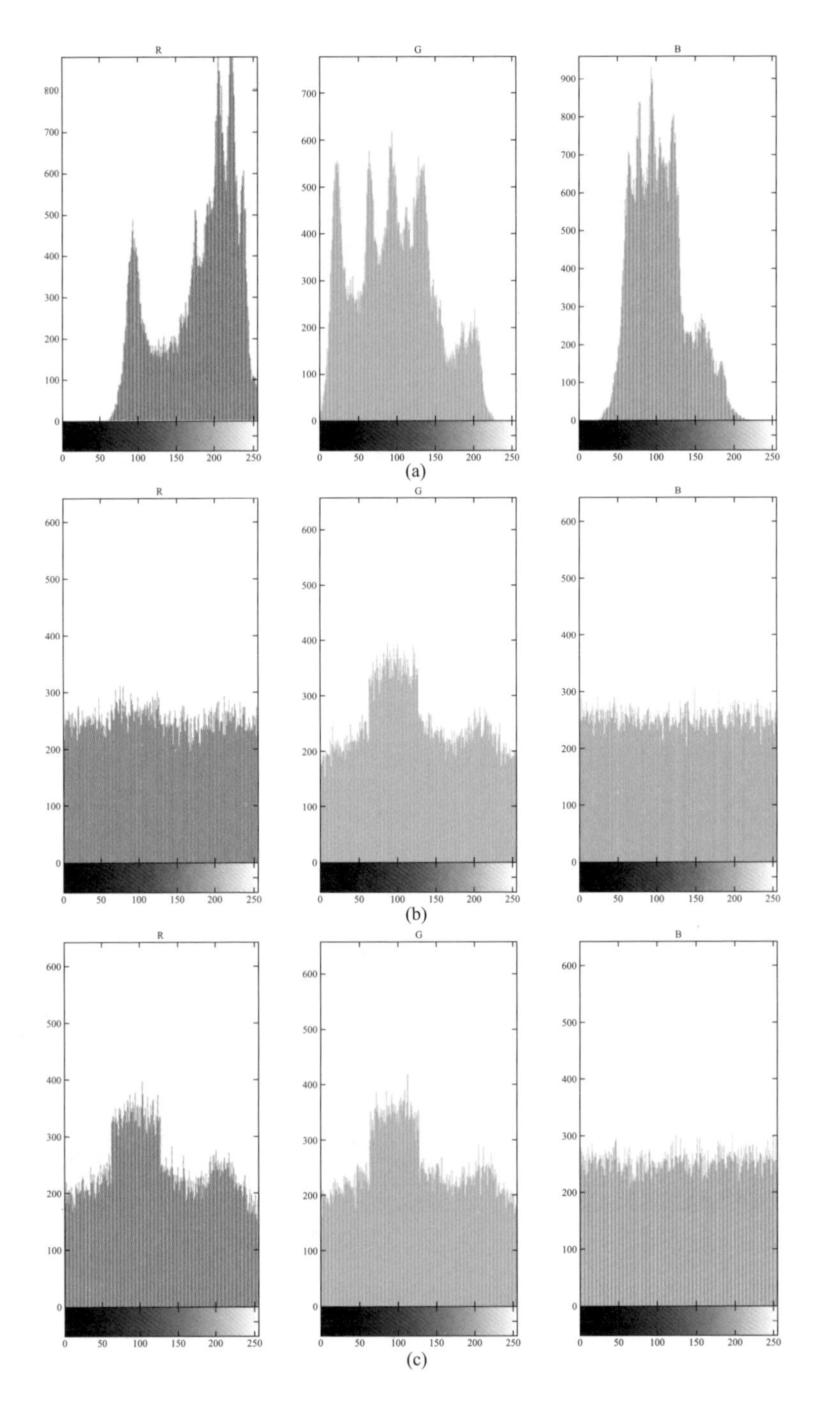

图 5-15　灰度直方图分析

基于绝对量化信息的事件触发控制策略的主从系统同步的加密图像［图 5-15(b)］、以及不考虑事件触发控制的基于绝对量化信息的主从系统同步的加密图像［图 5-15(c)］的灰度直方图。其中每个图的横轴表示像素值的取值范围为 0 ～ 255，纵轴表示该像素值出现的次数。可以看出，本小节中密文图像的灰度直方图分布较均匀，说明密文可以抵抗暴力统计攻击。

⑤ 信息熵：信息熵是一个反映信息在传输过程中丢失的信息量的指标，表征信息的平均期望值及其中任意变量出现的概率。对于图像来说，其信息熵的计算公式为：

$$H = -\Sigma p(i)\log_2 p(i) \tag{5-66}$$

其中，$p(i)$ 为像素 i 出现的概率。一个完全随机的图像，其信息熵为 $H_0 = 8$，因为此时每一个像素 $i \in [0, 255]$ 出现的概率均为 $p_0(i) = 1/256$。

因此，对于一个图像来说，像素值分布越均匀，其信息熵的值越大。表 5-1 展示了基于不同控制器控制时主从系统同步的加密图像的信息熵的值。值得注意的是，对于同一种量化信息输出反馈来说，没有事件触发控制策略的加密图像熵值更接近 8，即更接近理想的随机图像信息熵，意味着此时的密文更接近理想随机图像，有更高的安全性能。

⑥ 相邻像素点相关性：一般情况下，对于一个正常的完整图像来说，相邻像素点之间的像素值具有很强的相关性。然后从每个图像中随机选择 500 个相邻的像素点进行实验分析。图 5-16 反映了不同控制策略

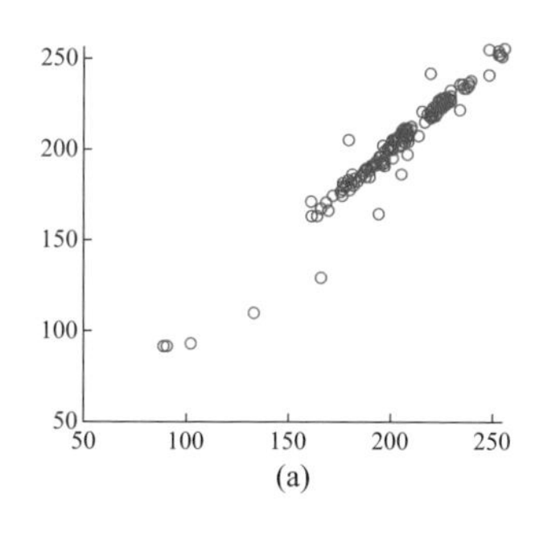
(a)

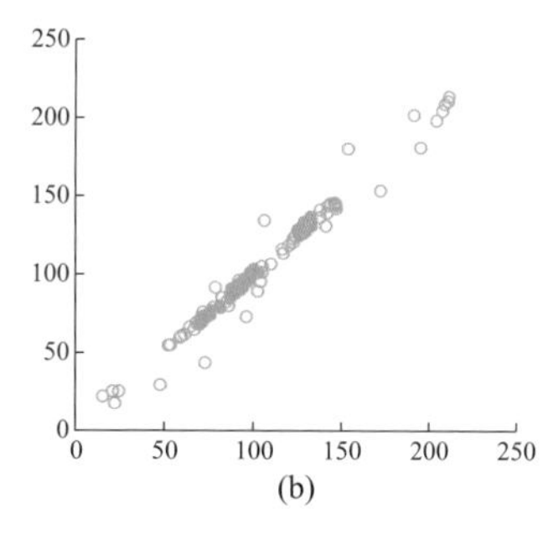
(b)

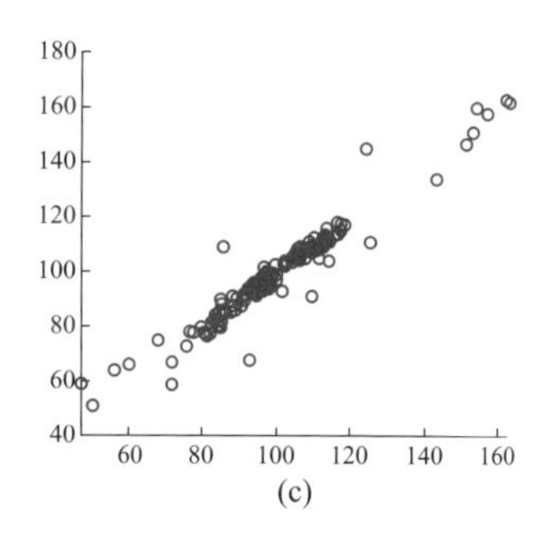
(c)

图 5-16

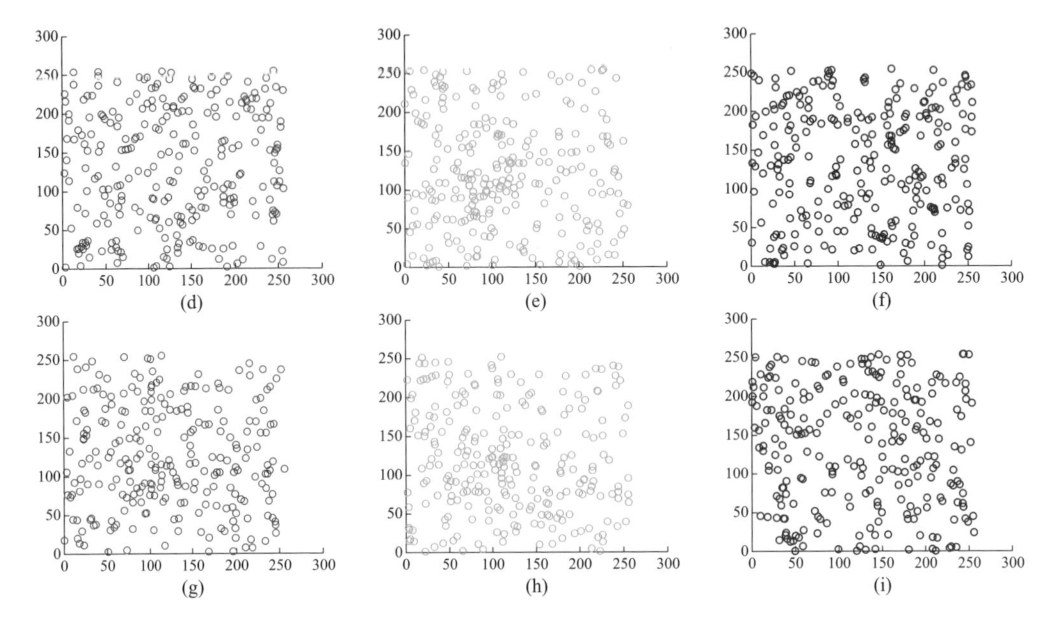

图 5-16 图像相邻像素点的相关性分析

下明文与密文的相关性，其中图 5-16(a) ～ (c) 为原图像三个通道的相邻像素点相关性散点图，图 5-16(d) ～ (f) 为考虑事件触发的控制器 (5-10) 下的加密图像，图 5-16(g) ～ (i) 为没有考虑事件触发的控制器 (5-42) 的加密图像。可以直观地看出，原图像中相邻像素点的像素值是连续分布的，加密后的密文图像相邻像素点均匀随机分布。

5.3 基于动态事件触发机制的多智能体系统量化一致性

5.3.1 模型描述

考虑包含 N 个节点的一般线性多智能体系统，其中第 i 个智能体的动力学方程为：

$$\dot{\boldsymbol{x}}_i(t)=\boldsymbol{A}\boldsymbol{x}_i(t)+\boldsymbol{B}\boldsymbol{u}_i(t),\quad i=1,2,\cdots,N \tag{5-67}$$

其中，$\boldsymbol{x}_i(t)\in\mathbb{R}^n$ 是智能体 i 的状态；$\boldsymbol{A}\in\mathbb{R}^{n\times n}$ 和 $\boldsymbol{B}\in\mathbb{R}^{n\times m}$ 是常数矩阵；$\boldsymbol{u}_i(t)\in\mathbb{R}^m$ 是第 i 个智能体的控制输入。

假设 5.3.1　矩阵对 $(\boldsymbol{A},\boldsymbol{B})$ 可镇定

根据假设 5.3.1，对于任意给定的正实数 ξ 和 θ，存在一个正定对称矩阵 $\boldsymbol{P}\in\mathbb{R}^{n\times n}$ 满足：

$$\boldsymbol{PA}+\boldsymbol{A}^{\mathrm{T}}\boldsymbol{P}-\xi\boldsymbol{PBB}^{\mathrm{T}}\boldsymbol{P}+\theta\boldsymbol{I}<0 \tag{5-68}$$

假设 5.3.2　网络拓扑 $\mathcal{G}$ 是无向连通的

有关网络拓扑的详细描述见附录 A.1。本节的目标是在动态事件触发控制策略下，设计基于量化信号的一致性协议，实现多智能体系统 (5-67) 的有界一致，参见定义 2.4.1。

5.3.2　基于均匀量化的动态事件触发一致性协议设计

智能体 i 的触发时间序列为 $0=t_0^i<t_1^i<\cdots<t_k^i<\cdots$。本节采用均匀量化器，其数学形式见附录 A.3.1 中的式 (A-22)。定义第 i 个智能体的量化组合测量为：

$$\begin{aligned}\boldsymbol{\phi}_i(t)&=\sum_{j\in\mathcal{N}_i}[\boldsymbol{q}_u(\boldsymbol{x}_i(t))-\boldsymbol{q}_u(\boldsymbol{x}_j(t))]\\&=\sum_{j\in\mathcal{N}_i}[\boldsymbol{x}_i(t)+\boldsymbol{\Delta}_i(t)-\boldsymbol{x}_j(t)-\boldsymbol{\Delta}_j(t)]\end{aligned} \tag{5-69}$$

其中，$\boldsymbol{q}_u(\boldsymbol{x}_i(t))$ 和 $\boldsymbol{q}_u(\boldsymbol{x}_j(t))$ 分别为 $\boldsymbol{x}_i(t)$ 及 $\boldsymbol{x}_j(t)$ 的量化值；$\boldsymbol{\Delta}_i(t)$ 和 $\boldsymbol{\Delta}_j(t)$ 分别为智能体 i、j 的量化误差。定义智能体 i 的测量误差为：

$$\boldsymbol{e}_i^q(t)=\boldsymbol{\phi}_i(t_k^i)-\boldsymbol{\phi}_i(t) \tag{5-70}$$

智能体 i 的动态事件触发时间序列由下式确定：

$$\begin{cases}t_0^i=0\\ t_{k+1}^i=\inf\limits_{r>t_k^i}\{r\mid \boldsymbol{f}(\boldsymbol{e}_i^q(t),\boldsymbol{\phi}_i(t_k^i))>0,t\in[t_k^i,r)\}\end{cases} \tag{5-71}$$

其中，$\boldsymbol{f}(\boldsymbol{e}_i^q(t),\boldsymbol{\phi}_i(t_k^i))$ 为触发函数，其具体形式为：

$$\boldsymbol{f}(\boldsymbol{e}_i^q(t),\boldsymbol{\phi}_i(t_k^i)) = \|\boldsymbol{\Gamma}\|\|\boldsymbol{e}_i^q(t)\|^2 - \mu^2\|\boldsymbol{\Gamma}\|\|\boldsymbol{\phi}_i(t_k^i)\|^2 - \gamma \mathrm{e}^{-\rho t} - \tau \tag{5-72}$$

其中，$\boldsymbol{e}_i^q(t)$ 为式 (5-70) 中定义的测量误差；$\boldsymbol{\Gamma} = \boldsymbol{PBB}^{\mathrm{T}}\boldsymbol{P}$ ；$0<\mu<1$、$\rho>0$、$\gamma>0$ 及 $\tau>0$ 为待确定的常数。

设计如下分布式量化事件触发一致性协议：

$$\boldsymbol{u}_i(t) = \boldsymbol{K}\boldsymbol{\phi}_i(t_k^i),\quad t\in[t_k^i,t_{k+1}^i) \tag{5-73}$$

其中，$\boldsymbol{K}$ 为反馈增益矩阵，且 $\boldsymbol{K}=-\boldsymbol{B}^{\mathrm{T}}\boldsymbol{P}$。

将式 (5-73) 代入式 (5-67) 可得如下多智能体系统：

$$\begin{aligned}\dot{\boldsymbol{x}}_i(t) &= \boldsymbol{A}\boldsymbol{x}_i(t)+\boldsymbol{BK}\boldsymbol{\phi}_i(t_k^i)\\ &= \boldsymbol{A}\boldsymbol{x}_i(t)+\boldsymbol{BK}(\boldsymbol{e}_i^q(t)+\boldsymbol{\phi}_i(t)),\quad t\in[t_k^i,t_{k+1}^i)\end{aligned} \tag{5-74}$$

引入节点的平均状态为 $\bar{\boldsymbol{x}}(t)=\dfrac{1}{N}\sum_{i=1}^{N}\boldsymbol{x}_i(t)$，将其作为虚拟领导者。由于拉普拉斯矩阵满足 $\mathbf{1}_N^T\boldsymbol{L}=0$，可得：

$$\begin{aligned}\dot{\bar{\boldsymbol{x}}}(t) &= \frac{1}{N}\sum_{i=1}^{N}(\boldsymbol{A}\boldsymbol{x}_i(t)+\boldsymbol{BK}\boldsymbol{\phi}(t_k^i)) = \frac{1}{N}\sum_{i=1}^{N}(\boldsymbol{A}\boldsymbol{x}_i(t)+\boldsymbol{BK}(\boldsymbol{e}_i^q(t)+\boldsymbol{\phi}(t)))\\ &= \frac{1}{N}[(\mathbf{1}_N^{\mathrm{T}}\otimes\boldsymbol{A})\boldsymbol{x}(t)+(\mathbf{1}_N^{\mathrm{T}}\otimes\boldsymbol{BK})\boldsymbol{e}^q(t)+(\mathbf{1}_N^{\mathrm{T}}\boldsymbol{L}\otimes\boldsymbol{BK})\boldsymbol{x}(t)+(\mathbf{1}_N^{\mathrm{T}}\boldsymbol{L}\otimes\boldsymbol{BK})\boldsymbol{\Delta}(t)]\\ &= \boldsymbol{A}\bar{\boldsymbol{x}}(t)+\frac{1}{N}(\mathbf{1}_N^{\mathrm{T}}\otimes\boldsymbol{BK})\boldsymbol{e}^q(t)\end{aligned} \tag{5-75}$$

定义 $\boldsymbol{\delta}_i(t)=\boldsymbol{x}_i(t)-\bar{\boldsymbol{x}}(t)$，则式 (5-69) 可转化为：

$$\boldsymbol{\phi}_i(t)=\sum_{j\in\mathcal{N}_i}[\boldsymbol{\delta}_i(t)-\boldsymbol{\delta}_j(t)+\boldsymbol{\Delta}_i(t)-\boldsymbol{\Delta}_j(t)] \tag{5-76}$$

在 $t\in[t_k^i,t_{k+1}^i)$ 内对 $\boldsymbol{\delta}_i(t)$ 求导可得：

$$\dot{\boldsymbol{\delta}}_i(t)=\boldsymbol{A}\boldsymbol{\delta}_i(t)+\boldsymbol{BK}(\boldsymbol{e}_i^q(t)+\boldsymbol{\phi}_i(t))-\frac{1}{N}(\mathbf{1}_N^{\mathrm{T}}\otimes\boldsymbol{BK})\boldsymbol{e}^q(t) \tag{5-77}$$

根据式 (5-76)，可得如下矩阵表达形式：

$$\dot{\boldsymbol{\delta}}(t)=(\boldsymbol{I}_N\otimes\boldsymbol{A}+\boldsymbol{L}\otimes\boldsymbol{BK})\boldsymbol{\delta}(t)+(\boldsymbol{L}\otimes\boldsymbol{BK})\boldsymbol{\Delta}(t)+((\boldsymbol{I}_N-\frac{1}{N}\mathbf{1}_N\mathbf{1}_N^{\mathrm{T}})\otimes\boldsymbol{BK})\boldsymbol{e}^q(t) \tag{5-78}$$

其中，$\boldsymbol{\delta}(t)=(\delta_1(t),\delta_2(t),\cdots,\delta_N(t))^{\mathrm{T}}$，$\boldsymbol{\Delta}(t)=(\Delta_1(t),\Delta_2(t),\cdots,\Delta_N(t))^{\mathrm{T}}$，$\boldsymbol{e}^q(t)=(e_1^q(t),e_2^q(t),\cdots,e_N^q(t))^{\mathrm{T}}$ 并且：

$$\boldsymbol{\phi}(t)=(\boldsymbol{L}\otimes\boldsymbol{I}_N)\boldsymbol{\delta}(t)+(\boldsymbol{L}\otimes\boldsymbol{I}_N)\boldsymbol{\Delta}(t) \tag{5-79}$$

显然式 (5-78) 为不连续的微分方程。根据附录 A.3.2，以下的微分包含存在一个完全的 Krasovskii 解：

$$\dot{\boldsymbol{\delta}}(t) \in (\boldsymbol{I}_N \otimes \boldsymbol{A} + \boldsymbol{L} \otimes \boldsymbol{BK})\boldsymbol{\delta}(t) + (\boldsymbol{L} \otimes \boldsymbol{BK})\mathcal{K}(\boldsymbol{\Delta}(t)) + (\boldsymbol{M} \otimes \boldsymbol{BK})\boldsymbol{e}^q(t) \tag{5-80}$$

其中，$\boldsymbol{M} = \boldsymbol{I}_N - \frac{1}{N}\boldsymbol{1}_N\boldsymbol{1}_N^{\mathrm{T}}$。选取满足 $\boldsymbol{v}(t) \in \mathcal{K}(\boldsymbol{\Delta}(t))$ 的变量 $\boldsymbol{v}(t)$，易得 $\|\boldsymbol{v}(t)\| \leqslant \frac{Nn\alpha_u}{2}$。因此式 (5-80) 可转化为：

$$\dot{\boldsymbol{\delta}}(t) = (\boldsymbol{I}_N \otimes \boldsymbol{A} + \boldsymbol{L} \otimes \boldsymbol{BK})\boldsymbol{\delta}(t) + (\boldsymbol{L} \otimes \boldsymbol{BK})\boldsymbol{v}(t) + (\boldsymbol{M} \otimes \boldsymbol{BK})\boldsymbol{e}^q(t) \tag{5-81}$$

5.3.3 基于均匀量化的动态事件触发一致性分析

定理 5.3.1

在假设 5.3.1 和假设 5.3.2 下，对于给定的系统矩阵 $\boldsymbol{A}$、$\boldsymbol{B}$，如果存在正实数 κ_1、κ_2 满足：

$$1 - p - \frac{\kappa_2}{2}|1 - 2q| > 0 \tag{5-82}$$

其中，$p = \frac{\kappa_1}{2} + \frac{2\mu^2}{\kappa_1(1-\mu^2)}, q = \frac{2\mu^2}{\kappa_1(1-\mu^2)}$，那么多智能体系统 (5-67) 可以实现有界一致，同时误差系统 (5-81) 指数收敛到：

$$M = \left\{ \boldsymbol{\delta}(t) \in \mathbb{R}^n \middle| \|\boldsymbol{\delta}(t)\| \leqslant \sqrt{\frac{2\lambda_{\max}(\boldsymbol{L} \otimes \boldsymbol{P})}{\theta\lambda_2^2\lambda_{\min}(\boldsymbol{P})}\Omega} \right\} \tag{5-83}$$

其中，$\Omega = \tilde{q}\lambda_N^2 \|\boldsymbol{\Gamma}\| (\frac{Nn\alpha_u}{2})^2 + \frac{2N}{\kappa_1(1-\mu^2)}(\gamma+\tau), \tilde{q} = q + \frac{2}{\kappa_2}$，$\lambda_2$ 和 λ_N 分别代表拉普拉斯矩阵的最小非零特征值和最大特征值。

证明：

选取如下李雅普诺夫函数：

$$\boldsymbol{V}(t) = \frac{1}{2}\boldsymbol{\delta}^{\mathrm{T}}(t)(\boldsymbol{L} \otimes \boldsymbol{P})\boldsymbol{\delta}(t) \tag{5-84}$$

由于 $\boldsymbol{K} = -\boldsymbol{B}^{\mathrm{T}}\boldsymbol{P}$，对 $\boldsymbol{V}(t)$ 沿式 (5-81) 的解轨迹求导可得：

$$\begin{aligned}\dot{V}(t) &= \boldsymbol{\delta}^{\mathrm{T}}(t)(\boldsymbol{L}\otimes\boldsymbol{P})[(\boldsymbol{I}_N\otimes\boldsymbol{A}-\boldsymbol{L}\otimes\boldsymbol{B}\boldsymbol{B}^{\mathrm{T}}\boldsymbol{P})\boldsymbol{\delta}(t)-(\boldsymbol{L}\otimes\boldsymbol{B}\boldsymbol{B}^{\mathrm{T}}\boldsymbol{P})\boldsymbol{\nu}(t)\\ &\quad-(\boldsymbol{M}\otimes\boldsymbol{B}\boldsymbol{B}^{\mathrm{T}}\boldsymbol{P})\boldsymbol{e}^q(t)]\\ &=\boldsymbol{\delta}^{\mathrm{T}}(t)(\boldsymbol{L}\otimes\boldsymbol{P}\boldsymbol{A}-\boldsymbol{L}^2\otimes\boldsymbol{P}\boldsymbol{B}\boldsymbol{B}^{\mathrm{T}}\boldsymbol{P})\boldsymbol{\delta}(t)\\ &\quad-\boldsymbol{\delta}^{\mathrm{T}}(t)(\boldsymbol{L}^2\otimes\boldsymbol{P}\boldsymbol{B}\boldsymbol{B}^{\mathrm{T}}\boldsymbol{P})\boldsymbol{\nu}(t)-\boldsymbol{\delta}^{\mathrm{T}}(t)(\boldsymbol{L}\boldsymbol{M}\otimes\boldsymbol{P}\boldsymbol{B}\boldsymbol{B}^{\mathrm{T}}\boldsymbol{P})\boldsymbol{e}^q(t)\end{aligned}\tag{5-85}$$

由于 $\boldsymbol{L}\boldsymbol{M}=\boldsymbol{L}$，故对于任意给定的常数 $\kappa_1>0$，有：

$$\begin{aligned}&-\boldsymbol{\delta}^{\mathrm{T}}(t)(\boldsymbol{L}\boldsymbol{M}\otimes\boldsymbol{P}\boldsymbol{B}\boldsymbol{B}^{\mathrm{T}}\boldsymbol{P})\boldsymbol{e}^q(t)\\ &=-\boldsymbol{\delta}^{\mathrm{T}}(t)\left(\sqrt{\frac{\kappa_1}{2}}\boldsymbol{L}\otimes\boldsymbol{P}\boldsymbol{B}\right)\left(\sqrt{\frac{2}{\kappa_1}}\boldsymbol{I}_N\otimes\boldsymbol{B}^{\mathrm{T}}\boldsymbol{P}\right)\boldsymbol{e}^q(t)\qquad(5\text{-}86)\\ &\leqslant\frac{\kappa_1}{2}\boldsymbol{\delta}^{\mathrm{T}}(t)(\boldsymbol{L}^2\otimes\boldsymbol{P}\boldsymbol{B}\boldsymbol{B}^{\mathrm{T}}\boldsymbol{P})\boldsymbol{\delta}(t)+\frac{2}{\kappa_1}(\boldsymbol{e}^q(t))^{\mathrm{T}}(\boldsymbol{I}_N\otimes\boldsymbol{P}\boldsymbol{B}\boldsymbol{B}^{\mathrm{T}}\boldsymbol{P})\boldsymbol{e}^q(t)\end{aligned}$$

根据三角不等式有 $\left|\|\boldsymbol{\phi}_i(t_k^i)\|^2-\|\boldsymbol{\phi}_i(t)\|^2\right|\leqslant\|\boldsymbol{e}_i^q(t)\|^2$，由式 (5-70) ～式 (5-72) 可得：

$$\|\boldsymbol{\Gamma}\|\|\boldsymbol{\phi}_i(t_k^i)\|^2\leqslant\frac{\|\boldsymbol{\Gamma}\|\|\boldsymbol{\phi}_i(t)\|^2+\gamma\mathrm{e}^{-\rho t}+\tau}{1-\mu^2}\tag{5-87}$$

根据式 (5-71) 和式 (5-72)，式 (5-86) 可转化为：

$$\begin{aligned}&\frac{\kappa_1}{2}\boldsymbol{\delta}^{\mathrm{T}}(t)(\boldsymbol{L}^2\otimes\boldsymbol{P}\boldsymbol{B}\boldsymbol{B}^{\mathrm{T}}\boldsymbol{P})\boldsymbol{\delta}(t)+\frac{2}{\kappa_1}(\boldsymbol{e}^q(t))^{\mathrm{T}}(\boldsymbol{I}_N\otimes\boldsymbol{P}\boldsymbol{B}\boldsymbol{B}^{\mathrm{T}}\boldsymbol{P})\boldsymbol{e}^q(t)\\ &\leqslant\frac{\kappa_1}{2}\boldsymbol{\delta}^{\mathrm{T}}(t)(\boldsymbol{L}^2\otimes\boldsymbol{P}\boldsymbol{B}\boldsymbol{B}^{\mathrm{T}}\boldsymbol{P})\boldsymbol{\delta}(t)+\frac{2\mu^2}{\kappa_1(1-\mu^2)}\boldsymbol{\phi}^{\mathrm{T}}(t)(\boldsymbol{I}_N\otimes\boldsymbol{P}\boldsymbol{B}\boldsymbol{B}^{\mathrm{T}}\boldsymbol{P})\boldsymbol{\phi}(t)\\ &\quad+\frac{2N}{\kappa_1(1-\mu^2)}(\gamma\mathrm{e}^{-\rho t}+\tau)\\ &\leqslant\left(\frac{\kappa_1}{2}+\frac{2\mu^2}{\kappa_1(1-\mu^2)}\right)\boldsymbol{\delta}^{\mathrm{T}}(t)(\boldsymbol{L}^2\otimes\boldsymbol{P}\boldsymbol{B}\boldsymbol{B}^{\mathrm{T}}\boldsymbol{P})\boldsymbol{\delta}(t)+\frac{2N}{\kappa_1(1-\mu^2)}(\gamma\mathrm{e}^{-\rho t}+\tau)\\ &\quad+\frac{2\mu^2}{\kappa_1(1-\mu^2)}\left[2\boldsymbol{\delta}^{\mathrm{T}}(t)(\boldsymbol{L}^2\otimes\boldsymbol{P}\boldsymbol{B}\boldsymbol{B}^{\mathrm{T}}\boldsymbol{P})\boldsymbol{\nu}(t)+\boldsymbol{\nu}^{\mathrm{T}}(t)(\boldsymbol{L}^2\otimes\boldsymbol{P}\boldsymbol{B}\boldsymbol{B}^{\mathrm{T}}\boldsymbol{P})\boldsymbol{\nu}(t)\right]\end{aligned}\tag{5-88}$$

将式 (5-86) 和式 (5-88) 代入式 (5-85) 可得：

$$\begin{aligned}\dot{V}(t)&\leqslant\boldsymbol{\delta}^{\mathrm{T}}(t)\left(\boldsymbol{L}\otimes\frac{\boldsymbol{P}\boldsymbol{A}+\boldsymbol{A}^{\mathrm{T}}\boldsymbol{P}}{2}-(1-\boldsymbol{p})(\boldsymbol{L}^2\otimes\boldsymbol{\Gamma})\right)\boldsymbol{\delta}(t)-(1-2q)\boldsymbol{\delta}^{\mathrm{T}}(t)(\boldsymbol{L}^2\otimes\boldsymbol{\Gamma})\boldsymbol{\nu}(t)\\ &\quad+q\boldsymbol{\nu}^{\mathrm{T}}(t)(\boldsymbol{L}^2\otimes\boldsymbol{\Gamma})\boldsymbol{\nu}(t)+\frac{2N}{\kappa_1(1-\mu^2)}(\gamma\mathrm{e}^{-\rho t}+\tau)\end{aligned}\tag{5-89}$$

其中，p、q 在定理 5.3.1 中定义。

与式 (5-86) 类似，存在常数 $\kappa_2>0$ 使得：

$$
\begin{aligned}
-(1-2q)\boldsymbol{\delta}^{\mathrm{T}}(t)(\boldsymbol{L}^2\otimes\boldsymbol{\varGamma})\boldsymbol{\nu}(t)\leqslant&|1-2q|[\frac{\kappa_2}{2}\boldsymbol{\delta}^{\mathrm{T}}(t)(\boldsymbol{L}^2\otimes\boldsymbol{\varGamma})\boldsymbol{\delta}(t)\\
&+\frac{2}{\kappa_2}\boldsymbol{\nu}^{\mathrm{T}}(t)(\boldsymbol{L}^2\otimes\boldsymbol{\varGamma})\boldsymbol{\nu}(t)]
\end{aligned}
\tag{5-90}
$$

因此，式 (5-89) 可转化为：

$$
\begin{aligned}
\dot{V}(t)\leqslant&\boldsymbol{\delta}^{\mathrm{T}}(t)(\boldsymbol{L}\otimes\frac{\boldsymbol{PA}+\boldsymbol{A}^{\mathrm{T}}\boldsymbol{P}}{2}-\tilde{p}(\boldsymbol{L}^2\otimes\boldsymbol{\varGamma}))\boldsymbol{\delta}(t)+\tilde{q}\boldsymbol{\nu}^{\mathrm{T}}(t)(\boldsymbol{L}^2\otimes\boldsymbol{\varGamma})\boldsymbol{\nu}(t)\\
&+\frac{2N}{\kappa_1(1-\mu^2)}(\gamma\mathrm{e}^{-\rho t}+\tau)
\end{aligned}
\tag{5-91}
$$

其中，$\tilde{p}=1-p-\frac{\kappa_2}{2}|1-2q|,\tilde{q}=q+\frac{2}{\kappa_2}$。

根据假设 5.3.2，令 $\lambda_1,\lambda_2,\cdots,\lambda_N$ 表示矩阵 $\boldsymbol{L}$ 的特征值，由 $\boldsymbol{L}$ 的性质可知 $0=\lambda_1<\lambda_2\leqslant\lambda_3\leqslant\cdots\leqslant\lambda_N$。因为 $\boldsymbol{L}$ 为对称矩阵，所以存在一个正交矩阵 $\boldsymbol{U}$ 使得：

$$
\boldsymbol{U}^{\mathrm{T}}\boldsymbol{L}\boldsymbol{U}=\boldsymbol{J}=\mathrm{diag}\{\lambda_1,\lambda_2,\cdots,\lambda_N\}
\tag{5-92}
$$

其中，矩阵 $\boldsymbol{U}$ 满足 $\boldsymbol{U}^{\mathrm{T}}\boldsymbol{U}=\boldsymbol{I}$，易得 $\boldsymbol{L}=\boldsymbol{U}\boldsymbol{J}\boldsymbol{U}^{\mathrm{T}}$。定义 $\tilde{\boldsymbol{\delta}}(t)=(\boldsymbol{U}^{\mathrm{T}}\otimes\boldsymbol{I}_n)\boldsymbol{\delta}(t)$ 及 $\tilde{\boldsymbol{\nu}}(\boldsymbol{t})=(\boldsymbol{U}^{\mathrm{T}}\otimes\boldsymbol{I}_n)\boldsymbol{\nu}(t)$，那么式 (5-91) 等价于：

$$
\begin{aligned}
\dot{V}(t)\leqslant&\tilde{\boldsymbol{\delta}}^{\mathrm{T}}(t)(\boldsymbol{J}\otimes\frac{\boldsymbol{PA}+\boldsymbol{A}^{\mathrm{T}}\boldsymbol{P}}{2}-\tilde{p}(\boldsymbol{J}^2\otimes\boldsymbol{\varGamma}))\tilde{\boldsymbol{\delta}}(t)\\
&+\tilde{q}\tilde{\boldsymbol{\nu}}^{\mathrm{T}}(t)(\boldsymbol{J}^2\otimes\boldsymbol{\varGamma})\tilde{\boldsymbol{\nu}}(t)+\frac{2N}{\kappa_1(1-\mu^2)}(\gamma\mathrm{e}^{-\rho t}+\tau)\\
=&\sum_{i=2}^{N}\tilde{\boldsymbol{\delta}}_i^{\mathrm{T}}(t)(\lambda_i\frac{\boldsymbol{PA}+\boldsymbol{A}^{\mathrm{T}}\boldsymbol{P}}{2}-\tilde{p}\lambda_i^2\boldsymbol{\varGamma})\tilde{\boldsymbol{\delta}}_i(t)\\
&+\tilde{q}\sum_{i=2}^{N}\tilde{\boldsymbol{\nu}}_i^{\mathrm{T}}(t)\lambda_i^2\boldsymbol{\varGamma}\tilde{\boldsymbol{\nu}}_i(t)+\frac{2N}{\kappa_1(1-\mu^2)}(\gamma\mathrm{e}^{-\rho t}+\tau)
\end{aligned}
\tag{5-93}
$$

根据式 (5-68) 可得：

$$
\begin{aligned}
\dot{V}(t)\leqslant&-\sum_{i=2}^{N}\frac{\lambda_i\theta}{2}\tilde{\boldsymbol{\delta}}_i^{\mathrm{T}}(t)\tilde{\boldsymbol{\delta}}_i(t)+\tilde{q}\sum_{i=2}^{N}\tilde{\boldsymbol{\nu}}_i^{\mathrm{T}}(t)\lambda_i^2\boldsymbol{\varGamma}\tilde{\boldsymbol{\nu}}_i(t)+\frac{2N}{\kappa_1(1-\mu^2)}(\gamma\mathrm{e}^{-\rho t}+\tau)\\
\leqslant&-\frac{\lambda_2\theta}{2}\sum_{i=2}^{N}\tilde{\boldsymbol{\delta}}_i^{\mathrm{T}}(t)\tilde{\boldsymbol{\delta}}_i(t)+\tilde{q}\lambda_N^2\sum_{i=2}^{N}\tilde{\boldsymbol{\nu}}_i^{\mathrm{T}}(t)\boldsymbol{\varGamma}\tilde{\boldsymbol{\nu}}_i(t)+\frac{2N}{\kappa_1(1-\mu^2)}(\gamma\mathrm{e}^{-\rho t}+\tau)
\end{aligned}
$$

$$
\begin{aligned}
&\leqslant -\frac{\theta}{2}\lambda_2\boldsymbol{\delta}^{\mathrm{T}}(t)\boldsymbol{\delta}(t)+\tilde{q}\lambda_N^2\|\boldsymbol{\Gamma}\|(\frac{(N-1)n\alpha}{2})^2+\frac{2N}{\kappa_1(1-\mu^2)}(\gamma+\tau)\\
&=-\frac{\theta}{2}\lambda_2\boldsymbol{\delta}^{\mathrm{T}}(t)\boldsymbol{\delta}(t)+\Omega \qquad (5\text{-}94)\\
&\leqslant -\frac{\theta\lambda_2}{\lambda_{\max}(\boldsymbol{L}\otimes\boldsymbol{P})}\boldsymbol{V}(t)+\Omega
\end{aligned}
$$

其中，Ω 已在定理 5.3.1 中给出。

根据比较引理及归纳法可得：

$$
\begin{aligned}
\boldsymbol{V}(t)\leqslant &\exp(-\frac{\theta\lambda_2}{\lambda_{\max}(\boldsymbol{L}\otimes\boldsymbol{P})}t)\boldsymbol{V}(\boldsymbol{\delta}(0))\\
&+\frac{\lambda_{\max}(\boldsymbol{L}\otimes\boldsymbol{P})}{\theta\lambda_2}\Omega(1-\exp(-\frac{\theta\lambda_2}{\lambda_{\max}(\boldsymbol{L}\otimes\boldsymbol{P})}t))
\end{aligned} \qquad (5\text{-}95)
$$

当 $\boldsymbol{\delta}_1(t)=\boldsymbol{\delta}_2(t)=\cdots=\boldsymbol{\delta}_N(t)$ 不满足时，$\frac{1}{2}\lambda_2\lambda_{\min}(P)\boldsymbol{\delta}^{\mathrm{T}}(t)\boldsymbol{\delta}(t)\leqslant\boldsymbol{V}(t)$。

由 $\theta>0,\boldsymbol{P}>0$ 有：

$$
\begin{aligned}
\|\boldsymbol{\delta}(t)\|\leqslant &\exp(-\frac{\theta\lambda_2}{\lambda_{\max}(\boldsymbol{L}\otimes\boldsymbol{P})}t)\sqrt{\frac{2\boldsymbol{V}(\boldsymbol{\delta}(0))}{\lambda_2\lambda_{\min}(\boldsymbol{P})}}\\
&+\sqrt{\frac{2\lambda_{\max}(\boldsymbol{L}\otimes\boldsymbol{P})}{\theta\lambda_2^2\lambda_{\min}(\boldsymbol{P})}\Omega\left(1-\exp\left(-\frac{\theta\lambda_2}{\lambda_{\max}(\boldsymbol{L}\otimes\boldsymbol{P})}t\right)\right)}
\end{aligned} \qquad (5\text{-}96)
$$

因此，当 $t\to\infty$ 时，误差信号 $\boldsymbol{\delta}(t)$ 指数收敛于集合 M。证毕。

定理 5.3.2

如果定理 5.3.1 成立且有 $0<\tau<\|\boldsymbol{\Gamma}\|(2d_{\max}n\alpha)^2$，其中 $d_{\max}$ 代表入度矩阵 $\boldsymbol{D}$ 的最大对角元素，在给定的事件触发条件 (5-71) 下，误差系统能够避免 Zeno 行为。

证明：

由于量化状态测量误差 $\boldsymbol{e}_i^q(t)$ 不连续，故定义一个连续的测量误差 $\boldsymbol{e}_i(t)=\boldsymbol{\psi}_i(t_k^i)-\boldsymbol{\psi}(t),\ t\in[t_k^i,t_{k+1}^i),\boldsymbol{\psi}_i(t)=\sum_{j\in\mathcal{N}_i}(\boldsymbol{x}_i(t)-\boldsymbol{x}_j(t))=\sum_{j\in\mathcal{N}_i}(\boldsymbol{\delta}_i(t)-$ $-\boldsymbol{\delta}_j(t))$。其中，$\boldsymbol{e}_i^q(t)$ 和 $\boldsymbol{e}_i(t)$ 的关系为：

$$
\begin{aligned}
\|\boldsymbol{e}_i(t)\| &= \|\boldsymbol{\psi}_i(t_k^i)-\boldsymbol{\psi}_i(t)\| \\
&= \left\| \sum_{j\in\mathcal{N}_i}\left[\boldsymbol{q}(\boldsymbol{x}_i(t_k^i))-\boldsymbol{q}(\boldsymbol{x}_j(t_k^i))-\boldsymbol{\Delta}_i(t_k^i)+\boldsymbol{\Delta}_j(t_k^i)\right]\right. \\
&\quad \left. -\sum_{j\in\mathcal{N}_i}\left[\boldsymbol{q}(\boldsymbol{x}_i(t))-\boldsymbol{q}(\boldsymbol{x}_j(t))-\boldsymbol{\Delta}_i(t)+\boldsymbol{\Delta}_j(t)\right]\right\| \\
&= \left\|\boldsymbol{e}_i^q(t)-\sum_{j\in\mathcal{N}_i}[\boldsymbol{\Delta}_i(t_k^i)-\boldsymbol{\Delta}_j(t_k^i)]+\sum_{j\in\mathcal{N}_i}[\boldsymbol{\Delta}_i(t)-\boldsymbol{\Delta}_j(t)]\right\|
\end{aligned} \tag{5-97}
$$

当满足事件触发条件 (5-71) 时，$\boldsymbol{e}_i(t)$ 重置为 0。

当 $t\in(t_k^i,t_{k+1}^i)$，对式 (5-97) 求导可得：

$$
\begin{aligned}
\frac{\mathrm{d}\|\boldsymbol{e}_i\|}{\mathrm{d}t} &= \frac{\boldsymbol{e}_i^{\mathrm{T}}(t)\dot{\boldsymbol{e}}_i(t)}{\|\boldsymbol{e}_i(t)\|} \leqslant \|\dot{\boldsymbol{e}}_i(t)\| \\
&= \|\sum_{j\in\mathcal{N}_i}[\dot{\boldsymbol{\delta}}_i(t)-\dot{\boldsymbol{\delta}}_j(t)]\| \\
&= \|\sum_{j\in\mathcal{N}_i}[\boldsymbol{A}(\boldsymbol{\delta}_i(t)-\boldsymbol{\delta}_j(t))-\boldsymbol{B}\boldsymbol{B}^{\mathrm{T}}\boldsymbol{P}(\boldsymbol{\phi}_i(t_{k_i}^i)-\boldsymbol{\phi}_j(t_{k_j}^j))]\| \\
&\leqslant \sum_{j\in\mathcal{N}_i}[\|\boldsymbol{A}\|\|\boldsymbol{\delta}_i(t)-\boldsymbol{\delta}_j(t)\|+\|\boldsymbol{B}\boldsymbol{B}^{\mathrm{T}}\boldsymbol{P}\|\|(\boldsymbol{\phi}_i(t_{k_i}^i)-\boldsymbol{\phi}_j(t_{k_j}^j))\|] \\
&\leqslant d_{\max}[\|\boldsymbol{A}\|(\|\boldsymbol{\delta}_i(t)\|+\|\boldsymbol{\delta}_j(t)\|)+\|\boldsymbol{B}\boldsymbol{B}^{\mathrm{T}}\boldsymbol{P}\|(\|\boldsymbol{\phi}_i(t_{k_i}^i)\|+\|\boldsymbol{\phi}_j(t_{k_j}^j)\|)]
\end{aligned} \tag{5-98}
$$

其中，$t_{k_i}^i$ 等价于 t_k^i，而 $t_{k_j}^j$ 为智能体 j 在当前时刻 t 之前的最近一次事件触发时刻，$d_{\max}$ 已在定理 5.3.2 中定义。

根据式 (5-76) 可得：

$$
\begin{aligned}
\|\boldsymbol{\phi}_i(t_k^i)\| &= \|\sum_{j\in\mathcal{N}_i}[\boldsymbol{\delta}_i(t)-\boldsymbol{\delta}_j(t)+\boldsymbol{\Delta}_i(t)-\boldsymbol{\Delta}_j(t)]\| \\
&\leqslant \sum_{j\in\mathcal{N}_i}[\|\boldsymbol{\delta}_i(t)-\boldsymbol{\delta}_j(t)\|+\|\boldsymbol{\Delta}_i(t)-\boldsymbol{\Delta}_j(t)\|] \\
&\leqslant 2d_{\max}\|\boldsymbol{\delta}(t)\|+d_{\max}Nn\alpha
\end{aligned} \tag{5-99}
$$

由式 (5-94) 可知 $\|\boldsymbol{\delta}(t)\|$ 有上界 $\varXi_2=\sqrt{\dfrac{\lambda_{\max}(\boldsymbol{L}\otimes\boldsymbol{P})}{\lambda_2\lambda_{\min}\boldsymbol{P}}}\|\boldsymbol{\delta}(0)\|+\varXi_1$，其中 $\varXi_1=\sqrt{\dfrac{2\lambda_{\max}(\boldsymbol{L}\otimes\boldsymbol{P})}{\theta\lambda_2^2\lambda_{\min}(\boldsymbol{P})}\varOmega}$。因此：

$$
\|\boldsymbol{\phi}_i(t_k^i)\|\leqslant 2d_{\max}\varXi_2+d_{\max}Nn\alpha=\varXi_3 \tag{5-100}
$$

将式 (5-100) 代入式 (5-98) 可得：

$$\frac{\mathrm{d}\|\boldsymbol{e}_i(t)\|}{\mathrm{d}t} \leqslant 2d_{\max}(\|\boldsymbol{A}\|\varXi_2 + \|\boldsymbol{B}\boldsymbol{B}^{\mathrm{T}}\boldsymbol{P}\|\varXi_3) = \omega \tag{5-101}$$

对于 $t \in [t_k^i, t_{k+1}^i)$ 有：

$$\int_{t_k^i}^{t} \frac{\mathrm{d}\|\boldsymbol{e}_i(t)\|}{\mathrm{d}t} \leqslant \omega(t - t_k^i) \tag{5-102}$$

那么：

$$t - t_k^i \leqslant \frac{\|\boldsymbol{e}_i(t)\| - \|\boldsymbol{e}_i(t_k^i)\|}{\omega} \tag{5-103}$$

当满足事件触发条件时，根据式 (5-71)、式 (5-72) 及式 (5-97)，有：

$$\begin{aligned} &\|\boldsymbol{e}_i(t)\| - \|\boldsymbol{e}_i(t_k^i)\| \geqslant \|\boldsymbol{e}_i^q(t)\| - 2d_{\max}n\alpha \geqslant \mu\|\boldsymbol{\phi}_i(t_k^i)\| \\ &+\tilde{\tau} - 2d_{\max}n\alpha \geqslant \tilde{\tau} - 2d_{\max}n\alpha \end{aligned} \tag{5-104}$$

其中，$\tilde{\tau} = \sqrt{\frac{\tau}{\|\boldsymbol{\varGamma}\|}}$。因此：

$$t_{k+1}^i - t_k^i \geqslant \frac{\tilde{\tau} - 2d_{\max}n\alpha}{\omega} \tag{5-105}$$

如果 $\tau > \|\boldsymbol{\varGamma}\|(2d_{\max}n\alpha)^2$，那么有 $t_{k+1}^i - t_k^i > 0$。因此本小节提出的事件触发条件能避免 Zeno 现象的发生。证毕。

5.3.4 数值仿真

例 5.3.1 基于均匀量化的动态事件触发一致性

考虑包含四个智能体的系统 (5-67)，选取满足假设 5.3.1 的系统参数为：

$$\boldsymbol{A} = \begin{bmatrix} 0 & 1 & 2 \\ -1 & 0 & -3 \\ -2 & 3 & 0 \end{bmatrix}, \boldsymbol{B} = \begin{bmatrix} 1 \\ 0 \\ 1 \end{bmatrix}$$

系统的网络拓扑如图 5-17 所示，其对应的拉普拉斯矩阵为：

$$\boldsymbol{L} = \begin{bmatrix} 1 & -1 & 0 & 0 \\ -1 & 3 & -1 & -1 \\ 0 & -1 & 1 & 0 \\ 0 & -1 & 0 & 1 \end{bmatrix}$$

可简单计算出矩阵 $\boldsymbol{L}$ 的特征值为 0、1、1、4。

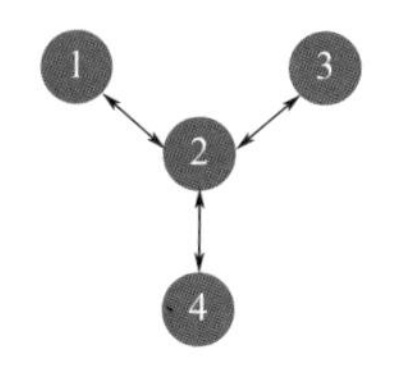

图 5-17　网络拓扑图

系统中四个智能体的初始状态分别为 $\boldsymbol{x}_1(0)=[2.5469,-2.2397,1.797]^{\mathrm{T}}$，$\boldsymbol{x}_2(0)=[4.551,-0.3739,-0.81]^{\mathrm{T}}$，$\boldsymbol{x}_3(0)=[7.9836,12.5974,6.4039]^{\mathrm{T}}$，$\boldsymbol{x}_4(0)=[11.8527,8.2381,13.5127]^{\mathrm{T}}$。选择事件触发参数为 $\mu=0.01$、$\gamma=20$、$\rho=0.1$ 及 $\tau=0.04$，均匀量化器的参数为 $\alpha_u=0.025$。根据定理 5.3.1，有 $\boldsymbol{K}=[-16.9747\quad -3.0292\quad -8.3424]$，以及：

$$\boldsymbol{P}=\begin{bmatrix}19.0627 & 1.0594 & -2.088\\ 1.0594 & 15.5212 & 1.9698\\ -2.088 & 1.9698 & 10.4304\end{bmatrix}$$

图 5-18 展示了事件触发控制器 (5-73) 下智能体第一维状态分量响应曲线。图 5-19 为一致性误差 $\|\boldsymbol{\delta}(t)\|$ 的演化曲线。从图 5-19 中可以看出，多智能体系统 (5-67) 在一致性协议 (5-73) 下能实现有界一致。图 5-20 展示了每个智能体的事件触发时间序列。

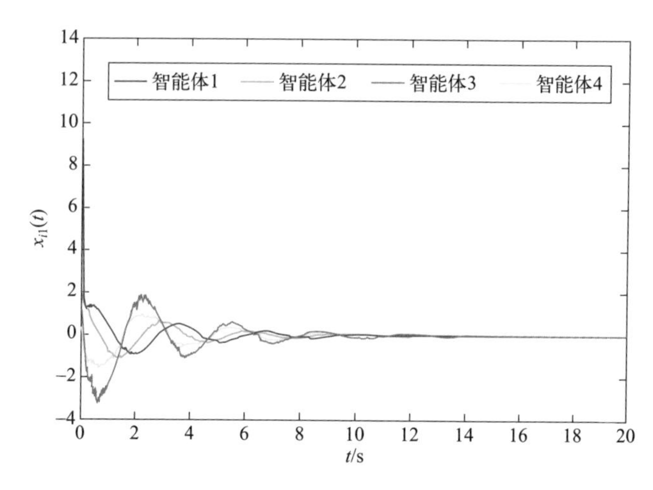

图 5-18　动态事件触发控制器 (5-73) 下智能体第一维状态分量响应曲线

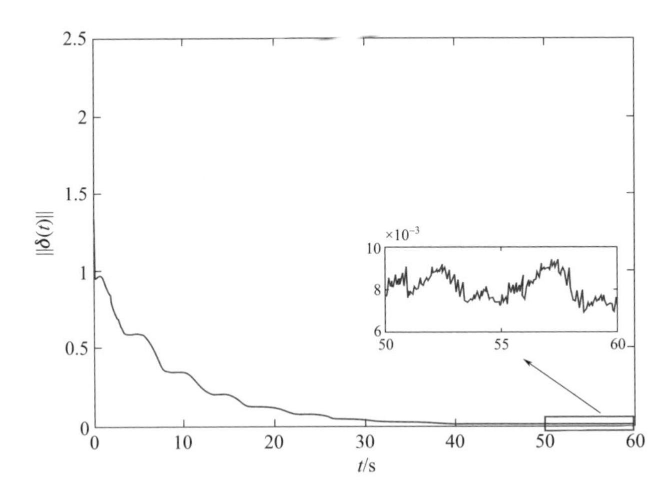

图 5-19　动态事件触发控制器 (5-73) 下一致性误差 $\|\delta(t)\|$ 的演化曲线

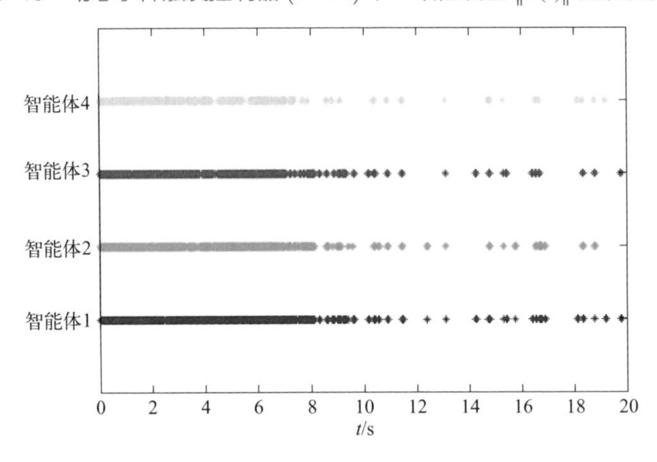

图 5-20　动态事件触发策略 (5-71) 下的触发时间序列

5.4 基于自适应动态事件触发机制的多智能体系统的一致性

5.4.1　模型描述

考虑包含 N 个智能体的一般线性多智能体系统，其动力学方程与 5.3

节中的式 (5-67) 相同。假定假设 5.3.1 和假设 5.3.2 成立。

本节提出了不依赖于系统状态或者测量误差的指数衰减的阈值能够实现动态调节，本节旨在面向一般线性系统 (5-67) 设计更加灵活的动态事件触发机制。

5.4.2 无领导者多智能体系统的动态事件触发机制

定义智能体 i 的测量误差为：

$$\boldsymbol{e}_i(t)=\hat{\boldsymbol{x}}_i(t)-\boldsymbol{x}_i(t),\ t\in[t_k^i,t_{k+1}^i) \tag{5-106}$$

其中，$\hat{\boldsymbol{x}}_i(t)=\boldsymbol{x}_i(t_k^i)$，$t_k^i$ 表示智能体 i 的第 k 个触发时刻。对于每个智能体而言，静态事件触发机制如下：

$$\begin{aligned} t_1^i &= 0 \\ t_{k+1}^i &= \inf_{l>t_k^i}\{l:\boldsymbol{e}_i^{\mathrm{T}}(t)\boldsymbol{\Gamma}\boldsymbol{e}_i(t)-\sigma_i\beta_i\boldsymbol{q}_i^{\mathrm{T}}(t_k^i)\boldsymbol{\Gamma}\boldsymbol{q}_i(t_k^i)\geqslant 0,\ \ \forall t\in(t_k^i,l]\} \end{aligned} \tag{5-107}$$

其中，$q_i(t_k^i)=\sum_{j\in\mathcal{N}_i}a_{ij}(\hat{\boldsymbol{x}}_j(t)-\hat{\boldsymbol{x}}_i(t))$，$\boldsymbol{\Gamma}=\boldsymbol{PBB}^{\mathrm{T}}\boldsymbol{P}$，$\mathcal{N}_i$ 是智能体 i 的邻居智能体组成的集合，$\boldsymbol{P}$ 为正定对称矩阵；$\hat{\boldsymbol{x}}_j(t)=\boldsymbol{x}_j(t_{k'}^j), k'\triangleq\arg\min_r\{t-t_r^j\mid t\geqslant t_r^j,r\in\mathbb{N}\}$，即 $t_{k'}^j$ 是当前距智能体 j 最近的一次触发时刻；$\sigma_i\in[0,1)$，β_i 是一个常数。

在静态事件触发的基础上，进一步设计动态事件触发机制，时间序列 t_k^i 由如下触发条件产生：

$$\begin{aligned} t_1^i &= 0 \\ t_{k+1}^i &= \inf_{l>t_k^i}\{l:\theta_i(\boldsymbol{e}_i^{\mathrm{T}}(t)\boldsymbol{\Gamma}\boldsymbol{e}_i(t)-\sigma_i\beta_i\boldsymbol{q}_i^{\mathrm{T}}(t_k^i)\boldsymbol{\Gamma}\boldsymbol{q}_i(t_k^i))\geqslant\boldsymbol{\eta}_i(t),\forall t\in(t_k^i,l]\} \end{aligned} \tag{5-108}$$

其中，$\boldsymbol{q}_i(t_k^i)$、σ_i、β_i 与式 (5-107) 中的定义相同；θ_i 是一个正常数；辅助变量 $\boldsymbol{\eta}_i$ 满足：

$$\dot{\boldsymbol{\eta}}_i(t)=-\rho_i\boldsymbol{\eta}_i(t)+\xi_i[\sigma_i\beta_i\boldsymbol{q}_i^{\mathrm{T}}(t_k^i)\boldsymbol{\Gamma}\boldsymbol{q}_i(t_k^i)-\boldsymbol{e}_i^{\mathrm{T}}(t)\boldsymbol{\Gamma}\boldsymbol{e}_i(t)] \tag{5-109}$$

注 5.4.1 在式 (5-108) 中，$\boldsymbol{\eta}_i(t)$ 是一个与测量误差和邻居智能体的相对误差相关的时变参数。与静态事件触发条件 (5-107) 相比，$\boldsymbol{\eta}_i(t)$ 是调节事件触发阈值的一个关键参数。若 $\boldsymbol{\eta}_i(t)$

被设置为 0，则该动态事件触发机制就变成了静态事件触发机制，故可以认为静态事件触发机制是动态事件触发机制的一种特殊情况。

注 5.4.2　根据事件触发条件 (5-108) 可得，对于智能体 i 而言，只需使用邻居智能体触发时刻的信息，从而避免了对邻居智能体状态信息的连续监控。与本章参考文献 [15-17] 中的事件触发策略相比，本节中的事件触发条件可以有效地降低智能体之间的通信成本。

辅助变量 $\boldsymbol{\eta}_i$ 是动态事件触发机制中的重要参数，下面将介绍辅助变量 $\boldsymbol{\eta}_i$ 的重要性质。

引理 5.4.1

对于给定的 $\boldsymbol{\eta}_i(0)$、ρ_i、ξ_i 和 θ_i，辅助变量 $\boldsymbol{\eta}_i(t)$ 满足：

$$\boldsymbol{\eta}_i(t)>0,\quad i=1,2,\cdots,N \tag{5-110}$$

证明：

对于 $t\in\bigcup_{k=1}^{\infty}(t_k^i,t_{k+1}^i]=(0,\infty)$，存在 $k^*,t\in(t_{k^*}^i,t_{k^*+1}^i]$。在相邻的两个事件触发时刻 $t_{k^*}^i$ 和 $t_{k^*+1}^i$ 之间，系统不满足触发条件，所以有：

$$\theta_i(v_1\|\boldsymbol{e}_i(t)\|^2-\sigma_i v_2\|\boldsymbol{z}_i(t)\|^2)\leqslant\boldsymbol{\eta}_i(t)$$

当 $t=t_{k^*+1}^i$ 时，有 $\dot{\boldsymbol{\eta}}_i(t)\geqslant-\rho_i\boldsymbol{\eta}_i(t)-\frac{\xi_i}{\theta_i}\boldsymbol{\eta}_i(t)$，因此：

$$\boldsymbol{\eta}_i(t)\geqslant\boldsymbol{\eta}_i(t_k^i)\mathrm{e}^{-(\rho_i+\frac{\xi_i}{\theta_i})(t-t_k^i)}>0,\quad t\in(t_{k^*}^i,t_{k^*+1}^i]$$

通过归纳法，由 $t_1^i=0$ 可得：

$$\begin{aligned}\boldsymbol{\eta}_i(t)&\geqslant\boldsymbol{\eta}_i(t_k^i)\mathrm{e}^{-(\rho_i+\frac{\xi_i}{\theta_i})(t-t_k^i)}\geqslant\boldsymbol{\eta}_i(t_{k-1}^i)\mathrm{e}^{-(\rho_i+\frac{\xi_i}{\theta_i})(t-t_{k-1}^i)}\geqslant\cdots\\&\geqslant\boldsymbol{\eta}_i(0)\mathrm{e}^{-(\rho_i+\frac{\xi_i}{\theta_i})t}>0,\quad t\in(t_{k^*}^i,t_{k^*+1}^i]\end{aligned}$$

由于 $\boldsymbol{\eta}_i(0)>0$，则 $\boldsymbol{\eta}_i(t)>0$，证毕。

引理 5.4.2

对于给定的事件触发时刻 t_k^i，令 $t_{k+1}^{i(\mathrm{s})}$ 和 $t_{k+1}^{i(\mathrm{d})}$ 分别表示静态事件触发条件式 (5-107) 和动态事件触发条件 (5-108) 下的下一个触发时刻，则 $t_{k+1}^{i(\mathrm{s})} \leqslant t_{k+1}^{i(\mathrm{d})}, i=1,2,\cdots,N$。

证明：

通过反证法来证明引理 5.4.2，首先假设 $t_{k+1}^{i(\mathrm{s})} > t_{k+1}^{i(\mathrm{d})}$，由静态事件触发条件 (5-107) 可得：

$$\boldsymbol{e}_i^{\mathrm{T}}(t_{k+1}^{i(\mathrm{d})})\boldsymbol{\Gamma}\boldsymbol{e}_i(t_{k+1}^{i(\mathrm{d})}) - \sigma_i\beta_i\boldsymbol{q}_i^{\mathrm{T}}(t_k^i)\boldsymbol{\Gamma}\boldsymbol{q}_i(t_k^i) < 0 \tag{5-111}$$

另外，根据式 (5-108) 有：

$$\theta_i(\boldsymbol{e}_i^{\mathrm{T}}(t_{k+1}^{i(\mathrm{d})})\boldsymbol{\Gamma}\boldsymbol{e}_i(t_{k+1}^{i(\mathrm{d})}) - \sigma_i\beta_i\boldsymbol{q}_i^{\mathrm{T}}(t_k^i)\boldsymbol{\Gamma}\boldsymbol{q}_i(t_k^i)) \geqslant \eta_i(t_{k+1}^{i(\mathrm{d})})$$

又因为 $\boldsymbol{\eta}_i(t_{k+1}^{i(\mathrm{d})}) > 0$，那么：

$$\boldsymbol{e}_i^{\mathrm{T}}(t_{k+1}^{i(\mathrm{d})})\boldsymbol{\Gamma}\boldsymbol{e}_i(t_{k+1}^{i(\mathrm{d})}) - \sigma_i\beta_i\boldsymbol{q}_i^{\mathrm{T}}(t_k^i)\boldsymbol{\Gamma}\boldsymbol{q}_i(t_k^i) \geqslant \eta_i(t_{k+1}^{i(\mathrm{d})}) / \theta_i > 0$$

这与式 (5-111) 相矛盾，所以假设不成立，因此 $t_{k+1}^{i(s)} \leqslant t_{k+1}^{i(d)}$。证毕。

引理 5.4.2 从理论上证明了如果当前触发时刻相同，那么动态事件触发机制的时间间隔将大于静态事件触发机制。针对智能体 i，在相邻触发时刻 $[t_k^i, t_{k+1}^i)$ 之间，设计自适应动态事件触发一致性控制协议：

$$\boldsymbol{u}_i(t) = \hat{\boldsymbol{c}}_i(t)\boldsymbol{K}\sum_{j\in\mathcal{N}_i} a_{ij}(\hat{\boldsymbol{x}}_j(t) - \hat{\boldsymbol{x}}_i(t)) \tag{5-112}$$

其中，$\boldsymbol{K} = \boldsymbol{B}^{\mathrm{T}}\boldsymbol{P}$，$\hat{\boldsymbol{c}}_i$ 是自适应耦合强度，其更新规则为：

$$\dot{\hat{\boldsymbol{c}}}_i(t) = \mathscr{P}(\hat{\boldsymbol{c}}_i(t)) = \begin{cases} 0, & \hat{\boldsymbol{c}}_i(t) \geqslant \bar{c}_i \\ \gamma_i\boldsymbol{q}_i^{\mathrm{T}}(t_k^i)\boldsymbol{\Gamma}\boldsymbol{q}_i(t_k^i), & \hat{\boldsymbol{c}}_i(t) < \bar{c}_i \end{cases} \tag{5-113}$$

其中，γ_i 和 $\bar{c}_i$ 是给定的正常数，并且 $\hat{\boldsymbol{c}}_i$ 的初始条件满足 $0 < \hat{\boldsymbol{c}}_i(t_0) < \bar{c}_i$。

注 5.4.3

$\mathscr{P}(\cdot)$ 将自适应耦合强度 $\hat{\boldsymbol{c}}_i$ 映射到区间 $[\hat{\boldsymbol{c}}_i(t_0), \bar{c}_i]$，已被用来调节容错控制中的事件触发参数 [18]。$\mathscr{P}(\cdot)$ 可有效地将耦合强度限定到一个合理的区间，从而避免其过大造成控制增益过大。另外，与常数耦合强度相比，自适应耦合强度更加灵活，且不需要提前对其进行范围设定。

注 5.4.4 根据式 (5-113)，智能体间的相对误差 $\boldsymbol{q}_i(t_k^i)$ 较大时，$\hat{\boldsymbol{c}}_i(t)$ 也会快速增大，以调节系统间的状态误差。随着时间的推移，$\boldsymbol{q}_i(t_k^i)$ 会越来越小，最终接近于 0，$\hat{\boldsymbol{c}}_i(t)$ 也趋向于常值，此时的控制输入 $\boldsymbol{u}_i(t)$ 在相邻的事件触发时刻之间几乎不变，在一定程度上减少了控制输入的较大波动，从而减轻了执行器的运行压力，降低了控制成本。

将自适应动态事件触发一致性协议 (5-112) 代入系统模型 (5-67)，可得如下闭环系统：

$$\begin{aligned}\dot{\boldsymbol{x}}_i &= \boldsymbol{A}\boldsymbol{x}_i + \hat{\boldsymbol{c}}_i(t)\boldsymbol{B}\boldsymbol{K}\Big[\sum_{j\in\mathcal{N}_i} a_{ij}(\hat{\boldsymbol{x}}_j(t) - \hat{\boldsymbol{x}}_i(t))\Big] \\ &= \boldsymbol{A}\boldsymbol{x}_i + \hat{\boldsymbol{c}}_i(t)\boldsymbol{B}\boldsymbol{B}^{\mathrm{T}}\boldsymbol{P}\boldsymbol{q}_i(t_k^i), \quad t\in[t_k^i, t_{k+1}^i)\end{aligned} \tag{5-114}$$

其矩阵表达形式为：

$$\dot{\boldsymbol{x}}(t) = (\boldsymbol{I}_N \otimes \boldsymbol{A})\boldsymbol{x}(t) + (\hat{\boldsymbol{c}}(t)\otimes \boldsymbol{B}\boldsymbol{B}^{\mathrm{T}}\boldsymbol{P})\boldsymbol{q}(t_k) \tag{5-115}$$

其中，$\boldsymbol{x}(t) = [\boldsymbol{x}_1^{\mathrm{T}}(t), \boldsymbol{x}_2^{\mathrm{T}}(t), \cdots, \boldsymbol{x}_N^{\mathrm{T}}(t)]^{\mathrm{T}}$，$\boldsymbol{q}(t_k) = [\boldsymbol{q}_1^{\mathrm{T}}(t_k^1), \cdots, \boldsymbol{q}_N^{\mathrm{T}}(t_k^N)]^{\mathrm{T}}$ 以及 $\hat{\boldsymbol{c}}(t) = \mathrm{diag}\{\hat{\boldsymbol{c}}_1(t), \cdots, \hat{\boldsymbol{c}}_N(t)\}$。

取平均状态 $\bar{\boldsymbol{x}}(t) = \dfrac{1}{N}\sum_{i=1}^{N}\boldsymbol{x}_i(t)$ 为虚拟领导者，定义误差信号 $\boldsymbol{\delta}_i(t) = \boldsymbol{x}_i(t) - \bar{\boldsymbol{x}}(t)$ 表示智能体 $i\,(1,2,\cdots,N)$。令 $\boldsymbol{\delta}(t) = [\boldsymbol{\delta}_1^{\mathrm{T}}(t), \cdots, \boldsymbol{\delta}_N^{\mathrm{T}}(t)]^{\mathrm{T}}$，则 $\boldsymbol{\delta}(t) = (\boldsymbol{M}\otimes \boldsymbol{I}_n)\boldsymbol{x}(t)$，其中 $\boldsymbol{M} = \boldsymbol{I}_N - \dfrac{1}{N}\boldsymbol{1}\boldsymbol{1}^{\mathrm{T}}$。此时多智能体系统误差方程满足：

$$\dot{\boldsymbol{\delta}}(t) = (\boldsymbol{I}_N \otimes \boldsymbol{A})\boldsymbol{\delta}(t) + (\boldsymbol{M}\hat{\boldsymbol{c}}(t)\otimes \boldsymbol{B}\boldsymbol{B}^{\mathrm{T}}\boldsymbol{P})\boldsymbol{q}(t_k) \tag{5-116}$$

则无领导者多智能体系统 (5-115) 的一致性问题就转化为误差系统 (5-116) 的稳定性问题。

5.4.3 无领导者多智能体系统的一致性分析

定理 5.4.1

在假设 5.3.1 和假设 5.3.2 下，给定参数 $\sigma_i \in (0,1)$，$\boldsymbol{\eta}_i(0) > 0$，如果

存在正数 c、ρ_i、θ_i、ξ_i、β_i 满足：

$$\gamma_{i0}-\xi_i\geqslant 0 \tag{5-117}$$

$$\rho_i-\frac{\gamma_{i0}-\xi_i}{\theta_i}>0 \tag{5-118}$$

$$\bar{c}_i\geqslant 2c+\sigma_i \tag{5-119}$$

$$\beta_i=\frac{1}{\gamma_{i0}} \tag{5-120}$$

其中，$\gamma_{i0}=N[(2\boldsymbol{c}+\bar{\boldsymbol{c}}_i)L_{ii}^2+\sum_{j=1,j\neq i}^{N}a_{ji}(2\boldsymbol{c}+\bar{\boldsymbol{c}}_j)]$，那么无领导者多智能体系统 (5-67) 在自适应动态事件触发机制 (5-108) 和一致性控制协议 (5-112) 下达到一致。

证明：

根据引理 5.4.1，$\boldsymbol{\eta}_i(t)>0$，选取如下李雅普诺夫函数：

$$\boldsymbol{V}(t)=\boldsymbol{V}_1(t)+\boldsymbol{V}_2(t)+\boldsymbol{V}_3(t)$$

其中，$\boldsymbol{V}_1(t),\boldsymbol{V}_2(t),\boldsymbol{V}_3(t)$ 满足：

$$\boldsymbol{V}_1(t)=\boldsymbol{\delta}^{\mathrm{T}}(t)(\boldsymbol{L}\otimes\boldsymbol{P})\boldsymbol{\delta}(t),\boldsymbol{V}_2(t)=\sum_{i=1}^{N}\frac{1}{2\gamma_i}\tilde{c}_i^2(t),\boldsymbol{V}_3(t)=\sum_{i=1}^{N}\boldsymbol{\eta}_i(t)$$

其中，$\tilde{\boldsymbol{c}}_i(t)=\hat{\boldsymbol{c}}_i(t)-2c-\sigma_i$，$\boldsymbol{P}$ 是正定对称矩阵并满足：

$$\boldsymbol{A}^{\mathrm{T}}\boldsymbol{P}+\boldsymbol{P}\boldsymbol{A}-c\lambda_2(\boldsymbol{L})\boldsymbol{P}\boldsymbol{B}\boldsymbol{B}^{\mathrm{T}}\boldsymbol{P}+\boldsymbol{Q}=0 \tag{5-121}$$

其中，$\boldsymbol{Q}>0$，$\lambda_2(\boldsymbol{L})$ 是拉普拉斯矩阵的第二小特征值，也被称作代数连通度。易得 $\boldsymbol{V}(t)\geqslant 0$，此外 $\boldsymbol{L}\boldsymbol{M}=\boldsymbol{L}$，对 $\boldsymbol{V}(t)$ 沿式 (5-67) 的解轨迹对 t 求导：

$$\begin{aligned}\dot{\boldsymbol{V}}_1(t)&=2\boldsymbol{\delta}^{\mathrm{T}}(t)(\boldsymbol{L}\otimes\boldsymbol{P})\dot{\boldsymbol{\delta}}(t)\\&=\boldsymbol{\delta}^{\mathrm{T}}(t)[\boldsymbol{L}\otimes(\boldsymbol{A}^{\mathrm{T}}\boldsymbol{P}+\boldsymbol{P}\boldsymbol{A})]\boldsymbol{\delta}(t)+2\boldsymbol{\delta}^{\mathrm{T}}(t)(\boldsymbol{L}\hat{\boldsymbol{c}}(t)\otimes\boldsymbol{\Gamma})\boldsymbol{q}(t_k)\end{aligned} \tag{5-122}$$

定义 $\boldsymbol{e}_{q_i}(t)=\boldsymbol{q}_i(t_k^i)-\boldsymbol{q}_i(t),\boldsymbol{q}_i(t)=\sum_{j=1}^{N}a_{ij}(\boldsymbol{x}_j(t)-\boldsymbol{x}_i(t))$，可以得到 $\boldsymbol{q}(t)$ 与 $\boldsymbol{\delta}(t)$ 之间的关系 $\boldsymbol{q}(t)=[\boldsymbol{q}_1^{\mathrm{T}}(t),\cdots,\boldsymbol{q}_N^{\mathrm{T}}(t)]=-(\boldsymbol{L}\otimes\boldsymbol{I}_n)\boldsymbol{\delta}(t)$，因此：

$$\begin{aligned}\dot{\boldsymbol{V}}_1(t)&=\boldsymbol{\delta}^{\mathrm{T}}(t)[\boldsymbol{L}\otimes(\boldsymbol{A}^{\mathrm{T}}\boldsymbol{P}+\boldsymbol{P}\boldsymbol{A})]\boldsymbol{\delta}(t)-2\boldsymbol{q}^{\mathrm{T}}(t)(\hat{\boldsymbol{c}}(t)\otimes\boldsymbol{\Gamma})\boldsymbol{q}(t_k)\\&=\boldsymbol{\delta}^{\mathrm{T}}(t)[\boldsymbol{L}\otimes(\boldsymbol{A}^{\mathrm{T}}\boldsymbol{P}+\boldsymbol{P}\boldsymbol{A})]\boldsymbol{\delta}(t)-\boldsymbol{c}\boldsymbol{q}^{\mathrm{T}}(t)(\boldsymbol{I}_N\otimes\boldsymbol{\Gamma})\boldsymbol{q}(t)+c\boldsymbol{q}^{\mathrm{T}}(t)(\boldsymbol{I}_N\otimes\boldsymbol{\Gamma})\boldsymbol{q}(t)\\&\quad-2\boldsymbol{q}^{\mathrm{T}}(t)(\hat{\boldsymbol{c}}(t)\otimes\boldsymbol{\Gamma})\boldsymbol{q}(t_k)\end{aligned}$$

$$
\begin{aligned}
&= \boldsymbol{\delta}^{\mathrm{T}}(t)[\boldsymbol{L}\otimes(\boldsymbol{A}^{\mathrm{T}}\boldsymbol{P}+\boldsymbol{P}\boldsymbol{A})-c\boldsymbol{L}\boldsymbol{L}\otimes\boldsymbol{\Gamma}]\boldsymbol{\delta}(t)+c\boldsymbol{q}^{\mathrm{T}}(t)(\boldsymbol{I}_N\otimes\boldsymbol{\Gamma})\boldsymbol{q}(t)\\
&\quad -2\boldsymbol{q}^{\mathrm{T}}(t)(\hat{\boldsymbol{c}}(t)\otimes\boldsymbol{\Gamma})\boldsymbol{q}(t_k)\\
&= \boldsymbol{\delta}^{\mathrm{T}}(t)[\boldsymbol{L}\otimes(\boldsymbol{A}^{\mathrm{T}}\boldsymbol{P}+\boldsymbol{P}\boldsymbol{A})-c\boldsymbol{L}\boldsymbol{L}\otimes\boldsymbol{\Gamma}]\boldsymbol{\delta}(t)+c\sum_{i=1}^{N}\boldsymbol{q}_i^{\mathrm{T}}(t)\boldsymbol{\Gamma}\boldsymbol{q}_i(t)\\
&\quad -2\sum_{i=1}^{N}\hat{\boldsymbol{c}}_i(t)\boldsymbol{q}_i^{\mathrm{T}}(t_k^i)\boldsymbol{\Gamma}\boldsymbol{q}_i(t_k^i)+2\sum_{i=1}^{N}\hat{\boldsymbol{c}}_i(t)\boldsymbol{e}_{q_i}^{\mathrm{T}}(t)\boldsymbol{\Gamma}\boldsymbol{q}_i(t_k^i)
\end{aligned}
\tag{5-123}
$$

易得：

$$
2\sum_{i=1}^{N}\hat{\boldsymbol{c}}_i(t)\boldsymbol{e}_{q_i}^{\mathrm{T}}(t)\boldsymbol{\Gamma}\boldsymbol{q}_i(t_k^i)\leqslant\sum_{i=1}^{N}\hat{\boldsymbol{c}}_i(t)\boldsymbol{e}_{q_i}^{\mathrm{T}}(t)\boldsymbol{\Gamma}\boldsymbol{e}_{q_i}(t)+\sum_{i=1}^{N}\hat{\boldsymbol{c}}_i(t)\boldsymbol{q}_i^{\mathrm{T}}(t_k^i)\boldsymbol{\Gamma}\boldsymbol{q}_i(t_k^i)
\tag{5-124}
$$

所以：

$$
\begin{aligned}
&c\sum_{i=1}^{N}\boldsymbol{q}_i^{\mathrm{T}}(t)\boldsymbol{\Gamma}\boldsymbol{q}_i(t)-2\sum_{i=1}^{N}\hat{\boldsymbol{c}}_i(t)\boldsymbol{q}_i^{\mathrm{T}}(t_k^i)\boldsymbol{\Gamma}\boldsymbol{q}_i(t_k^i)+2\sum_{i=1}^{N}\hat{\boldsymbol{c}}_i(t)\boldsymbol{e}_{q_i}^{\mathrm{T}}(t)\boldsymbol{\Gamma}\boldsymbol{q}_i(t_k^i)\\
&\leqslant c\sum_{i=1}^{N}\boldsymbol{q}_i^{\mathrm{T}}(t)\boldsymbol{\Gamma}\boldsymbol{q}_i(t)-\sum_{i=1}^{N}\hat{\boldsymbol{c}}_i(t)\boldsymbol{q}_i^{\mathrm{T}}(t_k^i)\boldsymbol{\Gamma}\boldsymbol{q}_i(t_k^i)+\sum_{i=1}^{N}\hat{\boldsymbol{c}}_i(t)\boldsymbol{e}_{q_i}^{\mathrm{T}}(t)\boldsymbol{\Gamma}\boldsymbol{e}_{q_i}(t)\\
&= c\sum_{i=1}^{N}\boldsymbol{q}_i^{\mathrm{T}}(t_k^i)\boldsymbol{\Gamma}\boldsymbol{q}_i(t_k^i)+c\sum_{i=1}^{N}\boldsymbol{e}_{q_i}^{\mathrm{T}}(t)\boldsymbol{\Gamma}\boldsymbol{e}_{q_i}(t)-2c\sum_{i=1}^{N}\boldsymbol{q}_i^{\mathrm{T}}(t_k^i)\boldsymbol{\Gamma}\boldsymbol{e}_{q_i}(t)\\
&\quad -\sum_{i=1}^{N}\hat{\boldsymbol{c}}_i(t)\boldsymbol{q}_i^{\mathrm{T}}(t_k^i)\boldsymbol{\Gamma}\boldsymbol{q}_i(t_k^i)+\sum_{i=1}^{N}\hat{\boldsymbol{c}}_i(t)\boldsymbol{e}_{q_i}^{\mathrm{T}}(t)\boldsymbol{\Gamma}\boldsymbol{e}_{q_i}(t)\\
&\leqslant\sum_{i=1}^{N}(2c+\hat{\boldsymbol{c}}_i(t))\boldsymbol{e}_{q_i}^{\mathrm{T}}(t)\boldsymbol{\Gamma}\boldsymbol{e}_{q_i}(t)-\sum_{i=1}^{N}(\hat{\boldsymbol{c}}_i(t)-2c)\boldsymbol{q}_i^{\mathrm{T}}(t_k^i)\boldsymbol{\Gamma}\boldsymbol{q}_i(t_k^i)
\end{aligned}
\tag{5-125}
$$

根据 $\boldsymbol{e}_{q_i}(t)=\boldsymbol{q}_i(t_k^i)-\boldsymbol{q}_i(t)$ 可得：

$$
\boldsymbol{e}_{q_i}(t)=\sum_{j=1,j\neq i}^{N}a_{ij}(\boldsymbol{e}_j(t)-\boldsymbol{e}_i(t))
$$

因此：

$$
\left\|\boldsymbol{e}_{q_i}^{\mathrm{T}}(t)\boldsymbol{P}\boldsymbol{B}\right\|=\left\|\sum_{j=1,j\neq i}^{N}a_{ij}(\boldsymbol{e}_j(t)-\boldsymbol{e}_i(t))^{\mathrm{T}}\boldsymbol{P}\boldsymbol{B}\right\|\leqslant L_{ii}\left\|\boldsymbol{e}_i^{\mathrm{T}}(t)\boldsymbol{P}\boldsymbol{B}\right\|+\sum_{j=1,j\neq i}^{N}a_{ij}\left\|\boldsymbol{e}_j^{\mathrm{T}}(t)\boldsymbol{P}\boldsymbol{B}\right\|
\tag{5-126}
$$

根据 $\left(\sum_{i=1}^{N}\boldsymbol{x}_i\right)^2\leqslant N\sum_{i=1}^{N}\boldsymbol{x}_i^2$ 可得：

$$
\left\|\boldsymbol{e}_{q_i}^{\mathrm{T}}(t)\boldsymbol{P}\boldsymbol{B}\right\|^2\leqslant N\left(L_{ii}^2\left\|\boldsymbol{e}_i^{\mathrm{T}}(t)\boldsymbol{P}\boldsymbol{B}\right\|^2+\sum_{j=1,j\neq i}^{N}a_{ij}\left\|\boldsymbol{e}_j^{\mathrm{T}}(t)\boldsymbol{P}\boldsymbol{B}\right\|^2\right)
\tag{5-127}
$$

那么式 (5-125) 中右侧第一部分可转化为：

$$
\begin{aligned}
&\sum_{i=1}^{N}(2c+\hat{\boldsymbol{c}}_i(t))\boldsymbol{e}_{q_i}^{\mathrm{T}}(t)\boldsymbol{\Gamma}\boldsymbol{e}_{q_i}(t)\\
&=\sum_{i=1}^{N}(2c+\hat{\boldsymbol{c}}_i(t))\left\|\boldsymbol{e}_{q_i}^{\mathrm{T}}(t)\boldsymbol{PB}\right\|^2\\
&\leqslant N\sum_{i=1}^{N}(2c+\overline{c}_i)(L_{ii}^2\left\|\boldsymbol{e}_i^{\mathrm{T}}(t)\boldsymbol{PB}\right\|^2+\sum_{j=1,j\neq i}^{N}a_{ij}\left\|\boldsymbol{e}_j^{\mathrm{T}}(t)\boldsymbol{PB}\right\|^2)\\
&\leqslant N[\sum_{i=1}^{N}(2c+\overline{c}_i(t))L_{ii}^2\left\|\boldsymbol{e}_i^{\mathrm{T}}(t)\boldsymbol{PB}\right\|^2+\sum_{i=1}^{N}(2c+\overline{c}_i(t))\sum_{j=1}^{N}a_{ij}\left\|\boldsymbol{e}_j^{\mathrm{T}}(t)\boldsymbol{PB}\right\|^2]\\
&=N\sum_{i=1}^{N}[(2c+\overline{c}_i(t))L_{ii}^2+\sum_{j=1,j\neq i}^{N}a_{ji}(2c+\overline{c}_j(t))]\left\|\boldsymbol{e}_i^{\mathrm{T}}(t)\boldsymbol{PB}\right\|^2
\end{aligned}
\tag{5-128}
$$

结合式 (5-123) ～式 (5-125) 和式 (5-128) 可得：

$$
\begin{aligned}
\dot{V}_1(t)\leqslant&\ \boldsymbol{\delta}^{\mathrm{T}}(t)[\boldsymbol{L}\otimes(\boldsymbol{A}^{\mathrm{T}}\boldsymbol{P}+\boldsymbol{PA})-c\boldsymbol{LL}\otimes\boldsymbol{\Gamma}]\boldsymbol{\delta}(t)\\
&+\sum_{i=1}^{N}\gamma_{i0}\boldsymbol{e}_i^{\mathrm{T}}(t)\boldsymbol{\Gamma}\boldsymbol{e}_i(t)-\sum_{i=1}^{N}(\hat{\boldsymbol{c}}_i(t)-2c)\boldsymbol{q}_i^{\mathrm{T}}(t_k^i)\boldsymbol{\Gamma}\boldsymbol{q}_i(t_k^i)
\end{aligned}
\tag{5-129}
$$

其中，$\gamma_{i0}=N[(2c+\overline{c}_i(t))L_{ii}^2+\sum_{j=1,j\neq i}^{N}a_{ji}(2c+\overline{c}_j(t))]$。

接下来考虑李雅普诺夫函数 $\boldsymbol{V}(t)$ ：

$$
\begin{aligned}
\dot{\boldsymbol{V}}(t)\leqslant&\ \boldsymbol{\delta}^{\mathrm{T}}(t)[\boldsymbol{L}\otimes(\boldsymbol{A}^{\mathrm{T}}\boldsymbol{P}+\boldsymbol{PA})-c\boldsymbol{LL}\otimes\boldsymbol{\Gamma}]\boldsymbol{\delta}(t)+\sum_{i=1}^{N}\gamma_{i0}\boldsymbol{e}_i^{\mathrm{T}}(t)\boldsymbol{\Gamma}\boldsymbol{e}_i(t)\\
&-\sum_{i=1}^{N}(\hat{\boldsymbol{c}}_i(t)-2c)\boldsymbol{q}_i^{\mathrm{T}}(t_k^i)\boldsymbol{\Gamma}\boldsymbol{q}_i(t_k^i)+\sum_{i=1}^{N}\frac{1}{\gamma_i}\tilde{\boldsymbol{c}}_i(t)\dot{\hat{\boldsymbol{c}}}_i(t)+\sum_{i=1}^{N}\dot{\boldsymbol{\eta}}_i(t)\\
=&\ \boldsymbol{\delta}^{\mathrm{T}}(t)[\boldsymbol{L}\otimes(\boldsymbol{A}^{\mathrm{T}}\boldsymbol{P}+\boldsymbol{PA})-c\boldsymbol{LL}\otimes\boldsymbol{\Gamma}]\boldsymbol{\delta}(t)+\sum_{i=1}^{N}\gamma_{i0}\boldsymbol{e}_i^{\mathrm{T}}(t)\boldsymbol{\Gamma}\boldsymbol{e}_i(t)\\
&-\sum_{i=1}^{N}(\hat{\boldsymbol{c}}_i(t)-2c)\boldsymbol{q}_i^{\mathrm{T}}(t_k^i)\boldsymbol{\Gamma}\boldsymbol{q}_i(t_k^i)+\sum_{i=1}^{N}\{-\rho_i\boldsymbol{\eta}_i(t)+\xi_i[\sigma_i\beta_i\boldsymbol{q}_i^{\mathrm{T}}(t_k^i)\boldsymbol{\Gamma}\boldsymbol{q}_i(t_k^i)\\
&-\boldsymbol{e}_i^{\mathrm{T}}(t)\boldsymbol{\Gamma}\boldsymbol{e}_i(t)]\}+\sum_{i=1}^{N}\frac{1}{\gamma_i}\tilde{\boldsymbol{c}}_i(t)\dot{\hat{\boldsymbol{c}}}_i(t)
\end{aligned}
\tag{5-130}
$$

$$
\begin{aligned}
=&\ \boldsymbol{\delta}^{\mathrm{T}}(t)[\boldsymbol{L}\otimes(\boldsymbol{A}^{\mathrm{T}}\boldsymbol{P}+\boldsymbol{PA})-c\boldsymbol{LL}\otimes\boldsymbol{\Gamma}]\boldsymbol{\delta}(t)+\sum_{i=1}^{N}(\gamma_{i0}-\xi_i)\boldsymbol{e}_i^{\mathrm{T}}(t)\boldsymbol{\Gamma}\boldsymbol{e}_i^{\mathrm{T}}(t)\\
&-\sum_{i=1}^{N}(\hat{\boldsymbol{c}}_i(t)-2c-\sigma_i)\boldsymbol{q}_i^{\mathrm{T}}(t_k^i)\boldsymbol{\Gamma}\boldsymbol{q}_i(t_k^i)-\sum_{i=1}^{N}\sigma_i\boldsymbol{q}_i^{\mathrm{T}}(t_k^i)\boldsymbol{\Gamma}\boldsymbol{q}_i(t_k^i)\\
&+\sum_{i=1}^{N}\xi_i\sigma_i\beta_i\boldsymbol{q}_i^{\mathrm{T}}(t_k^i)\boldsymbol{\Gamma}\boldsymbol{q}_i(t_k^i)-\sum_{i=1}^{N}\rho_i\boldsymbol{\eta}_i(t)+\sum_{i=1}^{N}\frac{1}{\gamma_i}\tilde{\boldsymbol{c}}_i(t)\dot{\hat{\boldsymbol{c}}}_i(t)
\end{aligned}
$$

根据 $\beta_i = 1/\gamma_{i0}$ 和 $\tilde{\boldsymbol{c}}_i(t) = \hat{\boldsymbol{c}}_i(t) - 2c - \sigma_i$，有：

$$
\begin{aligned}
\dot{V}(t) \leqslant & \boldsymbol{\delta}^{\mathrm{T}}(t)[\boldsymbol{L} \otimes (\boldsymbol{A}^{\mathrm{T}}\boldsymbol{P} + \boldsymbol{P}\boldsymbol{A}) - c\boldsymbol{L}\boldsymbol{L} \otimes \boldsymbol{\Gamma}]\boldsymbol{\delta}(t) - \sum_{i=1}^{N} \tilde{\boldsymbol{c}}_i(t)\boldsymbol{q}_i^{\mathrm{T}}(t_k^i)\boldsymbol{\Gamma}\boldsymbol{q}_i(t_k^i) \\
& + \sum_{i=1}^{N}(\gamma_{i0} - \xi_i)\boldsymbol{e}_i^{\mathrm{T}}(t)\boldsymbol{\Gamma}\boldsymbol{e}_i^{\mathrm{T}}(t) - \sum_{i=1}^{N}(\gamma_{i0} - \xi_i)\sigma_i\beta_i\boldsymbol{q}_i^{\mathrm{T}}(t_k^i)\boldsymbol{\Gamma}\boldsymbol{q}_i(t_k^i) - \sum_{i=1}^{N}\rho_i\boldsymbol{\eta}_i(t) + \sum_{i=1}^{N}\frac{1}{\gamma_i}\tilde{\boldsymbol{c}}_i(t)\dot{\hat{\boldsymbol{c}}}_i(t) \\
\leqslant & \boldsymbol{\delta}^{\mathrm{T}}(t)[\boldsymbol{L} \otimes (\boldsymbol{A}^{\mathrm{T}}\boldsymbol{P} + \boldsymbol{P}\boldsymbol{A}) - c\boldsymbol{L}\boldsymbol{L} \otimes \boldsymbol{\Gamma}]\boldsymbol{\delta}(t) - \sum_{i=1}^{N} \tilde{\boldsymbol{c}}_i(t)\boldsymbol{q}_i^{\mathrm{T}}(t_k^i)\boldsymbol{\Gamma}\boldsymbol{q}_i(t_k^i) \\
& + \sum_{i=1}^{N}\frac{1}{\gamma_i}\tilde{\boldsymbol{c}}_i(t)\dot{\hat{\boldsymbol{c}}}_i(t) + \sum_{i=1}^{N}\frac{\gamma_{i0} - \xi_i}{\theta_i}\boldsymbol{\eta}_i(t) - \sum_{i=1}^{N}\rho_i\boldsymbol{\eta}_i(t) \\
\leqslant & \boldsymbol{\delta}^{\mathrm{T}}(t)[\boldsymbol{L} \otimes (\boldsymbol{A}^{\mathrm{T}}\boldsymbol{P} + \boldsymbol{P}\boldsymbol{A}) - c\boldsymbol{L}\boldsymbol{L} \otimes \boldsymbol{\Gamma}]\boldsymbol{\delta}(t) - \sum_{i=1}^{N}(\rho_i - \frac{\gamma_{i0} - \xi_i}{\theta_i})\boldsymbol{\eta}_i(t) \\
& - \sum_{i=1}^{N} \tilde{\boldsymbol{c}}_i(t)\boldsymbol{q}_i^{\mathrm{T}}(t_k^i)\boldsymbol{\Gamma}\boldsymbol{q}_i(t_k^i) + \sum_{i=1}^{N}\frac{1}{\gamma_i}\tilde{\boldsymbol{c}}_i(t)\dot{\hat{\boldsymbol{c}}}_i(t)
\end{aligned}
\tag{5-131}
$$

根据耦合参数 $\hat{\boldsymbol{c}}_i(t)$ 的自适应调节律式 (5-113)，然后分两种情况进行讨论：

① 如果 $\hat{\boldsymbol{c}}_i(t) < \bar{c}_i$ 则：

$$
\begin{aligned}
& -\sum_{i=1}^{N} \tilde{\boldsymbol{c}}_i(t)\boldsymbol{q}_i^{\mathrm{T}}(t_k^i)\boldsymbol{\Gamma}\boldsymbol{q}_i(t_k^i) + \sum_{i=1}^{N}\frac{1}{\gamma_i}\tilde{\boldsymbol{c}}_i(t)\dot{\hat{\boldsymbol{c}}}_i(t) \\
&= -\sum_{i=1}^{N} \tilde{\boldsymbol{c}}_i(t)\boldsymbol{q}_i^{\mathrm{T}}(t_k^i)\boldsymbol{\Gamma}\boldsymbol{q}_i(t_k^i) + \sum_{i=1}^{N} \tilde{\boldsymbol{c}}_i(t)\boldsymbol{q}_i^{\mathrm{T}}(t_k^i)\boldsymbol{\Gamma}\boldsymbol{q}_i(t_k^i) \\
&= 0
\end{aligned}
\tag{5-132}
$$

② 如果 $\hat{\boldsymbol{c}}_i(t) \geqslant \bar{c}_i$，则 $\dot{\hat{\boldsymbol{c}}}_i(t) = 0$，结合 $\tilde{\boldsymbol{c}}_i(t) = \hat{\boldsymbol{c}}_i(t) - 2c - \sigma_i \geqslant 0$ 可得：

$$
-\sum_{i=1}^{N} \tilde{\boldsymbol{c}}_i(t)\boldsymbol{q}_i^{\mathrm{T}}(t_k^i)\boldsymbol{\Gamma}\boldsymbol{q}_i(t_k^i) + \sum_{i=1}^{N}\frac{1}{\gamma_i}\tilde{\boldsymbol{c}}_i(t)\dot{\hat{\boldsymbol{c}}}_i(t) \leqslant 0 \tag{5-133}
$$

将式 (5-132) 和式 (5-133) 代入式 (5-131) 可得：

$$
\dot{V}(t) \leqslant \boldsymbol{\delta}^{\mathrm{T}}(t)[\boldsymbol{L} \otimes (\boldsymbol{A}^{\mathrm{T}}\boldsymbol{P} + \boldsymbol{P}\boldsymbol{A}) - c\boldsymbol{L}\boldsymbol{L} \otimes \boldsymbol{\Gamma}]\boldsymbol{\delta}(t) - \sum_{i=1}^{N}\left(\rho_i - \frac{\gamma_{i0} - \xi_i}{\theta_i}\right)\boldsymbol{\eta}_i(t) \tag{5-134}
$$

在假设 5.3.2 的前提下，存在正交矩阵 $\boldsymbol{U}$ 使得 $\boldsymbol{U}^{-1}\boldsymbol{L}\boldsymbol{U} = \boldsymbol{U}^{\mathrm{T}}\boldsymbol{L}\boldsymbol{U} = \boldsymbol{J} =$

$\mathrm{diag}\{0,\lambda_2,\cdots,\lambda_N\}$，其中 λ_i 是拉普拉斯矩阵的特征值。定义 $\hat{\boldsymbol{\delta}}(t)=[\hat{\boldsymbol{\delta}}_1^{\mathrm{T}}(t),\hat{\boldsymbol{\delta}}_2^{\mathrm{T}}(t),\cdots,\hat{\boldsymbol{\delta}}_N^{\mathrm{T}}(t)]^{\mathrm{T}}=(\boldsymbol{U}^{\mathrm{T}}\otimes\boldsymbol{I}_n)\boldsymbol{\delta}(t)$，那么式 (5-134) 可转化为：

$$\dot{V}(t)\leqslant\sum_{i=2}^{N}\hat{\boldsymbol{\delta}}_i^{\mathrm{T}}(t)[\lambda_i(\boldsymbol{A}^{\mathrm{T}}\boldsymbol{P}+\boldsymbol{P}\boldsymbol{A})-c\lambda_i^2\boldsymbol{\Gamma}]\hat{\boldsymbol{\delta}}_i(t)-\sum_{i=1}^{N}\left(\rho_i-\frac{\gamma_{i0}-\xi_i}{\theta_i}\right)\boldsymbol{\eta}_i(t) \tag{5-135}$$

根据式 (5-121) 可得：

$$\begin{aligned}\dot{V}(t)&\leqslant-\sum_{i=2}^{N}\lambda_i\hat{\boldsymbol{\delta}}_i^{\mathrm{T}}(t)\boldsymbol{Q}\hat{\boldsymbol{\delta}}_i(t)-\sum_{i=1}^{N}\left(\rho_i-\frac{\gamma_{i0}-\xi_i}{\theta_i}\right)\boldsymbol{\eta}_i(t)\\&=-\boldsymbol{\delta}^{\mathrm{T}}(t)(\boldsymbol{L}\otimes\boldsymbol{Q})\boldsymbol{\delta}(t)-\sum_{i=1}^{N}\left(\rho_i-\frac{\gamma_{i0}-\xi_i}{\theta_i}\right)\boldsymbol{\eta}_i(t)\end{aligned} \tag{5-136}$$

其中，$\min_i\left\{\rho_i-\dfrac{\gamma_{i0}-\xi_i}{\theta_i}\right\}>0$，所以 $\dot{V}(t)\leqslant0$。容易得到当且仅当 $\boldsymbol{\delta}(t)=0$ 及 $\boldsymbol{\eta}(t)=0$ 时 $\dot{V}(t)=0$，其中 $\boldsymbol{\eta}(t)=(\boldsymbol{\eta}_1^{\mathrm{T}}(t),\boldsymbol{\eta}_2^{\mathrm{T}}(t),\cdots,\boldsymbol{\eta}_N^{\mathrm{T}}(t))^{\mathrm{T}}$。此时可以得到集合 $\mathbb{E}=\{(\boldsymbol{\delta}(t),\boldsymbol{\eta}(t),\tilde{\boldsymbol{c}}(t))^{\mathrm{T}}:\boldsymbol{\delta}(t)=0,\boldsymbol{\eta}_i(t)=0,\tilde{\boldsymbol{c}}(t)=c_0\}$ 是包含在 $\{\dot{V}=0\}$ 中的最大不变集中的，其中 $\tilde{\boldsymbol{c}}(t)=(\tilde{\boldsymbol{c}}_1^{\mathrm{T}}(t),\tilde{\boldsymbol{c}}_2^{\mathrm{T}}(t),\cdots,\tilde{\boldsymbol{c}}_N^{\mathrm{T}}(t))^{\mathrm{T}}$。根据 LaSaller 不变集原理，可以推出当 $t\to\infty$ 时，$\boldsymbol{\delta}(t)\to0$，$\boldsymbol{\eta}(t)\to0$，$\tilde{\boldsymbol{c}}(t)\to c_0$，也就意味着无领导者的多智能体系统最终达到了渐近一致，证毕。

如果耦合强度变量 $\hat{\boldsymbol{c}}_i(t)$ 变为一个固定值 c_i，即控制器变成：

$$\boldsymbol{u}_i(t)=c_i\boldsymbol{K}\sum_{j\in\mathcal{N}_i}a_{ij}(\hat{\boldsymbol{x}}_j(t)-\hat{\boldsymbol{x}}_i(t))$$

此时可得如下推论。

推论 5.4.1

在假设 5.3.1 和假设 5.3.2 下，给定参数 $\sigma_i\in(0,1)$，$\boldsymbol{\eta}_i(0)>0$，如果存在满足式 (5-117) 和式 (5-118) 的正数 c、ρ_i、θ_i、ξ_i 和 β_i，$c_i\geqslant2c+\sigma_i$ 以及式 (5-120)，其中 $c=1/\lambda_2(\boldsymbol{L})$，$\gamma_{i0}=N[(2c+c_i)L_{ii}^2+\sum\limits_{j=1,j\neq i}^{N}a_{ji}(2c+c_j)]$，那么无领导者多智能体系统 (5-67) 在自适应动态事件触发机制 (5-108) 和一致性控制协议 (5-112) 下达到一致。

证明：

证明类似于定理 5.4.1，不再赘述。

注 5.4.5 在定理 5.4.1 和推论 5.4.1 中，$\bar{c}_i$ 的范围与 c_i 相同，这意味着，自适应参数 $\hat{c}_i(t)$ 的范围不会超过 c_i。换言之，采用自适应耦合参数可以有效地减小控制增益，相关的验证将在后续的仿真中展开讨论。

定理 5.4.2

在定理 5.4.1 中的一致性条件下，多智能体系统 (5-67) 不会发生 Zeno 现象，即在有限时间内不会产生无限次触发。

证明：

对于 $t \in (t_k^i, t_{k+1}^i)$，根据动态事件触发条件 (5-108) 可得：

$$\boldsymbol{e}_i^{\mathrm{T}}(t)\boldsymbol{\Gamma}\boldsymbol{e}_i(t) - \sigma_i\beta_i\boldsymbol{q}_i^{\mathrm{T}}(t_k^i)\boldsymbol{\Gamma}\boldsymbol{q}_i(t_k^i) < \frac{\boldsymbol{\eta}_i(0)}{\theta_i}\mathrm{e}^{-(\rho_i+\frac{\xi_i}{\theta_i})t} \tag{5-137}$$

计算 $\|\boldsymbol{e}_i(t)\|$ 的右导数可得：

$$\begin{aligned}
\boldsymbol{D}^+\|\boldsymbol{e}_i(t)\| &= \|\dot{\boldsymbol{x}}_i(t)\| \\
&= \left\|\boldsymbol{A}\boldsymbol{x}_i(t) + \hat{\boldsymbol{c}}_i\boldsymbol{B}\boldsymbol{K}\boldsymbol{q}_i(t_k^i)\right\| \\
&\leqslant \|\boldsymbol{A}\|\|\boldsymbol{x}_i(t)\| + \hat{\boldsymbol{c}}_i\left\|\boldsymbol{B}\boldsymbol{K}\boldsymbol{q}_i(t_k^i)\right\| \\
&\leqslant \|\boldsymbol{A}\|\|\boldsymbol{e}_i(t)\| + \|\boldsymbol{A}\hat{\boldsymbol{x}}_i(t)\| + \hat{\boldsymbol{c}}_i\left\|\boldsymbol{B}\boldsymbol{K}\boldsymbol{q}_i(t_k^i)\right\| \\
&= \|\boldsymbol{A}\|\|\boldsymbol{e}_i(t)\| + \Omega_k^i
\end{aligned}$$

其中，$\Omega_k^i = \|\boldsymbol{A}\hat{\boldsymbol{x}}_i(t)\| + \hat{\boldsymbol{c}}_i\left\|\boldsymbol{B}\boldsymbol{K}\boldsymbol{q}_i(t_k^i)\right\|$。接下来将分两种情况进行分析。

① 如果 $\|\boldsymbol{A}\| \neq 0$，则：

$$\|\boldsymbol{e}_i(t)\| \leqslant \frac{\Omega_k^i}{\|\boldsymbol{A}\|}(\mathrm{e}^{\|\boldsymbol{A}\|(t-t_k^i)} - 1)$$

因此：

$$\left\|\boldsymbol{e}_i^{\mathrm{T}}(t)\boldsymbol{P}\boldsymbol{B}\right\| \leqslant \frac{\Omega_k^i\|\boldsymbol{P}\boldsymbol{B}\|}{\|\boldsymbol{A}\|}(\mathrm{e}^{\|\boldsymbol{A}\|(t-t_k^i)} - 1) \tag{5-138}$$

根据动态事件触发条件 (5-108)，下一个事件触发时刻 t_{k+1}^i 满足：

$$\left\|\boldsymbol{e}_i^{\mathrm{T}}(t_{k+1}^i)\boldsymbol{P}\boldsymbol{B}\right\|^2 \geqslant \sigma_i\beta_i\left\|\boldsymbol{q}_i^{\mathrm{T}}(t_{k+1}^i)\boldsymbol{P}\boldsymbol{B}\right\|^2 + \frac{\boldsymbol{\eta}_i(0)}{\theta_i}\mathrm{e}^{-(\rho_i+\frac{\xi_i}{\theta_i})t_{k+1}^i}$$

结合式 (5-138)，可得：

$$0<\frac{\boldsymbol{\eta}_i(0)}{\theta_i}\mathrm{e}^{-(\rho_i+\frac{\xi_i}{\theta_i})t_{k+1}^i}\leqslant\sigma_i\beta_i\left\|\boldsymbol{q}_i^{\mathrm{T}}(t_{k+1}^i)\boldsymbol{PB}\right\|^2+\frac{\boldsymbol{\eta}_i(0)}{\theta_i}\mathrm{e}^{-(\beta_i+\frac{\xi_i}{\theta_i})t_{k+1}^i}$$
$$\leqslant\left\|\boldsymbol{e}_i^{\mathrm{T}}(t_{k+1}^i)\boldsymbol{PB}\right\|^2\leqslant\left\{\frac{\Omega_{k+1}^i\left\|\boldsymbol{PB}\right\|}{\left\|\boldsymbol{A}\right\|}(\mathrm{e}^{\left\|\boldsymbol{A}\right\|(t_{k+1}^i-t_k^i)}-1)\right\}^2 \tag{5-139}$$

因此，相邻触发的事件间隔为：

$$t_{k+1}^i-t_k^i\geqslant\frac{1}{\left\|\boldsymbol{A}\right\|}\ln\left\{1+\frac{\left\|\boldsymbol{A}\right\|}{\Omega_{k+1}^i\left\|\boldsymbol{PB}\right\|}\sqrt{\sigma_i\beta_i\left\|\boldsymbol{q}_i^{\mathrm{T}}(t_{k+1}^i)\boldsymbol{PB}\right\|^2+\frac{\boldsymbol{\eta}_i(0)}{\theta_i}\mathrm{e}^{-(\beta_i+\frac{\xi_i}{\theta_i})t_{k+1}^i}}\right\}$$

然后，用反证法来证明系统不存在 Zeno 行为。假设对于智能体 i 而言，存在 Zeno 行为，也就意味着在有限时间内触发了无穷多次，于是有 $\sum_{k=0}^{\infty}\varDelta_k^i$ 是收敛的，其中 $\varDelta_k^i=t_{k+1}^i-t_k^i$，$\{\varDelta_k^i\}$ 是正数组成的序列。因此 $\lim_{m\to\infty}\sum_{k=0}^{m}\varDelta_k^i$ 是收敛的。根据式 (5-139) 可得：

$$\lim_{k\to\infty}\frac{\boldsymbol{\eta}_i(0)}{\theta_i}\mathrm{e}^{-(\rho_i+\frac{\xi_i}{\theta_i})t_{k+1}^i}\leqslant\lim_{k\to\infty}\mathrm{e}^{(\rho_i+\frac{\xi_i}{\theta_i})t_k^i}\left\{\frac{\Omega_{k+1}^i\left\|\boldsymbol{PB}\right\|}{\left\|\boldsymbol{A}\right\|}(\mathrm{e}^{\left\|\boldsymbol{A}\right\|(t_{k+1}^i-t_k^i)}-1)\right\}^2$$

上式意味着 $\frac{\boldsymbol{\eta}_i(0)}{\theta_i}\leqslant 0$，那么 $\lim_{k\to\infty}t_k^i=\infty$，然后可得 $\lim_{m\to\infty}\sum_{k=0}^{m}\varDelta_k^i=\lim_{k\to\infty}t_{k+1}^i-t_0=\infty$，这与假设矛盾，所以假设不成立，因此可以排除 Zeno 行为。

② 如果 $\left\|\boldsymbol{A}\right\|=0$，则：

$$\left\|\boldsymbol{e}_i^{\mathrm{T}}(t)\boldsymbol{PB}\right\|\leqslant\Omega_k^i\left\|\boldsymbol{PB}\right\|(t-t_k^i) \tag{5-140}$$

与①中证明相似，可以得到相同的结论。

综上，系统不存在 Zeno 现象，证毕。

5.4.4 领导者 - 跟随多智能体系统的动态事件触发机制

在本小节中，将讨论在自适应动态触发控制策略下领导者 - 跟随多智能体系统的一致性问题，跟随者模型参考 (5-67)，领导者的动力学方程为：

$$\dot{\boldsymbol{x}}_0(t)=\boldsymbol{A}\boldsymbol{x}_0(t) \tag{5-141}$$

其中，$\boldsymbol{x}_0(t)$ 是领导者的状态。

定义 5.4.1

对于任意给定的初始状态 $\boldsymbol{x}(0)=[\boldsymbol{x}_1^{\mathrm{T}}(0),\boldsymbol{x}_2^{\mathrm{T}}(0),\cdots,\boldsymbol{x}_N^{\mathrm{T}}(0)]^{\mathrm{T}}$，如果

$$\lim_{t\to\infty}\|\boldsymbol{x}_i(t)-\boldsymbol{x}_0(t)\|=0,\ \ i=1,2,\cdots,N$$

成立，则称领导者-跟随多智能体系统达到一致。

假设 5.4.1

跟随者网络拓扑是无向连通的，并且至少存在一个跟随者可以接收到领导者的信息。

与无领导者情况相似，设计如下动态事件触发机制：

$$\begin{aligned}
&t_1^i=0\\
&t_{k+1}^i=\inf_{l>t_k^i}\{l:\tilde{\theta}_i(\boldsymbol{e}_i^{\mathrm{T}}(t)\tilde{\boldsymbol{\Gamma}}\boldsymbol{e}_i(t)-\tilde{\sigma}_i\tilde{\beta}_i\tilde{\boldsymbol{q}}_i^{\mathrm{T}}(t_k^i)\tilde{\boldsymbol{\Gamma}}\tilde{\boldsymbol{q}}_i(t_k^i))\geqslant\tilde{\boldsymbol{\eta}}_i(t),\forall t\in[t_k^i,l]\}
\end{aligned} \tag{5-142}$$

其中，$\tilde{\sigma}_i\in(0,1),\tilde{\boldsymbol{q}}_i(t_k^i)=\sum_{j\in\mathcal{N}_i}a_{ij}(\hat{\boldsymbol{x}}_j(t)-\hat{\boldsymbol{x}}_i(t))+d_i(\boldsymbol{x}_0(t)-\hat{\boldsymbol{x}}_i(t)),\tilde{\theta}_i>0,$ $\tilde{\boldsymbol{\Gamma}}=\tilde{\boldsymbol{P}}\boldsymbol{B}\boldsymbol{B}^{\mathrm{T}}\tilde{\boldsymbol{P}},\tilde{\boldsymbol{P}}$ 是一个正定对称矩阵，$\tilde{\beta}_i$ 是待设计的正常数。而动态参数 $\tilde{\boldsymbol{\eta}}_i$ 根据如下关系进行更新：

$$\dot{\tilde{\boldsymbol{\eta}}}_i(t)=-\tilde{\rho}_i\tilde{\boldsymbol{\eta}}_i(t)+\tilde{\xi}_i[\tilde{\sigma}_i\tilde{\beta}_i\tilde{\boldsymbol{q}}_i^{\mathrm{T}}(t_k^i)\tilde{\boldsymbol{\Gamma}}\tilde{\boldsymbol{q}}_i(t_k^i)-\boldsymbol{e}_i^{\mathrm{T}}(t)\tilde{\boldsymbol{\Gamma}}\boldsymbol{e}_i(t)] \tag{5-143}$$

其中，$\tilde{\boldsymbol{\eta}}_i(0)>0,\tilde{\rho}_i>0$ 以及 $\tilde{\xi}_i>0$。

在事件触发条件 (5-142) 下，设计如下分布式自适应一致性控制协议：

$$\boldsymbol{u}_i(t)=\hat{\boldsymbol{\omega}}_i(t)\tilde{\boldsymbol{K}}[\sum_{j\in\mathcal{N}_i}a_{ij}(\hat{\boldsymbol{x}}_j(t)-\hat{\boldsymbol{x}}_i(t))+d_i(\boldsymbol{x}_0(t)-\hat{\boldsymbol{x}}_i(t))] \tag{5-144}$$

其中，$\tilde{\boldsymbol{K}}=\boldsymbol{B}^{\mathrm{T}}\tilde{\boldsymbol{P}}$。如果领导者与跟随者之间存在通信，则 $d_i>0$，否则 $d_i=0$。自适应耦合强度 $\hat{\boldsymbol{\omega}}_i(t)$ 按照下式演化：

$$\dot{\hat{\boldsymbol{\omega}}}_i(t)=\mathscr{P}(\hat{\boldsymbol{\omega}}_i(t))=\begin{cases}0, & \hat{\boldsymbol{\omega}}_i(t)\geqslant\bar{\omega}_i\\ \tilde{\gamma}_i\tilde{\boldsymbol{q}}_i^{\mathrm{T}}(t_k^i)\tilde{\boldsymbol{\Gamma}}\tilde{\boldsymbol{q}}_i(t_k^i), & \hat{\boldsymbol{\omega}}_i(t)<\bar{\omega}_i\end{cases} \tag{5-145}$$

其中，$\bar{\omega}_i$ 和 $\tilde{\gamma}_i$ 为正数，$\hat{\boldsymbol{\omega}}_i(t)$ 的初始值范围是 $0<\hat{\boldsymbol{\omega}}_i(t_0)<\bar{\omega}_i$。

将式 (5-144) 代入式 (5-67)，可得多智能体系统：

$$\begin{aligned}\dot{\boldsymbol{x}}_i &= \boldsymbol{A}\boldsymbol{x}_i + \hat{\boldsymbol{\omega}}_i(t)\boldsymbol{B}\boldsymbol{K}\Big[\sum_{j\in\mathcal{N}_i} a_{ij}(\hat{\boldsymbol{x}}_j(t)-\hat{\boldsymbol{x}}_i(t)) + d_i(\boldsymbol{x}_0(t)-\hat{\boldsymbol{x}}_i(t))\Big] \\ &= \boldsymbol{A}\boldsymbol{x}_i + \hat{\boldsymbol{\omega}}_i(t)\boldsymbol{B}\boldsymbol{B}^{\mathrm{T}}\boldsymbol{P}\tilde{\boldsymbol{q}}_i(t_k^i)\end{aligned} \tag{5-146}$$

将式 (5-146) 写成矩阵表达形式：

$$\dot{\boldsymbol{x}}(t) = (\boldsymbol{I}_N \otimes \boldsymbol{A})\boldsymbol{x}(t) + (\hat{\boldsymbol{\omega}}(t) \otimes \boldsymbol{B}\boldsymbol{B}^{\mathrm{T}}\tilde{\boldsymbol{P}})\tilde{\boldsymbol{q}}(t_k)$$

其中，$\boldsymbol{x}(t) = [\boldsymbol{x}_1^{\mathrm{T}}(t), \boldsymbol{x}_2^{\mathrm{T}}(t), \cdots, \boldsymbol{x}_N^{\mathrm{T}}(t)]^{\mathrm{T}}$，$\hat{\boldsymbol{\omega}}(t) = \mathrm{diag}\{\hat{\boldsymbol{\omega}}_1(t), \cdots, \hat{\boldsymbol{\omega}}_N(t)\}$ 及 $\tilde{\boldsymbol{q}}(t_k) = [\tilde{\boldsymbol{q}}_1^{\mathrm{T}}(t_k^1), \cdots, \tilde{\boldsymbol{q}}_N^{\mathrm{T}}(t_k^N)]^{\mathrm{T}}$。

定义跟随者 $i\ (i=1,2,\cdots,N)$ 和领导者之间的状态差为误差信号 $\tilde{\boldsymbol{\delta}}_i(t) = \boldsymbol{x}_i(t) - \boldsymbol{x}_0(t)$，令 $\tilde{\boldsymbol{\delta}}(t) = [\tilde{\boldsymbol{\delta}}_i^{\mathrm{T}}(t), \cdots, \tilde{\boldsymbol{\delta}}_N^{\mathrm{T}}(t)]^{\mathrm{T}}$，此时误差系统为：

$$\dot{\tilde{\boldsymbol{\delta}}}(t) = (\boldsymbol{I}_N \otimes \boldsymbol{A})\tilde{\boldsymbol{\delta}}(t) + (\hat{\boldsymbol{\omega}}(t) \otimes \boldsymbol{B}\boldsymbol{B}^{\mathrm{T}}\tilde{\boldsymbol{P}})\tilde{\boldsymbol{q}}(t_k) \tag{5-147}$$

5.4.5 领导者 – 跟随多智能体系统的一致性分析

定理 5.4.3

在假设 5.3.1 和假设 5.4.1 下，给定参数 $\tilde{\sigma}_i \in (0,1)$，$\tilde{\boldsymbol{\eta}}_i(0) > 0$，如果存在正数 ω、$\tilde{\rho}_i$、$\tilde{\theta}_i$、$\tilde{\xi}_i$ 和 $\tilde{\beta}_i$ 满足：

$$\tilde{\gamma}_{i0} - \tilde{\xi}_i \geqslant 0, \tilde{\rho}_i - \frac{\tilde{\gamma}_{i0} - \tilde{\xi}_i}{\tilde{\theta}_i} > 0, \bar{\omega}_i \geqslant 2\omega + \tilde{\sigma}_i, \tilde{\beta}_i = \frac{1}{\tilde{\gamma}_{i0}}$$

其中，$\tilde{\gamma}_{i0} = N[(2\omega + \bar{\omega}_i(t))H_{ii}^2 + \sum_{j=1, j\neq i}^{N} a_{ji}(2\omega + \bar{\omega}_j(t))], H_{ii} = L_{ii} + d_i$，$\boldsymbol{H} = \boldsymbol{L} + \boldsymbol{D}$，那么多智能体系统 (5-67) 和领导者 (5-141) 在自适应动态事件触发机制 (5-142) 和一致性控制协议 (5-144) 下达到一致，并且可以避免 Zeno 现象。

证明：

与无领导者情况相似，考虑如下李雅普诺夫函数：

$$V(t) = \tilde{\boldsymbol{\delta}}^{\mathrm{T}}(t)(\boldsymbol{H} \otimes \tilde{\boldsymbol{P}})\tilde{\boldsymbol{\delta}}(t) + \sum_{i=1}^{N} \frac{1}{2\tilde{\gamma}_i}\tilde{\boldsymbol{\omega}}_i^2(t) + \sum_{i=1}^{N} \tilde{\boldsymbol{\eta}}_i(t)$$

其中，对于给定的 ω 和 $\tilde{\boldsymbol{Q}} > 0$，$\tilde{\boldsymbol{P}}$ 满足：

$$\boldsymbol{A}^{\mathrm{T}}\tilde{\boldsymbol{P}} + \tilde{\boldsymbol{P}}\boldsymbol{A} - \omega\lambda_{\min}(\boldsymbol{H})\tilde{\boldsymbol{P}}\boldsymbol{B}\boldsymbol{B}^{\mathrm{T}}\tilde{\boldsymbol{P}} + \tilde{\boldsymbol{Q}} = 0 \tag{5-148}$$

与证明无领导者的多智能体系统一致性不同的是，此时 $\boldsymbol{e}_{\tilde{q}_i}(t) = \tilde{\boldsymbol{q}}_i$

$(t_k^i)-\tilde{\boldsymbol{q}}_i(t)$，其中：

$$\tilde{\boldsymbol{q}}_i(t)=\sum\nolimits_{j\in\mathcal{N}}a_{ij}(\boldsymbol{x}_j(t)-\boldsymbol{x}_i(t))+d_i(\boldsymbol{x}_0(t)-\boldsymbol{x}_i(t))=-(\boldsymbol{H}\otimes\boldsymbol{I}_n)\tilde{\boldsymbol{\delta}}(t)$$

因此可得 $\boldsymbol{e}_{\tilde{q}_i}(t)=\sum\limits_{j=1,j\neq i}^{N}a_{ij}(\boldsymbol{e}_j(t)-\boldsymbol{e}_i(t))-d_i\boldsymbol{e}_i(t)$。与定理 5.3.1 的证明相似，可得：

$$\left\|\boldsymbol{e}_{q_i}^{\mathrm{T}}(t)\boldsymbol{PB}\right\|\leqslant H_{ii}\left\|\boldsymbol{e}_i^{\mathrm{T}}(t)\boldsymbol{PB}\right\|+\sum_{j=1,j\neq i}^{N}a_{ij}\left\|\boldsymbol{e}_j^{\mathrm{T}}(t)\boldsymbol{PB}\right\|$$

接下来的证明过程可以参考定理 5.4.2，此处不再赘述。证毕。

5.4.6 数值仿真

例 5.4.1 多移动机器人聚集和编队：无领导网络

考虑一个由 6 个自主移动机器人组成的无领导系统，网络拓扑如图 5-21 所示。每一个机器人的动力学方程为：

$$\begin{cases}\dot{\boldsymbol{x}}_i(t)=\boldsymbol{v}_i(t)\cos(\boldsymbol{\varphi}_i(t))\\ \dot{\boldsymbol{y}}_i(t)=\boldsymbol{v}_i(t)\sin(\boldsymbol{\varphi}_i(t))\\ \dot{\boldsymbol{\varphi}}_i(t)=\boldsymbol{\upsilon}_i(t)\end{cases}\tag{5-149}$$

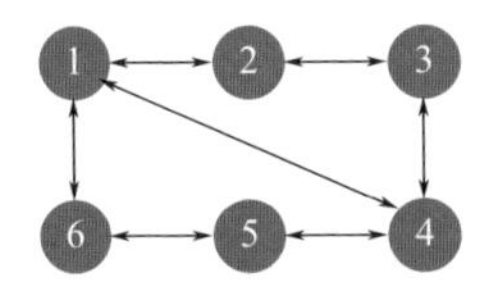

图 5-21 无领导者多智能体系统的网络拓扑图

其中，$[\bar{\boldsymbol{x}}_i(t),\bar{\boldsymbol{y}}_i(t)]\in\mathbb{R}^2$ 是智能体 i 的笛卡儿坐标系的中心；$\boldsymbol{\varphi}_i(t)\in\mathbb{R}$ 是航向角；$\boldsymbol{v}_i(t)\in\mathbb{R}$ 和 $\boldsymbol{\upsilon}_i(t)\in\mathbb{R}$ 分别是线速度和角速度。对于每一个机器人而言，输入为 $\boldsymbol{r}_i(t)\in\mathbb{R}$，使得 $\dot{\boldsymbol{v}}_i(t)=\boldsymbol{r}_i(t)$。根据动态反馈线性化理论 [19]，定义 $\bar{\boldsymbol{v}}_i^x(t)=\boldsymbol{v}_i(t)\cos(\boldsymbol{\varphi}_i(t))$ 和 $\bar{\boldsymbol{v}}_i^y(t)=\boldsymbol{v}_i(t)\sin(\boldsymbol{\varphi}_i(t))$ 分别为 X 轴和 Y 轴方向上的线性速度。因此可以得到 $\dot{\boldsymbol{x}}_i(t)=\bar{\boldsymbol{v}}_i^x(t)$，$\dot{\boldsymbol{y}}_i(t)=\bar{\boldsymbol{v}}_i^y(t)$，通过对 $\bar{\boldsymbol{v}}_i^x(t)$ 和 $\bar{\boldsymbol{v}}_i^y(t)$ 进行求导可得：

$$\begin{bmatrix}\dot{\boldsymbol{v}}_i^x(t)\\ \dot{\boldsymbol{v}}_i^y(t)\end{bmatrix}=\begin{bmatrix}\cos(\boldsymbol{\varphi}_i(t)) & -\boldsymbol{v}_i(t)\sin(\boldsymbol{\varphi}_i(t))\\ \sin(\boldsymbol{\varphi}_i(t)) & \boldsymbol{v}_i(t)\cos(\boldsymbol{\varphi}_i(t))\end{bmatrix}\begin{bmatrix}\boldsymbol{r}_i(t)\\ \boldsymbol{\upsilon}_i(t)\end{bmatrix}$$

设计辅助模型：

$$\begin{bmatrix}\boldsymbol{r}_i(t)\\ \boldsymbol{\upsilon}_i(t)\end{bmatrix}=\begin{bmatrix}\cos(\boldsymbol{\varphi}_i(t)) & \sin(\boldsymbol{\varphi}_i(t))\\ -\sin(\boldsymbol{\varphi}_i(t))/\boldsymbol{v}_i(t) & \cos(\boldsymbol{\varphi}_i(t))/\boldsymbol{v}_i(t)\end{bmatrix}\begin{bmatrix}\bar{\boldsymbol{u}}_i^x(t)\\ \bar{\boldsymbol{u}}_i^y(t)\end{bmatrix}$$

其中，$\bar{\boldsymbol{u}}_i^x(t)$ 和 $\bar{\boldsymbol{u}}_i^y(t)$ 分别是 X 轴和 Y 轴方向上的控制输入。于是有 $\dot{\boldsymbol{x}}_i(t)=\bar{\boldsymbol{v}}_i^x(t)$，$\dot{\boldsymbol{y}}_i(t)=\bar{\boldsymbol{v}}_i^y(t)$，$\dot{\boldsymbol{v}}_i^x(t)=\bar{\boldsymbol{u}}_i^x(t)$，$\dot{\boldsymbol{v}}_i^y(t)=\bar{\boldsymbol{u}}_i^y(t)$。定义 $\boldsymbol{x}_i(t)=\mathrm{col}\{\bar{\boldsymbol{x}}_i(t),\bar{\boldsymbol{v}}_i^x(t),\bar{\boldsymbol{y}}_i(t),\bar{\boldsymbol{v}}_i^y(t)\}$ 和 $\boldsymbol{u}_i(t)=\mathrm{col}\{\bar{\boldsymbol{u}}_i^x(t),\bar{\boldsymbol{u}}_i^y(t)\}$，多机器人模型 (5-149) 可以转化为系统模型 (5-67) 的形式：

$$\boldsymbol{A}=\begin{bmatrix}0&1&0&0\\0&0&0&0\\0&0&0&1\\0&0&0&0\end{bmatrix},\boldsymbol{B}=\begin{bmatrix}0&0\\1&0\\0&0\\0&1\end{bmatrix}$$

其中，初始状态的设置参考表 5-2。

表5-2　例5.4.1中机器人的初始状态

智能体 i	$(\bar{x}_i(0),\bar{y}_i(0))$/m	$\bar{v}_i^x(t)$/(m/s)	$\bar{v}_i^y(t)$/(m/s)
1	(−25，$25\sqrt{3}$)	2	1.5π
2	(25，$25\sqrt{3}$)	−3	−2.5π
3	(50，0)	3.5	π
4	(25，$-25\sqrt{3}$)	−2.5	−3π
5	(−25，$-25\sqrt{3}$)	1.5	2π
6	(−50，0)	−2	−π

通过简单的计算，可得 $\lambda_2(\boldsymbol{L})=1$。选取 $c=1/\lambda_2(\boldsymbol{L})$，$\hat{c}_i(0)=0.015$，$\sigma_i=0.6$，$\eta_i(0)=16$，$\boldsymbol{\theta}=[160,240,160,160,320,120]^{\mathrm{T}}$。根据定理 5.4.1，选取 $\bar{c}_i=2.6$，计算可得 $\boldsymbol{\gamma}_{i0}=[145.6,70.2,67.6,145.6,70.2,67.6]^{\mathrm{T}}$，$\boldsymbol{\beta}=10^{-3}\times[6.9,14.2,14.8,6.9,14.2,14.8]^{\mathrm{T}}$。为了简便计算，令 $\boldsymbol{\xi}_i=\boldsymbol{\gamma}_{i0}$，选择 $\boldsymbol{\rho}=0.002\times[2,3,2,2,6,2]^{\mathrm{T}}$。根据式 (5-148) 选取 $\boldsymbol{Q}=\boldsymbol{I}_4$，则：

$$\boldsymbol{P}=\begin{bmatrix}1.7321&1&0&0\\1&1.7321&0&0\\0&0&1.7321&1\\0&0&1&1.7321\end{bmatrix}$$

以及 $\boldsymbol{K}=\boldsymbol{B}^{\mathrm{T}}\boldsymbol{P}=[1,1.7321,0,0;0,0,1,1.7321]$。图 5-22 展示了机器人在动态事件触发控制 (5-112) 作用下的运动轨迹，6 个机器人最终聚集到一起，X 轴和 Y 轴方向上的线性速度也趋向一致。

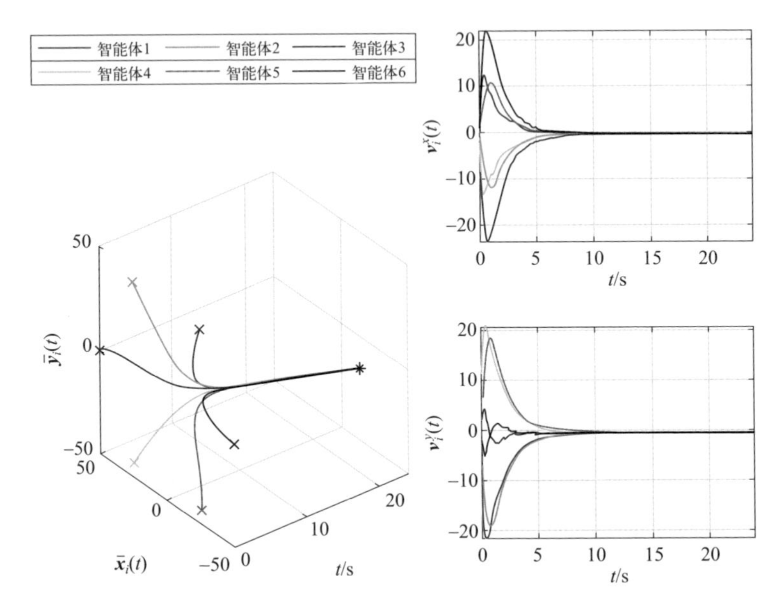

图 5-22　例 5.4.1 中动态事件触发控制协议 (5-112) 下的状态响应曲线

对比 3 个不同时段动态事件触发条件和静态事件触发条件下的触发次数，统计数据见表 5-3，相比之下，动态事件触发机制可以有效地减少触发次数。图 5-23 展示了每个智能体的触发时间序列，图 5-24、图 5-25 和图 5-26 分别表示动态参数 $\boldsymbol{\eta}_i(t)$、自适应参数 $\hat{\boldsymbol{c}}_i(t)$ 和控制输入 $\boldsymbol{u}_{i2}(t),(i=1,2,\cdots,6)$ 的演化曲线。如果按照推论 5.4.1 对静态的耦合参数进行设计，则需要 $c_i \geqslant 2.6$。与图 5-25 中的 $\hat{\boldsymbol{c}}_i(t)$ 相比，自适应的耦合参数更小，在一定程度上也减小了控制增益。令 $E=\dfrac{1}{N}\sum_{i=2}^{N}\|\boldsymbol{x}_i(t)-\boldsymbol{x}_1(t)\|^2 \leqslant 10^{-3}$ 为系统达到一致的指标，通过计算 24s 后 $E=9.34\times10^{-4}$，也就意味着系统达到了一致。

表5-3　例5.4.1中动态和静态事件触发条件下多智能体系统的触发次数

智能体 i		1	2	3	4	5	6
0 ～ 8s	DETS	55	42	45	51	48	44
	SETS	531	258	351	538	318	393
8 ～ 16s	DETS	72	26	29	67	29	31
	SETS	3805	3589	3692	3815	3649	3707
16 ～ 24s	DETS	375	49	47	311	65	73
	SETS	4000	4000	4000	4000	4000	4000

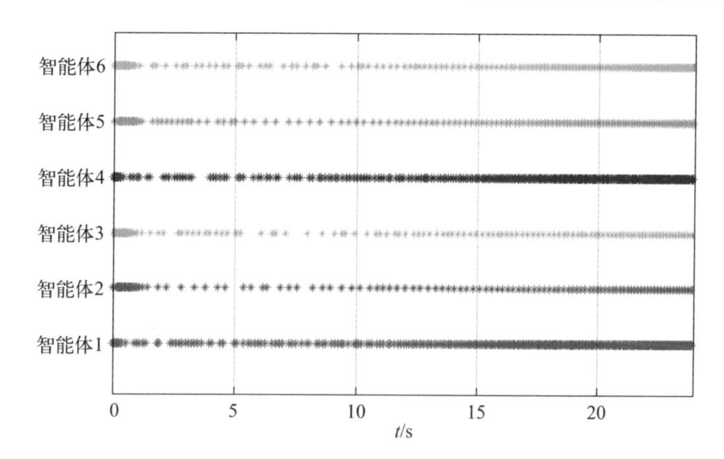

图5-23　例5.4.1中动态事件触发策略(5-108)下的触发时间序列

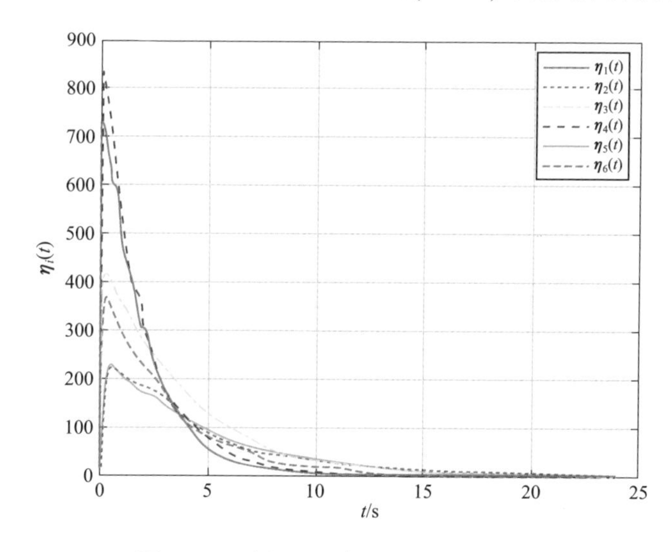

图5-24　例5.4.1中 $\eta_i(t)$ 的演化曲线

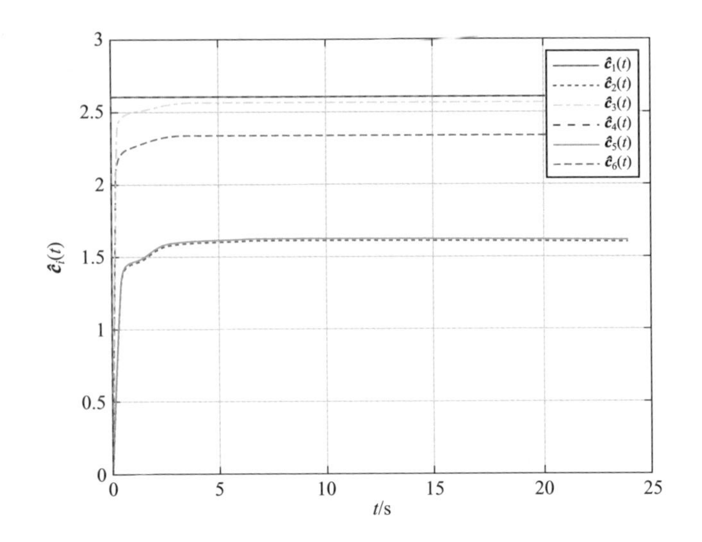

图 5-25　例 5.4.1 中 $\hat{c}_i(t)$ 的演化曲线

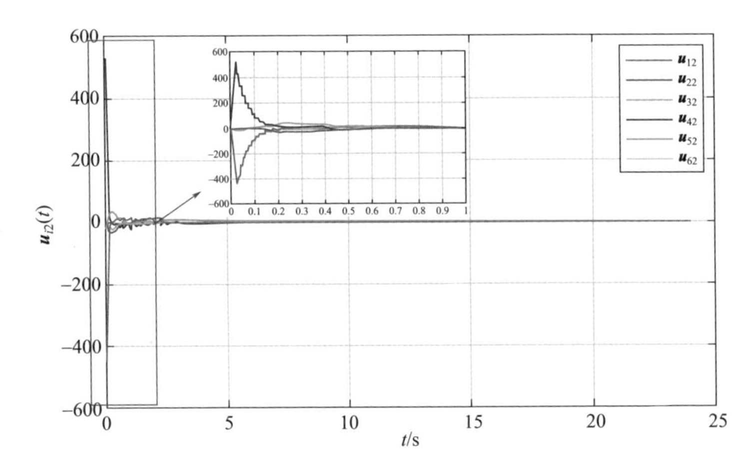

图 5-26　例 5.4.1 中动态事件触发控制协议 (5-112) 下控制信号的第二维变量的演化曲线

机器人编队是一致性问题的扩展。令 $\tilde{\boldsymbol{x}}_i(t)=\bar{\boldsymbol{x}}_i(t)-\varepsilon_i^x$，$\tilde{\boldsymbol{y}}_i(t)=\bar{\boldsymbol{y}}_i(t)-\varepsilon_i^y$，其中 ε_i^x 和 ε_i^y 分别是常数，因此，当 $\tilde{\boldsymbol{x}}_i(t)$ 和 $\tilde{\boldsymbol{y}}_i(t)$ 达到一致时，$\bar{\boldsymbol{x}}_i(t)$ 和 $\bar{\boldsymbol{y}}_i(t)$ 将实现编队。此时的自适应事案件触发控制律为：

$$\boldsymbol{u}_i(t)=\hat{\boldsymbol{\omega}}_i(t)\boldsymbol{K}[\sum_{j\in\mathcal{N}_i}a_{ij}(\hat{\boldsymbol{x}}_j(t)-\boldsymbol{f}_j-\hat{\boldsymbol{x}}_i(t)+\boldsymbol{f}_i)] \tag{5-150}$$

其中 $\boldsymbol{f}_i=[\varepsilon_i^x,0,\varepsilon_i^y,0]^{\mathrm{T}}$。选择 $\boldsymbol{f}_1=3\times[-1,0,\sqrt{3},0]^{\mathrm{T}}$，$\boldsymbol{f}_2=3\times[1,0,\sqrt{3},0]^{\mathrm{T}}$，$\boldsymbol{f}_3=3\times[2,0,0,0]^{\mathrm{T}}$，$\boldsymbol{f}_4=3\times[1,0,-\sqrt{3},0]^{\mathrm{T}}$，$\boldsymbol{f}_5=3\times[-1,0,-\sqrt{3},0]^{\mathrm{T}}$，$\boldsymbol{f}_6=3\times$

$[-2,0,0,0]^{\mathrm{T}}$。此时的状态和 X-Y 坐标系上的响应曲线分别如图 5-27 和图 5-28 所示，由此也可以看出最终系统达到了编队的效果。

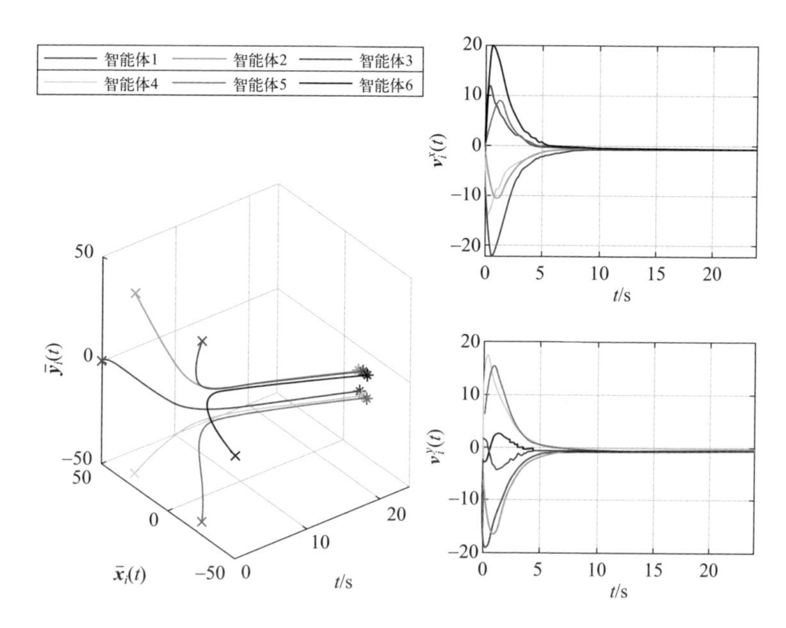

图 5-27　例 5.4.1 中动态事件触发控制协议 (5-150) 下的状态响应曲线

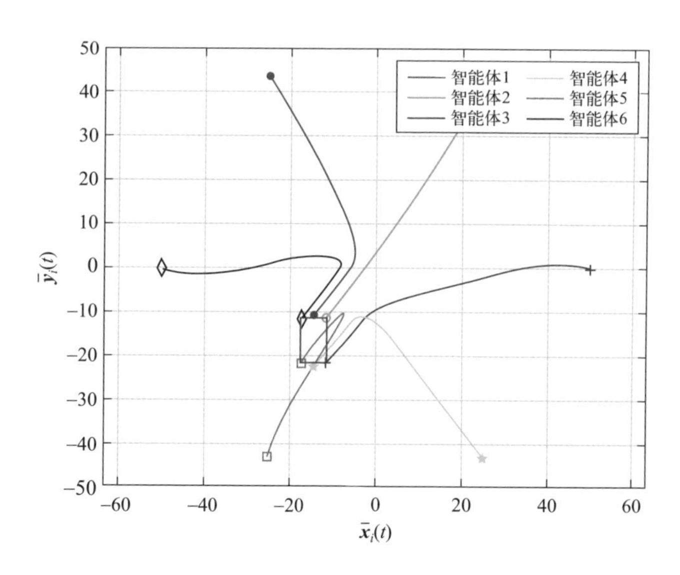

图 5-28　例 5.4.1 中动态事件触发控制协议 (5-150)下的位置轨迹演化曲线

例 5.4.2　一般线性智能体系统一致：领导者 - 跟随网络

考虑系统模型 (5-67)，其中：

$$A=\begin{bmatrix}-2 & 1 & 1\\ 1 & -1 & 0\\ 0 & 1 & -1\end{bmatrix}, B=\begin{bmatrix}0\\ 1\\ 0\end{bmatrix}$$

网络拓扑如图 5-29 所示。领导者和跟随者的初始状态为 $\boldsymbol{x}_0=[1.5,0,-1]^{\mathrm{T}}$，$\boldsymbol{x}_1=-5\times[1,1,1]^{\mathrm{T}}$，$\boldsymbol{x}_2=-2.5\times[1,1,1]^{\mathrm{T}}$，$\boldsymbol{x}_3=3\times[1,1,1]^{\mathrm{T}}$，$\boldsymbol{x}_4=-0.5\times[1,1,1]^{\mathrm{T}}$，$\boldsymbol{x}_5=4\times[1,1,1]^{\mathrm{T}}$。

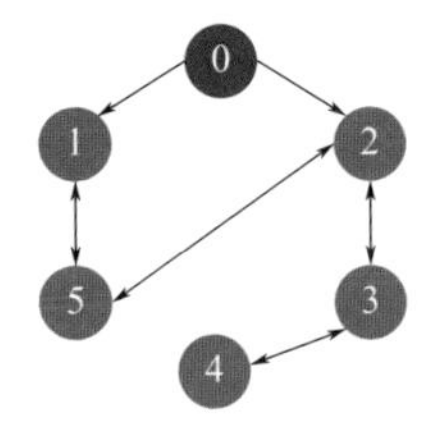

图 5-29　领导者 - 跟随多智能体系统的网络拓扑图

通过简单的计算可得 $\lambda_{\min}(\boldsymbol{H})=0.2679$，选择 $\omega=1/\lambda_{\min}(\boldsymbol{H})=3.7321$，$\hat{\omega}_i(0)=1.2$，$\tilde{\sigma}_i=0.6$，$\tilde{\boldsymbol{\theta}}=[240,120,80,400,200]^{\mathrm{T}}$，$\tilde{\eta}_i(0)=12$。根据定理 5.4.3，选取 $\bar{\omega}_i=9$，可以得到 $\tilde{\boldsymbol{\gamma}}_{i0}=[345.75,773.81,98.78,362.21,362.21]^{\mathrm{T}}$，$\tilde{\boldsymbol{\beta}}=10^{-3}\times[2.9,1.3,10.1,2.8,2.8]^{\mathrm{T}}$。

令 $\tilde{\xi}_i=\tilde{\gamma}_{i0}$，选择 $\tilde{\boldsymbol{\rho}}=[0.6,0.9,0.3,0.3,0.6]^{\mathrm{T}}$，根据式 (5-148)，选取 $\tilde{\boldsymbol{Q}}=\boldsymbol{I}_3$，则：

$$\tilde{\boldsymbol{P}}=\begin{bmatrix}0.4082 & 0.3940 & 0.2227\\ 0.3940 & 0.9093 & 0.4288\\ 0.2227 & 0.4288 & 0.6308\end{bmatrix}$$

以及 $\tilde{\boldsymbol{K}}=\boldsymbol{B}^{\mathrm{T}}\tilde{\boldsymbol{P}}=[0.3940,0.9093,0.4288]$。

领导者 - 跟随多智能体系统在一致性控制协议 (5-150) 作用下的状态响应曲线如图 5-30 所示。图 5-31 记录了每个智能体的触发时刻，图 5-32

和图 5-33 分别表示动态参数 $\tilde{\boldsymbol{\eta}}_i(t)$ 和自适应耦合增益 $\hat{\boldsymbol{\omega}}_i(t)$ 的演化曲线。与例 5.4.1 相同，计算 10s 后的 $E=\dfrac{1}{N}\sum_{i=1}^{N}\|\boldsymbol{x}_i(t)-\boldsymbol{x}_0(t)\|^2=3.84\times10^{-4}$，也就意味着系统达到了一致。

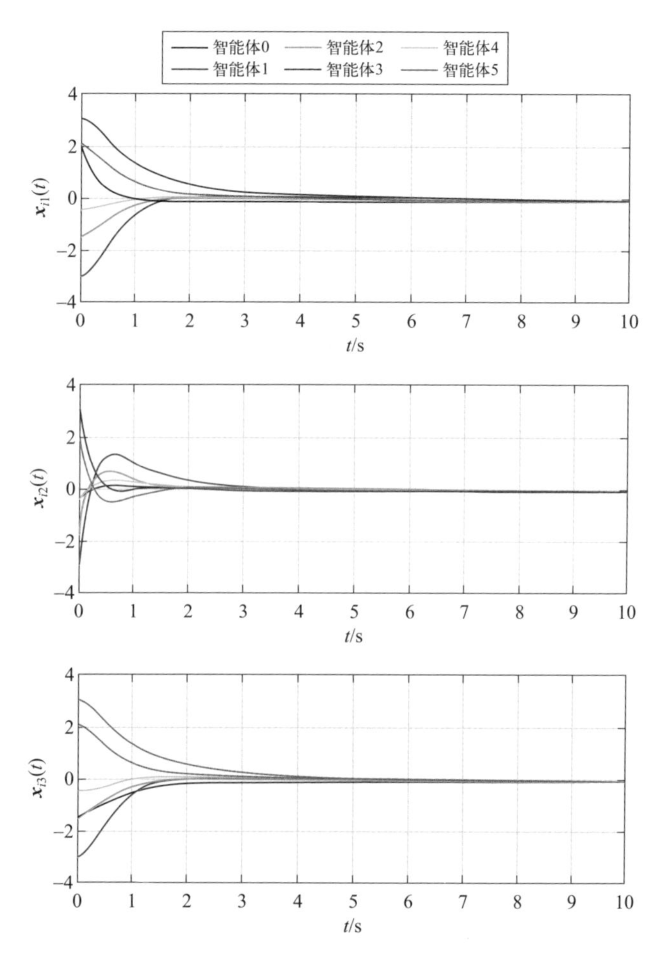

图 5-30　例 5.4.2 中动态事件触发控制协议 (5-150)下的状态响应曲线

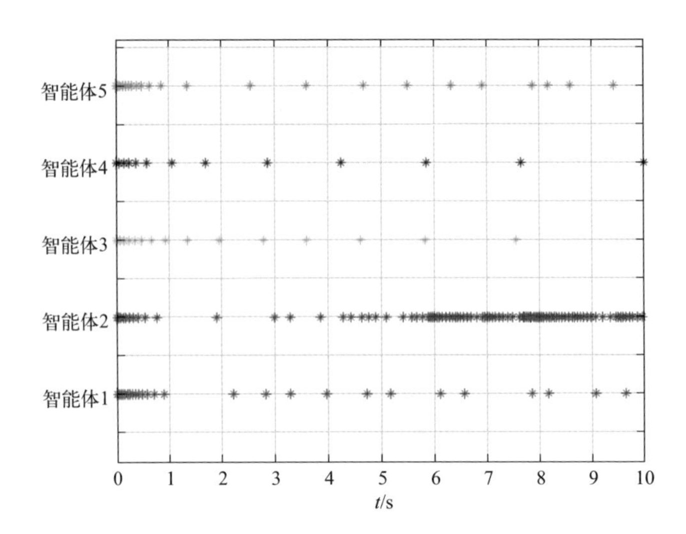

图 5-31　例 5.4.2 中动态事件触发机制 (5-142) 下的触发时间序列

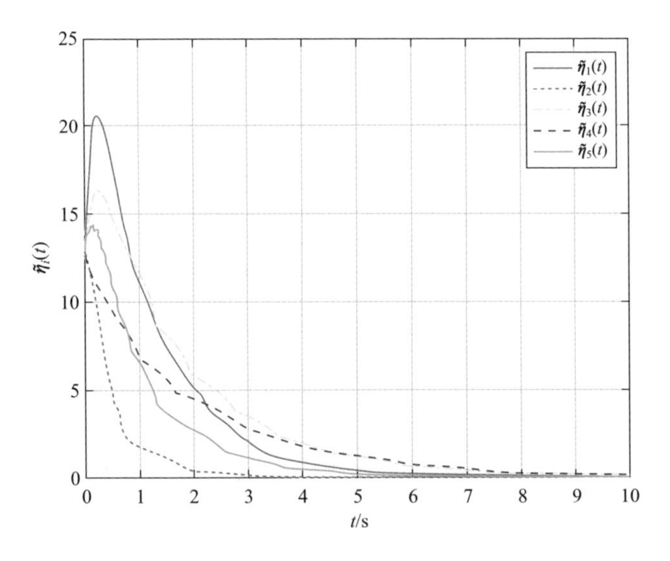

图 5-32　例 5.4.2 中 $\tilde{\eta}_i(t)$ 的演化曲线

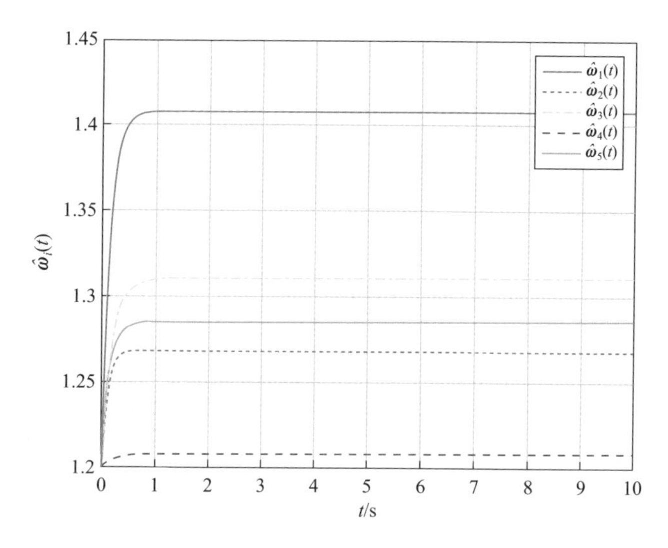

图 5-33　例 5.4.2 中 $\hat{\omega}_i(t)$ 的演化曲线

5.5 本章小结

本章主要围绕多智能体系统的动态事件触发控制展开，分别讨论了基于量化信息的主从神经网络动态事件触发同步以及多智能体系统动态事件触发的一致性问题。首先，本章讨论基于绝对和相对量化输出反馈下主从混沌神经网络的同步，利用包含指数衰减项的动态事件触发机制灵活调节信息传输，并将理论结果应用到图像保密传输中；其次将主从同步的结果拓展到一般线性多智能体系统的量化一致性问题；最后本章提出了一种带有动态阈值的分布式事件触发策略，应用到无领导者和有领导者线性多智能体系统的一致性问题中。本章主要内容参考了本章参考文献 [20-22]。随着工业系统规模的增大以及各种异构终端的柔性加入和退出，对系统的可扩展性要求不断提高，涉及全局信息的事件触发方案已不能适应未来的发展需要，亟待研究设计一种不使用全局信息的完全分布式事件触发策略，即第 6 章讨论的内容。

参考文献

[1] Ge X, Han Q L, Zhang X M, et al. Dynamic event-triggered control and estimation: a survey[J]. International Journal of Automation and Computing, 2021, 18(6):857-886.

[2] Ge X, Han Q L, Ding L, et al. Dynamic event-triggered distributed coordination control and its applications: a survey of trends and techniques[J]. IEEE Transactions on Systems, Man, and Cybernetics: Systems, 2020, 50(9): 3112-3125.

[3] Liu Q, Qin J, Yu C. Event-based multi-agent cooperative controlwith quantized relative state measurements[C]// 2016 IEEE 55th Conference on Decision and Control (CDC). Piscataway, NJ, USA: IEEE, 2016, 2233–2239.

[4] Xu W, Ho D W, Zhong J, et al. Distributed edge event-triggered consensus protocol of multi-agent systems with communication buffer[J]. International Journal of Robust and Nonlinear Control, 2017, 27(3): 483-496.

[5] Zhang Z, Zhang L, Hao F, et al. Leader-following consensus for linear and Lipschitz nonlinear multiagent systems with quantized communication[J]. IEEE Transactions on Cybernetics, 2016, 47(8): 1970-1982.

[6] Garcia E, Antsaklis PJ. Model-based event-triggered control for systems with quantization and time-varying network delays[J]. IEEE Transactions on Automatic Control, 2012 , 58(2): 422-434.

[7] Wu Z, Xu Y, Pan Y, et al. Event-triggered control for consensus problem in multi-agent systems with quantized relative state measurements and external disturbance[J]. IEEE Transactions on Circuits and Systems I: Regular Papers, 2018, 65(7): 2232-2242.

[8] Yi X, Liu K, Dimarogonas D V, et al. Distributed dynamic event-triggered control for multi-agent systems[C]// 2017 IEEE 56th Annual Conference on Decision and Control (CDC). Piscataway, NJ, USA: IEEE, 2017, 6683-6698.

[9] Sheng M, Fan Y, Zhang C, et al. Dynamical event-triggered consensus control for second-order multi-agent systems[C]// Proceedings of the 2017 International Conference on Robotics and Artificial Intelligence. New York, NY, USA: ACM, 2017, 90-95.

[10] Yang T. A survey of chaotic secure communication systems[J]. International Journal of Computational Cognition, 2004, 2(2): 81-130.

[11] Wen S, Zeng Z, Huang T, et al. Lag synchronization of switched neural networks via neural activation function and applications in image encryption[J]. IEEE Transactions on Neural Networks and Learning Systems, 2015, 26(7): 1493-1502.

[12] Lakshmanan S, Prakash M, Lim C P, et al. Synchronization of an inertial neural network with time-varying delays and its application to secure communication[J]. IEEE Transactions on Neural Networks and Learning Systems, 2016, 29(1): 195-207.

[13] Stallings W. Cryptography and network security: principles and practice[M]. USA:Prentice-Hall, 2010, 88-89.

[14] Li L, Ho D, Lu J. A unified approach to practical consensus with quantized data and time delay[J]. IEEE Transactions on Circuits and Systems I: Regular Papers, 60(10): 2668-2678.

[15] Dimarogonas D V, Frazzoli E, Johansson K H. Distributed event-triggered control for multi-agent systems[J]. IEEE Transactions on Automatic Control, 2011, 57(5): 1291-1297.

[16] Xu W, Ho D W C, Li L, et al. Event-triggered schemes on leader-following consensus of general linear multiagent systems under different topologies[J]. IEEE transactions on cybernetics, 2017, 47(1): 212-223.

[17] Hu W, Liu L, Feng G. Consensus of linear multi-agent systems by distributed event-triggered strategy[J]. IEEE Transactions on Cybernetics, 2016, 46(1): 148-157.

[18] Ye D, Chen M M, Yang H J. Distributed adaptive event-triggered fault-tolerant consensus of multiagent systems with general linear dynamics[J]. IEEE Transactions on Cybernetics, 2018, 49(3): 757-767.

[19] Liu T, Jiang Z. Distributed formation control of nonholonomic mobile robots without global position measurements[J]. Automatica, 2013, 49(2): 592-600.

[20] He W, Luo T, Tang Y, et al. Secure communication based on quantized synchronization of chaotic neural networks under an event-triggered strategy[J]. IEEE Transactions on Neural Networks and Learning Systems, 2019, 31(9): 3334-3345.

[21] He W, Xu B, Han Q L, et al. Adaptive consensus control of linear multiagent systems with dynamic event-triggered strategies[J]. IEEE Transactions on Cybernetics, 2019, 50(7): 2996-3008.

[22] Luo T, He W, Xu W. Quantized consensus of linear multi-agent systems under an event-triggered strategy[J]. IFAC-PapersOnLine, 2020, 53(2): 1813-1818.

Digital Wave
Advanced Technology of Industrial Internet

Distributed Cooperative Control of Industrial Network Systems

面向工业网络系统的分布式协同控制

第6章

完全分布式事件触发控制

6.1 概述

工业网络系统的高度可扩展性需求，要求工业网络系统的设备或终端能够依据生产制造需求进行添加与移除，此时工业网络系统中的设备与终端数量以及通信拓扑处于动态变化中。而现有的基于事件触发机制的调控策略虽然形式上具有分布式的特点，但通常会涉及一些全局变量，诸如网络拓扑拉普拉斯矩阵的特征值、智能体的数量、领导者控制输入的上界等[1-4]。当通信拓扑发生变化时，需要重新计算拉普拉斯矩阵的特征值。另外，在大规模网络系统中应用涉及全局信息的调控方案，需要消耗大量的计算与通信资源，给系统的运行带来了较大的负担。因此，在不使用全局信息的情况下开发一种完全分布式的动态事件触发策略是非常有必要的。本章将主要围绕工业网络系统的不依赖于全局信息的完全分布式事件触发控制展开。

本章参考文献 [5] 提出了一种完全分布式、可扩展的自适应事件触发机制，它通过在控制协议和触发函数中引入自适应耦合项，使得只需智能体本身及其邻居的局部信息就可以实现一致。类似地，基于节点和基于边的完全分布式事件触发控制协议相继被提出[6,7]。现有大部分研究基于状态反馈事件触发机制[8-10]，然而为了实现状态反馈，就需要对状态变量进行测量，但实际情况中，并不是所有的状态变量都是可以测量的，需要利用系统的输出测量构造观测器来估计系统的状态。如何利用智能体局部的输出测量设计基于观测器的完全分布式事件触发控制协议具有重要的研究价值和实际意义。本章 6.2 节讨论了一般线性多智能体系统基于状态观测器的完全分布式事件触发控制，通过引入与每个节点相关的在线触发参数和动态更新的阈值，在不需要全局信息的先验知识情况下，实现了线性多智能体系统在完全分布式事件触发通信下的一致性。

基于节点的事件触发机制也可以被称作同步事件触发机制[5,6,8,11]，而基于边的事件触发机制被称作异步事件触发机制，其提供了一种更加

灵活的传输模式 [12-14]。例如，开放环境下外部攻击容易导致智能体之间的连接中断，同步事件触发机制可能无法在不影响未被攻击的信道情况下，有目的地针对被攻击的信道灵活地调整传输策略。本章 6.3 节在 6.2 节的基础上通过引入与每个边相关的在线触发参数和动态更新的阈值，设计了依赖于边的触发条件，提供了异步事件触发机制下的基于状态观测器的完全分布式控制方案，且搭建了一个同步 / 异步统一的自适应完全分布式动态事件触发控制框架。

6.2
基于状态观测器的多智能体系统完全分布式同步事件触发控制

6.2.1 模型描述

在由 N 个智能体组成的连续时间线性多智能体系统中，智能体 i 的动力学方程为：

$$\begin{cases}\dot{\boldsymbol{x}}_i(t)=\boldsymbol{A}\boldsymbol{x}_i(t)+\boldsymbol{B}\boldsymbol{u}_i(t)\\ \boldsymbol{y}_i(t)=\boldsymbol{C}\boldsymbol{x}_i(t)\end{cases} \tag{6-1}$$

其中，$\boldsymbol{x}_i(t)\in\mathbb{R}^n$ 表示智能体 i 的状态；$\boldsymbol{u}_i(t)\in\mathbb{R}^m$ 为控制输入；$\boldsymbol{y}_i(t)\in\mathbb{R}^q$，$i=1,2,\cdots,N$ 是智能体 i 的输出测量值；$\boldsymbol{A}$、$\boldsymbol{B}$ 和 $\boldsymbol{C}$ 是有合适维数的常数矩阵，矩阵对 $(\boldsymbol{A},\boldsymbol{B})$ 是可镇定的，$(\boldsymbol{A},\boldsymbol{C})$ 是可观测的。

假设 6.2.1

网络拓扑 $\mathcal{G}$ 是无向连通的。

由于状态变量不可以直接测量，利用输出测量构造如下观测器：

$$\dot{\boldsymbol{v}}_i(t)=\boldsymbol{A}\boldsymbol{v}_i(t)+\boldsymbol{B}\boldsymbol{u}_i(t)+\boldsymbol{F}(\boldsymbol{C}\boldsymbol{v}_i(t)-\boldsymbol{y}_i(t)) \tag{6-2}$$

其中，$\boldsymbol{v}_i(t)$ 是智能体 i 观测器的状态；矩阵 $\boldsymbol{A}$、$\boldsymbol{B}$ 和 $\boldsymbol{C}$ 与式(6-1)中的定义相同；$\boldsymbol{F} \in \mathbb{R}^{n \times q}$ 是待确定的反馈增益矩阵。

定义 6.2.1

如果对于任意初始状态 $\boldsymbol{x}_i\left(t_0\right) \in \mathbb{R}^n$，有

$$\lim_{t \to \infty}\left\|\boldsymbol{x}_i(t)-\boldsymbol{x}_j(t)\right\|=0, \quad \forall i, j=1,2,\cdots,N$$

成立，那么一般线性多智能体系统(6-1)实现了渐近一致。

本节将考虑基于节点的事件触发机制，即同步事件触发机制。同步事件触发机制属于一对全模式，只有当条件满足时，智能体才能同步地将信息发送给所有邻居。本节的目标提供了一种系统化设计方法，仅利用局部的输出测量设计完全分布式的同步事件触发控制。

6.2.2 基于状态观测器的完全分布式同步事件驱动机制设计

定义智能体 i 的观测误差：

$$\boldsymbol{e}_i(t)=\tilde{\boldsymbol{v}}_i(t)-\boldsymbol{v}_i(t), t \in\left[t_k^i, t_{k+1}^i\right) \tag{6-3}$$

其中，$\tilde{\boldsymbol{v}}_i(t)=\mathrm{e}^{-\boldsymbol{A}\left(t-t_k^i\right)} \boldsymbol{v}_i\left(t_k^i\right)$。设计事件触发函数 $\mathcal{H}_i(\cdot,\cdot,\underbrace{\{\cdots\}}_{d_i}): \mathbb{R}^n \times \mathbb{R} \times \underbrace{\mathbb{R}^n \times \cdots \times \mathbb{R}^n}_{d_i} \rightarrow \mathbb{R}$ 为：

$$\begin{aligned} & \mathcal{H}_i\left(\boldsymbol{e}_i(t), \boldsymbol{c}_i(t),\left\{\hat{\boldsymbol{\eta}}_{ij}(t): j \in \mathcal{N}_i\right\}\right) \\ & =\gamma_i\left(\boldsymbol{c}_i(t) \boldsymbol{e}_i^{\mathrm{T}}(t) \boldsymbol{\Gamma} \boldsymbol{e}_i(t)-\iota_i \sum_{j=1}^N a_{ij} \hat{\boldsymbol{\eta}}_{ij}^{\mathrm{T}}(t) \boldsymbol{\Gamma} \hat{\boldsymbol{\eta}}_{ij}(t)\right)\end{aligned} \tag{6-4}$$

其中，$\hat{\boldsymbol{\eta}}_{ij}(t)=\tilde{\boldsymbol{v}}_i(t)-\tilde{\boldsymbol{v}}_j(t)$；$\gamma_i, \iota_i$ 为正常数；$\boldsymbol{\Gamma} \in \mathbb{R}^{n \times n}$ 为待确定的常数矩阵。

耦合权重 $\boldsymbol{c}_i(t)=\sum_{j=1}^N a_{ij} \boldsymbol{c}_{ij}(t)$ 是时变的，更新规则为：

$$\dot{\boldsymbol{c}}_{ij}(t)=\pi_{ij} a_{ij}\left[\tilde{\boldsymbol{v}}_j(t)-\tilde{\boldsymbol{v}}_i(t)\right]^{\mathrm{T}} \boldsymbol{\Gamma}\left[\tilde{\boldsymbol{v}}_j(t)-\tilde{\boldsymbol{v}}_i(t)\right] \tag{6-5}$$

其中，$\pi_{ij}=\pi_{ji}>0$。初始值 $\boldsymbol{c}_{ij}(0)=\boldsymbol{c}_{ji}(0)>0$。

智能体 i 的触发时间序列为 $0=t_0^i<t_1^i<\cdots<t_s^i<\cdots$。通过引入动态阈

值，事件触发时间序列由如下条件决定：

$$t_{k+1}^{i}=\inf_{l>t_k^i}\left\{l:\mathcal{H}_i\left(\boldsymbol{e}_i(t),\boldsymbol{c}_i(t),\left\{\hat{\boldsymbol{\eta}}_{ij}(t):j\in\mathcal{N}_i\right\}\right)>\boldsymbol{\delta}_i(t),\forall t\in\left(t_k^i,l\right]\right\},i\in\mathcal{V} \tag{6-6}$$

其中，$k=1,2,\cdots$，$\boldsymbol{\delta}_i(t)$ 是一个内部动态变量，且满足：

$$\dot{\boldsymbol{\delta}}_i(t)=-\alpha_i\boldsymbol{\delta}_i(t)-\mu_i\left[\boldsymbol{c}_i(t)\boldsymbol{e}_i^{\mathrm{T}}(t)\boldsymbol{\Gamma}\boldsymbol{e}_i(t)-\iota_i\sum_{j=1}^{N}a_{ij}\hat{\boldsymbol{\eta}}_{ij}^{\mathrm{T}}(t)\boldsymbol{\Gamma}\hat{\boldsymbol{\eta}}_{ij}(t)\right],i\in\mathcal{V} \tag{6-7}$$

其中，$\alpha_i>0,\mu_i\in[0,1]$，并且初始值 $\boldsymbol{\delta}_i(0)>0$。

在同步事件触发机制 (6-6) 下，设计如下基于观测器的完全分布式一致性协议：

$$\begin{cases}\boldsymbol{u}_i(t)=\boldsymbol{K}\sum_{j=1}^{N}a_{ij}\boldsymbol{c}_{ij}(t)\left(\tilde{\boldsymbol{v}}_j(t)-\tilde{\boldsymbol{v}}_i(t)\right)\\ \tilde{\boldsymbol{v}}_i(t)=\mathrm{e}^{-\boldsymbol{A}\left(t-t_k^i\right)}\boldsymbol{v}_i\left(t_k^i\right)\\ \dot{\boldsymbol{c}}_{ij}(t)=\pi_{ij}a_{ij}\left[\tilde{\boldsymbol{v}}_j(t)-\tilde{\boldsymbol{v}}_i(t)\right]^{\mathrm{T}}\boldsymbol{\Gamma}\left[\tilde{\boldsymbol{v}}_j(t)-\tilde{\boldsymbol{v}}_i(t)\right]\end{cases} \tag{6-8}$$

其中，$t\in\left[t_k^i,t_{k+1}^i\right),t_k^i=\max\left\{t_s^i\leqslant t:s\in\mathbb{N}\right\}$；$\boldsymbol{v}_i\left(t_k^i\right)$ 是时刻 t 之前观测器 i 在最近一次触发时刻 t_k^i 的传输信号；$\boldsymbol{K}\in\mathbb{R}^{m\times n}$ 为待确定的反馈增益矩阵。

注 6.2.1　所谓的自适应动态事件触发策略 (6-6) 包括两个时变参数 $\boldsymbol{\delta}_i$ 和 $\boldsymbol{c}_i$。$\boldsymbol{\delta}_i(t)$ 是一个动态阈值，基于式 (6-6)、式 (6-7)，易得 $\boldsymbol{\delta}_i(t)\geqslant\exp\left\{-\left(\alpha_i+\dfrac{\mu_i}{\gamma_i}\right)\left(t-t_0\right)\right\}\boldsymbol{\delta}_i\left(t_0\right)$，这意味着 α_i、μ_i 越小，γ_i 越大，触发频率越低；$\boldsymbol{c}_i(t)=\sum_{j=1}^{N}a_{ij}\boldsymbol{c}_{ij}(t)$ 与自适应部分相关，实际上是加权邻接矩阵 $(a_{ij}\boldsymbol{c}_{ij}(t))_{N\times N}$ 的行和。$\boldsymbol{c}_{ij}(t)$ 的更新律 (6-5) 在完全分布式自适应动态事件触发策略 (6-6) 的设计中起着关键作用。

注 6.2.2

自适应动态事件触发策略 (6-6) 具有一般性，其中包括一些常见的事件触发条件作为特例。例如，令式 (6-6) 中的 $\dot{c}_i \equiv 0$，那么自适应动态事件触发策略式 (6-6) 变为具有恒定耦合权重的情况[1,3,13,15]。此外，当 $\delta_i(t) \equiv 0$ 时，自适应动态事件触发策略 (6-6) 退化为本章参考文献 [5,16,17] 中的静态事件触发策略。

6.2.3 基于状态观测器的同步事件触发控制一致性分析与设计

令 $\xi_i(t) = x_i(t) - \frac{1}{N}\sum_{j=1}^{N} x_j(t), \eta_i(t) = v_i(t) - \frac{1}{N}\sum_{j=1}^{N} v_j(t)$ 以及 $\chi_i(t) = \eta_i(t) - \xi_i(t)$。根据式 (6-1) 和式 (6-8) 可得：

$$\begin{cases} \dot{\xi}_i(t) = A\xi_i(t) + Bu_i(t) \\ \dot{\eta}_i(t) = A\eta_i(t) + Bu_i(t) + FC\left[\eta_i(t) - \xi_i(t)\right] \\ \dot{\chi}_i(t) = (A + FC)\chi_i(t) \end{cases} \tag{6-9}$$

其中，$i = 1,2,\cdots,N$。此外，定义 $\eta_{ij}(t) = v_i(t) - v_j(t)$ 和 $\eta(t) = \left[\eta_1^{\mathrm{T}}(t), \eta_2^{\mathrm{T}}(t),\cdots,\eta_N^{\mathrm{T}}(t)\right]^{\mathrm{T}}$。

为了确定增益矩阵，求解如下代数里卡蒂方程：

$$\begin{gathered} A^{\mathrm{T}}P + PA - PBB^{\mathrm{T}}P + I_n = 0 \\ QA^{\mathrm{T}} + AQ - QC^{\mathrm{T}}CQ + I_n = 0 \end{gathered} \tag{6-10}$$

得到 $P > 0$，$Q > 0$。然后令 $K = B^{\mathrm{T}}P, \Gamma = PBB^{\mathrm{T}}P, F = -\frac{1}{2}QC^{\mathrm{T}}$。

定理 6.2.1

在假设 6.2.1 下，矩阵 K、Γ 和 F 由式 (6-10) 给出，并且在式 (6-6)、式 (6-7) 中 $\alpha_i > \frac{1-\mu_i}{\gamma_i}$ 成立，那么在自适应动态事件触发策略 (6-6) 和基于观测器的完全分布式控制协议 (6-8) 下，具有一般线性动力学的多智能体系统 (6-1) 能实现渐近一致，且可以排除 Zeno 行为。

证明：

下面分两步来证明定理结论。

① 首先证明基于观测器的完全分布式控制协议 (6-8)，一般线性多智能体系统 (6-1) 可以实现渐近一致性。

选取如下李雅普诺夫函数：

$$V_1(t)=\frac{1}{2}\sum_{i=1}^{N}\boldsymbol{\eta}_i^{\mathrm{T}}(t)\boldsymbol{P}\boldsymbol{\eta}_i(t)+\sum_{i=1}^{N}\sum_{j=1}^{N}a_{ij}\frac{\left(\boldsymbol{c}_{ij}(t)-\alpha_o\right)^2}{8\pi_{ij}} \tag{6-11}$$

其中，$\boldsymbol{P}$、π_{ij} 参见式 (6-10) 和式 (6-5) 中的定义；α_o 为待确定的正常数。根据式(6-5)和式(6-9)，可得 $V_1(t)$ 沿轨迹式(6-1)和式(6-8)的导数为：

$$\begin{aligned}\dot{V}_1(t)=&\sum_{i=1}^{N}\boldsymbol{\eta}_i^{\mathrm{T}}(t)\boldsymbol{P}\left[\boldsymbol{A}\boldsymbol{\eta}_i(t)+\boldsymbol{F}\boldsymbol{C}\boldsymbol{\chi}_i(t)\right]+\sum_{i=1}^{N}\boldsymbol{\eta}_i^{\mathrm{T}}(t)\boldsymbol{P}\boldsymbol{B}\boldsymbol{K}\sum_{j=1}^{N}a_{ij}\boldsymbol{c}_{ij}(t)\hat{\boldsymbol{\eta}}_{ji}(t)\\&+\sum_{i=1}^{N}\sum_{j=1}^{N}a_{ij}\frac{\boldsymbol{c}_{ij}(t)-\alpha_o}{4}\hat{\boldsymbol{\eta}}_{ij}^{\mathrm{T}}(t)\boldsymbol{\Gamma}\hat{\boldsymbol{\eta}}_{ij}(t)\end{aligned} \tag{6-12}$$

因为图 $\mathcal{G}$ 是无向的，所以 $\forall i,j\in\mathcal{V}$，$a_{ij}$=$a_{ji}$。此外，根据式 (6-5)，对于 $(i,j)\in\mathcal{E}$，$\boldsymbol{c}_{ij}(0)=\boldsymbol{c}_{ji}(0)$，$\pi_{ij}=\pi_{ji}$，因此对于 $t\geqslant 0$，$\boldsymbol{c}_{ij}(t)=\boldsymbol{c}_{ji}(t)$。由式 (6-10) 可知，$\boldsymbol{K}=\boldsymbol{B}^{\mathrm{T}}\boldsymbol{P},\boldsymbol{\Gamma}=\boldsymbol{P}\boldsymbol{B}\boldsymbol{B}^{\mathrm{T}}\boldsymbol{P}$，于是有：

$$\sum_{i=1}^{N}\boldsymbol{\eta}_i^{\mathrm{T}}(t)\boldsymbol{P}\boldsymbol{B}\boldsymbol{K}\sum_{j=1}^{N}a_{ij}\boldsymbol{c}_{ij}(t)\hat{\boldsymbol{\eta}}_{ij}(t)=-\frac{1}{2}\sum_{i=1}^{N}\sum_{j=1}^{N}a_{ij}\boldsymbol{c}_{ij}(t)\left[\boldsymbol{\eta}_i(t)-\boldsymbol{\eta}_j(t)\right]^{\mathrm{T}}\boldsymbol{\Gamma}\hat{\boldsymbol{\eta}}_{ij}(t) \tag{6-13}$$

根据式 (6-3)，可得 $\boldsymbol{\eta}_i(t)-\boldsymbol{\eta}_j(t)=\boldsymbol{v}_i(t)-\boldsymbol{v}_j(t)=\hat{\boldsymbol{\eta}}_{ij}(t)-\boldsymbol{e}_i(t)+\boldsymbol{e}_j(t)$。此外，根据杨氏不等式有：

$$\left[\boldsymbol{e}_i(t)-\boldsymbol{e}_j(t)\right]^{\mathrm{T}}\boldsymbol{\Gamma}\hat{\boldsymbol{\eta}}_{ij}(t)\leqslant\boldsymbol{e}_i^{\mathrm{T}}(t)\boldsymbol{\Gamma}\boldsymbol{e}_i(t)+\boldsymbol{e}_j^{\mathrm{T}}(t)\boldsymbol{\Gamma}\boldsymbol{e}_j(t)+\frac{1}{2}\hat{\boldsymbol{\eta}}_{ij}^{\mathrm{T}}(t)\boldsymbol{\Gamma}\hat{\boldsymbol{\eta}}_{ij}(t)$$

因此：

$$\begin{aligned}&\sum_{i=1}^{N}\sum_{j=1}^{N}a_{ij}\boldsymbol{c}_{ij}(t)\left[\boldsymbol{e}_i(t)-\boldsymbol{e}_j(t)\right]^{\mathrm{T}}\boldsymbol{\Gamma}\hat{\boldsymbol{\eta}}_{ij}(t)\\&\leqslant 2\sum_{i=1}^{N}\sum_{j=1}^{N}a_{ij}\boldsymbol{c}_{ij}(t)\boldsymbol{e}_i^{\mathrm{T}}(t)\boldsymbol{\Gamma}\boldsymbol{e}_i(t)+\frac{1}{2}\sum_{i=1}^{N}\sum_{j=1}^{N}\hat{\boldsymbol{\eta}}_{ij}^{\mathrm{T}}(t)\boldsymbol{\Gamma}\hat{\boldsymbol{\eta}}_{ij}(t)\end{aligned} \tag{6-14}$$

将式 (6-13)、式 (6-14) 代入式 (6-12)，可得：

$$\begin{aligned}\dot{V}_1(t)\leqslant&\frac{1}{2}\sum_{i=1}^{N}\boldsymbol{\eta}_i^{\mathrm{T}}(t)\left(\boldsymbol{P}\boldsymbol{A}+\boldsymbol{A}^{\mathrm{T}}\boldsymbol{P}+\frac{1}{2}\boldsymbol{I}_n\right)\boldsymbol{\eta}_i(t)+\|\boldsymbol{P}\boldsymbol{F}\boldsymbol{C}\|^2\sum_{i=1}^{N}\boldsymbol{\chi}_i^{\mathrm{T}}(t)\boldsymbol{\chi}_i(t)\\&-\sum_{i=1}^{N}\sum_{j=1}^{N}a_{ij}\frac{\alpha_o}{4}\hat{\boldsymbol{\eta}}_{ij}^{\mathrm{T}}(t)\boldsymbol{\Gamma}\hat{\boldsymbol{\eta}}_{ij}(t)+\sum_{i=1}^{N}\sum_{j=1}^{N}a_{ij}\boldsymbol{c}_{ij}(t)\boldsymbol{e}_i^{\mathrm{T}}(t)\boldsymbol{\Gamma}\boldsymbol{e}_i(t)\end{aligned} \tag{6-15}$$

接下来，选取如下李雅普诺夫函数：

$$\boldsymbol{W}(t)=\boldsymbol{V}_1(t)+\vartheta\sum_{i=1}^{N}\boldsymbol{\chi}_i^{\mathrm{T}}(t)\boldsymbol{Q}^{-1}\boldsymbol{\chi}_i(t)+\sum_{i=1}^{N}\boldsymbol{\delta}_i(t) \tag{6-16}$$

其中，$\boldsymbol{V}_1(t),\boldsymbol{\chi}_i(t),\boldsymbol{\delta}_i(t)$ 参见式 (6-11)、式 (6-9)、式 (6-7) 中的定义；矩阵 $\boldsymbol{Q}$ 为式 (6-10) 的解；常数 ϑ 将在之后给出。

根据式 (6-7)、式 (6-9) 和式 (6-15) 可得：

$$\begin{aligned}\dot{\boldsymbol{W}}(t)\leqslant&\frac{1}{2}\sum_{i=1}^{N}\boldsymbol{\eta}_i^{\mathrm{T}}(t)\left(\boldsymbol{PA}+\boldsymbol{A}^{\mathrm{T}}\boldsymbol{P}+\frac{1}{2}\boldsymbol{I}_n\right)\boldsymbol{\eta}_i(t)+\|\boldsymbol{PFC}\|^2\sum_{i=1}^{N}\boldsymbol{\chi}_i^{\mathrm{T}}(t)\boldsymbol{\chi}_i(t)\\&-\sum_{i=1}^{N}\alpha_i\boldsymbol{\delta}_i(t)+\vartheta\sum_{i=1}^{N}\boldsymbol{\chi}_i^{\mathrm{T}}(t)\left[\boldsymbol{Q}^{-1}(\boldsymbol{A}+\boldsymbol{FC})+(\boldsymbol{A}+\boldsymbol{FC})^{\mathrm{T}}\boldsymbol{Q}^{-1}\right]\boldsymbol{\chi}_i(t)\\&-\sum_{i=1}^{N}\left[\left(\frac{\alpha_o}{4}-\iota_i\right)+\iota_i\left(1-\mu_i\right)\right]\sum_{j=1}^{N}a_{ij}\hat{\boldsymbol{\eta}}_{ij}^{\mathrm{T}}(t)\boldsymbol{\Gamma}\hat{\boldsymbol{\eta}}_{ij}(t)\\&+\sum_{i=1}^{N}\left(1-\mu_i\right)\boldsymbol{c}_i(t)\boldsymbol{e}_i^{\mathrm{T}}(t)\boldsymbol{\Gamma}\boldsymbol{e}_i(t)\end{aligned} \tag{6-17}$$

其中，$\boldsymbol{c}_i(t)=\sum_{j=1}^{N}a_{ij}\boldsymbol{c}_{ij}(t)$。根据式 (6-10) 可得 $\boldsymbol{A}^{\mathrm{T}}\boldsymbol{Q}^{-1}+\boldsymbol{Q}^{-1}\boldsymbol{A}-\boldsymbol{C}^{\mathrm{T}}\boldsymbol{C}=-\left(\boldsymbol{Q}^{-1}\right)^2$，因此由于 $\boldsymbol{F}=-\frac{1}{2}\boldsymbol{QC}^{\mathrm{T}}$，得到 $\boldsymbol{Q}^{-1}(\boldsymbol{A}+\boldsymbol{FC})+(\boldsymbol{A}+\boldsymbol{FC})^{\mathrm{T}}\boldsymbol{Q}^{-1}=-\left(\boldsymbol{Q}^{-1}\right)^2$。此外，根据式 (6-6)，如下不等式恒成立：

$$\boldsymbol{c}_i(t)\boldsymbol{e}_i^{\mathrm{T}}(t)\boldsymbol{\Gamma}\boldsymbol{e}_i(t)-\iota_i\sum_{j=1}^{N}a_{ij}\hat{\boldsymbol{\eta}}_{ij}^{\mathrm{T}}(t)\boldsymbol{\Gamma}\hat{\boldsymbol{\eta}}_{ij}(t)\leqslant\frac{\boldsymbol{\delta}_i(t)}{\gamma_i} \tag{6-18}$$

然后将式 (6-18) 代入式 (6-17) 可得：

$$\begin{aligned}\dot{\boldsymbol{W}}(t)\leqslant&\frac{1}{2}\sum_{i=1}^{N}\boldsymbol{\eta}_i^{\mathrm{T}}(t)\left(\boldsymbol{PA}+\boldsymbol{A}^{\mathrm{T}}\boldsymbol{P}+\frac{1}{2}\boldsymbol{I}_n\right)\boldsymbol{\eta}_i(t)+\|\boldsymbol{PFC}\|^2\sum_{i=1}^{N}\boldsymbol{\chi}_i^{\mathrm{T}}(t)\boldsymbol{\chi}_i(t)\\&-\sum_{i=1}^{N}\left(\alpha_i-\frac{1-\mu_i}{\gamma_i}\right)\boldsymbol{\delta}_i(t)-\left(\frac{\alpha_o}{4}-\iota\right)\sum_{i=1}^{N}\sum_{j=1}^{N}a_{ij}\hat{\boldsymbol{\eta}}_{ij}^{\mathrm{T}}(t)\boldsymbol{\Gamma}\hat{\boldsymbol{\eta}}_{ij}(t)\\&-\vartheta\sum_{i=1}^{N}\boldsymbol{\chi}_i^{\mathrm{T}}(t)\boldsymbol{Q}^{-1}\boldsymbol{Q}^{-1}\boldsymbol{\chi}_i(t)\end{aligned} \tag{6-19}$$

其中，$\iota=\max\{\iota_i:i\in\mathcal{V}\}$。

由式 (6-9) 可得：

$$\begin{aligned}\boldsymbol{\eta}_{ij}^{\mathrm{T}}(t)\boldsymbol{\Gamma}\boldsymbol{\eta}_{ij}(t)&=\left[\boldsymbol{v}_i(t)-\boldsymbol{v}_j(t)\right]^{\mathrm{T}}\boldsymbol{\Gamma}\left[\boldsymbol{v}_i(t)-\boldsymbol{v}_j(t)\right]\\&\leqslant2\hat{\boldsymbol{\eta}}_{ij}^{\mathrm{T}}(t)\boldsymbol{\Gamma}\hat{\boldsymbol{\eta}}_{ij}(t)+4\boldsymbol{e}_i^{\mathrm{T}}(t)\boldsymbol{\Gamma}\boldsymbol{e}_i(t)+4\boldsymbol{e}_j^{\mathrm{T}}(t)\boldsymbol{\Gamma}\boldsymbol{e}_j(t)\end{aligned}$$

由于 $a_{ij}=a_{ji}$，有：

$$\sum_{i=1}^{N}\sum_{j=1}^{N}a_{ij}\left[\boldsymbol{v}_i(t)-\boldsymbol{v}_j(t)\right]^{\mathrm{T}}\boldsymbol{\Gamma}\left[\boldsymbol{v}_i(t)-\boldsymbol{v}_j(t)\right]\leqslant\sum_{i=1}^{N}\sum_{j=1}^{N}a_{ij}\left[2\hat{\boldsymbol{\eta}}_{ij}^{\mathrm{T}}(t)\boldsymbol{\Gamma}\hat{\boldsymbol{\eta}}_{ij}(t)+8\boldsymbol{e}_i^{\mathrm{T}}(t)\boldsymbol{\Gamma}\boldsymbol{e}_i(t)\right]$$

由于 $\dot{\boldsymbol{c}}_{ij}\geqslant 0$，因此当 $t\geqslant 0$ 时，$\boldsymbol{c}_{ij}(t)\geqslant\boldsymbol{c}_{ij}(0)>0$。令 $\tilde{c}=\min\{\boldsymbol{c}_{ij}(0):(i,j)\in\mathcal{E}\}$，根据式 (6-18) 可得

$$\tilde{c}\sum_{j=1}^{N}a_{ij}\boldsymbol{e}_i^{\mathrm{T}}(t)\boldsymbol{\Gamma}\boldsymbol{e}_i(t)\leqslant\iota_i\sum_{j=1}^{N}a_{ij}\hat{\boldsymbol{\eta}}_{ij}^{\mathrm{T}}(t)\boldsymbol{\Gamma}\hat{\boldsymbol{\eta}}_{ij}(t)+\frac{\boldsymbol{\delta}_i(t)}{\gamma_i}\tag{6-20}$$

此外：

$$\begin{aligned}\sum_{i=1}^{N}\sum_{j=1}^{N}a_{ij}\boldsymbol{\eta}_{ij}^{\mathrm{T}}(t)\boldsymbol{\Gamma}\boldsymbol{\eta}_{ij}(t)&\leqslant 8\sum_{i=1}^{N}\frac{\boldsymbol{\delta}_i(t)}{\tilde{c}\gamma_i}+2\sum_{i=1}^{N}\left(1+\frac{4\iota_i}{\tilde{c}}\right)\sum_{j=1}^{N}a_{ij}\hat{\boldsymbol{\eta}}_{ij}^{\mathrm{T}}(t)\boldsymbol{\Gamma}\hat{\boldsymbol{\eta}}_{ij}(t)\\&\leqslant\frac{\tilde{q}_0\tilde{q}_1}{\frac{\alpha_0}{4}-\iota}\sum_{i=1}^{N}\boldsymbol{\delta}_i(t)+\tilde{q}_0\sum_{i=1}^{N}\sum_{j=1}^{N}a_{ij}\hat{\boldsymbol{\eta}}_{ij}^{\mathrm{T}}(t)\boldsymbol{\Gamma}\hat{\boldsymbol{\eta}}_{ij}(t)\end{aligned}$$

其中：

$$\tilde{q}_0=\max\left\{2+\frac{8\iota}{\tilde{c}},\frac{8\left(\frac{\alpha_0}{4}-\iota\right)}{\gamma\tilde{c}\tilde{q}_1}\right\},\quad\tilde{q}_1<\frac{1}{2}\left(\tilde{\alpha}_i-\frac{1-\tilde{\mu}_i}{\gamma_i}\right)$$

其中，$\gamma=\min_i\{\gamma_i\}$，$\iota$ 在式 (6-19) 中给出。因此：

$$\sum_{i=1}^{N}\sum_{j=1}^{N}a_{ij}\hat{\boldsymbol{\eta}}_{ij}^{\mathrm{T}}(t)\boldsymbol{\Gamma}\hat{\boldsymbol{\eta}}_{ij}(t)\geqslant-\frac{\tilde{q}_1}{\frac{\alpha_0}{4}-\iota}\sum_{i=1}^{N}\boldsymbol{\delta}_i(t)+\frac{1}{\tilde{q}_0}\sum_{i=1}^{N}\sum_{j=1}^{N}a_{ij}\boldsymbol{\eta}_{ij}^{\mathrm{T}}(t)\boldsymbol{\Gamma}\boldsymbol{\eta}_{ij}(t)\tag{6-21}$$

令 $\lambda_{\boldsymbol{Q}}$ 为矩阵 $\left(\boldsymbol{Q}^{-1}\right)^2$ 的最小特征值，那么由于 $\boldsymbol{Q}>0$，$\lambda_{\boldsymbol{Q}}>0$。选择 $\alpha_0^*=\dfrac{\alpha_0-4\iota}{\tilde{q}_0}$ 和 $\vartheta>\dfrac{\|\boldsymbol{PFC}\|^2}{\lambda_{\boldsymbol{Q}}}$，那么：

$$\begin{aligned}\dot{\boldsymbol{W}}(t)\leqslant&\frac{1}{2}\boldsymbol{\eta}^{\mathrm{T}}(t)\left[\boldsymbol{I}_N\otimes\left(\boldsymbol{PA}+\boldsymbol{A}^{\mathrm{T}}\boldsymbol{P}+\frac{1}{2}\boldsymbol{I}_n\right)-\alpha_o^*\mathcal{L}\otimes\left(\boldsymbol{PBB}^{\mathrm{T}}\boldsymbol{P}\right)\right]\boldsymbol{\eta}(t)\\&-\left(\vartheta\lambda_{\boldsymbol{Q}}-\|\boldsymbol{PFC}\|^2\right)\sum_{i=1}^{N}\boldsymbol{\chi}_i^{\mathrm{T}}(t)\boldsymbol{\chi}_i(t)-\frac{1}{2}\sum_{i=1}^{N}\left(\alpha_i-\frac{1-\mu_i}{\gamma_i}\right)\boldsymbol{\delta}_i(t)\end{aligned}\tag{6-22}$$

由于 $\alpha_i>\dfrac{1-\mu_i}{\gamma_i}$，可以得出 $\boldsymbol{W}(t)$ 单调非减的结论。注意，当且仅

当对于所有 $i \in \mathcal{V}$，$\boldsymbol{\eta}(t)=0, \boldsymbol{\chi}_i(t)=0, \boldsymbol{\delta}_i(t)=0$，有 $\dot{\boldsymbol{W}}(t)=0$，这意味着 $\lim_{t\to+\infty}\boldsymbol{\eta}(t)=0, \lim_{t\to+\infty}\boldsymbol{\chi}_i(t)=0$，$\lim_{t\to+\infty}\tilde{\boldsymbol{\delta}}_i(t)=0$，即具有一般线性动力学的多智能体系统 (6-1) 实现了渐近一致。

② 接下来用反证法讨论 Zeno 行为。假设由式 (6-6) 生成的触发时间序列 $\{t_k^i\}_{k\in\mathbb{N}}$ 会表现出 Zeno 行为，这意味着 $\exists T_*^i>0$ 使得 $\lim_{k\to+\infty} t_k^i = T_*^i$ 成立。由于式 (6-1)、式 (6-2)、式 (6-5) 和式 (6-7) 是局部有界的，因此变量 $\{\boldsymbol{x}_i、\boldsymbol{v}_i、\boldsymbol{c}_i、\boldsymbol{\delta}_i\}$ 在其定义域内的每个有界子集上最多线性增长，因此在有限时间内一定是有界的，根据本章参考文献 [18]，其一定存在全局解。那么，$\exists \hat{c}_1、\boldsymbol{B}_4、\boldsymbol{B}_5、\boldsymbol{B}_6、\boldsymbol{B}_7>0$ 使得 $\forall i,j=1,2,\cdots,N$，下式在 $[0,T_*^i]$ 内成立：

$$
\left|\boldsymbol{c}_i\right| \leqslant \hat{c}_1, \left\|\boldsymbol{\delta}_i(t)\right\| \leqslant \boldsymbol{B}_4, \left\|\boldsymbol{x}_i(t)\right\| \leqslant \boldsymbol{B}_5, \left\|\boldsymbol{v}_i(t)\right\| \leqslant \boldsymbol{B}_6, \left\|\boldsymbol{\eta}_{ij}\right\| \leqslant \boldsymbol{B}_7
$$

令 $\hat{\varrho}_i$ 为 $[0,T_*^i]$ 内 $\hat{c}\|\boldsymbol{BK}\|\sum_{j=1}^{N} a_{ij}\left\|\boldsymbol{\eta}_{ij}(t)\right\|+\|\boldsymbol{FC}\|\left(\left\|\boldsymbol{v}_i(t)\right\|+\left\|\boldsymbol{x}_i(t)\right\|\right)$ 的上界，并且对于式(6-7)中的 α_i、μ_i、γ_i、$\boldsymbol{\delta}_i(0)$ 和式(6-10)中的 $\boldsymbol{\Gamma}$，有 $\hat{\iota}_c=\sqrt{\dfrac{\delta_i(0)}{\gamma_i\hat{c}_1\|\boldsymbol{\Gamma}\|}}$ $\exp\left\{-\dfrac{1}{2}\left(\alpha_i+\dfrac{\mu_i}{\gamma_i}\right)T_*^i\right\}$。

一方面，选择 $\varepsilon<\ln\left(\dfrac{\|\boldsymbol{A}\|\hat{\iota}_c}{\varrho\varrho_i}+1\right), \exists N_0'>0$ 使得对于 $k\geqslant N_0'$，有 $t_k^i\in\left[T_*^i-\varepsilon, T_*^i\right]$。另一方面，根据式 (6-6)、式 (6-7)，对于 $t\geqslant 0$，$\boldsymbol{\delta}_i(t)\geqslant\boldsymbol{\delta}_i(0)\exp\left\{-\left(\alpha_i+\dfrac{\mu_i}{\gamma_i}\right)t\right\}$。

事件触发条件 (6-6) 的一个充分条件为 $\left\|\boldsymbol{e}_i\right\|^2\leqslant\boldsymbol{\delta}_i(0)\exp\left\{-\left(\alpha_i+\dfrac{\mu_i}{\gamma_i}\right)t\right\}/\left(\gamma_i\hat{c}_1\|\boldsymbol{\Gamma}\|\right)$。结合 $\boldsymbol{e}_i(t)=\tilde{\boldsymbol{v}}_i(t)-\boldsymbol{v}_i(t)$，且注意到在触发时刻 $\left\{t_k^i\right\}$，重置 $\boldsymbol{e}_i$ 为 0，可得 $\boldsymbol{e}_i$ 是不连续的。计算在 $[t_k^i,t_{k+1}^i)$ 内 $\boldsymbol{e}_i$ 的右 Dini 导数。根据式 (6-2) 和式 (6-8)，可得：

$$
D^+\boldsymbol{e}_i(t)=\boldsymbol{A}\boldsymbol{e}_i(t)-\boldsymbol{BK}\sum_{j=1}^{N}a_{ij}\boldsymbol{c}_{ij}(t)\left(\tilde{\boldsymbol{v}}_j(t)-\tilde{\boldsymbol{v}}_i(t)\right)-\boldsymbol{F}\left(\boldsymbol{C}\boldsymbol{v}_i(t)-\boldsymbol{C}\boldsymbol{x}_i(t)\right) \tag{6-23}
$$

因此 $D^+\left\|\boldsymbol{e}_i\right\|\leqslant\|\boldsymbol{A}\|\left\|\boldsymbol{e}_i\right\|+\hat{\varrho}_i$，定义 $\varPhi(t)$ 函数：

$$\dot{\Phi}(t) = \|\boldsymbol{A}\|\Phi(t) + \hat{\varrho}_i \tag{6-24}$$

其中，$\Phi(0)=0$。显然有 $\Phi(t) = \dfrac{\hat{\rho}_i}{\|\boldsymbol{A}\|}[\exp\{\|\boldsymbol{A}\|t\}-1]$，所以 $\|\boldsymbol{e}_i(t)\| \leqslant \Phi\left(t-t_k^i\right)$。这意味着 $t_{k+1}^i - t_k^i \geqslant \Delta$，$\Delta$ 是 $\Phi(t)$ 从 0 演化到 $\hat{\iota}_c$ 的时间间隔，易得 $\Delta = \ln\left(\dfrac{\|\boldsymbol{A}\|\hat{\iota}_c}{\hat{\varrho}_i}+1\right) > 0$。这与 $t_{k+1}^i - t_k^i \leqslant \varepsilon < \ln\left(\dfrac{\|\boldsymbol{A}\|\hat{\iota}_c}{\varrho\varrho_i}+1\right) = \Delta$ 相矛盾。因此，不存在 Zeno 行为。证毕。

注 6.2.3 根据定理 6.2.1，反馈增益 $\boldsymbol{K}$、$\boldsymbol{F}$ 和耦合增益 $\boldsymbol{\Gamma}$ 的设计独立于任何全局信息（例如本章参考文献 [3,13,19] 中常用的网络拓扑）。因此，式 (6-8) 中的控制协议 $\boldsymbol{u}_i$ 是完全分布式的，无论网络拓扑如何变化，结果都是可扩展的。

注 6.2.4 本章参考文献 [3,9,13] 的事件触发机制中使用了动态阈值，其中触发参数均为常数。值得注意的是，这些参数的选择通常取决于一些全局信息。而本节在式 (6-6) 中引入了时变变量 $\boldsymbol{c}_i(t)$，其中初始值 $\boldsymbol{c}_i(0)>0$ 可以任意选择，$\boldsymbol{c}_i(t)$ 按照自适应律式 (6-5) 动态更新。因此，$\boldsymbol{c}_i(t)$ 的设计不涉及任何全局信息，这也有助于完全分布式的实现。

值得强调的是，本节讨论的框架也适用于智能体状态完全可测的情况。在这种情况下，不再需要观测器。因此式 (6-4) ～式 (6-8) 中的 $\boldsymbol{v}_i$ 和 $\tilde{\boldsymbol{v}}_i$ 将被 $\boldsymbol{x}_i$ 和 $\tilde{\boldsymbol{x}}_i$ 代替。定义智能体 i 的状态误差：

$$\boldsymbol{e}_i(t) = \tilde{\boldsymbol{x}}_i(t) - \boldsymbol{x}_i(t), t \in \left[t_k^i, t_{k+1}^i\right) \tag{6-25}$$

其中，$\tilde{\boldsymbol{x}}_i(t) = \boldsymbol{x}_i\left(t_k^i\right)$。设计事件触发函数 $\mathcal{H}_i(\cdot,\cdot,\underbrace{\{\cdots\}}_{d_i}):\mathbb{R}^n \times \mathbb{R} \times \underbrace{\mathbb{R}^n \times \cdots \times \mathbb{R}^n}_{d_i} \to \mathbb{R}$：

$$\begin{aligned}&\mathcal{H}_i\left(\boldsymbol{e}_i(t), \boldsymbol{c}_i(t), \left\{\bar{\boldsymbol{\eta}}_{ij}(t) : j \in \mathcal{N}_i\right\}\right)\\&= \gamma_i\left[\boldsymbol{c}_i(t)\boldsymbol{e}_i^{\mathrm{T}}(t)\boldsymbol{\Gamma}\boldsymbol{e}_i(t) - \iota_i\sum_{j=1}^{N} a_{ij}\bar{\boldsymbol{\eta}}_{ij}^{\mathrm{T}}(t)\boldsymbol{\Gamma}\bar{\boldsymbol{\eta}}_{ij}(t)\right]\end{aligned} \tag{6-26}$$

其中，$\bar{\boldsymbol{\eta}}_{ij}(t)=\tilde{\boldsymbol{x}}_i(t)-\tilde{\boldsymbol{x}}_j(t)$；$\gamma_i$、$\iota_i$ 为正常数；$\boldsymbol{\Gamma}\in\mathbb{R}^{n\times n}$ 为式(6-10)中确定的常数矩阵。

耦合权重 $\boldsymbol{c}_i(t)=\sum_{j=1}^{N}a_{ij}\boldsymbol{c}_{ij}(t)$ 是时变的，更新规则为：

$$\dot{\boldsymbol{c}}_{ij}(t)=\pi_{ij}a_{ij}\left[\tilde{\boldsymbol{x}}_j(t)-\tilde{\boldsymbol{x}}_i(t)\right]^{\mathrm{T}}\boldsymbol{\Gamma}\left[\tilde{\boldsymbol{x}}_j(t)-\tilde{\boldsymbol{x}}_i(t)\right] \tag{6-27}$$

其中，$\pi_{ij}=\pi_{ji}>0$。初始值 $\boldsymbol{c}_{ij}(0)=\boldsymbol{c}_{ji}(0)>0$。

智能体 i 的触发时间序列为 $0=t_0^i<t_1^i<\cdots<t_s^i<\cdots$。通过引入动态阈值，事件触发的时间序列由如下条件决定：

$$t_{k+1}^i=\inf_{l>t_k^i}\left\{l:\mathcal{H}_i\left(\boldsymbol{e}_i(t),\boldsymbol{c}_i(t),\left\{\bar{\boldsymbol{\eta}}_{ij}(t):j\in\mathcal{N}_i\right\}\right)>\boldsymbol{\delta}_i(t),\forall t\in\left(t_k^i,l\right]\right\},i\in\mathcal{V} \tag{6-28}$$

其中，$k=1,2,\cdots$，$\boldsymbol{\delta}_i(t)$ 是一个内部动态变量，满足：

$$\dot{\boldsymbol{\delta}}_i(t)=-\alpha_i\boldsymbol{\delta}_i(t)-\mu_i\left[\boldsymbol{c}_i(t)\boldsymbol{e}_i^{\mathrm{T}}(t)\boldsymbol{\Gamma}\boldsymbol{e}_i(t)-\iota_i\sum_{j=1}^{N}a_{ij}\bar{\boldsymbol{\eta}}_{ij}^{\mathrm{T}}(t)\boldsymbol{\Gamma}\bar{\boldsymbol{\eta}}_{ij}(t)\right],i\in\mathcal{V} \tag{6-29}$$

其中，$\alpha_i>0$，$\mu_i\in[0,1]$，并且初始值 $\boldsymbol{\delta}_i(0)>0$。

在同步事件触发机制(6-28)下，基于状态反馈的完全分布式一致性协议如下：

$$\begin{cases}\boldsymbol{u}_i(t)=\boldsymbol{K}\sum_{j=1}^{N}a_{ij}\boldsymbol{c}_{ij}(t)\left(\tilde{\boldsymbol{x}}_j(t)-\tilde{\boldsymbol{x}}_i(t)\right)\\ \tilde{\boldsymbol{x}}_i(t)=\boldsymbol{e}^{\boldsymbol{A}\left(t-t_k^i\right)}\boldsymbol{x}_i\left(t_k^i\right)\\ \dot{\boldsymbol{c}}_{ij}(t)=\pi_{ij}a_{ij}\left[\tilde{\boldsymbol{x}}_j(t)-\tilde{\boldsymbol{x}}_i(t)\right]^{\mathrm{T}}\boldsymbol{\Gamma}\left[\tilde{\boldsymbol{x}}_j(t)-\tilde{\boldsymbol{x}}_i(t)\right]\end{cases} \tag{6-30}$$

其中，$t\in\left[t_k^i,t_{k+1}^i\right),t_k^i=\max\left\{t_s^i\leqslant t:s\in\mathbb{N}\right\};\boldsymbol{x}_i\left(t_k^i\right)$ 是时刻 t 之前智能体 i 在最近一次触发时刻 t_k^i 的传输信号；$\boldsymbol{K}\in\mathbb{R}^{m\times n}$ 为式(6-10)中确定的反馈增益矩阵。

推论 6.2.1

在假设 6.2.1 下，矩阵 $\boldsymbol{K}=\boldsymbol{B}^{\mathrm{T}}\boldsymbol{P},\boldsymbol{\Gamma}=\boldsymbol{P}\boldsymbol{B}\boldsymbol{B}^{\mathrm{T}}\boldsymbol{P}$，其中 $\boldsymbol{P}>0$ 是如下代数里卡蒂方程的解：

$$A^{\mathrm{T}}P + PA - PBB^{\mathrm{T}}P + I = 0 \tag{6-31}$$

如果 $\alpha_i > \dfrac{1-\mu_i}{\gamma_i}$，那么在自适应动态事件触发策略 (6-28) 和一致性协议 (6-30) 下，一般线性多智能体系统 (6-1) 可以实现渐近一致，并且可以排除 Zeno 行为。

6.2.4 数值仿真

例 6.2.1 基于状态反馈的完全分布式同步事件触发控制

考虑具有 10 个机器人的多机器人系统，其通信拓扑如图 6-1 所示。

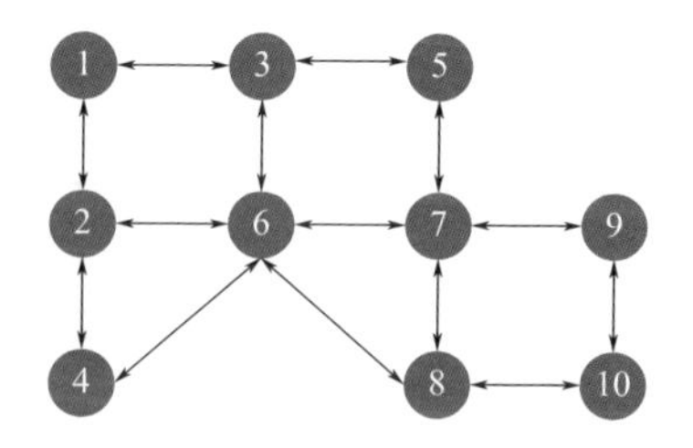

图 6-1 网络拓扑图

每个机器人的动力学方程如式 (6-1) 所示，其中：

$$A = \begin{bmatrix} 0 & 1 & 0 & 0 \\ 0 & 0 & 0 & 0 \\ 0 & 0 & 0 & 1 \\ 0 & 0 & 0 & 0 \end{bmatrix}, B = \begin{bmatrix} 0 & 0 \\ 1 & 0 \\ 0 & 0 \\ 0 & 1 \end{bmatrix}$$

求解代数里卡蒂方程 (6-10) 得到反馈增益矩阵：

$$K = \begin{bmatrix} 0.7071 & 1.3836 & 0 & 0 \\ 0 & 0 & 0.7071 & 1.3836 \end{bmatrix}$$

同步事件触发机制由自适应动态事件触发策略 (6-28) 决定，其中 $\gamma_i = 0.6, \iota_i = 1, \pi_{ij} = 0.2, \alpha_i = 0.8, \mu_i = 0.5$。在同步事件触发控制中，一个智能体总是将自身的状态信息发送给其所有邻居，因此每个智能体只生成一个触发时间序列。图 6-2 为智能体 1 ～ 10 中生成的事件触发时间序列。

图 6-3 展示了 $c_i\left(\forall i=1,\cdots,10\right)$ 随时间的演化曲线，可以看出自适应参数逐渐趋于常数。基于状态反馈的一致性协议 (6-30) 保证所有智能体的状态达成一致性，如图 6-4 所示。

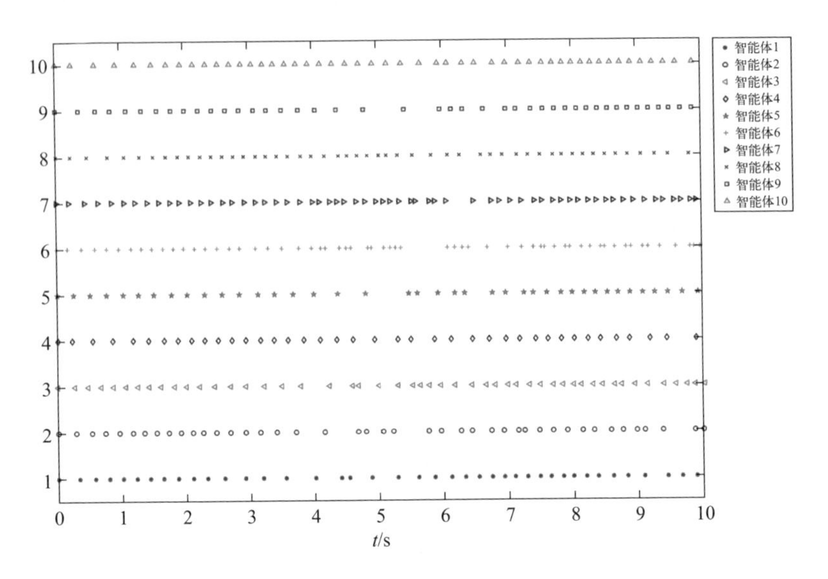

图 6-2　同步自适应动态事件触发策略 (6-28) 下的触发时间序列

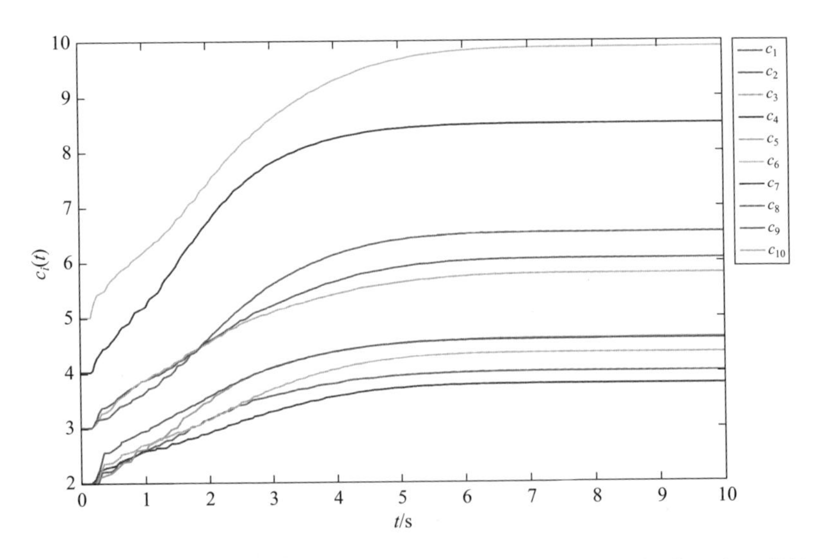

图 6-3　基于状态反馈完全分布式一致性控制协议 (6-30) 下耦合强度 c_i 的演化曲线

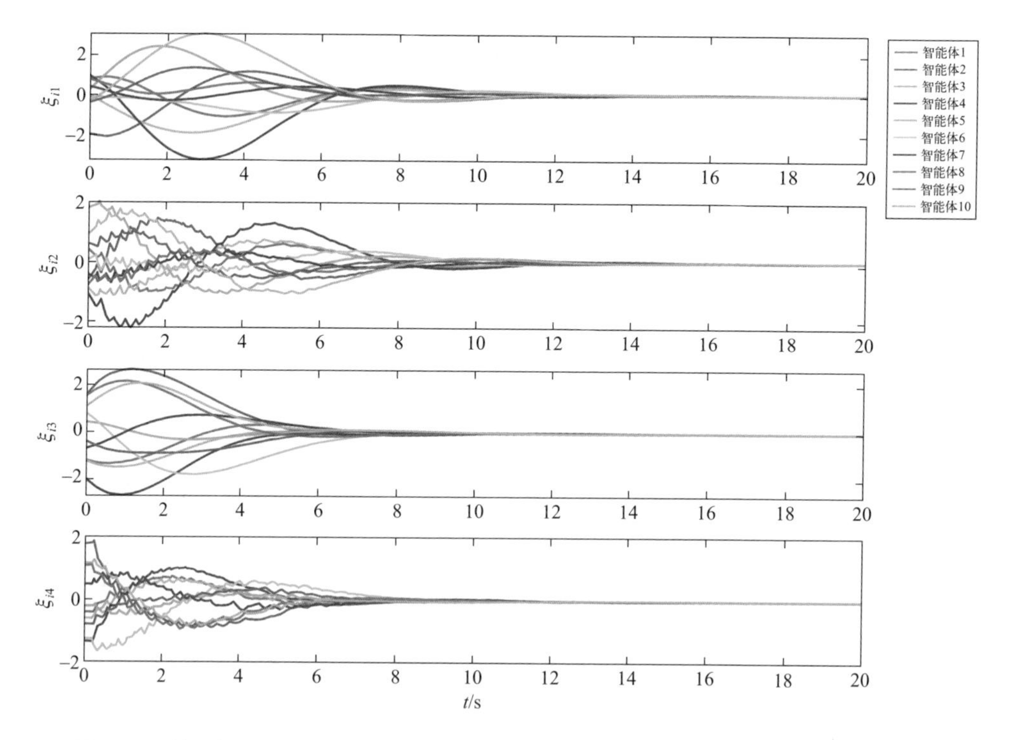

图 6-4　基于状态反馈完全分布式一致性控制协议 (6-30) 下状态 $\xi_i(t)$ 的响应曲线

例 6.2.2　基于状态观测器的完全分布式同步事件触发控制

考虑具有 6 个机器人的多机器人系统，其通信拓扑如图 6-5 所示。每个机器人的动力学描述如式 (6-1) 所示，其中矩阵 $\boldsymbol{A}$、$\boldsymbol{B}$ 同例 6.2.1，以及：

$$\boldsymbol{C}=\begin{bmatrix}1 & 0 & 0 & 0\\ 0 & 0 & 1 & 0\end{bmatrix}$$

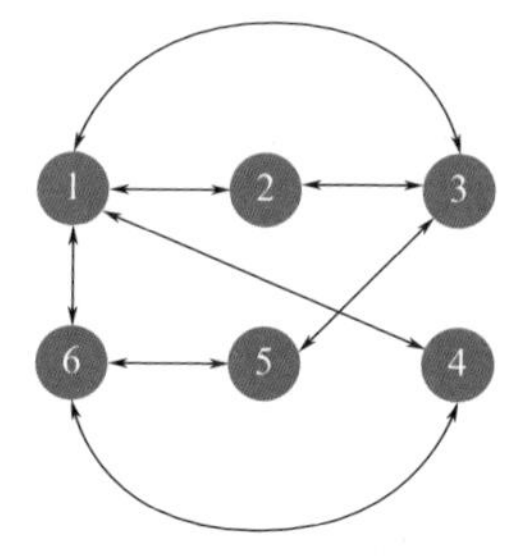

图 6-5　网络拓扑图

求解代数里卡蒂方程 (6-10) 得到的反馈增益矩阵 $\boldsymbol{K}$ 与例 6.2.1 相同，

以及：

$$F = \begin{bmatrix} -0.8660 & 0 \\ -0.5000 & 0 \\ 0 & -0.8660 \\ 0 & -0.5000 \end{bmatrix}$$

同步事件触发机制由自适应动态事件触发策略 (6-6) 决定，其中 $\gamma_i = 0.5, \iota_i = 1$，$\pi_{ij} = 0.1$，$\alpha_i = 1, \mu_i = 0.6$。图 6-6 为智能体 1 ～ 6 中生成的事件触发时间序列，且在 6.3.3 节的表 6-1 中列出了 6 个智能体在间隔 $[0,10]$ s 内的传输总数。图 6-7 中展示了耦合强度 c_i $(i = 1,\cdots,6)$ 随时间的演化曲线，可以看出自适应参数逐渐趋于常数。基于状态观测器的一致性协议 (6-8) 保证所有智能体的状态达成一致性，如图 6-8 所示。

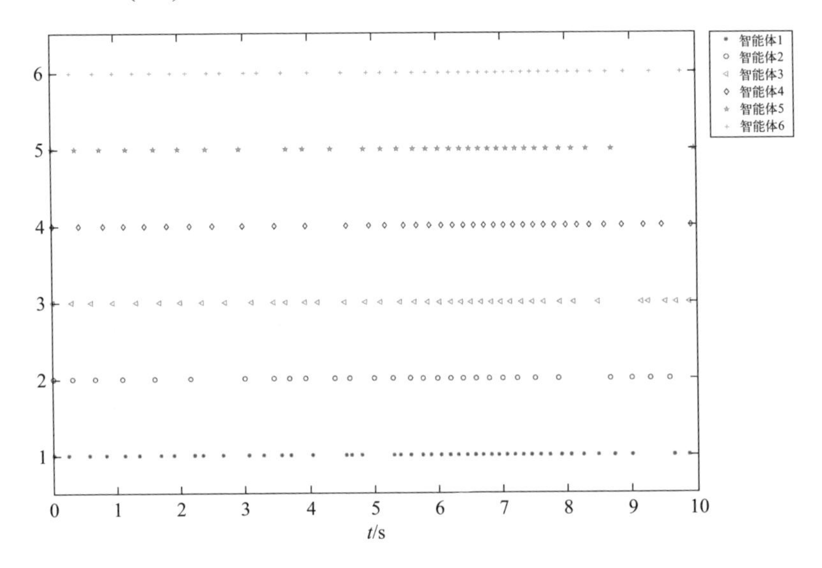

图 6-6　同步自适应动态事件触发策略 (6-6) 下的触发时间序列

情况一： 动态与静态事件触发策略对比。

如果在式 (6-6) 中 $\boldsymbol{\delta}_i \equiv 0$，那么自适应动态事件触发策略 (6-6) 退化为静态事件触发策略。在图 6-9 中，将动态事件触发策略 (6-6) 与相应的静态事件触发策略进行了比较，可以看出，动态事件触发策略 (6-6) 中的误差 $\|\boldsymbol{e}_i\|$ 提供了更大的阈值。这意味着当采用动态事件触发策略 (6-6) 时，可以增大预期使用资源的减少值。

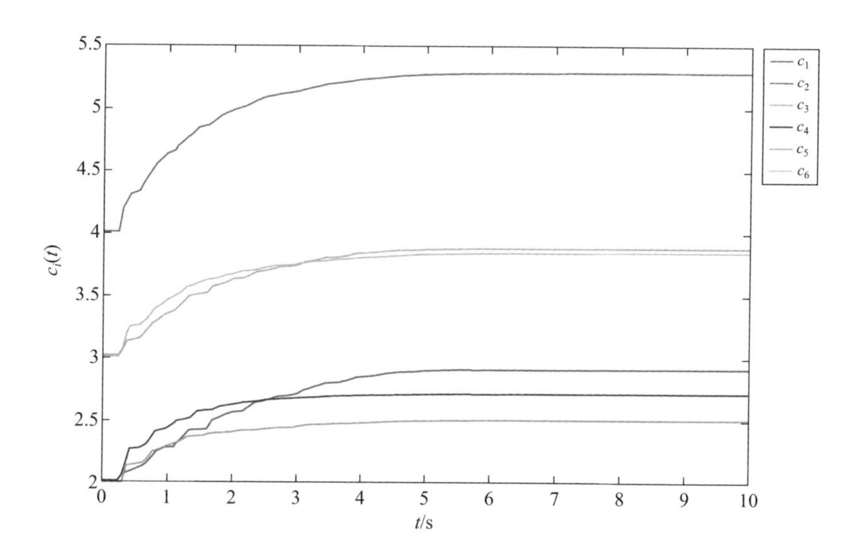

图 6-7　基于观测器完全分布式一致性控制协议 (6-8) 下耦合强度 c_i 的演化曲线

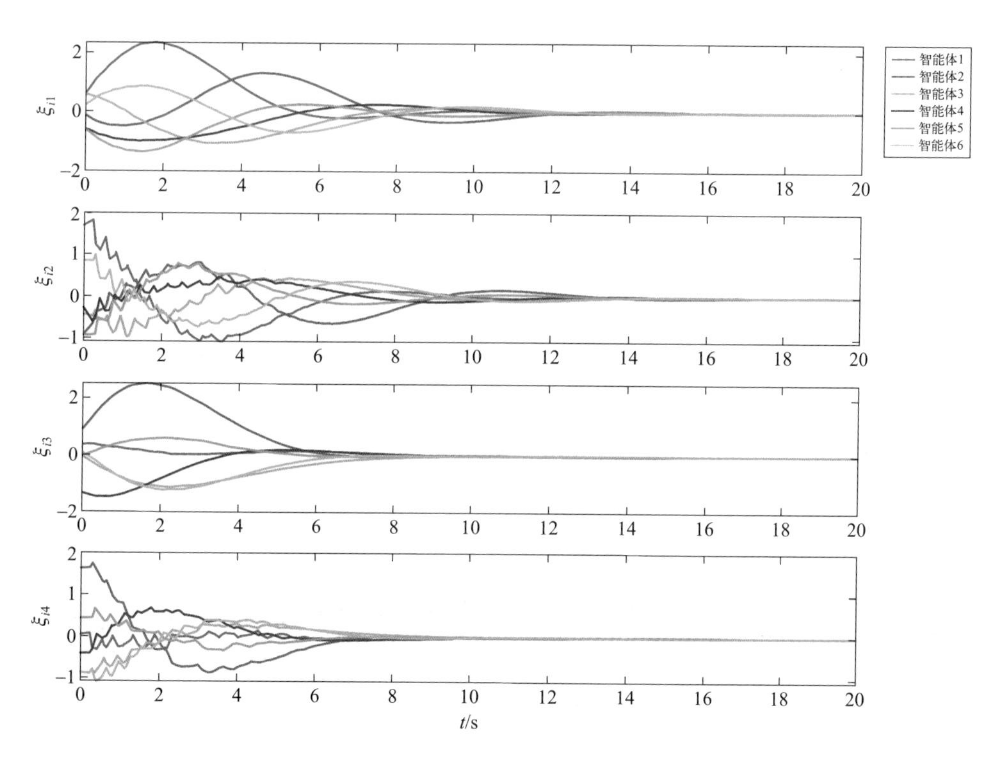

图 6-8　基于观测器完全分布式一致性控制协议 (6-8) 下状态 $\xi_i(t)$ 的响应曲线

情况二： 自适应动态事件触发策略中 γ_i 的讨论。

此处将讨论式 (6-4) 中 γ_i 对触发次数的影响。对于同步事件触发控制中的 γ_i 选择两个不同的值。可以发现在图 6-10 下，与 γ_i=5 相比，γ_i=0.1 提供了更大的动态阈值 $\|\boldsymbol{e}_i\|$。这意味着选择越小的 γ_i，可预期的资源消耗减少的幅度越大。

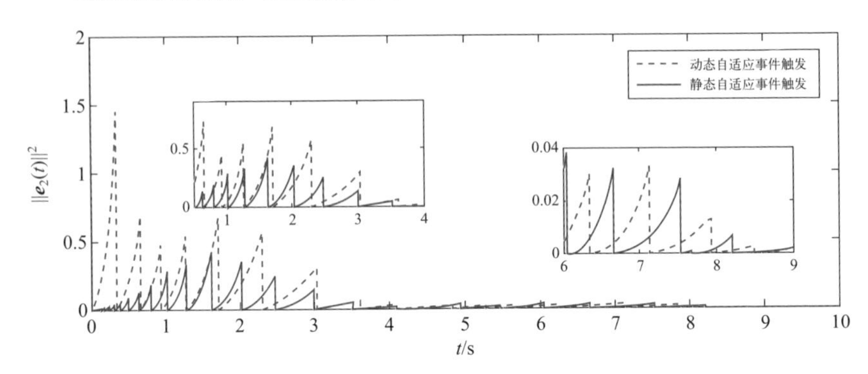

图 6-9 同步自适应动态事件触发策略 (6-6) 中 $\boldsymbol{e}_2(t)$ 与其对应的静态版本 $\boldsymbol{\delta}_i \equiv 0$ 的比较

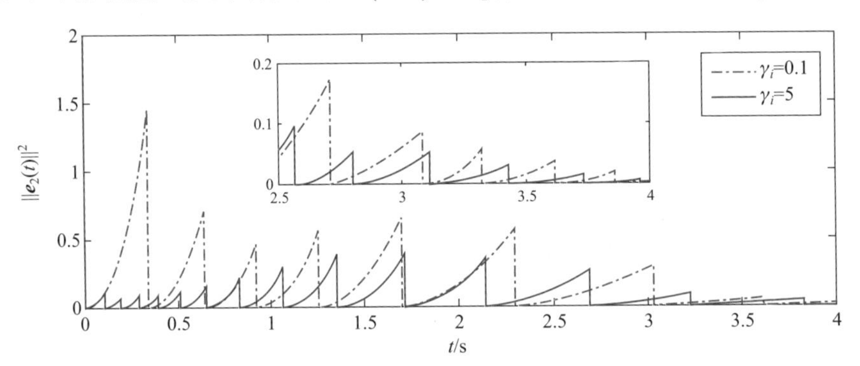

图 6-10 同步自适应动态事件触发控制协议 (6-8) 下 γ_i=0.1 与 γ_i=5 的比较

6.3 基于状态观测器的多智能体系统完全分布式异步事件触发控制

本章 6.2 节讨论了基于节点的完全分布式同步事件触发机制。在此基础上，本节进一步讨论基于边的完全分布式异步事件触发机制。传统的基于边的数据交换中，一条边连接的两个智能体同时相互交换数据[12,20-22]。而这里讨论的异步事件触发机制（即一对一模式），允许一个智能体将其信息异步传输到每个邻居。本节的主要目的：为异步和同步事件触发控制构建一个统一的框架，在此框架下，设计一个完全分布式自适应动态事件触发一致性控制协议，确保实现渐近一致性。

考虑与 6.2 节相同的多智能体系统，此处不再一一赘述。

6.3.1 基于状态观测器的完全分布式异步事件驱动机制设计

为了描述异步事件触发控制，引入了智能体 i 到智能体 j 的边相关联的触发时间序列 $0 \leqslant t_0^{i\to j} < t_1^{i\to j} < \cdots < t_s^{i\to j} < \cdots$，这明显与同步事件触发序列情况不同。

对应于异步通信下智能体 i 到智能体 j 的观测器误差定义为：

$$\boldsymbol{e}_i^j(t) = \tilde{\boldsymbol{v}}_i^j(t) - \boldsymbol{v}_i(t), t \in \left[t_k^{i\to j}, t_{k+1}^{i\to j}\right)$$

其中，$\tilde{\boldsymbol{v}}_i^j(t) = \mathrm{e}^{-\boldsymbol{A}\left(t - t_k^{i\to j}\right)}\boldsymbol{v}_i\left(t_k^{i\to j}\right)$。设计如下事件触发函数 $\mathcal{H}_i^j(\cdot,\cdot,\cdot)$：$\mathbb{R}^n \times \mathbb{R} \times \mathbb{R}^n \to \mathbb{R}$：

$$\mathcal{H}_i^j\left(\boldsymbol{e}_i^j(t), \boldsymbol{c}_{ij}(t), \tilde{\boldsymbol{\eta}}_{ij}(t)\right) = \gamma_{ij}\left[\boldsymbol{c}_{ij}(t)\boldsymbol{e}_i^{j^{\mathrm{T}}}(t)\boldsymbol{\Gamma}\boldsymbol{e}_i^j(t) - \iota_{ij}\tilde{\boldsymbol{\eta}}_{ij}^{\mathrm{T}}(t)\boldsymbol{\Gamma}\tilde{\boldsymbol{\eta}}_{ij}(t)\right] \quad (6\text{-}32)$$

其中，$\tilde{\boldsymbol{\eta}}_{ij}(t) = \tilde{\boldsymbol{v}}_i^j(t) - \tilde{\boldsymbol{v}}_j^i(t)$，并且 γ_{ij}、ι_{ij} 为给定的常数标量，$\boldsymbol{\Gamma} \in \mathbb{R}^{n\times n}$ 是待确定的常数矩阵。此外，耦合权重 $\boldsymbol{c}_{ij}(t)$ 是时变的，且按照如下规则更新：

$$\dot{\boldsymbol{c}}_{ij}(t) = \pi_{ij}^o\left[\tilde{\boldsymbol{v}}_j^i(t) - \tilde{\boldsymbol{v}}_i^j(t)\right]^{\mathrm{T}}\boldsymbol{\Gamma}\left[\tilde{\boldsymbol{v}}_j^i(t) - \tilde{\boldsymbol{v}}_i^j(t)\right] \quad (6\text{-}33)$$

其中，$\pi_{ij}^o = \pi_{ji}^o > 0$。初值 $\boldsymbol{c}_{ij}(0) = \boldsymbol{c}_{ji}(0) > 0$。显然，对于 $t \geqslant 0$，如果 $(i,j) \in \mathcal{E}$，$\boldsymbol{c}_{ij}(t) = \boldsymbol{c}_{ji}(t)$；如果 $(i,j) \notin \mathcal{E}$，$\boldsymbol{c}_{ij}(t) \equiv 0$。

异步事件触发时间序列 $\{t_k^{i\to j}\}_{k\in\mathbb{N}}$ 由如下条件决定：

$$t_{k+1}^{i\to j} = \inf_{l > t_k^i}\left\{l : \mathcal{H}_i^j\left(\boldsymbol{e}_i^j(t), \boldsymbol{c}_{ij}(t), \tilde{\boldsymbol{\eta}}_{ij}^{\mathrm{T}}(t)\right) > \tilde{\boldsymbol{\delta}}_{ij}(t), \forall t \in \left(t_k^{i\to j}, l\right]\right\} \quad (6\text{-}34)$$

其中，$\forall i \in \mathcal{V}, j \in \mathcal{N}_i$。此处 $\tilde{\boldsymbol{\delta}}_{ij}(t)$ 表示动态阈值，根据以下更新规则演化：

$$\dot{\tilde{\boldsymbol{\delta}}}_{ij}(t) = -\tilde{\alpha}_{ij}\tilde{\boldsymbol{\delta}}_{ij}(t) - \tilde{\mu}_{ij}\left[\boldsymbol{c}_{ij}(t)\boldsymbol{e}_i^j(t)\boldsymbol{\Gamma}\boldsymbol{e}_i^j(t) - \iota_{ij}\tilde{\boldsymbol{\eta}}_{ij}^{\mathrm{T}}(t)\boldsymbol{\Gamma}\tilde{\boldsymbol{\eta}}_{ij}(t)\right] \quad (6\text{-}35)$$

其中，$\tilde{\alpha}_{ij}>0$，$\tilde{\mu}_{ij}\in[0,1]$。初始值 $\tilde{\boldsymbol{\delta}}_{ij}(0)>0$。此处，将式 (6-34) 称为异步自适应动态事件触发方案。

在异步事件触发策略 (6-34) 下，设计如下基于观测器的完全分布式一致性协议：

$$
\begin{cases}
\boldsymbol{u}_i(t)=\boldsymbol{K}\sum_{j=1}^{N}a_{ij}\boldsymbol{c}_{ij}(t)\left[\tilde{\boldsymbol{v}}_j^i(t)-\tilde{\boldsymbol{v}}_i^j(t)\right] \\
\tilde{\boldsymbol{v}}_i^j(t)=\mathrm{e}^{\boldsymbol{A}\left(t-t_k^{i\to j}\right)}\boldsymbol{v}_i\left(t_k^{i\to j}\right) \\
\dot{\boldsymbol{c}}_{ij}(t)=\pi_{ij}^{o}\left[\tilde{\boldsymbol{v}}_j^i(t)-\tilde{\boldsymbol{v}}_i^j(t)\right]^{\mathrm{T}}\boldsymbol{\Gamma}\left[\tilde{\boldsymbol{v}}_j^i(t)-\tilde{\boldsymbol{v}}_i^j(t)\right]
\end{cases}
\tag{6-36}
$$

其中，$t_k^{i\to j}=\max\left\{t_s^{i\to j}:t_s^{i\to j}\leqslant t\right\}$，易得 $\tilde{\boldsymbol{v}}_j^i\left(t_k^{j\to i}\right)=\boldsymbol{v}_j\left(t_k^{j\to i}\right)$；$\boldsymbol{K}\in\mathbb{R}^{m\times n}$ 是由式 (6-10) 决定的反馈增益矩阵。

注意，异步事件触发控制使得智能体传输不同信息到不同邻居，因此式 (6-8) 中的 $\boldsymbol{v}_i$ 被式 (6-36) 中的 $\tilde{\boldsymbol{v}}_i^j(j\in\mathcal{N}_i)$ 所取代。异步事件触发控制中，在 $t_k^{i\to j}$ 时刻，智能体 i 仅将其信息传递给智能体 j，这使得对于 $j_s,j_q\in\mathcal{N}_i,j_s\neq j_q,k\in\mathbb{N}$，有可能发生 $t_k^{i\to j_s}\neq t_k^{i\to j_q}$，这种性质也给事件触发控制下渐近一致性理论分析带来了困难。

注 6.3.1 与同步事件触发策略 (6-6) 相比，异步事件触发策略 (6-34) 中用于确定触发序列 $\{t_k^{i\to j}\}$ 的信息更少。具体而言，异步自适应动态事件触发 (6-34) 仅依赖于智能体 i 和智能体 j 的信息，而不是同步自适应动态事件触发协议中所有邻居信息。此外，若式 (6-34) 中 $t_k^{i\to j_1}=t_k^{i\to j_2}=\cdots=t_k^{i\to j_{d_i}}\left(j_s\in\mathcal{N}_i,s=1,2,\cdots,d_i\right)$，那么异步事件触发策略 (6-34) 就变成了同步事件触发策略 (6-6)。从这个角度上来说，同步事件触发策略可以看作是异步事件触发策略的一个特例。

注 6.3.2 值得注意的是，异步事件触发控制相当可靠灵活。在异步事件触发控制下，一个智能体的信息通过不同通信信道传输到其不同的邻居智能体。不同信道上的传输由其对应的事件发生器调节，因此彼此独立。在这种情况下，如果智能体 i 的一个通道传输失败，其余通道也能够将其信息发送给其他智能体。因此，一个信道的故障不一定意味着一个智能体的失效，这也表现出了一定的鲁棒性。

6.3.2 异步事件触发多智能体系统的一致性分析

本小节将讨论异步事件触发策略 (6-34) 下基于观测器的一致性协议 (6-36) 是否有效地解决了多智能体系统 (6-1) 的渐近一致性问题。

定理 6.3.1

在假设 6.2.1 下，矩阵 $\boldsymbol{K}$、$\boldsymbol{\Gamma}$ 和 $\boldsymbol{F}$ 由式 (6-10) 给出，并且在式 (6-34)～式 (6-35) 中，对于 $(i,j)\in\mathcal{E}$，$\tilde{\alpha}_{ij}>\dfrac{1-\tilde{\mu}_{ij}}{\gamma_{ij}}$ 成立，那么在自适应动态事件触发策略 (6-34) 和基于观测器的一致性协议 (6-36) 下，一般线性多智能体系统 (6-1) 可以实现渐近一致，并且可以排除 Zeno 行为。

证明：

下面分两步来证明定理结论。

① 首先证明基于观测器的完全分布式一致性协议 (6-36)，一般线性多智能体系统 (6-1) 可以实现渐近一致。

选取如下李雅普诺夫函数：

$$\boldsymbol{V}_2(t)=\frac{1}{2}\sum_{i=1}^{N}\boldsymbol{\eta}_i^{\mathrm{T}}(t)\boldsymbol{P}\boldsymbol{\eta}_i(t)+\sum_{i=1}^{N}\sum_{j=1}^{N}a_{ij}\frac{\left(\boldsymbol{c}_{ij}(t)-\tilde{\alpha}_o\right)^2}{8\pi_{ij}^{o}} \tag{6-37}$$

其中，$\boldsymbol{P}$、$\boldsymbol{\eta}_i(t)$、π_{ij}^{o} 参见式 (6-10)、式 (6-9) 以及式 (6-33) 中的定义；$\tilde{\alpha}_o$ 为待确定的正数。

根据式 (6-33)，由于 $\boldsymbol{c}_{ij}(t)=\boldsymbol{c}_{ji}(t)$，当 $t\geqslant 0$ 时，对于 $(i,j)\in\mathcal{E}$，有：

$$\sum_{i=1}^{N}\boldsymbol{\eta}_i^{\mathrm{T}}(t)\boldsymbol{PBK}\sum_{j=1}^{N}a_{ij}\boldsymbol{c}_{ij}(t)\tilde{\boldsymbol{\eta}}_{ij}(t)\leqslant\sum_{i=1}^{N}\sum_{j=1}^{N}a_{ij}\boldsymbol{c}_{ij}(t)\left[\boldsymbol{e}_i^{j^{\mathrm{T}}}(t)\boldsymbol{\Gamma}\boldsymbol{e}_i^{j}(t)-\frac{1}{4}\tilde{\boldsymbol{\eta}}_{ij}^{\mathrm{T}}(t)\boldsymbol{\Gamma}\tilde{\boldsymbol{\eta}}_{ij}(t)\right]$$

结合式 (6-9) 和式 (6-37)，可得 $V_2(t)$ 沿轨迹式 (6-1) 和式 (6-36) 的导数为：

$$\begin{aligned}\dot{V}_2(t) \leqslant& \frac{1}{2}\sum_{i=1}^{N}\boldsymbol{\eta}_i^{\mathrm{T}}(t)\left(\boldsymbol{PA}+\boldsymbol{A}^{\mathrm{T}}\boldsymbol{P}\right)\boldsymbol{\eta}_i(t)-\sum_{i=1}^{N}\sum_{j=1}^{N}a_{ij}\frac{\tilde{\alpha}_o}{4}\tilde{\boldsymbol{\eta}}_{ij}^{\mathrm{T}}(t)\boldsymbol{\Gamma}\tilde{\boldsymbol{\eta}}_{ij}(t)\\&+\sum_{i=1}^{N}\sum_{j=1}^{N}a_{ij}\boldsymbol{c}_{ij}(t)\boldsymbol{e}_i^{j}(t)\boldsymbol{\Gamma}\boldsymbol{e}_i^{j}(t)+\frac{1}{4}\sum_{i=1}^{N}\boldsymbol{\eta}_i^{\mathrm{T}}(t)\boldsymbol{\eta}_i(t)\\&+\|\boldsymbol{PFC}\|^2\sum_{i=1}^{N}\boldsymbol{\chi}_i^{\mathrm{T}}(t)\boldsymbol{\chi}_i(t)\end{aligned} \tag{6-38}$$

然后，选取如下李雅普诺夫函数 $\boldsymbol{W}(t)$ ：

$$\boldsymbol{W}(t)=\boldsymbol{V}_2(t)+\tilde{\vartheta}\sum_{i=1}^{N}\boldsymbol{\chi}_i^{\mathrm{T}}(t)\boldsymbol{Q}^{-1}\boldsymbol{\chi}_i(t)+\sum_{i=1}^{N}\sum_{j=1}^{N}a_{ij}\tilde{\boldsymbol{\delta}}_{ij}(t) \tag{6-39}$$

其中，$\boldsymbol{V}_2(t)$、$\boldsymbol{\chi}_i(t)$、$\tilde{\boldsymbol{\delta}}_{ij}(t)$ 参照式 (6-37)、式 (6-9) 和式 (6-35) 中的定义。矩阵 $\boldsymbol{Q}$ 为式 (6-10) 的解，常数 $\tilde{\vartheta}$ 将在之后给出。

根据式 (6-9)、式 (6-35) 和式 (6-38)，$\boldsymbol{W}(t)$ 的导数为：

$$\begin{aligned}\dot{\boldsymbol{W}}(t)\leqslant&\frac{1}{2}\sum_{i=1}^{N}\boldsymbol{\eta}_i^{\mathrm{T}}(t)\left(\boldsymbol{PA}+\boldsymbol{A}^{\mathrm{T}}\boldsymbol{P}+\frac{1}{2}\boldsymbol{I}_n\right)\boldsymbol{\eta}_i(t)-\sum_{i=1}^{N}\sum_{j=1}^{N}a_{ij}\tilde{\alpha}_{ij}\tilde{\boldsymbol{\delta}}_{ij}(t)\\&-\sum_{i=1}^{N}\sum_{j=1}^{N}\left[\left(\frac{\tilde{\alpha}_o}{4}-\iota_{ij}\right)+\iota_{ij}\left(1-\tilde{\mu}_{ij}\right)\right]a_{ij}\tilde{\boldsymbol{\eta}}_{ij}^{\mathrm{T}}(t)\boldsymbol{\Gamma}\tilde{\boldsymbol{\eta}}_{ij}(t)\\&+\tilde{\vartheta}\sum_{i=1}^{N}\boldsymbol{\chi}_i^{\mathrm{T}}(t)\left[\boldsymbol{Q}^{-1}(\boldsymbol{A}+\boldsymbol{FC})+(\boldsymbol{A}+\boldsymbol{FC})^{\mathrm{T}}\boldsymbol{Q}^{-1}\right]\boldsymbol{\chi}_i(t)\\&+\|\boldsymbol{PFC}\|^2\sum_{i=1}^{N}\boldsymbol{\chi}_i^{\mathrm{T}}(t)\boldsymbol{\chi}_i(t)+\sum_{i=1}^{N}\sum_{j=1}^{N}\left(1-\tilde{\mu}_{ij}\right)a_{ij}\boldsymbol{c}_{ij}(t)\boldsymbol{e}_i^{j^{\mathrm{T}}}(t)\boldsymbol{\Gamma}\boldsymbol{e}_i^{j}(t)\end{aligned} \tag{6-40}$$

根据自适应动态事件触发条件 (6-34)，得出：

$$\boldsymbol{c}_{ij}(t)a_{ij}\boldsymbol{e}_i^{j^{\mathrm{T}}}(t)\boldsymbol{\Gamma}\boldsymbol{e}_i^{j}(t)-\iota_{ij}a_{ij}\tilde{\boldsymbol{\eta}}_{ij}^{\mathrm{T}}(t)\boldsymbol{\Gamma}\tilde{\boldsymbol{\eta}}_{ij}(t)\leqslant\frac{\tilde{\boldsymbol{\delta}}_{ij}(t)}{\gamma_{ij}} \tag{6-41}$$

将式 (6-41) 代入式 (6-40)，根据式 (6-10) 有：

$$\begin{aligned}\dot{\boldsymbol{W}}(t)\leqslant&\frac{1}{2}\sum_{i=1}^{N}\boldsymbol{\eta}_i^{\mathrm{T}}(t)\left(\boldsymbol{PA}+\boldsymbol{A}^{\mathrm{T}}\boldsymbol{P}+\frac{1}{2}\boldsymbol{I}_n\right)\boldsymbol{\eta}_i(t)+\|\boldsymbol{PFC}\|^2\sum_{i=1}^{N}\boldsymbol{\chi}_i^{\mathrm{T}}(t)\boldsymbol{\chi}_i(t)\\&-\sum_{i=1}^{N}\sum_{j=1}^{N}a_{ij}\left(\tilde{\alpha}_{ij}-\frac{1-\tilde{\mu}_{ij}}{\gamma_{ij}}\right)\tilde{\boldsymbol{\delta}}_{ij}(t)-\left(\frac{\tilde{\alpha}_o}{4}-\tilde{\iota}\right)\sum_{i=1}^{N}\sum_{j=1}^{N}a_{ij}\tilde{\boldsymbol{\eta}}_{ij}^{\mathrm{T}}(t)\boldsymbol{\Gamma}\tilde{\boldsymbol{\eta}}_{ij}(t)\\&-\tilde{\vartheta}\sum_{i=1}^{N}\boldsymbol{\chi}_i^{\mathrm{T}}(t)\boldsymbol{Q}^{-1}\boldsymbol{Q}^{-1}\boldsymbol{\chi}_i(t)\end{aligned} \tag{6-42}$$

其中，$\tilde{\iota}=\max\left\{\iota_{ij}:\forall(i,j)\in\mathcal{E}\right\}$。此外：

$$\sum_{i=1}^{N}\sum_{j=1}^{N}a_{ij}\left[\boldsymbol{v}_i(t)-\boldsymbol{v}_j(t)\right]^{\mathrm{T}}\boldsymbol{\Gamma}\left[\boldsymbol{v}_i(t)-\boldsymbol{v}_j(t)\right]$$
$$\leqslant 2\sum_{i=1}^{N}\sum_{j=1}^{N}a_{ij}\tilde{\boldsymbol{\eta}}_{ij}^{\mathrm{T}}(t)\boldsymbol{\Gamma}\tilde{\boldsymbol{\eta}}_{ij}(t)+8\sum_{i=1}^{N}\sum_{j=1}^{N}a_{ij}\boldsymbol{e}_i^{j^{\mathrm{T}}}(t)\boldsymbol{\Gamma}\boldsymbol{e}_i^{j}(t)$$

根据式(6-33)，当 $t\geqslant 0$ 时，$\boldsymbol{c}_{ij}(t)\geqslant\boldsymbol{c}_{ij}(0)>0$。令 $\tilde{c}=\min\{\boldsymbol{c}_{ij}(0):\forall(i,j)\in\mathcal{E}\}$，根据式(6-41)可得：

$$\tilde{c}a_{ij}\boldsymbol{e}_i^{j^{\mathrm{T}}}(t)\boldsymbol{\Gamma}\boldsymbol{e}_i^{j}(t)-\iota_{ij}a_{ij}\tilde{\boldsymbol{\eta}}_{ij}^{\mathrm{T}}(t)\boldsymbol{\Gamma}\tilde{\boldsymbol{\eta}}_{ij}(t)\leqslant\frac{\boldsymbol{\delta}_{ij}(t)}{\gamma_{ij}} \tag{6-43}$$

此外，令：

$$\tilde{q}_0=\max\left\{2+\frac{8\tilde{\tilde{c}}}{\tilde{c}},\frac{8(\frac{\tilde{\alpha}_o}{4}-\tilde{\iota})}{\gamma\tilde{c}\tilde{q}_1}\right\},\quad \tilde{q}_1<\frac{1}{2}\left(\tilde{\alpha}_{ij}-\frac{1-\tilde{\mu}_{ij}}{\gamma_{ij}}\right)$$

其中，$\gamma=\min_{(i,j)\in\mathcal{E}}\left\{\gamma_{ij}\right\}$，$\tilde{\iota}$ 由式(6-42)给出。因此：

$$\sum_{i=1}^{N}\sum_{j=1}^{N}a_{ij}\left[\boldsymbol{v}_i(t)-\boldsymbol{v}_j(t)\right]^{\mathrm{T}}\boldsymbol{\Gamma}\left[\boldsymbol{v}_i(t)-\boldsymbol{v}_j(t)\right]$$
$$\leqslant 2\sum_{i=1}^{N}\sum_{j=1}^{N}\left(1+\frac{4\iota_{ij}}{\tilde{c}}\right)a_{ij}\tilde{\boldsymbol{\eta}}_{ij}^{\mathrm{T}}(t)\boldsymbol{\Gamma}\tilde{\boldsymbol{\eta}}_{ij}(t)+8\sum_{i=1}^{N}\sum_{j=1}^{N}a_{ij}\frac{\tilde{\boldsymbol{\delta}}_{ij}(t)}{\tilde{c}\gamma_{ij}}$$
$$\leqslant\tilde{q}_0\sum_{i=1}^{N}\sum_{j=1}^{N}a_{ij}\tilde{\boldsymbol{\eta}}_{ij}^{\mathrm{T}}(t)\boldsymbol{\Gamma}\tilde{\boldsymbol{\eta}}_{ij}(t)+\frac{\tilde{q}_0\tilde{q}_1}{\frac{\alpha_o}{4}-\tilde{\iota}}\sum_{i=1}^{N}\sum_{j=1}^{N}a_{ij}\tilde{\boldsymbol{\delta}}_{ij}(t)$$

所以：

$$\begin{aligned}\sum_{i=1}^{N}\sum_{j=1}^{N}a_{ij}\tilde{\boldsymbol{\eta}}_{ij}^{\mathrm{T}}(t)\boldsymbol{\Gamma}\tilde{\boldsymbol{\eta}}_{ij}(t)\geqslant&\frac{1}{\tilde{q}_0}\sum_{i=1}^{N}\sum_{j=1}^{N}a_{ij}\left[\boldsymbol{v}_i(t)-\boldsymbol{v}_j(t)\right]^{\mathrm{T}}\boldsymbol{\Gamma}\left[\boldsymbol{v}_i(t)-\boldsymbol{v}_j(t)\right]\\&-\frac{\tilde{q}_1}{\frac{\alpha_0}{4}-\tilde{\iota}}\sum_{i=1}^{N}\sum_{j=1}^{N}a_{ij}\tilde{\boldsymbol{\delta}}_{ij}(t)\end{aligned} \tag{6-44}$$

矩阵 $\left(\boldsymbol{Q}^{-1}\right)^2$ 的最小特征值为 $\lambda_{\boldsymbol{Q}}$。由 $\boldsymbol{Q}>0$ 得 $\lambda_{\boldsymbol{Q}}>0$。选择 $\tilde{\alpha}_o>\frac{\tilde{q}_0}{\lambda_2}+4\tilde{\iota}$ 和 $\tilde{\vartheta}>\frac{\|\boldsymbol{PFC}\|^2}{\lambda_{\boldsymbol{Q}}}$，那么 $\tilde{\alpha}_o^*\lambda_2>1$，其中 $\tilde{\alpha}_o^*=\left(\tilde{\alpha}_o-4\tilde{\iota}\right)/\tilde{q}_0$。因此：

$$\dot{\boldsymbol{W}}(t) \leqslant \frac{1}{2}\boldsymbol{\eta}^{\mathrm{T}}(t)\left[\boldsymbol{I}_N \otimes \left(\boldsymbol{PA}+\boldsymbol{A}^{\mathrm{T}}\boldsymbol{P}+\frac{1}{2}\boldsymbol{I}_n\right)-\tilde{\alpha}_o^* \boldsymbol{\mathcal{L}} \otimes \left(\boldsymbol{PBB}^{\mathrm{T}}\boldsymbol{P}\right)\right]\boldsymbol{\eta}(t)$$
$$-\left(\tilde{\vartheta}\lambda_Q - \|\boldsymbol{PFC}\|^2\right) \times \sum_{i=1}^{N}\boldsymbol{\chi}_i^{\mathrm{T}}(t)\boldsymbol{\chi}_i(t) - \frac{1}{2}\sum_{i=1}^{N}\sum_{j=1}^{N}a_{ij}\left(\tilde{\alpha}_{ij}-\frac{1-\tilde{\mu}_{ij}}{\gamma_{ij}}\right)\tilde{\boldsymbol{\delta}}_{ij}(t) \tag{6-45}$$

由于 $\alpha_i > \dfrac{1-\mu_i}{\gamma_i}$，因此 $\dot{\boldsymbol{W}} \leqslant 0$，可得 $\boldsymbol{W}(t)$ 为单调非增函数。并且注意，当且仅当 $\forall i \in \mathcal{V}, \boldsymbol{\eta}(t)=0, \boldsymbol{\chi}_i(t)=0$ 和 $\forall (i,j) \in \mathcal{E}, \tilde{\boldsymbol{\delta}}_{ij}(t)=0$ 时，$\dot{\boldsymbol{W}}(t)$=0 成立。这意味着 $\forall i \in \mathcal{V}, \lim\limits_{t\to+\infty}\boldsymbol{\eta}(t)=0, \lim\limits_{t\to+\infty}\boldsymbol{\chi}_i(t)=0$，$\forall (i,j)\in\mathcal{E}$，$\lim\limits_{t\to+\infty}\tilde{\delta}_i(t)=0$ 成立，因此最终可以实现渐近一致性。

② 接下来用反证法证明不会发生 Zeno 行为。假设由式 (6-34) 生成的触发时间序列 $\{t_k^{i\to j}\}_{k\in\mathbb{N}}$ 会表现出 Zeno 行为，这意味着 $\exists T_*^{ij}>0$ 使得 $\lim\limits_{k\to+\infty}t_k^{i\to j}=T_*^{ij}$ 成立。根据式 (6-1)、式 (6-2)、式 (6-33) 和式 (6-35) 是局部有界的，因此变量 $\left\{\boldsymbol{x}_i, \boldsymbol{v}_i, \boldsymbol{c}_{ij}, \bar{\boldsymbol{\delta}}_{ij}\right\}$ 在其定义域内的每个有界子集上最多线性增长，因此在有限时间内一定是有界的。然后，根据本章参考文献 [18] 可得，一定存在全局解。那么，$\exists \hat{c}_1$、$\boldsymbol{B}_4$、$\boldsymbol{B}_5$、$\boldsymbol{B}_6$、$\boldsymbol{B}_7>0$ 使得 $\forall i,j=1,2,\cdots,N$，下式在 $[0,T_*^{ij}]$ 内成立：

$$\left|\boldsymbol{c}_{ij}\right| \leqslant \hat{c}_1, \left\|\tilde{\boldsymbol{\delta}}_{ij}(t)\right\| \leqslant \boldsymbol{B}_4, \left\|\boldsymbol{x}_i(t)\right\| \leqslant \boldsymbol{B}_5, \left\|\boldsymbol{v}_i(t)\right\| \leqslant \boldsymbol{B}_6, \left\|\tilde{\boldsymbol{\eta}}_{ij}\right\| \leqslant \boldsymbol{B}_7$$

令 $\hat{\varrho}_{ij}$ 为 $[0,T_*^{ij}]$ 内 $\hat{c}\|\boldsymbol{BK}\|\sum_{j=1}^{N}a_{ij}\left\|\tilde{\boldsymbol{\eta}}_{ij}(t)\right\|+\|\boldsymbol{FC}\|\left(\left\|\boldsymbol{v}_i(t)\right\|+\left\|\boldsymbol{x}_i(t)\right\|\right)$ 的上界，并且对于式 (6-35) 中的 $\tilde{\alpha}_{ij}$、$\tilde{\mu}_{ij}$、γ_{ij}、$\boldsymbol{\delta}_{ij}(0)$ 和式 (6-10) 中的 $\boldsymbol{\Gamma}$，有 $\hat{\imath}_c=\sqrt{\dfrac{\boldsymbol{\delta}_{ij}(0)}{\gamma_{ij}\hat{c}_1\|\boldsymbol{\Gamma}\|}}\exp\left\{-\dfrac{1}{2}\left(\tilde{\alpha}_{ij}+\dfrac{\tilde{\mu}_{ij}}{\gamma_{ij}}\right)T_*^{ij}\right\}$。选择 $\varepsilon<\ln\left(\dfrac{\|\boldsymbol{A}\|\,\hat{\imath}_c}{\varrho\varrho_{ij}}+1\right), \exists N_0'>0$ 使得对于 $k\geqslant N_0'$，$t_k^{i\to j}\in\left[T_*^{ij}-\varepsilon, T_*^{ij}\right]$ 成立。另外，根据式(6-35)、式(6-34)，可得对于 $t\geqslant 0$，$\tilde{\boldsymbol{\delta}}_{ij}(t)\geqslant\tilde{\boldsymbol{\delta}}_{ij}(0)\exp\left\{-\left(\tilde{\alpha}_{ij}+\dfrac{\tilde{\mu}_{ij}}{\gamma_{ij}}\right)t\right\}$。

由事件触发条件 (6-34) 可知 $\left\|\boldsymbol{e}_i^j\right\|^2\leqslant\tilde{\boldsymbol{\delta}}_{ij}(0)\exp\left\{-\left(\tilde{\alpha}_{ij}+\dfrac{\tilde{\mu}_{ij}}{\gamma_{ij}}\right)t\right\}/\left(\gamma_{ij}\hat{c}_1\|\boldsymbol{\Gamma}\|\right)$。

结合 $\boldsymbol{e}_i^j(t)=\tilde{\boldsymbol{v}}_i^j(t)-\boldsymbol{v}_i(t)$，注意到 $\boldsymbol{e}_i^j$ 在触发时刻 $\left\{t_k^{i\to j}\right\}$ 被重置为 0，计算在 $[t_k^{i\to j}, t_{k+1}^{i\to j})$ 期间内 $\boldsymbol{e}_i^j$ 的右 Dini 导数。根据式 (6-2) 和式 (6-36)，可得：

$$D^+ \boldsymbol{e}_i^j(t) = \boldsymbol{A}\boldsymbol{e}_i^j(t) - \boldsymbol{B}\boldsymbol{K}\sum_{j=1}^{N} a_{ij}\boldsymbol{c}_{ij}(t)\left(\tilde{\boldsymbol{v}}_j^i(t) - \tilde{\boldsymbol{v}}_i^j(t)\right) - \boldsymbol{F}\left(\boldsymbol{C}\boldsymbol{v}_i(t) - \boldsymbol{C}\boldsymbol{x}_i(t)\right) \tag{6-46}$$

因此 $D^+\left\|\boldsymbol{e}_i^j\right\| \leqslant \|\boldsymbol{A}\|\left\|\boldsymbol{e}_i^j\right\| + \hat{\varrho}_{ij}$，定义 $\varPhi(t)$ 函数：

$$\dot{\varPhi}(t) = \|\boldsymbol{A}\|\ \varPhi(t) + \hat{\varrho}_{ij} \tag{6-47}$$

其中，$\varPhi(0)=0$。显然有 $\varPhi(t) = \dfrac{\hat{\rho}_{ij}}{\|\boldsymbol{A}\|}[\exp\{\|\boldsymbol{A}\|\,t\} - 1]$，所以 $\left\|\boldsymbol{e}_i^j(t)\right\| \leqslant \varPhi\left(t - t_k^{i\to j}\right)$，这意味着 $t_{k+1}^{i\to j} - t_k^{i\to j} \geqslant \varDelta$，$\varDelta$ 是 $\varPhi(t)$ 从 0 演化到 $\hat{\iota}_c$ 的时间间隔，因此 $\varDelta = \ln\left(\dfrac{\|\boldsymbol{A}\|\ \hat{\iota}_c}{\hat{\varrho}_{ij}} + 1\right) > 0$。这与 $t_{k+1}^{i\to j} - t_k^{i\to j} \leqslant \varepsilon < \ln\left(\dfrac{\|\boldsymbol{A}\|\ \hat{\iota}_c}{\varrho\varrho_{ij}} + 1\right) = \varDelta$ 相矛盾。因此，系统不存在 Zeno 行为。证毕。

注 6.3.3 动态变量 $\tilde{\boldsymbol{\delta}}_{ij}$ 的引入对 Zeno行为的排除起着至关重要的作用。当 $\tilde{\boldsymbol{\delta}}_{ij}(t) \equiv 0$ 时，很难证明不出现 Zeno 行为。解决该问题常用的策略是将系统性能从渐近一致降低到有界一致 [6,23]。本节试图在不牺牲系统性能的情况下排除 Zeno 行为，因此动态变量 $\tilde{\boldsymbol{\delta}}_{ij}(t)$ 按照式 (6-35) 演化，然后为异步事件触发控制设计了自适应动态事件触发策略 (6-34)。类似的分析也适用于式 (6-6) 中的动态变量 $\boldsymbol{\delta}_i(t)$。

注 6.3.4 经典的基于边的事件触发控制研究中要求 $t_k^{i\to j} = t_k^{j\to i}$ [20-21]，基于节点的事件触发控制研究中要求 $t_k^{i\to j_1} = t_k^{i\to j_2}$ $(\forall j_1, j_2 \in \mathcal{N}_i)$ [12,22]，但异步事件触发控制 (6-34) 不需要满足这一要求。异步事件触发控制 (6-34) 中每个智能体能够决定自己的触发时刻 $t_k^{i\to j}$，而不受任何同步执行的约束。从这个方面来看，异步事件触发控制在实践中更容易实现。

接下来将讨论智能体状态完全可测的情况，此时式 (6-32) ～ 式 (6-36) 中的 $\boldsymbol{v}_i$ 和 $\tilde{\boldsymbol{v}}_i^j$ 将被 $\boldsymbol{x}_i$ 和 $\tilde{\boldsymbol{x}}_i^j$ 代替，异步情况的智能体 i 到智能体 j 的状态误差定义为：

$$\boldsymbol{e}_i^j(t)=\tilde{\boldsymbol{x}}_i^j(t)-\boldsymbol{x}_i(t), t\in\left[t_k^{i\to j}, t_{k+1}^{i\to j}\right)$$

其中，$\tilde{\boldsymbol{x}}_i^j(t)=\mathrm{e}^{-A\left(t-t_k^{i\to j}\right)}\boldsymbol{x}_i\left(t_k^{i\to j}\right)$。设计如下事件触发函数 $\mathcal{H}_i^j(\cdot,\cdot,\cdot)$: $\mathbb{R}^n\times\mathbb{R}\times\mathbb{R}^n\to\mathbb{R}$ ：

$$\mathcal{H}_i^j\left(\boldsymbol{e}_i^j(t),\boldsymbol{c}_{ij}(t),\tilde{\boldsymbol{\eta}}_{ij}(t)\right)=\gamma_{ij}\left[\boldsymbol{c}_{ij}(t)\boldsymbol{e}_i^{j^{\mathrm{T}}}(t)\boldsymbol{\Gamma}\boldsymbol{e}_i^j(t)-\iota_{ij}\widehat{\boldsymbol{\eta}}_{ij}^{\mathrm{T}}(t)\boldsymbol{\Gamma}\widehat{\boldsymbol{\eta}}_{ij}(t)\right] \quad (6\text{-}48)$$

其中，$\widehat{\boldsymbol{\eta}}_{ij}(t)=\tilde{\boldsymbol{x}}_i^j(t)-\tilde{\boldsymbol{x}}_j^i(t)$。耦合权重 $\boldsymbol{c}_{ij}(t)$ 按照如下规则更新：

$$\dot{\boldsymbol{c}}_{ij}(t)=\pi_{ij}^o\left[\tilde{\boldsymbol{x}}_j^i(t)-\tilde{\boldsymbol{x}}_i^j(t)\right]^{\mathrm{T}}\boldsymbol{\Gamma}\left[\tilde{\boldsymbol{x}}_j^i(t)-\tilde{\boldsymbol{x}}_i^j(t)\right] \quad (6\text{-}49)$$

其中，$\pi_{ij}^o=\pi_{ji}^o>0$。初值 $\boldsymbol{c}_{ij}(0)=\boldsymbol{c}_{ji}(0)>0$。

异步事件触发时间序列 $\{t_k^{i\to j}\}_{k\in\mathbb{N}}$ 由如下条件决定：

$$t_{k+1}^{i\to j}=\inf_{l>t_k^i}\left\{l:\mathcal{H}_i^j\left(\boldsymbol{e}_i^j(t),\boldsymbol{c}_{ij}(t),\widehat{\boldsymbol{\eta}}_{ij}^{\mathrm{T}}(t)\right)>\tilde{\boldsymbol{\delta}}_{ij}(t),\forall t\in\left(t_k^{i\to j},l\right]\right\} \quad (6\text{-}50)$$

其中，$\forall i\in\mathcal{V}, j\in\mathcal{N}_i$。$\tilde{\boldsymbol{\delta}}_{ij}(t)$ 表示动态阈值，根据以下更新规则演化：

$$\dot{\tilde{\boldsymbol{\delta}}}_{ij}(t)=-\tilde{\alpha}_{ij}\tilde{\boldsymbol{\delta}}_{ij}(t)-\tilde{\mu}_{ij}\left[\boldsymbol{c}_{ij}(t)\boldsymbol{e}_i^j(t)\boldsymbol{\Gamma}\boldsymbol{e}_i^j(t)-\iota_{ij}\widehat{\boldsymbol{\eta}}_{ij}^{\mathrm{T}}(t)\boldsymbol{\Gamma}\widehat{\boldsymbol{\eta}}_{ij}(t)\right] \quad (6\text{-}51)$$

其中，$\tilde{\alpha}_{ij}>0$，$\tilde{\mu}_{ij}\in[0,1]$。初始值 $\tilde{\boldsymbol{\delta}}_{ij}(0)>0$。

在异步事件触发策略 (6-50) 下，设计如下基于状态反馈的完全分布式一致性协议：

$$\begin{cases}\boldsymbol{u}_i(t)=\boldsymbol{K}\sum_{j=1}^N a_{ij}\boldsymbol{c}_{ij}(t)\left[\tilde{\boldsymbol{x}}_j^i(t)-\tilde{\boldsymbol{x}}_i^j(t)\right]\\ \tilde{\boldsymbol{x}}_i^j(t)=\mathbf{e}^{A\left(t-t_k^{i\to j}\right)}\boldsymbol{x}_i\left(t_k^{i\to j}\right)\\ \dot{\boldsymbol{c}}_{ij}(t)=\pi_{ij}^o\left[\tilde{\boldsymbol{x}}_j^i(t)-\tilde{\boldsymbol{x}}_i^j(t)\right]^{\mathrm{T}}\boldsymbol{\Gamma}\left[\tilde{\boldsymbol{x}}_j^i(t)-\tilde{\boldsymbol{x}}_i^j(t)\right]\end{cases} \quad (6\text{-}52)$$

其中，$t_k^{i\to j}=\max\left\{t_s^{i\to j}:t_s^{i\to j}\leqslant t\right\}$。易得 $\tilde{\boldsymbol{x}}_j^i\left(t_k^{j\to i}\right)=\boldsymbol{x}_j\left(t_k^{j\to i}\right)$。$\boldsymbol{K}\in\mathbb{R}^{m\times n}$ 是由式 (6-10) 决定的反馈增益矩阵。

推论 6.3.1

在假设 6.2.1 下，矩阵 $\boldsymbol{K}=\boldsymbol{B}^{\mathrm{T}}\boldsymbol{P},\boldsymbol{\Gamma}=\boldsymbol{P}\boldsymbol{B}\boldsymbol{B}^{\mathrm{T}}\boldsymbol{P}$，其中 $\boldsymbol{P}>0$ 是如下代数里卡蒂方程的解：

$$\boldsymbol{A}^{\mathrm{T}}\boldsymbol{P}+\boldsymbol{P}\boldsymbol{A}-\boldsymbol{P}\boldsymbol{B}\boldsymbol{B}^{\mathrm{T}}\boldsymbol{P}+\boldsymbol{I}=0 \quad (6\text{-}53)$$

如果对于 $(i,j)\in\mathcal{E}$，$\tilde{\alpha}_{ij}>\dfrac{1-\tilde{\mu}_{ij}}{\gamma_{ij}}$，那么在自适应动态事件触发策略

(6-50) 和一致性协议 (6-52) 下，一般线性多智能体系统 (6-1) 可以实现渐近一致，并且可以排除 Zeno 行为。

注 6.3.5 据作者所知，很少有关于一对一事件触发通信的研究。本章参考文献 [6] 研究了一种基于状态反馈的异步事件触发通信策略，其中事件触发策略是静态的，并仅确保有界一致。值得注意的是，本节的目标是达成渐近一致，因此本章参考文献 [6] 中的事件触发通信策略不再适用。相反，根据推论 6.3.1，状态一致性协议 (6-36) 和自适应动态事件触发策略 (6-34) 可以确保渐近一致性的实现，并排除 Zeno 行为。

注 6.3.6 与现有的事件触发策略 [3,5,8] 相比，本节是基于观测器的一般线性多智能体系统完全分布式事件触发控制最早的尝试。完全分布式的特性（独立于任何全局信息）是设计事件触发策略和一致性协议的主要挑战。通过采用动态事件阈值和自适应耦合权重，为一对全事件触发通信和一对一事件触发通信建立了完全分布式自适应动态事件触发策略。这种自适应耦合权重也被用于一致性协议中，从而有助于完全分布式的实现。结果表明，该协议能够保证渐近一致性，所提出的自适应动态事件触发方案和一致性协议具有很高的可扩展性和灵活性。

注 6.3.7 从定理 6.2.1 和推论 6.2.1 到定理 6.3.1 和推论 6.3.1，这两节在一个统一的框架中考虑了同步事件触发控制和异步事件触发控制，并且为线性多智能体系统设计了一个通用的完全分布式动态事件触发控制方案。这个框架也适用于状态反馈和输出反馈的情况。根据定理 6.2.1 和推论 6.3.1，同步事件触发控制的状态反馈结果很容易得到。

6.3.3 数值仿真

例 6.3.1 基于状态观测器的完全分布式异步事件触发控制

考虑与 6.2.4 节例 6.2.1 中相同的系统和网络拓扑。本小节给出基于状态观测器的自适应动态事件触发策略下的异步事件触发控制仿真及其与同步事件触发控制的对比。

异步事件触发控制由自适应动态事件触发策略 (6-34) 决定，取 $\gamma_{ij}=0.5,\iota_{ij}=1$，$\pi_{ij}^{o}=0.1$，$\tilde{\alpha}_{ij}=1,\tilde{\mu}_{ij}=0.6$。在异步事件触发控制下，一个智能体将它的信息分别传送给它的每个邻居，因此从一个智能体到它的每个邻居会产生不同的触发序列，如图 6-11 所示。表 6-1 给出了 6 个智能体在间隔 [0,10] s 内的触发总数。此外，式 (6-33) 中的耦合权重 $c_{ij}\left(\forall(i,j)\in\mathcal{E}\right)$ 逐渐收敛到常数，并且一致性协议 (6-36) 有效地保证了所有智能体的状态最终趋于相同的值，分别如图 6-12 和图 6-13 所示。

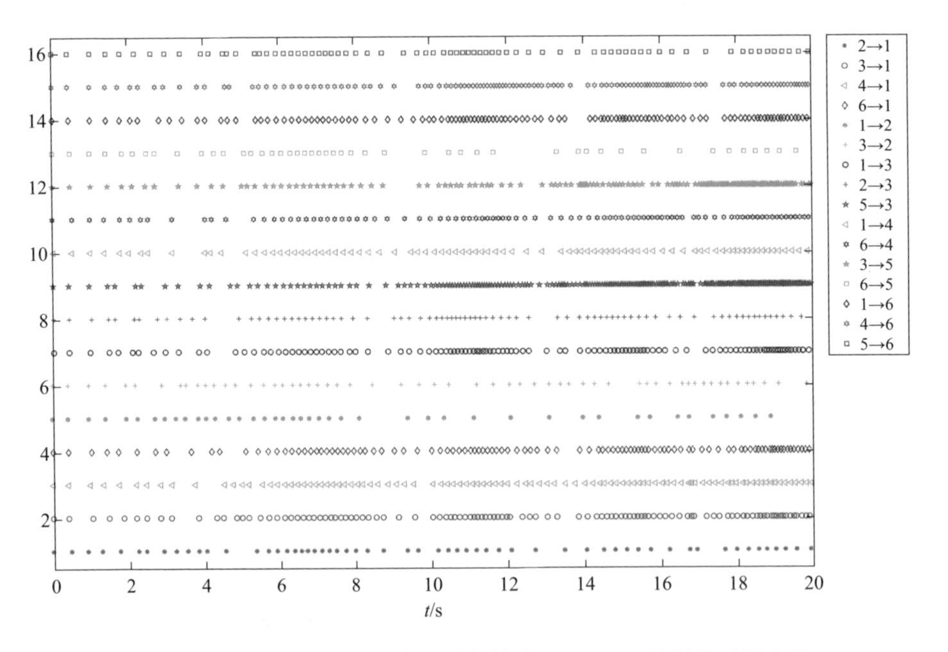

图 6-11 异步自适应动态事件触发策略 (6-34) 下的触发时间序列

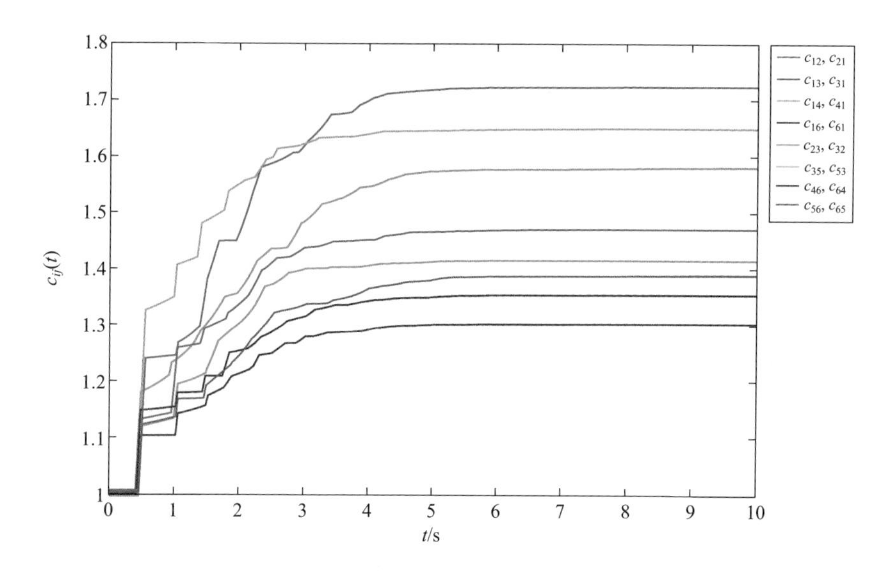

图 6-12　基于观测器完全分布式一致性控制协议 (6-36) 下耦合强度 c_{ij} 的演化曲线

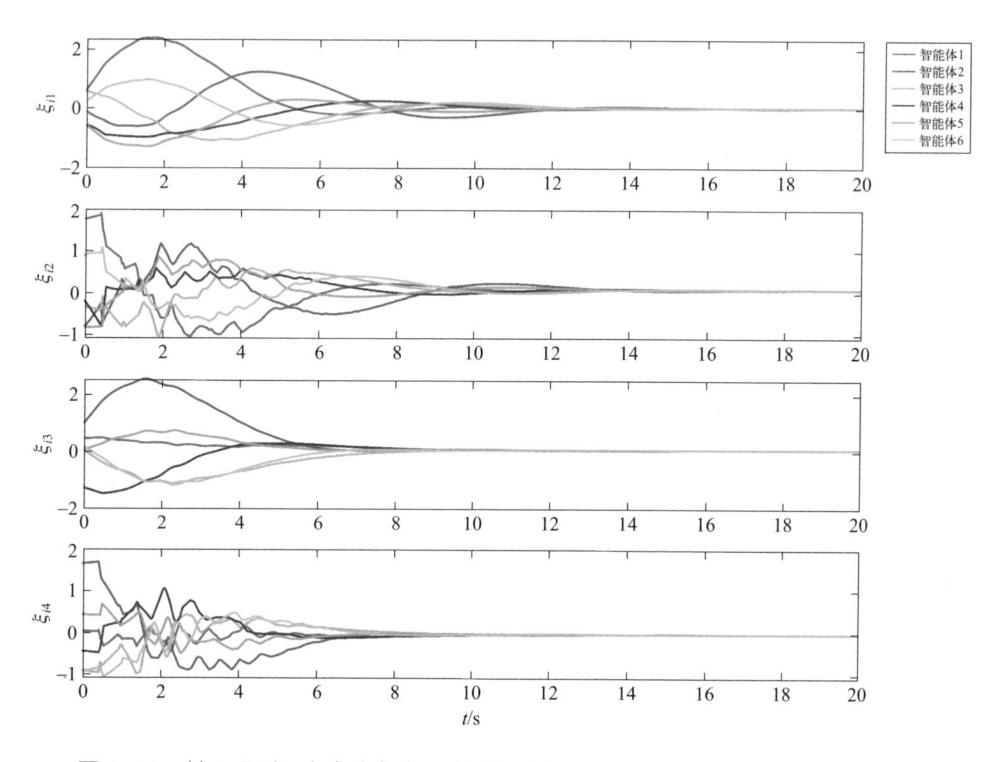

图 6-13　基于观测器完全分布式一致性控制协议 (6-36) 下状态 $\xi_i(t)$ 的响应曲线

表6-1 同步/异步自适应动态事件触发策略(6-6)和(6-34)下[0,10]s内的触发总数

<table>
<tr><th>智能体 $i \to j$</th><th>式 (6-34)</th><th>式 (6-6)</th><th>智能体 $i \to j$</th><th>式 (6-34)</th><th>式 (6-6)</th></tr>
<tr><td>$1 \to 2$</td><td>29</td><td rowspan="4">42</td><td>$2 \to 1$</td><td>27</td><td rowspan="2">22</td></tr>
<tr><td>$1 \to 3$</td><td>28</td><td>$2 \to 3$</td><td>31</td></tr>
<tr><td>$1 \to 4$</td><td>26</td><td>$3 \to 1$</td><td>25</td><td rowspan="3">40</td></tr>
<tr><td>$1 \to 6$</td><td>38</td><td>$3 \to 2$</td><td>25</td></tr>
<tr><td>$4 \to 1$</td><td>27</td><td rowspan="2">22</td><td>$3 \to 5$</td><td>29</td></tr>
<tr><td>$4 \to 6$</td><td>31</td><td>$6 \to 1$</td><td>26</td><td rowspan="3">33</td></tr>
<tr><td>$5 \to 3$</td><td>27</td><td rowspan="2">35</td><td>$6 \to 4$</td><td>29</td></tr>
<tr><td>$5 \to 6$</td><td>27</td><td>$6 \to 5$</td><td>27</td></tr>
</table>

情况一： 同步与异步事件触发控制对比。

首先，表 6-1 提供了同步和异步事件触发控制触发次数的比较。特别地，对于智能体 1 来说，在 [0,10]s 内，异步事件触发控制下到其邻居智能体 2、3、4、6 的触发次数分别是 29、28、26 和 38，而在同步事件触发控制下，智能体 2、3、4 和 6 的触发次数是 42。在这种情况下，通过智能体 1 的自适应动态事件触发策略 (6-6)，在异步事件触发控制下可以产生较少的触发次数。类似的结论也适用于智能体 3、5 和 6。相比之下，对于智能体 2 和 4，与异步事件触发控制相比，同步事件触发控制可以产生较少的触发次数。因此，异步和同步事件触发控制在触发数量方面可以比较。

情况二： 动态与静态事件触发策略对比。

如果在式 (6-34) 中 $\tilde{\boldsymbol{\delta}}_{ij} \equiv 0$，那么自适应动态事件触发策略 (6-32) 退化为静态事件触发策略。在图 6-14 中，将动态事件触发策略 (6-34) 与相应的静态事件触发策略进行了比较，可以看出，动态事件触发策略 (6-34) 中的误差 $\|\boldsymbol{e}_i^j\|$ 提供了更大的阈值。这意味着当采用动态事件触发策略 (6-34) 时，可以增大预期使用资源的减少值。

情况三： 自适应动态事件触发策略中 γ_{ij} 的讨论。

此处将讨论 (6-32) 中 γ_{ij} 对触发次数的影响。对于异步事件触发控制中的 γ_{ij} 分别选择两个不同的值。可以发现在图 6-15 的情况下，与 $\gamma_{ij}=5$ 相比，$\gamma_{ij}=0.1$ 提供了更大的动态阈值 $\|\boldsymbol{e}_i^j\|$。这意味着选择越小的 γ_{ij}，可预期的资源消耗减少的幅度越大。

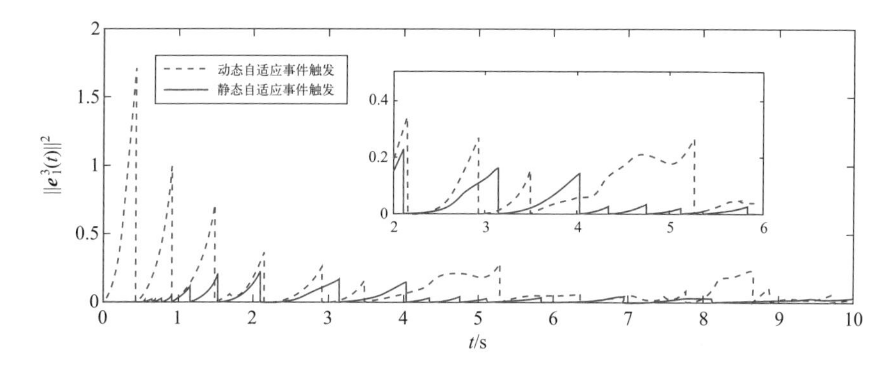

图 6-14　异步动态自适应动态事件触发策略 (6-34) 中 $e_1^3(t)$ 与其对应静态版本 $\tilde{\delta}_{ij}\equiv 0$ 的比较

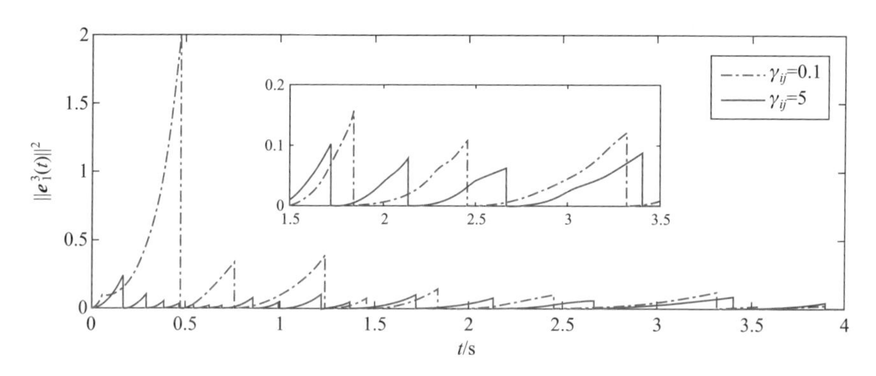

图 6-15　异步自适应动态事件触发控制协议 (6-36) 下 γ_{ij}=0.1 与 γ_{ij}=5 的比较

6.4
本章小结

本章主要讨论了在不依赖于任何全局信息下多智能体系统的完全分布式事件触发控制。首先通过引入与节点相关的在线触发参数和动态阈值，设计了基于状态观测器的完全分布式同步事件触发一致性控制协议，在不需要任何全局信息先验知识的情况下，解决了一般线性多智能体系统的一致性问题；接着进一步考虑了完全分布式异步事件触发机制，通过引入与边相关的在线触发参数和动态阈值，在实现完全分布式事件触发一致性的同时，提高了信息传输的灵活性与可靠性。有关完全分布式事件触发机制在多智能体系统的安全控制中的应用有待进一步研究。

参考文献

[1] Girard A. Dynamic triggering mechanisms for event-triggered control[J]. IEEE Transactions on Automatic Control, 2014, 60(7): 1992-1997.

[2] Xu W, Ho D W C, Li L, et al. Event-triggered schemes on leader-following consensus of general linear multiagent systems under different topologies[J]. IEEE Transactions on Cybernetics, 2015, 47(1): 212-223.

[3] He W, Xu B, Han Q L, et al. Adaptive consensus control of linear multiagent systems with dynamic event-triggered strategies[J]. IEEE Transactions on Cybernetics, 2019, 50(7): 2996-3008.

[4] Ge X, Han Q L, Zhang X M, et al. Dynamic event-triggered control and estimation: a survey[J]. International Journal of Automation and Computing, 2021, 18(6): 857-886.

[5] Cheng B, Li Z. Fully distributed event-triggered protocols for linear multiagent networks[J]. IEEE Transactions on Automatic Control, 2018, 64(4): 1655-1662.

[6] Cheng B, Li Z. Coordinated tracking control with asynchronous edge-based event-triggered communications[J]. IEEE Transactions on Automatic Control, 2019, 64(10): 4321-4328.

[7] Li X, Tang Y, Karimi H R. Consensus of multi-agent systems via fully distributed event-triggered control[J]. Automatica, 2020, 116: 108898.

[8] Yi X, Liu K, Dimarogonas D V, et al. Dynamic event-triggered and self-triggered control for multi-agent systems[J]. IEEE Transactions on Automatic Control, 2018, 64(8): 3300-3307.

[9] Du S L, Liu T, Ho D W C. Dynamic event-triggered control for leader-following consensus of multiagent systems[J]. IEEE Transactions on Systems, Man, and Cybernetics: Systems, 2018, 50(9): 3243-3251.

[10] Senejohnny D, Tesi P, De Persis C. A jamming-resilient algorithm for self-triggered network coordination[J]. IEEE Transactions on Control of Network Systems, 2017, 5(3): 981-990.

[11] Wei G, Liu L, Wang L, et al. Event-triggered control for discrete-time systems with unknown nonlinearities: an interval observer-based approach[J]. International Journal of Systems Science, 2020, 51(6): 1019-1031.

[12] Dimarogonas D V, Frazzoli E, Johansson K H. Distributed event-triggered control for multi-agent systems[J]. IEEE Transactions on Automatic Control, 2011, 57(5): 1291-1297.

[13] Xu W, Ho D W C, Zhong J, et al. Event/self-triggered control for leader-following consensus over unreliable network with DoS attacks[J]. IEEE Transactions on Neural Networks and Learning Systems, 2019, 30(10): 3137-3149.

[14] Zhang H, Feng G, Yan H, et al. Observer-based output feedback event-triggered control for consensus of multi-agent systems[J]. IEEE Transactions on Industrial Electronics, 2013, 61(9): 4885-4894.

[15] Li Q, Shen B, Wang Z, et al. Recursive distributed filtering over sensor networks on Gilbert–Elliott channels: a dynamic event-triggered approach[J]. Automatica, 2020, 113: 108681.

[16] Hu W, Liu L, Feng G. Consensus of linear multi-agent systems by distributed event-triggered strategy[J]. IEEE Transactions on Cybernetics, 2015, 46(1): 148-157.

[17] Li H, Liao X, Huang T, et al. Event-triggering sampling based leader-following consensus in second-order multi-agent systems[J]. IEEE Transactions on Automatic Control, 2014, 60(7): 1998-2003.

[18] Goedel R, Sanfelice R G, Teel A R. Hybrid dynamical systems: modeling stability, and robustness[M]. NJ, USA: Princeton, 2012.

[19] Hu W, Yang C, Huang T, et al. A distributed dynamic event-triggered control approach to consensus of linear multiagent systems with directed networks[J]. IEEE Transactions on Cybernetics, 2018, 50(2): 869-874.

[20] Cao M, Xiao F, Wang L. Event-based second-order consensus control for multi-agent systems via synchronous periodic event detection[J]. IEEE Transactions on Automatic Control, 2015, 60(9): 2452-2457.

[21] Xu W, Ho D W C, Zhong J, et al. Distributed edge event-triggered consensus protocol of multi-agent systems with communication buffer[J]. International Journal of Robust and Nonlinear Control, 2017, 27(3): 483-496.

[22] Meng X, Chen T. Event based agreement protocols for multi-agent networks[J]. Automatica, 2013, 49(7): 2125-2132.

[23] Ding L, Han Q L, Ge X, et al. An overview of recent advances in event-triggered consensus of multiagent systems[J]. IEEE Transactions on Cybernetics, 2017, 48(4): 1110-1123.

[24] Wu Z G, Xu Y, Pan Y J, et al. Event-triggered pinning control for consensus of multiagent systems with quantized information[J]. IEEE Transactions on Systems, Man, and Cybernetics: Systems, 2017, 48(11): 1929-1938.

[25] Zhang Z, Zhang L, Hao F, et al. Leader-following consensus for linear and Lipschitz nonlinear multiagent systems with quantized communication[J]. IEEE Transactions on Cybernetics. 2016, 47(8):1970-82.

[26] Xu W, He W, Daniel W C H, et al. Fully distributed observer-based consensus protocol: Adaptive dynamic event-triggered schemes[J]. Automatica, 2022, 139: 110188.

Digital Wave
Advanced Technology of
Industrial Internet

Distributed Cooperative Control of Industrial Network Systems

面向工业网络系统的分布式协同控制

第7章

安全控制

7.1
概述

依赖工业互联网的工业系统具有开放性、共享性、互联性和互操作性等特点。网络的开放性使得系统暴露于诸多外部攻击的安全风险下，且随着工业网络系统规模的扩大不可避免地存在子系统之间不匹配、不兼容以及级联效应等问题，此时工业设备、终端和通信网络受瞬时故障影响可能会导致系统难以稳定运行、功能失效甚至引发灾难性事故。在网络遭受恶意攻击时，虽然依靠计算机网络技术能够在大部分情况下保证信息和信道的安全，但也要考虑在安全防御失效、攻击已经对系统造成影响的情况下，如何针对恶意攻击设计安全控制策略，保证遭受到攻击影响的系统可以安全稳定地运行。

目前针对多智能体系统的网络攻击主要有 DoS 攻击和欺骗攻击 [1-3]。DoS 攻击是一种阻碍数据传输的攻击手段，其通过大功率信息干扰通信信道，使传输的数据受到过多干扰，甚至导致数据丢包；或向网络发送大量无意义请求，使其疲于应付这些请求，无法处理正常数据，进而影响系统的正常工作。欺骗攻击则会篡改原始信息，使得接收者收到错误信息，进而做出错误决定，造成严重的后果。本章侧重讨论欺骗攻击下的安全控制问题。欺骗攻击作为一种典型的攻击形式，在智能电网、无线传感器网络、多无人系统等领域均有涉及 [3-7]。典型的欺骗攻击策略包括虚假数据注入、数据修改和数据替换。欺骗攻击的建模大致可从攻击位置、攻击发动方式、攻击信号三个方面进行分类。虽然有关欺骗攻击的建模已取得了一些结果 [8-11]，但欺骗攻击与相应的控制策略结合（例如脉冲控制）的成果较少。本章 7.2 节将首先从攻击位置的角度，分别介绍传感器 - 控制器通道以及控制器 - 执行器通道遭受错误数据注入攻击下，多智能体系统的脉冲安全控制问题。

缩放攻击是一种典型的欺骗攻击，在实际生活中广泛存在，它通过将原始信号放大或缩小，破坏数据完整性，例如模拟信号传输信道上的放大器受到网络攻击增益发生变化；数字信号传输过程受到攻击将发生比特位移位；以及参考电压突变、驱动器故障导致的信号幅值变化都可等同于系统遭受缩放欺骗攻击。从攻击者角度，攻击者会采取主动攻击策略，序列式攻击则考虑了攻击的间歇发动特征，包含了攻击时间序列特性，更加符合实际[12,13]。本章 7.3 节将从攻击发动方式的角度，考虑攻击序列的时序特征，并结合事件触发的优势，介绍序列式缩放攻击下多智能体系统的事件触发安全控制。

实际欺骗攻击可能以脉冲信号的形式（即脉冲攻击信号）注入系统，使系统状态遭受瞬时扰动并在特定时刻突然变化。目前大多数的研究考虑具有确定性时间序列的攻击信号[14-18]，而现实中往往很难确定攻击什么时候发生，即攻击时序具有随机性。随机攻击时间序列更具有现实意义，也更加具有挑战性。本章 7.4 节将从攻击信号和攻击时序的角度，考虑攻击序列的随机特征，介绍随机脉冲攻击序列下系统的几乎处处稳定性。

7.2
数据传输通道受攻击下多智能系统的脉冲一致性

7.2.1 模型描述

考虑有 N 个跟随者的领导者 - 跟随多智能体系统，跟随者的动力学方程为：

$$\dot{\boldsymbol{x}}_i(t) = \boldsymbol{A}\boldsymbol{x}_i(t) + \boldsymbol{B}\boldsymbol{f}(\boldsymbol{x}_i(t)) + \boldsymbol{u}_i(t) \tag{7-1}$$

其中，$\boldsymbol{x}_i(t) \in \mathbb{R}^n$ 是第 i 个智能体的状态；$\boldsymbol{A}$ 和 $\boldsymbol{B}$ 是常数矩阵；$\boldsymbol{u}_i(t)$ 是第 i 个智能体的控制输入；$\boldsymbol{f}(\boldsymbol{x}_i(t)) = (\boldsymbol{f}_1(\boldsymbol{x}_i(t)), \boldsymbol{f}_2(\boldsymbol{x}_i(t)), \cdots, \boldsymbol{f}_n(\boldsymbol{x}_i(t)))^{\mathrm{T}}$，$i = 1, \cdots, N$ 是非线性函数。

领导者的动力学方程为：

$$\dot{\boldsymbol{s}}(t) = \boldsymbol{A}\boldsymbol{s}(t) + \boldsymbol{B}\boldsymbol{f}(\boldsymbol{s}(t)) \tag{7-2}$$

其中，$\boldsymbol{s}(t) \in \mathbb{R}^n$ 表示领导者的状态。

假设 7.2.1

对于非线性函数 $\boldsymbol{f}(\cdot)$，存在非负常数 r_{ij} $(i, j=1,2,\cdots,n)$，使得 z_1，$z_2 \in \mathbb{R}^n$，满足：

$$|\boldsymbol{f}_i(z_1)-\boldsymbol{f}_i(z_2)| \leqslant \sum_{j=1}^{n} r_{ij} |z_{1j}-z_{2j}|$$

假设 7.2.2

假定领导者到每个跟随智能体均存在一条路径。

图 7-1 描述了网络攻击与网络层和物理层之间的关系。以 4 个智能体为例，物理层与控制中心通过通信网络进行连接。控制中心的目的是检测攻击信号并采取最佳控制策略，通过收集控制信号，发出控制指令，通过通信网络应用于物理实体，以确保最佳的控制性能。

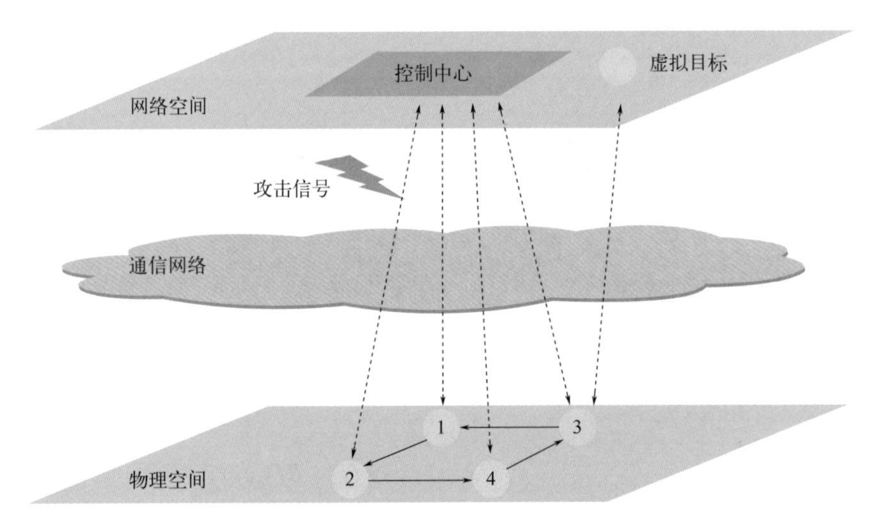

图 7-1 网络攻击下多智能体系统架构

本节考虑错误数据注入下多智能体系统的一致性问题，从攻击者发动的位置可分为传感器 - 控制器通道和控制器 - 执行器通道，如图 7-2 所示。下面分别讨论两种情况下领导者 - 跟随多智能体系统的一致性。

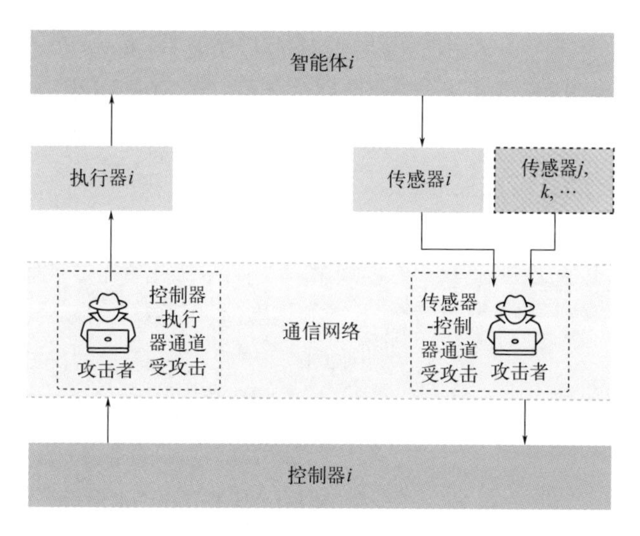

图 7-2　网络攻击下第 i 个智能体的控制框图

7.2.2　传感器－控制器通道错误数据注入攻击下多智能体系统的脉冲一致性

考虑如图 7-2 所示错误数据注入传感器 - 控制器通道。假设 $\gamma_{ij}(t)$ 为随机伯努利变量，$\gamma_{ij}(t_k)=1$ 表示在 t_k 时刻攻击成功，$\gamma_{ij}(t_k)=0$ 表示在 t_k 时刻攻击者未成功注入错误数据，其概率为：

$$\mathrm{Prob}\{\gamma_{ij}(t)=1\}=\lambda_{ij}$$

$$\mathrm{Prob}\{\gamma_{ij}(t)=0\}=1-\lambda_{ij}$$

其中，$\lambda_{ij}\in[0,1)$ 是已知常数，假设 $\gamma_{ii}(t)=0$。

假设 7.2.3

随机变量 $\gamma_{ij}(t),\ i,j=1,\cdots,N$ 是相互独立的。

考虑到攻击者能量有限，定义 $\boldsymbol{q}_i(t)\in\mathbb{R}^n$ 是攻击者注入的错误数据。$\boldsymbol{Q}(t)=[\boldsymbol{q}_1^{\mathrm{T}}(t),\boldsymbol{q}_2^{\mathrm{T}}(t),\cdots,\boldsymbol{q}_N^{\mathrm{T}}(t)]^{\mathrm{T}}$ 满足 $\|\boldsymbol{Q}(t)\|^2\leqslant q$，其中 q 是未知的正常数。传感器 - 控制器通道错误数据注入攻击下分布式脉冲控制协议如下：

$$\boldsymbol{u}_i(t)=\sum_{k=1}^{\infty}\left[c\sum_{j=1}^{N}\left(-l_{ij}\boldsymbol{x}_j(t)+\gamma_{ij}(t)\boldsymbol{q}_i(t)\right)-cd_i(\boldsymbol{x}_i(t)-\boldsymbol{s}(t))\right]\delta(t-t_k) \tag{7-3}$$

其中，$\delta(\cdot)$ 表示 Dirac 脉冲；脉冲序列 $\{t_k\}_{k=0}^{\infty}$ 满足 $0=t_0<t_1<\cdots<$

$t_k < \cdots, \lim\limits_{k\to\infty} t_k = \infty$，$h_1 = \inf\limits_k \{t_{k+1} - t_k\}$ 和 $h_2 = \sup\limits_k \{t_{k+1} - t_k\}$，$k = 1,2,\cdots$ 满足 $0 < h_1 \leqslant h_2 < \infty$；$c$ 是耦合强度；$d_i \geqslant 0, i = 1,2,\cdots,N$ 表示牵制控制增益。若 $d_i > 0$，则表示智能体 i 能够收到领导者的信号，智能体 i 被称作牵制节点或被控节点。

注 7.2.1 在控制器 (7-3) 中，攻击者在传感器 - 控制器通道注入错误信号，影响智能体和邻居智能体之间的信息交互，从而破坏智能体间的同步性。通常，欺骗攻击在传感器 - 控制器通道中随机发生，相互独立的随机变量 $\gamma_{ij}(t)$ 描述了这一特性，$\gamma_{ij}(t)=1$ 表示智能体 i 到智能体 j 的传输通道中存在错误数据注入，$\gamma_{ij}(t)=0$ 表示该通道没有遭受欺骗攻击。由于错误数据的注入，跟随者 (7-1) 与领导者 (7-2) 无法实现精确的一致性，本节将引入均方有界一致性的概念。

定义 7.2.1（欺骗攻击下均方有界一致性）

如果存在正常数 $\rho > 0$ 和集合 C，使得对于任意 $\boldsymbol{x}_i(0), \boldsymbol{s}(0) \in \mathbb{R}^n$，当 $t \to \infty$ 时，误差信号 $\boldsymbol{e}_i(t) = \boldsymbol{x}_i(t) - \boldsymbol{s}(t)$ 在均方意义下收敛到集合 $C = \{\boldsymbol{e}(t) \in \mathbb{R}^{n\times N} \mid \mathbb{E}\{\|\boldsymbol{e}(t)\|\} < \rho\}$，其中 $\boldsymbol{e}(t) = (\boldsymbol{e}_1^{\mathrm{T}}(t), \boldsymbol{e}_2^{\mathrm{T}}(t), \cdots, \boldsymbol{e}_N^{\mathrm{T}}(t))^{\mathrm{T}}$，那么称跟随者式 (7-1) 与领导者 (7-2) 达到均方有界一致。

将控制器 (7-3) 代入式 (7-1)，则跟随者动力学方程满足：

$$\begin{cases} \dot{\boldsymbol{x}}_i(t) = \boldsymbol{A}\boldsymbol{x}_i(t) + \boldsymbol{B}\boldsymbol{f}(x_i(t)), t \neq t_k \\ \Delta \boldsymbol{x}_i(t_k) = -c\sum\limits_{j=1}^{N}(l_{ij}\boldsymbol{x}_j(t_k^-) - \gamma_{ij}(t_k)\boldsymbol{q}_i(t_k)) - cd_i(\boldsymbol{x}_i(t_k^-) - \boldsymbol{s}(t_k^-)) \end{cases} \tag{7-4}$$

其中，$\Delta \boldsymbol{x}_i(t_k) = \boldsymbol{x}_i(t_k^+) - \boldsymbol{x}_i(t_k^-)$, $\boldsymbol{x}_i(t_k) = \boldsymbol{x}_i(t_k^+) = \lim\limits_{h\to 0^+} \boldsymbol{x}_i(t_k + h)$, $\boldsymbol{x}_i(t_k^-) = \lim\limits_{h\to 0^-} \boldsymbol{x}_i(t_k + h)$, $\boldsymbol{x}(t)$ 在 $t = t_k$ 处右连续。

根据式 (7-2) 和式 (7-4)，可得误差系统动力学方程：

$$\begin{cases} \dot{\boldsymbol{e}}_i(t) = \boldsymbol{A}\boldsymbol{e}_i(t) + \boldsymbol{B}\boldsymbol{g}(\boldsymbol{e}_i(t)), t \neq t_k \\ \Delta \boldsymbol{e}_i(t_k) = -c\sum\limits_{j=1}^{N} l_{ij}\boldsymbol{e}_j(t_k^-) - cd_i\boldsymbol{e}_i(t_k^-) + c\sum\limits_{j=1}^{N}\gamma_{ij}(t_k)\boldsymbol{q}_i(t_k) \end{cases} \tag{7-5}$$

其中，$\boldsymbol{g}(\boldsymbol{e}_i(t)) = \boldsymbol{f}(\boldsymbol{e}_i(t) + \boldsymbol{s}(t)) - \boldsymbol{f}(\boldsymbol{s}(t))$。

将误差系统 (7-5) 写成矩阵形式：

$$
\begin{cases}
\dot{\boldsymbol{e}}(t)=(\boldsymbol{I}_N\otimes \boldsymbol{A})\boldsymbol{e}(t)+(\boldsymbol{I}_N\otimes \boldsymbol{B})\boldsymbol{g}(\boldsymbol{e}(t)),t\neq t_k \\
\boldsymbol{e}(t_k)=[(\boldsymbol{I}_N-c(\boldsymbol{L}+\boldsymbol{D}))\otimes \boldsymbol{I}_n]\boldsymbol{e}(t_k^-)+c[\boldsymbol{Y}(t_k)\otimes \boldsymbol{I}_n]\boldsymbol{Q}(t_k)
\end{cases} \tag{7-6}
$$

其中， $\boldsymbol{D}=\mathrm{diag}\{d_1,d_2,\cdots,d_N\},\boldsymbol{Q}(t_k)=\mathrm{diag}\{\boldsymbol{q}_1(t_k),\boldsymbol{q}_2(t_k),\cdots,\boldsymbol{q}_N(t_k)\}$ ， $\boldsymbol{Y}(t_k)=[\gamma_{ij}(t_k)]_{N\times N}$。定义 $\boldsymbol{\Pi}$ 为 $\boldsymbol{Y}(t_k)$ 的期望矩阵，满足 $\mathbb{E}[\boldsymbol{Y}(t_k)]=\boldsymbol{\Pi}$，其中：

$$
\boldsymbol{\Pi}=\begin{bmatrix} 0 & \lambda_{12} & \cdots & \lambda_{1N} \\ \lambda_{21} & 0 & \cdots & \vdots \\ \vdots & \vdots & \ddots & \vdots \\ \lambda_{N1} & \lambda_{N2} & \cdots & 0 \end{bmatrix}
$$

定理 7.2.1

在假设 7.2.1、假设 7.2.2 和假设 7.2.3 下，如果存在正定矩阵 $\boldsymbol{P}$，以及 $\alpha>0$、$\kappa>0$、$\eta>0$、$\theta>0$、$r>0$、$c>0$、$0<\mu_1<1$，使得：

$$
\boldsymbol{\Omega}_1=\begin{bmatrix} \boldsymbol{PA}+\boldsymbol{A}^{\mathrm{T}}\boldsymbol{P}+\lambda_{\max}(\boldsymbol{R}^{\mathrm{T}}\boldsymbol{R})\kappa-\alpha\boldsymbol{P} & \boldsymbol{PB} \\ \boldsymbol{B}^{\mathrm{T}}\boldsymbol{P} & -\kappa\boldsymbol{I} \end{bmatrix}<0 \tag{7-7}
$$

$$
\eta\boldsymbol{I}\leqslant\boldsymbol{P}\leqslant\theta\boldsymbol{I} \tag{7-8}
$$

$$
\frac{\ln\mu_1}{h_2}+\alpha<0 \tag{7-9}
$$

其中， $\boldsymbol{R}=(r_{ij})_{n\times n}$， 以及：

$$
\mu_1=\sigma_{\max}^2[\boldsymbol{I}_N-c(\boldsymbol{L}+\boldsymbol{D})]+\varepsilon \tag{7-10}
$$

则误差系统 (7-5) 在均方意义下收敛到：

$$
C_1=\left\{\boldsymbol{e}\in\mathbb{R}^{n\times N}\middle|\mathbb{E}\{\|\boldsymbol{e}(t)\|\}\leqslant\sqrt{\frac{m_1}{\mu_1\eta(\mathrm{e}^{-(\alpha h_1+\ln\mu)}-1)}}\right\}
$$

其中：

$$
m_1=\varepsilon^{-1}c^2q\theta\sigma_{\max}^2[\boldsymbol{\Pi}^{\mathrm{T}}(\boldsymbol{I}_N-c(\boldsymbol{L}+\boldsymbol{D})]+c^2q\theta\sigma_{\max}^2(\boldsymbol{\Pi}) \tag{7-11}
$$

证明：

选取如下李雅普诺夫函数：

$$
\boldsymbol{V}(\boldsymbol{e}(t))=\sum_{i=1}^{N}\boldsymbol{e}_i^{\mathrm{T}}(t)\boldsymbol{P}\boldsymbol{e}_i(t) \tag{7-12}
$$

定义 $\boldsymbol{V}(\boldsymbol{e}(t))$ 的无穷小算子：

$$\mathcal{L}V(\boldsymbol{e}(t)) \triangleq \lim_{\Delta\to 0^+} \frac{\mathbb{E}\{V(\boldsymbol{e}(t+\Delta)) \mid \boldsymbol{e}(t)\} - V(\boldsymbol{e}(t))}{\Delta} \tag{7-13}$$

当 $t\in[t_{k-1},t_k), k=1,2,\cdots$ 时，由式 (7-5) 可得：

$$\mathcal{L}V(\boldsymbol{e}(t)) = \sum_{i=1}^{N} \boldsymbol{e}_i^{\mathrm{T}}(t)[2\boldsymbol{P}\boldsymbol{A}\boldsymbol{e}_i(t) + 2\boldsymbol{P}\boldsymbol{B}\boldsymbol{g}(\boldsymbol{e}_i(t))] \tag{7-14}$$

根据假设 7.2.1，对于正常数 κ，有：

$$\lambda_{\max}(\boldsymbol{R}^{\mathrm{T}}\boldsymbol{R})\kappa\boldsymbol{e}_i^{\mathrm{T}}(t)\boldsymbol{e}_i(t) - \kappa\boldsymbol{g}^{\mathrm{T}}(\boldsymbol{e}_i(t))\boldsymbol{g}(\boldsymbol{e}_i(t)) \geqslant 0 \tag{7-15}$$

由式 (7-14) 和式 (7-15) 可得：

$$\mathcal{L}V(\boldsymbol{e}(t)) \leqslant \sum_{i=1}^{N}[\boldsymbol{e}_i^{\mathrm{T}}(t)(\boldsymbol{P}\boldsymbol{A}+\boldsymbol{A}^{\mathrm{T}}\boldsymbol{P})\boldsymbol{e}_i(t) + 2\boldsymbol{e}_i^{\mathrm{T}}(t)\boldsymbol{P}\boldsymbol{B}\boldsymbol{g}(\boldsymbol{e}_i(t))] \leqslant \alpha V(\boldsymbol{e}(t)) \tag{7-16}$$

对上式两边求期望，有：

$$\mathbb{E}\{\mathcal{L}V(\boldsymbol{e}(t))\} \leqslant \alpha\mathbb{E}\{V(\boldsymbol{e}(t))\} \tag{7-17}$$

所以：

$$\mathbb{E}\{V(\boldsymbol{e}(t))\} < \mathrm{e}^{\alpha(t-t_{k-1})}\mathbb{E}\{V(\boldsymbol{e}(t_{k-1}))\}, t\in[t_{k-1},t_k) \tag{7-18}$$

令：

$$\begin{aligned} \boldsymbol{M} &= [\boldsymbol{I}_N - c(\boldsymbol{L}+\boldsymbol{D})]\otimes\boldsymbol{I}_n \\ \boldsymbol{H}(t_k) &= c[\boldsymbol{Y}(t_k)\otimes\boldsymbol{I}_n]\boldsymbol{Q}(t_k) \end{aligned} \tag{7-19}$$

其中，$\boldsymbol{M}\in\mathbb{R}^{Nn\times Nn}, \boldsymbol{H}(t_k)\in\mathbb{R}^{Nn\times 1}$。由式 (7-6) 可知：

$$\boldsymbol{e}(t_k) = \boldsymbol{M}\boldsymbol{e}(t_k^-) + \boldsymbol{H}(t_k) \tag{7-20}$$

因此：

$$\begin{aligned} \mathbb{E}\{V(t_k)\} &= \mathbb{E}\{(\boldsymbol{e}^{\mathrm{T}}(t_k^-)\boldsymbol{M}^{\mathrm{T}} + \boldsymbol{H}^{\mathrm{T}}(t_k))(\boldsymbol{I}_N\otimes\boldsymbol{P})(\boldsymbol{M}\boldsymbol{e}(t_k^-)+\boldsymbol{H}(t_k))\} \\ &= \mathbb{E}\{\boldsymbol{e}^{\mathrm{T}}(t_k^-)\boldsymbol{M}^{\mathrm{T}}(\boldsymbol{I}_N\otimes\boldsymbol{P})\boldsymbol{M}\boldsymbol{e}(t_k^-) + \boldsymbol{e}^{\mathrm{T}}(t_k^-)\boldsymbol{M}^{\mathrm{T}}(\boldsymbol{I}_N\otimes\boldsymbol{P})\boldsymbol{H}(t_k) \\ &\quad + \boldsymbol{H}^{\mathrm{T}}(t_k)(\boldsymbol{I}_N\otimes\boldsymbol{P})\boldsymbol{M}\boldsymbol{e}(t_k^-) + \boldsymbol{H}^{\mathrm{T}}(t_k)(\boldsymbol{I}_N\otimes\boldsymbol{P})\boldsymbol{H}(t_k)\} \end{aligned} \tag{7-21}$$

根据式 (7-19)，可得：

$$\begin{aligned} &\mathbb{E}\{\boldsymbol{e}^{\mathrm{T}}(t_k^-)\boldsymbol{M}^{\mathrm{T}}(\boldsymbol{I}_N\otimes\boldsymbol{P})\boldsymbol{M}\boldsymbol{e}(t_k^-)\} \\ &= \mathbb{E}\{\boldsymbol{e}^{\mathrm{T}}(t_k^-)[(\boldsymbol{I}_N - c(\boldsymbol{L}+\boldsymbol{D})^{\mathrm{T}})(\boldsymbol{I}_N - c(\boldsymbol{L}+\boldsymbol{D}))\otimes\boldsymbol{P}]\boldsymbol{e}(t_k^-)\} \\ &\leqslant \sigma_{\max}^2(\boldsymbol{I}_N - c(\boldsymbol{L}+\boldsymbol{D}))\mathbb{E}\{V(t_k^-)\} \end{aligned} \tag{7-22}$$

以及：

$$\begin{aligned}&\mathbb{E}\{\boldsymbol{e}^{\mathrm{T}}(t_k^-)\boldsymbol{M}^{\mathrm{T}}(\boldsymbol{I}_N\otimes\boldsymbol{P})\boldsymbol{H}(t_k)+\boldsymbol{H}^{\mathrm{T}}(t_k)(\boldsymbol{I}_N\otimes\boldsymbol{P})\boldsymbol{M}\boldsymbol{e}(t_k^-)\}\\ \leqslant&\mathbb{E}\{\varepsilon\boldsymbol{e}^{\mathrm{T}}(t_k^-)(\boldsymbol{I}_N\otimes\boldsymbol{P})\boldsymbol{e}(t_k^-)\\ &+\varepsilon^{-1}\boldsymbol{H}^{\mathrm{T}}(t_k)(\boldsymbol{I}_N\otimes\boldsymbol{P})\boldsymbol{M}(\boldsymbol{I}_N\otimes\boldsymbol{P}^{-1})\boldsymbol{M}^{\mathrm{T}}(\boldsymbol{I}_N\otimes\boldsymbol{P})\boldsymbol{H}(t_k)\}\\ =&\mathbb{E}\{\varepsilon\boldsymbol{e}^{\mathrm{T}}(t_k^-)(\boldsymbol{I}_N\otimes\boldsymbol{P})\boldsymbol{e}(t_k^-)\}+\varepsilon^{-1}c^2\mathbb{E}\{\boldsymbol{Q}^{\mathrm{T}}(t_k)[\boldsymbol{Y}^{\mathrm{T}}(t_k)[\boldsymbol{I}_N-c(\boldsymbol{L}+\boldsymbol{D})]\\ &\times[\boldsymbol{I}_N-c(\boldsymbol{L}+\boldsymbol{D})^{\mathrm{T}}]\boldsymbol{Y}(t_k)]\otimes\boldsymbol{P}\}\boldsymbol{Q}(t_k)\}\\ \leqslant&\varepsilon\mathbb{E}\{\boldsymbol{V}(t_k^-)\}+\varepsilon^{-1}c^2q\lambda_{\max}(\boldsymbol{P})\sigma_{\max}^2[\boldsymbol{\Pi}^{\mathrm{T}}(\boldsymbol{I}_N-c(\boldsymbol{L}+\boldsymbol{D})]\end{aligned}\tag{7-23}$$

其中，ε 是正常数。另外，有：

$$\begin{aligned}&\mathbb{E}\{\boldsymbol{H}^{\mathrm{T}}(t_k)(\boldsymbol{I}_N\otimes\boldsymbol{P})\boldsymbol{H}(t_k)\}\\ &=\mathbb{E}\{c^2\boldsymbol{Q}^{\mathrm{T}}(t_k)(\boldsymbol{Y}^{\mathrm{T}}(t_k)\otimes\boldsymbol{I}_n)(\boldsymbol{I}_N\otimes\boldsymbol{P})(\boldsymbol{Y}(t_k)\otimes\boldsymbol{I}_n)\boldsymbol{Q}(t_k)\}\\ &=c^2\mathbb{E}\{\boldsymbol{Q}^{\mathrm{T}}(t_k)[\boldsymbol{Y}^{\mathrm{T}}(t_k)\boldsymbol{Y}(t_k)\otimes\boldsymbol{P}]\boldsymbol{Q}(t_k)\}\leqslant c^2q\sigma_{\max}^2(\boldsymbol{\Pi})\lambda_{\max}(\boldsymbol{P})\end{aligned}\tag{7-24}$$

结合式 (7-22) ～式 (7-24) 可得：

$$\begin{aligned}\mathbb{E}\{\boldsymbol{V}(t_k)\}\leqslant&(\sigma_{\max}^2[\boldsymbol{I}_N-c(\boldsymbol{L}+\boldsymbol{D})]+\varepsilon)\mathbb{E}\{\boldsymbol{V}(t_k^-)\}+c^2q\lambda_{\max}(\boldsymbol{P})\sigma_{\max}^2(\boldsymbol{\Pi})\\ &+\varepsilon^{-1}c^2q\lambda_{\max}(\boldsymbol{P})\sigma_{\max}^2[\boldsymbol{\Pi}^{\mathrm{T}}(\boldsymbol{I}_N-c(\boldsymbol{L}+\boldsymbol{D})]\end{aligned}\tag{7-25}$$

因此，$\mathbb{E}\{\boldsymbol{V}(t_k)\}\leqslant\mu_1\mathbb{E}\{\boldsymbol{V}(t_k^-)\}+m_1$，其中 μ_1 和 m_1 分别在式 (7-10) 和式 (7-11) 中定义。

结合式 (7-18) 可得：

$$\begin{cases}\mathbb{E}\{\boldsymbol{V}(t)\}<\mathbb{E}\{\mathrm{e}^{\alpha(t-t_{k-1})}\boldsymbol{V}(t_{k-1})\},t\in[t_{k-1},t_k)\\ \mathbb{E}\{\boldsymbol{V}(t_k)\}\leqslant\mu_1\mathbb{E}\{\boldsymbol{V}(t_k^-)\}+m_1\end{cases}\tag{7-26}$$

对于 $t\in[t_0,t_1)$，有：

$$\mathbb{E}\{\boldsymbol{V}(t_1)\}\leqslant\mu_1\mathbb{E}\{\boldsymbol{V}(t_1^-)\}+m_1\leqslant\mu_1\mathrm{e}^{\alpha(t_1-t_0)}\mathbb{E}\{\boldsymbol{V}(t_0)\}+m_1\tag{7-27}$$

当 $t\in[t_1,t_2)$ 时：

$$\begin{aligned}&\mathbb{E}\{\boldsymbol{V}(t)\}\leqslant\mathbb{E}\{\mathrm{e}^{\alpha(t-t_1)}\boldsymbol{V}(t_1)\}\leqslant\mu_1\mathrm{e}^{\alpha(t-t_0)}\mathbb{E}\{\boldsymbol{V}(t_0)\}+m_1\mathrm{e}^{\alpha(t-t_1)}\\ &\mathbb{E}\{\boldsymbol{V}(t_2^-)\}\leqslant\mu_1\mathrm{e}^{\alpha(t_2-t_0)}\mathbb{E}\{\boldsymbol{V}(t_0)\}+m_1\mathrm{e}^{\alpha(t_2-t_1)}\\ &\mathbb{E}\{\boldsymbol{V}(t_2)\}\leqslant\mu_1\mathbb{E}\{\boldsymbol{V}(t_2^-)\}+m_1\leqslant\mu_1^2\mathrm{e}^{\alpha(t_2-t_0)}\mathbb{E}\{\boldsymbol{V}(t_0)\}+\mu_1m_1\mathrm{e}^{\alpha(t_2-t_1)}+m_1\end{aligned}\tag{7-28}$$

因此，对于 $t\in[t_k,t_{k+1})$，有：

$$\begin{aligned}\mathbb{E}\{\boldsymbol{V}(\boldsymbol{e}(t))\}\leqslant&\mu_1^{\left(\frac{t-t_0}{h_2}-1\right)}\mathrm{e}^{\alpha(t-t_0)}\mathbb{E}\{\boldsymbol{V}(t_0)\}+\mu_1^{\left(\frac{t-t_0}{h_2}-2\right)}m_1\mathrm{e}^{\alpha(t-t_1)}+\cdots+m_1\mathrm{e}^{\alpha(t-t_k)}\\ \leqslant&\mu_1^{\left(\frac{t-t_0}{h_2}-1\right)}\mathrm{e}^{\alpha(t-t_0)}\mathbb{E}\{\boldsymbol{V}(t_0)\}+\mu_1^{\left(\frac{t-t_0}{h_2}-2\right)}m_1\mathrm{e}^{\alpha(t-t_0)}\mathrm{e}^{-\alpha h_1}+\cdots+m_1\mathrm{e}^{\alpha(t-t_0)}\mathrm{e}^{-\left(\frac{t-t_0}{h_2}-1\right)\alpha h_1}\end{aligned}$$

$$\leqslant \mathrm{e}^{\left(\frac{\ln\mu_1}{h_2}+\alpha\right)(t-t_0)-\ln\mu_1}\mathbb{E}\{\boldsymbol{V}(t_0)\}+\frac{m_1\mathrm{e}^{\left(\frac{\ln\mu_1}{h_2}+\alpha\right)(t-t_0)-\alpha h_1-2\ln\mu_1}-m_1\mathrm{e}^{-\ln\mu_1}}{1-\mathrm{e}^{-(\alpha h_1+\ln\mu_1)}} \tag{7-29}$$

令 $r=-(\frac{\ln\mu_1}{h_2}+\alpha)$，由式 (7-9) 可得：

$$\mathbb{E}\{\boldsymbol{V}(\boldsymbol{e}(t))\}\leqslant\frac{1}{\mu_1}\mathrm{e}^{-r(t-t_0)}\mathbb{E}\{\boldsymbol{V}(t_0)\}+\frac{m_1\mathrm{e}^{-r(t-t_0)}\mathrm{e}^{-\alpha h_1-2\ln\mu_1}}{1-\mathrm{e}^{-(\alpha h_1+\ln\mu_1)}}+\frac{m_1}{\mu_1(\mathrm{e}^{-(\alpha h_1+ln\mu_1)}-1)} \tag{7-30}$$

即：

$$\mathbb{E}\{\|\boldsymbol{e}(t)\|^2\}\leqslant\frac{1}{\eta}\mathbb{E}\{\boldsymbol{V}(\boldsymbol{e}(t))\} \tag{7-31}$$

因此，当 $t\to\infty$ 时，误差系统 (7-5) 收敛到集合 C_1。证毕。

注 7.2.2

定理 7.2.1 的参数 α 反映了智能体的稳定或不稳定程度。基于不等式 (7-9)，通过合理选择脉冲间隔 h_2 以及 μ_1 使得跟随者智能体 (7-1) 与领导者 (7-2) 实现同步。μ_1 由耦合强度 c、牵制矩阵 $\boldsymbol{D}$ 以及攻击参数 ε 决定。正常数 ε 会使 μ_1 增大，导致需设计的 h_2 更小才能使得系统同步。因此，攻击不仅影响脉冲控制序列的设计，同时通过 m_1 影响误差上界。

实际中，邻居智能体共享一个信道相互传输信息，此时网络是对称的。根据定理 7.2.1 可得到如下推论。

推论 7.2.1

在假设 7.2.1、假设 7.2.2 和假设 7.2.3 下，考虑具有对称结构的网络，如果存在正定矩阵 $\boldsymbol{P}$ 和 $\alpha>0$、$\kappa>0$、$\eta>0$、$c>0$、$\varepsilon>0$，使得式 (7-7)、式 (7-8) 和下列不等式成立：

$$1-\sqrt{1-\varepsilon}<c\lambda_{\min}(\boldsymbol{L}+\boldsymbol{D})\leqslant c\lambda_{\max}(\boldsymbol{L}+\boldsymbol{D})<1+\sqrt{1-\varepsilon} \tag{7-32}$$

$$\frac{\ln\mu_2}{h_2}+\alpha<0 \tag{7-33}$$

其中：

$$\mu_2 = \hat{\rho}^2 + \varepsilon$$

以及 $\hat{\rho} = \max\{|1 - c\lambda_{\min}(\boldsymbol{L} + \boldsymbol{D})|, |1 - c\lambda_{\max}(\boldsymbol{L} + \boldsymbol{D})|\}$ ，则误差系统(7-5)在均方意义下收敛到：

$$C_2 = \left\{ \boldsymbol{e} \in \mathbb{R}^{n \times N} \middle| \mathbb{E}\{\|\boldsymbol{e}(t)\|\} < \sqrt{\frac{m_2}{\mu_2 \eta (\mathrm{e}^{-(\alpha h_1 + \ln \mu_2)} - 1)}} \right\}$$

其中， $m_2 = c^2 q \theta \rho^2(\boldsymbol{\Pi})(\varepsilon^{-1}\hat{\rho}^2 + 1)$ 。

证明：

根据本章参考文献 [18]，易得矩阵 $\boldsymbol{L} + \boldsymbol{D}$ 的所有特征值都是正的。因此，对于 $i = 1, 2, \cdots, N$ 有：

$$1 - c\lambda_{\max}(\boldsymbol{L} + \boldsymbol{D}) \leqslant 1 - c\lambda_i(\boldsymbol{L} + \boldsymbol{D}) \leqslant 1 - c\lambda_{\min}(\boldsymbol{L} + \boldsymbol{D})$$

其中， $\lambda_i(\boldsymbol{L} + \boldsymbol{D})$ 是特征值且有 $\lambda_1(\boldsymbol{L} + \boldsymbol{D}) = \lambda_{\min}(\boldsymbol{L} + \boldsymbol{D}), \lambda_N(\boldsymbol{L} + \boldsymbol{D}) = \lambda_{\max}(\boldsymbol{L} + \boldsymbol{D})$ 。

由式 (7-32) 可得：

$$-\sqrt{1 - \varepsilon} \leqslant 1 - c\lambda_i(L + D) \leqslant \sqrt{1 - \varepsilon}$$

因此 $\sigma_{\max}^2[\boldsymbol{I}_N - c(\boldsymbol{L} + \boldsymbol{D})] = \rho^2[\boldsymbol{I}_N - c(\boldsymbol{L} + \boldsymbol{D})] < 1 - \varepsilon$。参见定理 7.2.1 中 μ_1 的定义， $0 < \mu_1 < 1$ 。

另外，由

$$\sigma_{\max}[\boldsymbol{I}_N - c(\boldsymbol{L} + \boldsymbol{D})] = \rho[\boldsymbol{I}_N - c(\boldsymbol{L} + \boldsymbol{D})] = \hat{\rho}$$

可得 $\sigma_{\max}^2[\boldsymbol{\Pi}^{\mathrm{T}}(\boldsymbol{I}_N - c(\boldsymbol{L} + \boldsymbol{D})] \leqslant \sigma_{\max}^2(\boldsymbol{\Pi})\sigma_{\max}^2(\boldsymbol{I}_N - c(\boldsymbol{L} + \boldsymbol{D}))$ 。根据定理 7.2.1，可以得到相应结论。证毕。

当每个通道的攻击概率相同时，上述结论可以进一步简化。值得注意的是，尽管假设所有的通道被攻击的概率相同，不代表所有通道被同时攻击。

推论 7.2.2

在假设 7.2.1、假设 7.2.2 和假设 7.2.3 下，考虑具有对称结构的网络，如果存在正定矩阵 $\boldsymbol{P}$ 和常数 $\alpha > 0$、$\kappa > 0$、$\eta > 0$、$c > 0$、$\varepsilon > 0$, 使得式 (7-7)、式 (7-8)、式 (7-32) 和式 (7-33) 成立，其中 $\hat{\rho} = \max\{|1 - c\lambda_{\min}(\boldsymbol{L} + \boldsymbol{D})|, |1 - c\lambda_{\max}(\boldsymbol{L} + \boldsymbol{D})|\}$，则误差系统 (7-5) 在均方意义下收敛到：

$$C_3 = \left\{ \boldsymbol{e} \in \mathbb{R}^{n\times N} \middle| \mathbb{E}\{\|\boldsymbol{e}(t)\|\} < \sqrt{\frac{m_3}{\mu_2 \eta (\mathrm{e}^{-(\alpha h_1 + \ln \mu_2)} - 1)}} \right\}$$

其中，$m_3 = c^2 q\theta \left(\max\limits_{i=1,2,\cdots,N} \{\mathrm{Degin}(i)\} \right)^2 (\varepsilon^{-1}\hat{\rho}^2 + 1)$。

证明：

定义 $c_{ij} = 1, (j,i) \in \mathcal{E}$，否则 $c_{ij} = 0$。令 $\mathrm{Degin}(i)$、$\mathrm{Degout}(i)$ 表示第 i 个智能体的入度和出度，即 $\mathrm{Degin}(i) = \sum_{j=1}^{N} c_{ij}$，$\mathrm{Degout}(i) = \sum_{j=1}^{N} c_{ji}$。由于考虑的是对称网络，有 $\mathrm{Degin}(i) = \mathrm{Degout}(i)$。

如果每个通道有相同的攻击概率，假设 $\lambda_{ij} = \beta$，则：

$$\boldsymbol{\Pi} = \beta \begin{bmatrix} 0 & c_{12} & \cdots & c_{1N} \\ c_{21} & 0 & \cdots & \vdots \\ \vdots & \vdots & \ddots & \vdots \\ c_{N1} & c_{N2} & \cdots & 0 \end{bmatrix}$$

根据圆盘定理，$\lambda_k(\boldsymbol{\Pi})$ 属于集合 $\bigcup\limits_{i=1}^{N} \left\{ z \,\|\, z| \leqslant \sum_{j=1}^{N} c_{ij} \right\}$。因此，$|\lambda_k(\boldsymbol{\Pi})| \leqslant \max_i \{\mathrm{Degin}(i)\}$，所以有 $\rho(\boldsymbol{\Pi}) \leqslant \max_i \{\mathrm{Degin}(i)\}, k = 1,2,\cdots,N$。根据推论 7.2.1，推论 7.2.2 成立。证毕。

注 7.2.3　从推论 7.2.2 中可以看出，当 $\lambda_{ij}(k) = \beta$ 时，即每个通道遭受欺骗攻击的概率相同，网络拓扑对误差上界 C_3 有不小的影响。一方面，c 和 $\boldsymbol{D}$ 的合理选择可以保证一个较小的 $\hat{\rho}$，由此，$\mathrm{e}^{-(\alpha h_1 + \ln \mu_2)} - 1$ 将变大，误差上界将会变小；另一方面，入度较小的网络比较有利于实现一致，否则 m_3 将会很大，导致更大的误差上界。

7.2.3 控制器 - 执行器通道欺骗攻击下多智能体系统的脉冲一致性

考虑如图 7-2 所示错误数据注入控制器 - 执行器通道。如果攻击成功，那么执行器收到的控制信号将被错误注入数据代替，即：

$$\hat{\boldsymbol{u}}_i(t)=\begin{cases}\sum_{k=1}^{\infty}\boldsymbol{\xi}_i(t)\boldsymbol{\delta}\left(t-t_k\right), & \text{攻击成功}\\ \boldsymbol{u}_i(t), & \text{其他}\end{cases}$$

其中：

$$\boldsymbol{u}_i(t)=c\sum_{k=1}^{\infty}\left[-\sum_{j=1}^{N}l_{ij}\boldsymbol{x}_j(t)-d_i(\boldsymbol{x}_i(t)-\boldsymbol{s}(t))\right]\boldsymbol{\delta}(t-t_k)$$

有关参数的定义与式 (7-3) 相同，$\boldsymbol{\xi}_i(t)$ 为错误注入数据。

假设 $\beta_i(t)$ 是取 0 或 1 的伯努利变量，满足：

$$\mathrm{Prob}\{\beta_i(t)=1\}=\bar{\beta}$$

$$\mathrm{Prob}\{\beta_i(t)=0\}=1-\bar{\beta},i=1,2,\cdots,N$$

其中，$\bar{\beta}\in[0,1]$ 为已知常数。

$$\mathrm{Prob}\{\beta_i(t_k)=1\}=\bar{\beta}$$

$$\mathrm{Prob}\{\beta_i(t_k)=0\}=1-\bar{\beta},i=1,2,\cdots,N$$

其中，$\beta_i(t_k),i=1,\cdots,N$ 是相互独立的，即满足假设 7.2.4。

假设 7.2.4

随机变量 $\beta_i(t_k),i=1,\cdots,N$ 是相互独立的。

基于以上分析，可得攻击下实际分布式脉冲控制信号：

$$\begin{aligned}\hat{\boldsymbol{u}}_i(t)=c\sum_{k=1}^{\infty}\Bigg[&(-\sum_{j=1}^{N}l_{ij}\boldsymbol{x}_j(t)-d_i(\boldsymbol{x}_i(t)-\boldsymbol{s}(t)))+\\&\beta_i(t)(\boldsymbol{\xi}_i(t)-(-\sum_{j=1}^{N}l_{ij}\boldsymbol{x}_j(t)-d_i(\boldsymbol{x}_i(t)-\boldsymbol{s}(t))))\Bigg]\boldsymbol{\delta}(t-t_k)\end{aligned}\tag{7-34}$$

则在控制器 - 执行器通道错误数据注入攻击下多智能体系统满足：

$$\begin{cases}\dot{\boldsymbol{x}}_i(t)=\boldsymbol{A}\boldsymbol{x}_i(t)+\boldsymbol{B}\boldsymbol{f}(\boldsymbol{x}_i(t)),t\neq t_k\\ \Delta\boldsymbol{x}_i(t_k)=\beta_i(t_k)\boldsymbol{\xi}_i(t_k)+c(1-\beta_i(t_k))[-\sum_{j=1}^{N}l_{ij}\boldsymbol{x}_j(t_k^-)-d_i(\boldsymbol{x}_i(t_k^-)-\boldsymbol{s}(t_k^-))]\end{cases}\tag{7-35}$$

其中，$\Delta\boldsymbol{x}_i(t_k)=\boldsymbol{x}_i(t_k^+)-\boldsymbol{x}_i(t_k^-)$。

定义误差信号 $\boldsymbol{e}_i(t)=\boldsymbol{x}_i(t)-\boldsymbol{s}(t)$，则误差系统可以描述为：

$$\begin{cases}\dot{\boldsymbol{e}}_i(t)=\boldsymbol{A}\boldsymbol{e}_i(t)+\boldsymbol{B}\boldsymbol{g}(\boldsymbol{e}_i(t)),t\neq t_k\\ \Delta\boldsymbol{e}_i(t_k)=\beta_i(t_k)\boldsymbol{\xi}_i(t_k)+c(1-\beta_i(t_k))[-\sum_{j=1}^{N}l_{ij}\boldsymbol{e}_j(t_k^-)-d_i\boldsymbol{e}_i(t_k^-))]\end{cases}\tag{7-36}$$

其中，$\boldsymbol{g}(\boldsymbol{e}_i(t))=\boldsymbol{f}(\boldsymbol{e}_i(t)+\boldsymbol{s}(t))-\boldsymbol{f}(\boldsymbol{s}(t))$。

为了方便分析，将 $t=t_k$ 时的误差系统写成克罗内克积的形式：

$$\boldsymbol{e}(t_k)=[(\boldsymbol{I}_N-c\boldsymbol{H})\otimes\boldsymbol{I}_n+c\boldsymbol{\Lambda}(t_k)\boldsymbol{H}\otimes\boldsymbol{I}_n]\boldsymbol{e}(t_k^-)+(\boldsymbol{\Lambda}(t_k)\otimes\boldsymbol{I}_n)\boldsymbol{\xi}(t_k) \tag{7-37}$$

其中，$\boldsymbol{e}(t)=(\boldsymbol{e}_1^{\mathrm{T}}(t),\boldsymbol{e}_2^{\mathrm{T}}(t),\cdots,\boldsymbol{e}_N^{\mathrm{T}}(t))^{\mathrm{T}}$；$\boldsymbol{H}=\boldsymbol{L}+\boldsymbol{D}$，$\boldsymbol{D}=\mathrm{diag}\{d_1,d_2,\cdots,d_N\}$ 是牵制矩阵；$\boldsymbol{\Lambda}(t_k)=\mathrm{diag}\{\beta_1(t_k),\beta_2(t_k),\cdots,\beta_N(t_k)\}\in\mathbb{R}^{N\times N}$；$\boldsymbol{\xi}(t_k)=[\boldsymbol{\xi}_1^{\mathrm{T}}(t_k),\boldsymbol{\xi}_2^{\mathrm{T}}(t_k),\cdots,\boldsymbol{\xi}_N^{\mathrm{T}}(t_k)]^{\mathrm{T}}$，且满足 $\|\boldsymbol{\xi}(t_k)\|^2\leqslant\xi$，$\xi$ 为已知正实数。

定理 7.2.2

在假设 7.2.1、假设 7.2.2 和假设 7.2.4 下，如果存在正定矩阵 $\boldsymbol{P}$，正常数 α、η、θ、γ、c、ε，使得：

$$\begin{bmatrix}\boldsymbol{PA}+\boldsymbol{A}^{\mathrm{T}}\boldsymbol{P}+\lambda_{\max}(\boldsymbol{R}^{\mathrm{T}}\boldsymbol{R})\gamma\boldsymbol{I}-\alpha\boldsymbol{P} & \boldsymbol{PB}\\ \boldsymbol{B}^{\mathrm{T}}\boldsymbol{P} & -\gamma\boldsymbol{I}\end{bmatrix}<0 \tag{7-38}$$

$$\eta\boldsymbol{I}\leqslant\boldsymbol{P}\leqslant\theta\boldsymbol{I} \tag{7-39}$$

$$0<\mu<1 \tag{7-40}$$

$$\frac{\ln\mu}{h_2}+\alpha<0 \tag{7-41}$$

其中，$i=1,2,\cdots,N$，$\boldsymbol{R}=(r_{ij})_{n\times n}$，以及：

$$\mu=\rho(\boldsymbol{I}_N-c(1-\bar{\beta})(\boldsymbol{H}+\boldsymbol{H}^{\mathrm{T}})+c^2(1-\bar{\beta})\boldsymbol{H}^{\mathrm{T}}\boldsymbol{H})+\bar{\beta}\varepsilon \tag{7-42}$$

则误差系统(7-36)在均方意义下指数收敛到：

$$C_4=\left\{\boldsymbol{e}(t)\in\mathbb{R}^{n\times N}\mid\mathbb{E}\{\|\boldsymbol{e}(t)\|\}\leqslant\sqrt{\frac{m}{\eta(\mathrm{e}^{-\alpha h_2}-\mu)}}\right\}$$

其中，$m=\bar{\beta}\theta\xi(\varepsilon^{-1}+1)$。

证明：

选取如下李雅普诺夫函数：

$$\boldsymbol{V}(\boldsymbol{e}(t))=\sum_{i=1}^{N}\boldsymbol{e}_i^{\mathrm{T}}(t)\boldsymbol{P}\boldsymbol{e}_i(t) \tag{7-43}$$

对于 $t\in[t_{k-1},t_k),k=1,2,\cdots$，由式 (7-5) 可得：

$$\mathcal{L}\boldsymbol{V}(\boldsymbol{e}(t))=\sum_{i=1}^{N}\boldsymbol{e}_i^{\mathrm{T}}(t)[2\boldsymbol{PA}\boldsymbol{e}_i(t)+2\boldsymbol{PB}\boldsymbol{g}(\boldsymbol{e}_i(t))] \tag{7-44}$$

根据假设 7.2.1，对于正常数 γ，有：

$$\lambda_{\max}(\boldsymbol{R}^{\mathrm{T}}\boldsymbol{R})\gamma\boldsymbol{e}_i^{\mathrm{T}}(t)\boldsymbol{e}_i(t)-\gamma\boldsymbol{g}^{\mathrm{T}}(\boldsymbol{e}_i(t))\boldsymbol{g}(\boldsymbol{e}_i(t))\geqslant 0 \tag{7-45}$$

由式 (7-38) 和式 (7-44) 可得：

$$\mathcal{L}\boldsymbol{V}(\boldsymbol{e}(t))\leqslant\sum_{i=1}^{N}[\boldsymbol{e}_i^{\mathrm{T}}(t)(\boldsymbol{PA}+\boldsymbol{A}^{\mathrm{T}}\boldsymbol{P})\boldsymbol{e}_i(t)+2\boldsymbol{e}_i^{\mathrm{T}}(t)\boldsymbol{PBg}(\boldsymbol{e}_i(t))]\leqslant\alpha\boldsymbol{V}(\boldsymbol{e}(t)) \tag{7-46}$$

从而：

$$\mathbb{E}\{\mathcal{L}\boldsymbol{V}(\boldsymbol{e}(t))\}\leqslant\alpha\mathbb{E}\{\boldsymbol{V}(\boldsymbol{e}(t))\} \tag{7-47}$$

因此：

$$\mathbb{E}\{\boldsymbol{V}(\boldsymbol{e}(t))\}\leqslant \mathrm{e}^{\alpha(t-t_{k-1})}\mathbb{E}\{\boldsymbol{V}(\boldsymbol{e}(t_{k-1}))\},t\in[t_{k-1},t_k) \tag{7-48}$$

当 $t=t_k$ 时，令 $\boldsymbol{M}(t_k)=(\boldsymbol{I}_N-c\boldsymbol{H}+c\boldsymbol{\Lambda}(t_k)\boldsymbol{H})\otimes\boldsymbol{I}_n,\boldsymbol{G}(t_k)=(\boldsymbol{\Lambda}(t_k)\otimes\boldsymbol{I}_n)\boldsymbol{\xi}(t_k)$，有：

$$\begin{aligned}\mathbb{E}\{\boldsymbol{V}(t_k^+)\}&=\mathbb{E}\{\boldsymbol{e}^{\mathrm{T}}(t_k)(\boldsymbol{I}_N\otimes\boldsymbol{P})\boldsymbol{e}(t_k)\}\\&=\mathbb{E}\{\boldsymbol{e}^{\mathrm{T}}(t_k^-)\boldsymbol{M}^{\mathrm{T}}(t_k)(\boldsymbol{I}_N\otimes\boldsymbol{P})\boldsymbol{M}(t_k)\boldsymbol{e}(t_k^-)\\&\quad+\boldsymbol{e}^{\mathrm{T}}(t_k^-)\boldsymbol{M}^{\mathrm{T}}(t_k)(\boldsymbol{I}_N\otimes\boldsymbol{P})\boldsymbol{G}(t_k)\\&\quad+\boldsymbol{G}^{\mathrm{T}}(t_k)(\boldsymbol{I}_N\otimes\boldsymbol{P})\boldsymbol{M}(t_k)\boldsymbol{e}(t_k^-)+\boldsymbol{G}^{\mathrm{T}}(t_k)(\boldsymbol{I}_N\otimes\boldsymbol{P})\boldsymbol{G}(t_k)\}\end{aligned} \tag{7-49}$$

考虑 $\mathbb{E}\{\boldsymbol{V}(t_k^+)\}$ 中的四项，将 $\boldsymbol{M}(t_k)$、$\boldsymbol{G}(t_k)$ 展开代入式 (7-49) 分别得到：

$$\begin{aligned}&\mathbb{E}\{\boldsymbol{e}^{\mathrm{T}}(t_k^-)\boldsymbol{M}^{\mathrm{T}}(t_k)(\boldsymbol{I}_N\otimes\boldsymbol{P})\boldsymbol{M}(t_k)\boldsymbol{e}(t_k^-)\}\\&=\mathbb{E}\{\boldsymbol{e}^{\mathrm{T}}(t_k^-)[(\boldsymbol{I}_N-c\boldsymbol{H}^{\mathrm{T}})(\boldsymbol{I}_N-c\boldsymbol{H})\otimes\boldsymbol{P}+c\boldsymbol{H}^{\mathrm{T}}\boldsymbol{\Lambda}^{\mathrm{T}}(t_k)(\boldsymbol{I}_N-c\boldsymbol{H})\otimes\boldsymbol{P}\\&\quad+(\boldsymbol{I}_N-c\boldsymbol{H}^{\mathrm{T}})c\boldsymbol{\Lambda}(t_k)\boldsymbol{H}\otimes\boldsymbol{P}+c^2\boldsymbol{H}^{\mathrm{T}}\boldsymbol{\Lambda}^{\mathrm{T}}(t_k)\boldsymbol{\Lambda}(t_k)\boldsymbol{H}\otimes\boldsymbol{P}]\boldsymbol{e}(t_k^-)\}\\&\leqslant\rho(\boldsymbol{I}_N-c(1-\bar{\beta})(\boldsymbol{H}+\boldsymbol{H}^{\mathrm{T}})+c^2(1-\bar{\beta})\boldsymbol{H}^{\mathrm{T}}\boldsymbol{H})\mathbb{E}\{\boldsymbol{V}(t_k^-)\}\end{aligned} \tag{7-50}$$

和：

$$\begin{aligned}&\mathbb{E}\{\boldsymbol{e}^{\mathrm{T}}(t_k^-)\boldsymbol{M}^{\mathrm{T}}(t_k)(\boldsymbol{I}_N\otimes\boldsymbol{P})\boldsymbol{G}(t_k)+\boldsymbol{G}^{\mathrm{T}}(t_k)(\boldsymbol{I}_N\otimes\boldsymbol{P})\boldsymbol{M}(t_k)\boldsymbol{e}(t_k^-)\}\\&=\mathbb{E}\{\boldsymbol{e}^{\mathrm{T}}(t_k^-)[(\boldsymbol{I}_N-c\boldsymbol{H}+c\boldsymbol{\Lambda}(t_k)\boldsymbol{H})^{\mathrm{T}}\boldsymbol{\Lambda}(t_k)\otimes\boldsymbol{P}]\boldsymbol{\xi}(t_k)\\&\quad+\boldsymbol{\xi}^{\mathrm{T}}(t_k)[\boldsymbol{\Lambda}^{\mathrm{T}}(t_k)(\boldsymbol{I}_N-c\boldsymbol{H}+c\boldsymbol{\Lambda}(t_k)\boldsymbol{H})\otimes\boldsymbol{P}]\boldsymbol{e}(t_k^-)\}\\&=2\bar{\beta}\mathbb{E}\{\boldsymbol{e}^{\mathrm{T}}(t_k^-)(\boldsymbol{I}_N\otimes\boldsymbol{P})\boldsymbol{\xi}(t_k^-)\}\\&\leqslant\bar{\beta}\mathbb{E}\{\varepsilon\boldsymbol{e}^{\mathrm{T}}(t_k^-)(\boldsymbol{I}_N\otimes\boldsymbol{P})\boldsymbol{e}(t_k^-)+\varepsilon^{-1}\boldsymbol{\xi}^{\mathrm{T}}(t_k)(\boldsymbol{I}_N\otimes\boldsymbol{P})\boldsymbol{\xi}(t_k)\}\\&\leqslant\bar{\beta}\varepsilon\mathbb{E}\{\boldsymbol{V}(t_k^-)\}+\bar{\beta}\varepsilon^{-1}\theta\xi\end{aligned} \tag{7-51}$$

以及：

$$\begin{aligned}&\mathbb{E}\{\boldsymbol{G}^{\mathrm{T}}(t_k)(\boldsymbol{I}_N\otimes\boldsymbol{P})\boldsymbol{G}(t_k)\}\\&=\mathbb{E}\{\boldsymbol{\xi}^{\mathrm{T}}(t_k)(\boldsymbol{\Lambda}^{\mathrm{T}}(t_k)\boldsymbol{\Lambda}(t_k)\otimes\boldsymbol{P})\boldsymbol{\xi}(t_k)\}\leqslant\bar{\beta}\lambda_{\max}(\boldsymbol{P})\xi\leqslant\bar{\beta}\theta\xi\end{aligned}\tag{7-52}$$

将式 (7-50) ～式 (7-52) 代入式 (7-49) 可得：

$$\begin{aligned}\mathbb{E}\left\{\boldsymbol{V}\left(t_k^+\right)\right\}&\leqslant\left\{\rho\left(\boldsymbol{I}_N-c(1-\bar{\beta})\left(\boldsymbol{H}+\boldsymbol{H}^{\mathrm{T}}\right)+c^2(1-\bar{\beta})\boldsymbol{H}^{\mathrm{T}}\boldsymbol{H}\right)\right.\\&\quad\left.+\bar{\beta}\varepsilon\right\}\mathbb{E}\left\{\boldsymbol{V}\left(t_k^-\right)\right\}+\bar{\beta}\theta\xi\left(\varepsilon^{-1}+1\right)\\&\leqslant\mu\mathbb{E}\left\{\boldsymbol{V}\left(t_k^-\right)\right\}+m\end{aligned}\tag{7-53}$$

结合式 (7-48) 和式 (7-53)，有：

$$\begin{cases}\mathbb{E}\{\boldsymbol{V}(t)\}\leqslant\mathbb{E}\{\mathrm{e}^{\alpha(t-t_0)}\boldsymbol{V}(t_0)\}\\\mathbb{E}\{\boldsymbol{V}(t_k^+)\}\leqslant\mu\mathbb{E}\{\boldsymbol{V}(t_k^-)\}+m\end{cases}\tag{7-54}$$

对于 $t\in[t_0,t_1)$，有：

$$\mathbb{E}\{\boldsymbol{V}(t_1)\}\leqslant\mu\mathbb{E}\{\boldsymbol{V}(t_1^-)\}+m\leqslant\mu\mathrm{e}^{\alpha(t_1-t_0)}\mathbb{E}\{\boldsymbol{V}(t_0)\}+m\tag{7-55}$$

而对于 $t\in[t_1,t_2)$，有：

$$\mathbb{E}\{\boldsymbol{V}(t)\}\leqslant\mathbb{E}\{\mathrm{e}^{\alpha(t-t_1)}\boldsymbol{V}(t_1)\}\leqslant\mu\mathrm{e}^{\alpha(t-t_0)}\mathbb{E}\{\boldsymbol{V}(t_0)\}+m\mathrm{e}^{\alpha(t-t_1)}\tag{7-56}$$

$$\mathbb{E}\{\boldsymbol{V}(t_2)\}\leqslant\mu\mathbb{E}\{\boldsymbol{V}(t_2^-)\}+m\leqslant\mu^2\mathrm{e}^{\alpha(t_2-t_0)}\mathbb{E}\{\boldsymbol{V}(t_0)\}+\mu m\mathrm{e}^{\alpha(t_2-t_1)}+m\tag{7-57}$$

因此，对于 $t\in[t_k,t_{k+1})$，可得：

$$\begin{aligned}\mathbb{E}\{\boldsymbol{V}(\boldsymbol{e}(t))\}&\leqslant\mu^k\mathrm{e}^{\alpha(t-t_0)}\mathbb{E}\{\boldsymbol{V}(t_0)\}+\mu^{(k-1)}m\mathrm{e}^{\alpha(t-t_1)}+\mu^{(k-2)}m\mathrm{e}^{\alpha(t-t_2)}+\cdots+m\mathrm{e}^{\alpha(t-t_k)}\\&\leqslant\mu^k\mathrm{e}^{\alpha(t-t_0)}\mathbb{E}\{\boldsymbol{V}(t_0)\}+\frac{m\mathrm{e}^{\alpha h_2}-m\mathrm{e}^{\alpha h_2}\mathrm{e}^{(\alpha h_2+\ln\mu)k}}{1-\mu\mathrm{e}^{\alpha h_2}}\end{aligned}\tag{7-58}$$

注意到 $k\leqslant\dfrac{t-t_0}{h_2}-1$。令 $r=-\left(\dfrac{\ln\mu}{h_2}+\alpha\right)$，根据式 (7-41)，有：

$$\mathbb{E}\{\boldsymbol{V}(\boldsymbol{e}(t))\}\leqslant\frac{1}{\mu}\mathrm{e}^{-r(t-t_0)}\mathbb{E}\{\boldsymbol{V}(t_0)\}+\frac{m\mathrm{e}^{-\ln\mu}\mathrm{e}^{-r(t-t_0)}}{1-\mu\mathrm{e}^{\alpha h_2}}+\frac{m}{\mathrm{e}^{-\alpha h_2}-\mu}\tag{7-59}$$

由于 r 是正常数，有：

$$\mathbb{E}\{\|\boldsymbol{e}(t)\|^2\}\leqslant\frac{1}{\eta}\mathbb{E}\{\boldsymbol{V}(\boldsymbol{e}(t))\}\tag{7-60}$$

可知当 $t\to\infty$，误差信号 $\boldsymbol{e}(t)$ 在均方意义下指数收敛到集合 C_4，收敛率为 $\dfrac{r}{2}$。证毕。

推论 7.2.3

在假设 7.2.1、假设 7.2.2 和假设 7.2.4 下，考虑具有对称结构的网络。如果存在正定矩阵 $\boldsymbol{P}$，正常数 α、η、θ、γ、c、ε，使得式 (7-38)、式 (7-39) 和下列不等式成立：

$$0<\mu_1<1 \tag{7-61}$$

$$\frac{\ln\mu_1}{h_2}+\alpha<0 \tag{7-62}$$

其中：

$$\mu_1=(1-\bar{\beta})\hat{\rho}^2+\bar{\beta}+\bar{\beta}\varepsilon$$

和 $\hat{\rho}=\max\{|1-c\lambda_1|,|1-c\lambda_N|\}$，$\lambda_1=\lambda_{\min}(\boldsymbol{H})$，$\lambda_N=\lambda_{\max}(\boldsymbol{H})$，则误差系统(7-36)在均方意义下指数收敛到：

$$C_5=\left\{\boldsymbol{e}(t)\in\mathbb{R}^{n\times N}\mid\mathbb{E}\{\|\boldsymbol{e}(t)\|\}\leqslant\sqrt{\frac{m}{\eta(\mathrm{e}^{-\alpha h_2}-\mu_1)}}\right\}$$

其中，m 与定理 7.2.2 中的相同。

证明：

根据假设 7.2.2，$c\boldsymbol{H}$ 和 $(\boldsymbol{I}_N-c\boldsymbol{H})$ 是对阵矩阵，所以有：

$$\begin{aligned}&\rho(\boldsymbol{I}_N-c(1-\bar{\beta})(\boldsymbol{H}+\boldsymbol{H}^{\mathrm{T}})+c^2(1-\bar{\beta})\boldsymbol{H}^{\mathrm{T}}\boldsymbol{H})\\&=\max_{i=1,2,\cdots,N}|1-2c(1-\bar{\beta})\lambda_i+c^2(1-\bar{\beta})\lambda_i^2|\\&=\max_{i=1,2,\cdots,N}|(1-\bar{\beta})(c\lambda_i-1)^2+\bar{\beta}|\\&=(1-\bar{\beta})\hat{\rho}^2+\bar{\beta}\end{aligned} \tag{7-63}$$

根据式 (7-61)，μ 满足 $0<\mu\leqslant\mu_1<1$。类似于定理 7.2.2 的证明，可得到均方有界一致的结论。证毕。

注 7.2.4

在 7.2.2 节中，错误数据被注入传感器－控制器通道，导致在设计脉冲控制器时，错误数据通过边的形式注入系统。在本节中，脉冲控制信号被替换为错误注入数据，等效为基于节点的攻击。与 7.2.2 节的结果相比，网络拓扑的调节参数 μ 不同。本节中攻击概率不仅影响误差上界，还影响脉冲参数 μ，因此，在设计脉冲间隔和耦合强度时，必须考虑攻击概率 $\bar{\beta}$ 的影响。而 7.2.2 节中攻击概率 $\bar{\beta}$ 仅影响误差上界。

为了在控制器 - 执行器通道或控制器的错误数据注入攻击下实现均方有界同步，给出了如下关于攻击概率 $\bar{\beta}$ 的约束。

推论 7.2.4

在假设 7.2.1、假设 7.2.2 和假设 7.2.4 下，考虑具有对称结构的网络，如果存在正定矩阵 $\boldsymbol{P}$，正常数 α、η、θ、γ、c、ε，使得式 (7-38)、式 (7-39) 和下列不等式成立：

$$0<\bar{\beta}<\frac{1-\hat{\rho}^2}{1+\varepsilon-\hat{\rho}^2} \tag{7-64}$$

$$0<h_2<-\frac{\ln((1-\bar{\beta})\hat{\rho}^2+\bar{\beta}+\bar{\beta}\varepsilon)}{\alpha} \tag{7-65}$$

则误差系统 (7-36) 在均方意义下指数收敛到 C_5，其中 m 与定理 7.2.2 中的相同。

证明：

根据式 (7-64)，很容易得到式 (7-61)。另外，由式 (7-65) 可得：

$$\left(1-\bar{\beta}\right)\hat{\rho}^2+\bar{\beta}+\bar{\beta}\varepsilon<\mathrm{e}^{-\alpha h_2} \tag{7-66}$$

即：

$$\mu_1<\mathrm{e}^{-\alpha h_2} \tag{7-67}$$

所以，$\mu<\mathrm{e}^{-\alpha h_2}$ 保证了式 (7-62) 的成立。根据推论 7.2.3，结论成立。证毕。

注 7.2.5　由推论 7.2.3 可知，当多智能体系统具有对称网络结构时，可以得到一个形式较为简洁的 μ_1，其与 $c\boldsymbol{H}$ 和 $(\boldsymbol{I}_N-c\boldsymbol{H})$ 的谱半径及攻击概率 $\bar{\beta}$ 相关。推论 7.2.4 给出了当网络参数先确定时，对攻击概率和脉冲频率的约束。该推论提供了针对一定攻击概率的脉冲间隔设计方法。

最后，将讨论网络参数的设计，得到如下结论。

推论 7.2.5

在假设 7.2.1、假设 7.2.2 和假设 7.2.4 下，考虑具有对称结构的网络。

如果存在正定矩阵 $\boldsymbol{P}$，正常数 α、η、θ、γ、c、ε，使得式 (7-38)、式 (7-39) 和下列不等式成立：

$$\mathrm{e}^{-\alpha h_2}-\bar{\beta}-\bar{\beta}\varepsilon>0 \tag{7-68}$$

$$1-\sqrt{\frac{\mathrm{e}^{-\alpha h_2}-\bar{\beta}-\bar{\beta}\varepsilon}{1-\bar{\beta}}}<c\lambda_i<1+\sqrt{\frac{\mathrm{e}^{-\alpha h_2}-\bar{\beta}-\bar{\beta}\varepsilon}{1-\bar{\beta}}} \tag{7-69}$$

则误差系统(7-36)在均方意义下指数收敛到 C_5，其中 m 与定理7.2.2中的相同。

证明：

根据式 (7-69)，可得：

$$\hat{\rho}^2<\frac{\mathrm{e}^{-\alpha h_2}-\bar{\beta}-\bar{\beta}\varepsilon}{1-\bar{\beta}} \tag{7-70}$$

其等价于：

$$(1-\bar{\beta})\hat{\rho}^2+\bar{\beta}+\bar{\beta}\varepsilon<\mathrm{e}^{-\alpha h_2}$$

根据推论 7.2.3，可得均方有界一致的结论。证毕。

7.2.4 数值仿真

例 7.2.1 传感器－控制器通道错误数据注入攻击

考虑一个领导者和 4 个跟随者的多智能体系统，动力学方程为：

$$\dot{\boldsymbol{x}}_i(t)=\boldsymbol{A}\boldsymbol{x}_i(t)+\boldsymbol{B}\boldsymbol{f}(\boldsymbol{x}_i(t))+\boldsymbol{u}_i(t)$$

其中，$\boldsymbol{x}_i(t)=\left[\boldsymbol{x}_{i1}(t),\boldsymbol{x}_{i2}(t),\boldsymbol{x}_{i3}(t)\right]^{\mathrm{T}}\in\mathbb{R}^3$ 是智能体 i 的状态，且：

$$\boldsymbol{A}=\begin{bmatrix}-1.2 & 2 & 0\\ 2 & -1.2 & 0\\ 4 & 0 & -1.2\end{bmatrix},\quad \boldsymbol{B}=\begin{bmatrix}1.16 & -1.5 & -1.5\\ -1.5 & 1.16 & -2.0\\ -1.2 & 2.0 & 1.16\end{bmatrix}$$

非线性函数为 $\boldsymbol{f}_i(\boldsymbol{x}(t))=\left[\tanh(x_{i1}(t)),\tanh(x_{i2}(t)),\tanh(x_{i3}(t))\right]^{\mathrm{T}}$，$\boldsymbol{u}_i(t)$ 取式 (7-3) 的形式。图 7-3 展示了领导者的运动轨迹。

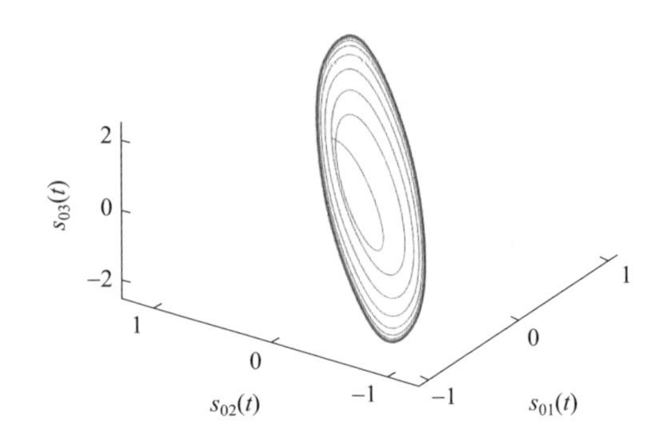

图 7-3 领导者的运动轨迹

情况一： 非对称网络拓扑的情况。

选取如下拉普拉斯矩阵：

$$\boldsymbol{L}=\begin{bmatrix} 2 & 0 & -1 & -1 \\ 0 & 1 & -1 & 0 \\ 0 & -1 & 1 & 0 \\ -1 & -1 & 0 & 2 \end{bmatrix}$$

令 $\boldsymbol{D}=\mathrm{diag}\{0,3,2,0\}$，即两个智能体被牵制控制。根据式 (7-10) 选择 $c=0.3,\varepsilon=0.01$，由此可得 $\sigma_{\max}^{2}(\boldsymbol{I}_N-c(\boldsymbol{L}+\boldsymbol{D}))=0.5951$, $\mu_1=0.6051$ 。解广义特征值问题式 (7-7) 得到 $\alpha=6.8534$， $\dfrac{\lambda_{\max}(\boldsymbol{P})}{\lambda_{\min}(\boldsymbol{P})}=4.86$ 。根据式 (7-9) 可得 $h_2<0.0163$ 。选择脉冲间隔 $h_1=h_2=0.016$，由攻击特性 $q=0.2$ 和

$$\boldsymbol{\Pi}=\begin{bmatrix} 0 & 0 & 0.6 & 0.2 \\ 0 & 0 & 0.2 & 0 \\ 0 & 0.4 & 0 & 0 \\ 0.4 & 0.6 & 0 & 0 \end{bmatrix}$$

可以求得 $\sigma_{\max}^{2}(\boldsymbol{\Pi})=0.648$ 。基于定理7.2.1，误差上界为1.6512。图7-4为4个智能体第一维状态分量的演化曲线，图7-5展示了4个智能体第一维误差分量 $e_{i1}(t),i=1,2,3,4$ 的演化曲线，可以看出由于网络攻击的发生，智能体之间的状态误差不为0。图7-6展示了 $\|\boldsymbol{e}(t)\|$ 的演化曲线。从图中可以看出，理论误差上界接近实际仿真结果。

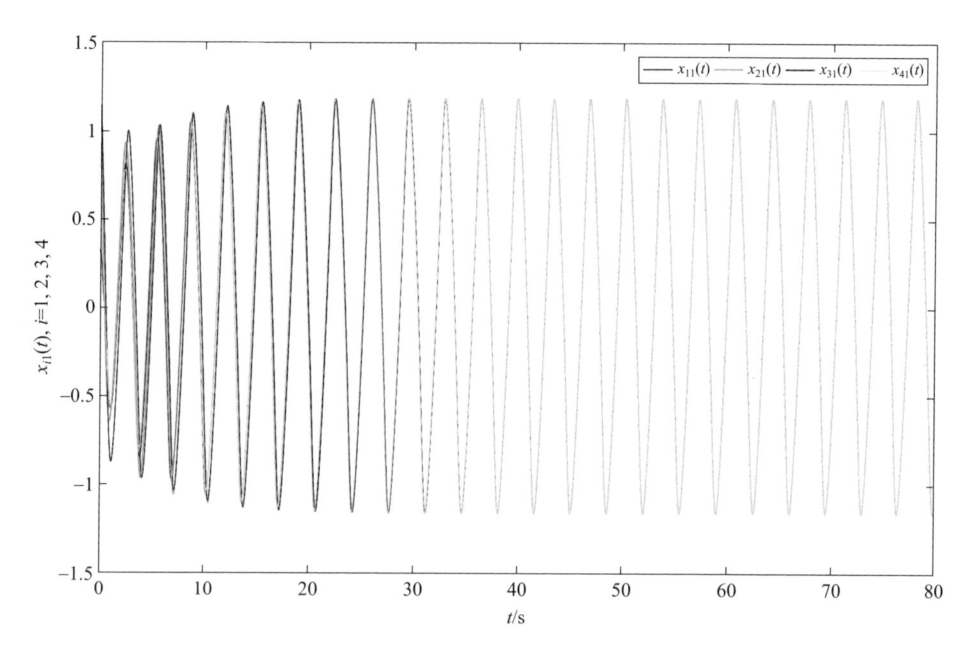

图 7-4　分布式脉冲控制协议 (7-3) 下智能体第一维状态分量的演化曲线：非对称网络

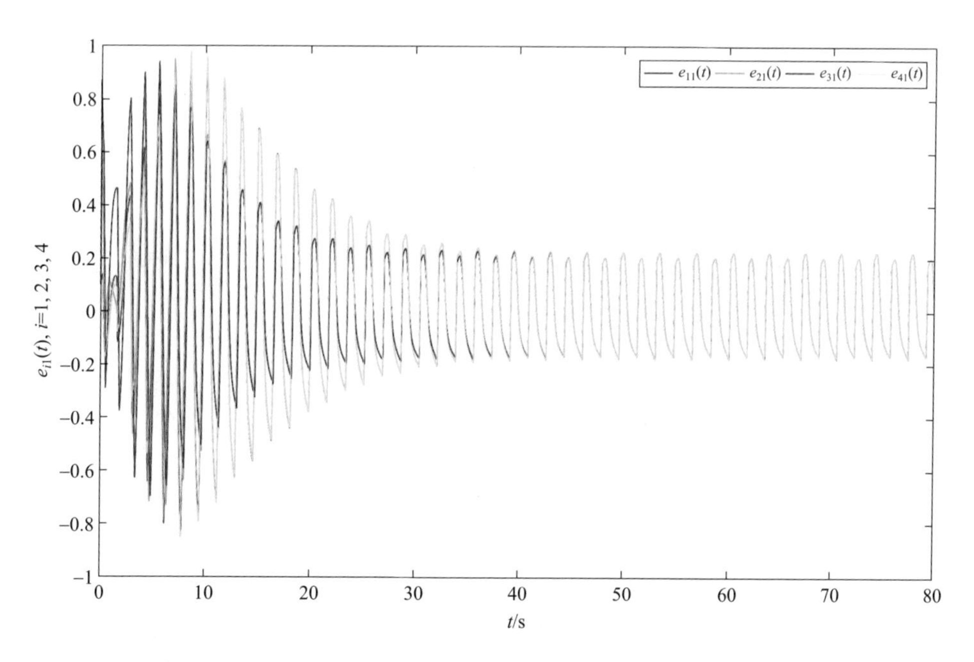

图 7-5　分布式脉冲控制协议 (7-3) 下智能体第一维误差分量的演化曲线：非对称网络

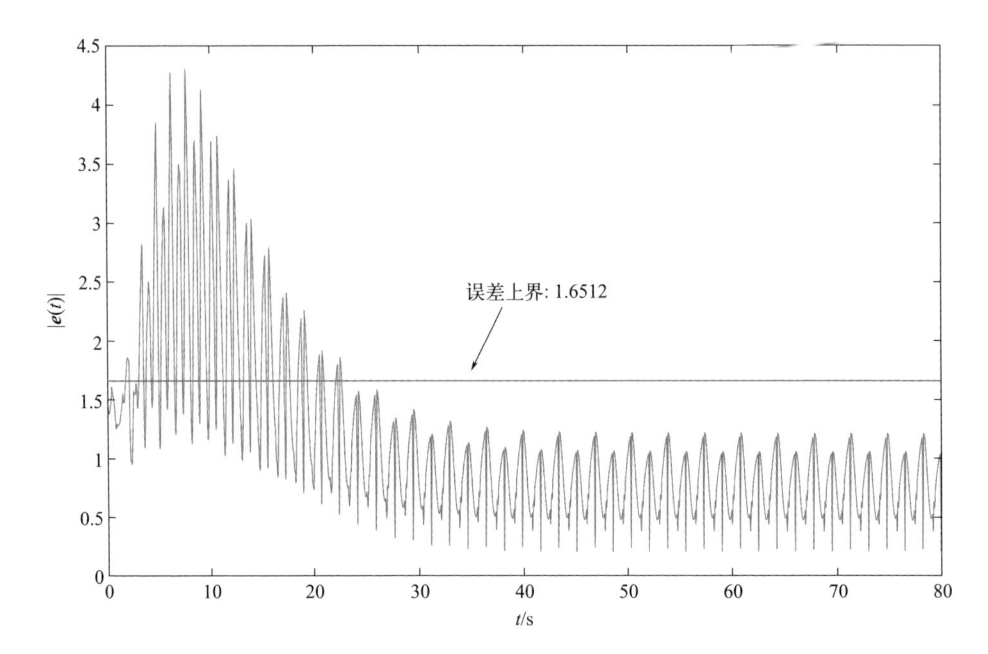

图 7-6 分布式脉冲控制协议 (7-3) 下误差信号 $\|\boldsymbol{e}(t)\|$ 的演化曲线：非对称网络

情况二： 对称网络拓扑的情况。

选取如下拉普拉斯矩阵：

$$\boldsymbol{L}=\begin{bmatrix} 2 & 0 & -1 & -1 \\ 0 & 1 & -1 & 0 \\ -1 & -1 & 2 & 0 \\ -1 & -1 & 0 & 2 \end{bmatrix}$$

令 $\boldsymbol{D}=\mathrm{diag}\{0,0,2,0\}$，即只有一个智能体被牵制控制。通过计算可得 $\lambda_1=0.2509$，$\lambda_N=4.6855$。解广义特征值问题式 (7-7) 得到 $\alpha=6.8534,\ \dfrac{\lambda_{\max}(\boldsymbol{P})}{\lambda_{\min}(\boldsymbol{P})}=4.86$。设定 $c=0.4,\varepsilon=0.05$，可得 $h<0.031$。取 $h_1=h_2=0.03$，考虑 $q=0.2$ 和：

$$\boldsymbol{\Pi}=\begin{bmatrix} 0 & 0 & 0.4 & 0.4 \\ 0 & 0 & 0.4 & 0 \\ 0.4 & 0.4 & 0 & 0 \\ 0.4 & 0.4 & 0 & 0 \end{bmatrix}$$

计算可得 $\sigma_{\max}^2(\boldsymbol{\Pi})=0.4189$，误差上界为1.6262。图7-7展示了4个智能体第一维状态分量的演化曲线，图7-8展示了第一维误差分量的演化曲

线，图7-9给出了跟随者与领导者的误差信号$\|\boldsymbol{e}(t)\|$的演化曲线。

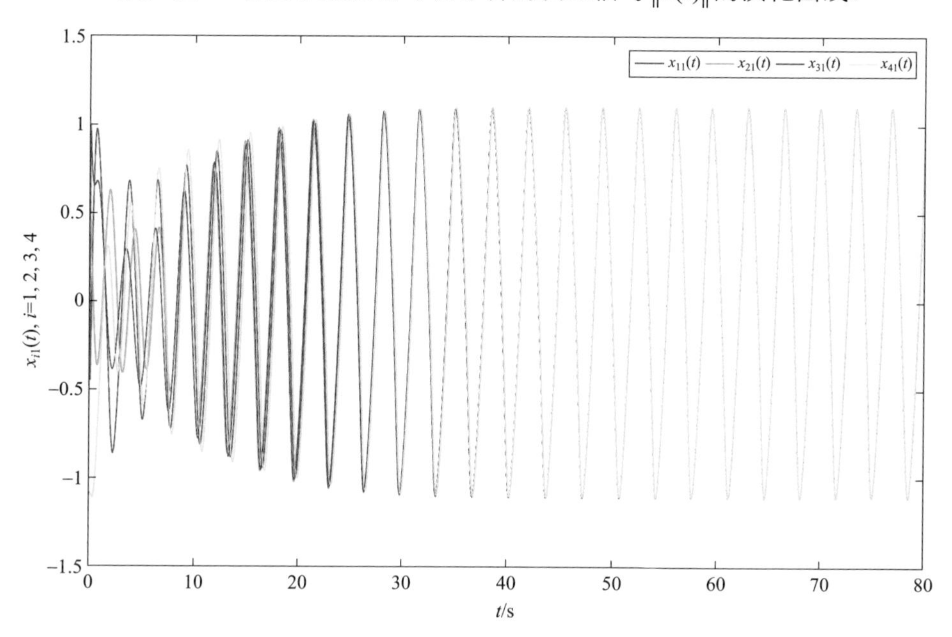

图 7-7 分布式脉冲控制协议 (7-3) 下智能体第一维状态分量的演化曲线：对称网络

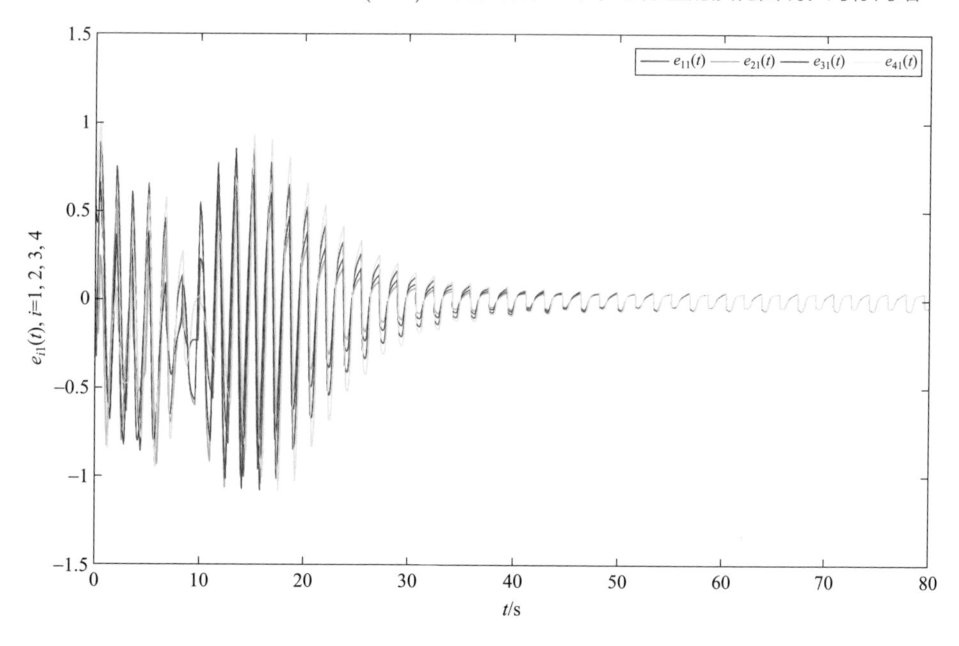

图 7-8 分布式脉冲控制协议 (7-3) 下智能体第一维误差分量的演化曲线：对称网络

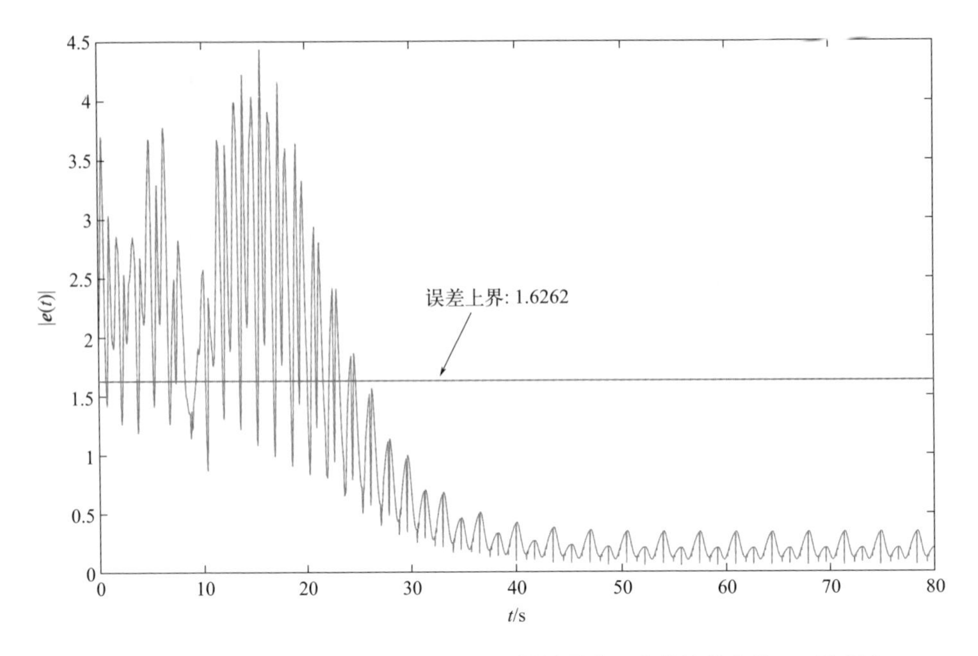

图 7-9　分布式脉冲控制协议 (7-3) 下误差信号 $\|e(t)\|$ 的演化曲线：对称网络

例 7.2.2　控制器到执行器通道错误数据注入攻击

考虑有 4 个跟随者的多智能体系统，系统描述形式如式 (7-1) 所示，其中：

$$\boldsymbol{A}=\begin{bmatrix}0 & -1/2\\ 1/2 & 0\end{bmatrix},\quad \boldsymbol{B}=\begin{bmatrix}-1/2 & 0\\ 0 & 1/2\end{bmatrix}$$

非线性函数 $\boldsymbol{f}_i(\boldsymbol{x}(t))=(-\sin(x_{i1}(t))-0.5\sin(x_{i2}(t)),0.5\sin(x_{i1}(t))+\sin(x_{i2}(t)))^{\mathrm{T}}$。

情况一： 非对称网络拓扑的情况。

图 7-10 为网络拓扑结构，智能体 2 和智能体 3 被领导者牵制即 $\boldsymbol{D}=\mathrm{diag}\{0,3,2,0\}$。通过计算，可得 $\lambda_1=1$，$\lambda_N=4.6180$。

假设攻击概率 $\bar{\beta}=0.1$，攻击强度 $\xi=0.1$。根据定理 7.2.2，求解广义特征值问题式 (7-38) 得 $\alpha=0.0968$，$\theta/\eta=1$。选择脉冲间隔 $h_1=h_2=0.01$。根据式 (7-41)，为了得到较小的误差上界，选择耦合强

度 $c=0.38$， $\varepsilon=0.87$，则 $\mu=0.657$ 以及误差上界为 0.359。图 7-11 展示了跟随者智能体及领导者的状态的演化曲线，图 7-12 是跟随者及领导者第一维误差分量的演化曲线。为了验证系统实现了均方有界一致，这里进行了 100 次仿真并计算了 $\|\boldsymbol{e}^{(i)}(t)\|,(i=1,2,\cdots,100)$ 的平均值，用 e_{average} 表示。图 7-13 展示了跟随者与领导者实际误差的演化曲线和理论误差上界，显示了理论结果的有效性。

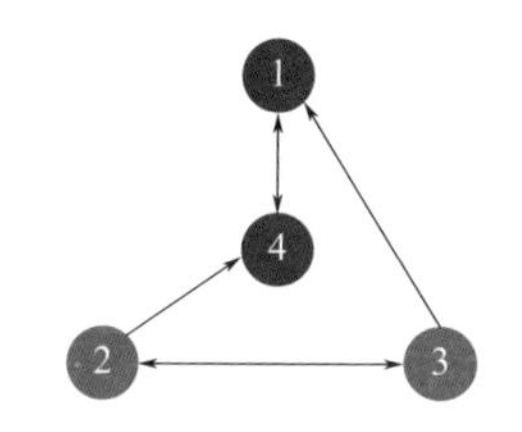

图 7-10　非对称网络拓扑结构图

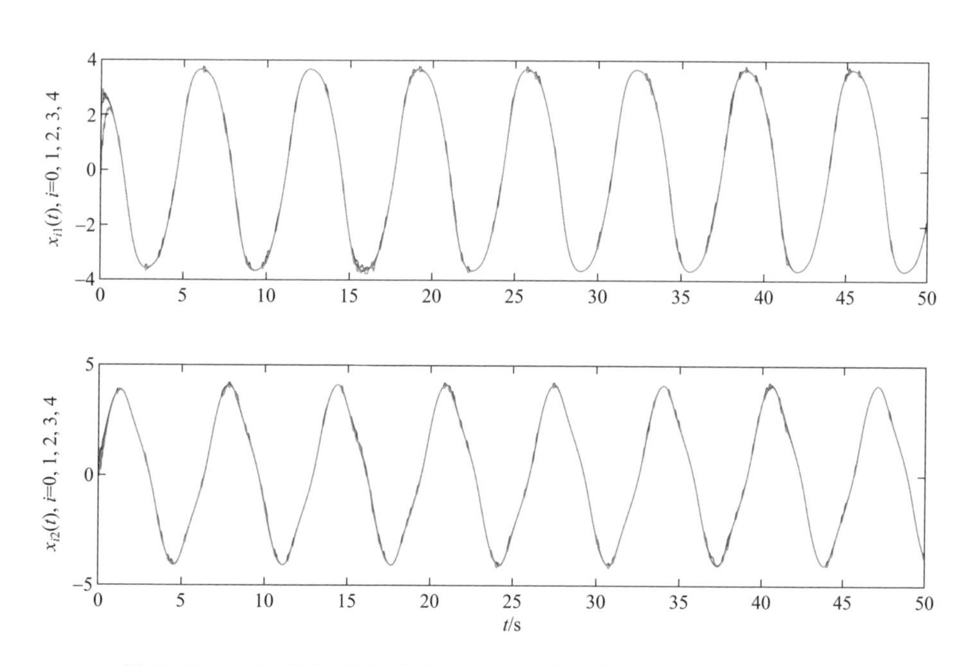

图 7-11　分布式脉冲控制协议 (7-34) 下状态的演化曲线：非对称网络

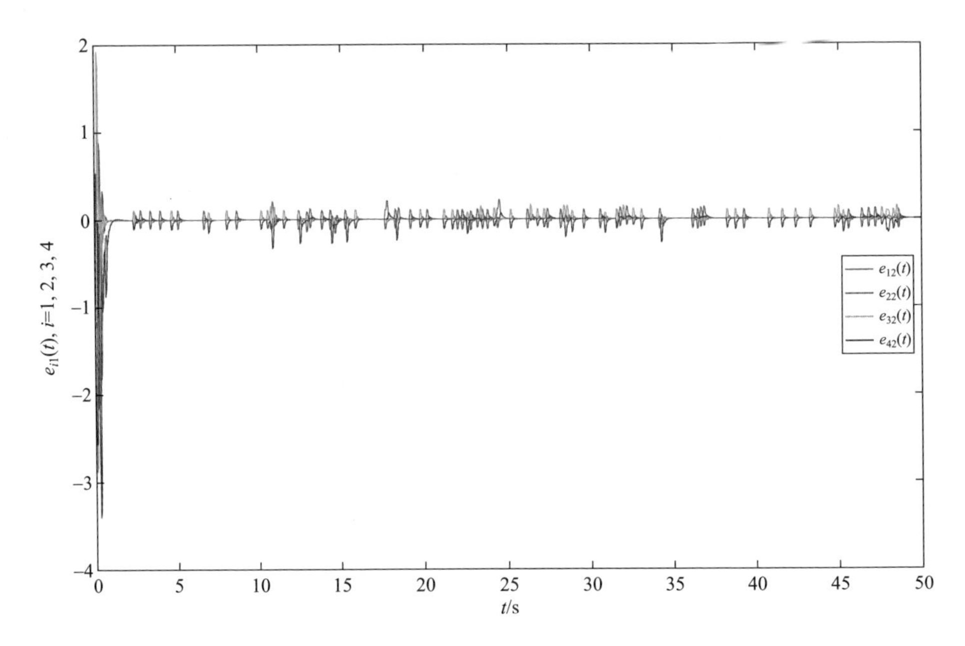

图 7-12　分布式脉冲控制协议 (7-34) 下跟随者智能体及领导者第一维误差分量的演化曲线：非对称网络

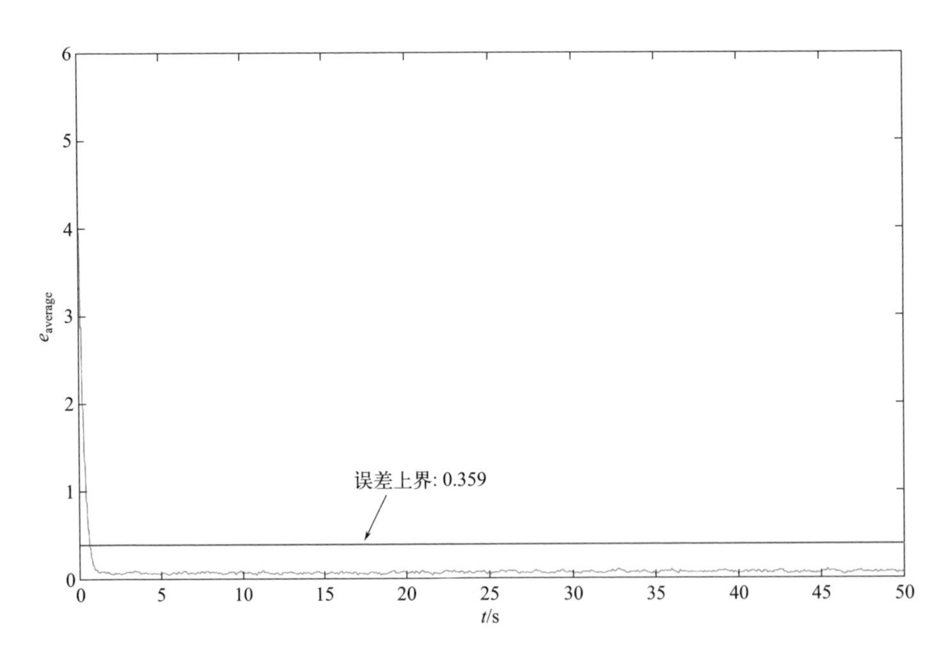

图 7-13　分布式脉冲控制协议 (7-34) 下平均误差 e_{average} 的演化曲线：非对称网络

情况二： 对称网络拓扑的情况。

图 7-14 为多智能体系统的网络拓扑结构图。通过求解广义特征值问题式 (7-38) 得到 $\alpha=1.0001$，$\dfrac{\theta}{\eta}=1$。取与情况一相同的攻击参数 $\bar{\beta}=0.1, \xi=0.1$。令 $h_1=h_2=0.01$，参数 $\varepsilon=0.1$。根据推论 7.2.5 计算可得 $0.115<c\lambda_i<1.885$，这意味着当选择牵制策略时，$c(\boldsymbol{L}+\boldsymbol{D})$ 的特征值应该在 $(0.115,1.885)$ 之间。当智能体 1 和 3 被选为牵制智能体，且取 $\boldsymbol{D}$=diag{2,0,2,0} 时，经过计算可得 λ_1=0.5858，$\lambda_N=5.2361$。则耦合强度 $0.2<c<0.36$，因此可以选择 $c=0.34$。根据推论 7.2.5 计算可得 $\mu_1=0.7747$，误差上界为 0.389。

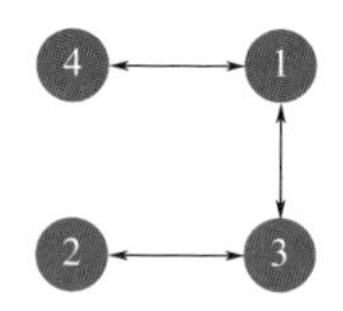

图 7-14　对称网络拓扑结构图

图 7-15 展示了跟随者智能体及领导者第一维误差分量的演化曲线，

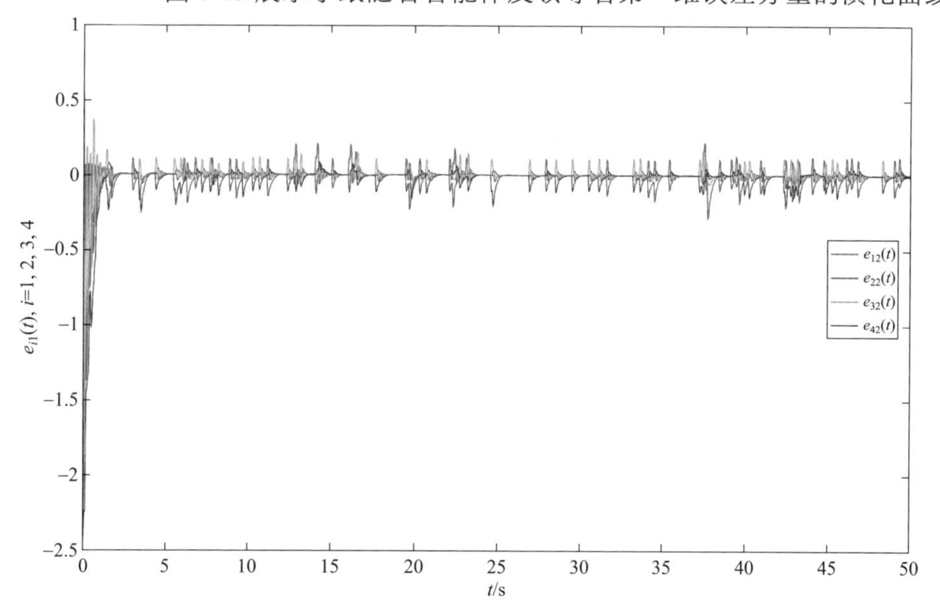

图 7-15　分布式脉冲控制协议 (7-34) 下跟随者智能体及领导者第一维误差分量的演化曲线：对称网络

类似于情况一，此处进行了 100 次仿真并计算了 $\left\|\boldsymbol{e}^{(i)}(t)\right\|,(i=1,2,\cdots,100)$ 的平均值。图 7-16 展示了跟随者与领导者实际误差的演化曲线和理论误差上界。

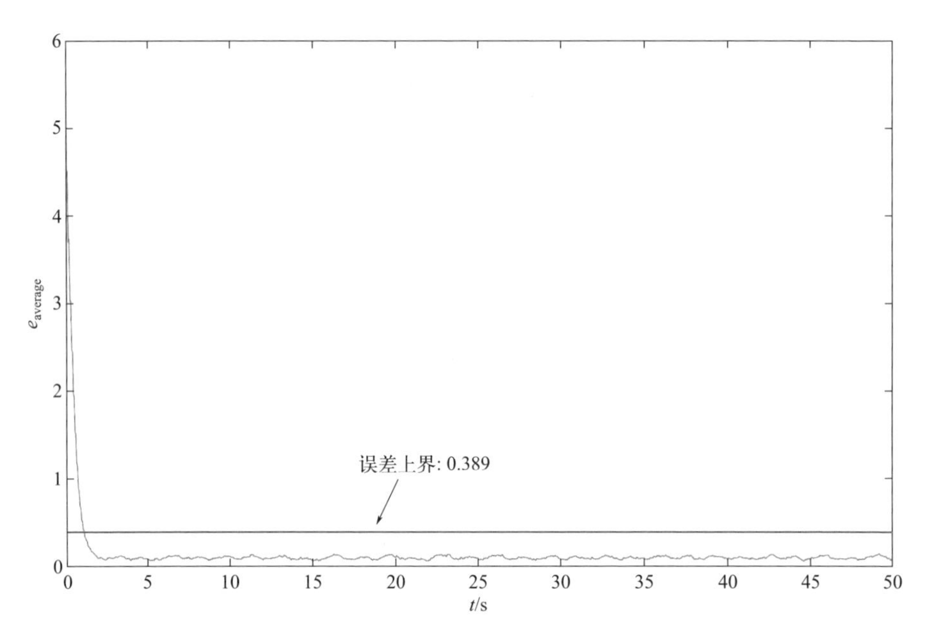

图 7-16 分布式脉冲控制协议 (7-34) 下系统平均误差 e_{average} 的演化曲线：对称网络

7.3 序列式缩放攻击下多智能体系统的动态事件触发一致性

7.3.1 模型描述

7.3.1.1 线性多智能体系统模型

考虑包含 1 个领导者

$$\dot{\boldsymbol{x}}_0(t)=\boldsymbol{A}\boldsymbol{x}_0(t) \tag{7-71}$$

和N个跟随者

$$\dot{\boldsymbol{x}}_i(t)=\boldsymbol{A}\boldsymbol{x}_i(t)+\boldsymbol{B}\boldsymbol{u}_i(t),\quad i\in\mathbb{N} \tag{7-72}$$

的领导者-跟随多智能体系统。其中，$\boldsymbol{x}_0(t)\in\mathbb{R}^n$表示领导者的状态；$\boldsymbol{x}_i(t)\in\mathbb{R}^n$为跟随智能体$i$的状态，$i=1,2,\cdots,N$；$\boldsymbol{u}_i(t)\in\mathbb{R}^m$是智能体$i$的控制输入；$\boldsymbol{A}\in\mathbb{R}^{n\times n}$和$\boldsymbol{B}\in\mathbb{R}^{n\times m}$是两个常数矩阵。

假设 7.3.1

矩阵对$(\boldsymbol{A},\boldsymbol{B})$是可镇定的。

假设 7.3.2

对于多智能体系统 (7-71) 和 (7-72)，其通信拓扑包含一个以领导者为根的有向生成树，子图是无向图。首先定义组合测量变量为：

$$\boldsymbol{q}_i(t)=\sum_{j=1}^{N}a_{ij}\left(\boldsymbol{x}_j(t)-\boldsymbol{x}_i(t)\right)+d_i\left(\boldsymbol{x}_0(t)-\boldsymbol{x}_i(t)\right) \tag{7-73}$$

设计如下智能体 i 的分布式控制协议：

$$\boldsymbol{u}_i(t)=\boldsymbol{K}\boldsymbol{q}_i\left(t_k^i\right),\quad t\in[t_k^i,t_{k+1}^i) \tag{7-74}$$

其中，t_k^i 是智能体 i 的第 k 次触发时刻，触发时刻由触发函数决定。

基于组合测量的定义，定义测量误差为：

$$\boldsymbol{e}_i(t)=\boldsymbol{q}_i\left(t_k^i\right)-\boldsymbol{q}_i(t) \tag{7-75}$$

令 $\boldsymbol{x}(t)=\left[\boldsymbol{x}_1^{\mathrm{T}}(t),\boldsymbol{x}_2^{\mathrm{T}}(t),\cdots,\boldsymbol{x}_N^{\mathrm{T}}(t)\right]^{\mathrm{T}}$，$\boldsymbol{q}(t_k)=\left[\boldsymbol{q}_1^{\mathrm{T}}(t_k^1),\boldsymbol{q}_2^{\mathrm{T}}(t_k^2),\cdots,\boldsymbol{q}_N^{\mathrm{T}}(t_k^N)\right]^{\mathrm{T}}$，将式 (7-74) 代入式 (7-72) 并将其写为矩阵表达形式：

$$\dot{\boldsymbol{x}}(t)=(\boldsymbol{I}_N\otimes\boldsymbol{A})\boldsymbol{x}(t)+(\boldsymbol{I}_N\otimes\boldsymbol{BK})\boldsymbol{q}(t_k) \tag{7-76}$$

$\boldsymbol{\delta}_i(t)=\boldsymbol{x}_i(t)-\boldsymbol{x}_0(t)$ 表示智能体 i 和领导者之间的状态误差，定义$\boldsymbol{\delta}(t)=\left[\boldsymbol{\delta}_1^{\mathrm{T}}(t),\boldsymbol{\delta}_2^{\mathrm{T}}(t),\cdots,\boldsymbol{\delta}_N^{\mathrm{T}}(t)\right]^{\mathrm{T}}$，则：

$$\dot{\boldsymbol{\delta}}(t)=(\boldsymbol{I}_N\otimes\boldsymbol{A})\boldsymbol{\delta}(t)+(\boldsymbol{I}_N\otimes\boldsymbol{BK})\boldsymbol{q}(t_k) \tag{7-77}$$

那么多智能体系统 (7-71) 和 (7-72) 所示的领导者 - 跟随一致性问题被转化为了误差系统 (7-77) 所示的稳定性问题。

7.3.1.2　序列式缩放欺骗攻击

缩放攻击会放大或缩小原始数据的值，即如果 $s(t)$ 是信道中传输的原始数据，则该信道受到缩放攻击后，数据将被篡改为 $\mu s(t)$，其中 μ 表示攻击缩放因子，满足 $0 \leqslant \mu < 1$ 或 $\mu > 1$。本节假设攻击发动在传感器 - 控制器信道。控制器接收到的组合测量值可以进一步描述为：

$$\bar{\boldsymbol{q}}_i\left(t_k^i\right)=\begin{cases}\boldsymbol{q}_i\left(t_k^i\right), & \text{信道 } i \text{ 没有受到攻击} \\ \mu\boldsymbol{q}_i\left(t_k^i\right), & \text{信道 } i \text{ 受到了攻击}\end{cases} \tag{7-78}$$

缩放攻击下事件触发控制多智能体系统结构如图 7-17 所示。

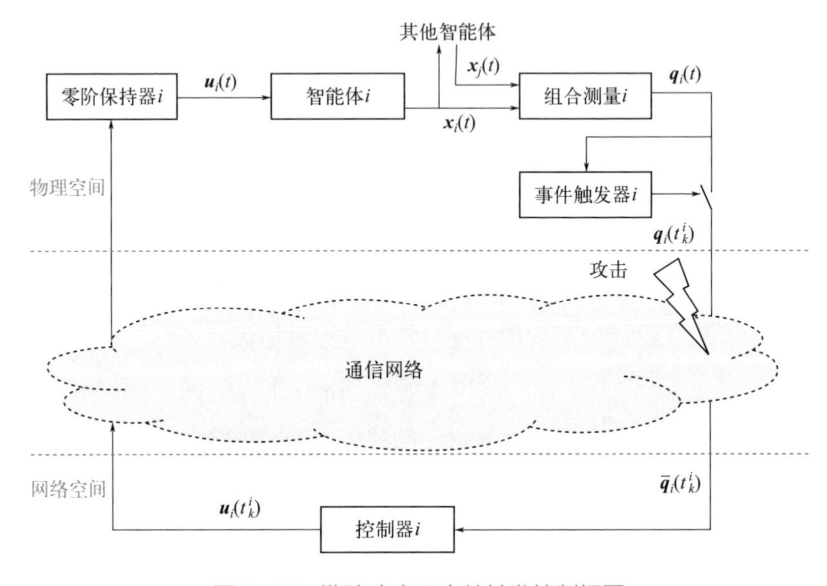

图 7-17　欺骗攻击下事件触发控制框图

为了描述攻击的时间序列，令 T_{A_j} 表示攻击的发动时刻序列，每次攻击会持续一段时间 τ_j，则在区间 $\left[T_{A_j}, T_{A_j}+\tau_j\right)$ 中，系统持续受到了攻击。攻击者将在下次攻击前保持休眠状态。定义 $\Psi_{\text{att}}(j)=\left[T_{A_j}, T_{A_j}+\tau_j\right)$ 为第 j 次攻击区间，$\Psi_{\text{safe}}(j)=\left[T_{A_j}+\tau_j, T_{A_j+1}\right)$ 是第 j 次攻击对应的休眠区间。在时间段 $\left[t_0, t\right)$ 上攻击时间表示为 $\Xi\left(t_0, t\right)=\Psi_{\text{att}}(j) \cap\left[t_0, t\right)$。

本节给出刻画攻击时间序列的攻击持续时间和攻击频率。

假设 7.3.3（攻击持续时间）

对于 $\forall t \geqslant t_0 \geqslant 0$，攻击持续时间满足：

$$\left|\Xi\left(t_0, t\right)\right| \leqslant \mathcal{T}_0+\tau_0\left(t-t_0\right) \tag{7-79}$$

其中，$\mathcal{T} \geqslant 0$ 且 $0<\tau_0<1$。

假设 7.3.4（攻击频率）

对于 $\forall t \geqslant t_0 \geqslant 0$，令 $F\left(t_0,t\right)$ 表示区间 $\left[t_0,t\right)$ 中的攻击发动次数，其满足：

$$F\left(t_0,t\right) \leqslant \mathcal{F}_0 + f_0(t-t_0) \tag{7-80}$$

其中，$\mathcal{F}_0 \geqslant 0$ 且 $f_0>0$。

从图 7-18 可以看出，攻击者只能篡改触发时所传输的数据，攻击对系统的实际影响时间需要考虑事件触发序列的影响。为了方便描述攻击序列和触发序列之间的关系，首先将所有智能体的触发序列进行合并。令时间序列 $\left\{T_k\right\}$ 代表合并后的序列，将所有触发序列 $\left\{t_k^i\right\}$ 中的触发时刻按照时间排序合并入这个序列，即：$\left\{T_k\right\}=\{t_k^i \mid i \in \mathbb{N}, k \in \mathbb{N}^+\}$ 且 $T_0<T_1<T_2<\cdots<T_k<T_{k+1}<\cdots$。序列中每个时刻 T_k 至少有一个智能体进行了触发且在 $\left(T_k, T_{k+1}\right)$ 之间没有任何智能体发生触发。图 7-18 给出了触发序列和攻击区间之间的关系。此处，给出成功攻击的定义：一次成功的攻击代表在其持续时间内，至少有一个智能体的一次触发传输数据受到了攻击，即对于 $\forall j, \exists T_{\mathrm{a}} \in \left\{T_k\right\}$，使得 $T_{\mathrm{a}} \in \left[T_{A_j}, T_{A_j}+\tau_j\right)$。

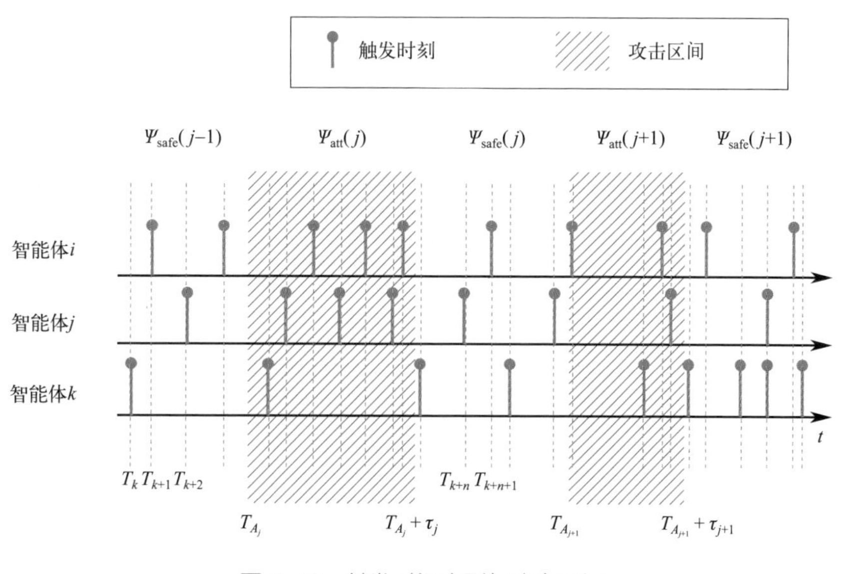

图 7-18　触发时间序列与攻击区间

假设 7.3.5

本节中每次发动的攻击均为成功攻击。

假设攻击者 $\Psi_{\text{att}}(j)=\left[T_{A_j},T_{A_j}+\tau_j\right)$ 成功攻击了智能体 i，$\left\{t_k^i,t_{k+1}^i,\cdots,t_{k+m}^i\right\}$ 表示系统遭受攻击的时刻，则 $T_{A_j}\leqslant t_k^i<t_{k+m}^i\leqslant T_{A_j}+\tau_j$。然而直到 $t=t_{k+m+1}^i$ 时，作用于系统的信号均为被篡改的控制输入，这意味着成功攻击时间段和智能体实际受攻击影响的时间段并不完全吻合。因此定义 $\tilde{\Psi}_{\text{att}}(j)=\left[\tilde{T}_j^{\text{att}},\tilde{T}_j^{\text{safe}}\right)$ 为系统实际受到第 j 次攻击影响的时间区间，其中 $\tilde{T}_j^{\text{att}}$ 代表攻击发动后第一次触发的时刻，而 $\tilde{T}_j^{\text{safe}}$ 代表攻击结束后第一次触发的时刻。可见，在最坏的情况下，$\tilde{\Psi}_{\text{att}}(j)=\Psi_{\text{att}}(j)+\Delta^*$，其中 Δ^* 代表受攻击时出现的最大触发间隔。这意味着攻击者恰巧在一次触发时刻 T_k 前一瞬间发动了攻击，并一直持续到某一次触发发动时刻 T_l 恰巧结束，该时刻被篡改的数据一直影响系统直到 $T_l+\Delta_l$ 才结束，$\Delta_l\leqslant\Delta^*$ 表示该触发的时间间隔。定义 $\tilde{\Xi}(t_0,t)$ 代表在区间 $[t_0,t)$ 上系统实际受影响区间的集合。攻击区间 $\Psi_{\text{att}}(j)$ 和系统实际受影响区间 $\Psi_{\text{att}}(j)$ 之间的关系参见图 7-19。

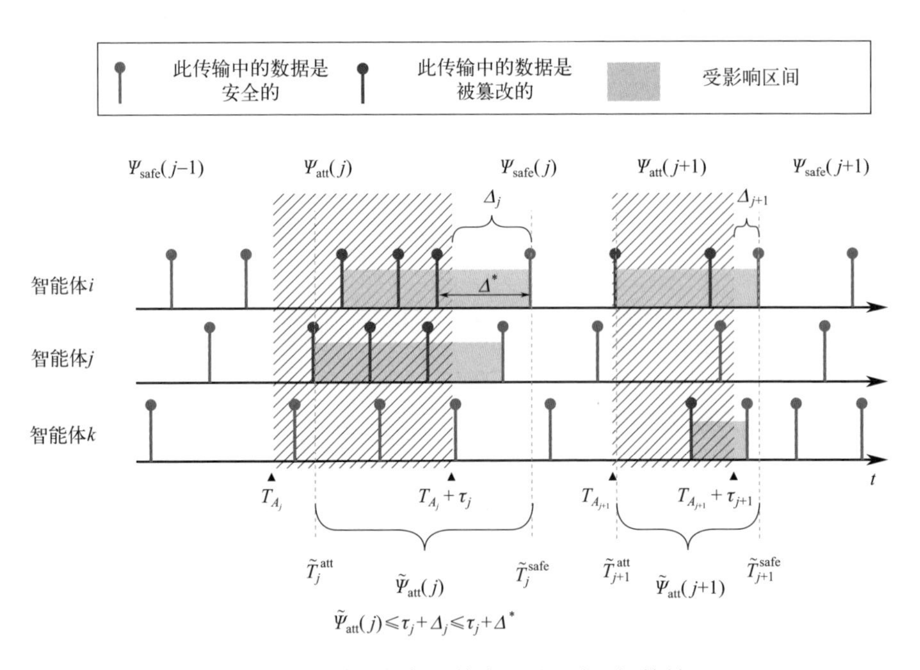

图 7-19　攻击区间与系统实际受影响区间的关系

在实际情况中，攻击者难以有足够的能力同时攻击所有的智能体，将会选择部分智能体进行攻击。因此，令 $\kappa_i(t)$ 表示在时刻 t 智能体 i 是否受到攻击。如果智能体 i 遭受攻击，则 $\kappa_i(t)=1$，否则 $\kappa_i(t)=0$。显然对于 $t\in\left[t_k^i,t_{k+1}^i\right)$ 有 $\kappa_i(t)=\kappa_i\left(t_k^i\right)$。则控制器 (7-74) 可表示为：

$$\begin{aligned}\boldsymbol{u}_i(t)&=\left(1-\kappa_i\left(t_k^i\right)\right)\boldsymbol{K}\boldsymbol{q}_i\left(t_k^i\right)+\kappa_i\left(t_k^i\right)\mu\boldsymbol{K}\boldsymbol{q}_i\left(t_k^i\right)\\&=\boldsymbol{K}\boldsymbol{q}_i\left(t_k^i\right)+(\mu-1)\kappa_i\left(t_k^i\right)\boldsymbol{K}\boldsymbol{q}_i\left(t_k^i\right),\quad t\in[t_k^i,t_{k+1}^i)\end{aligned}\tag{7-81}$$

7.3.2 序列式缩放攻击下静态事件触发安全一致性分析

本小节考虑了序列式缩放攻击下多智能体系统的静态事件触发控制。事件触发函数设计如下：

$$\boldsymbol{e}_i^{\mathrm{T}}(t)\boldsymbol{\Gamma}\boldsymbol{e}_i(t)-\sigma\boldsymbol{q}_i^{\mathrm{T}}(t)\boldsymbol{\Gamma}\boldsymbol{q}_i(t)<0\tag{7-82}$$

其中，$0<\sigma<1$ 且 $\boldsymbol{\Gamma}=\boldsymbol{P}\boldsymbol{B}\boldsymbol{B}^{\mathrm{T}}\boldsymbol{P}$，$\boldsymbol{P}$ 可以通过算法 7.3.1 求解。

算法 7.3.1

求解 $\boldsymbol{P}$。

第一步：定义对角牵制矩阵为 $\boldsymbol{D}=\mathrm{diag}\{d_1,d_2,\cdots,d_N\}$，当智能体 i 可以直接接受领导者的信息时 $d_i=1$，否则 $d_i=0$。令 $\boldsymbol{H}=\boldsymbol{L}+\boldsymbol{D}$，其中 $\boldsymbol{L}$ 是附录 A.1 中的拉普拉斯矩阵。根据假设 7.3.2，$\boldsymbol{H}$ 的特征值满足 $0<\lambda_1\leqslant\lambda_2\leqslant\cdots\leqslant\lambda_N$。选择 $\tilde{\alpha}>0$、$0<\sigma<1$，令：

$$m_1=2\lambda_1-\sqrt{\sigma}(\lambda_1+\lambda_N)$$

$$m_2=2\lambda_1-\sqrt{\sigma}(\lambda_1+\lambda_N)-(1-\mu)\rho_1$$

$$m_2'=2\lambda_1-\mu\sqrt{\sigma}(\lambda_1+\lambda_N)+(\mu-1)\rho_2$$

其中，$\rho_1=\max_t\{\lambda_{\max}(\boldsymbol{Y}(t)\boldsymbol{H}+\boldsymbol{H}\boldsymbol{Y}(t))\}$、$\rho_2=\min_t\{\lambda_{\min}(\boldsymbol{Y}(t)\boldsymbol{H}+\boldsymbol{H}\boldsymbol{Y}(t))\}$、$\boldsymbol{Y}(t)=\mathrm{diag}\{\kappa_1(t),\kappa_2(t),\cdots,\kappa_N(t)\}$。

第二步：如果 $0\leqslant\mu<1$，则求解以下广义特征值问题以得到 $\hat{\boldsymbol{P}}>0$ 和 $\tilde{\beta}$：

$$\hat{\boldsymbol{P}}\boldsymbol{A}^{\mathrm{T}}+\boldsymbol{A}\hat{\boldsymbol{P}}-m_1\boldsymbol{B}\boldsymbol{B}^{\mathrm{T}}+\tilde{\alpha}\hat{\boldsymbol{P}}\leqslant 0\tag{7-83}$$

$$\hat{\boldsymbol{P}}\boldsymbol{A}^{\mathrm{T}}+\boldsymbol{A}\hat{\boldsymbol{P}}-m_2\boldsymbol{B}\boldsymbol{B}^{\mathrm{T}}-\tilde{\beta}\hat{\boldsymbol{P}}\leqslant 0\tag{7-84}$$

如果 $\mu>1$，则配合线性矩阵不等式 (7-83) 和以下不等式求解广义

特征值问题以得到 $\hat{\boldsymbol{P}}>0$ 和 $\tilde{\beta}$：

$$\boldsymbol{P}\boldsymbol{A}^{\mathrm{T}}+\boldsymbol{A}\hat{\boldsymbol{P}}-m_2'\boldsymbol{B}\boldsymbol{B}^{\mathrm{T}}-\tilde{\beta}\hat{\boldsymbol{P}}\leqslant 0 \tag{7-85}$$

第三步：令 $\boldsymbol{P}=\hat{\boldsymbol{P}}^{-1}$。

定理 7.3.1

在假设 7.3.1 ～假设 7.3.5 成立的情况下，算法 7.3.1 存在可行解，若下列不等式成立：

$$\tau_0+\Delta^* f_0<\frac{\tilde{\alpha}}{\tilde{\alpha}+\tilde{\beta}} \tag{7-86}$$

其中，Δ^* 是受攻击区间内最大的触发间隔。那么在 $0\leqslant\mu<1$ 的序列式缩放攻击下，采用静态事件触发机制 (7-82) 的多智能体系统 (7-71) 和 (7-72) 取得安全一致，且反馈增益矩阵 $\boldsymbol{K}=\boldsymbol{B}^{\mathrm{T}}\boldsymbol{P}$。

证明：

选取如下李雅普诺夫函数：

$$\boldsymbol{V}(t)=\boldsymbol{\delta}^{\mathrm{T}}(t)\left(\boldsymbol{I}_N\otimes\boldsymbol{P}\right)\boldsymbol{\delta}(t)$$

根据式 (7-77) 可得：

$$\begin{aligned}\dot{V}(t)&=2\boldsymbol{\delta}^{\mathrm{T}}(t)\left(\boldsymbol{I}_N\otimes\boldsymbol{P}\right)\dot{\boldsymbol{\delta}}(t)\\&=\boldsymbol{\delta}^{\mathrm{T}}(t)\left[\boldsymbol{I}_N\otimes\left(\boldsymbol{A}^{\mathrm{T}}\boldsymbol{P}+\boldsymbol{P}\boldsymbol{A}\right)\right]\boldsymbol{\delta}(t)+2\boldsymbol{\delta}^{\mathrm{T}}(t)\left(\boldsymbol{I}_N\otimes\boldsymbol{P}\boldsymbol{B}\boldsymbol{B}^{\mathrm{T}}\boldsymbol{P}\right)\boldsymbol{q}\left(t_k\right)\\&\quad+2(\mu-1)\boldsymbol{\delta}^{\mathrm{T}}(t)\left(\boldsymbol{Y}(t)\otimes\boldsymbol{P}\boldsymbol{B}\boldsymbol{B}^{\mathrm{T}}\boldsymbol{P}\right)\boldsymbol{q}\left(t_k\right)\end{aligned} \tag{7-87}$$

令 $\boldsymbol{e}(t)=\left[\boldsymbol{e}_1^{\mathrm{T}}(t),\boldsymbol{e}_2^{\mathrm{T}}(t),\cdots,\boldsymbol{e}_N^{\mathrm{T}}(t)\right]^{\mathrm{T}}$。根据式 (7-73)、式 (7-75) 和 $\boldsymbol{\delta}_i(t)$ 的定义，易知 $\boldsymbol{e}(t)=\boldsymbol{q}\left(t_k\right)-\boldsymbol{q}(t)$，$\boldsymbol{q}(t)=-\left(\boldsymbol{H}\otimes\boldsymbol{I}_n\right)\boldsymbol{\delta}(t)$。结合式 (7-87) 有：

$$\begin{aligned}\dot{\boldsymbol{V}}(t)&=\boldsymbol{\delta}^{\mathrm{T}}(t)\left[\boldsymbol{I}_N\otimes\left(\boldsymbol{A}^{\mathrm{T}}\boldsymbol{P}+\boldsymbol{P}\boldsymbol{A}\right)-2\boldsymbol{H}\otimes\boldsymbol{P}\boldsymbol{B}\boldsymbol{B}^{\mathrm{T}}\boldsymbol{P}\right]\boldsymbol{\delta}(t)+2\boldsymbol{\delta}^{\mathrm{T}}(t)\left(\boldsymbol{I}_N\otimes\boldsymbol{P}\boldsymbol{B}\boldsymbol{B}^{\mathrm{T}}\boldsymbol{P}\right)\boldsymbol{e}(t)\\&\quad+2\left(\mu-1\right)\left[\boldsymbol{\delta}^{\mathrm{T}}(t)\left(\boldsymbol{Y}(t)\otimes\boldsymbol{P}\boldsymbol{B}\boldsymbol{B}^{\mathrm{T}}\boldsymbol{P}\right)\left(\boldsymbol{e}(t)+\boldsymbol{q}(t)\right)\right]\\&=\boldsymbol{\delta}^{\mathrm{T}}(t)\left[\boldsymbol{I}_N\otimes\left(\boldsymbol{A}^{\mathrm{T}}\boldsymbol{P}+\boldsymbol{P}\boldsymbol{A}\right)-2\boldsymbol{H}\otimes\boldsymbol{P}\boldsymbol{B}\boldsymbol{B}^{\mathrm{T}}\boldsymbol{P}+(1-\mu)\right.\\&\quad\left.(\boldsymbol{Y}(t)\boldsymbol{H}+\boldsymbol{H}\boldsymbol{Y}(t))\otimes\boldsymbol{P}\boldsymbol{B}\boldsymbol{B}^{\mathrm{T}}\boldsymbol{P}\right]\boldsymbol{\delta}(t)\\&\quad+2\boldsymbol{\delta}^{\mathrm{T}}(t)\left[[\boldsymbol{I}_N+(\mu-1)\boldsymbol{Y}(t)]\otimes\boldsymbol{P}\boldsymbol{B}\boldsymbol{B}^{\mathrm{T}}\boldsymbol{P}\right]\boldsymbol{e}(t)\end{aligned} \tag{7-88}$$

基于静态事件触发条件 (7-82)，可推导出：

$$\boldsymbol{e}_i^{\mathrm{T}}(t)\boldsymbol{\Gamma}\boldsymbol{e}_i(t) \leqslant \sigma\boldsymbol{q}_i^{\mathrm{T}}(t)\boldsymbol{\Gamma}\boldsymbol{q}(t), \quad t\in[T_k,T_{k+1}) \tag{7-89}$$

则：

$$\begin{aligned}
&2\boldsymbol{\delta}^{\mathrm{T}}(t)\left[[\boldsymbol{I}_N+(\mu-1)\boldsymbol{Y}]\otimes\boldsymbol{PBB}^{\mathrm{T}}\boldsymbol{P}\right]\boldsymbol{e}(t)\\
&\leqslant \varepsilon_1\boldsymbol{\delta}^{\mathrm{T}}(t)([\boldsymbol{I}_N+(\mu-1)\boldsymbol{Y}]\otimes\boldsymbol{PBB}^{\mathrm{T}}\boldsymbol{P})\boldsymbol{\delta}(t)+\sigma/\varepsilon_1\boldsymbol{q}^{\mathrm{T}}(t)\\
&\quad\times([\boldsymbol{I}_N+(\mu-1)\boldsymbol{Y}]\otimes\boldsymbol{PBB}^{\mathrm{T}}\boldsymbol{P})\boldsymbol{q}(t)\\
&\leqslant \varepsilon_1\boldsymbol{\delta}^{\mathrm{T}}(t)(\boldsymbol{I}_N\otimes\boldsymbol{PBB}^{\mathrm{T}}\boldsymbol{P})\boldsymbol{\delta}(t)+\sigma/\varepsilon_1\boldsymbol{\delta}^{\mathrm{T}}(t)(\boldsymbol{HH}\otimes\boldsymbol{PBB}^{\mathrm{T}}\boldsymbol{P})\boldsymbol{\delta}(t)
\end{aligned} \tag{7-90}$$

其中，$\varepsilon_1>0$ 为常数。将式 (7-90) 代入式 (7-88) 可得：

$$\begin{aligned}
\dot{V}(t)\leqslant\ &\boldsymbol{\delta}^{\mathrm{T}}(t)\Big[\boldsymbol{I}_N\otimes\left(\boldsymbol{A}^{\mathrm{T}}\boldsymbol{P}+\boldsymbol{PA}\right)-2\boldsymbol{H}\otimes\boldsymbol{PBB}^{\mathrm{T}}\boldsymbol{P}+\\
&(\varepsilon_1\boldsymbol{I}_N+\sigma/\varepsilon_1\boldsymbol{HH})\otimes\boldsymbol{PBB}^{\mathrm{T}}\boldsymbol{P}\\
&+(1-\mu)(\boldsymbol{Y}(t)\boldsymbol{H}+\boldsymbol{HY}(t))\otimes\boldsymbol{PBB}^{\mathrm{T}}\boldsymbol{P}\Big]\boldsymbol{\delta}(t)
\end{aligned} \tag{7-91}$$

由于矩阵 $\boldsymbol{H}$ 是一个正定矩阵，因此存在一个正交矩阵 $\boldsymbol{U}$ 使得 $\boldsymbol{U}^{\mathrm{T}}\boldsymbol{HU}=\mathrm{diag}\{\lambda_1,\lambda_2,\cdots,\lambda_N\}$。令 $\boldsymbol{\delta}(t)=(\boldsymbol{U}\otimes\boldsymbol{I})\hat{\boldsymbol{\delta}}(t)$，则：

$$\begin{aligned}
\dot{V}(t)\leqslant\ &\hat{\boldsymbol{\delta}}^{\mathrm{T}}(t)\Big[\boldsymbol{I}_N\otimes\left(\boldsymbol{A}^{\mathrm{T}}\boldsymbol{P}+\boldsymbol{PA}\right)+\boldsymbol{\Pi}\otimes\boldsymbol{PBB}^{\mathrm{T}}\boldsymbol{P}\\
&+(1-\mu)(\boldsymbol{Y}(t)\boldsymbol{H}+\boldsymbol{HY}(t))\otimes\boldsymbol{PBB}^{\mathrm{T}}\boldsymbol{P}\Big]\hat{\boldsymbol{\delta}}(t)
\end{aligned} \tag{7-92}$$

其中，$\boldsymbol{\Pi}=\mathrm{diag}\{-2\lambda_1+\sigma/\varepsilon_1\lambda_1^2,-2\lambda_2+\sigma/\varepsilon_1\lambda_2^2,\cdots,-2\lambda_N+\sigma/\varepsilon_1\lambda_N^2\}+\varepsilon_1\boldsymbol{I}$。令 $\varepsilon_1=\sqrt{\sigma}\lambda_N$，有：

$$\begin{aligned}
\dot{V}(t)\leqslant\ &\hat{\boldsymbol{\delta}}^{\mathrm{T}}(t)\Big[\boldsymbol{I}_N\otimes\Big(\boldsymbol{A}^{\mathrm{T}}\boldsymbol{P}+\boldsymbol{PA}-\big(2\lambda_1-\sqrt{\sigma}(\lambda_1+\lambda_N)\\
&-(1-\mu)(\boldsymbol{Y}(t)\boldsymbol{H}+\boldsymbol{HY}(t))\big)\boldsymbol{PBB}^{\mathrm{T}}\boldsymbol{P}\Big)\Big]\hat{\boldsymbol{\delta}}(t)
\end{aligned} \tag{7-93}$$

接下来，首先考虑系统未受到攻击的时间区间，即 $t\in[T_k,T_{k+1}),T_k\notin\varXi(t_0,t)$。在这种情况下，$\boldsymbol{Y}(t)=0$。根据式 (7-93)，可得：

$$\begin{aligned}
\dot{V}(t)&\leqslant\hat{\boldsymbol{\delta}}^{\mathrm{T}}(t)\Big[\boldsymbol{I}_N\otimes\left(\boldsymbol{A}^{\mathrm{T}}\boldsymbol{P}+\boldsymbol{PA}-(2\lambda_1-\sqrt{\sigma}(\lambda_1+\lambda_N))\boldsymbol{PBB}^{\mathrm{T}}\boldsymbol{P}\right)\Big]\hat{\boldsymbol{\delta}}(t)\\
&=\hat{\boldsymbol{\delta}}^{\mathrm{T}}(t)\Big[\boldsymbol{I}_N\otimes\boldsymbol{P}\left(\hat{\boldsymbol{P}}\boldsymbol{A}^{\mathrm{T}}+\boldsymbol{A}\hat{\boldsymbol{P}}-(2\lambda_1-\sqrt{\sigma}(\lambda_1+\lambda_N))\boldsymbol{BB}^{\mathrm{T}}\right)\boldsymbol{P}\Big]\hat{\boldsymbol{\delta}}(t)\\
&\leqslant-\hat{\boldsymbol{\delta}}^{\mathrm{T}}(t)\Big[\boldsymbol{I}_N\otimes\boldsymbol{P}\left(\tilde{\alpha}\hat{\boldsymbol{P}}\right)\boldsymbol{P}\Big]\hat{\boldsymbol{\delta}}(t)=-\tilde{\alpha}\boldsymbol{V}(t)
\end{aligned} \tag{7-94}$$

因此：

$$\boldsymbol{V}(t)\leqslant \mathrm{e}^{-\tilde{\alpha}(t-T_k)}\boldsymbol{V}\left(T_k\right), \quad t\in[T_k,T_{k+1}),T_k\notin\varXi(t_0,t) \tag{7-95}$$

考虑当系统受攻击影响的时间区间，即 $t\in[T_{k'},T_{k'+1}),T_{k'}\in\varXi(t_0,t)$，

根据式 (7-93)，可以推得：

$$\begin{aligned}\boldsymbol{V}(t) &\leqslant \hat{\boldsymbol{\delta}}^{\mathrm{T}}(t)\Big[\boldsymbol{I}_N \otimes \Big(\boldsymbol{A}^{\mathrm{T}}\boldsymbol{P}+\boldsymbol{P}\boldsymbol{A}-\Big(2\lambda_1-\sqrt{\sigma}(\lambda_1+\lambda_N)\\ &\quad -(1-\mu)\rho_1\Big)\boldsymbol{P}\boldsymbol{B}\boldsymbol{B}^{\mathrm{T}}\boldsymbol{P}\Big)\Big]\hat{\boldsymbol{\delta}}(t) \\ &\leqslant \tilde{\beta}\boldsymbol{V}(t)\end{aligned} \tag{7-96}$$

因此：

$$\boldsymbol{V}(t) \leqslant \mathrm{e}^{\tilde{\beta}(t-T_{k'})}\boldsymbol{V}\left(T_{k'}\right), \quad t \in [T_{k'}, T_{k'+1}), T_{k'} \in \Xi(t_0, t) \tag{7-97}$$

现考虑时间区间 $\left[t_0, t\right]$ 内 $\boldsymbol{V}(t)$ 的整体演化情况。从以上推导可知，当 $t \notin \tilde{\Xi}\left(t_0, t\right)$ 时，$\boldsymbol{V}(t)$ 按照式 (7-93) 演化，当 $t \in \tilde{\Xi}\left(t_0, t\right)$ 时，$\boldsymbol{V}(t)$ 按照式 (7-97) 演化。则对于 $t \in [\tilde{T}_{j-1}^{\text{safe}}, \tilde{T}_j^{\text{att}})$ 有：

$$\begin{aligned}\boldsymbol{V}(t) &\leqslant \mathrm{e}^{-\tilde{\alpha}\left(t-\tilde{T}_{j-1}^{\text{safe}}\right)}\boldsymbol{V}\left(\tilde{T}_{j-1}^{\text{safe}}\right) \\ &\leqslant \mathrm{e}^{-\tilde{\alpha}\left(t-\tilde{T}_{j-1}^{\text{safe}}\right)}\mathrm{e}^{\tilde{\beta}\left(\tilde{T}_{j-1}^{\text{safe}}-\tilde{T}_{j-1}^{\text{att}}\right)}\boldsymbol{V}\left(\tilde{T}_{j-1}^{\text{att}}\right) \\ &\quad \cdots \\ &\leqslant \mathrm{e}^{-\tilde{\alpha}\left(t-t_0-\left|\tilde{\Xi}(t_0,t)\right|\right)}\mathrm{e}^{\tilde{\beta}\left|\tilde{\Xi}(t_0,t)\right|}\boldsymbol{V}\left(t_0\right)\end{aligned}$$

类似地，对于 $t \in [\tilde{T}_j^{\text{att}}, \tilde{T}_j^{\text{safe}})$，有：

$$\begin{aligned}\boldsymbol{V}(t) &\leqslant \mathrm{e}^{\tilde{\beta}\left(t-\tilde{T}_j^{\text{att}}\right)}\boldsymbol{V}\left(\tilde{T}_j^{\text{att}}\right) \\ &\leqslant \mathrm{e}^{\tilde{\beta}\left(t-\tilde{T}_j^{\text{att}}\right)}\mathrm{e}^{-\tilde{\alpha}\left(\tilde{T}_j^{\text{att}}-\tilde{T}_{j-1}^{\text{safe}}\right)}\boldsymbol{V}\left(\tilde{T}_{j-1}^{\text{safe}}\right) \\ &\quad \cdots \\ &\leqslant \mathrm{e}^{\tilde{\beta}\left|\tilde{\Xi}(t_0,t)\right|}\mathrm{e}^{-\tilde{\alpha}\left(t-t_0-\left|\tilde{\Xi}(t_0,t)\right|\right)}\boldsymbol{V}\left(t_0\right)\end{aligned}$$

因此，对于 $\forall t \geqslant t_0$，有：

$$\boldsymbol{V}(t) \leqslant \mathrm{e}^{-\tilde{\alpha}\left(t-t_0-\left|\tilde{\Xi}(t_0,t)\right|\right)}\mathrm{e}^{\tilde{\beta}\left|\tilde{\Xi}(t_0,t)\right|}\boldsymbol{V}\left(t_0\right) \tag{7-98}$$

根据 $\tilde{\varPsi}_{\text{att}}(j) \leqslant \varPsi_{\text{att}}(j)+\varDelta^*$ 可得：

$$\tilde{\Xi}\left(t_0, t\right)] \leqslant \Xi\left(t_0, t\right)+\varDelta^* F\left(t_0, t\right) \tag{7-99}$$

根据假设 7.3.3、假设 7.3.4，式 (7-98) 和式 (7-99) 可进一步得到：

$$\begin{aligned}\boldsymbol{V}(t) &\leqslant \boldsymbol{V}\left(t_0\right)\mathrm{e}^{-\tilde{\alpha}\left(t-t_0-\left|\tilde{\Xi}(t_0,t)\right|\right)+\tilde{\beta}\left|\tilde{\Xi}(t_0,t)\right|} \leqslant \boldsymbol{V}\left(t_0\right)\mathrm{e}^{-\tilde{\alpha}(t-t_0)}\mathrm{e}^{(\tilde{\alpha}+\tilde{\beta})\left|\tilde{\Xi}(t_0,t)\right|} \\ &\leqslant \boldsymbol{V}\left(t_0\right)\mathrm{e}^{-\tilde{\alpha}(t-t_0)}\mathrm{e}^{(\tilde{\alpha}+\tilde{\beta})\left[(\mathcal{T}_0+\tau_0(t-t_0))+\varDelta^*(\mathcal{F}_0+f_0(t-t_0))\right]} \\ &\leqslant \boldsymbol{V}\left(t_0\right)\mathrm{e}^{-\tilde{\alpha}(t-t_0)}\mathrm{e}^{(\tilde{\alpha}+\tilde{\beta})\left(\mathcal{T}_0+\varDelta^*\mathcal{F}_0\right)}\mathrm{e}^{(\tilde{\alpha}+\tilde{\beta})\left(\tau_0+\varDelta^* f_0\right)(t-t_0)} \\ &\leqslant \boldsymbol{V}\left(t_0\right)\mathrm{e}^{(\tilde{\alpha}+\tilde{\beta})\left(\mathcal{T}_0+\varDelta^*\mathcal{F}_0\right)}\mathrm{e}^{\left[(\tilde{\alpha}+\tilde{\beta})\left(\tau_0+\varDelta^* f_0\right)-\tilde{\alpha}\right](t-t_0)}\end{aligned} \tag{7-100}$$

根据条件 (7-86) 可得 $\left(\tilde{\alpha}+\tilde{\beta}\right)\left(\tau_0+\Delta^* f_0\right)-\bar{\alpha}<0, \left(\tilde{\alpha}+\tilde{\beta}\right)\left(\tau_0+\Delta^* f_0\right)-\bar{\alpha}<0$，说明误差系统 (7-77) 是渐近稳定的。证毕。

注 7.3.1 定理 7.3.1 中的条件 (7-86) 暗含了对攻击持续时间和频率的约束，该约束与误差系统触发参数相关。没有受到攻击时对应系统的稳定模态，$\tilde{\alpha}$ 代表误差信号的指数收敛率；$\tilde{\beta}$ 对应受到攻击时系统的稳定或者不稳定模态下系统的收敛或者发散速率。条件 (7-86) 反映了系统所能容忍的攻击程度。如果攻击满足条件 (7-86)，则系统可以实现安全一致。需要指出的是，本节只考虑了系统通信拓扑为无向图的情况。尽管通信拓扑为有向图这一情况更加普遍，但将本节考虑的系统拓展为有向拓扑并不困难。但如何在有向拓扑下得到简洁直观的结果，进一步挖掘网络因素对系统一致性的影响仍有待深入研究。

定理 7.3.1 讨论了缩放因子为 $0\leqslant\mu<1$ 的缩放攻击，接下来，将考虑缩放因子 $\mu>1$ 的情况。

定理 7.3.2

在假设 7.3.1 ～假设 7.3.5 成立的情况下，算法 7.3.1 存在可行解，若条件 (7-86) 满足，则在 $\mu>1$ 的序列式缩放攻击下，采用静态事件触发机制 (7-82) 的多智能体系统 (7-71) 和 (7-72) 实现安全一致，且反馈增益矩阵 $\boldsymbol{K}=\boldsymbol{B}^{\mathrm{T}}\boldsymbol{P}$。

证明：

证明过程与定理 7.3.1 的证明相似，故将其省略。

注 7.3.2 与定理 7.3.1 相比，定理 7.3.2 中式 (7-84) 中的 m_2 被替换为了 m_2'。这是由于当 $\mu>1$ 时，式 (7-88) 中对 $1-\mu$ 进行的缩放方法发生了变化。此外，定理 7.3.1 中的 $\tilde{\beta}$ 可为正或负，意味着当攻击不太强烈时，受到攻击的系统仍然是稳定的，但攻击一定会降低系统性能。而在定理 7.3.2 中，很难确定 $\tilde{\beta}$ 是否为负，即存在攻击加速系统收敛的情况。从 $-\sqrt{\sigma}\left(\lambda_1+\lambda_N\right)$ 中可以看出事件触发机制降低了系统的性能。

接下来将证明采用定理 7.3.1 与定理 7.3.2 所设计的事件触发序列不会发生 Zeno 行为，保证了所提出算法的可行性。

定理 7.3.3

对于采用静态事件触发机制 (7-82) 的多智能体系统 (7-71) 和 (7-72)，当定理 7.3.1 或定理 7.3.2 中的条件满足时，Zeno 行为不会发生。

证明：

根据静态事件触发条件 (7-82)，有：

$$\|\boldsymbol{e}_i(t)\| \leqslant \sqrt{\sigma\nu}\,\|\boldsymbol{q}_i(t)\|$$

$$\left\|\|\boldsymbol{q}_i(t_k^i)\| - \|\boldsymbol{q}_i(t)\|\right\| \leqslant \sqrt{\sigma\nu}\,\|\boldsymbol{q}_i(t)\|$$

因此：

$$\begin{cases} \|\boldsymbol{q}_i(t)\| \geqslant \dfrac{\|\boldsymbol{q}_i(t_k^i)\|}{1+\sqrt{\sigma\nu}}, & \|\boldsymbol{q}_i(t_k^i)\| \geqslant \|\boldsymbol{q}_i(t)\| \\ \|\boldsymbol{q}_i(t)\| \geqslant \dfrac{\|\boldsymbol{q}_i(t_k^i)\|}{1-\sqrt{\sigma\nu}}, & \|\boldsymbol{q}_i(t_k^i)\| < \|\boldsymbol{q}_i(t)\| \end{cases}$$

则：

$$\frac{\|\boldsymbol{q}_i(t_k^i)\|}{1+\sqrt{\sigma\nu}} \leqslant \|\boldsymbol{q}_i(t)\| \leqslant \frac{\|\boldsymbol{q}_i(t_k^i)\|}{1-\sqrt{\sigma\nu}} \tag{7-101}$$

一般而言，$\boldsymbol{q}_i(0)\neq 0$，所以可得 $\boldsymbol{q}_i(t)\neq 0, \forall \geqslant 0$。

对于 $t\in[t_k^i, t_{k+1}^i)$，考虑 $\|\boldsymbol{e}_i(t)\|$ 的上右导数，可得：

$$\begin{aligned} D^+\|\boldsymbol{e}_i(t)\| &\leqslant \|\dot{\boldsymbol{e}}_i(t)\| = \|\dot{\boldsymbol{q}}_i(t)\| \\ &= \left\|\sum\nolimits_j a_{ij}\left(\dot{\boldsymbol{x}}_j(t)-\dot{\boldsymbol{x}}_i(t)\right)+d_i\left(\dot{\boldsymbol{x}}_0(t)-\dot{\boldsymbol{x}}_i(t)\right)\right\| = \left\|-\sum\nolimits_j h_{ij}\dot{\boldsymbol{\delta}}_j(t)\right\| \\ &= \left\|-\sum\nolimits_j h_{ij}\left[\boldsymbol{A}\boldsymbol{\delta}_j(t)+\left(1+(\mu-1)\kappa_j\left(t_{k'}^j\right)\right)\boldsymbol{B}\boldsymbol{K}\boldsymbol{q}_j\left(t_{k'}^j\right)\right]\right\| \\ &= \left\|\boldsymbol{A}\boldsymbol{q}_i(t)-\sum\nolimits_j h_{ij}\left(1+(\mu-1)\kappa_j\left(t_{k'}^j\right)\right)\boldsymbol{B}\boldsymbol{K}\boldsymbol{q}_j\left(t_{k'}^j\right)\right\| \end{aligned}$$

$$
\begin{aligned}
&=\left\|\boldsymbol{A}\boldsymbol{q}_i\left(t_k^i\right)-\boldsymbol{A}\boldsymbol{e}_i(t)-\sum\nolimits_j h_{ij}\left(1+(\mu-1)\kappa_j\left(t_{k'}^j\right)\right)\boldsymbol{B}\boldsymbol{K}\boldsymbol{q}_j\left(t_{k'}^j\right)\right\| \\
&\leqslant\|\boldsymbol{A}\|\|\boldsymbol{e}_i(t)\|+\left\|\boldsymbol{A}\boldsymbol{q}_i\left(t_k^i\right)-\sum\nolimits_j h_{ij}\left(1+(\mu-1)\kappa_j\left(t_{k'}^j\right)\right)\boldsymbol{B}\boldsymbol{K}\boldsymbol{q}_j\left(t_{k'}^j\right)\right\|
\end{aligned} \tag{7-102}
$$

其中，$t_{k'}^j$ 表示在时刻 t 前智能体 j 的最后触发时刻。定义上右导数 $D^+v(t)$ 为：

$$
D^+v(t)=\lim\sup_{h\to0^+}\frac{v(t+h)-v(t)}{h}
$$

令 $v\left(t_k^i\right)=\max\left\{\left\|\boldsymbol{A}\boldsymbol{q}_i\left(t_k^i\right)-\sum\nolimits_j h_{ij}\left(1+(\mu-1)\kappa_j\left(t_{k'}^j\right)\right)\boldsymbol{B}\boldsymbol{K}\boldsymbol{q}_j\left(t_{k'}^j\right)\right\|\,\middle|\,t_{k'}^j\in[t_k^i,t_{k+1}^i)\right\}$，则式 (7-102) 满足：

$$
D^+\|\boldsymbol{e}_i(t)\|\leqslant\|\boldsymbol{A}\|\|\boldsymbol{e}_i(t)\|+v\left(t_k^i\right) \tag{7-103}
$$

首先考虑 $\|\boldsymbol{A}\|\neq0$ 的情况，对于 $t\in[t_k^i,t_{k+1}^i)$，有：

$$
\|\boldsymbol{e}_i(t)\|\leqslant\frac{v\left(t_k^i\right)}{\|\boldsymbol{A}\|}\left(\mathrm{e}^{\|\boldsymbol{A}\|\left(t-t_k^i\right)}-1\right)
$$

当 $t=t_{k+1}^i$ 时，根据触发条件和式 (7-101)，可得：

$$
\frac{\sqrt{\sigma v^{-1}}\|\boldsymbol{q}_i(t_k^i)\|}{1+\sqrt{\sigma v}}\leqslant\sqrt{\sigma v^{-1}}\|\boldsymbol{q}_i(t_{k+1}^i)\|\leqslant\frac{v\left(t_k^i\right)}{\|\boldsymbol{A}\|}\left(\mathrm{e}^{\|\boldsymbol{A}\|\left(t_{k+1}^i-t_k^i\right)}-1\right) \tag{7-104}
$$

则：

$$
t_{k+1}^i-t_k^i\geqslant\frac{1}{\|\boldsymbol{A}\|}\ln\left(1+\frac{\sqrt{\sigma v^{-1}}\|\boldsymbol{q}_i(t_k^i)\|\|\boldsymbol{A}\|}{\left(1+\sqrt{\sigma v}\right)v\left(t_k^i\right)}\right)
$$

由于 $\boldsymbol{q}_i(t)\neq0,\forall t\geqslant0$，上式右端严格为正。接下来使用反证法继续证明。假设在时刻 t_z，智能体 i 发生了 Zeno 行为，即 $\lim\limits_{k\to\infty}t_k^i=t_z$，这意味着 $\lim\limits_{k\to\infty}\Sigma(t_{k+1}^i-t_k^i)<\infty$。由于 $t_{k+1}^i-t_k^i>0$，可知 $\lim\limits_{k\to\infty}(t_{k+1}^i-t_k^i)=0$。根据式 (7-104)，可得：

$$
\begin{aligned}
&\lim_{k\to\infty}\frac{\sqrt{\sigma v^{-1}}\|\boldsymbol{q}_i(t_k^i)\|}{1+\sqrt{\sigma v}}\leqslant\lim_{k\to\infty}\frac{v\left(t_k^i\right)}{\|\boldsymbol{A}\|}\left(\mathrm{e}^{\|\boldsymbol{A}\|\left(t_{k+1}^i-t_k^i\right)}-1\right)\\
&\frac{\sqrt{\sigma v^{-1}}\|\boldsymbol{q}_i(t_z)\|}{1+\sqrt{\sigma v}}\leqslant0\\
&\|\boldsymbol{q}_i(t_z)\|\leqslant0
\end{aligned}
$$

而这与 $\|\boldsymbol{q}_i(t_z)\|>0$ 这一事实相违背。因此，该假设不成立，Zeno 行为不会发生。

针对 $\|A\|=0$ 的情况，对于 $t\in[t_k^i,t_{k+1}^i)$，可以类似地得到：

$$\|e_i(t)\|\leqslant\nu\left(t_k^i\right)\left(t-t_k^i\right) \tag{7-105}$$

类似以上的证明，同样可以推得 Zeno 行为不会发生。证毕。

为了研究所提出事件触发机制对系统性能的影响，以下给出不采用事件触发机制下的领导者 - 跟随多智能体系统一致性的结果，其证明过程与定理 7.3.1 的证明类似，故此省略。

定理 7.3.4

考虑采用如下分布式控制协议的多智能体系统 (7-71) 和 (7-72)。

$$\boldsymbol{u}_i(t)=\boldsymbol{K}\boldsymbol{q}_i(t) \tag{7-106}$$

如果以下条件满足：

$$\tau_0<\frac{\bar{\alpha}}{\bar{\alpha}+\bar{\beta}} \tag{7-107}$$

$$\hat{\boldsymbol{P}}\boldsymbol{A}^{\mathrm{T}}+\boldsymbol{A}\hat{\boldsymbol{P}}-\bar{m}_1\boldsymbol{B}\boldsymbol{B}^{\mathrm{T}}+\bar{\alpha}\hat{\boldsymbol{P}}\leqslant 0 \tag{7-108}$$

$$\hat{\boldsymbol{P}}\boldsymbol{A}^{\mathrm{T}}+\boldsymbol{A}\hat{\boldsymbol{P}}-\bar{m}_2\boldsymbol{B}\boldsymbol{B}^{\mathrm{T}}-\bar{\beta}\hat{\boldsymbol{P}}\leqslant 0 \tag{7-109}$$

其中，$\bar{m}_1=2\lambda_1$，且：

$$\bar{m}_2=\begin{cases}2\lambda_1-(1-\mu)\rho_1, & 0\leqslant\mu<1\\ 2\lambda_1+(\mu-1)\rho_2, & \mu>1\end{cases}$$

则多智能体系统(7-71)和(7-72)在受到序列式缩放攻击下实现安全一致。

注 7.3.3

将式 (7-83) 和式 (7-108) 进行比较，当系统中其他参数配置一致时，有 $\bar{\alpha}>\tilde{\alpha}$。通过对比定理 7.3.1 中的 m_1 和定理 7.3.4 中的 $\bar{m}_1$ 可以看出，网络拓扑对误差系统稳定的正作用被事件触发机制削弱了，这说明由触发机制引起的控制更新次数的减少是以收敛性能的降低作为代价的。如果事件触发控制想达到和连续反馈控制几乎相同的性能，则触发参数 σ 需要设计得足够小，而这又将导致较高的触发频率。因此，在设计事件触发机制时需要在系统性能和资源利用之间取得平衡。

7.3.3 序列式缩放攻击下动态事件触发安全一致性分析

本小节将讨论缩放攻击下多智能体系统在采用动态事件触发机制时的一致性问题。设计如下动态事件触发函数：

$$\theta\left(\boldsymbol{e}_i^{\mathrm{T}}(t)\boldsymbol{\Gamma}\boldsymbol{e}_i(t)-\sigma\boldsymbol{q}_i^{\mathrm{T}}(t)\boldsymbol{\Gamma}\boldsymbol{q}_i(t)\right)<\boldsymbol{\eta}_i(t) \tag{7-110}$$

其中，$\theta>0$ 为常数；$\boldsymbol{\eta}_i(t)$ 为引入的辅助动态变量，满足：

$$\dot{\boldsymbol{\eta}}_i(t)=-\zeta\boldsymbol{\eta}_i(t)+\xi\left(\sigma\boldsymbol{q}_i^{\mathrm{T}}(t)\boldsymbol{\Gamma}\boldsymbol{q}_i(t)-\boldsymbol{e}_i^{\mathrm{T}}(t)\boldsymbol{\Gamma}\boldsymbol{e}_i(t)\right) \tag{7-111}$$

其中，$\boldsymbol{\eta}_i(t_0)>0$；$\xi$ 和 ζ 是两个正常数。$\boldsymbol{\eta}_i(t)$ 可被认为是动态阈值，且一直大于 0。与静态触发函数 (7-82) 比较可以看出，动态阈值 $\boldsymbol{\eta}_i(t)$ 的引入可以进一步降低触发次数。

定理 7.3.5

在假设 7.3.1 ～假设 7.3.5 成立的情况下，算法 7.3.1 存在可行解。若下列不等式成立：

$$\tau_0+\varDelta^* f_0<\frac{\alpha}{\alpha+\tilde{\beta}} \tag{7-112}$$

$$\alpha=\min\left\{\tilde{\alpha},\alpha_1\right\}>0 \tag{7-113}$$

$$\frac{\xi}{\theta}+\zeta-\frac{1}{\theta\sqrt{\sigma}\lambda_N}\geqslant\alpha_1 \tag{7-114}$$

$$0<\xi\sqrt{\sigma}\lambda_N<1 \tag{7-115}$$

其中，$\varDelta^*$ 为受影响区间出现的最大触发间隔，则在 $0\leqslant\mu<1$ 的序列式缩放攻击下，采用动态事件触发机制 (7-110) 的多智能体系统 (7-71) 和 (7-72) 实现安全一致，且反馈增益矩阵 $\boldsymbol{K}=\boldsymbol{B}^{\mathrm{T}}\boldsymbol{P}$。

证明：

选取如下李雅普诺夫函数：

$$\boldsymbol{V}(t)=\boldsymbol{V}_1(t)+\boldsymbol{V}_2(t)$$

其中，$\boldsymbol{V}_1(t)=\boldsymbol{\delta}^{\mathrm{T}}(t)\left(\boldsymbol{I}_N\otimes\boldsymbol{P}\right)\boldsymbol{\delta}(t),\boldsymbol{V}_2(t)=\sum_{i=1}^{N}\eta_i(t)$。由式 (7-111) 可知 $\boldsymbol{\eta}_i(t)\geqslant0$，进而 $\boldsymbol{V}(t)\geqslant0$。

类似式 (7-88)，对 $\boldsymbol{V}_1(t)$ 求导，可得：

$$\begin{aligned}\dot{V}_1(t) \leqslant & \boldsymbol{\delta}^{\mathrm{T}}(t)\big[\boldsymbol{I}_N \otimes (\boldsymbol{A}^{\mathrm{T}}\boldsymbol{P}+\boldsymbol{P}\boldsymbol{A}) - 2\boldsymbol{H} \otimes \boldsymbol{P}\boldsymbol{B}\boldsymbol{B}^{\mathrm{T}}\boldsymbol{P} \\ & +(1-\mu)(\boldsymbol{Y}(t)\boldsymbol{H}+\boldsymbol{H}\boldsymbol{Y}(t)) \otimes \boldsymbol{P}\boldsymbol{B}\boldsymbol{B}^{\mathrm{T}}\boldsymbol{P}\big]\boldsymbol{\delta}^{\mathrm{T}}(t) \\ & +\varepsilon_2\boldsymbol{\delta}^{\mathrm{T}}(t)\boldsymbol{I}_N \otimes \boldsymbol{P}\boldsymbol{B}\boldsymbol{B}^{\mathrm{T}}\boldsymbol{P}\boldsymbol{\delta}(t)+\varepsilon_2^{-1}\boldsymbol{e}^{\mathrm{T}}(t)\boldsymbol{I}_N \otimes \boldsymbol{P}\boldsymbol{B}\boldsymbol{B}^{\mathrm{T}}\boldsymbol{P}\boldsymbol{e}(t)\end{aligned} \tag{7-116}$$

其中，$\varepsilon_2=\sqrt{\sigma}\lambda_N$。因此：

$$\begin{aligned}\dot{V}(t) \leqslant & \boldsymbol{\delta}^{\mathrm{T}}(t)\big[\boldsymbol{I}_N \otimes (\boldsymbol{A}^{\mathrm{T}}\boldsymbol{P}+\boldsymbol{P}\boldsymbol{A}) - 2\boldsymbol{H} \otimes \boldsymbol{P}\boldsymbol{B}\boldsymbol{B}^{\mathrm{T}}\boldsymbol{P}+(1-\mu)(\boldsymbol{Y}(t)\boldsymbol{H} \\ & +\boldsymbol{H}\boldsymbol{Y}(t)) \otimes \boldsymbol{P}\boldsymbol{B}\boldsymbol{B}^{\mathrm{T}}\boldsymbol{P}\big]\boldsymbol{\delta}^{\mathrm{T}}(t) \\ & +\varepsilon_2\boldsymbol{\delta}^{\mathrm{T}}(t)(\boldsymbol{I}_N \otimes \boldsymbol{P}\boldsymbol{B}\boldsymbol{B}^{\mathrm{T}}\boldsymbol{P})\boldsymbol{\delta}(t)+\varepsilon_2^{-1}\boldsymbol{e}^{\mathrm{T}}(t)(\boldsymbol{I}_N \otimes \boldsymbol{P}\boldsymbol{B}\boldsymbol{B}^{\mathrm{T}}\boldsymbol{P})\boldsymbol{e}(t) \\ & +\xi\big(\sigma\boldsymbol{q}^{\mathrm{T}}(t)(\boldsymbol{I}_N \otimes \boldsymbol{P}\boldsymbol{B}\boldsymbol{B}^{\mathrm{T}}\boldsymbol{P})\boldsymbol{q}(t)-\boldsymbol{e}^{\mathrm{T}}(t)(\boldsymbol{I}_N \otimes \boldsymbol{P}\boldsymbol{B}\boldsymbol{B}^{\mathrm{T}}\boldsymbol{P})\boldsymbol{e}(t)\big)-\zeta\Sigma\boldsymbol{\eta}_i(t) \\ \leqslant & \boldsymbol{\delta}^{\mathrm{T}}(t)\big[\boldsymbol{I}_N \otimes (\boldsymbol{A}^{\mathrm{T}}\boldsymbol{P}+\boldsymbol{P}\boldsymbol{A}) - 2\boldsymbol{H} \otimes \boldsymbol{P}\boldsymbol{B}\boldsymbol{B}^{\mathrm{T}}\boldsymbol{P}+(1-\mu)(\boldsymbol{Y}(t)\boldsymbol{H} \\ & +\boldsymbol{H}\boldsymbol{Y}(t)) \otimes \boldsymbol{P}\boldsymbol{B}\boldsymbol{B}^{\mathrm{T}}\boldsymbol{P}\big]\boldsymbol{\delta}^{\mathrm{T}}(t) \\ & +\varepsilon_2\boldsymbol{\delta}^{\mathrm{T}}(t)(\boldsymbol{I}_N \otimes \boldsymbol{P}\boldsymbol{B}\boldsymbol{B}^{\mathrm{T}}\boldsymbol{P})\boldsymbol{\delta}(t)+(\varepsilon_2^{-1}-\xi)\boldsymbol{e}^{\mathrm{T}}(t)(\boldsymbol{I}_N \otimes \boldsymbol{P}\boldsymbol{B}\boldsymbol{B}^{\mathrm{T}}\boldsymbol{P})\boldsymbol{e}(t) \\ & +\xi\sigma\boldsymbol{q}^{\mathrm{T}}(t)(\boldsymbol{I}_N \otimes \boldsymbol{P}\boldsymbol{B}\boldsymbol{B}^{\mathrm{T}}\boldsymbol{P})\boldsymbol{q}(t)-\zeta\Sigma\boldsymbol{\eta}_i(t)\end{aligned}$$

根据式 (7-115) 和动态事件触发函数 (7-110) 可得：

$$\begin{aligned}\dot{V}(t) \leqslant & \boldsymbol{\delta}^{\mathrm{T}}(t)\big[\boldsymbol{I}_N \otimes (\boldsymbol{A}^{\mathrm{T}}\boldsymbol{P}+\boldsymbol{P}\boldsymbol{A}) - 2\boldsymbol{H} \otimes \boldsymbol{P}\boldsymbol{B}\boldsymbol{B}^{\mathrm{T}}\boldsymbol{P}+(1-\mu)(\boldsymbol{Y}(t)\boldsymbol{H} \\ & +\boldsymbol{H}\boldsymbol{Y}(t)) \otimes \boldsymbol{P}\boldsymbol{B}\boldsymbol{B}^{\mathrm{T}}\boldsymbol{P}\big]\boldsymbol{\delta}^{\mathrm{T}}(t) \\ & +\varepsilon_2\boldsymbol{\delta}^{\mathrm{T}}(t)(\boldsymbol{I}_N \otimes \boldsymbol{P}\boldsymbol{B}\boldsymbol{B}^{\mathrm{T}}\boldsymbol{P})\boldsymbol{\delta}(t)+(\varepsilon_2^{-1}-\xi) \\ & \big(\sigma\boldsymbol{q}^{\mathrm{T}}(t)(\boldsymbol{I}_N \otimes \boldsymbol{P}\boldsymbol{B}\boldsymbol{B}^{\mathrm{T}}\boldsymbol{P})\boldsymbol{q}(t)+\Sigma\boldsymbol{\eta}_i(t)/\theta\big) \\ & +\xi\sigma\boldsymbol{q}^{\mathrm{T}}(t)(\boldsymbol{I}_N \otimes \boldsymbol{P}\boldsymbol{B}\boldsymbol{B}^{\mathrm{T}}\boldsymbol{P})\boldsymbol{q}(t)-\zeta\Sigma\boldsymbol{\eta}_i(t) \\ \leqslant & \boldsymbol{\delta}^{\mathrm{T}}(t)\big[\boldsymbol{I}_N \otimes (\boldsymbol{A}^{\mathrm{T}}\boldsymbol{P}+\boldsymbol{P}\boldsymbol{A}) - 2\boldsymbol{H} \otimes \boldsymbol{P}\boldsymbol{B}\boldsymbol{B}^{\mathrm{T}}\boldsymbol{P}+(1-\mu)(\boldsymbol{Y}(t)\boldsymbol{H} \\ & +\boldsymbol{H}\boldsymbol{Y}(t)) \otimes \boldsymbol{P}\boldsymbol{B}\boldsymbol{B}^{\mathrm{T}}\boldsymbol{P}\big]\boldsymbol{\delta}^{\mathrm{T}}(t) \\ & +\varepsilon_2\boldsymbol{\delta}^{\mathrm{T}}(t)(\boldsymbol{I}_N \otimes \boldsymbol{P}\boldsymbol{B}\boldsymbol{B}^{\mathrm{T}}\boldsymbol{P})\boldsymbol{\delta}(t)+\varepsilon_2^{-1}\sigma\boldsymbol{q}^{\mathrm{T}}(t)(\boldsymbol{I}_N \otimes \boldsymbol{P}\boldsymbol{B}\boldsymbol{B}^{\mathrm{T}}\boldsymbol{P})\boldsymbol{q}(t) \\ & +\left(\frac{\varepsilon_2^{-1}-\xi}{\theta}-\zeta\right)\Sigma\boldsymbol{\eta}_i(t)\end{aligned}$$

类似式 (7-92) 和式 (7-93)，可以进一步得到：

$$\begin{aligned}\dot{V}(t) \leqslant & \hat{\boldsymbol{\delta}}^{\mathrm{T}}(t)\big[\boldsymbol{I}_N \otimes \big(\boldsymbol{A}^{\mathrm{T}}\boldsymbol{P}+\boldsymbol{P}\boldsymbol{A}-\big(2\lambda_1-\sqrt{\sigma}(\lambda_1+\lambda_N) \\ & -(1-\mu)(\boldsymbol{Y}(t)\boldsymbol{H}+\boldsymbol{H}\boldsymbol{Y}(t))\big)\boldsymbol{P}\boldsymbol{B}\boldsymbol{B}^{\mathrm{T}}\boldsymbol{P}\big)\big]\hat{\boldsymbol{\delta}}(t)+\left(\frac{(\sqrt{\sigma}\lambda_N)^{-1}-\xi}{\theta}-\zeta\right)\Sigma\boldsymbol{\eta}_i(t)\end{aligned} \tag{7-117}$$

当 $t\in[T_k,T_{k+1})$、$T_k\notin\Xi(t_0,t)$ 时，系统没有遭受攻击，则：

$$\begin{aligned}\dot{V}(t)\leqslant&\hat{\boldsymbol{\delta}}^{\mathrm{T}}(t)\Big[\boldsymbol{I}_N\otimes\big(\boldsymbol{A}^{\mathrm{T}}\boldsymbol{P}+\boldsymbol{PA}\big)-\big(2\lambda_1-\sqrt{\sigma}(\lambda_1+\lambda_N)\big)\boldsymbol{PBB}^{\mathrm{T}}\boldsymbol{P}\Big]\hat{\boldsymbol{\delta}}(t)\\&+\left(\frac{(\sqrt{\sigma}\lambda_N)^{-1}-\xi}{\theta}-\zeta\right)\Sigma\boldsymbol{\eta}_i(t)\\&\leqslant-\alpha_1\boldsymbol{V}_1(t)-\alpha_2\boldsymbol{V}_2(t)\leqslant-\alpha\boldsymbol{V}(t)\end{aligned}\tag{7-118}$$

因此：

$$\boldsymbol{V}(t)\leqslant\mathrm{e}^{-\alpha(t-T_k)}\boldsymbol{V}\big(T_k\big),\quad t\in[T_k,T_{k+1}),T_k\notin\Xi(t_0,t)\tag{7-119}$$

当 $t\in[T_{k'},T_{k'+1})$、$T_{k'}\in\Xi(t_0,t)$ 时，系统受到了攻击，则：

$$\begin{aligned}\dot{V}(t)\leqslant&\hat{\boldsymbol{\delta}}^{\mathrm{T}}(t)\Big[\boldsymbol{I}_N\otimes\Big(\boldsymbol{A}^{\mathrm{T}}\boldsymbol{P}+\boldsymbol{PA}-\big(2\lambda_1-\sqrt{\sigma}(\lambda_1+\lambda_N)-(1-\mu)\rho\big)\boldsymbol{PBB}^{\mathrm{T}}\boldsymbol{P}\Big)\Big]\hat{\boldsymbol{\delta}}(t)\\&+\left(\frac{(\sqrt{\sigma}\lambda_N)^{-1}-\xi}{\theta}-\zeta\right)\Sigma\boldsymbol{\eta}_i(t)\\&\leqslant\tilde{\beta}\boldsymbol{V}_1(t)-\alpha_2\boldsymbol{V}_2(t)\leqslant\tilde{\beta}\boldsymbol{V}(t)\end{aligned}\tag{7-120}$$

综上可得：

$$\boldsymbol{V}(t)\leqslant\mathrm{e}^{\beta(t-T_{k'})}\boldsymbol{V}\big(T_{k'}\big),\quad t\in[T_{k'},T_{k'+1}),T_{k'}\in\Xi(t_0,t)\tag{7-121}$$

类似定理 7.3.1 的证明，可知下式结论成立：

$$\boldsymbol{V}(t)\leqslant\boldsymbol{V}\big(t_0\big)\mathrm{e}^{(\alpha+\tilde{\beta})(\mathcal{T}_0+\Delta^*\mathcal{F}_0)}\mathrm{e}^{\left[(\alpha+\tilde{\beta})(\tau_0+\Delta^*f_0)-\alpha\right](t-t_0)}$$

根据式 (7-112)，可知误差系统 (7-77) 是渐近稳定的。证毕。

注 7.3.4　注意到，$\mu=0$ 代表智能体在受到攻击时没有控制输入，这与受到 DoS 攻击时的情况是一样的。因此，本小节提供了处理多智能体系统受到欺骗攻击或 DoS 攻击两种情况都适用的通用框架。本小节的结论具有一般性，也适用于集中事件触发机制 [13] 及所有信道都被堵塞的情况 [14]。

注 7.3.5　与定理 7.3.1 相比，定理 7.3.5 揭示了动态触发参数和系统性能之间的关系。如果动态辅助变量 $\boldsymbol{\eta}_i(t)$ 中的参数 ρ、

ξ/θ 选取得相对较小，使得式 (7-114) 左边的项不大于 $\tilde{\alpha}$，那么动态事件触发控制的收敛速率将慢于静态事件触发控制。这说明，尽管动态事件触发机制减少了触发次数，但是相比于静态事件触发机制，性能将会有所下降。

接下来将讨论缩放因子 $\mu>1$ 时的动态事件触发控制。

定理 7.3.6

在假设 7.3.1 ～假设 7.3.5 成立的情况下，算法 7.3.1 存在可行解，若式 (7-112) ～式 (7-115) 成立，则在 $\mu>1$ 的序列式缩放攻击下，采用动态事件触发机制 (7-110) 的多智能体系统 (7-71) 和 (7-72) 实现安全一致，其反馈增益矩阵 $\boldsymbol{K}=\boldsymbol{B}^{\mathrm{T}}\boldsymbol{P}$。

证明：

证明过程与定理 7.3.5 类似，故此省略。

定理 7.3.7

对于采用动态事件触发机制 (7-110) 的多智能体系统 (7-71) 和 (7-72)，当定理 7.3.5 或定理 7.3.6 中的条件满足时，Zeno行为不会发生。

证明：

根据本章参考文献 [19] 中的引理 1，$\boldsymbol{\eta}_i(t)\geqslant \mathrm{e}^{-\left(\zeta+\frac{\xi}{\theta}\right)(t-t_0)}\boldsymbol{\eta}_i(t_0)$。根据动态事件触发条件 (7-110)，当 $t=t_{k+1}^i$ 时，可得：

$$\begin{aligned}\left\|\boldsymbol{e}_i(t_{k+1}^i)\right\|^2 &\geqslant \sigma\nu^{-1}\left\|\boldsymbol{q}_i(t_{k+1}^i)\right\|^2+\frac{\boldsymbol{\eta}_i(t_{k+1}^i)}{\lambda_{\max}(\boldsymbol{\Gamma})\theta}\\ &\geqslant \sigma\nu^{-1}\left\|\boldsymbol{q}_i(t_{k+1}^i)\right\|^2+\frac{\boldsymbol{\eta}_i(t_0)}{\lambda_{\max}(\boldsymbol{\Gamma})\theta}\mathrm{e}^{-\left(\zeta+\frac{\xi}{\theta}\right)(t_{k+1}^i-t_0)}\end{aligned} \tag{7-122}$$

根据定理 7.3.3，有：

$$D^+\left\|\boldsymbol{e}_i(t)\right\|\leqslant\left\|\boldsymbol{A}\right\|\left\|\boldsymbol{e}_i(t)\right\|+\nu\left(t_k^i\right) \tag{7-123}$$

考虑 $\left\|\boldsymbol{A}\right\|\neq 0$，当 $t\in[t_k^i,t_{k+1}^i)$ 时，有：

$$\|\boldsymbol{e}_i(t)\| \leqslant \frac{\nu\left(t_k^i\right)}{\|\boldsymbol{A}\|}\left(\mathrm{e}^{\|\boldsymbol{A}\|\left(t-t_k^i\right)}-1\right)$$

将其与式 (7-122) 相结合，则当 $t=t_{k+1}^i$ 时，有：

$$\begin{aligned}\frac{\nu\left(t_k^i\right)}{\|\boldsymbol{A}\|}\left(\mathrm{e}^{\|\boldsymbol{A}\|\left(t_{k+1}^i-t_k^i\right)}-1\right) \geqslant \sqrt{\sigma\nu^{-1}\left\|\boldsymbol{q}_i(t_{k+1}^i)\right\|^2+\frac{\boldsymbol{\eta}_i(t_0)}{\lambda_{\max}(\Gamma)\theta}\mathrm{e}^{-\left(\zeta+\frac{\xi}{\theta}\right)(t_{k+1}^i-t_0)}} > \\ \sqrt{\frac{\boldsymbol{\eta}_i(t_0)}{\lambda_{\max}(\boldsymbol{\Gamma})\theta}\mathrm{e}^{-(\zeta+\frac{\xi}{\theta})(t_{k+1}^i-t_0)}}\end{aligned} \tag{7-124}$$

则：

$$t_{k+1}^i-t_k^i \geqslant \frac{1}{\|\boldsymbol{A}\|}\ln\left(1+\frac{\|\boldsymbol{A}\|}{\nu(t_k^i)}\sqrt{\frac{\eta_i(t_0)}{\lambda_{\max}(\boldsymbol{\Gamma})\theta}\mathrm{e}^{-\left(\zeta+\frac{\xi}{\theta}\right)(t_{k+1}^i-t_0)}}\right)$$

上式严格为正。假设在时刻 $t_z^{'}$ 时，智能体 i 发生了 Zeno 行为，即 $\lim\limits_{k\to\infty}t_k^i=t_z^{'}$，这意味着 $\lim\limits_{k\to\infty}\Sigma(t_{k+1}^i-t_k^i)<\infty$。由于 $t_{k+1}^i-t_k^i>0$，则 $\lim\limits_{k\to\infty}(t_{k+1}^i-t_k^i)=0$。根据式 (7-124) 可得：

$$\frac{\boldsymbol{\eta}_i(t_0)}{\lambda_{\max}(\boldsymbol{\Gamma})\theta}<\mathrm{e}^{\left(\zeta+\frac{\xi}{\theta}\right)(t_{k+1}^i-t_0)}\left\{\frac{\nu\left(t_k^i\right)}{\|\boldsymbol{A}\|}\left(\mathrm{e}^{\|\boldsymbol{A}\|\left(t_{k+1}^i-t_k^i\right)}-1\right)\right\}^2$$

进一步地：

$$\begin{aligned}\lim_{k\to\infty}\frac{\boldsymbol{\eta}_i(t_0)}{\lambda_{\max}(\boldsymbol{\Gamma})\theta}<\lim_{k\to\infty}\mathrm{e}^{\left(\zeta+\frac{\xi}{\theta}\right)(t_{k+1}^i-t_0)}\left\{\frac{\nu\left(t_k^i\right)}{\|\boldsymbol{A}\|}\left(\mathrm{e}^{\|\boldsymbol{A}\|\left(t_{k+1}^i-t_k^i\right)}-1\right)\right\}^2 \\ \frac{\boldsymbol{\eta}_i(t_0)}{\lambda_{\max}(\boldsymbol{\Gamma})\theta}<\mathrm{e}^{\left(\zeta+\frac{\xi}{\theta}\right)(T_z-t_0)}\left\{\frac{\nu\left(T_{z'}\right)}{\|\boldsymbol{A}\|}\left(\mathrm{e}^{\|\boldsymbol{A}\|(0)}-1\right)\right\}^2=0\end{aligned} \tag{7-125}$$

这意味着 $\dfrac{\boldsymbol{\eta}_i(t_0)}{\theta}<0$，而这与条件 $\boldsymbol{\eta}_i(t_0)>0$、$\theta>0$ 相违背。因此该假设不成立，所以Zeno行为不会发生。当 $\|\boldsymbol{A}\|=0$ 时可得到类似的结论。证毕。

假设某个多智能体系统中的智能体个数较少，而攻击者又有足够的能力攻击所有的智能体，即受到攻击时，$\boldsymbol{Y}(t)=\boldsymbol{I}_N$，那么可得如下推论。

推论 7.3.1

若假设 7.3.1、假设 7.3.2 和假设 7.3.5 成立，算法 7.3.1 存在可行解，

若式 (7-113) ～式 (7-115) 成立，则在所有智能体都受到 $\mu>1$ 的缩放攻击时，即使攻击持续发动，采用动态事件触发机制 (7-110) 的多智能体系统 (7-71) 和 (7-72) 也能实现安全一致，且反馈增益矩阵 $\boldsymbol{K}=\boldsymbol{B}^{\mathrm{T}}\boldsymbol{P}$。

注 7.3.6　注意到推论 7.3.1 中，没有假设 7.3.3 和假设 7.3.4，即对攻击频率和持续时间不再有限制。即使攻击一直作用于系统，那么系统仍然能取得一致。虽然所有智能体都受到了攻击，但是一致的实现反而更加容易达成。原因在于当 $\boldsymbol{Y}(t)=\boldsymbol{I}_N$ 时，算法 7.3.1 中式 (7-85) 变为了：

$$\hat{\boldsymbol{P}}\boldsymbol{A}^{\mathrm{T}}+\boldsymbol{A}\hat{\boldsymbol{P}}-\tilde{m}_2\boldsymbol{B}\boldsymbol{B}^{\mathrm{T}}-\beta\hat{\boldsymbol{P}}\leqslant 0 \tag{7-126}$$

其中，$\tilde{m}_2=2\mu\lambda_1-\sqrt{\sigma}\mu(\lambda_1+\lambda_N)$。显然，当式 (7-83) 满足时，由于 $\mu>1$，一定存在 $\beta<0$ 使得式 (7-126) 满足。这意味着在这种情况下，$\mu>1$ 的缩放攻击反而会加速系统的收敛。而在定理 7.3.5 中讨论的只有一部分智能体受到 $\mu>1$ 攻击的一般情况中，算法 7.3.1 中的 ρ_2 可能取负值，即攻击可能对系统的稳定性起到负面影响。

最后，本小节将简单讨论一个扩展模型，即假定 $\kappa_i\left(t_k^i\right)\in\{0,1\}$ 为满足伯努利分布的随机变量的情况，其中 $\mathbb{E}\left\{k_i\left(t_k^i\right)\right\}=\gamma\ i=1,2,\cdots,N$。

定理 7.3.8

考虑随机缩放欺骗攻击下的多智能体系统 (7-71) 和 (7-72)，如果存在对称矩阵 $\hat{\boldsymbol{P}}>0$、常数 $\hat{\alpha}>0$，使得下列不等式成立：

$$\begin{gathered}\frac{\xi}{\theta}+\zeta-\frac{1}{\theta\sqrt{\sigma}\lambda_N}\geqslant 0\\ 0<\xi\sqrt{\sigma}\lambda_N<1\\ \hat{\boldsymbol{P}}\boldsymbol{A}^{\mathrm{T}}+\boldsymbol{A}\hat{\boldsymbol{P}}-\hat{m}_2\boldsymbol{B}\boldsymbol{B}^{\mathrm{T}}+\hat{\alpha}\hat{\boldsymbol{P}}\leqslant 0\end{gathered} \tag{7-127}$$

其中，$\hat{m}_2=2(1-(1-\mu)\gamma)\lambda_1-\sqrt{\sigma}(1+(\mu-1)\gamma)(\lambda_1+\lambda_N)$，则采用动态事件触发机制 (7-110) 的多智能体系统 (7-71) 和 (7-72) 实现安全一致，且反馈增益矩阵 $\boldsymbol{K}=\boldsymbol{B}^{\mathrm{T}}\boldsymbol{P}$。

随机攻击模型没有对攻击的持续时间和频率进行刻画，所研究的系统等效于在控制器 $\boldsymbol{u}_i(t)=(1+(\mu-1)\gamma)\boldsymbol{K}\boldsymbol{q}_i(t_k^i)$ 的作用下确定多智能体系统 (7-71) 和 (7-72) 的一致性问题。

7.3.4 数值仿真

本小节给出了两个仿真实验以验证所得结论。例 7.3.1 给出了缩放因子 $\mu=0$ 时的仿真结果。例 7.3.2 提供了序列式缩放攻击下多智能体系统的静态及动态事件触发控制仿真结果。

考虑由 20 个跟随者组成的领导者 - 跟随多智能体系统，如图 7-20 所示，灰色节点代表该智能体能直接收到领导者信息，假设每条边的权重取 1。经过计算，$\lambda_1=0.491$ 和 $\lambda_N=11.201$ 。每个智能体的动力学遵循式 (7-72) 满足：

$$\boldsymbol{A}=\begin{bmatrix}-0.4639 & -0.2629 & 0.0400\\ -0.2112 & 0.1067 & 0.1647\\ -0.0418 & -0.6390 & -0.1428\end{bmatrix}$$

且 $\boldsymbol{B}=2\boldsymbol{I}_3$ 。20个跟随者和一个领导者的初始状态见表7-1。

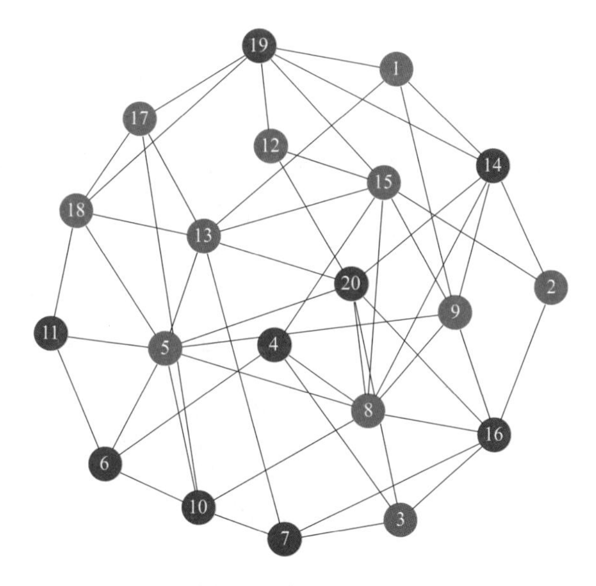

图 7-20　例 7.3.1 与例 7.3.2 的网络拓扑

表7-1 各智能体初始状态

智能体 i	初始状态	智能体 i	初始状态
0	$[1.0,2.0,3.0]^{\mathrm{T}}$	11	$[0.9,3.9,4.7]^{\mathrm{T}}$
1	$[1.6,-1.9,-3.0]^{\mathrm{T}}$	12	$[2.9,-8.1,-2.1]^{\mathrm{T}}$
2	$[0.8,-1.0,-7.0]^{\mathrm{T}}$	13	$[0.9,0.5,3.7]^{\mathrm{T}}$
3	$[7.4,-2.7,1.7]^{\mathrm{T}}$	14	$[4.4,0.6,4.1]^{\mathrm{T}}$
4	$[-4.7,5.3,-4.8]^{\mathrm{T}}$	15	$[0.4,7.2,-1.2]^{\mathrm{T}}$
5	$[-3.6,2.6,-9.1]^{\mathrm{T}}$	16	$[9.9,-0.3,-9.6]^{\mathrm{T}}$
6	$[-7.6,5.4,5.1]^{\mathrm{T}}$	17	$[-5.6,-2.1,-3.4]^{\mathrm{T}}$
7	$[8.8,8.7,-5.1]^{\mathrm{T}}$	18	$[-7.9,3.4,-1.5]^{\mathrm{T}}$
8	$[2.9,9.5,-1.2]^{\mathrm{T}}$	19	$[-7.8,4.8,-4.6]^{\mathrm{T}}$
9	$[-0.4,-6.2,3.8]^{\mathrm{T}}$	20	$[-8.7,0.4,-6.1]^{\mathrm{T}}$
10	$[2.8,-7.2,-2.8]^{\mathrm{T}}$		

例 7.3.1 缩放因子 $\mu=0$ 时领导者－跟随多智能体系统

序列式攻击不仅能很好地描述间歇发动的攻击，而且也可以描述 DoS 攻击，即建模为 $\mu=0$ 的序列式缩放欺骗攻击，攻击的时间序列通过攻击频率特性（假设 7.3.4）进行刻画，如图 7-21 所示。攻击序列满足 $\mathcal{T}_0=0$，$\tau_0=0$，$\mathcal{F}_0=3.4$，$f_0=2$。假设攻击者只攻击智能体 1、2、4、6、12、17 中部分或全部的智能体。根据算法 7.3.1，计算得到 $\rho_1=10.42$。考虑采用静态事件触发控制机制，并选择触发参数 $\sigma=0.0001$。由算法 7.3.1 可得 $m_1=0.612$ 且 $m_2=-11.528$。设定 $\tilde{\alpha}=3$，通过求解广义特征值问题式 (7-83) 和式 (7-84) 可得：

$$\hat{\boldsymbol{P}}=\begin{bmatrix}1.4223 & 0.1668 & 0.1135\\ 0.1668 & 1.0611 & 0.1421\\ 0.1135 & 0.1421 & 1.2609\end{bmatrix}$$

由 $\boldsymbol{K}=\boldsymbol{B}^{\mathrm{T}}\boldsymbol{P}$ 计算可得：

$$\boldsymbol{K}=\begin{bmatrix}1.4395 & -0.2121 & -0.1057\\ -0.2121 & 1.9449 & -0.2001\\ -0.1057 & -0.2001 & 1.6183\end{bmatrix}$$

和 $\tilde{\beta}=38.54$，$\dfrac{\tilde{\alpha}}{\tilde{\alpha}+\tilde{\beta}}=0.0722$。通过仿真可得 $\varDelta^*=0.024$，则 $\tau_0+\varDelta^* f_0=$

$0.048<0.0722$，满足条件(7-86)。根据定理7.3.1，在该序列式DoS攻击下，系统可以实现安全一致。各智能体状态的演化曲线如图7-22所示。

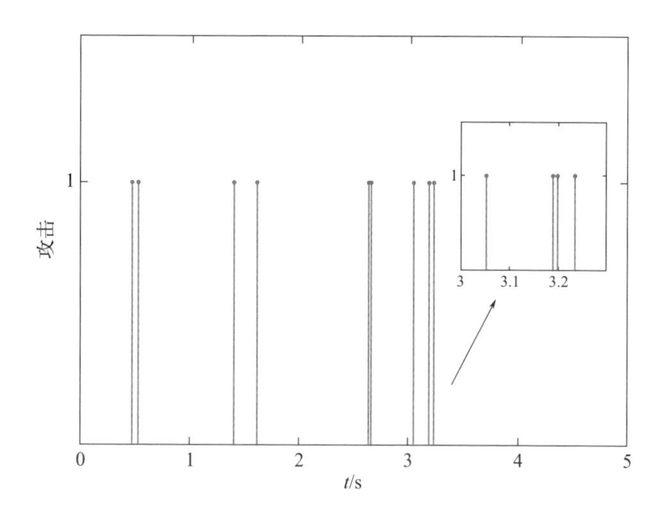

图7-21　例7.3.1中的DoS攻击序列

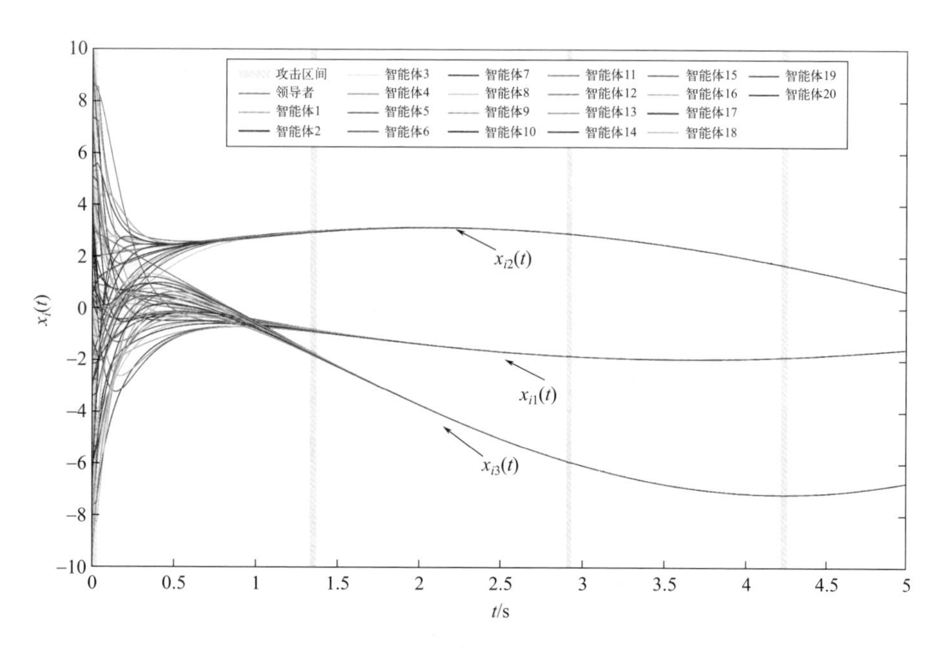

图7-22　$\mu=0$ 时静态事件触发策略(7-82)下智能体状态的演化曲线

例 7.3.2　缩放因子 $\mu=0.5$ 时领导者－跟随多智能体系统

考虑静态和动态事件触发机制下的安全一致性问题。假设攻击者轮流选择两组目标：智能体 2、3、4、7、11、12、17 和智能体 1、2、4、6、12、17 进行攻击。攻击的时间序列如图 7-23 中灰色序列部分所示，其满足 $\mathcal{T}_0=0.0417$，$\tau_0=0.0284$，$\mathcal{F}_0=0.93$，$f_0=0.8$。攻击的缩放因子 $\mu=0.5$。根据算法 7.3.1 可以得到 $\rho_1=12.14$。

情况一： 静态事件触发控制。

选择触发函数参数 $\sigma=0.0001$，满足 $0<\sigma<1$。通过算法 7.3.1，可以得到 $m_1=0.612>0$、$m_2=-5.458$。设定 $\tilde{\alpha}=3$。通过求解广义特征值问题式 (7-83) 和式 (7-84)，可得：

$$\hat{\boldsymbol{P}}=\begin{bmatrix}1.4403 & 0.1843 & 0.1505\\ 0.1843 & 1.0769 & 0.1715\\ 0.1505 & 0.1715 & 1.3175\end{bmatrix}$$

由 $\boldsymbol{K}=\boldsymbol{B}^{\mathrm{T}}\boldsymbol{P}$ 计算可得：

$$\boldsymbol{K}=\begin{bmatrix}1.4313 & -0.2236 & -0.1344\\ -0.2236 & 1.9314 & -0.2259\\ -0.1344 & -0.2259 & 1.5628\end{bmatrix}$$

和 $\tilde{\beta}=22.26$，因此 $\dfrac{\tilde{\alpha}}{\tilde{\alpha}+\tilde{\beta}}=0.1188$。通过仿真可得 $\varDelta^*=0.022$，则 $\tau_0+\varDelta^* f_0=0.0460<0.1188$。根据定理7.3.1，多智能体系统在受到 $\tau_0=0.0284$、$f_0=0.8$ 的序列式缩放攻击影响下仍然可以实现一致。各智能体状态的演化曲线如图7-23所示。设定误差 $\varepsilon(t)=\max_i\|\boldsymbol{\delta}(t)\|$ 小于 10^{-4} 作为实现一致的指标，则多智能体系统在 $t=1.85$ 时刻达到一致。

情况二： 动态事件触发控制。

为对比静态与动态事件触发机制，攻击的设定仍然和情况一保持一致，并设置相同的参数 $\sigma=0.0001$ 以及反馈增益矩阵。由情况一可知 $\tilde{\alpha}=3$，$\tilde{\beta}=22.26$。

如注 7.3.5 所示，令 $\alpha_1<\tilde{\alpha}$ 可以很好地体现动态事件触发机制的优势。选择 $\zeta=6.8,\xi=5,\theta=1$。根据式 (7-114) 和式 (7-115)，可得 $\alpha=\alpha_1=2.87<\tilde{\alpha}$ 且 $\dfrac{\alpha}{\alpha+\tilde{\beta}}=0.1142$。取 $\eta_i(0)=1$，则动态事件触发控

制器确定。通过仿真，可得 $\varDelta^* = 0.096$，则 $\tau_0 + \varDelta^* f_0 = 0.1052 < 0.1142$。根据定理 7.3.5，领导者 - 跟随多智能体系统实现安全一致。图 7-24 给出了动态事件触发机制下各个智能体状态的演化曲线。设定误差 $\varepsilon(t) = \max_i \|\boldsymbol{\delta}(t)\|$ 小于 10^{-4} 作为实现一致的指标，则多智能体系统在 $t = 1.94$ 时刻达到一致。表 7-2 对比了两种情况下各个智能体在仿真时间内各自的触发次数。可见采用动态事件触发机制时触发次数明显减少。

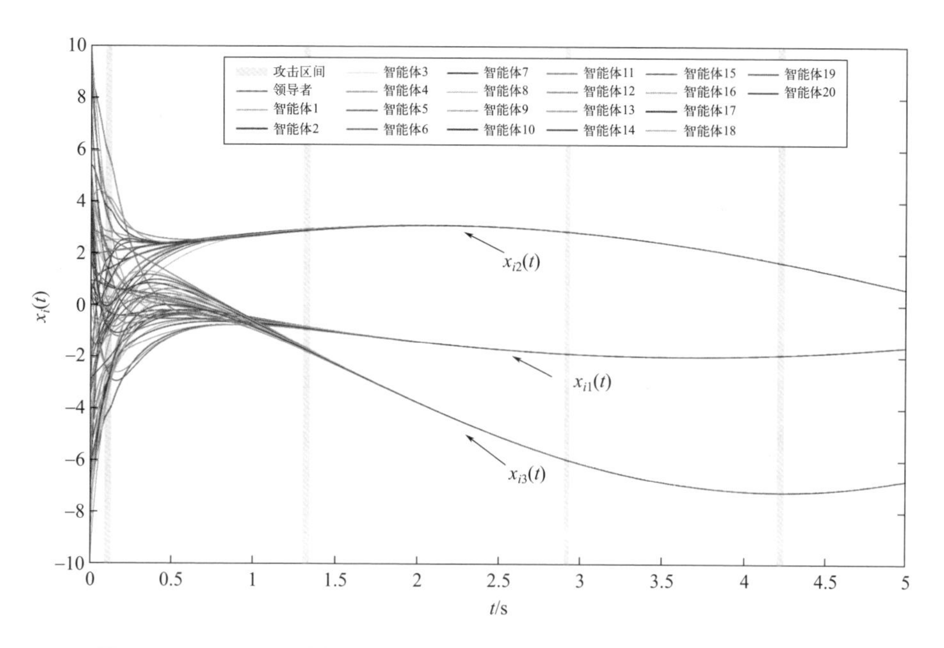

图 7-23　$\mu = 0.5$ 时静态事件触发策略 (7-82) 下智能体状态的演化曲线

为了比较两种机制下的触发阈值，图 7-25 给出了两种机制下智能体 20 的测量误差范数的演化曲线。结果表明，动态触发机制通过引入一个非负辅助变量，能容许较大的测量误差，进而减少了触发频率。本例中，静态触发系统在 $t = 1.85$ 时刻达成一致，动态触发系统在 $t = 1.94$ 时刻达成一致，这意味着动态事件触发对通信资源的节约是以系统性能的下降作为代价的，系统对攻击的承受能力也有所下降。

为了更精准地比较两种事件触发机制的性能，定义平均触发率为：

$$J = \sum_{i=1}^{N} s_i \Big/ N t_c$$

其中，s_i 表示实现一致所需的触发次数；N 为智能体数量；t_c 表示达成一致所需的时间。在例 7.3.2 中，静态 / 动态事件平均触发率分别为 $J_{\text{static}}=396.14$、$J_{\text{dynamic}}=283.92$，可见在相同的反馈增益矩阵下，动态事件触发控制能够以较低的通信成本实现安全一致。

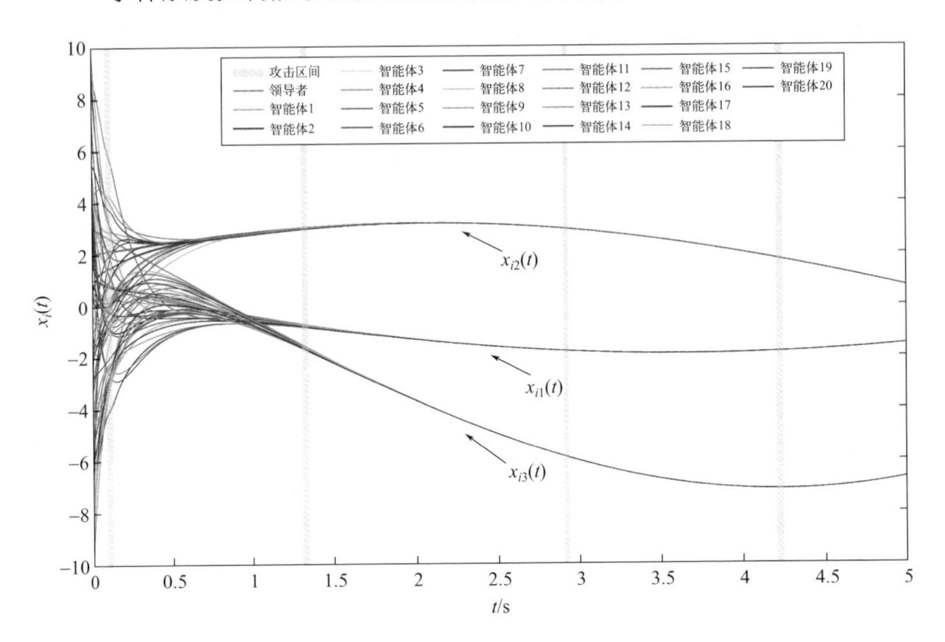

图 7-24　$\mu=0.5$ 时动态事件触发策略 (7-110) 下智能体状态的演化曲线

表7-2　各智能体触发次数的对比

智能体 i	动态触发机制 ($t\in[0,1.94]$)	静态触发机制 ($t\in[0,1.85]$)	智能体 i	动态触发机制 ($t\in[0,1.94]$)	静态触发机制 ($t\in[0,1.85]$)
1	694	926	10	534	654
2	772	911	11	450	662
3	432	676	12	811	911
4	408	552	13	428	688
5	459	649	14	818	990
6	478	618	15	436	652
7	479	657	16	518	687
8	433	641	17	749	911
9	492	700	18	432	661

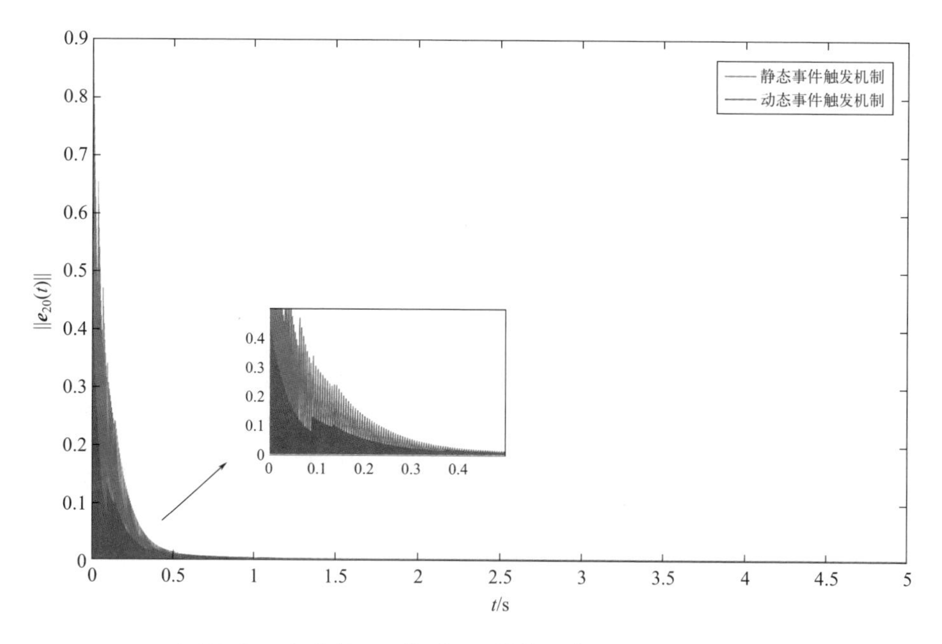

图 7-25　智能体 20 的测量误差范数 $\|\boldsymbol{e}_{20}(t)\|$ 的演化曲线

7.4 随机脉冲攻击下非线性系统的几乎处处稳定性

7.4.1　模型描述

考虑一个非线性系统，其动力学方程为：

$$\dot{\boldsymbol{x}}(t)=\boldsymbol{A}\boldsymbol{x}(t)+\boldsymbol{f}(\boldsymbol{x}(t))+\boldsymbol{B}\boldsymbol{u}(t) \tag{7-128}$$

其中，$\boldsymbol{x}(t)\in\mathbb{R}^n$ 表示系统状态；$\boldsymbol{f}(\boldsymbol{x}(t))=(f_1(\boldsymbol{x}(t)),f_2(\boldsymbol{x}(t)),\cdots,f_n(\boldsymbol{x}(t)))^{\mathrm{T}}$ 是非线性函数；$\boldsymbol{u}(t)$ 是控制输入；$\boldsymbol{A}$ 和 $\boldsymbol{B}$ 是常数矩阵。

假设 7.4.1

对于 $\boldsymbol{f}(0)=0$ 的非线性函数 $\boldsymbol{f}(\cdot)$，存在非负常数 $q_{ij}(i,j=1,2,\cdots,n)$ 使得对任意 $z_1,z_2\in\mathbb{R}^n$ 都有：

$$\left|\boldsymbol{f}_i(z_1)-\boldsymbol{f}_i(z_2)\right| \leqslant \sum_{j=1}^{n} q_{ij}\left|z_{1j}-z_{2j}\right|$$

7.4.2 随机脉冲攻击策略

本节考虑如图 7-26 所示的欺骗攻击。传感器测量状态为 $\boldsymbol{x}(t)$，通过通信网络将其发送到远程控制器；控制器利用收集到的信号生成控制信号 $\boldsymbol{u}(t)$，并通过通信网络将其发送到执行器。通信网络用于从传感器到控制器以及从控制器到执行器的数据传输。攻击者在离散时刻对通信网络发起数据篡改攻击或脉冲虚假数据注入攻击，导致传输数据从 $\boldsymbol{x}(t)$ 到 $\boldsymbol{y}(t)$ 的瞬时跳变。例如，在电网中，如果某些变压器遭受到网络攻击导致功能故障，那么电网频率可能会突然偏离正常值。

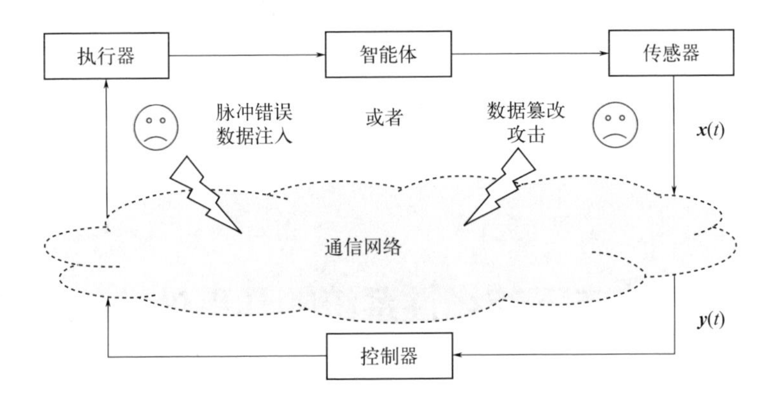

图 7-26　脉冲欺骗攻击下的系统框图

考虑线性反馈控制 $\boldsymbol{u}(t)=-\boldsymbol{K}\boldsymbol{y}(t)$，其中 $\boldsymbol{K}$ 是反馈增益矩阵。如果攻击发生，那控制器接收到的实际信号为：

$$\boldsymbol{y}(t)=\boldsymbol{x}(t)+\sum_{k=1}^{\infty} d_k \boldsymbol{x}(t)\boldsymbol{\delta}(t-t_k) \tag{7-129}$$

其中，$\boldsymbol{\delta}(\cdot)$ 是 Dirac 脉冲；$\{t_k\}_{k=1}^{\infty}$ 是脉冲序列。在这种情况下，脉冲对系统稳定性起到负面作用。因此 $d_k>0$ 或 $d_k<-2$。

脉冲欺骗攻击下系统 (7-128) 可表示为：

$$\begin{cases}\dot{\boldsymbol{x}}(t)=\boldsymbol{A}\boldsymbol{x}(t)+\boldsymbol{f}(\boldsymbol{x}(t))-\boldsymbol{B}\boldsymbol{K}\boldsymbol{x}(t) & ,t\neq t_k \\ \dot{\boldsymbol{x}}(t_k^+)-\boldsymbol{x}(t_k^-)=d_k\boldsymbol{x}(t_k^-) & \end{cases} \tag{7-130}$$

其中，$\boldsymbol{x}_i(t_k)=\boldsymbol{x}_i(t_k^+)=\lim\limits_{h\to 0^+}\boldsymbol{x}_i(t_k+h),\boldsymbol{x}_i(t_k^-)=\lim\limits_{h\to 0^-}\boldsymbol{x}_i(t_k+h)$，并且 $\boldsymbol{x}(t)$ 在 $t=t_k$ 时刻是右连续的。进一步可得：

$$\begin{cases}\dot{\boldsymbol{x}}(t)=\boldsymbol{A}\boldsymbol{x}(t)+\boldsymbol{f}(\boldsymbol{x}(t))-\boldsymbol{B}\boldsymbol{K}\boldsymbol{x}(t) \quad ,t\neq t_k \\ \dot{\boldsymbol{x}}(t_k)=\mu_k\boldsymbol{x}(t_k^-)\end{cases} \tag{7-131}$$

其中，μ_k=1+d_k 满足 $|\mu_k|\geqslant 1$。

假定 μ_k 可以在 $(-\infty,-1]$ 和 $[1,+\infty)$ 中随机选取，且满足 Prob $\{\mu_k|\mu_k\in[1,+\infty)\}=\rho$ 和 Prob$\{\mu_k|\mu_k\in(-\infty,-1]\}=1-\rho$，其中 $\rho\in[0,1]$ 为常数。

定义一个新的随机变量：

$$\rho_k=\begin{cases}1, & \mu_k\geqslant 1\\ 0, & \mu_k\leqslant -1\end{cases} \tag{7-132}$$

$\rho_k(t)$ 满足伯努利分布，其概率为 Prob$\{\rho_k(t)=1\}=\rho$，Prob $\{\rho_k(t)=0\}=1-\rho$，且 $\mathbb{E}\{\rho_k(t)\}=\rho$，$\mathbb{E}\{\rho_k^2(t)\}=\rho$。

系统 (7-131) 可表示为：

$$\begin{cases}\dot{\boldsymbol{x}}(t)=\boldsymbol{A}\boldsymbol{x}(t)+\boldsymbol{f}(\boldsymbol{x}(t))-\boldsymbol{B}\boldsymbol{K}\boldsymbol{x}(t), & t\neq t_k \\ \dot{\boldsymbol{x}}(t_k)=\left(\rho_k\mu_k^{(1)}+(1-\rho_k)\mu_k^{(2)}\right)\boldsymbol{x}(t_k^-)\end{cases} \tag{7-133}$$

其中，$\mu_k^{(1)}\in[1,+\infty),\mu_k^{(2)}\in(-\infty,-1]$。

定义脉冲间隔 $I_k\triangleq[t_{k-1},t_k)$，间隔长度为 h_k，即 h_k=t_k-t_{k-1}。众所周知，随机模型在描述噪声或干扰现象方面起着关键作用。从攻击者的角度来看，随机地发动网络攻击更加合理。因此，本节考虑随机攻击序列。假设脉冲间隔长度 $h_1,h_2,\cdots$ 为定义在概率空间 $(\Omega^1,\mathcal{F}^1,\mathbb{P}^1)$ 上的独立随机变量，其中每个 h_k 可能遵循也可能不遵循相同的分布。令 $\mathcal{F}_k^1=\sigma(h_1,h_2,\cdots,h_k)$，其中 $\sigma(\mathcal{A})$ 代表由集合族 $\mathcal{A}$ 生成的 σ-代数。那么 $\{h_k\}_{k\in\mathbb{N}}$ 是概率空间 $(\Omega,\mathcal{F},\mathbb{P})$ 上关于 $\{\mathcal{F}_k\}_{k\in\mathbb{N}}$ 的随机过程，$\left\{t_k\triangleq\sum\limits_{i=1}^{k}h_k\right\}$ 同样也是。

由于 ρ_k 满足伯努利概率分布，因此 $\{\rho_k\}_{k\in\mathbb{N}}$ 为概率空间 $(\Omega^2,\mathcal{F}^2,\mathbb{P}^2)$ 上关于 $\{\mathcal{F}^2\}_{k\in\mathbb{N}}$ 的随机过程，其中 $\mathcal{F}^2=\sigma(\rho_1,\cdots,\rho_k)$。定义 $\Omega\triangleq\Omega^1\times\Omega^2,\mathcal{F}\triangleq\mathcal{F}^1\times\mathcal{F}^2,\mathbb{P}\triangleq\mathbb{P}_1\times\mathbb{P}_2$，$\mathcal{F}_k\triangleq\sigma(\mathcal{F}_k^1\times\mathcal{F}_k^2)$。因此，$\{(h_k,\rho_k)\}_{k\in\mathbb{N}}$ 为概率空间 $(\Omega,\mathcal{F},\mathbb{P})$ 上关于 $\{\mathcal{F}_k\}_{k\in\mathbb{N}}$ 的随机过程。下面的分析

将考虑联合概率空间 $(\Omega,\mathcal{F},\mathbb{P})$，具有随机脉冲序列的状态变量 $\boldsymbol{x}(t)$ 可以写成 $\boldsymbol{x}(t,\omega)$，其中 $\omega=(\omega_1,\omega_2)\in\Omega$。

本节的目的是研究系统 (7-133) 在随机脉冲欺骗攻击下几乎处处稳定性，下面给出相关定义。

定义 7.4.1

对于任意初始值 $\boldsymbol{x}(t_0)\in\mathbb{R}^n$，若 $\mathbb{P}\left\{\omega\in\Omega:\lim\limits_{t\to+\infty}\|\boldsymbol{x}(t,\omega)\|=0\right\}=1$ 满足，则具有随机脉冲序列输入的系统 (7-133) 的平衡点是几乎处处稳定的。

假设 7.4.2

对于随机脉冲序列 $\{t_k\}_{k\in\mathbb{N}}$，满足：

$$\mathbb{P}\left\{\lim_{k\to+\infty}t_k=\lim_{k\to+\infty}\sum\nolimits_{i=1}^{k}h_k(\omega)=+\infty\right\}=1$$

假设 7.4.3

脉冲间隔 h_k 在概率空间 $(\Omega,\mathcal{F},\mathbb{P})$ 上一致有界，即存在一个正常数 h，使得 $h_k\leqslant h$ a.s. 成立，这里的 a.s. 代表几乎处处。

定义 7.4.2

若对于所有 $k\in\mathbb{N}$，存在一个正常数 M 使得 $|l_{k+1}-l_k|\leqslant M$ 成立，则称 $\{l_k\}_{k\in\mathbb{N}}$ 为有界偏差序列。

7.4.3 几乎处处稳定性分析

本小节基于 Doob's Martingale 收敛定理分析了系统 (7-133) 的几乎处处稳定性。

定理 7.4.1

在假设 7.4.1 ～假设 7.4.3 成立的情况下，如果存在对称正定矩阵 $\boldsymbol{P}$、反馈矩阵 $\boldsymbol{K}$、正常数 β 和有界偏差序列 $\{l_j\}_{j\in\mathbb{N}}$ 的子序列，使得：

① $\boldsymbol{P}(\boldsymbol{A}-\boldsymbol{BK})+(\boldsymbol{A}-\boldsymbol{BK})^{\mathrm{T}}\boldsymbol{P}=-\beta\boldsymbol{I}$。 (7-134)

② 序列 $\left\{\prod\limits_{k=1}^{l_j}\left[\rho(1+\theta_k^{(1)})+(1-\rho)(1+\theta_k^{(2)})\right]\right\}$ 是单调递减的。

③ $\lim_{j\to\infty}\left\{\prod_{k=1}^{l_j}\left[\rho(1+\theta_k^{(1)})+(1-\rho)(1+\theta_k^{(2)})\right]\right\}=0$ (7-135)

其中：

$$\theta_k^{(i)}=\begin{cases}\dfrac{\gamma_k^{(i)}}{\lambda_{\min}(\boldsymbol{P})}, & \gamma_k^{(i)}\geqslant 0\\ \dfrac{\gamma_k^{(i)}}{\lambda_{\max}(\boldsymbol{P})}, & \gamma_k^{(i)}<0\end{cases} \tag{7-136}$$

其中，$i=1,2$ 时，有：

$$\gamma_k^{(1)}=-\beta\mu_k^{(1)}\mathbb{E}\{h_k\}+\lambda_{\max}(\boldsymbol{P})\mathbb{E}\{(\mu_k^{(1)})^2\mathrm{e}^{2\Delta h_k}-2\mu_k^{(1)}\|\boldsymbol{A}-\boldsymbol{BK}\|h_k-1\} \tag{7-137}$$

$$\gamma_k^{(2)}=\beta\mu_k^{(2)}\mathbb{E}\{h_k\}+\lambda_{\max}(\boldsymbol{P})\mathbb{E}\{(\mu_k^{(2)})^2\mathrm{e}^{2\Delta h_k}+2\mu_k^{(2)}\|\boldsymbol{A}-\boldsymbol{BK}\|h_k-1\} \tag{7-138}$$

并且 $\Delta=\|\boldsymbol{A}-\boldsymbol{BK}\|+\|\boldsymbol{Q}\|,\boldsymbol{Q}=\left(q_{ij}\right)_{n\times n}$，则非线性系统 (7-133) 的平衡点是几乎处处稳定的。

证明：

对于 $t\in\left[t_{k-1},t_k\right)$，由式 (7-133) 可得：

$$\boldsymbol{x}(t)=\boldsymbol{x}(t_{k-1})+\int_{t_{k-1}}^{t}((\boldsymbol{A}-\boldsymbol{BK})\boldsymbol{x}(s)+\boldsymbol{f}(\boldsymbol{x}(s)))\mathrm{d}s$$

在假设 7.4.1 下，有：

$$\begin{aligned}\|\boldsymbol{x}(t)\|&\leqslant\|\boldsymbol{x}(t_{k-1})\|+\int_{t_{k-1}}^{t}\|(\boldsymbol{A}-\boldsymbol{BK})\boldsymbol{x}(s)+\boldsymbol{f}(\boldsymbol{x}(s))\|\mathrm{d}s\\&\leqslant\|\boldsymbol{x}(t_{k-1})\|+\int_{t_{k-1}}^{t}\left[\|\boldsymbol{A}-\boldsymbol{BK}\|\|\boldsymbol{x}(s)\|+\|\boldsymbol{Q}\|\|\boldsymbol{x}(s)\|\right]\mathrm{d}s\\&\leqslant\|\boldsymbol{x}(t_{k-1})\|+\int_{t_{k-1}}^{t}\left[\|\boldsymbol{A}-\boldsymbol{BK}\|+\|\boldsymbol{Q}\|\right]\|\boldsymbol{x}(s)\|\mathrm{d}s\end{aligned} \tag{7-139}$$

根据 Gronwall 不等式可得：

$$\|\boldsymbol{x}(t)\|\leqslant\|\boldsymbol{x}(t_{k-1})\|\mathrm{e}^{\Delta(t-t_{k-1})}\quad\forall t\in\left[t_{k-1},t_k\right) \tag{7-140}$$

因此：

$$\|\boldsymbol{x}(t)-\boldsymbol{x}(t_{k-1})\|\leqslant\int_{t_{k-1}}^{t}\left[\|\boldsymbol{A}-\boldsymbol{BK}\|+\|\boldsymbol{Q}\|\right]\|\boldsymbol{x}(s)\|\mathrm{d}s\leqslant\|\boldsymbol{x}(t_{k-1})\|\left(\mathrm{e}^{\Delta(t-t_{k-1})}-1\right) \tag{7-141}$$

另外，通过使用常数变分法可得：

$$\boldsymbol{x}(t_k^-)=\boldsymbol{x}^{(\boldsymbol{A}-\boldsymbol{BK})h_k}\boldsymbol{x}(t_{k-1})+\int_{t_{k-1}}^{t_k}\mathrm{e}^{(\boldsymbol{A}-\boldsymbol{BK})(t_k-s)}\boldsymbol{f}(\boldsymbol{x}(s))\mathrm{d}s \tag{7-142}$$

根据式 (7-140) 可得：

$$\begin{aligned}\int_{t_{k-1}}^{t_k}\mathrm{e}^{(\boldsymbol{A}-\boldsymbol{BK})(t_k-s)}f(\boldsymbol{x}(s))\mathrm{d}s &\leqslant \int_{t_{k-1}}^{t_k}\mathrm{e}^{\|\boldsymbol{A}-\boldsymbol{BK}\|(t_k-s)}\|\boldsymbol{Q}\|\|\boldsymbol{x}(s)\|\mathrm{d}s \\ &\leqslant \int_{t_{k-1}}^{t_k}\mathrm{e}^{\|\boldsymbol{A}-\boldsymbol{BK}\|(t_k-s)}\|\boldsymbol{Q}\|\|\boldsymbol{x}(t_{k-1})\|\mathrm{e}^{\Delta(s-t_{k-1})}\mathrm{d}s \\ &\leqslant \int_{t_{k-1}}^{t_k}\mathrm{e}^{\|\boldsymbol{A}-\boldsymbol{BK}\|(t_k-t_{k-1})}\|\boldsymbol{Q}\|\|\boldsymbol{x}(t_{k-1})\|\mathrm{e}^{\|\boldsymbol{Q}\|(s-t_{k-1})}\mathrm{d}s \\ &\leqslant \|\boldsymbol{x}(t_{k-1})\|\mathrm{e}^{\|\boldsymbol{A}-\boldsymbol{BK}\|h_k}(\mathrm{e}^{\|\boldsymbol{Q}\|h_k}-1)\end{aligned} \tag{7-143}$$

考虑李雅普诺夫函数 $\boldsymbol{V}(\boldsymbol{x}(t))=\boldsymbol{x}^{\mathrm{T}}(t)\boldsymbol{P}\boldsymbol{x}(t)$，由式 (7-140) 可得：

$$\boldsymbol{V}(\boldsymbol{x}(t_k^-))\leqslant\lambda_{\max}(\boldsymbol{P})\left\|\boldsymbol{x}(t_k^-)\right\|^2\leqslant\lambda_{\max}(\boldsymbol{P})\left\|\boldsymbol{x}(t_{k-1})\right\|^2\mathrm{e}^{2\Delta h_k}\leqslant\frac{\lambda_{\max}(\boldsymbol{P})}{\lambda_{\min}(\boldsymbol{P})}\mathrm{e}^{2\Delta h_k}\boldsymbol{V}(\boldsymbol{x}(t_{k-1})) \tag{7-144}$$

令 $\kappa=\dfrac{\lambda_{\max}(\boldsymbol{P})}{\lambda_{\min}(\boldsymbol{P})}$，使用上述结果以及式 (7-133) 的结论可得：

$$\begin{aligned}\boldsymbol{V}(\boldsymbol{x}(t_k))=\boldsymbol{x}^{\mathrm{T}}(t_k)\boldsymbol{P}\boldsymbol{x}(t_k)&=(\rho_k\mu_k^{(1)}+(1-\rho_k)\mu_k^{(2)})^2\boldsymbol{x}^{\mathrm{T}}(t_k^-)\boldsymbol{P}\boldsymbol{x}(t_k^-) \\ &=(\rho_k\mu_k^{(1)}+(1-\rho_k)\mu_k^{(2)})^2\boldsymbol{V}(\boldsymbol{x}(t_k^-)) \\ &\leqslant(\rho_k\mu_k^{(1)}+(1-\rho_k)\mu_k^{(2)})^2\kappa\mathrm{e}^{2\Delta h_k}\boldsymbol{V}(\boldsymbol{x}(t_{k-1}))\end{aligned} \tag{7-145}$$

注意，$\mathrm{e}^{2\Delta h_k}$ 和 $\boldsymbol{V}(\boldsymbol{x}(t_{k-1}))$ 都是非负随机变量，因此取期望可得：

$$\begin{aligned}\mathbb{E}[\boldsymbol{V}(\boldsymbol{x}(t_k))]&\leqslant\mathbb{E}\left[(\rho_k\mu_k^{(1)}+(1-\rho_k)\mu_k^{(2)})^2\kappa\mathrm{e}^{2\Delta h_k}\boldsymbol{V}(\boldsymbol{x}(t_{k-1}))\right] \\ &=\kappa\mathbb{E}\left[\mathbb{E}\left[(\rho_k\mu_k^{(1)}+(1-\rho_k)\mu_k^{(2)})^2\mathrm{e}^{2\Delta h_k}\boldsymbol{V}(\boldsymbol{x}(t_{k-1}))\middle|\mathcal{F}_{k-1}\right]\right] \\ &=\kappa\mathbb{E}\left[\mathbb{E}\left[(\rho_k\mu_k^{(1)}+(1-\rho_k)\mu_k^{(2)})^2\mathrm{e}^{2\Delta h_k}\middle|\mathcal{F}_{k-1}\right]\times\boldsymbol{V}(\boldsymbol{x}(t_{k-1}))\right] \\ &=\kappa\mathbb{E}\left[\mathbb{E}\left[(\rho_k\mu_k^{(1)}+(1-\rho_k)\mu_k^{(2)})^2\mathrm{e}^{2\Delta h_k}\right]\times\boldsymbol{V}(\boldsymbol{x}(t_{k-1}))\right] \\ &=\kappa(\rho\left(\mu_k^{(1)}\right)^2+(1-\rho)\left(\mu_k^{(2)}\right)^2)\mathbb{E}\left[\mathrm{e}^{2\Delta h_k}\right]\mathbb{E}[\boldsymbol{V}(\boldsymbol{x}(t_{k-1}))]\end{aligned} \tag{7-146}$$

上述推导是基于非负变量的条件期望的性质。由于 h_k 在概率空间 $(\Omega,\mathcal{F},\mathbb{P})$ 上一致有界，保证了 $\mathrm{e}^{2\Delta h_k}$ 的可积性。通过数学归纳，易得 $\boldsymbol{V}(\boldsymbol{x}(t_k)),k=1,2,\cdots$ 的可积性。接下来，我们将证明序列 $\boldsymbol{V}(\boldsymbol{x}(t_k))$ 几乎处处收敛到 0。根据式 (7-133) 有：

$$\begin{aligned}\boldsymbol{V}(\boldsymbol{x}(t_k))-\boldsymbol{V}(\boldsymbol{x}(t_{k-1}))&=\boldsymbol{x}^{\mathrm{T}}(t_k)\boldsymbol{P}\boldsymbol{x}(t_k)-\boldsymbol{x}^{\mathrm{T}}(t_{k-1})\boldsymbol{P}\boldsymbol{x}(t_{k-1}) \\ &=(\rho_k\mu_k^{(1)}+(1-\rho_k)\mu_k^{(2)})^2\boldsymbol{x}^{\mathrm{T}}(t_k^-)\boldsymbol{P}\boldsymbol{x}(t_k^-)-\boldsymbol{x}^{\mathrm{T}}(t_{k-1})\boldsymbol{P}\boldsymbol{x}(t_{k-1})\end{aligned} \tag{7-147}$$

则：

$$
\begin{aligned}
&\mathbb{E}\left[\left(\boldsymbol{V}(\boldsymbol{x}(t_k))-\boldsymbol{V}(\boldsymbol{x}(t_{k-1}))\right)\middle|\mathcal{F}_{k-1}\right]\\
&=\mathbb{E}\left[\left((\rho_k\mu_k^{(1)}+(1-\rho_k)\mu_k^{(2)})^2\boldsymbol{x}^{\mathrm{T}}(t_k^-)\boldsymbol{P}\boldsymbol{x}(t_k^-)\right)-\boldsymbol{x}^{\mathrm{T}}(t_{k-1})\boldsymbol{P}\boldsymbol{x}(t_{k-1})\middle|\mathcal{F}_{k-1}\right]\\
&=\mathbb{E}^1\left[\mathbb{E}^2\left[\left((\rho_k\mu_k^{(1)}+(1-\rho_k)\mu_k^{(2)})^2\boldsymbol{x}^{\mathrm{T}}(t_k^-)\boldsymbol{P}\boldsymbol{x}(t_k^-)-\boldsymbol{x}^{\mathrm{T}}(t_{k-1})\boldsymbol{P}\boldsymbol{x}(t_{k-1})\right)\middle|\mathcal{F}_{k-1}^2\right]\middle|\mathcal{F}_{k-1}^1\right]\\
&=\mathbb{E}^1\left[\left((\rho\left(\mu_k^{(1)}\right)^2+(1-\rho)\left(\mu_k^{(2)}\right)^2)\boldsymbol{x}^{\mathrm{T}}(t_k^-)\boldsymbol{P}\boldsymbol{x}(t_k^-)-\boldsymbol{x}^{\mathrm{T}}(t_{k-1})\boldsymbol{P}\boldsymbol{x}(t_{k-1})\right)\middle|\mathcal{F}_{k-1}^1\right]\\
&=\mathbb{E}\left[\left((\rho\left(\mu_k^{(1)}\right)^2+(1-\rho)\left(\mu_k^{(2)}\right)^2)\boldsymbol{x}^{\mathrm{T}}(t_k^-)\boldsymbol{P}\boldsymbol{x}(t_k^-)-\boldsymbol{x}^{\mathrm{T}}(t_{k-1})\boldsymbol{P}\boldsymbol{x}(t_{k-1})\right)\middle|\mathcal{F}_{k-1}\right]\\
&=\rho\mathbb{E}\left[(\left(\mu_k^{(1)}\right)^2\boldsymbol{x}^{\mathrm{T}}(t_k^-)\boldsymbol{P}\boldsymbol{x}(t_k^-)-\boldsymbol{x}^{\mathrm{T}}(t_{k-1})\boldsymbol{P}\boldsymbol{x}(t_{k-1}))\middle|\mathcal{F}_{k-1}\right]\\
&\quad+(1-\rho)\mathbb{E}\left[(\left(\mu_k^{(2)}\right)^2\boldsymbol{x}^{\mathrm{T}}(t_k^-)\boldsymbol{P}\boldsymbol{x}(t_k^-)-\boldsymbol{x}^{\mathrm{T}}(t_{k-1})\boldsymbol{P}\boldsymbol{x}(t_{k-1}))\middle|\mathcal{F}_{k-1}\right]
\end{aligned}
\tag{7-148}
$$

接下来，将给出 $\mathbb{E}\left[\left(\boldsymbol{V}(\boldsymbol{x}(t_k))-\boldsymbol{V}(\boldsymbol{x}(t_{k-1}))\right)\middle|\mathcal{F}_{k-1}\right]$ 的估计值。首先考虑式 (7-148) 的第一项：

$$
\begin{aligned}
&\left(\mu_k^{(1)}\right)^2\boldsymbol{x}^{\mathrm{T}}(t_k^-)\boldsymbol{P}\boldsymbol{x}(t_k^-)-\boldsymbol{x}^{\mathrm{T}}(t_{k-1})\boldsymbol{P}\boldsymbol{x}(t_{k-1})\\
&=2\boldsymbol{x}^{\mathrm{T}}(t_{k-1})\boldsymbol{P}\left[\mu_k^{(1)}\boldsymbol{x}(t_k^-)-\boldsymbol{x}(t_{k-1})\right]+\left[\mu_k^{(1)}\boldsymbol{x}(t_k^-)-\boldsymbol{x}(t_{k-1})\right]^{\mathrm{T}}\boldsymbol{P}\left[\mu_k^{(1)}\boldsymbol{x}(t_k^-)-\boldsymbol{x}(t_{k-1})\right]
\end{aligned}
\tag{7-149}
$$

根据式 (7-142) 可得：

$$
\begin{aligned}
&2\boldsymbol{x}^{\mathrm{T}}(t_{k-1})\boldsymbol{P}\left[\mu_k^{(1)}\boldsymbol{x}(t_k^-)-\boldsymbol{x}(t_{k-1})\right]\\
&\quad=2\boldsymbol{x}^{\mathrm{T}}(t_{k-1})\boldsymbol{P}\left[\mu_k^{(1)}\mathrm{e}^{(\boldsymbol{A}-\boldsymbol{BK})h_k}\boldsymbol{x}(t_{k-1})-\boldsymbol{x}(t_{k-1})+\mu_k^{(1)}\int_{t_{k-1}}^{t_k}\mathrm{e}^{(\boldsymbol{A}-\boldsymbol{BK})(t_k-s)}\boldsymbol{f}(\boldsymbol{x}(s))\mathrm{d}s\right]\\
&=2\boldsymbol{x}^{\mathrm{T}}(t_{k-1})\boldsymbol{P}\left[\mu_k^{(1)}\boldsymbol{I}+\mu_k^{(1)}(\boldsymbol{A}-\boldsymbol{BK})h_k+\mu_k^{(1)}\frac{1}{2!}(\boldsymbol{A}-\boldsymbol{BK})^2h_k^2+\cdots-\boldsymbol{I}\right]\boldsymbol{x}(t_{k-1})\\
&\quad+2\mu_k^{(1)}\boldsymbol{x}^{\mathrm{T}}(t_{k-1})\boldsymbol{P}\int_{t_{k-1}}^{t_k}\mathrm{e}^{(\boldsymbol{A}-\boldsymbol{BK})(t_k-s)}\boldsymbol{f}(\boldsymbol{x}(s))\mathrm{d}s
\end{aligned}
$$

则：

$$
\begin{aligned}
&2\mu_k^{(1)}\boldsymbol{x}^{\mathrm{T}}(t_{k-1})\boldsymbol{P}\int_{t_{k-1}}^{t_k}\mathrm{e}^{(\boldsymbol{A}-\boldsymbol{BK})(t_k-s)}\boldsymbol{f}(\boldsymbol{x}(s))\mathrm{d}s\\
&\leqslant 2\left|\mu_k^{(1)}\right|\lambda_{\max}(\boldsymbol{P})\|\boldsymbol{x}(t_{k-1})\|^2\mathrm{e}^{\|\boldsymbol{A}-\boldsymbol{BK}\|h_k}(\mathrm{e}^{\|\boldsymbol{Q}\|h_k}-1)
\end{aligned}
\tag{7-150}
$$

和：

$$
\begin{aligned}
&2\boldsymbol{x}^{\mathrm{T}}(t_{k-1})\boldsymbol{P}\left[\mu_k^{(1)}\mathrm{e}^{(\boldsymbol{A}-\boldsymbol{BK})h_k}\boldsymbol{x}(t_{k-1})-\boldsymbol{x}(t_{k-1})\right]\\
&=2\boldsymbol{x}^{\mathrm{T}}(t_{k-1})\boldsymbol{P}\left[\mu_k^{(1)}\boldsymbol{I}+\mu_k^{(1)}(\boldsymbol{A}-\boldsymbol{BK})h_k+\mu_k^{(1)}\frac{1}{2!}(\boldsymbol{A}-\boldsymbol{BK})^2h_k^2+\cdots-\boldsymbol{I}\right]\boldsymbol{x}(t_{k-1})
\end{aligned}
$$

$$
\begin{aligned}
&=2\mu_k^{(1)}\boldsymbol{x}^{\mathrm{T}}(t_{k-1})\boldsymbol{P}\left[\boldsymbol{I}+(\boldsymbol{A}-\boldsymbol{BK})h_k\right]\boldsymbol{x}(t_{k-1})+2\boldsymbol{x}^{\mathrm{T}}(t_{k-1})\\
&\quad\boldsymbol{P}\left[\mu_k^{(1)}\frac{1}{2!}(\boldsymbol{A}-\boldsymbol{BK})^2h_k^2+\cdots-\boldsymbol{I}\right]\boldsymbol{x}(t_{k-1})\\
&\leqslant\mu_k^{(1)}\boldsymbol{x}^{\mathrm{T}}(t_{k-1})\left[\boldsymbol{P}(\boldsymbol{A}-\boldsymbol{BK})+(\boldsymbol{A}-\boldsymbol{BK})^{\mathrm{T}}\boldsymbol{P}\right]h_k\boldsymbol{x}(t_{k-1})\\
&\quad+2\lambda_{\max}(\boldsymbol{P})\left|\mu_k^{(1)}\right|\left\|\boldsymbol{x}(t_{k-1})\right\|^2\left[\mathrm{e}^{\|\boldsymbol{A}-\boldsymbol{BK}\|h_k}-1-\left\|\boldsymbol{A}-\boldsymbol{BK}\right\|h_k\right]\\
&\quad+2\left(\mu_k^{(1)}-1\right)\boldsymbol{x}^{\mathrm{T}}(t_{k-1})\boldsymbol{Pe}(t_{k-1})
\end{aligned}
\tag{7-151}
$$

注意到：

$$
\begin{aligned}
&\left\|\mu_k^{(1)}\boldsymbol{x}(t_k^-)-\boldsymbol{x}(t_{k-1})\right\|\\
&=\left\|\mu_k^{(1)}\boldsymbol{x}(t_{k-1})+\mu_k^{(1)}\int_{t_{k-1}}^{t_k}\left(\left(\boldsymbol{A}-\boldsymbol{BK}\right)\boldsymbol{x}(s)+\boldsymbol{f}(\boldsymbol{x}(s))\right)\mathrm{d}s-\boldsymbol{x}(t_{k-1})\right\|\\
&\leqslant\left|\mu_k^{(1)}-1\right|\left\|\boldsymbol{x}(t_{k-1})\right\|+\left|\mu_k^{(1)}\right|\int_{t_{k-1}}^{t_k}\left[\left\|\boldsymbol{A}-\boldsymbol{BK}\right\|+\left\|\boldsymbol{Q}\right\|\right]\left\|\boldsymbol{x}(s)\right\|\mathrm{d}s\\
&\leqslant\left|\mu_k^{(1)}-1\right|\left\|\boldsymbol{x}(t_{k-1})\right\|+\left|\mu_k^{(1)}\right|\left\|\boldsymbol{x}(t_{k-1})\right\|\left(\mathrm{e}^{\Delta h_k}-1\right)\\
&=\left\|\boldsymbol{x}(t_{k-1})\right\|\left[\left|\mu_k^{(1)}\right|\mathrm{e}^{\Delta h_k}+\left|\mu_k^{(1)}-1\right|-\left|\mu_k^{(1)}\right|\right]
\end{aligned}
\tag{7-152}
$$

根据式 (7-152) 可得：

$$
\begin{aligned}
&\left[\mu_k^{(1)}\boldsymbol{x}(t_k^-)-\boldsymbol{x}(t_{k-1})\right]^{\mathrm{T}}\boldsymbol{P}\left[\mu_k^{(1)}\boldsymbol{x}(t_k^-)-\boldsymbol{x}(t_{k-1})\right]\\
&\quad\leqslant\lambda_{\max}(\boldsymbol{P})\left\|\boldsymbol{x}(t_{k-1})\right\|^2\left[\left|\mu_k^{(1)}\right|\mathrm{e}^{\Delta h_k}+\left|\mu_k^{(1)}-1\right|-\left|\mu_k^{(1)}\right|\right]^2
\end{aligned}
\tag{7-153}
$$

当 $\mu_k^{(1)}>1$ 时，将式 (7-150)、式 (7-151)、式 (7-153) 代入式 (7-149)可得：

$$
\begin{aligned}
&\left(\mu_k^{(1)}\right)^2\boldsymbol{x}^{\mathrm{T}}(t_k^-)\boldsymbol{Px}(t_k^-)-\boldsymbol{x}^{\mathrm{T}}(t_{k-1})\boldsymbol{Px}(t_{k-1})\\
&\leqslant\mu_k^{(1)}\boldsymbol{x}^{\mathrm{T}}(t_{k-1})\left[\boldsymbol{P}(\boldsymbol{A}-\boldsymbol{BK})+(\boldsymbol{A}-\boldsymbol{BK})^{\mathrm{T}}\boldsymbol{P}\right]h_k\boldsymbol{x}(t_{k-1})\\
&\quad+2\lambda_{\max}(\boldsymbol{P})\left\|\boldsymbol{x}(t_{k-1})\right\|^2\left[\mu_k^{(1)}\mathrm{e}^{\|\boldsymbol{A}-\boldsymbol{BK}\|h_k}-\mu_k^{(1)}\left\|\boldsymbol{A}-\boldsymbol{BK}\right\|h_k-1+\mu_k^{(1)}\mathrm{e}^{\Delta h_k}-\mu_k^{(1)}\mathrm{e}^{\|\boldsymbol{A}-\boldsymbol{BK}\|h_k}\right]\\
&\quad+\lambda_{\max}(\boldsymbol{P})\left\|\boldsymbol{x}(t_{k-1})\right\|^2\left[\mu_k^{(1)}\mathrm{e}^{\Delta h_k}-1\right]^2\\
&=-\mu_k^{(1)}\beta\boldsymbol{x}^{\mathrm{T}}(t_{k-1})h_k\boldsymbol{x}(t_{k-1})+\lambda_{\max}(\boldsymbol{P})\left\|\boldsymbol{x}(t_{k-1})\right\|^2\\
&\quad\left[\left(\mu_k^{(1)}\right)^2\mathrm{e}^{2\Delta h_k}-2\mu_k^{(1)}\left\|\boldsymbol{A}-\boldsymbol{BK}\right\|h_k-1\right]\\
&=\left[-\beta\mu_k^{(1)}h_k+\lambda_{\max}(\boldsymbol{P})\left(\left(\mu_k^{(1)}\right)^2\mathrm{e}^{2\Delta h_k}-2\mu_k^{(1)}\left\|\boldsymbol{A}-\boldsymbol{BK}\right\|h_k-1\right)\right]\left\|\boldsymbol{x}(t_{k-1})\right\|^2
\end{aligned}
\tag{7-154}
$$

当 $\mu_k^{(2)}<-1$ 时，用 $-\mu_k^{(2)}$ 代替式 (7-154) 中的 $\mu_k^{(1)}$ 可得：

$$
\begin{aligned}
&\left(\mu_k^{(2)}\right)^2 \boldsymbol{x}^{\mathrm{T}}(t_k^-)\boldsymbol{P}\boldsymbol{x}(t_k^-) - \boldsymbol{x}^{\mathrm{T}}(t_{k-1})\boldsymbol{P}\boldsymbol{x}(t_{k-1}) \\
&\leqslant -\mu_k^{(2)}\boldsymbol{x}^{\mathrm{T}}(t_{k-1})\left[\boldsymbol{P}(\boldsymbol{A}-\boldsymbol{B}\boldsymbol{K})+(\boldsymbol{A}-\boldsymbol{B}\boldsymbol{K})^{\mathrm{T}}\boldsymbol{P}\right]h_k\boldsymbol{x}(t_{k-1}) \\
&\quad + 2\lambda_{\max}(\boldsymbol{P})\left\|\boldsymbol{x}(t_{k-1})\right\|^2\left[-\mu_k^{(2)}\mathrm{e}^{\|\boldsymbol{A}-\boldsymbol{B}\boldsymbol{K}\|h_k} + \mu_k^{(2)}\left\|\boldsymbol{A}-\boldsymbol{B}\boldsymbol{K}\right\|h_k - 1 - \mu_k^{(2)}\mathrm{e}^{\Delta h_k} + \mu_k^{(2)}\mathrm{e}^{\|\boldsymbol{A}-\boldsymbol{B}\boldsymbol{K}\|h_k}\right] \\
&\quad + \lambda_{\max}(\boldsymbol{P})\left\|x(t_{k-1})\right\|^2\left[-\mu_k^{(2)}\mathrm{e}^{\Delta h_k} - 1\right]^2 \\
&= \mu_k^{(2)}\beta\boldsymbol{e}^{\mathrm{T}}(t_{k-1})h_k\boldsymbol{e}(t_{k-1}) + \lambda_{\max}(\boldsymbol{P})\left\|\boldsymbol{e}(t_{k-1})\right\|^2 \times \left[\left(\mu_k^{(2)}\right)^2\mathrm{e}^{2\Delta h_k} + 2\mu_k^{(2)}\left\|\boldsymbol{A}-\boldsymbol{B}\boldsymbol{K}\right\|h_k - 1\right] \\
&= \left[\beta\mu_k^{(2)}h_k + \lambda_{\max}(\boldsymbol{P})\left(\left(\mu_k^{(2)}\right)^2\mathrm{e}^{2\Delta h_k} + 2\mu_k^{(2)}\left\|\boldsymbol{A}-\boldsymbol{B}\boldsymbol{K}\right\|h_k - 1\right)\right]\left\|\boldsymbol{e}(t_{k-1})\right\|^2
\end{aligned}
$$

由于 $\boldsymbol{x}(t_{k-1})$ 是 $\mathcal{F}_{k-1}$ - 可测的，根据式 (7-137) 可得：

$$
\begin{aligned}
&\mathbb{E}\left\{\left[-\beta\mu_k^{(1)}T_k + \lambda_{\max}(\boldsymbol{P})\left[\left(\mu_k^{(1)}\right)^2\mathrm{e}^{2\Delta h_k} - 2\mu_k^{(1)}\|\boldsymbol{A}-\boldsymbol{B}\boldsymbol{K}\|h_k - 1\right]\right]\left\|\boldsymbol{x}(t_{k-1})\right\|^2 \mid \mathcal{F}_{k-1}\right\} \\
&= \mathbb{E}\left\{-\beta\mu_k^{(1)}h_k + \lambda_{\max}(\boldsymbol{P})\left[\left(\mu_k^{(1)}\right)_k^2\mathrm{e}^{2\Delta h_k} - 2\mu_k^{(1)}\|\boldsymbol{A}-\boldsymbol{B}\boldsymbol{K}\|h_k - 1\right]\|\mathcal{F}_{k-1}\right\}\left\|\boldsymbol{x}(t_{k-1})\right\|^2 \\
&= -\beta\mu_k^{(1)}\mathbb{E}\{h_k\} + \lambda_{\max}(\boldsymbol{P})\mathbb{E}\left\{\left(\mu_k^{(1)}\right)_k^2\mathrm{e}^{2\Delta h_k} - 2\mu_k^{(1)}\|\boldsymbol{A}-\boldsymbol{B}\boldsymbol{K}\|h_k - 1\right\}\left\|\boldsymbol{x}(t_{k-1})\right\|^2 \\
&= \gamma_k^{(1)}\left\|\boldsymbol{x}(t_{k-1})\right\|^2 \leqslant \theta_k^{(1)}\boldsymbol{V}\left(\boldsymbol{x}(t_{k-1})\right)
\end{aligned}
$$

和：

$$
\begin{aligned}
&\mathbb{E}\left\{\left[\beta\mu_k^{(2)}h_k + \lambda_{\max}(\boldsymbol{P})\left[\left(\mu_k^{(2)}\right)^2\mathrm{e}^{2\Delta h_k} + 2\mu_k^{(2)}\|\boldsymbol{A}-\boldsymbol{B}\boldsymbol{K}\|h_k - 1\right]\right]\left\|\boldsymbol{x}(t_{k-1})\right\|^2 \mid \mathcal{F}_{k-1}\right\} \\
&= \mathbb{E}\left\{\left[\beta\mu_k^{(2)}h_k + \lambda_{\max}(\boldsymbol{P})\left[\left(\mu_k^{(2)}\right)_k^2\mathrm{e}^{2\Delta h_k} + 2\mu_k^{(2)}\|\boldsymbol{A}-\boldsymbol{B}\boldsymbol{K}\|h_k - 1\right]\right] \mid \mathcal{F}_{k-1}\right\}\left\|\boldsymbol{x}(t_{k-1})\right\|^2 \\
&= \beta\mu_k^{(2)}\mathbb{E}\{h_k\} + \lambda_{\max}(\boldsymbol{P})\mathbb{E}\left\{\left(\mu_k^{(2)}\right)_k^2\mathrm{e}^{2\Delta h_k} + 2\mu_k^{(2)}\|\boldsymbol{A}-\boldsymbol{B}\boldsymbol{K}\|h_k - 1\right\}\left\|\boldsymbol{x}(t_{k-1})\right\|^2 \\
&= \gamma_k^{(2)}\left\|\boldsymbol{x}(t_{k-1})\right\|^2 \leqslant \theta_k^{(2)}\boldsymbol{V}\left(\boldsymbol{x}(t_{k-1})\right)
\end{aligned}
$$

由于 $\boldsymbol{V}\left(\boldsymbol{x}(t_{k-1})\right)$ 是可积的，则有：

$$
\begin{aligned}
&\mathbb{E}\left\{\boldsymbol{V}\left(\boldsymbol{x}(t_k)\right) \mid \mathcal{F}_{k-1}\right\} = \mathbb{E}\left\{\boldsymbol{V}\left(\boldsymbol{x}(t_{k-1})\right) + \boldsymbol{V}\left(\boldsymbol{x}(t_k)\right) - \boldsymbol{V}\left(\boldsymbol{x}(t_{k-1})\right) \mid \mathcal{F}_{k-1}\right\} \\
&\leqslant \left(1 + \rho\theta_k^{(1)} + (1-\rho)\left(\theta_k^{(2)}\right)\right)\boldsymbol{V}\left(\boldsymbol{x}(t_{k-1})\right) \\
&\leqslant \left[\rho\left(1+\theta_k^{(1)}\right) + (1-\rho)\left(1+\theta_k^{(2)}\right)\right]\boldsymbol{V}\left(\boldsymbol{x}(t_{k-1})\right)
\end{aligned}
\tag{7-155}
$$

由于序列 $\left\{\prod_{k=1}^{l_j}\left[\rho\left(1+\theta_k^{(1)}\right)+(1-\rho)\left(1+\theta_k^{(2)}\right)\right]\right\}$ 是单调递减的，基于式 (7-155) 可知 $\left\{\boldsymbol{V}\left(\boldsymbol{x}(t_{l_j})\right)\right\}_{j\in\mathbb{N}}$ 是有关 $\left\{\mathcal{F}_{l_j}\right\}_{j\in\mathbb{N}}$ 的非负上鞅。根据 Doob's Martingale 收敛定理，$\left\{\boldsymbol{V}\left(\boldsymbol{x}\left(t_{l_j}\right)\right)\right\}_{j\in\mathbb{N}}$ a.s. 收敛到一个非负随机变量 V_∞。由于 $\boldsymbol{V}\left(\boldsymbol{x}\left(t_k\right)\right)$ 是可积的，则有 $\mathbb{E}\left\{\boldsymbol{V}\left(\boldsymbol{x}\left(t_k\right)\right)\right\}=\mathbb{E}\left[\mathbb{E}\left[\boldsymbol{V}\left(\boldsymbol{x}\left(t_k\right)\right)\mid\mathcal{F}_{k-1}\right]\right]$。结合使用 Fatou 引理以及：

$$\mathbb{E}\left\{\boldsymbol{V}\left(\boldsymbol{x}\left(t_{l_j}\right)\right)\right\}\leqslant\left\{\prod_{k=1}^{l_j}\left[\rho\left(1+\theta_k^{(1)}\right)+(1-\rho)\left(1+\theta_k^{(2)}\right)\right]\right\}\mathbb{E}\left\{\boldsymbol{V}\left(\boldsymbol{x}\left(t_0\right)\right)\right\} \tag{7-156}$$

则：

$$\begin{aligned}
\mathbb{E}\left\{\boldsymbol{V}_\infty\right\}&=\mathbb{E}\left[\lim_{j\to\infty}\boldsymbol{V}\left(\boldsymbol{x}\left(t_{l_j}\right)\right)\right]=\mathbb{E}\left[\liminf_{j\to\infty}\boldsymbol{V}\left(\boldsymbol{x}\left(t_{l_j}\right)\right)\right]\\
&\leqslant\liminf_{j\to\infty}\mathbb{E}\left[\boldsymbol{V}\left(\boldsymbol{x}\left(t_{l_j}\right)\right)\right]\\
&\leqslant\lim_{j\to\infty}\left\{\prod_{k=1}^{l_j}\left[\rho\left(1+\theta_k^{(1)}\right)+(1-\rho)\left(1+\theta_k^{(2)}\right)\right]\right\}\mathbb{E}\left\{\boldsymbol{V}\left(\boldsymbol{x}\left(t_0\right)\right)\right\}
\end{aligned}$$

根据式 (7-135)，$\mathbb{E}\left\{V_\infty\right\}=0$。序列 $\left\{\boldsymbol{V}\left(\boldsymbol{x}\left(t_{l_j}\right)\right)\right\}_{j\in\mathbb{N}}$ a.s. 收敛到 0。

对于 $t\in\left[t_{k-1},t_k\right]\subset\left[t_{l_{j-1}},t_{l_j}\right]$，有：

$$\|\boldsymbol{x}(t)\|\leqslant\left\|\boldsymbol{x}\left(t_{k-1}\right)\right\|\mathrm{e}^{\Delta\left(t-t_{k-1}\right)}\leqslant\cdots\leqslant\mathrm{e}^{\Delta h_k}\cdots\mathrm{e}^{\Delta h_{l_{j-1}}+1}\left\|\boldsymbol{x}\left(t_{l_{j-1}}\right)\right\| \tag{7-157}$$

由于序列 $\left\{l_j\right\}_{j\in\mathbb{N}}$ 是有界偏差的，上界为 M，h_k 一致有界，所以：

$$\|\boldsymbol{x}(t)\|\leqslant\mathrm{e}^{\Delta h_k}\cdots\mathrm{e}^{\Delta h_{l_{j-1}+1}}\left\|\boldsymbol{x}\left(t_{l_{j-1}}\right)\right\|\leqslant\mathrm{e}^{\Delta hM}\left\|\boldsymbol{x}\left(t_{l_{j-1}}\right)\right\|\leqslant\frac{1}{\lambda_{\min}(\boldsymbol{P})}\mathrm{e}^{\Delta hM}\sqrt{\boldsymbol{V}\left(\boldsymbol{x}\left(t_{l_j}\right)\right)} \tag{7-158}$$

因此，$\|\boldsymbol{x}(t)\|_{\text{a.s.}}$ 收敛到 0。证毕。

注 7.4.1 有界偏差序列的引入扩展了基于自然脉冲序列 $\left\{t_k\right\}$ 的结果。这个概念也被用于研究切换系统的稳定性 [20]。本节主要考虑脉冲形式的非线性系统。如果脉冲序列简化为自然序列 [21-26]，那么 $\rho\theta_k^{(1)}+(1-\rho)\theta_k^{(2)}<1$ 即可充分保证条件

$$\lim_{k\to\infty}\left\{\prod_{j=1}^{k}\left[\rho\left(1+\theta_k^{(1)}\right)+(1-\rho)\left(1+\theta_k^{(2)}\right)\right]\right\}=0$$

成立。条件(7-135)允许在某些情况下 $\rho\theta_k^{(1)}+(1-\rho)\theta_k^{(2)}\geqslant 1$ 情况的发生，因此所得的结果较为不保守。

如果使用一个脉冲自然序列，则可得如下结论。

推论 7.4.1

在假设 7.4.1 ～假设 7.4.3 成立的情况下，如果存在对称正定矩阵 $\boldsymbol{P}$、反馈增益矩阵 $\boldsymbol{K}$、正常数 β，使得条件 (7-134) 和下式成立：

$$\rho\theta_k^{(1)}+(1-\rho)\theta_k^{(2)}<0 \tag{7-159}$$

其中，$\theta_k^{(1)}$ 和 $\theta_k^{(2)}$ 按照定理 7.4.1 定义，那么非线性系统 (7-133) 的平衡点是几乎处处稳定的。

证明：

根据式 (7-32) 可得 $\rho\theta_k^{(1)}+(1-\rho)\theta_k^{(2)}<0$，那么：

$$\rho(1+\theta_k^{(1)})+(1-\rho)\theta_k^{(2)}<1 \tag{7-160}$$

易得：

$$\lim_{k\to\infty}\prod_{i=1}^{k}\rho\left(1+\theta_i^{(1)}\right)+(1-\rho)\left(1+\theta^{(2)}\right)=0 \tag{7-161}$$

根据定理 7.4.1，结论成立。证毕。

如果脉冲增益 μ_k 为确定性变量，则可得如下推论 7.4.2。

推论 7.4.2

假设 μ_k 是确定性变量。在假设 7.4.1 ～假设 7.4.3 成立的情况下，如果存在对称正定矩阵 $\boldsymbol{P}$、反馈增益矩阵 $\boldsymbol{K}$、正常数 β，使得条件 (7-134) 和下式成立：

$$-\left(\beta+2\lambda_{\max}(\boldsymbol{P})\|\boldsymbol{A}-\boldsymbol{BK}\|\right)|\mu_k|\mathbb{E}\{h_k\}-\lambda_{\max}(\boldsymbol{P})+\lambda_{\max}(\boldsymbol{P})\mu_k^2\mathbb{E}\left\{\mathrm{e}^{2\Delta h_k}\right\}<0 \tag{7-162}$$

那么非线性系统 (7-133) 的平衡点是几乎处处稳定的。

注 7.4.2　随机变量 μ_k 使得 $\theta_k^{(i)}, i=1,2$ 的选择更加灵活。如果 μ_k 是一个伯努利随机变量，由推论 7.4.1 可知，$\theta_k^{(1)}$ 或 $\theta_k^{(2)}$ 可能取正值。而在确定性的情况下，根据推论 7.4.2、条件 (7-162) 可知相应的 θ_k 必须为负值，结果表明随机情况下的结果更加不保守。

如果 h_k 在概率空间 $(\Omega, \mathcal{F}, \mathbb{P})$ 上独立同分布 (i.i.d.)，这意味着攻击者发起虚假数据注入攻击的连续脉冲间隔是不相关的，但服从同一个概率分布，则有推论 7.4.3。

推论 7.4.3

令 T_k 在概率空间 $(\Omega, \mathcal{F}, \mathbb{P})$ 上独立同分布。在假设 7.4.1 ～假设 7.4.3 成立的情况下，如果存在对称正定矩阵 $\boldsymbol{P}$、反馈增益矩阵 $\boldsymbol{K}$、正常数 β，使得条件 (7-134)，以及：

$$\gamma_k^{(1)} < 0, \quad \gamma_k^{(2)} < 0$$

和：

$$\begin{aligned} &-\left(\beta + 2\lambda_{\max}(\boldsymbol{P})\|\boldsymbol{A} - \boldsymbol{BK}\|\right) m_k \mathbb{E}\{h\} - \lambda_{\max}(\boldsymbol{P}) \\ &+\lambda_{\max}(\boldsymbol{P})\left(\rho\left(\mu_k^{(1)}\right)^2 + (1-\rho)\left(\mu_k^{(2)}\right)^2\right)\mathbb{E}\left\{\mathrm{e}^{2\Delta h}\right\} < 0 \end{aligned}$$

成立，其中 $m_k = \rho\mu_k^{(1)} + (1-\rho)\left(-\mu_k^{(2)}\right)$，$\gamma_k^1$ 和 γ_k^2 按照定理7.4.1定义，那么非线性系统(7-133)的平衡点是几乎处处稳定的。

如果考虑一个线性系统，那么系统 (7-133) 变为：

$$\begin{cases} \dot{\boldsymbol{x}}(t) = (\boldsymbol{A} - \boldsymbol{BK})\boldsymbol{x}(t), \quad t \neq t_k \\ \boldsymbol{x}\left(t_k\right) = \left(\rho_k \mu_k^{(1)} + \left(1-\rho_k\right)\mu_k^{(2)}\right)\boldsymbol{x}\left(t_k^-\right) \end{cases} \tag{7-163}$$

推论 7.4.4

在假设 7.4.1 ～假设 7.4.3 成立的情况下，如果存在对称正定矩阵 $\boldsymbol{P}$、反馈增益矩阵 $\boldsymbol{K}$、正常数 β 和有界偏差序列 $\left\{l_j\right\}_{j\in\mathbb{N}}$ 子列，使得 $\left\{\prod_{k=1}^{l_j}\left[\rho\left(1+\theta_k^{(1)}\right) + (1-\rho)\left(1+\theta_k^{(2)}\right)\right]\right\}$ 是单调递减的以及式 (7-134)、式 (7-135) 成立，其中：

$$\hat{\gamma}_k^{(1)} = -\beta\mu_k^{(1)}\mathbb{E}\{h_k\} + \lambda_{\max}(\boldsymbol{P})\mathbb{E}\left\{\left(\mu_k^{(1)}\right)^2 \mathrm{e}^{2\|\boldsymbol{A}-\boldsymbol{BK}\| h_k}\right\} - 2\mu_k^{(1)}\|\boldsymbol{A}-\boldsymbol{BK}\| h_k - 1 \tag{7-164}$$

$$\hat{\gamma}_k^{(2)} = \beta\mu_k^{(2)}\mathbb{E}\{h_k\} + \lambda_{\max}(\boldsymbol{P})\mathbb{E}\left\{\left(\mu_k^{(2)}\right)^2 \mathrm{e}^{2\|\boldsymbol{A}-\boldsymbol{BK}\| h_k} + 2\mu_k^{(2)}\|\boldsymbol{A}-\boldsymbol{BK}\| h_k - 1\right\} \tag{7-165}$$

那么线性系统 (7-163) 的平衡点是几乎处处稳定的。

注 7.4.3　在推论 7.4.4 中，条件 (7-134) 保证没有攻击的线性系统是稳定的。当存在随机脉冲欺骗攻击时，在预设的反馈增益矩阵下，稳定性可能被破坏，如例 7.4.1 所示。根据推论 7.4.4，应进一步调整直到条件 (7-135) 满足，以抑制攻击的负面影响。

注 7.4.4　在没有攻击的情况下，如果（$\boldsymbol{A},\boldsymbol{B}$）是可镇定的，根据条件 (7-134)，反馈增益矩阵 $\boldsymbol{K}=\boldsymbol{B}^{\mathrm{T}}\boldsymbol{P}$，其中 $\boldsymbol{P}$ 为正定矩阵，满足：

$$\boldsymbol{A}^{\mathrm{T}}\boldsymbol{P} + \boldsymbol{PA} - 2\boldsymbol{PBBP}^{\mathrm{T}} + \beta\boldsymbol{I} = 0$$

而在有攻击的情况下，条件 (7-135) 必须同时满足，可以看作是与攻击间隔和脉冲增益的期望相关的约束。

7.4.4 数值仿真

例 7.4.1 随机脉冲攻击下的非线性系统

考虑非线性系统：

$$\begin{cases} \dot{x}_1(t) = 0.01\sin\left(x_2(t)\right) \\ \dot{x}_2(t) = 0.01\sin\left(x_1(t)\right) \end{cases} \tag{7-166}$$

可知 $\boldsymbol{Q}$=[0,0.01 ; 0.01,0] 和 $\boldsymbol{A}=0$。该系统为周期的，如图 7-27 所示。

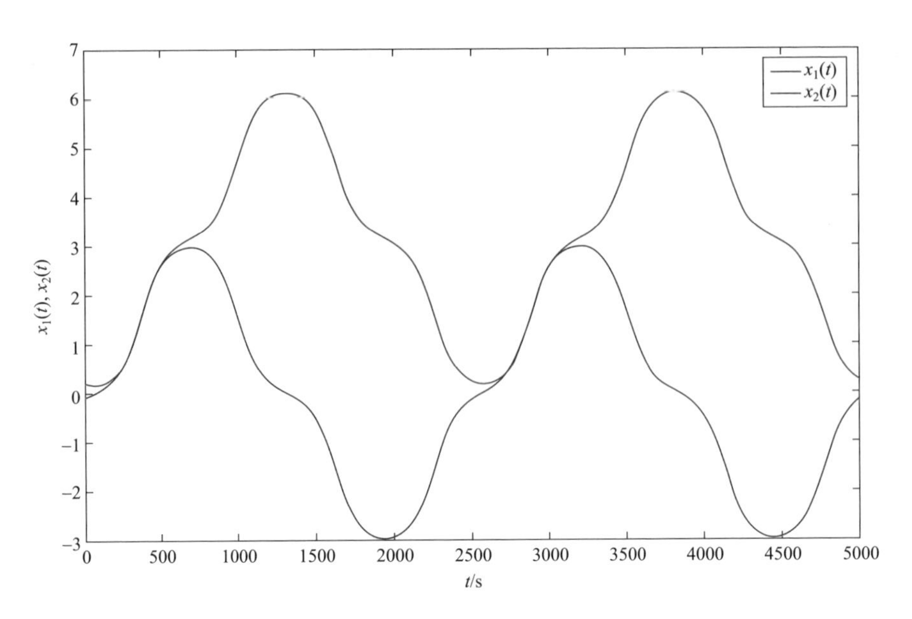

图 7-27　状态变量的演化曲线

假设 $\boldsymbol{B}=\boldsymbol{I}$。首先，选择 $\boldsymbol{P}=\boldsymbol{I}, \boldsymbol{K}=0.5\boldsymbol{I}$，在没有攻击的情况下系统是稳定的，如图 7-28 所示。如果攻击者发动随机脉冲欺骗攻击，其中 $\mu_k^{(1)}=1.1, \mu_k^{(2)}=-1.4, \rho=0.95$，攻击间隔序列 $\{h_k\}$ 在区间 $[0.1,0.34]$ 内

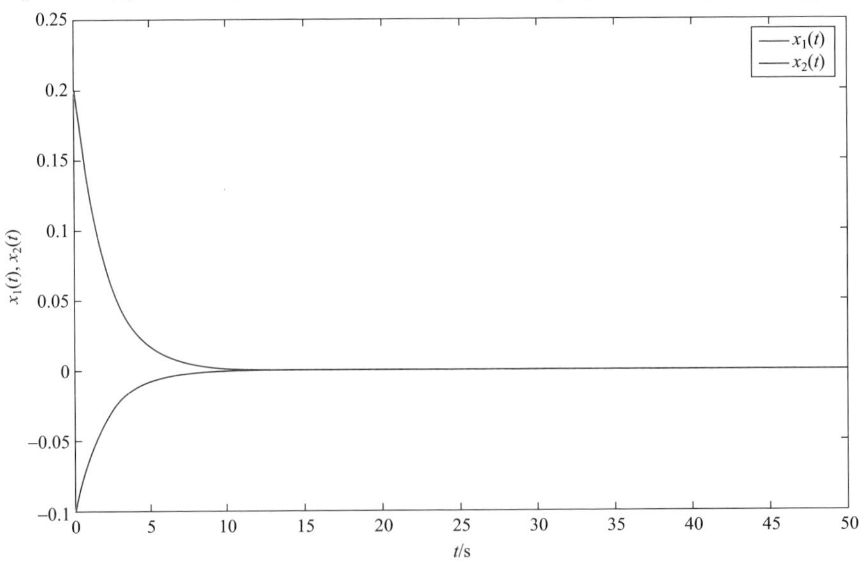

图 7-28　$\boldsymbol{K}=0.5\boldsymbol{I}$ 时状态变量的演化曲线

遵循均匀分布，期望为 $\mathbb{E}\{h_k\}=0.22$。图 7-29 表示脉冲增益 $\mu_k^{(1)}=1.1$ 或 $\mu_k^{(2)}=-1.4$ 的脉冲攻击序列。由图 7-30 知，当 $\boldsymbol{K}=0.5\boldsymbol{I}$ 时系统的稳定性被破坏。

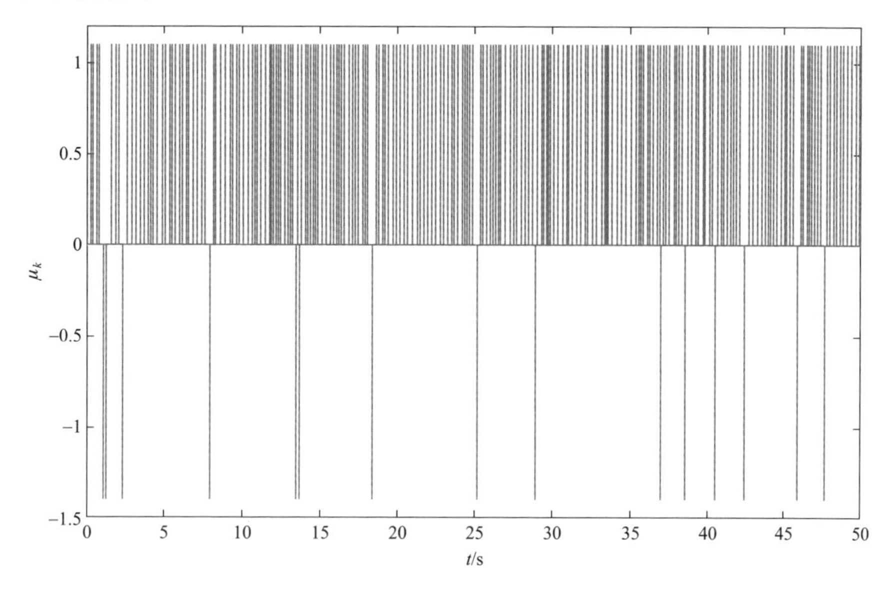

图 7-29 脉冲攻击序列

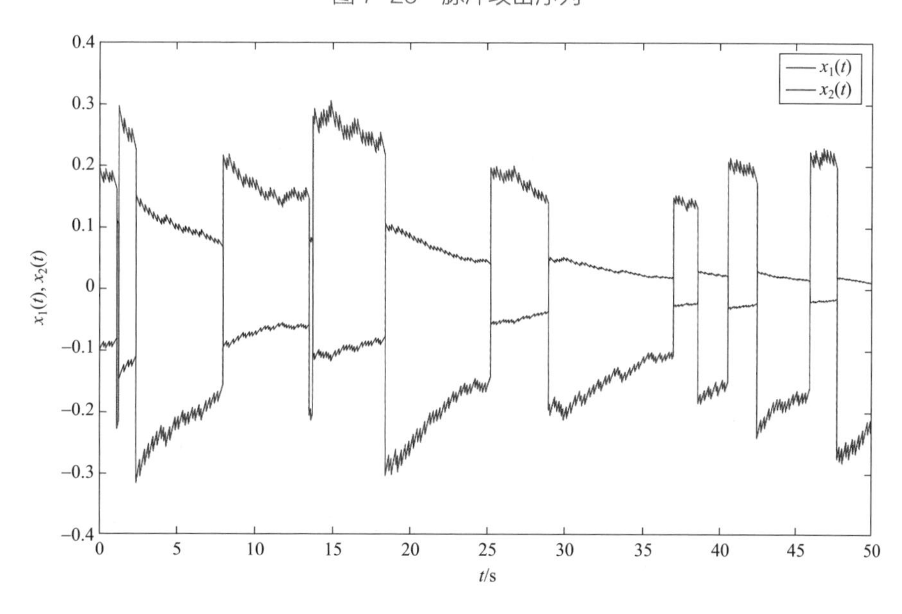

图 7-30 $\boldsymbol{K}=0.5\boldsymbol{I}$ 时脉冲攻击下状态变量的演化曲线

若 $\boldsymbol{K}=0.86\boldsymbol{I}$，根据式 (7-137) 和式 (7-138)，可得 $\gamma_k^{(1)}=-0.0452$，$\gamma_k^{(2)}=0.8355$。因此，$\rho\gamma_k^{(1)}+(1-\rho)\gamma_k^{(2)}=-0.0012<0$。由于 $\boldsymbol{P}=\boldsymbol{I}$，$\rho\theta_k^{(1)}+(1-\rho)\theta_k^{(2)}<0$ 成立。基于推论 7.4.1，系统实现了几乎处处稳定，如图 7-31 所示。

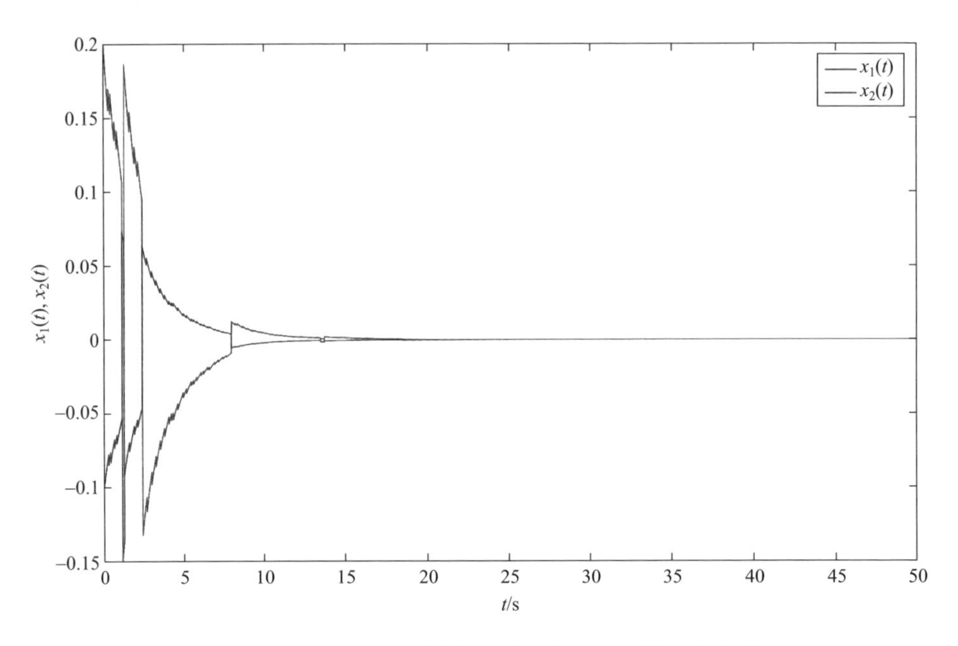

图 7-31　$\boldsymbol{K}=0.86\boldsymbol{I}$ 时脉冲攻击下状态变量的演化曲线

7.5 本章小结

本章分别从攻击位置、攻击发动方式、攻击信号本身，系统地探讨了欺骗攻击下多智能体系统的安全一致问题。首先从传感器 - 控制器通道以及控制器 - 执行器通道两种攻击位置介绍了错误数据注入攻击下多智能体系统的脉冲安全控制问题；接着进一步探讨了攻击序列的时序特征，结合事件触发序列，介绍了序列式攻击下多智能体系统的事件触发安全控制；最后，考虑以随机脉冲信号的形式注入系统的欺骗攻击，介绍随机脉冲序列下系统的几乎处处稳定性。本章内容还可参考文献 [27-30]。脆弱网络环境下系统的安全问题是信息时代面临的巨大挑战性难题。实际情况中攻击者可能不止一个，所采取的攻击策略也可能不尽相同，混杂攻击策略以及具有异步攻击时间序列的分布式攻击下多智能体系统的安全控制亟待进一步深入研究。

参考文献

[1] Cetinkaya A, Ishii H, Hayakawa T. An overview on denial-of-service attacks in control systems: attack models and security analyses[J]. Entropy, 2019, 21(2): 210.

[2] Zhang D, Feng G, Shi Y, et al. Physical safety and cyber security analysis of multi-agent systems: a survey of recent advances[J]. IEEE/CAA Journal of Automatica Sinica, 2021, 8(2): 319-333.

[3] He W, Xu W, Ge X, et al. Secure control of multi-agent systems against malicious attacks: a brief survey[J]. IEEE Transactions on Industrial Informatics, 2021, 18(6): 3595-3608.

[4] Xie L, Mo Y, Sinopoli B. Integrity data attacks in power market operations[J]. IEEE Transactions on Smart Grid, 2011, 2(4): 659-666.

[5] Liu Y, Ning P, Reiter M K. False data injection attacks against state estimation in electric power grids[J]. ACM Transactions on Information and System Security (TISSEC), 2011, 14(1): 1-33.

[6] Zhao C, He J, Cheng P, et al. Analysis of consensus-based distributed economic dispatch under stealthy attacks[J]. IEEE Transactions on Industrial Electronics, 2016, 64(6): 5107-5117.

[7] Tang Y, Zhang D, Shi P, et al. Event-based formation control for nonlinear multiagent systems under DoS attacks[J]. IEEE Transactions on Automatic Control, 2020, 66(1): 452-459.

[8] Liu J, Xia J, Tian E, et al. Hybrid-driven-based H_∞ filter design for neural networks subject to deception attacks[J]. Applied Mathematics and Computation, 2018, 320: 158-174.

[9] Guo Z, Shi D, Johansson K H, et al. Optimal linear cyber-attack on remote state estimation[J]. IEEE Transactions on Control of Network Systems, 2016, 4(1): 4-13.

[10] Mustafa A, Modares H. Attack analysis and resilient control design for discrete-time distributed multi-agent systems[J]. IEEE Robotics and Automation Letters, 2019, 5(2): 369-376.

[11] Fu W, Qin J, Shi Y, et al. Resilient consensus of discrete-time complex cyber-physical networks under deception attacks[J]. IEEE Transactions on Industrial Informatics, 2019, 16(7): 4868-4877.

[12] Ding D, Wang Z, Ho D W C, et al. Observer-based event-triggering consensus control for multiagent systems with lossy sensors and cyber-attacks[J]. IEEE Transactions on Cybernetics, 2016, 47(8): 1936-1947.

[13] Xu W, Ho D W C, Zhong J, et al. Event/self-triggered control for leader-following consensus over unreliable network with DoS attacks[J]. IEEE Transactions on Neural Networks and Learning Systems, 2019, 30(10): 3137-3149.

[14] Feng Z, Hu G. Secure cooperative event-triggered control of linear multiagent systems under DoS attacks[J]. IEEE Transactions on Control Systems Technology, 2019, 28(3): 741-752.

[15] Ríos H, Hetel L, Efimov D. Nonlinear impulsive systems: 2D stability analysis approach[J]. Automatica, 2017, 80: 32-40.

[16] Chen W H, Zheng W X, Lu X. Impulsive stabilization of a class of singular systems with time-delays[J]. Automatica, 2017, 83: 28-36.

[17] Li X, Song S. Stabilization of delay systems: delay-dependent impulsive control[J]. IEEE Transactions on Automatic Control, 2016, 62(1): 406-411.

[18] He W, Qian F, Lam J, et al. Quasi-synchronization of heterogeneous dynamic networks via distributed impulsive control[J]. Automatica. 2015, 62: 249-262.

[19] He W, Xu B, Han Q L, et al. Adaptive consensus control of linear multiagent systems with dynamic event-triggered strategies[J]. IEEE Transactions on Cybernetics, 2019, 50(7): 2996-3008.

[20] Guo Y, Lin W, Chen G. Stability of switched systems on randomly switching durations with random interaction

matrices[J]. IEEE Transactions on Automatic Control, 2017, 63(1): 21-36.
[21] Ríos H, Hetel L, Efimov D. Nonlinear impulsive systems: 2D stability analysis approach[J]. Automatica, 2017, 80: 32-40.
[22] Chen W H, Zheng W X, Lu X. Impulsive stabilization of a class of singular systems with time-delays[J]. Automatica, 2017, 83: 28-36.
[23] Li X, Song S. Stabilization of delay systems: delay-dependent impulsive control[J]. IEEE Transactions on Automatic Control, 2016, 62(1): 406-411.
[24] He W, Chen G, Han Q L, et al. Network-based leader-following consensus of nonlinear multi-agent systems via distributed impulsive control[J]. Information Sciences, 2017, 380: 145-158.
[25] Yang Z, Xu D. Stability analysis of delay neural networks with impulsive effects[J]. IEEE Transactions on Circuits and Systems II: Express Briefs, 2005, 52(8): 517-521.
[26] Lu J, Ho D W C, Cao J. A unified synchronization criterion for impulsive dynamical networks[J]. Automatica, 2010, 46(7): 1215-1221.
[27] He W, Mo Z, Han Q L, et al. Secure impulsive synchronization in Lipschitz-type multi-agent systems subject to deception attacks[J]. IEEE/CAA Journal of Automatica Sinica, 2020, 7(5): 1326-1334.
[28] He W, Gao X, Zhong W, et al. Secure impulsive synchronization control of multi-agent systems under deception attacks[J]. Information Sciences, 2018, 459: 354-368.
[29] He W, Mo Z. Secure Event-Triggered Consensus Control of Linear Multiagent Systems Subject to Sequential Scaling Attacks[J]. IEEE Transactions on Cybernetics, 2021, 52(10): 10314-10327.
[30] He W, Qian F, Han Q L, et al. Almost sure stability of nonlinear systems under random and impulsive sequential attacks[J]. IEEE Transactions on Automatic Control, 2020, 65(9): 3879-3886.

Digital Wave
Advanced Technology of Industrial Internet

Distributed Cooperative Control of Industrial Network Systems

面向工业网络系统的分布式协同控制

附录 A

相关知识与理论

A.1
代数图理论

多智能体系统的通信拓扑可用图来描述。所谓图是指一个数学结构 $\mathcal{G}(\mathcal{V},\mathcal{E},\mathcal{A})$，其中 $\mathcal{V}=\{v_1,v_2,\cdots,v_N\}$ 表示 $\mathcal{G}$ 中有限非空的节点集合，$\mathcal{E}\subseteq\mathcal{V}\times\mathcal{V}$ 表示有序节点对之间的边所组成的集合，即边集合，$\boldsymbol{\mathcal{A}}=\left(a_{ij}\right)_{N\times N}$ 为 $\mathcal{G}$ 的邻接矩阵。对于集合 $\mathcal{V}$ 中的两个节点 v_i 和 v_j，若存在一条边从节点 v_j 指向节点 v_i，则边 $e_{ji}=\left(v_j,v_i\right)\in\mathcal{E}$，即智能体 v_i 能够获取智能体 v_j 的信息，并称节点 v_j 为节点 v_i 的邻居节点，且 $a_{ij}>0$，否则 $a_{ij}=0$。若构成一条边的两个节点相同，则称该边为自环。无特别说明，本书中的图均不存在自环，即 $a_{ii}=0$。若对权重无特殊定义，本书中默认对 $e_{ji}\in\mathcal{E},a_{ij}=1$。记邻居节点组成的集合为 $\mathcal{N}_i=\left\{v_j\in\mathcal{V}:\left(v_j,v_i\right)\in\mathcal{E}\right\}$，节点 v_i 的入度 $d_{\text{in},i}=\sum_{j=1,j\neq i}a_{ij}$，出度 $d_{\text{out},i}=\sum_{j=1,j\neq i}a_{ji}$，则图 $\mathcal{G}$ 的入度矩阵为 $\boldsymbol{D}=\text{diag}\{d_{\text{in},1},d_{\text{in},2},\cdots,d_{\text{in},N}\}$。若存在 $\mathcal{G}'(\mathcal{V}',\mathcal{E}',\mathcal{A}')$ 满足 $\mathcal{V}'\subseteq\mathcal{V}$ 且 $\mathcal{E}'\subseteq\mathcal{E}$，则称 $\mathcal{G}'$ 是 $\mathcal{G}$ 的子图。

定义 A.1.1[1]

一个长度为 k 的路径是一个非空的、由节点和边构成的交错序列 $v_0,e_1,v_1,e_2,\cdots,e_{k-1},v_k$，且对于 $i\leqslant k$ 有 $e_i=(v_i,v_{i+1})$。

定义 A.1.2[1]

若图中的每一条边均为节点的有序对 (v_i,v_j)，则称图为有向图，其中 v_i 为父节点，v_j 为子节点。

定义 A.1.3[1]

若图中的每一条边均为节点的无序对 (v_i,v_j)，则称图为无向图，其中 (v_i,v_j) 和 (v_j,v_i) 表示同一条边，即对任意 $e_{ij}\in\mathcal{E}$，都有 $e_{ji}\in\mathcal{E}$。

图 A-1 所示为由五个智能体组成的图，其中图 A-1(a) 为无向图，图 A-1(b)、(c) 为有向图。无向图可以视为特殊的有向图。

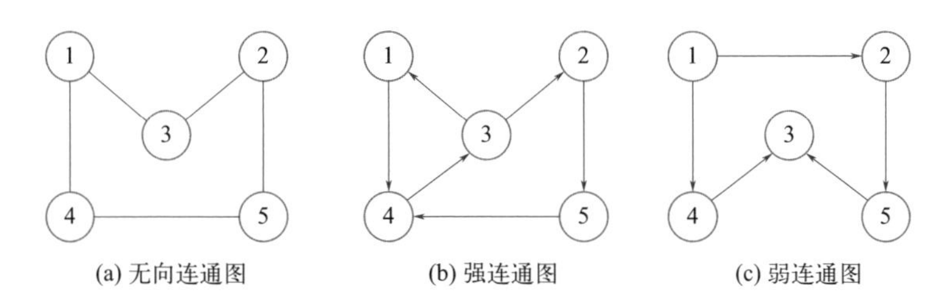

图 A-1　网络拓扑图

定义 A.1.4[1]

对于图 $\mathcal{G}$，若对任意 $i \in \mathcal{V}$ 有 $d_{\text{in},i} = d_{\text{out},i}$，则图是平衡的（权重平衡），并称图 $\mathcal{G}$ 为平衡图。

显然，对于无向图有 $d_{\text{out},i} = d_{\text{in},i}, \forall i \in \mathcal{V}$，故所有无向图都是平衡图。反之则不成立。下面给出有关图连通性的定义：

定义 A.1.5[1]

若图 $\mathcal{G}$ 的任意两个节点之间都存在一条路径，则称图 $\mathcal{G}$ 为连通图。

定义 A.1.6[1]

对于图 $\mathcal{G}$ 的任意顶点对 (v_i, v_j)，均存在一条从 v_i 到 v_j 的有向路径，则称图 $\mathcal{G}$ 为强连通的。

定义 A.1.7[1]

若将图 $\mathcal{G}$ 中所有的边都替换为无向边，得到的无向图为连通的，则称图 $\mathcal{G}$ 为弱连通的。

在如图 A-1 所示的图中，图 A-1 (a) 为连通图，图 A-1(b) 为强连通图，图 A-1(c) 为弱连通图。图 $\mathcal{G}$ 的生成树是指包含 $\mathcal{G}$ 的全部节点但边数最少的连通子图。若图 $\mathcal{G}$ 中存在一个节点 v_i，且该节点具有能够到达其他所有节点的有向路径，则称图 $\mathcal{G}$ 具有一个以 v_i 为根节点的有向生成树。

下面给出图 $\mathcal{G}$ 的拉普拉斯矩阵定义及相关性质。

定义图 $\mathcal{G}$ 的拉普拉斯矩阵为 $\boldsymbol{L} = \boldsymbol{D} - \boldsymbol{A} = (l_{ij})_{N \times N}$，其中 $l_{ii} = \sum_{j=1, j \neq i} a_{ij}$，$l_{ij} = -a_{ij}, i \neq j$，则拉普拉斯矩阵的具体形式：

$$
\boldsymbol{L}=\begin{bmatrix}\sum_{j\neq 1}^{N}a_{1j} & -a_{12} & \cdots & -a_{1N}\\ -a_{21} & \sum_{j\neq 2}^{N}a_{2j} & \cdots & -a_{2N}\\ \vdots & \vdots & \ddots & \vdots\\ -a_{N1} & -a_{N2} & \cdots & \sum_{j\neq N}^{N}a_{Nj}\end{bmatrix}
$$

易知，拉普拉斯矩阵为行和为零的非负矩阵，且当且仅当其拉普拉斯矩阵的行和与列和均为零时，一个图为平衡图。对于无向图，其拉普拉斯矩阵是对称的。

引理 A.1.1[2]

图 $\mathcal{G}$ 的拉普拉斯矩阵 $\boldsymbol{L}=[l_{ij}]\in\mathbb{R}^{N\times N}$ 具有以下性质：

① $\boldsymbol{L}$ 至少存在一个零特征值，对应的特征向量为 $\mathbf{1}_N$，其他所有非零特征值具有正实部。

② 当且仅当 $\mathcal{G}$ 具有有向生成树时，$\boldsymbol{L}$ 存在唯一一个零特征值。

③ 当图 $\mathcal{G}$ 具有有向生成树时，$\boldsymbol{L}\mathbf{1}_N=0$，且存在一非负向量 $\boldsymbol{p}\in\mathbb{R}^N$ 满足 $\boldsymbol{p}^{\mathrm{T}}\boldsymbol{L}=\mathbf{0}_{1\times N}$ 和 $\boldsymbol{p}^{\mathrm{T}}\mathbf{1}_N=1$。

④ 若 $\boldsymbol{L}$ 为非对称矩阵，$\mathrm{e}^{-\boldsymbol{L}t}$ 则为对角元素为正的行随机矩阵。如果 $\boldsymbol{L}$ 存在重数为 1 的零特征值和非负向量 $\boldsymbol{p}$，满足 $\boldsymbol{p}^{\mathrm{T}}\mathbf{1}_N=1$ 和 $\boldsymbol{L}^{\mathrm{T}}\boldsymbol{p}=0$，则 $\mathrm{e}^{-\boldsymbol{L}t}\to\mathbf{1}_N\boldsymbol{p}^{\mathrm{T}}$，随着 $t\to\infty$。

引理 A.1.2[2]

如果图 $\mathcal{G}$ 是无向连通的，则对应的拉普拉斯矩阵 $\boldsymbol{L}$ 有一个简单特征值 0，且其他所有特征值都是正数，即 $\lambda_1=0,\lambda_i>0, i=2,3,\cdots,N$。

引理 A.1.3[3]

令 $\boldsymbol{L}$ 为有向图 $\mathcal{G}$ 的非对称拉普拉斯矩阵，则有如下性质：

① 若图 $\mathcal{G}$ 是平衡的，那么有 $\boldsymbol{x}^{\mathrm{T}}\boldsymbol{L}\boldsymbol{x}\geqslant 0$，其中 $\boldsymbol{x}\triangleq[x_1,x_2,\cdots,x_N]^{\mathrm{T}}\in\mathbb{R}^N$。

② 若图 $\mathcal{G}$ 是强连通且平衡的，则 $\boldsymbol{x}^{\mathrm{T}}\boldsymbol{L}\boldsymbol{x}=0$ 成立当且仅当对于所有的 $i,j=1,2,\cdots,N$ 有 $\boldsymbol{x}_i=\boldsymbol{x}_j$。

A.2
稳定性理论

在经典控制理论和现代控制理论中，稳定性理论发挥着重要作用。下面简单介绍李雅普诺夫（Lyapunov）稳定性理论。

A.2.1 Lyapunov 稳定性理论

对于一个简单的自治系统：

$$\dot{\boldsymbol{x}}(t)=\boldsymbol{f}(\boldsymbol{x}) \tag{A-1}$$

其中，$\boldsymbol{x}\in\mathbb{R}^n$；$\boldsymbol{f}(\cdot):\boldsymbol{D}\to\mathbb{R}^n$ 代表系统方程从定义域 $D\subset\mathbb{R}^n$ 到 $\mathbb{R}^n$ 的局部 Lipschitz 映射。

定义 A.2.1[4]

假设 $\boldsymbol{x}=0$ 为式 (A-1) 的平衡点，对于任意的 $\varepsilon>0$，如果都存在 $\delta=\delta(\varepsilon)>0$，满足：

$$\|\boldsymbol{x}(0)\|<\delta\Rightarrow\|\boldsymbol{x}(t)\|<\varepsilon,\forall t\geqslant 0$$

则称该平衡点为稳定的平衡点。

定理 A.2.1[4]

假设 $\boldsymbol{x}=0$ 是方程 (A-1) 的一个平衡点，$D\subset\mathbb{R}^n$ 是包含原点的定义域。设 $\boldsymbol{V}(\cdot):D\to\mathbb{R}$ 是连续可微函数，如果：

$$\boldsymbol{V}(0)=0,\boldsymbol{V}(\boldsymbol{x})>0\text{，在 }D-\{0\}\text{ 内} \tag{A-2}$$

$$\dot{\boldsymbol{V}}(\boldsymbol{x})\leqslant 0\text{，在 }D\text{ 内} \tag{A-3}$$

则原点 $\boldsymbol{x}=0$ 是稳定的。此外，如果：

$$\dot{\boldsymbol{V}}(\boldsymbol{x})<0\text{，在 }D-\{0\}\text{ 内} \tag{A-4}$$

则原点 $\boldsymbol{x}=0$ 是渐近稳定的。

定理 A.2.2[4]

设 $\boldsymbol{x}=0$ 是方程 (A-1) 的平衡点，$\boldsymbol{V}:\mathbb{R}^n\to\mathbb{R}$ 是一个连续可微函数，

且满足：

$$V(0)=0 \text{ 且 } V(\boldsymbol{x})>0, \forall \boldsymbol{x} \neq 0 \tag{A-5}$$

$$\|\boldsymbol{x}\| \rightarrow \infty \Rightarrow V(\boldsymbol{x}) \rightarrow \infty \tag{A-6}$$

$$\dot{V}(\boldsymbol{x})<0, \forall \boldsymbol{x} \neq 0 \tag{A-7}$$

那么 $\boldsymbol{x}=0$ 是全局渐近稳定的。

考虑非自治系统：

$$\dot{\boldsymbol{x}}=f(t, \boldsymbol{x}) \tag{A-8}$$

其中，$\boldsymbol{f}:[0,\infty)\times D \rightarrow \mathbb{R}^n$ 在 $[0,\infty)\times D$ 上是 t 的分段连续函数，且对于 $\boldsymbol{x}$ 是全局 Lipschitz 的，$D \subset \mathbb{R}^n$ 是包含原点的定义域。如果：

$$\boldsymbol{f}(t, \boldsymbol{x})=0, \forall t \geqslant 0$$

则原点是 $t=0$ 时方程(A-8)的平衡点。原点的平衡点可能是某个非零平衡点的平移，或者说是系统某个非零解的平移。

定理 A.2.3[4]

设 $\boldsymbol{x}=0$ 是方程 (A-8) 的一个平衡点，$D \subset \mathbb{R}^n$ 是包含 $\boldsymbol{x}=0$ 的定义域，$\boldsymbol{V}:[0,\infty)\times D \rightarrow \mathbb{R}$ 是连续可微函数，且满足：

$$\boldsymbol{W}_1(\boldsymbol{x}) \leqslant \boldsymbol{V}(t, \boldsymbol{x}) \leqslant \boldsymbol{W}_2(\boldsymbol{x}) \tag{A-9}$$

$$\frac{\partial \boldsymbol{V}}{\partial t}+\frac{\partial \boldsymbol{V}}{\partial \boldsymbol{x}} \boldsymbol{f}(t, \boldsymbol{x}) \leqslant 0 \tag{A-10}$$

$\forall t \geqslant 0, \forall \boldsymbol{x} \in D$，其中 $\boldsymbol{W}_1(\boldsymbol{x})$ 和 $\boldsymbol{W}_2(\boldsymbol{x})$ 都是D上的连续正定函数。那么 $\boldsymbol{x}=0$ 是一致稳定的。

定理 A.2.4[4]

假设定理 A.2.3 中的假设条件都满足不等式 (A-10) 的加强形式：

$$\frac{\partial \boldsymbol{V}}{\partial t}+\frac{\partial \boldsymbol{V}}{\partial \boldsymbol{x}} \boldsymbol{f}(t, \boldsymbol{x}) \leqslant -W_3(\boldsymbol{x}) \tag{A-11}$$

$\forall t \geqslant 0, \forall \boldsymbol{x} \in D$，其中 $\boldsymbol{W}_3(\boldsymbol{x})$ 是D上的连续正定函数。那么 $\boldsymbol{x}=0$ 是一致渐近稳定的。

如果选择 r 和 c 满足 $B_r=\{\|\boldsymbol{x}\| \leqslant r\} \subset D$ 和 $c<\min_{\|\boldsymbol{x}\|=r} \boldsymbol{W}_1(\boldsymbol{x})$，则始于 $\boldsymbol{x} \in B_r B_r|\boldsymbol{W}_2(x) \leqslant c$ 的每条轨线对于某个 $\mathcal{KL}$ 类函数 β 都满足：

$$\|\boldsymbol{x}(t)\| \leqslant \beta(\|\boldsymbol{x}(t_0)\|, t-t_0), \forall t \geqslant t_0 \geqslant 0$$

如果 $D=\mathbb{R}^n$ 和 $\boldsymbol{W}_1(\boldsymbol{x})$ 径向无界，则 $\boldsymbol{x}=0$ 是全局一致渐近稳定的。

定理 A.2.5[4]

假设 $\boldsymbol{x}=0$ 为方程 (A-8) 的平衡点。设 $\boldsymbol{V}(\cdot):[0,\infty)\times D \to \mathbb{R}$ 为连续可微函数，对于任意的 $t\geqslant 0$ 及任意的 $\boldsymbol{x}\in D$，如果满足：

$$k_1\|\boldsymbol{x}\|^a \leqslant \boldsymbol{V}(t,\boldsymbol{x}) \leqslant k_2\|\boldsymbol{x}\|^a \tag{A-12}$$

$$\frac{\partial \boldsymbol{V}}{\partial t}+\frac{\partial \boldsymbol{V}}{\partial \boldsymbol{x}}\boldsymbol{f}(t,\boldsymbol{x}) \leqslant -k_3\|\boldsymbol{x}\|^a \tag{A-13}$$

其中，$k_i, i=1,2,3$ 及 a 为正常数，则 $\boldsymbol{x}=0$ 是指数稳定的。若上述假设在定义域全局上都成立，那么称 $\boldsymbol{x}=0$ 为全局指数稳定的。

引理 A.2.1[4]（比较引理）

考虑标量微分方程：

$$\dot{u}=f(t,u), u(t_0)=u_0 \tag{A-14}$$

对于所有 $t\geqslant 0$ 和所有 $u\in J\subset\mathbb{R}$，$f(t,u)$ 对于 t 连续可微，且对于 u 是局部 Lipschitz 的。设 $[t_0,T)$ 是解 $u(t)$ 存在的最大区间，并且假设对于所有 $t\in[t_0,T)$，都有 $u(t)\in J$。设 $v(t)$ 是连续函数，其上右导数 $D^+v(t)$ 对于所有 $t\in[t_0,T)$，$v(t)\in J$ 满足微分不等式：

$$D^+v(t)\leqslant f(t,v(t)),\quad v(t_0)\leqslant u_0 \tag{A-15}$$

那么，对于所有 $t\in[t_0,T)$ 有 $v(t)\leqslant u(t)$。

定理 A.2.6[4]（Lyapunov-Krasovskii 稳定性判据）

假设式 (A-8) 中的函数 $f:\mathbb{R}\times\mathcal{C}\to\mathbb{R}^n$ 为集合 $\mathbb{R}\times\mathcal{C}$ 中的有界集合到 $\mathbb{R}^n$ 中有界集合的映射。$u,v,w:\overline{\mathbb{R}}_+\to\overline{\mathbb{R}}_+$ 为连续非增函数，其中函数 $u(s)$ 和 $v(s)$ 对 $s>0$ 为正，且 $u(0)=v(0)=0$。如果存在一个连续可导函数 $V:\mathbb{R}\times\mathcal{C}\to\mathbb{R}$, 使得：

$$u(\|\phi(0)\|)\leqslant V(t,\phi)\leqslant v(\|\phi\|_c)$$

并且：

$$\dot{V}(t,\phi)\leqslant -w(\|\phi(0)\|)$$

则式(A-8)中的平凡解是一致稳定的。如果对于 $s>0$ 有 $w(s)>0$，则解是一致渐近稳定的。进一步，如果 $\lim\limits_{s\to\infty}u(s)=\infty$，则解是全局一致渐近稳定的。

A.2.2 完全型 Lyapunov-Krasovskii 泛函

首先，针对一个时滞系统：

$$\dot{\boldsymbol{x}}(t)=\boldsymbol{A}_0\boldsymbol{x}(t)+\boldsymbol{A}_1\boldsymbol{x}(t-\tau) \tag{A-16}$$

其中，$\boldsymbol{x}(t)\in\mathbb{R}^n$ 是系统的状态。我们关注的是式 (A-16) 系统解的稳定性。为了最小化稳定性问题中的保守性，可以构造如下所示的完全型 Lyapunov-Krasovskii 泛函（LKF）：

$$\begin{aligned}\boldsymbol{V}=&\boldsymbol{x}^{\mathrm{T}}(t)\boldsymbol{P}\boldsymbol{x}(t)+2\boldsymbol{x}^{\mathrm{T}}(t)\int_{-\tau}^{0}\boldsymbol{Q}(\theta)\boldsymbol{x}(t+\theta)\mathrm{d}\theta+\int_{-\tau}^{0}\int_{-\tau}^{0}\boldsymbol{x}^{\mathrm{T}}(t+\theta)\boldsymbol{R}(\theta,s)\boldsymbol{x}(t+s)\mathrm{d}\theta\mathrm{d}s\\&+\int_{-\tau}^{0}\boldsymbol{x}^{\mathrm{T}}(t+\theta)\boldsymbol{S}(\theta)\boldsymbol{x}(t+\theta)\mathrm{d}\theta\end{aligned} \tag{A-17}$$

其中，$\boldsymbol{P}\in\mathbb{R}^{n\times n}$，$\boldsymbol{P}>0$，$\boldsymbol{Q}(\theta):[-\tau,0]\to\mathbb{R}^{n\times n}$，$\boldsymbol{S}(\theta):[-\tau,0]\to\mathbb{R}^{n\times n}$，$\boldsymbol{S}(\theta)=\boldsymbol{S}^{\mathrm{T}}(\theta)>0\ (\forall\theta\in[-\tau,0])$，$\boldsymbol{R}(\theta,s):[-\tau,0]\times[-\tau,0]\to\mathbb{R}^{n\times n}$，$\boldsymbol{R}(\theta,s)=\boldsymbol{R}^{\mathrm{T}}(s,\theta)\ (\forall\theta,s\in[-\tau,0])$，$\boldsymbol{R}(\theta,s)$ 和 $\boldsymbol{S}(\theta)$ 均为连续函数。

引理 A.2.2[5]

系统 (A-16) 是渐近稳定的，如果存在正标量 $\varepsilon_i(i=1,2,3)$ 和一个 LKF $\boldsymbol{V}(t,\boldsymbol{x}_t,\dot{\boldsymbol{x}}_t)$，满足下列条件：

$$\varepsilon_1\|\boldsymbol{x}(t)\|^2\leqslant\boldsymbol{V}(t,\boldsymbol{x}_t,\dot{\boldsymbol{x}}_t)\leqslant\varepsilon_2\|\boldsymbol{x}(t)\|_{\mathbb{W}}^2 \tag{A-18}$$

$$\dot{\boldsymbol{V}}(t,\boldsymbol{x}_t,\dot{\boldsymbol{x}}_t)\leqslant-\varepsilon_3\|\boldsymbol{x}(t)\|^2 \tag{A-19}$$

其中，$\boldsymbol{x}_t(\theta)=\boldsymbol{x}(t+\theta)$，$\dot{\boldsymbol{x}}_t(\theta)=\dot{\boldsymbol{x}}(t+\theta)\ (\forall\theta\in[-\tau,0])$，函数 $\boldsymbol{x}_t(\theta)$ 和 $\dot{\boldsymbol{x}}_t(\theta)$ 的空间由 $\mathbb{W}$ 范数定义，即 $\|\boldsymbol{x}(t)\|_{\mathbb{W}}=sup_{\theta\in[-\tau,0]}\{\|\boldsymbol{x}_t(\theta)\|,\|\dot{\boldsymbol{x}}_t(\theta)\|\}$。

然而，在实际应用中难以寻找到这样一类泛函。本章参考文献 [5] 提出了一种离散化的 LKF 方法，通过选择 $\boldsymbol{Q}$、$\boldsymbol{R}$ 和 $\boldsymbol{S}$ 为分段线性函数，能够得到可以用 LMI 表示的稳定性条件，使得上述完全型 LKF 有了更加实用的现实意义。

离散化 Lyapunov-Krasovskii 泛函：将 $\boldsymbol{Q}(\theta)$ 和 $\boldsymbol{S}(\theta)$ 的定义域，即

时延区间 $[-\tau,0]$ 均匀地划分为 M 个小区间 $I_p=[\theta_p,\theta_{p-1}]$ $(p=1,2,\cdots,M)$，区间长度为 $\hbar=\dfrac{\tau}{M}$，则可知 $\theta_p=-p\hbar=-\dfrac{p\tau}{M}$。同时，$\boldsymbol{R}(\theta,s)$ 的定义域，即方形区域 $T=[-\tau,0]\times[-\tau,0]$ 被均匀地划分为 $M\times M$ 个小方形区域 $T_{pq}=[\theta_p,\theta_{q-1}]\times[\theta_p,\theta_{q-1}]$。每一个小方形区域 T_{pq} 又可以分为如下所示的两个三角形区域，即：

$$T_{pq}^u=\left\{(\theta_p+\alpha\hbar,\theta_q+\beta\hbar)\mid 0\leqslant\beta\leqslant 1,0\leqslant\alpha\leqslant\beta\right\}$$

$$T_{pq}^l=\left\{(\theta_p+\alpha\hbar,\theta_q+\beta\hbar)\mid 0\leqslant\alpha\leqslant 1,0\leqslant\beta\leqslant\alpha\right\}$$

选择 $\boldsymbol{Q}(\theta)$ 和 $\boldsymbol{S}(\theta)$ 在每一个小区间 I_p 上是线性的，$\boldsymbol{R}(\theta,s)$ 在小方形区域的两个三角形区域 T_{pq}^u 和 T_{pq}^l 上是线性的。令 $\boldsymbol{Q}_p=\boldsymbol{Q}(\theta_p)$、$\boldsymbol{S}_p=\boldsymbol{S}(\theta_p)$ 以及 $\boldsymbol{R}_{pq}=\boldsymbol{R}(\theta_p,\theta_q)$，分别运用一维线性插值和二维线性插值方法，函数 $\boldsymbol{Q}(\theta)$、$\boldsymbol{S}(\theta)$ 和 $\boldsymbol{R}(\theta,s)$ 可由分割点处的值定义：

$$\boldsymbol{Q}(\theta_p+\alpha\hbar)=\boldsymbol{Q}^p(\alpha)=(1-\alpha)\boldsymbol{Q}_p+\alpha\boldsymbol{Q}_{p-1}$$

$$\boldsymbol{S}(\theta_p+\alpha\hbar)=\boldsymbol{S}^p(\alpha)=(1-\alpha)\boldsymbol{S}_p+\alpha\boldsymbol{S}_{p-1}$$

$$\boldsymbol{R}(\theta_p+\alpha\hbar,\theta_q+\beta\hbar)=\boldsymbol{R}^{pq}(\alpha,\beta)=\begin{cases}(1-\alpha)\boldsymbol{R}_{pq}+\beta\boldsymbol{R}_{p-1,q-1}+(\alpha-\beta)\boldsymbol{R}_{p-1,q}, & \alpha\geqslant\beta\\(1-\beta)\boldsymbol{R}_{pq}+\alpha\boldsymbol{R}_{p-1,q-1}+(\beta-\alpha)\boldsymbol{R}_{p,q-1}, & \alpha<\beta\end{cases}$$

其中，$0\leqslant\alpha\leqslant 1$，$0\leqslant\beta\leqslant 1$ $(p,q=1,2,\cdots,M)$。至此，LKF(A-17) 即由 $\boldsymbol{P}$、$\boldsymbol{Q}_p$、$\boldsymbol{S}_p$、$\boldsymbol{R}_{pq}$ $(p,q=1,2,\cdots,M)$ 完全确定。

引理 A.2.3[5]（Lyapunov-Krasovskii 泛函条件）

存在正标量 ε_1 和 ε_2 使得 LKF(A-17) 满足条件式 (A-18)，如果下列条件成立：

$$\boldsymbol{S}_p>0\left(p=0,1,\cdots,M\right),\ \begin{bmatrix}\boldsymbol{P} & \tilde{\boldsymbol{Q}}\\ * & \tilde{\boldsymbol{R}}+\tilde{\boldsymbol{S}}\end{bmatrix}>0$$

其中：

$$\tilde{\boldsymbol{Q}}=[\boldsymbol{Q}_0\quad \boldsymbol{Q}_1\quad \ldots\quad \boldsymbol{Q}_M],\tilde{R}=\begin{bmatrix}\boldsymbol{R}_{00} & \cdots & \boldsymbol{R}_{0M}\\ \vdots & \ddots & \vdots\\ \boldsymbol{R}_{M0} & \cdots & \boldsymbol{R}_{MM}\end{bmatrix},\tilde{\boldsymbol{S}}=\mathrm{diag}\left\{\frac{1}{\hbar}\boldsymbol{S}_0,\cdots,\frac{1}{\hbar}\boldsymbol{S}_M\right\}$$

引理 A.2.4[5]（Lyapunov-Krasovskii 泛函导数条件）

存在正标量 ε_3 使得 LKF(A-17) 满足条件 (A-19)，如果下列条件成立：

$$\begin{bmatrix} \boldsymbol{\Psi}_{11} & -\boldsymbol{Y}^{s} & -\boldsymbol{Y}^{a} \\ * & \boldsymbol{S}_{o}+\boldsymbol{R}_{o} & 0 \\ * & * & 3\boldsymbol{S}_{o} \end{bmatrix} > 0$$

其中：

$$\boldsymbol{\Psi}_{11} = \begin{bmatrix} \boldsymbol{A}_0^{\mathrm{T}}\boldsymbol{P} + \boldsymbol{P}\boldsymbol{A}_0 + \boldsymbol{Q}_0 + \boldsymbol{Q}_0^{\mathrm{T}} + \boldsymbol{S}_0 & \boldsymbol{Q}_M - \boldsymbol{P}\boldsymbol{A}_1 \\ * & \boldsymbol{S}_M \end{bmatrix},$$

$$\boldsymbol{S}_o = \mathrm{diag}\{\boldsymbol{S}_{o1},\cdots,\boldsymbol{S}_{oM}\},\ \boldsymbol{S}_{op} = \boldsymbol{S}_{p-1} - \boldsymbol{S}_p$$

$$\boldsymbol{R}_0 = \begin{bmatrix} \boldsymbol{R}_{011} & \cdots & \boldsymbol{R}_{01M} \\ \vdots & \ddots & \vdots \\ \boldsymbol{R}_{0M1} & \cdots & \boldsymbol{R}_{0MM} \end{bmatrix},\ \boldsymbol{R}_{0pq} = \hbar(\boldsymbol{R}_{p-1,q-1} - \boldsymbol{R}_{pq}),$$

$$\boldsymbol{\Psi}_{12} = [-\boldsymbol{Y}^{s}\ \ -\boldsymbol{Y}^{a}],\ \boldsymbol{\Psi}_{22} = \mathrm{diag}\{\boldsymbol{R}_o + \boldsymbol{S}_o,\ 3\boldsymbol{S}_o\}$$

$$\boldsymbol{Y}^{s} = \mathrm{col}\{\boldsymbol{Y}_1^{s},\boldsymbol{Y}_2^{s}\},\boldsymbol{Y}_{\sigma}^{s} = \begin{bmatrix} \boldsymbol{Y}_{\sigma 1}^{s}, & \dots & \boldsymbol{Y}_{\sigma M}^{s} \end{bmatrix},\boldsymbol{Y}^{a} = \mathrm{col}\{\boldsymbol{Y}_1^{a},\boldsymbol{Y}_2^{a}\},$$

$$\boldsymbol{Y}_{\sigma}^{a} = \begin{bmatrix} \boldsymbol{Y}_{\sigma 1}^{a} & \dots & \boldsymbol{Y}_{\sigma M}^{a} \end{bmatrix}(\sigma = 1,2)$$

$$\boldsymbol{Y}_{1p}^{s} = \frac{\hbar}{2}\boldsymbol{A}_0^{\mathrm{T}}(\boldsymbol{Q}_{p-1} + \boldsymbol{Q}_p) + \frac{\hbar}{2}(\boldsymbol{R}_{0,p-1} + \boldsymbol{R}_{0,p}) - (\boldsymbol{Q}_{p-1} - \boldsymbol{Q}_p),$$

$$\boldsymbol{Y}_{1p}^{a} = -\frac{\hbar}{2}\boldsymbol{A}_0^{\mathrm{T}}(\boldsymbol{Q}_{p-1} - \boldsymbol{Q}_p) - \frac{\hbar}{2}(\boldsymbol{R}_{0,p-1} - \boldsymbol{R}_{0,p})$$

$$\boldsymbol{Y}_{2p}^{s} = -\frac{\hbar}{2}\boldsymbol{A}_1^{\mathrm{T}}(\boldsymbol{Q}_{p-1} + \boldsymbol{Q}_p) - \frac{\hbar}{2}(\boldsymbol{R}_{M,p-1} + \boldsymbol{R}_{M,p}),$$

$$\boldsymbol{Y}_{2p}^{a} = -\frac{\hbar}{2}\boldsymbol{A}_1^{\mathrm{T}}(\boldsymbol{Q}_{p-1} - \boldsymbol{Q}_p) + \frac{\hbar}{2}(\boldsymbol{R}_{M,p-1} - \boldsymbol{R}_{M,p})$$

A.3 控制相关理论

A.3.1 量化器

所谓的量化过程即用一段与连续信号相近的电平值来近似替代采样后的精确信号。量化器的输入为传感器的测量值或控制器的输出，通过给定的映射规则，得到映射到量化级集合中的一个元素作为输出。

量化器可根据量化参数与时间的关系，分为静态量化器和动态量化器。其中，静态量化器较易实现。下面介绍两种常见的静态量化器模型：均匀量化器和对数量化器。

对数量化器使用 $\boldsymbol{q}_l:\mathbb{R}\to\mathbb{R}$ 表示，对数量化器的数学模型为：

$$\boldsymbol{q}_l(\boldsymbol{x})=\begin{cases}\varpi_i, & (1/(1+\alpha_l))\varpi_i<\boldsymbol{x}\leqslant(1/(1-\alpha_l))\varpi_i, i=0,\pm1,\pm2,\cdots\\ 0, & \boldsymbol{x}=0\\ -\boldsymbol{q}_l(-\boldsymbol{x}), & \boldsymbol{x}<0\end{cases}\tag{A-20}$$

其中，ρ 为量化密度，α_l 由 ρ 给出：$\alpha_l=(1-\rho)/(1+\rho), 0<\rho<1$。量化级集合为 $\varpi_i=\{\pm\varpi_i:\varpi_i=\rho^i\varpi_0, i=\pm1,\pm2,\cdots\}\cup\{0\},\varpi_0>0$。对数量化器的量化范围有限，量化等级无限。定义量化器输出值 $\boldsymbol{q}_l(\boldsymbol{x})$ 与真实值 $\boldsymbol{x}$ 之间的差为量化误差，对于给定的量化参数 $\alpha_l>0$，对数量化器满足如下的扇形有界条件：

$$\boldsymbol{q}_l(\boldsymbol{x})-\boldsymbol{x}=\Delta_l\boldsymbol{x},\quad \exists\Delta_l\in[-\alpha_l,\alpha_l),\forall\boldsymbol{x}\in\mathbb{R}\tag{A-21}$$

均匀量化器使用 $\boldsymbol{q}_u:\mathbb{R}\to\mathbb{R}$ 表示，其数学模型为：

$$\boldsymbol{q}_u(\boldsymbol{x})=\left\lfloor\frac{\boldsymbol{x}}{\alpha_u}+\frac{1}{2}\right\rfloor\times\alpha_u\tag{A-22}$$

其中，α_u 为量化精度，$\lfloor a\rfloor$ 为向下取整符号，取不大于 a 的最大的整数。定义此时的量化误差 Δ_u：

$$\boldsymbol{q}_u(\boldsymbol{x})-\boldsymbol{x}=\Delta_u\tag{A-23}$$

显然，对于给定的量化精度 $\alpha_u>0$，均匀量化器满足 $\Delta_u\in[-\frac{\alpha_u}{2},\frac{\alpha_u}{2})$。因此对于任意的 $\boldsymbol{x}\in\mathbb{R}$，量化误差满足 $|\Delta_u|\leqslant\alpha_u/2$。

A.3.2 Krasovskii 解

考虑一个一般的右不连续的微分方程：

$$\dot{\boldsymbol{x}}(t)=F(\boldsymbol{x}(t)),\quad \boldsymbol{x}(0)=x_0\in\mathbb{R}\tag{A-24}$$

因为式 (A-24) 是一个不连续的微分方程，无法通过传统解微分方程的方法求解，故引入 Krasovskii 解的概念 [6]。对任意的 $t\in[t_0,t_1]$，我们称满足式 (A-24) 的绝对连续的映射 $\boldsymbol{x}:[t_0,t_1]\to\mathbb{R}^d$ 为方程 (A-24) 的 Krasovskii 解，同时要求映射满足下面的微分包含：

$$\frac{\mathrm{d}\boldsymbol{x}}{\mathrm{d}t} \in \mathcal{K}[F(\boldsymbol{x}(t))] := \bigcap_{\zeta>0} \overline{\mathrm{co}} F(B(\boldsymbol{x},\zeta)) \tag{A-25}$$

其中，$\overline{\mathrm{co}}$ 代表凸包含；$B(\boldsymbol{x},\zeta)$ 是一个以 $\boldsymbol{x}$ 为中心、ζ 为半径的开球。值得注意的是，当且仅当函数 $F(\cdot)$ 可测且局部有界时，其局部 Krasovskii 解存在。

参考文献

[1] Bondy J A, Murty U S R.Graph theory with applications[M]. London: Macmillan, 1976.

[2] Ren W, Beard R W. Distributed consensus in multi-vehicle cooperative control[M]. London: Springer-Verlag, 2008.

[3] Olfati-Saber R, Murray R M. Consensus problems in networks of agents with switching topology and time-delays[J]. IEEE Transactions on Automatic Control, 2004, 49(9): 1520–1533.

[4] Khalil H K. Nonlinear Systems[M]. Upper Saddle River: Prentice Hall, 2002.

[5] Gu K, Chen J, Kharitonov V L. Stability of time-delay systems[M]. Boston: Birkhãuser, 2003.

[6] Ceragioli F, De Persis C, Frasca P. Discontinuities and hysteresis in quantized average consensus[J]. Automatica, 2011, 47(9): 1916-1928.